普通高等院校计算机专业（本科）实用教程系列

操作系统实用教程（第三版）

任爱华　王　雷　罗晓峰　阮　利　编著

清华大学出版社
北　京

内 容 简 介

本书着重讲述操作系统的概念和设计原理，旨在说明为什么要有操作系统，操作系统是如何构成的，以及操作系统是如何设计的。全书共分 9 章。第 1 章概论，介绍操作系统的定义、发展、现状以及它在计算机系统中的重要作用。第 2 章介绍操作系统用户接口，即用户使用操作系统的界面。第 3 章至第 7 章主要讨论操作系统的基本概念和设计原理，包括进程管理、并发程序设计、存储管理、设备管理、文件管理以及磁盘管理等内容。在阐述基本概念和设计原理的基础上，为了使学生对操作系统有一个整体概念，了解每部分功能的需求，通常都从问题的提出开始，进入到对具体操作系统原理的介绍，然后利用实例操作系统的相关部分有针对性地进行介绍。第 8 章和第 9 章介绍操作系统的较深入的内容。各章均附有一定数量的习题。

本书可作为普通高等院校计算机专业的教材或教学参考书，也可作为计算机软件人员的参考书。

本书封面贴有清华大学出版社防伪标签，无标签者不得销售。
版权所有，侵权必究。举报：010-62782989，beiqinquan@tup.tsinghua.edu.cn。

图书在版编目（CIP）数据

操作系统实用教程 / 任爱华等编著. —3 版. —北京：清华大学出版社，2010.12（2022.8重印）
（普通高等院校计算机专业（本科）实用教程系列）
ISBN 978-7-302-24360-1

Ⅰ. ①操…　Ⅱ. ①任…　Ⅲ. ①操作系统－高等学校－教材　Ⅳ. ①TP316

中国版本图书馆 CIP 数据核字（2010）第 253097 号

责任编辑：郑寅堃　王冰飞
责任校对：焦丽丽
责任印制：朱雨萌

出版发行：清华大学出版社
网　址：http://www.tup.com.cn，http://www.wqbook.com
地　址：北京清华大学学研大厦 A 座　　邮　编：100084
社 总 机：010-83470000　　邮　购：010-62786544
投稿与读者服务：010-62776969，c-service@tup.tsinghua.edu.cn
质量反馈：010-62772015，zhiliang@tup.tsinghua.edu.cn
印 装 者：三河市铭诚印务有限公司
经　销：全国新华书店
开　本：185mm×260mm　　印　张：29.25　　字　数：700 千字
版　次：2010 年12月第 3 版　　印　次：2022 年 8 月第 11 次印刷
印　数：18001～19000
定　价：75.00 元

产品编号：027199-03

普通高等院校计算机专业（本科）实用教程系列

编　委　会

主　　任　孙家广（清华大学教授，中国工程院院士）

成　　员（按姓氏笔画为序）

王玉龙（北方工业大学教授）
艾德才（天津大学教授）
刘　云（北京交通大学教授）
任爱华（北京航空航天大学教授）
杨旭东（北京邮电大学副教授）
张海藩（北京信息工程学院教授）
徐孝凯（中央广播电视大学教授）
耿祥义（大连交通大学教授）
徐培忠（清华大学出版社编审）
樊孝忠（北京理工大学教授）

丛书策划　徐培忠　徐孝凯

序　　言

时光更迭，历史嬗递。中国经济以令世人惊叹的持续高速发展驶入了一个新的世纪，一个新的千年。世纪之初，以微电子、计算机、软件和通信技术为主导的信息技术革命给我们生存的社会所带来的变化令人目不暇接。软件是优化我国产业结构、加速传统产业改造和用信息化带动工业化的基础产业，是体现国家竞争力的战略性产业，是从事知识的提炼、总结、深化和应用的高智型产业；软件关系到国家的安全，是保证我国政治独立、文化不受侵蚀的重要因素；软件也是促进其他学科发展和提升的基础学科；软件作为 20 世纪人类文明进步的最伟大成果之一，代表了先进文化的前进方向。美国政府早在 1992 年“国家关键技术”一文中提出“美国在软件开发和应用上所处的传统领先地位是信息技术及其他重要领域竞争能力的一个关键因素”，“一个成熟的软件制造工业的发展是满足商业与国防对复杂程序日益增长的要求所必需的”，“在很多国家关键技术中，软件是关键的、起推动作用（或阻碍作用）的因素”。在 1999 年 1 月美国总统信息技术顾问委员会的报告“21 世纪的信息技术”中指出“从台式计算机、电话系统到股市，我们的经济与社会越来越依赖于软件”，“软件研究为基础研究方面最优先发展的领域”。而软件人才的缺乏和激烈竞争是当前国际的共性问题。各国、各企业都对培养、引进软件人才采取了特殊政策与措施。

为了满足社会对软件人才的需要，为了让更多的人可以更快地学到实用的软件理论、技术与方法，我们编著了《普通高等院校计算机专业（本科）实用教程系列》。本套丛书面向普通高等院校学生，以培养面向 21 世纪计算机专业应用人才（以软件工程师为主）为目标，以简明实用、便于自学，反映计算机技术最新发展和应用为特色，具体归纳为以下几点。

1．讲透基本理论、基本原理、方法和技术，在写法上力求叙述详细，算法具体，通俗易懂，便于自学。

2．理论结合实际。计算机是一门实践性很强的科学，丛书贯彻从实践中来到实践中去的原则，许多技术以理论结合实例进行讲解，便于学习理解。

3．本丛书形成完整的体系，每本教材既有相对独立性，又有相互衔接和呼应，为总的培养目标服务。

4．每本教材都配以习题和实验，在各教学阶段安排课程设计或大作业，培养学生的实战能力与创新精神。习题和实验可以制作成光盘。

为了适应计算机科学技术的发展，本系列教材将本着与时俱进的精神不断修订更新，及时推出第二版、第三版……

新世纪曙光激人向上，催人奋进。江泽民同志在十五届五中全会上的讲话：“大力推进国民经济和社会信息化，是覆盖现代化建设全局的战略举措。以信息化带动工业化，发挥后发优势，实现社会生产力的跨越式发展”，指明了我国信息界前进的方向。21 世纪日趋开放的国策与更加迅速发展的科技会托起祖国更加辉煌灿烂的明天。

孙家广

2004 年 1 月

前言

在计算机网络迅速发展的今天，计算机技术不断地更新和完善，无论是硬件还是软件的发展都会在计算机操作系统的设计技术与使用风格上得到体现。因此，计算机操作系统的教材应该体现出这些变化，保证操作系统的教学内容的新颖性，使学生了解操作系统的过去，更好地理解操作系统的现在与未来。

操作系统在计算机用户与计算机硬件之间起着桥梁作用，其目的就是为用户提供一个可以方便有效地执行程序和使用计算机的环境，它在整个计算机系统软件中处于核心地位。从操作系统自身角度讲，它不仅很好地体现了在计算机日益发展中的软件研究成果，而且也能体现计算机的硬件技术发展及计算机系统结构的发展成果。从计算机用户角度讲，学习使用计算机实际上就是熟悉使用操作系统所提供的用户界面环境。每台计算机都必须安装操作系统，有的甚至不止安装一套。普通用户只需了解操作系统的外部功能，而无须了解其内部实现细节，因此，操作系统如何实现这些功能对用户来说无关紧要。此时，操作系统被看作是“黑盒子”，因为用户读不到，或读不懂操作系统的源代码，仅需要了解它的外部接口。但是，对于计算机专业的学生，掌握计算机技术不仅要求会操作计算机，还要利用计算机去开发各种软件，解决复杂的应用问题。学习操作系统的设计与实现原理，是计算机软件专业的学生全面地了解和掌握系统软件、一般软件设计方法和技术的必不可少的综合课程，也是了解计算机硬件和软件如何衔接的必经之路。所以，操作系统是计算机专业课教学中重要的环节之一。然而，操作系统毕竟是所有软件中最复杂的，编制这样的系统涉及的知识面广，需要程序员既有扎实的软件基础知识，又非常了解系统的硬件接口，难度相当大。目前在常用的计算机上都已经有了主流操作系统，所以大多数软件人员参与编制实际操作系统的机会和经历并不多。为此，学习该课程会有两大难处：一是原理抽象；二是操作系统实验与实际的操作系统的开发经常是脱节的。本书针对这两大难点，从应用出发，适度地介绍操作系统的基本原理和概念，并提供了相应的实践环节来加深对原理及应用的理解与结合。

作为计算机专业大学本科生教材，本书根据国内使用计算机的情况，在内容上力图具有一定的先进性和较大的适应性。遵循这一原则，在编写中着重讲述原理、概念和实例。

本书的特点之一是简明实用，以操作系统整体构架为指南，采用自顶向下方式的操作系统教学法，使学生尽早熟悉操作系统整体构架并建立起整体概念。这样能够使学生首先在概念上了解本课程的需求是什么，应该提供什么样的技术支持，从而带动学习原理的积极性。

本书的特点之二是提供操作系统实验用的全部 C 语言源程序，并以 Linux 为例，教练操作系统实验，与本教材配套的有《操作系统实用教程（第三版）实验指导》一书，提供了在 Linux 和 Windows 两种操作系统环境下的实验题和指导内容。

Linux 的出现既是计算机网络发展的产物，也是用户对编写自己的操作系统愿望的体现。本书采用 Linux 作为实例，主要因为 Linux 是自由软件，即开源软件，可以得到全部的 C 语言源程序代码，运行在 PC 上，硬件条件要求低。

全书共分 9 章。第 1 章阐述什么是操作系统，操作系统的发展和形成过程，以及操作系统的现状和它在计算机系统中的重要作用。第 2 章介绍操作系统用户接口，主要介绍 Linux 的系统调用和 shell 命令解释程序的开发，并且介绍 Linux 的安装与使用。第 3 章至第 7 章主要讨论操作系统的基本原理和概念，包括进程管理、并发程序设计、存储管理、设备管理、文件管理以及磁盘管理等内容。在阐述基本原理和概念的基础上，为了使学生对操作系统建立一个整体概念，对所学知识能融会贯通，每章都有问题的提出以及对 Linux 相应部分的介绍。第 8 章介绍有关操作系统的安全和保密方面的内容。第 9 章介绍的内容包括多媒体系统、多处理机系统、分布式系统、实时系统等。本书各章均附有一定数量的习题，以帮助学生进一步理解各章内容，并为教师免费提供习题答案和教学用讲稿 PPT 文件。

本课程的参考教学时数为 48 学时，实验为 60 学时，在阅读本书之前，学生应具有程序设计、计算机组织和系统结构方面的知识。如果学生已熟悉 Linux 的使用，则可跳过第 2 章 Linux 命令部分。

本书的第 1 章、第 2 章、第 3 章、第 4 章、第 5 章由任爱华执笔，林仕鼎提供了第 3 章的 Linux 部分的原始稿件，王雷针对第 4 章进行了重新编排和修改，第 5 章的 Linux 原理部分的原始稿件由焦晖提供，罗晓峰针对此进行了审阅和补充；第 6 章由罗晓峰对原始稿件进行了整理，阮利对此进行了审阅和修改，其 Linux 原理部分的原始稿件由张茂林提供；第 7 章由王雷执笔；第 8 章由罗晓峰提供原始稿件，由阮利针对本章进行了重新编写并统稿；第 9 章由杜悦冬提供了集群系统实例 LSF，王雷重新编写；附录 A 由王博编写；附录 B 的 RTLinux 部分由李鹏撰写，PVM 部分由石宏义撰写；附录 C 由黄虹撰写。全书由任爱华进行统一修改、审校并统稿。限于编者水平，错误和不妥之处在所难免，恳请有识之士批评指正。

任爱华于北京
2010.9

目 录

第1章 概 论

现代电子计算机技术的飞速发展，离不开人类科技知识的积累，离不开许许多多热衷于此并呕心沥血的科学家们的探索。正是这一代代人的知识积累才构筑了今天的“信息大厦”。本章将介绍计算机的发展以及与之密切相关的操作系统的发展简史，虽然不可能很详细地描述这一辉煌历程，但我们同样可以从中感受到科技发展的艰辛及科学技术的巨大推动力。

操作系统是配置在计算机硬件平台上的第一层软件，是一组系统软件。一个新的操作系统往往汇集了计算机发展中一些传统的研究成果和技术，以及当代计算机的科研成果。操作系统课是计算机专业高年级学生的必修课程，是学生在学习了计算机的基础知识及计算机语言之后需要跨越的一个新的重要台阶。通过对操作系统的学习，学生可以从对计算机的基本了解上升到对整体系统的软件和硬件体系的了解。操作系统始终是计算机科学与工程的一个重要研究领域。

1.1 计算机与操作系统

1.1.1 计算机发展简介

1．机械计算机时代

早在欧洲的中世纪（约公元 600—1500 年），人们就开始了有关计算机器的探索。这一思想火花经过很多科学家的传承，引导人类步入了机械计算机研究的时代。由于当时的科技总体水平所限，大多数研究都失败了。拓荒者的命运就是往往见不到丰硕的果实，不过当后人在享用这些硕果的时候，应该了解前人的艰辛。

在 1614 年，苏格兰人 John Napier （1550—1617）发明了一种可以进行四则运算和方根运算的装置。此后，经历了三百多年的岁月，人们一直在机械计算机的研制上进行着探索。终于在 1840 年前后，出现了第一台对现代计算机的产生有着重要影响的机器——英国人 Charles Babbage （1792—1871）设计的差分机和分析机，其设计理论的超前性，类似于百年之后才出现的电子计算机，特别是利用卡片记录程序与数据，然后输入给计算机的技术，在电子计算机时代的输入/输出（I/O）中也曾采用过。作为电子计算机基础的二进制代数学，早在 1848 年，便由英国数学家 George Boole 创立，提前近一个世纪为现代二进制的电子计算机铺平了道路。

2．电子计算机的发展过程

纵观计算机的发展史，在 1946 年以前的计算机，都是从属于机械的，还没有进入逻辑运算领域。随着电子技术的出现及其飞速发展，计算机开始由机械向电子时代过渡，电子部件逐渐成为计算机的主体，而机械装置逐渐演变为从属部分，计算机的研制有了质的转变。

1906 年，电子管由美国 Lee De Forest 发明出来，为第一代电子计算机的发展奠定了基础。

如今众所周知的 IBM （International Business Machines Corporation，国际商业机器公司），成立于 1924 年 2 月，这是一个具有划时代意义的公司。它给世界产业和人类生活方式带来巨大的影响，在计算机行业始终处于霸主地位。

计算机界著名的图灵奖（A.M. Turing Award），是美国计算机协会（ACM）于 1966 年设立的，又叫“A.M. 图灵奖”，专门奖励那些对计算机事业作出重要贡献的个人。其名称取自计算机科学的先驱、英国科学家阿兰・图灵（Alan M. Turing，1912—1954）。这个奖设立目的之一是纪念这位科学家。因为在 1937 年，他在英国剑桥大学时，在他的论文中提出了被后人称之为“图灵机”的数学模型。图灵的基本思想是用机器来模拟人们用纸笔进行数学运算的过程。

第一代电子计算机（如图 1-1 所示）产生于 1946—1958 年，由电子管（vacuum tube）制作开关逻辑部件，使用插件板（plugboard）操作。第一代计算机的典型代表是 ENIAC 和 EDVC。

图 1-1　第一代计算机

ENIAC（electronic numerical integrator and calculator）是第一台数字电子计算机，从 1943 年开始研制，1946 年推出。该机器重 30 吨，有 18000 个电子管，70000 个电阻器，有 5 百万个焊接点，每秒钟有 10 个脉冲，功率 25 千瓦，运算速度为 5000 次加法/秒，主要用于计算弹道轨迹和研制氢弹。ENIAC 是计算机发展史上的里程碑，它利用不同部分之间的重新接线实现编程，也拥有并行计算能力。ENIAC 由美国政府和宾夕法尼亚大学合作开发，它是第一台普通用途计算机。

1946年，冯·诺依曼（John von Neumann）和他的同事们发现了ENIAC的缺陷，提出了将程序放入内存、一次执行一条指令（顺序执行）的思想，这样，当计算一道新题时，只需改变计算机中的程序，即采用这种“软”的方法，去适应不同形式的计算。

1949年，冯·诺依曼提议研制EDVC（electronic discrete variable computer），它是第一台使用磁带的计算机。这是一次具有突破性的研制，可以多次在该计算机上存储程序。它由运算器、控制器、存储器、输入设备和输出设备五个部分组成，与现代计算机的结构一致，实现了内部存储和自动执行两大功能。因此，现在的计算机通常被称为冯·诺依曼计算机，软件开发的历史也从此正式开始。

由于第一代计算机采用电子管，所以其特点是体积大、耗电多、价格贵，运行速度和可靠性都不高。存储器早期采用水银延迟线，后期采用磁鼓或磁芯，主要用于科学计算。这个时代计算机的商品化是由IBM公司实现的，IBM计算机的代表，如1953年推出的IBM-701计算机，其程序设计采用的是机器语言或汇编语言。

第二代计算机形成于1959—1964年，使用晶体管制作开关逻辑部件，以批处理系统方式操作，运算速度达到每秒几十到几百万次，程序设计方面开始使用FORTRAN、COBOL、ALGOL等高级语言，简化了编程，并建立了批处理管理程序。由于采用了晶体管，第二代计算机的体积大大减小，运算速度及可靠性等各项性能大为提高。计算机的应用已由科学计算拓展到数据处理、过程控制等领域。这个时期有代表性的计算机有IBM-7094。

第三代计算机形成于1965—1970年，使用IC（integrated circuit，集成电路）制作开关逻辑部件，运算速度达到每秒几百万到几千万次。操作系统日趋成熟，其功能日益完善。为了充分利用已有的软件资源，解决软件兼容问题而发展了系列机。典型的机型是IBM360系列机，DEC公司（Digital Equipment Corporation，美国数据设备公司）的PDP-11、VAX系列机等。在此期间，还有另一个将改变人们工作与生活方式的技术出现，即网络。

1969年ARPANET（Advanced Research Projects Agency network）计划开始启动，这是现代Internet的雏形。

1969年4月7日 第一个网络协议标准RFC推出，标志着网络发展的基础已形成。

1970年 Internet的雏形ARPANET基本完成。

从1971年开始直到现在的计算机都属于第四代计算机，使用大规模集成电路VLSI（very large scale integration）和超大规模集成电路ULSI（ultra large scale integration）制作开关逻辑部件。这是计算机发展最快、技术成果最多、应用空前普及的时期。大规模集成电路技术的应用，提高了电子元件的集成度，可将计算机最核心的运算器和控制器集中制作在一块小小的芯片上。期间，以微处理器为核心的微型计算机由美国英特尔公司（Intel公司）研制成功。微型计算机的出现是计算机发展史上的重大事件。作为第四代计算机的一个机种，微型计算机以其机型小巧、使用方便、价格低廉、性能完善等特性赢得了广泛的应用。目前微型计算机除了占主流地位的台式机外，单片机、便携式微型机（笔记本电脑、掌上电脑等）也日益普及。Intel公司的微处理器的型号也经历了8088、8086、80286、80386、80486、80586、Pentium、Pentium Pro、Pentium Ⅱ、Pentium Ⅲ、Pentium Ⅳ、Pentium D（双核处理器）、Intel Core、Intel Centrino（移动平台）等发展过程，其速度习惯上按 CPU 主频计算，如 Pentium Ⅲ CPU 主频是 800MHz，Pentium Ⅳ CPU 主频是 1.3～3.8GHz。

第四代计算机发展的另一个方向是巨型化。由于多处理机结构和并行处理技术的采用，具有超强功能的巨型机得到发展。如美国 IBM 公司生产的军用超级计算机——Roadrunner，每秒计算能力超过了一千万亿次，达到了 1.026 PetaFlops（每秒一千万亿次计算），耗资 1.33 亿美元，占地 60000 平方英尺，总重 500000 磅。主要用于解决机密军事问题，科学家们也可以用它更精确地解决全球气候变化等纯科学问题。1983 年 12 月，我国第一台命名为“银河”的巨型计算机在国防科技大学研制成功，每秒钟运算一亿次以上。目前我国超级计算机排在世界 500 强前十位的有两台。一台是国家超级计算深圳中心的“曙光星云”，其速度为每秒钟可进行 1270 兆（万亿次）浮点运算，主要用于科学计算、互联网智能搜索、基因测序等领域。另一台是每秒钟可进行 1270 兆（万亿次）浮点运算的“天河一号”，由国防科技大学研制，主要用于石油勘探数据处理、气象预报、卫星遥感数据处理等大规模科学与工程计算。

第四代计算机在运算速度、存储容量、可靠性及性能价格比等诸多方面都是前三代计算机所不能企及的。这个时期计算机软件的配置也空前丰富，操作系统日臻成熟，数据库管理系统普遍使用，新一代计算机语言 C++及 Java 等得到普及，软件工程已成为社会经济的重要产业。计算机的发展呈现出多极化、网络化、多媒体化和智能化的趋势，计算机的应用进入了以网络化为特征的时代。在这一阶段的计算机按规模分为巨型机(超级计算机)、大型机、小型机、微型机和便携机。

第五代计算机是把信息采集、存储、处理、通信同人工智能结合在一起的智能型计算机系统。它能进行数值计算或处理一般的信息，主要是能面向知识处理，具有形式化推理、联想、学习和解释的能力，人—机之间可以直接通过自然语言（声音、文字）或图形/图像交换信息。第五代计算机又称为新一代计算机。

第五代计算机的发展必然引起新一代软件工程的发展，促使软件的生产率和可靠性进一步改进和提高。在硬件方面，光学器件、光纤通信技术以及智能辅助设计系统等将会得到充分地应用。计算机通信技术的发展，会促进综合业务数字网络的发展和通信业务的多样化。

3．计算机技术未来发展趋势

本世纪是人类走向信息社会的世纪，是网络的时代，是超高速信息公路建设取得实质性进展并进入应用的年代。网络技术、多媒体技术、面向对象技术以及嵌入式技术推动着计算机技术的发展。未来的计算机将与各种新技术相结合，从而开创出更多、更新的科学领域。与光电子学相结合，人们正在研究光子计算机。光子计算机以光子作为传递信息的载体，光互连代替导线互连，以光硬件代替电子硬件，以光运算代替电子运算，利用激光来传送信号，并由光导纤维与各种光学元件等构成集成光路，从而进行数据运算、传输和存储。与生物科学相结合，人们正在研究用生物材料进行运算的生物计算机。生物计算机（biological computer）又称仿生计算机（bionic computer），是一种通过以生物芯片取代集成在半导体硅片上的数以万计的晶体管而制成的计算机。

4．云计算时代的来临

“云计算”概念是由 Google 提出的，是一种网络应用模式，指服务的交付与使用模式。

当用户通过网络提出服务请求后，便能够容易地获得所需的服务。这种服务可以是软件的使用、互联网相关的服务、IT 基础设施的交付和使用以及任意其他的服务。它具有超大规模、虚拟化、可靠安全等特点。

在“云计算”时代，“云”会替人们做存储和计算的工作。“云”就是计算机群，每一群包括了几十万台，甚至上百万台计算机，利用并行处理提供高速的服务。在“云”中的计算机可以随时更新，维护“云”的存在。Google 就有好几个这样的“云”，其他著名的 IT 公司，如微软、雅虎、亚马逊也有这样的“云”。

目前，PC（个人计算机）依然是人们日常工作生活中的核心工具。人们用 PC 处理文档、存储资料，通过电子邮件或 U 盘与他人分享信息。如果 PC 硬盘坏了，资料便会丢失。不过当云计算时代到来之时，人们只需要一台能上网的计算机，无需关心存储或计算发生在哪朵“云”上。一旦有需要，便可以在任何有网络连通的地点，使用上网计算机或者手机等来计算和找到这些资料，再也不必担心资料丢失。

“云计算”首先将影响现有的操作系统的设计。从操作系统的设计方式上来看，采用“云计算”、“云存储”方式的操作系统将成为新一代云操作系统。那么“网络化”与“安全性”将成为云操作系统的鲜明特点。可以想象，云操作系统应实现无病毒、数据安全、存储方便、共享方便、软件发布安全方便、计算资源可以动态扩充等多种优点的网络服务。

1.1.2　操作系统的发展

软件开发始于冯·诺伊曼计算机的诞生。在第一代计算机时期，计算机存储容量小，运算速度慢（只有几千次/秒），I/O 设备只有纸带输入机、读卡机、电传打印机和控制台。使用这种计算机只能采用人工操作方式，没有操作系统。在人工操作情况下，用户逐个轮流使用计算机。使用过程大致如下：先经人工操作把手编程序（机器语言编写的程序）穿成纸带（或卡片），装在光电输入机上，然后启动光电机把程序和数据输入计算机，接着通过控制台上的开关，设置程序启动地址，启动程序运行。待程序运行完毕，计算结束，用户拿走打印结果，并卸下纸带（或卡片）。在这个过程中需要人工装纸带、人工控制程序运行、人工卸纸带，进行一系列的人工干预。这种由一道程序独占机器的情况，在计算机运算速度较慢的时候是可以容忍的，因为那时计算所需的时间相对而言较长，人工操作时间所占比例还不算很大。当计算机进入第二代，即晶体管时代后，计算机的运算速度、内存容量、外设的功能和种类等方面都比第一代计算机进了一大步。比如，计算机运算速度就有了几十倍、上百倍的提高，故使得手工操作的慢速度和计算机运算的高速度之间形成了一对矛盾，即所谓人—机矛盾。表 1-1 说明了人—机矛盾的严重性。

表 1-1　操作时间与运行时间的关系

机器速度	作业在机器上计算所需时间	人工操作时间	机器有效运行时间与操作时间之比
1 万次/秒	1 小时	3 分钟	20 : 1
60 万次/秒	1 分钟	3 分钟	1 : 3

说明：所谓作业是指，为了完成用户的计算任务，计算机所需进行的各项工作。这些工作包括用户程序的录入、编译、运行以及结束全过程。

随着计算机速度的提高，人—机矛盾已到了不可容忍的地步。为了解决这一矛盾，只有设法避免人工干预，实现作业的自动过渡，这样就出现了成批处理。

由于当时软件发展处于初级阶段，还没有专门用于管理的软件，因此所有的运行管理和具体操作都由用户自己承担。为了实现作业建立和作业过渡的自动化，出现了批量监督程序（常驻内存的核心代码）。在监督程序控制下，每一种语言翻译程序（汇编语言或某种高级语言的编译程序），或实用程序（如链接程序）都是作为监督程序的子例程进行调用的。

1．联机批处理

所谓“联机”是指由CPU直接控制，而联机批处理则是由CPU直接控制作业流和输入/输出（I/O）设备。在批处理中，监督程序以作业流形式监控每个作业的运行。用户把需要计算机解决的计算任务组织成作业，每个作业配有一个说明文件，称之为作业说明书，它提供了用户标识、所需的编译程序的名字以及要求的系统资源名称等基本信息，说明了所需资源被使用的先后次序。作业本身包含一个程序和一些原始数据，最后是一个作业的终止信息。终止信息告诉监督程序此作业已经结束，应为下一个用户作业做好服务准备。

每个用户都要把作业交给机房，由操作员把一批作业装到输入设备上（如果输入设备是纸带输入机，则这一批作业记录在一盘纸带上；若输入设备是读卡机，则该批作业记录在一叠卡片上。然后在监督程序控制下送到外部存储器，如磁带、磁鼓或磁盘上）。为了执行一个作业，批处理监督程序通过解释这个作业的说明书，控制作业的执行步骤。若系统资源能满足该作业说明书中的要求，则将该作业调入内存，并从外部存储器（如磁带）上输入所需要的编译程序。编译程序将用户源程序翻译成目标代码，然后由链接装配程序把编译后的目标代码及其所需的子程序装配成一个可执行的程序，之后便可启动执行，在计算完成后输出该作业的计算结果。只有在一个作业处理完毕后，监督程序才可以自动地调入下一个作业进行处理。依次重复上述过程，直到该批作业全部处理完毕。在这种批处理系统中，作业的I/O是联机的，也就是说将作业从输入设备输入到磁带上，再由磁带调入内存，以及结果的输出打印全部都是由中央处理机（CPU）直接控制的。随着处理机速度的不断提高，在这种联机操作方式下，处理机和I/O设备之间的速度差距很大，又形成了尖锐的矛盾。因为在进行输入或输出时，CPU是空闲的，使得高速的CPU要等待慢速的I/O设备的工作，从而不能发挥CPU应有的效率。

2．脱机批处理

为了克服联机批处理存在的缺点，在批处理系统中引入了脱机I/O技术，从而形成了脱机批处理系统。

脱机批处理系统由主机和卫星机组成，如图1-2所示。卫星机又称外围计算机，它不与主机直接连接，只与外部设备连接，专门控制外设。把作业通过卫星机输入到磁带上，当主机需要输入作业时，就把输入带同主机连上。主机把作业从输入带调入内存，并执行运算。作业完成后，主机负责把结果记录到输出带上，再由卫星机负责把输出带上的信息打印输出。这样，主机摆脱了慢速的I/O工作，可以充分地发挥主机的高速计算能力。同时，由于主机和卫星机可以并行操作，因此脱机批处理系统与早期联机批处理系统相比，系统的处理能力显著提高。

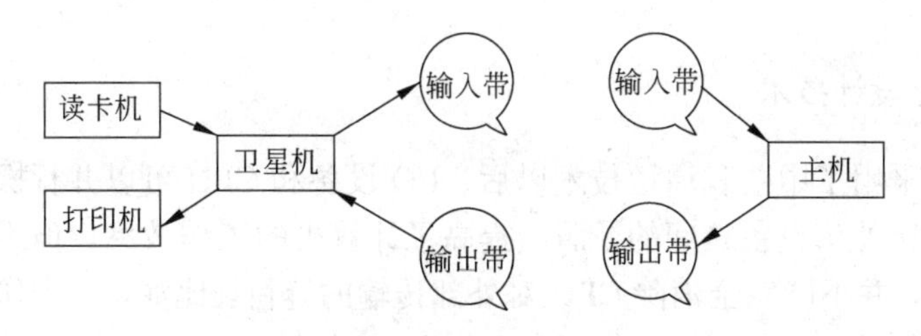

图 1-2 脱机成批处理

批处理系统是为解决人—机矛盾以及 CPU 和 I/O 设备之间的速度差异而发展起来的。它的出现改进了 CPU 和外设的使用效率，实现了作业的自动定序、自动过渡，从而提高了整个计算机系统的处理能力。但仍存在着许多缺陷，如卫星机与主机之间的磁带装卸仍需人工完成，操作员需要监督机器的状态信息。由于系统没有任何保护自身的措施，因此当目标程序执行一条引起停机的非法指令时，会导致系统停止运行。此时，只有操作员的干预，即在控制台上按启动按钮后，程序才会重新启动运行。另一种情况是，如果一个程序进入死循环，系统就会踏步不前，只有当操作员提出请求，要求中止该作业，删除它并重新启动，系统才能恢复正常运行。更严重的是，无法防止用户程序破坏监督程序和系统程序，于是系统的保护成为有待解决的问题。

3．执行系统

在 20 世纪 60 年代初期，计算机硬件在两方面有了新的进展，一是通道的引入，二是中断技术的出现，这两项重大成果导致了操作系统进入执行系统阶段。借助于通道、中断技术，I/O 工作可以在主机控制之下，与之并行工作。相对于原先的监督程序，此时的监督程序不仅要负责调度作业自动地运行，而且还要提供 I/O 控制功能（即用户不能直接使用启动外设的指令，它的 I/O 请求必须通过系统程序去执行）。由于主机和外设之间可以并行工作，因而监督程序比原先的功能增强了。这种常驻内存的监督程序，被称为执行系统。

通道是一种 I/O 专用处理机，它能控制不止一台外设工作。它与 CPU 共享主存，负责外部设备与主存之间的信息传输。它一旦被主机 CPU 启动，就能独立于 CPU 运行，从而使 CPU 和通道并行操作，而且 CPU 和各种外部设备也能并行操作。通道是一种特殊的处理机，指令简单，仅涉及 I/O 相关的指令。

所谓中断是指当主机接到外部硬件（如 I/O 设备）发来的信号时，马上停止当前程序的执行（断点），转去处理这一信号所代表的事件，在处理完了以后，主机又回到断点处继续执行。

执行系统比脱机处理前进了一步，它节省了卫星机，降低了成本，而且能支持主机和通道、主机和外设的并行操作。在执行系统中，用户程序的 I/O 控制是委托给执行系统实现的，由执行系统检查其命令的合法性，提高了系统的安全性，可以避免由于用户程序使用不合法的 I/O 命令而造成的对计算机系统的威胁。批处理系统和执行系统的普及，发展了标准文件管理系统和外部设备的自动控制功能。这一时期，程序库变得更加复杂和庞大，随机访问设备（如磁盘、磁鼓）已开始代替磁带作为外存。高级语言也比较成熟和多样。许多成功的批处理操作系统在 20 世纪 50 年代末到 20 世纪 60 年代初期出现，这正是第二代计算机活跃的年代，因此在第二代计算机的年代里，开始使用批处理操作系统。

4. 多道程序设计技术

计算机系统采用了中断和通道技术以后，I/O 设备和 CPU 可以并行操作，初步解决了高速处理机和低速外部设备之间的矛盾，提高了计算机的工作效率。但不久就发现，这种并行是有限度的，并不能完全消除 CPU 对外部传输的等待。比如，一个作业在运行过程中请求输入数据，然后 CPU 对这批数据进行处理。已知输入机花 1000ms 能够输入 1000 个字符，当输入第一批 1000 个字符到数据缓冲区之后，CPU 只需花 300ms 就可处理完这批数据。在第一批字符输入时，送入第一个缓冲区，完成之后交给 CPU 进行数据处理，同时输入机又开始了把第二批字符输入到第二个缓冲区的工作，与 CPU 的第一批数据处理并行执行。当 CPU 处理完第一批数据时，输入机的第二批字符输入已进行了 300ms，所以 CPU 还需等 700ms 时间才能得到第二批输入的字符，并再次开始第二批的数据处理。因此，尽管处理机具有和外部设备并行工作的能力，但是在这种情况下也只能让 CPU 等待，而无法让它多做工作，如图 1-3 所示。在输入操作未结束之前，处理机处于空闲状态，其原因是当前只有一道程序，CPU 的数据处理（计算）需要等待 I/O 完成方能继续。商业数据处理、文献情报检索等任务涉及的计算量比较少，而 I/O 量比较大，所以需要较多地调用外部设备。当由慢速的机械传动的读卡机、纸带输入机或从磁带、磁盘等设备输入数据到存储器时，CPU 不得不等待。当然，对于不同的设备，CPU 等待时间的长短是不同的。在处理结束后，又有很多时间被耗费在 CPU 等待将存储器（缓冲区）结果送到磁带、磁盘或用机械打印机打印输出。而对于科学和工程计算任务，主要涉及的是计算量大而使用外部设备较少的作业，因而当 CPU 运算时，外部设备经常处于空闲状态。此外，计算机在处理一些小题目时，存储器空间也未能得到充分利用。这些情况说明了单道程序工作时，计算机系统的各部件没有充分地发挥作用。那么，为了提高设备的利用率，是否能够在内存中同时存放几道程序呢？这就引入了多道程序的概念。

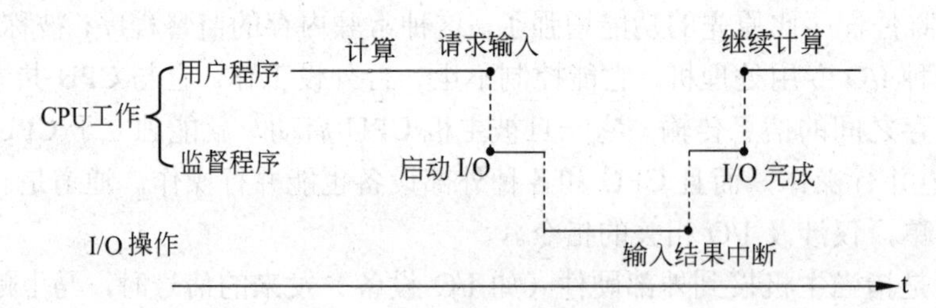

图 1-3 单道程序工作示例

多道程序设计技术是在计算机内存中同时存放几道相互独立的程序（只有将程序放在内存，CPU 才能执行），使它们在管理程序控制之下，相互穿插地运行。当某道程序因某种原因不能继续执行时（如等待外部设备传输数据），管理程序则让 CPU 执行内存中的另一道程序，这样可以使 CPU 及各外部设备尽量处于忙碌状态，以此提高计算机的使用效率。

在图 1-4 中，用户程序 A 首先在 CPU 上运行，当它需要从光电机（即纸带输入机）输入新的数据而转入等待时，系统帮助它启动光电机进行输入工作，并让用户程序 B 开始计算，直到程序 B 需要进行输入或输出处理时，再启动相应的外部设备进行工作。如果此时程序 A 的输入尚未结束，也无其他用户程序需要计算，则 CPU 就处于空闲状态，直到程序 A 在输入结束后重新执行。若当程序 B 的 I/O 处理结束时，程序 A 仍在执行，则程序 B 继续等待，直到程序 A 计算结束，请求输出时，才转入程序 B 的执行。从图 1-4 中可以看出，在有两道程序执行的情况下，CPU 的效率已大大提高。因此，当有多道程序工作时，CPU 几乎总是处于忙碌状态。多道程序设计技术能让几道程序同在内存，分享 CPU，并发执行。但在冯·诺伊曼型计算机结构中（在单 CPU 情况下），CPU 严格地按照指令计数器的内容顺序地执行每一个操作，即一个时刻只能有一个程序在 CPU 上执行。那么，如何理解多道程序的并发执行呢？多道程序设计技术能够将安排在计算机内存的若干道程序相互穿插地运行，即当一个正在 CPU 上运行的程序因为要输入或输出而不能继续运行下去时，就把 CPU 让给内存中的另一道程序。所以，从微观上看，一个时刻只有一个程序在 CPU 上运行；从宏观上看，几道程序都处于执行状态（因为都已存放在内存），有的正在 CPU 上运行，有的在打印结果，有的正在输入数据，它们的工作都在向前推进。我们把多道程序在单 CPU 上的这种逻辑上的同时执行称为并发执行，它和多道程序同时在多个 CPU 上执行是有区别的。前者是逻辑上的并行，后者是物理上的并行。

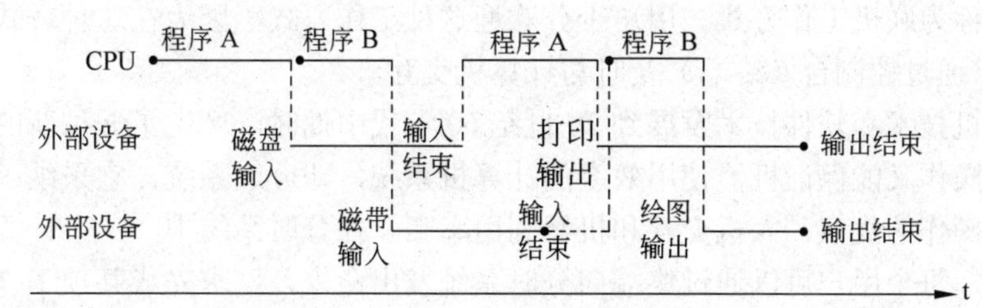

图 1-4　多道程序工作示例

综上所述，多道程序运行的特征如下。

- 多道：即计算机内存中同时存放几道相互独立的程序。
- 宏观上并行：同时进入系统的几道程序都处于运行过程中，即它们先后开始了各自的执行，但都未运行完毕。
- 微观上串行：从微观上看，内存中的多道程序轮流地或分时地占有 CPU，交替地执行（单 CPU 情况）。

5．多道批处理系统

在批处理系统中采用多道程序设计技术，便形成了多道批量处理操作系统，简称多道批处理，在一般的计算机上都配有这类操作系统。多道批处理是操作系统的一种类型。该系统把用户提交的作业（相应的程序、数据和处理步骤）成批送入计算机，然后由作业调度程序自动选择作业运行。这样能缩短作业之间的交接时间，减少 CPU 的空闲等待，从而提高系统效率。此类操作系统中有代表性的是 IBM 公司为 IBM360 机器配置的 OS/360。

在多道批处理系统中，交到机房的一批作业由操作员负责将其由输入机转储到辅存设备上，等待运行。当需要调入作业时，作业调度程序按一定的调度原则选择一个或几个作业装入主存，主存中的几个作业交替运行（如图 1-4 所示），直到某作业完成计算任务，输出其结果，收回该作业占用的全部资源，然后再调入下一个作业。在这种系统中，机器的利用率是很高的。因为，作业的输入、作业的调度等完全由操作系统控制，并允许几道程序同时投入运行，只要合理搭配作业，比如把计算量大的作业和 I/O 量大的作业合理搭配，就可以充分利用计算机系统的资源。多道批处理的优点是系统的吞吐量大，缺点是对用户的响应时间较长（用户向系统提交作业到获得系统的处理信息这一段时间为响应时间），用户不能及时了解自己程序的运行情况并加以控制。

6．分时技术与分时系统

1）分时技术

虽然多道批处理系统提高了对计算机系统资源的利用率，适合将计算类型的作业与繁忙 I/O 类型的作业搭配着运行，但实际上许多程序员很怀念第一代计算机的使用方式，那时他们可以独占一台机器几个小时，可以即时地调试他们的程序。而对第二代计算机，一个作业从提交到取回运算结果往往长达数小时。程序员们希望很快得到响应，这种需求就导致了分时系统的出现。分时系统实际上是多道程序的一个变种，不同之处只是每个用户都有一个联机终端（键盘与显示屏），让用户在终端上直接操作，控制自己程序的运行，这种操作方式称为联机工作方式。用户十分欢迎这种工作方式，因为在这种方式下，操作员（用户）可以通过控制台（终端）及时与计算机交互。

当计算机技术和软件技术发展到 20 世纪 60 年代中期时，产生了一种新的、既能实现用户的联机操作又能保证机器使用效率的计算机系统，即分时系统，它采纳了第一代与第二代计算机操作的优点，人机交互和机器利用率高。在分时系统中，一个计算机和许多终端设备连接，每个用户可以通过终端向分时系统发出命令，请求完成某项工作，而分时系统则分析从终端设备发来的命令，完成用户提出的要求；之后，用户又根据分时系统提供的运行结果，向操作系统提出下一步请求，如此重复上述交互会话过程，直到用户完成预计的全部工作为止。在分时系统中，计算机能同时为许多终端用户服务，而且能在很短的时间内响应用户的要求。因为，计算机系统采用了分时技术，把 CPU 运行时间划分成很短的时间片（如几百毫秒），并轮流地分配给各个联机作业使用。如果某个作业在分配给它的时间片用完之前计算还未完成，该作业就暂时中断，等待获得下一轮在 CPU 上执行的时间片再继续计算，此时 CPU 让给另一个作业使用。这样，各个用户的每次要求都能得到快速响应，给每个用户的印象就好像他独占一台计算机一样。

总之，分时技术包括了时间片划分，时钟中断，调度 CPU 按照时间片轮流地执行不同的作业以及终端卡与终端的使用。

2）分时系统

在多道系统中，若采用了分时技术，就是分时操作系统。它是操作系统的另一种类型，一般采用时间片轮转的办法，使一台计算机同时为多个终端用户服务，对每个用户都能保证足够快的响应时间，并提供交互会话功能。分时系统通过给每个用户提供一台“个人计算机”的方法提高了整个系统的效率。用户在计算机的使用方式上，与批量系统之间的主要差别在于，在分时系统中的用户是通过使用显示器和键盘组成的联机终端与计算机交互。20 世纪 60 年代的 MULTICS（multiplexed information and computing service，由 MIT、贝尔实验室和 IBM 共同研制）是当时所建造的一个庞大的分时系统。在如今流行的操作系统中，Linux、Windows 以及 UNIX 都是分时系统，其中 UNIX 和 Linux 可连接多个终端，而且编写 UNIX 的人 Dennis Ritchie 和 Ken Thompson 正是从 MULTICS 系统的开发失败中取得经验进而开发了优秀的 UNIX。人们往往把图灵奖比作计算机界的诺贝尔奖。而在图灵奖的得主中，仅有 Ken Thompson 与 Dennis Ritchie 两位是工程师（其他获此殊荣的都是学者）。

分时系统具有以下特点。

- 多路性：众多联机用户可以同时使用一台计算机，所以亦称同时性。系统按分时原则为每个用户服务。宏观上，是多个用户同时工作，共享系统资源；而微观上，则是一个 CPU 轮流地按时间片为每个用户作业服务。
- 独占性：由于所配置的分时操作系统是采用时间片轮转的办法，使一台计算机同时为许多终端用户服务。一般分时系统在 3 秒之内响应用户要求，用户就会感到满意，因为这时用户在终端上感觉不到需要等待。因此，客观效果是这些用户彼此之间都感觉不到别人也在使用这台计算机，好像只有自己独占计算机一样。
- 交互性：即用户与计算机可进行“会话”，用户从终端输入命令，提出计算要求，系统接收到命令后分析用户的要求并给予执行，然后把运算结果通过屏幕或打印机返回给用户，用户可以根据运算结果提出下一步的要求；这样一问一答，直到全部工作完成。
- 及时性：用户的请求能在很短的时间内获得响应，此时时间间隔是以人们所能接受的等待时间来确定的，通常不超过 3 秒。

多道批处理系统和分时系统的出现标志着操作系统的形成。在某些计算机系统中配置的操作系统结合了批处理能力和交互作用的分时能力。它以前台/后台方式提供服务，前台以分时方式为多个联机终端服务，当终端作业运行完毕时，系统就可以运行批量方式的作业。

7. 实时系统

早期的计算机基本上用于科学和工程问题的数值计算。在 20 世纪 50 年代后期，计算机开始用于对生产过程的控制，形成了实时系统。随着计算机硬件的更新换代，使整个计算机系统的功能大大增强，导致了计算机的应用领域越来越宽广。例如，炼钢、化工生产的过程控制，航天和军事防空系统中的实时控制。更为重要的是，计算机广泛用于信息管理，如飞机订票、银行储蓄、出版编辑、图书检索、仓库管理、医疗诊断、教学、气象、地质勘探等。

实时操作系统是操作系统的又一种类型。“实时”二字的含义是指计算机对于外来信息能够及时进行处理，并在被控对象允许的时间范围内做出快速反应。实时系统对响应时间的要求比分时系统更高，一般要求响应时间为秒级、毫秒级甚至微秒级。

将电子计算机应用到实时领域，配上实时监控系统，便组成了各种各样的专用实时系统。实时系统按其使用方式不同分为两类：实时控制系统和实时信息处理系统。

实时控制系统是指利用计算机对实时过程进行控制和提供环境监督的系统。过程控制系统把从传感器获得的输入数据进行分析处理后，激发一个活动信号，从而改变可控过程，以达到控制的目的。例如对轧钢系统中炉温的控制，就是通过传感器把炉温传给计算机控制程序，控制程序通过分析后再发出相应的控制信号以便对炉温进行调整，系统响应时间要满足温控要求。

实时信息处理系统是指利用计算机对实时数据进行处理的系统。这类应用大多属于服务性工作，比如，自动订购飞机票、火车票系统，情报检索系统等。人们可以通过这样的系统预订飞机票，查阅文献资料。用户还可通过终端设备向计算机提出某种要求，由计算机系统处理后通过终端设备回答用户，系统响应时间与分时系统相同。

实时系统的特点如下：

- 及时响应。系统对外部实时信号必须能及时响应，响应的时间间隔必须满足实时环境中的时限要求。
- 高可靠性和安全性。实时系统首先必须保证系统的高可靠性和安全性，而系统的效率则置于次要地位。
- 系统整体性强。在硬实时系统中，受管制的联机设备和资源，必须按一定的时间关系和逻辑关系进行协调工作。
- 交互会话功能较弱。实时系统没有分时系统那么多种交互会话功能，通常不允许用户通过实时终端设备去编写新的程序或修改已有的程序。实时终端设备通常只是作为执行装置或询问装置，是为特殊的实时任务设计的专用系统。

8．计算机网络与网络操作系统

自从 20 世纪 70 年代中期以来，微型机得到了迅猛发展。按照计算机第一定律，即摩尔定律（Moore 定律，在 1965 年由戈登 • 摩尔（Gordon Moore）提出），微处理器的性能每隔 18 个月提高一倍，而价格下降为原先的一半。尽管如此，目前在微机上对一个大型程序进行高速运算，仍无法做到，但在大型机上对大型程序进行高速运算，是大型机必备的基本功能。那么微型机用户能否很方便地通过微机使用大型机所拥有的资源呢？回答是肯定的，就是通过计算机网络。

计算机技术和通信技术的结合已经对计算机的组成方式产生了深远的影响。“计算机中心”的概念将逐步消失，集中式计算机系统的模式逐步被一种新的模式所取代。在这种新模式中，计算任务是由大量分立而又互相连接的计算机来完成的；某一台计算机上的用户可以使用其他机器上的资源。这就引出了计算机网络的概念。利用通信线路，将分散在不同地点的一些独立自治的计算机系统相互连接，按照网络协议进行数据传输及通信，实现资源共享，这样的计算机系统的集合体称为计算机网络。这里要求计算机是“独立自治”的，即计算机网络中的各个计算机是平等的，任何一台计算机都不能强制启动、停止或控制另一台计算机。“互联”指的是两台计算机之间能彼此交换信息，这种连接不一定是有线连接，也可以是无线连接，如采用激光、微波、红外和地球卫星来实现连接。

计算机联网的目的有以下两点：

- 各计算机间资源共享、负载均衡。
- 通过提供可替换的资源而达到高度的可靠性。

计算机网络使用户能突破地域条件的限制而使用远程计算机，并借助网络互相交换情报、消息、文件，从而扩展了计算机的应用范围。

计算机网络分为两大类：广域网和局域网（如图 1-5 所示）。两者之间的主要区别是网络覆盖区域的大小不同。局域网（LAN）中的计算机可以与局域网之外的计算机通信。局域网至不同地区局域网之间的通信网络被视为广域网（WAN）。利用路由器（router）和网关（gateway）设备，可以实现不同局域网之间的连接。如果相互连接的局域网属于同一类型，通常只使用路由器实现网间连接；如果相互连接的局域网类型不同，就要用网关来转换数据帧的格式，以便适合在不同局域网内的正确传输。数据始终是以帧的方式来传输的。当网关收到一帧数据时，它用数据体的头部来确定数据的目标地址，然后网关按照下一个局域网的帧格式把数据体重新打包。被传递的数据在到达最终目的地之前，可能要越过几个局域网。

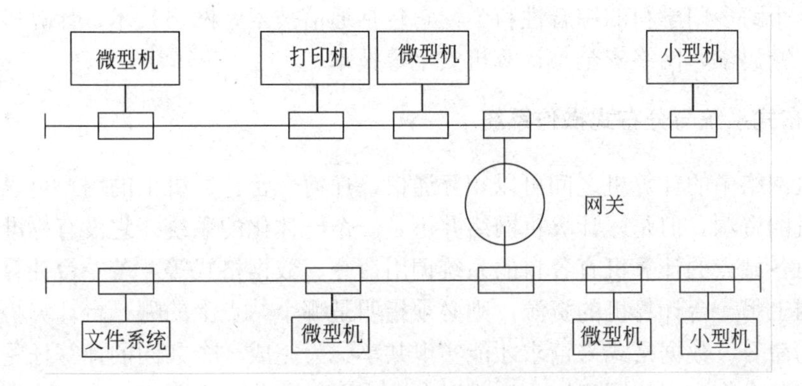

图 1-5　局域网间的连接

Internet（因特网）是一种广泛区域内的数据包交换网络，已成为世界上连接范围最广、用户数量最多的广域网。网中的每一台主机都作为客户服务器运行。实际上，Internet 的每一个组元结点都被看做一台主机，甚至路由器也被视为主机。每一台主机都有一个唯一的 Internet 协议（IP）地址。

网络上的计算机独立自治，各有自己的存储器、外部设备、各种软件资源和自己的用户。用户只能利用特定的语言和操作命令使用计算机。当计算机联网后，怎样才能适应网络环境的需要？一种较简单的方法是对原有的操作系统做某种改造，这样，既不会使原有的软件失效，又可以实现网络通信的需要。这种方法是在原有的操作系统中增加一个模块——网络通信模块（通信协议）。它负责本机系统同网上其他系统之间的资源共享和负载均衡，并实现网上的消息和文件的传输。

网络操作系统（network operation system，NOS）是控制和管理网络资源的特殊的操作系统。它与一般的计算机操作系统不同的是：它在计算机操作系统中增加了网络操作所需要的能力。

网络操作系统主要是指运行在各种服务器上的操作系统，目前主要有 UNIX、Linux、Windows 以及 NetWare 系统等。各种操作系统在网络应用方面都有各自的优势，这种局面促使各种操作系统都极力提供跨平台的应用支持。操作系统是整个网络中不可缺少的组成部分，必须根据网络的应用规模、应用层次等实际情况选择适合的操作系统。

- Windows NT/2000/2003 Server：简单易用，适合中小型企业及网站建设；
- Linux：具有高的安全性和稳定性，一般用做网站的服务器和邮件服务器；
- UNIX：具有非常好的安全性和实时性，广泛用在金融、银行、军事及大型企业网络上；
- Novell 公司的 NetWare 系列：在工业控制、生产企业、证券系统方面，是比较理想的操作系统。

网络操作系统虽已比较成熟，但也必将随着计算机网络的广泛应用而得到进一步的发展和完善。网络在今后的发展过程中不再仅仅是一个工具，也不再是一个遥不可及仅供少数人使用的技术专利，它已成为一种文化、一种生活融入到了社会的各个领域。

在计算机网络飞速发展的同时，安全问题不容忽视。网络安全经过了二三十年的发展，已经成为一个跨多门学科的综合性科学，它包括通信技术、网络技术、计算机软件、硬件设计技术、密码学、网络安全与计算机安全等技术。

9．分布式系统与分布式操作系统

计算机网络中的计算机之间可以相互通信，任何一台计算机上的用户可以共享网络上其他计算机的资源。但是，计算机网络并不是一个一体化的系统，它没有标准的、统一的接口。网上各站点的计算机有各自的系统调用命令、数据格式等。若一台计算机上的用户希望使用网上另一台计算机的资源，则必须指明是哪个站点上的哪一台计算机，并以那台计算机上的命令、数据格式来请求才能实现共享。为完成一个共同的计算任务，分布在不同主机上的各合作进程的同步协作也难以自动实现。因此，需要进一步解决得问题是：在网络上的不同类型计算机中，用某一种计算机所编写的程序如何在另一类计算机上运行？如何在具有不同数据格式、不同字符编码的计算机之间实现数据共享。另外，还需要解决分布在不同主机上的诸合作进程如何自动实现紧密合作的问题。

大量的实际应用要求有一个完整的、一体化的系统，而且又具有分布处理能力。如，在事务处理、数据处理、办公自动化系统等实际应用中，都要求进行分布式处理。用户希望以统一的界面、标准的接口去使用系统的各种资源，去实现所需要的各种操作，这就导致了分布式系统的出现。

在一个分布式系统中，首先要将若干台独立的计算机连接成网络，不过整个系统给用户感觉如同是一台计算机。实际上，系统中的每台计算机都有自己的局部存储器和外部设备，它们既可独立工作（自治性），亦可合作。在这个系统中各机器可以并行操作且有多个控制中心，具有并行处理和分布式控制的功能。分布式系统是一个一体化的系统，在整个系统中有一个全局的操作系统，称之为分布式操作系统，负责全系统（包括每台计算机）的资源分配和调度、任务划分、信息传输、控制协调等工作，并为用户提供一个统一的界面和标准的接口。用户通过这一界面实现所需的操作和使用系统的资源。至于操作是在哪一台计算机上执行或使用哪个计算机的资源，则由操作系统统一安排，用户是无须了解的，也就是说系统对用户是透明的。

计算机网络是分布式系统的物理基础，因为计算机之间的通信是经由通信链路的消息交换完成的。它和常规网络一样，具有模块性、并行性、自治性和通信性等特点。但是，它比常规网络又有进一步的发展。例如，常规网络中的并行性仅仅意味着独立性，而分布式系统中的并行性还意味着合作。原因在于，分布式系统虽然在物理上是一个松散耦合的系统，但在逻辑上却是一个紧密耦合的系统。

分布式系统和计算机网络的区别在于前者具有多机合作和健壮性。多机合作是自动任务分配和协调，而健壮性表现在，当系统中有一个甚至几个计算机或通路发生故障时，其余部分可自动地重构成一个新的系统继续工作。当故障排除后，系统自动恢复到重构前的状态。这种自动恢复功能就体现了系统的健壮性。人们研制分布式系统的根本出发点和目的就是因为它具有多机合作和健壮性。正是由于多机合作，系统才具有响应时间短、吞吐量大、可用性好和可靠性高等特点。分布式系统具有强大的生命力，是当前正在兴起的云计算技术的基础，也是当前深入研究的热点之一。

10．PC 操作系统的发展

在 PC 发展史上，出现过许多不同的操作系统，其中最知名的有 DOS、Windows、OS/2、UNIX/Xenix、Linux 等，下面分别介绍这几种微机操作系统的发展过程和功能特点。

1）DOS 操作系统

DOS 是 Disk Operation System（磁盘操作系统）的简称，是 20 世纪 80 年代初至 90 年代中期的 PC 上采用的主流操作系统。DOS 从 1981 年问世以来，经历了多次的版本升级，不断地改进和完善。但是，一直保持着 DOS 系统的单用户、单任务、字符界面和 16 位的大格局，因此它对于内存的管理也局限在 640KB 的范围内。

常用的有 Microsoft 公司的 MS-DOS、IBM 公司的 PC-DOS 以及 Novell 公司的 DR DOS，三种不同的名牌，相互兼容，但仍有一些区别。三种 DOS 中使用最多的是 MS-DOS。

MS-DOS 的最高版本是 8.0（它可以用来运行 Windows 9x 或 ME），而除了 MS-DOS 以外，其他的 DOS 也在发展着。仍在不断发展和更新中的 DOS 有 FreeDOS、PTS-DOS、ROM-DOS 等，这些 DOS 的功能都十分强大，往往超过 MS-DOS，而且 FreeDOS 还是完全免费且自由开放（基于 GNU GPL 协议）的。因此，程序员们完全可以为它们开发新的 DOS 软件，而不必依赖于 MS-DOS。

由于 DOS 系统没有病毒防范能力，而且已经不能适应 32 位机的硬件系统，所以 DOS 系统逐渐退出历史舞台，现如今窗口操作系统正处于鼎盛时期。

2）Windows 系统

MS-DOS 提供的是一种以字符为基础的用户接口，如果用户不了解硬件和操作系统，则难以称心如意地使用 PC。人们期望能把 PC 变成一个更直观、易学、好用的工具。Microsoft 公司为满足 MS-DOS 用户的愿望，提供了一种图形用户界面（graphic user interface，GUI）方式的新型操作系统，也就是 Windows。它是 Microsoft 公司在 1985 年 11 月发布的第一代窗口式多任务系统，运行在 DOS 平台上，从此使 PC 开始进入了 GUI 时代。在图形用户界面中，每一种应用软件（即由 Windows 支持的软件）都用一个图标（icon）表示，用户只需把鼠标移到某图标上，快速点击两下即可运行该软件。这种图符界面为用户提供了很大的方便，改变了用户使用计算机的方式。

Windows 的版本经历了 Windows 1.x、Windows 2.x、Windows/286 V2.1、Windows/386 V2.1、Windows 3.0、Windows 3.1、Windows 95（也称为 Chicago 或 Windows 4.0）。在此之前的 Windows 都是由 MS-DOS 引导的，也就是说 Windows 95 之前的 Windows 系统，只是运行在 MS-DOS 上的附加组件，是一个基于 MS-DOS 的图形应用程序，还不是一个独立的系统，而 Windows 95 是一个完全独立的操作系统，并在很多方面做了进一步的改进，集成了网络功能和即插即用（plug and play）功能，是一个全新的 32 位操作系统。

1998 年，Microsoft 公司推出了 Windows 95 的改进版 Windows 98。在 Microsoft 的产品策略中，未来 Windows 家族产品都要共用相同的核心代码，即 Windows NT 的核心代码。

但过去为了照顾已有的16位软件及16位的设备驱动程序，从而开发出了Windows 95这种过渡性的产品，其升级版本Windows 98起着继往开来的作用。Windows 2000是1999年底发布的计算机操作系统，原名Windows NT 5.0，它结合了Windows 98和Windows NT 4.0的很多优点，超越了Windows NT的原来含义。Windows NT（new technology）是Microsoft公司的另一个产品，基于OS/2 NT，1993年发布其第一代产品，是真正的32位网络操作系统。与普通的Windows 9x系统不同，它主要面向商业用户，有服务器版和工作站版之分，并把网络管理功能放入操作系统内核。Windows 2000就是Windows NT 5.0，目前的Windows XP沿袭了Windows 2000的系统内核，Windows XP有90%的系统代码与Windows 2000是相同的，只有10%的不同代码反映了Windows XP系统在图像处理和应用软件方面的改进。在Microsoft公司的这些不同版本的操作系统中，Windows NT/ 2000/ XP/ Server 2003/ Vista/Server 2008/ Windows 7属于网络操作系统，它们在其内核提供了网络通信和管理功能。

3）OS/2操作系统

1987年IBM公司在激烈的市场竞争中推出了PS/2（personal system/2）个人计算机。PS/2系列计算机突破了当时的PC机的体系，采用了与其他总线互不兼容的微通道总线MCA（microchannel architecture），并且IBM自行设计了该系统约80%的零部件，以防止其他公司仿制。

OS/2系统完全是为PS/2系列机开发的一个新型多任务操作系统。OS/2克服了DOS系统640KB主存的限制，具有多任务功能。OS/2也采用图形界面，它本身是一个32位系统，不仅可以处理32位OS/2系统的应用软件，也可以运行16位DOS和Windows软件。OS/2系统通常要求在4MB内存和100MB硬盘或更高的硬件环境下运行。

IBM OS/2最终没有得到普及。在20世纪90年代初期，OS/2的整体技术水平超过了当时的Windows 3.x，但后来OS/2因缺乏应用软件的支持而失败。这表明发展操作系统必须同时发展其应用支持，且后者的投入远远超过前者。

4）UNIX系统

UNIX系统于1968年问世，运行在中、小型计算机上。最早移植到80286微机上的UNIX系统称为Xenix。Xenix系统的特点是：短小精干，系统开销小，运行速度快。经过多年的发展，Xenix已成为十分成熟的系统。Xenix原本由Microsoft开发，后转卖给了SCO，是运行在PC上的UNIX的变种，目前已不多见了。最新版本的Xenix是SCO UNIX和SCO CDT的结合。

UNIX是一个多用户系统，一般要求配有8MB以上的内存和较大容量的硬盘。UNIX的变种非常多，常见的UNIX变种有：SGI Irix、IBM AIX、Compaq Tru64 Unix、Hewlett-Packard HP-UX、SCO UnixWare、Sun Solaris等，不同的UNIX运行在不同的硬件平台上。

在国内，商业银行、保险公司、邮电等行业在许多年前就开始使用SCO UNIX。SCO UNIX运行相当稳定，对系统硬件的要求不高，所以一向受到国内有关金融部门的青睐。SCO UNIX后来又发展成SCO OpenServer，之后又改名为SCO UnixWare。

SCO UNIX价格较高。不过，对于个人用户，只要不用于商业目的，就可以从SCO站点申请一个免费的序列号。SCO对个人用户注册不收取任何费用。

5）Minix

Minix 是众多 PC 操作系统中最为精巧的一种 OS 操作系统，最早的 Minix 只要一张软盘就可以正常运行。不过，麻雀虽小，五脏俱全，它涉及操作系统中的所有方面，而且其技术领先，在程序上代表了 OS 的发展方向，可谓 OS 中的小精灵。

Minix 就是 mini UNIX 的意思，它所提供的系统功能是 UNIX 系统的一个子集，由著名计算机科学家 Andrew S.Tenebaum 编写，目的是为了让学生了解 UNIX 操作系统。Minix 的源代码（sourceçode）是公开的。然而 Tenebaum 为了保持 Minix 的教材作用，并没有把 Minix 编写成适合一般人使用的操作系统。Minix 只可支持最多三个用户，没有图形用户界面（GUI）。

6）Linux 系统

Linux 是目前全球最大的一个自由免费软件，是一个功能与 UNIX 相似，可与 Windows 相媲美的操作系统，具有完备的网络功能。

1991 年，一位芬兰的学生 Linus Torvalds 基于兴趣对 Minix 进行了深入研究，打算对 Minix 进行修改，但没有获得 Minix 作者的同意。因为 Minix 的作者 Tenebaum 希望保持 Minix 的短小精悍，便于学生理解，不愿在其性能上加以扩充。所以，Linus 决定参照 Minix，自己重新开发一个操作系统。他把自己的名字 Linus 及 UNIX 合起来，用来命名他设计的操作系统 Linux。他当时把 0.02 版的 Linux 放在 Minix 的新闻组（newsgroup）上，并呼吁其他有兴趣的网民一同发展这个操作系统。在 1994 年，Linux 的操作系统核心（kernel）1.0 版推出。

由于 Linux 的前身是 Minix，而 Minix 又以 UNIX 为基础，所以 Linux 无论在界面还是在功能上与 UNIX 极为相似。现在 Linux 的内核有两种，一种是稳定版内核，而另一种则是开发版内核，后者相对来说不稳定。这两种版本号的区别在于稳定版内核的版本号的第二位数是偶数，如 2.2.6，而开发版内核所用的版本号的第二位数则是奇数，如 2.3.6。

Linux 操作系统具有如下特点：

- 它是自由软件，开放源代码，用户不用支付任何费用就可以获得它和它的源代码，并且可以根据自己需要对它进行必要的修改。可以无偿使用，无约束地继续传播。
- Linux 操作系统与 UNIX 系统兼容，它一出现就有了一个很好的用户群。
- 是运行硬件平台最多的操作系统。包括 Intel 系列、68K 系列、Alpha 系列、MIPS 系列等，其中有桌面计算机处理器以及手持计算机处理器，如 X86、PowerPC、ARM、XSCALE、MIPS、SH、68K、Alpha、SPARC 等多种体系结构。

目前各大软件商如 Oracle、Sybase、Novell、IBM 等均发布了 Linux 版的产品，许多硬件厂商也推出了预装 Linux 操作系统的服务器产品，PC 用户使用 Linux 也很常见。另外，还有不少公司有计划地收集有关 Linux 的软件，组合成一套完整的 Linux 发行版本上市。比较著名的有 RedHat（红帽）、Slackware 等公司。对于一个稳定、灵活且易用的软件，肯定会得到越来越广泛的应用。

现在，围绕 Linux 已经形成了一个组织，它集开发、应用以及支持于一体，遍布世界的 Internet 互联网便成了其最有效的纽带。对于这个组织，创始人 Linus Torvalds 选定了一个憨态可鞠的企鹅（Linux Penguin：Tux）作为这个组织的标志，如图 1-6 所示。

Linux 操作系统源代码可以从网上下载。例如，由 Red Hat Software 提供的 Red Hat Linux 下载的网址有：http://www.redhat.com 和 ftp://ftp.redhat.com。Red Hat Linux 具有安装简单、维护方便等众多优点，可以说是 Linux 发布的事实上的标准。

图 1-6　Linux 企鹅 Tux

另外，Linux 在桌面计算机领域也在不断发展，例如在 GUI 方面，KDE（K desktop environment）或 GNOME （GNU's network object model environment）都与 Windows 越来越接近。Linux 的发展依赖于开放源码运动，这一软件发展模式随着 Internet 而发展起来，现在一些大公司如 Netscape、Apple、AOL 等也将它们的部分软件采用开放源码方式发布，显示出这种模式强大的生命力。

Linux 已被实践证明是高交叉、稳定可靠的操作系统，特别是从 1998 年以来，它已得到世界上许多大软件公司的支持，从而拥有了大量应用软件的支持。因此，使 Linux 拥有了当年 OS/2 所不具备的条件，也为重新发展我国的自主操作系统提供了良机。

11．开放源码的前景

源码是交流软件技术的主要媒介，虽然版权保护对于软件的发展曾经起了重大的作用，但它的负面影响也不能低估。为了版权保护而将源码保密，不利于软件技术本身的发展。从这一意义上看，开放源码符合科学技术发展的一般规律。人们发展开放源码软件不是为了金钱，而是为了荣誉和兴趣。开放源码软件之所以能迅速地发展也是 Internet 发展的结果，借助于 Internet，可集中无数开发人员的智慧协同开发，使开放源码软件能做到品质高、开发快、找错容易。开放源码已成为一种潮流，为今后软件发展提供了一种重要模式。随着开放源码软件比重的增大，它还将促进软件业向主要依靠技术支持服务赢利的方向发展。表 1-2 归纳了两种软件发展模式的主要特点。

表 1-2　软件发展的两种模式

私有软件模式	自由软件模式
以微软为代表	以 Linux 为代表
源码保密	源码开放
版权私有	版权公有
以金钱为动力	以荣誉、兴趣为动力
公司范围内协作	全球范围的协作
以版权费赢利	以支持服务赢利

12．GNU 的公用许可证 GPL

通用公用许可证 GPL（general public license）是由成立于 20 世纪 80 年代的自由软件基金所制定的一套完整法律文献，它建立了一种完全不同于以往商业化软件版权规定的新型软件版权许可证制度。遵从这一制度，任何人都能对以 GPL 方式发行的软件进行任意的复制和分发。

要深入理解自由软件运动还要研究它的公用许可证制度。从历史发展来看，1983 年 Richard Stallman 首先倡导了 GNU 计划，开创了自由软件运动。GNU 这个名字采用了 GNUS NOT UNIX 的缩略词，意思是 Not UNIX。从技术上讲，GNU 与 UNIX 相似，但决非 UNIX，因为 GNU 给用户完全的自由。1998 年 2 月自由软件运动成员提出以开放源码软件表示自由软件，自由软件的核心思想不是“免费”，而是“自由”，即自由复制、修改、发布等。初看起来似乎只要将软件公开，放弃版权，进入公有领域，就可以让人们共享和修改这个软件了，但事实上没有那么简单。如图 1-7 所示，如果在某个中间环节上有人对软件做某些修改后，将它私有化再卖给用户，这样用户就不能再自由进行使用、修改和发布了。所以进入公有领域并不能保证软件能始终被人自由使用、修改和发布。

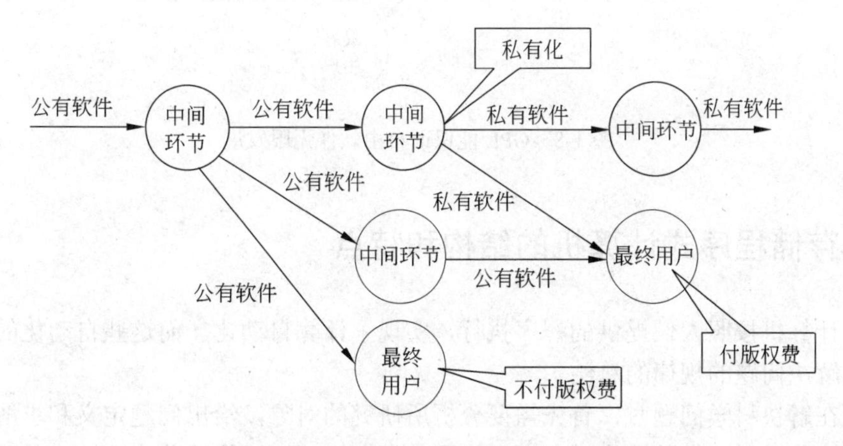

图 1-7　公有领域的软件可能转为私有

为了达到软件“自由”的目的，1983 年 Stallman 制定了 GPL，它的宗旨就是保证用户有无限复制和修改的权利，也称作 Copyleft。一般的版权即 Copyright，是指保证作者对作品及其衍生工作的独占权，而 Copyleft 则允许用户对作品进行无限的复制和修改，但它也要求用户承担义务，即在发布源码和一切派生工作时不收费、不附加其他条款，并必须附带 GPL 的条款。这样任何人无论是否做了修改，在重新发布软件时，都必须连带传递、复制和修改这个软件的自由，如图 1-8 所示。总之，GNU 和 GPL 的两个主要目标是：使自由软件的衍生作品继续保持自由状态，以及从整体上促进软件的共享和重复利用。

依据 GPL 的规定，在将这个软件分送或销售出去时，能做与不能做的事，其接受者也都与之相同。此外，对软件程序源码的任何修改都是合法的，而且可以有偿出售，购买者同样有权获得修改后的源码。最后，尤其重要的一点就是，任何人不能因为修改了在 GPL 保护下的软件代码而借此声称那是属于个人或企业的专属品。因为受 GPL 保护的软件属于全人类，这样的行为与盗窃无异。

虽然 GPL 条款很多，但对于最终用户来说，源码公开，可以享有任意的使用权而没有任何约束，这比用私有软件优越得多。对于企业和开发者来说，只要遵守 GPL 条款，也可任意修改、自主发布版本。这里主要的约束是对自由软件的修改也必须公开源码；在发布自由软件时也必须同时带有 GPL 条款，使其继续成为自由软件。

只要看看 Linux 系统是怎样依托着 GPL 的保护而在网络上成长壮大起来的，就不难理解 GPL 对于当今软件行业和信息产业具有多么重要的意义。

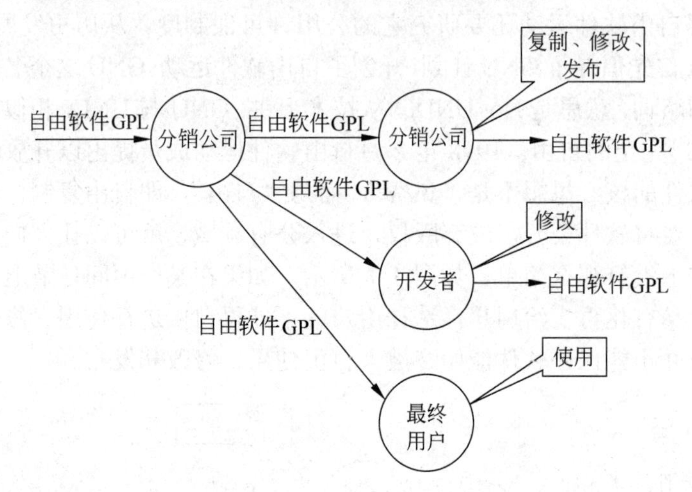

图 1-8 GPL 能保证自由软件无限发展

1.1.3 存储程序式计算机的结构和特点

电子计算机按照人们提供的程序执行，实现了计算自动化。而这些自动化的基础来自于人们对解决问题的规律的总结。

人们在解决科学问题时，首先需要分析所研究的对象，给出问题定义和求解方法。对问题的形式化定义叫做数学模型，而对问题求解方法的形式描述称为算法。其次是必须具备实现算法的工具或设施。我们将一个算法的实现叫做一个计算。显然，一个计算既与算法有关，也与实现该算法的工具有关。算法和计算工具是密切联系在一起的，二者互相影响、互相促进。

最初，人们是凭大脑和手来进行计算，随后使用算盘，再后用计算器，这些计算工具可以进行加、减、乘、除运算。当人们要解决某一问题时，只有将问题的求解方法归结为四则运算问题后，才能使用算盘之类的工具进行计算。这里的“算法”是“四则运算”，所以计算工具必须具备加、减、乘、除功能。当遇到一个复杂的算法时，如求解一个微分方程，若计算工具仍然只能进行四则运算，则必须把微分方程的解法转化为数值解法。

使用算盘和计算器是手工计算。在这种计算方式中，人们按照预先确定的一种计算步骤进行：输入数据、计算、记录中间结果、计算、记录中间结果……直到算出最终结果，并记录在纸上。在这些步骤中，从输入数据、执行计算、到记录中间结果和最终结果都要人工操作，所以这一计算过程是手工操作过程。

著名数学家冯·诺依曼总结了手工操作的规律以及前人研究计算机的经验教训后，提出了“存储程序式计算机”方案，从而使计算初步实现了自动化。使机器可以记录计算方案即计算机程序，“理解”程序语言的含义并顺序执行指定的操作，及时取得初始数据和中间结果数据，并能自动地输出结果。这是因为计算机有一个存储器，用来存储程序和数据；有一个运算器，用以执行指定的操作；有一个控制部件以便实现自动操作。此外，还有 I/O

部件，以便输入初始数据和输出最终结果。这些部件构成了“存储程序式计算机”或称“冯·诺依曼计算机”。

综上所述，存储程序式计算机由控制器、运算器、存储器、输入装置和输出装置五类部件组成，人们通常把控制器和计算器做在一起，称为中央处理机或中央处理部件（CPU）。输入装置和输出装置统称为 I/O 设备，如图 1-9 所示。时至今日，人们基本上还是依照这一结构来构造计算机。

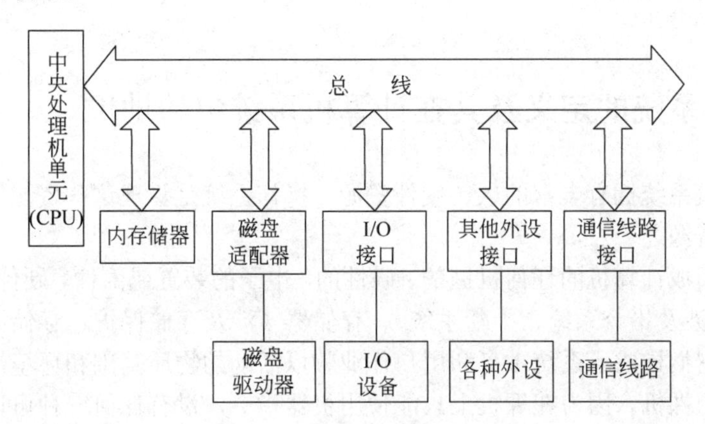

图 1-9　典型的单处理机系统结构

CPU 是计算机的核心部件，能控制、指挥其他部件的工作。它是一种能够解释指令、执行指令并控制操作顺序的硬设备。在 CPU 中，控制器负责从主存储器提取指令，并分析其操作类型；运算器则完成指令的操作。CPU 还包含一组快速寄存器，用来存储一些暂时的结果和其他控制信息。每一个寄存器都具有特定功能，很重要的一个寄存器是程序计数器（PC），它指向下一条应该执行的指令。还有一个重要的寄存器是程序状态寄存器（PSW），它存放 CPU 执行指令时需要参考的程序状态，比如进位标志位、结果为零标志位、结果为负标志位、溢出标志位以及中断向量等。

内部存储器（内存）是计算机存储程序和数据的部件，是 CPU 直接访问的部件。如果没有内存，那就不存在冯·诺依曼计算机了。由于内存价格比较贵，因此，大部分计算机还配置一个存取速度较慢、价格较便宜、容量大得多的外存（磁盘、磁带、光盘），用于保存大量的数据信息。

I/O 设备用于完成数据传输任务。当某个问题需要计算机处理时，必须给定程序和初始数据，它们是通过输入设备进入计算机的。当得出解答后，计算机必须把计算结果通知用户，这是通过输出设备实现的。而终端则是用户用来对计算机实施控制和发布命令的设备。

冯·诺依曼计算机是人类历史上第一次实现自动计算的机器，是第一次出现的作为人脑延伸的智能工具，它的影响是十分深远的。它具有逻辑判断能力和自动连续运算能力。其计算模型是顺序过程计算模型，其主要特点是：集中顺序过程控制，即控制部件根据程序对整个计算机的活动实行集中过程控制，并根据程序规定的顺序依次执行每一个操作。这类计算是过程性的，故这种计算机是模拟人们的手工计算的产物。即便在遇到多个可能同时执行的分支时，也是先执行完一个分支，然后再执行第二个分支，直到计算完毕。

冯·诺依曼计算机是存储程序式计算机，用内存存放程序，CPU 每次仅执行一条机器指令，一次仅访问一条数据，不能同时并行执行多条指令，也不能同时并行访问多条数据，是顺序计算模型。

1.2 操作系统的基本概念

1.2.1 操作系统的定义及其在计算机系统中的地位

现代计算机系统拥有丰富的软、硬件资源。操作系统是管理这些资源的大型程序，也是其中的软件资源之一。

硬件是指组成计算机的任何机械的、磁性的、电子的装置或部件。硬件也称为硬设备，它是由 CPU（涉及指令系统、中断系统）、存储器（涉及存储保护、存储部件）和外部设备等组成的。它们构成了系统本身和用户作业赖以活动的物质基础和环境。由这些硬部件组成的机器称为裸机。因为在裸机上只能使用机器指令，没有任何一种可以协助用户解决问题的方便手段，所以使用裸机很麻烦。若把用户提出的使用要求全部交给硬件完成，这不仅在硬件功能上做不到，在成本上也不合算，而且对用户使用机器也造成了极大的障碍。因此，对用户提出的许多功能，特别是那些复杂而又灵活的功能可以通过软方法，即编制程序来实现。对于这类方便用户使用计算机的特殊程序称之为计算机系统程序（或称系统软件），通常要为计算机配置各种系统软件去扩充机器的功能。此外，还有大量用于解决用户具体问题的应用程序，如用于计算、管理、控制等方面的程序。因此，软件就是程序，是为了方便用户和充分发挥计算机效能的各种程序的总称。软件包括以下内容。

- 系统软件：操作系统、编译程序以及与增强计算机功能密切相关的程序。
- 应用软件：应用程序、软件包（如数理统计软件包、运筹计算软件包等）。
- 工具软件：各种诊断程序、检查程序、引导程序。

硬件是计算机系统的物质基础，没有硬件就不能执行指令和实施最原始、最简单的操作，那么软件也就失去了效用；而若只有硬件，没有配置相应的软件，则计算机也就不能发挥它的潜在能力，这些硬件资源也就没有活力。因此，硬件和软件这二者是相互依赖、相互促进的。只有软件和硬件有机地结合在一起的系统，才能称得上是一个计算机系统。

1．操作系统的作用

计算机上配置有各种软件，有录入源程序的编辑程序，有对源程序的语言进行翻译工作的编译程序，有解决用户各类问题的应用程序，有负责维护系统正常工作的查错程序、诊断程序和操作系统引导程序。还有一个重要的系统软件——操作系统，它将系统中的各种软、硬资源有机地管理起来，为用户提供服务。因此，整个计算机系统的组成如图 1-10 所示。

在图 1-10 中，用两种不同的方式展示了计算机系统的软件之间的层次关系。图 1-10 的左图展示了计算机系统的总体逻辑图，包括底层硬件与上层软件之间的层次关系。图 1-10

的右图仅展示了软件之间的层次关系，操作系统是软件体系的内核部分。

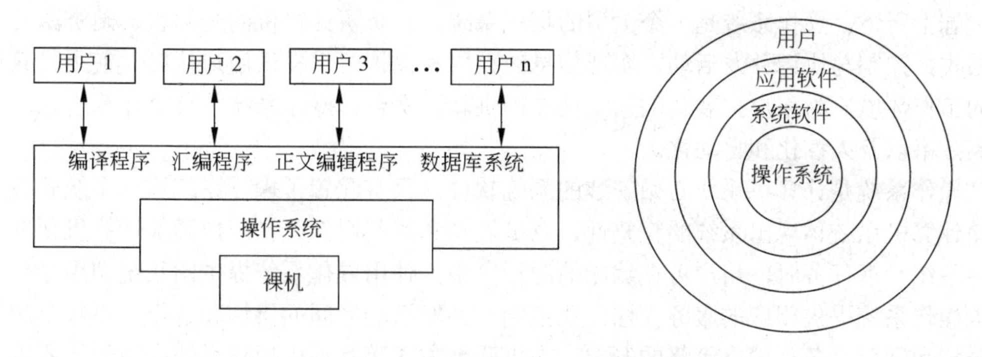

图 1-10　计算机系统的组成与软件的层次关系

回顾一下操作系统发展过程可以体会到，如果一个任务独占一台计算机系统的全部资源，那么该系统资源的利用率很低，造成资源的浪费。因此，人们很自然地就会想到，应该让多个任务同时执行，共同享用该计算机系统的资源。而多个任务共享该计算机的资源必然导致对资源的竞争，即对资源的争夺。例如，一台 PC 机配有 512MB 内存、一个主频为 1.7GHz 的 Pentium 4 处理机、一台打印机、一个终端（键盘和显示屏）。假定该机的用户要用此机器同时做如下几件事：打印文件、在网上下载软件、运行几个较大的计算程序（运行时间很长）以及录入文本文档。每一件事都是一个任务，都落实到某个运行程序上，否则计算机无法去做这些工作。多个程序共同运行在一个计算机系统中，它们都要使用该机的内存和 CPU，都要输入数据和打印结果，因此，必然会竞争对 CPU 的占用时间、竞争内存的空间存放程序、竞争打印机的使用以及竞争对公用子程序的调用等，这种局面是试图充分利用计算机系统资源而造成的。为了使这些程序能有条不紊地运行，使它们对资源争而不乱，就需要采用某种策略把系统资源有效地管理起来，协调各运行程序之间的关系并组织工作流程，实现这种策略的系统软件就是操作系统。

2．操作系统在计算机系统软件中的层次

操作系统是搭建在裸机上的第一层软件，它负责提供方便用户使用的命令语言，负责把系统资源管理起来以便充分发挥它们的作用。因为，如果这些资源让用户直接控制的话，用户将会束手无策。比如，对打印机，若让用户直接启动其工作，该用户必须事先了解这台设备的启动地址，它的命令寄存器、数据寄存器的使用方法，以及如何发出启动命令，如何进行中断处理，而这些细节以及设备驱动程序和中断处理程序的编制等均是十分复杂的。又如，若系统不提供文件管理的功能，而用户想把程序存放在磁盘上，就必须事先了解磁盘信息的存放格式，需要具体考虑应把自己的程序放在磁盘的哪一磁道，哪一扇区内……诸如此类的问题将使用户望而生畏。特别是在多用户的情况下，让用户直接干预各个设备的工作更是不可能的，这些工作只能由操作系统来做。当配置了操作系统后，用户通过操作系统使用计算机，操作系统成为用户和计算机之间的桥梁。虽然计算机系统内部非常复杂，但并不需要用户处理，而是通过操作系统的运行，向用户提供一个功能强大的计算机系统；用户可以使用操作系统提供的命令，简单、方便地把自己的意图告诉操作系统，让操作系统控制完成他所需要完成的工作。正是由于操作系统的有效工作，才使计算机系统的资源得到充分利用，并使用户能方便地使用计算机。

综上所述，操作系统是一个大型的程序系统，它负责计算机的全部软、硬资源的分配与回收，控制与协调并发活动，实现信息的存取和保护。它提供用户接口，使用户获得良好的工作环境，为用户扩展新的系统功能提供软件平台，操作系统使整个计算机系统实现了高效率以及人性化和自动化。

操作系统是计算机系统必须安装的系统软件，只有配置了操作系统这一系统软件后，才使计算机系统体现出系统的完整性、可扩展性和可利用性。当用户要求计算机帮助完成某种系统管理任务时，用户可在编制的源程序中，使用操作系统提供的系统调用命令，来请求操作系统提供相应的服务。像作业控制、并发活动之间的协调和合作，系统资源的合理分配和利用，各种调度策略的制定，人机联系方式等都是由操作系统实现的。所以，操作系统使整个计算机系统实现了自动化，提高了计算机使用的效率以及可靠性。

操作系统是整个计算机系统的核心，用户学习使用计算机其实就是学会使用操作系统提供的用户界面（或接口）。

1.2.2 操作系统的功能

操作系统的宗旨是提高计算机系统资源的利用率和方便用户使用计算机。为此，它的首要任务是调度和分配系统资源。资源管理的目标对系统资源的利用率影响很大，而且能够解除用户使用资源的困难。下面讨论操作系统的资源管理功能。

1．处理机分配

计算机系统中最重要的资源是CPU，没有它，任何计算都不可能进行。在处理机管理中，核心问题是CPU的运行时间。如何使用CPU时间，最简单的策略是让单个用户独占机器，直到他完成计算任务。事实上，许多微型机正是采用了这一方式。但是，多数计算为了等待完成I/O操作，使CPU时间浪费掉。出于经济上的需要，一般系统（包括高档微型机）都是由多个同时性用户分用。要满足多个同时性用户的分用，必须采用“宏观上并行，而微观上串行”的策略，这是一个处理机时间的分配问题。此时，需要解决CPU分配给哪个用户程序使用，它占用多长时间，下一个又该轮到哪个程序运行等问题。所以，处理机分配的功能是按照调度策略实现调度算法。

2．存储器管理

在任何一个计算机系统中，主存资源亦相当紧张，主存的存储调度应和处理机调度结合起来，因为只有当程序在主存中时，它才有可能在处理机上执行，而且仅当它可以到处理机上运行时才能把它调入主存，这种调度能实现对主存的最有效的使用。在现代计算机系统中，通常采用多道程序设计技术，这一技术要求存储管理具备以下功能：

- 存储分配和存储无关性。如果不止一个用户程序在机器上运行，则他们的程序和数据都需要占用一定的存储空间。它们分别被安置在主存的什么位置，各占多大空间，这就是存储分配问题。然而，程序员不必了解存储管理模块将把他们的程序分配到主存的什么地方，程序员可以摆脱存储地址、存储空间大小等细节问题。为此，存储管理部件应提供“地址重定位”能力，提供“重定位装配程序”或“地址映像机构”等。

- 存储保护。由于主存中可同时存放几道程序，为了防止某道程序干扰、破坏其他用户程序或系统程序，存储管理必须保证每个用户程序只能访问它自己的存储空间，而不能存取任何其他范围内的信息，也就是要提供存储保护的手段。存储保护必须由硬件提供支持，具体保护办法有基址与界限寄存器法、存储键和锁等方法。
- 存储扩充。主存空间是计算机资源中较为缺乏的资源之一，尤其是在多道运行环境中，主存资源变得更加紧张。通常使用磁盘等辅助存储器去扩充主存空间。实现这种功能的软件技术称为“虚拟存储器”。

在单用户系统中，存储器为一个用户独占，所以，存储管理功能相应要简单些。例如，存储分配问题，除系统程序占用的空间之外，其余部分都为该用户程序所占有。另外，对于存储保护也只需防止用户程序对系统程序的破坏。

3. 设备管理

设备管理是操作系统中最底层、最琐碎的部分，其原因是：物理设备品种繁多且用法各异；外部设备与主机可并行工作以及有可共享的设备；设备之间以及主机和外设之间的速度差异很大。

基于上述原因，设备管理主要解决以下问题：

- 设备无关性。用户向系统申请和使用的设备与实际操作的设备无关，即在用户程序中或在资源申请命令中使用设备的逻辑名，此即为设备无关性。这一特征不仅为用户使用设备提供了方便，而且也提高了设备的利用率。
- 设备分配。各个用户程序在其运行的开始阶段、中间阶段或结束时都可能有输入或输出，因此随时需要请求使用的外部设备。在一般情况下，外设的种类与台数是有限的（每一类设备的台数往往少于用户的个数），所以这些设备如何正确分配是很重要的。对设备分配通常有独享、共享及虚拟三种基本技术。
- 设备的传输控制。用以实现物理的I/O操作。首先收集设备的有关信息，然后启动设备，处理中断，最后结束处理。

设备管理还需提供缓冲技术、Spooling技术，以便改造设备特性和提高其利用率。

4. 软件资源管理

软件资源简单地说就是指各种程序和数据的集合，其中程序又分为系统程序和用户程序。

系统程序包括操作系统的功能模块、系统库和实用程序。为了实现多个用户对系统程序的有效存取，这种程序必须是可重入的。设计可重入程序的目的是：当程序a被某一程序调用的过程中，又有其他程序也要调用程序a，则程序a需要设计成是可重入的。这就是说要保证每个程序在执行程序a时，使用的是各自的运行环境，而不受其他程序对a执行的影响。比如：对程序a中的变量的修改，只对修改者起作用，对于也在使用程序a的其他程序来说，如果没修改这个变量则变量仍是原值，不受别的程序修改的影响，因为每个程序都有自己的一套变量存储区，但a程序的副本只有一个。这比创建多个资源副本节省了内存资源。这些系统程序信息以文件形式组织、存放，以便提供给用户使用。而用户程序也是以文件的形式进行管理的。

软件资源管理（也就是文件管理系统）要解决的问题是，为用户提供一种简便、统一的存取和管理信息的方法，并要解决信息的共享、数据的存取控制和保密等问题。

综上所述，操作系统的主要功能是管理系统的软、硬件资源。这些资源按其性质来分，可以归纳为四类：处理机、存储器、外部设备和文件（程序和数据）。这四类资源就构成了系统程序和用户作业赖以活动的物质基础和工作环境。针对这四类资源，操作系统有相应的资源管理程序：处理机管理、存储器管理、设备管理和文件管理。这一组资源管理程序构成了操作系统这一程序系统。

1.2.3 操作系统的特性及其应解决的基本问题

1. 操作系统的特性

目前广泛使用的计算机仍然是以顺序计算为基础的存储程序式计算机。但是，为了充分利用计算机系统的资源，一般采用多个并发任务分用资源的策略。以顺序计算为基础的计算机系统要完成并行处理的功能，必然导致并发与共享间的矛盾，以多道程序设计为基础的操作系统则会反映这一点。另外，由于操作系统要随时处理各种意外事件，所以它也包含着不确定性的特性。

1） 并发性

又称为共行性，是指能处理多个同时性活动的能力。如果 a、b 两个活动都启动了，但是都还没有结束，则称 a 和 b 是并发的。由并发而产生的一些问题包括：如何从一个活动切换到另一个，怎样保护一个活动使其免受另外一些活动的影响，以及如何实现相互依赖的活动之间的同步。并发与并行是两个既相似而又不相同的概念，并行执行的程序是指同一时刻都在 CPU 上执行的两个程序，包含了并发的含义，而并发则不一定并行，也就是说并发事件不一定要同一时刻发生，两个并发的程序不一定要在同一时刻都在 CPU 上执行，只要两个程序都还没有结束，它们就是并发。

2）共享性

共享是指多个计算任务对资源的共同享用。并发活动可能要求共享资源，这样做的理由如下：

- 向各个用户分别提供充足的资源是十分浪费的。
- 多个用户共享一个程序的同一副本，而不是分别向每个用户提供一个副本，可以避免重复开发，节省人力资源以及存储空间上的浪费。

与共享有关的问题是资源分配、对数据的同时存取以及保护程序免遭损坏等。

并发和共享是相互依存的。程序的并发执行，必然要求对资源的共享，而只有提供有效的资源共享才能使程序顺利地并发执行。

3）不确定性

操作系统应能处理随时可能发生在计算机系统中的不确定事件（即不确定性）。如程序员在控制台上按下中断按钮；程序在运行时发生了错误；一个程序正在运行时外部设备出现了一个中断信号等等。这些事件的产生是随机的，不确定的，随时都有发生的可能，而且许多事件产生的先后次序又有多种可能，事件序列的组合数量是巨大的，而操作系统必须能处理任何一种事件序列，以便使各个用户的工作任务能够正确地完成。从另一角度看，同一个程序，若输入相同的初始数据，无论在什么情景下运行，其结果应该是不变的。从这个意义上看，必须保证操作系统提供的服务是确定的。

4） 虚拟性

在操作系统中，无论是内存、CPU，还是外部设备都采用了虚拟技术，在逻辑上扩充了物理设备的数量，使得配备了操作系统之后的系统在资源的使用上更加自由和灵活，不受物理设备数量的限制。

2．操作系统的性能指标

操作系统的性能与计算机系统工作的优劣有着密切的联系。它的性能可以表现在多个方面，如可靠性、效率、可维护性、方便性、可扩展性、透明性等等。下面给出操作系统的一些主要性能指标，以便能了解计算机系统的主要性能和特征。

1）系统的可靠性

系统的可靠性指的是系统能发现、诊断和处理硬件、软件故障的能力，它可使用户的误操作或环境的损坏对计算机系统所造成的损失减少到最低程度。

- 可靠性 R（reliability） 通常用平均无故障时间 MTBF（mean time before failure）来度量，它是指系统能正常工作的时间的平均值。R 越大，系统的可靠性就越高。
- 可维护性 S（serviceability） 通常用平均故障修复时间 MTRF（mean time repairing a fault）来度量，它是指从故障发生到故障修复所需要的平均时间。S 越小，可维护性越高。
- 可用性 A（availability） 系统在执行任务的任意时刻能正常工作的概率。它由下式计算：

$$A = MTBF/(MTBF+MTRF)$$

2）系统吞吐量（throughput）

系统吞吐量是系统在单位时间内所处理的信息量。它以每小时或每天所处理的各类作业的数量来度量。

3）系统响应时间（response time）

系统响应时间指的是从系统接收数据到输出结果的时间间隔。在批处理系统中，用户从提交作业到得到计算结果这一时间间隔称为响应时间，又称周转时间。而分时系统的响应时间指的是用户通过终端发出命令到系统作出应答所需的时间。

4）系统资源利用率

系统资源利用率指系统中各个部件、各种设备的使用程度。它用在给定时间内某一设备实际使用时间所占的比例来度量。如果要提高系统资源的利用率，应该使各类设备尽可能地忙碌。

5）可移植性

可移植性指把一个操作系统从一个硬件环境转移到另一个硬件环境仍能正常工作的

能力。它可以用移植工作的工作量来度量。工作量可用“人年”、“人月”、“人日”或者“人时”来表示。

3．操作系统应解决的基本问题

操作系统的程序具有并发执行及共享资源的特征。为了解决程序并发执行和资源共享所引起的矛盾，操作系统需解决如下几个问题。

1）提供解决资源共享中各种冲突的策略

对于处理机、主存空间、外部设备、软件资源的共享，操作系统必须提供资源分配的策略和方法。虽然，不同的资源具有各自的特点，在实施具体分配时要考虑其特性，但从本质上看，它们除有自己的特性外，还有“共性”。通过共性，统一资源的管理，研究资源的使用方法和管理策略，根据总体调度原则和管理方法，结合具体资源的特点对其实施管理。

2）协调并发活动的关系

由于系统中的多个活动共享资源，因而它们之间有一定的相互制约关系。另外，当若干活动为完成一个共同任务而互相协作时，它们也必须有一定的逻辑关系。所有活动之间的这些关系必须由系统提供一定的策略和一种机构（通常称为同步机构）来协调，从而使各种活动能顺利地进行并得到正确的结果。总之，为了充分利用资源，必须在操作系统的统一指挥下，协调相互间的关系，实行并行操作并有效地工作。

3）保证数据的一致性

保证数据的一致性就是要保证数据信息的完整性，即保证数据资源不能轻易地受损，这种破坏包括使其残缺不全或前后矛盾等。为此，要求系统提供保护手段，并且解决程序并发执行时对公用数据的使用问题。

保护数据资源涉及多级保护：

- 对系统程序的保护。
- 对同时进入内存的多道程序的保护。
- 对共享数据的保护。

对这三类保护问题可采取以下不同的措施：

- 设置不同的程序状态。为保护系统程序不受破坏，应建立一个保护环境。采用的办法是对计算机系统设置不同的状态。
- 提供存储保护功能。为了防止多道程序之间的相互干扰，系统提供主存保护功能，这将在第 4 章“存储管理”中详细讨论。
- 提供同步机制。当并发程序共享某些数据时，必须小心谨慎地处理它们的同步关系，以避免发生与时间有关的错误。关于什么是与时间有关的错误，什么是同步等进程管理问题将在第 3 章中介绍。

4）实现数据的存取控制

为了保证正确合理地使用信息，需要解决存取信息时的保护问题，即存取控制。在访问数据时，必须由保护部件做保护性检查，未经信息主人授权的任何用户不得存取该信息。例如，任何一个程序都不能在未得到许可的情况下访问另外一个用户的内部数据，或是当一个用户要执行由另一个用户保护的标准程序时，在没有取得授权的情况下，则不能执行这一程序。

每个用户对各种数据的访问都事先规定了一定的访问权限。所谓权限，就是用户对这个数据能执行什么操作，是只能执行还是可以阅读（即读操作）或是修改（即写操作）。当一个用户程序访问某一数据信息时，保护系统要进行检查，看其是否有权按照指定的方式（即用户要求的操作）去使用某一数据。

近年来，由于计算机系统广泛用于各种数据处理，尤其是计算机网络的出现，信息保护越来越重要，数据存取控制问题急需解决。人们在操作系统中，特别是在数据库管理系统中采取了各种保护措施，以便达到安全使用的目的。

1.3　操作系统的总体框架

从最早为了减少操作员的人工操作而采用监督程序开始，延续到目前的多道程序设计系统（并发系统），这一过程形成了操作系统的发展历史。

从操作系统提供给用户的程序接口上看，任何操作系统的核心内容都体现在一组系统调用上。系统调用表达了操作系统真正执行的内容，程序员通过系统调用使用操作系统程序。系统调用一般划分为：进程管理（如建立进程与终止进程）、存储管理（如申请内存）、文件管理（如文件的建立、读、写、删除等）、设备管理（如安装设备驱动程序等）几个部分。

从操作系统本身的设计角度看，操作系统有几种构造模式，常见的有整体式内核（monolithic kernel）和微内核（micro-kernel）模式。整体式内核也称为宏内核或者单内核。

整体式内核在运行过程中是一个单独的内存映像，是一个独立的进程。Linux 系统属于这种整体式内核构造模式，采用的是模块接口法设计技术。

微内核在运行过程中，大部分内核模块都作为独立的进程，它们之间通过消息通信，在模块之间提供服务。微内核本身类似一个消息管理器，设计上具有灵活性，易于内核模块的维护和移植，其缺陷则是消息传递的开销会引起效率降低。Minix 操作系统采用了微内核技术，Windows 操作系统结合面向对象技术也采用了类似微内核的构造模式。

1.3.1　计算机系统的层次划分

计算机系统包括计算机硬件和软件。用户通过软件层提供的界面告诉计算机为用户做事，也就是通过操作系统来完成计算机与用户的交互，计算机的硬件和软件由操作系统进行统一管理。一个典型的 PC 硬件结构如图 1-9 所示，它包括 CPU、内存、I/O 设备，以及连接这些部件的总线，具体硬件内容如图 1-11 所示。在硬件层之上，是软件层，或称为资源抽象层，如图 1-12 所示，它包括了操作系统软件以及其他系统软件。以接口的角度描述，图 1-10 可以表达为图 1-12 的形式。从图 1-12 可以看到用户编写的应用软件依赖于资源抽象层。

计算机硬件为用户提供了计算的物理基础，系统程序员通过硬件编程接口来控制硬件。这些硬件编程接口是指：机器指令集合、各种寄存器、内存地址以及设备地址，通过这些地址口分别与存储器和设备控制器相连，而设备控制器又通过硬件端口与设备相连。操作系统利用硬件编程接口，扩充功能。将计算机硬件资源抽象化或者透明化，如图 1-13 所示。为了让用户能够灵活地使用计算机，操作系统自身为用户提供了使用操作系统的接口，即系统调用和交互式命令。用户可以通过操作系统接口方便地控制计算机的硬件，而无须了解对硬件控制的具体细节。但是，设计操作系统的人员则需要了解这些硬件编程接口的使用方法。在操作系统的基础上，其他系统软件又为操作系统扩充了新的功能，以应用程序接口（API）的形式提交给用户使用。系统软件在操作系统的基础上进一步抽象操作系统软件资源，为用户提供更加集成的功能和方便使用计算机的手段。当然操作系统本身也是系统软件，不过这里提到的系统软件是指除了操作系统以外的其他系统软件（也可称之为实用程序），如编译程序、汇编程序、调试程序和编辑程序等。Microsoft VC++就是这类实用程序的集成环境，它集成了编辑、编译、链接程序以及运行和调试等功能。

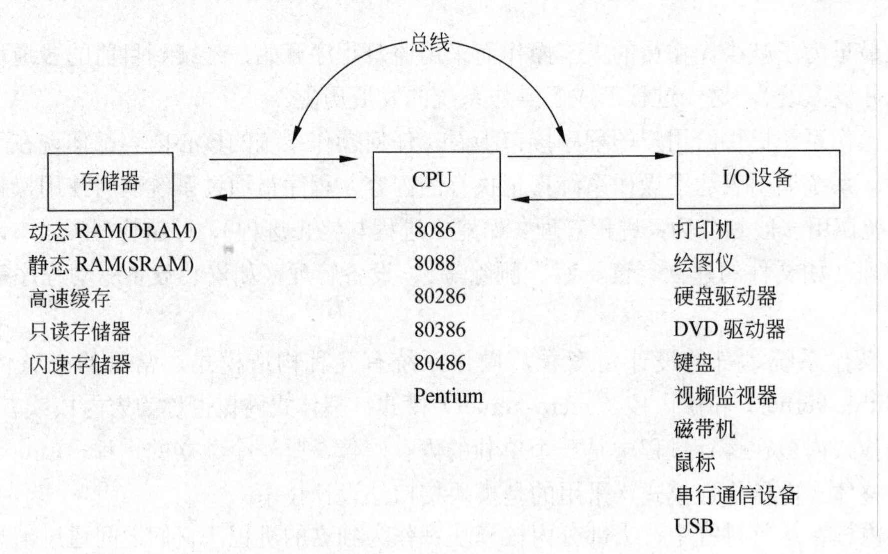

图 1-11 典型的 PC 结构

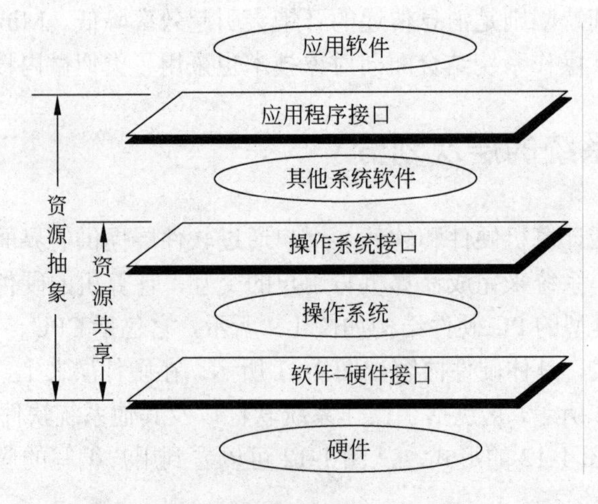

图 1-12 系统软件和操作系统

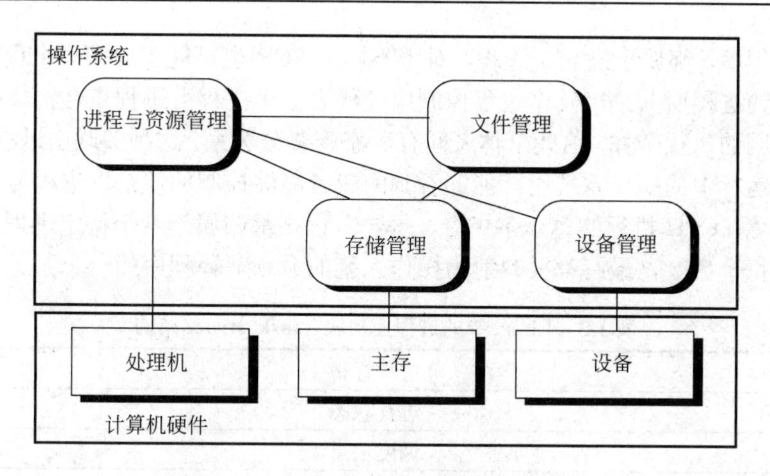

图 1-13　操作系统是对硬件资源的抽象

1.3.2　操作系统提供的抽象计算环境

操作系统既是对硬件进行抽象，也是对计算机软硬件进行管理的程序，所以操作系统由管理硬件资源的模块以及管理软件资源的模块构成，这些模块分别是进程管理、存储管理、设备管理和文件管理。模块之间的关系以及它们如何实现对硬件的抽象如图 1-14 所示。图中的抽象计算环境是指操作系统的这些管理模块能够提供给进程使用的程序接口，对于用户进程来说，他们使用的是系统调用。这些系统调用（即程序接口）构成了抽象计算环境。

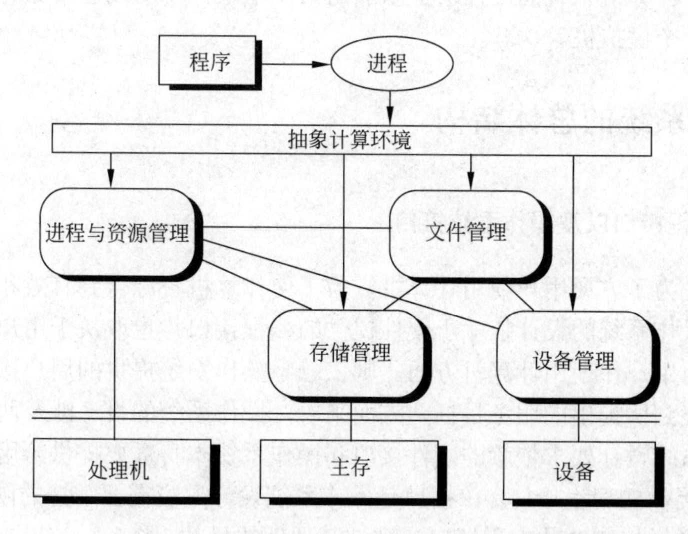

图 1-14　进程管理控制下的软硬件之间的关系

在操作系统中，独立运行的最小实体就是进程。若从进程模型的构造上描述进程，进程则包括了进程控制块、程序和数据。若从过程角度描述进程，则进程是一个程序在 CPU 上执行的过程，而一个进程的存在标志就是其进程控制块 PCB，如表 1-3 所示。如果 PCB 消失了，那么进程也就消失了。不同的 PCB 标志着不同进程的存在，并且在一个 PCB 下关联的所有程序，都属于同一个进程。对于不同的PCB也可能指向同一个程序，此时这个程序被不同的进程所共享。一个进程控制块仅代表一个进程，进程集合构成了操作系统运行环境中不同的执行个体，这些个体之间有着家族辈分关系，这种关联由进程家族树体现。所以当观察运行中的操作系统时，能够看到的或者能够控制的便是以进程为一个个独立个体的运行环境，CPU执行的每一条指令、每一个程序都归属于某个特定进程。用户提交给操作系统的每个命令，最终都要映射为操作系统的命令解释程序的一个子进程。

表 1-3 Linux 中的进程控制块（task_struct 结构）

进程标识
进程状态
调度信息
进程链
时间片
进程通信信息
内存资源信息
文件资源信息
进程上下文

在整个计算机系统中，操作系统是附加在硬件之上的第一层系统软件，它完成对硬件资源的抽象，使用户对计算机硬件的使用透明化（忽略细节），方便了用户对计算机的操作。因此，通常只要在计算机系统中添加一个新的软件，便认为又得到了一个新的虚拟机，操作系统是紧接在计算机系统的硬件层上添加的第一个软件，所以它与原有计算机硬件系统一起形成了第一个虚拟机。

1.3.3 操作系统的总体结构

1. 硬件编程接口以及操作系统接口

操作系统是为了方便用户使用计算机，为了使计算机资源得到有效和充分地利用而设计的，所以，操作系统的设计依赖于硬件提供的编程接口，也取决于用户对计算机使用所提出的目标。而用户在使用计算机方面，则依赖于操作系统提供的用户接口。

从硬件环境到所提出的服务目标两方面来看，操作系统的设计涉及两个层面上的接口问题，即操作系统设计要求依赖的硬件接口和操作系统本身需要提供给用户的接口。

- 硬件层提供的编程接口。该接口是操作系统设计人员需要掌握的硬件基础，操作系统软件通过控制这些编程接口达到控制硬件的目的。
- 操作系统提供的用户接口。该接口是为用户提供使用计算机提供的界面，是计算机用户需要掌握的内容。借助于操作系统用户接口（系统调用、实用程序或者交互命令），用户可以利用操作系统来控制计算机。

从计算机系统的层次视图，可以进一步了解操作系统程序设计人员与普通用户的程序员需要了解的接口之间的差异，如图1-15所示。在硬件层上，操作系统设计者需要具体了解的基础内容如图 1-16 所示。从图中可以看到，硬件部分如果是可以进行程序控制的，则必须提供寄存器和指令系统，所以各种各样的寄存器和指令系统的使用方法便是操作系统设计人员需要了解的硬件基础，这些寄存器便是操作系统通过指令控制的硬件接口，而硬件部分通过这些寄存器得到控制信号，从而使硬件按照指令动作。

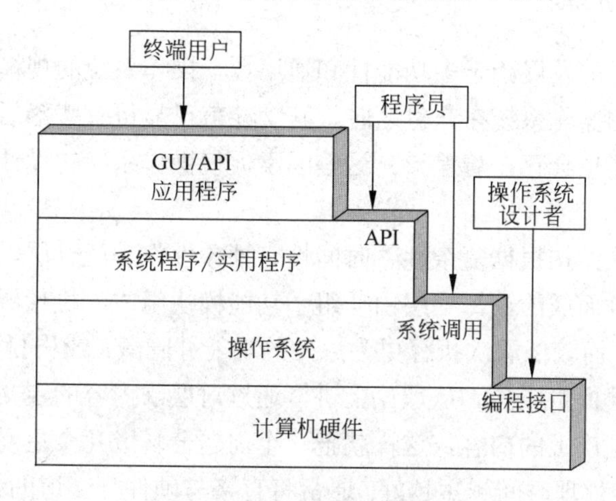

图 1-15　计算机系统的层次视图

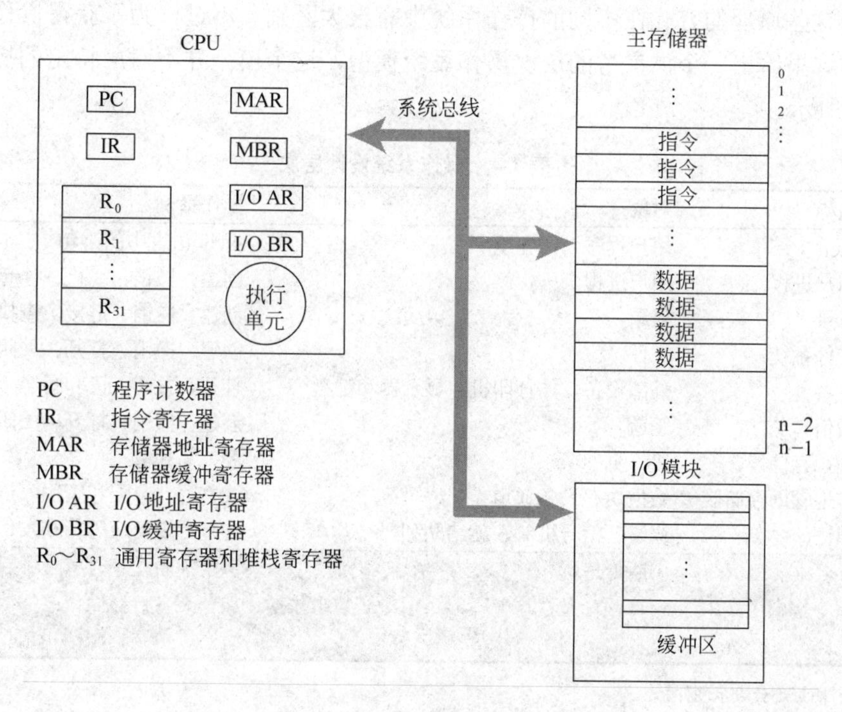

图 1-16　计算机部件程序接口

另一方面，用户所使用的操作系统接口，则是操作系统内部功能向用户开放的部分，开放的形式是以系统调用的手段提供给用户使用。其范围包括进程控制、文件操作、存储分配等功能。这些系统调用呈现的形式依赖于汇编语言中的中断指令，如果提供更加方便的调用形式，则可体现在各种高级语言之中。如 Linux 中的系统调用可以包装成 C 函数的形式提供给用户使用，在 Windows 中操作系统的系统调用，可以在各种高级语言中以 API（应用程序接口）的形式出现。用户使用计算机时，采用的交互式操作命令，都是在系统调用的基础上进一步扩充的内容。

2．操作系统设计层次

随着计算机硬件的发展趋于多功能性和通用性，操作系统的规模和复杂程度也随之增加。经常会发现新的操作系统在交付之时，其功能就已显得有些落后，且系统还会有潜在的错误，预期的性能也会存在着差异。这些因素促使操作系统的设计走向更加模块化、层次化和对象化。

操作系统的层次结构根据复杂性、时间性、抽象性将功能分层，从而把操作系统看成是一系列的层次组合而成的，每一层由一组子功能模块组成，执行所需功能的子集。每层都依赖于其下一层，而较低层次执行更为原始的功能并隐藏（或称封装）这些功能的细节，每个层次为其上一层提供服务。从理论上讲，通过对层次内容的定义，可以使得改变某一层时无须变动其他层次上的内容，这样就把一个问题分解成几个更易于处理的子问题。

总之，较低层的处理时间越短越好。通常将直接与硬件打交道的程序部分放在最底层，调用频繁的子功能放在较低层次上。

应用这些原理的方式在不同的操作系统中有很大区别。不过，为了获得操作系统的一个概貌，这里给出一个供参考的层次操作系统模型，这个模型并不对应特定的操作系统，如表 1-4 所示。

表 1-4　操作系统设计层次

层次	名称	对象	操作举例
12	shell	用户程序设计环境	shell 语言中的语句
11	用户进程	用户进程	创建、撤销、终止、挂起和恢复
10	目录	目录	创建、撤销、链接、查找和列表
9	文件系统	文件	创建、撤销、打开、关闭、读和写
8	设备	外部设备，如打印机、显示器和键盘	打开、关闭、读和写
7	通信	管道	创建、撤销、打开、关闭、读和写
6	虚拟存储器	段、页	读、写和取
5	本地辅助存储器	数据块、设备通道	读、写、分配和空闲
4	原语	原语、信号机制、就绪队列	挂起、恢复、等待和发信号
3	中断	中断处理程序	调用中断程序、屏蔽中断、响应中断
2	指令集合	计算栈、微程序解释器、标量和数组数据	加、减、转移操作；加载、保存数据
1	电路	寄存器、门、总线等	清空、传送、激活、求反

说明：阴影部分表示硬件。

第 1 层：由电路组成，处理的对象是寄存器、存储单元和逻辑门。定义在这些对象上的操作是动作，如清空寄存器或读取存储单元。

第 2 层：处理机指令集合。该层的操作是机器语言指令集合允许的操作，如：加、减、加载和保存等。

第 3 层：引入了中断。可使处理机保存当前环境、调用中断处理程序。

最下面这三层并不是操作系统的一部分，而是构成了处理机硬件。但是，操作系统的一些元素开始在这些层中出现，如中断处理程序。从第4层开始，才真正到达了操作系统，开始出现和多道程序相关的概念。

第4层：在这一层，引入了进程的概念。提供进程控制的基本要求（控制原语），包括挂起和恢复进程的原语机制。为了支持进程之间的切换功能，需要保存硬件寄存器内容。此外，如果进程需要合作，则需要提供同步原语。比如，提供信号量机制。信号量的应用将在第3章中介绍。

第5层：处理计算机的辅助存储设备。在这一层，出现了定位读/写头和实际传送数据块的功能。第5层依赖于第4层对操作的调用，并在一个操作完成后，接收来自于第4层的反馈，将有关该操作的执行情况通知请求操作的进程。较高层涉及对磁盘中所需数据的寻址，并利用第4层中的原语，申请设备驱动程序，请求相应的数据块。此处的数据块访问面向硬件的磁道、簇和固定大小的块。

第6层：为进程创建一个逻辑地址空间。这一层把虚地址空间组织成块，可以在主存储器和辅助存储器之间移动。比较常用的有三个方案，即：使用固定大小的页、使用可变长度的段或两者都用。当所需要的块不在主存储器中时，这一层将请求第5层的数据块传输。

以后的较高层次，操作系统处理外部对象，如外围设备和网络或网络中的计算机。这些位于高层的对象都是逻辑对象，对象可以在同一台计算机上共享或在多台计算机间共享。

第7层：处理信息通信和进程间的消息。尽管第4层提供了原语形式的信号量机制，用于进程间的同步，但本层处理更丰富的信息共享。其中的一种同步工具是管道，它为进程间的数据流提供了一个逻辑通道。管道的作用就是将某个进程的输出变为另一个进程的输入，起到一个中间缓冲区的作用。管道可用于把外部设备或文件链接到两个进程之间。在第3章中的Linux系统应用编程例子应用了管道，可供参考。

第8层：该层提供访问外部设备的标准接口。

第9层：本层将辅助存储器中的数据看成是一个抽象的可变长度的逻辑实体，支持文件的长期存储。这与第5层辅助存储器中面向硬件的磁道、簇和固定大小的块有区别。

第10层：负责维护系统资源和对象的外部标识符与内部标识符间的联系。外部标识符是应用程序和用户使用的名称；内部标识符是一个地址或唯一标识符，用于操作系统内部定位和控制一个对象。这些名称在目录中维护，目录项不仅提供外部名称与内部标识符的映射，而且还要提供诸如存取权限之类的属性。

第11层：该层提供进程的软件设施。在第4层中只维护与进程相关的处理机寄存器内容和用于调度进程的逻辑，而在本层则支持进程管理所需的全部信息，包括：进程的虚地址空间；与进程发生交互的对象以及对交互的约束；进程的列表；在进程创建后传递给进程的参数；操作系统在控制进程时可能用到的其他属性。

第12层：本层为用户提供操作系统的一个界面，称其为shell，即外壳。这是因为shell屏蔽了操作系统细节部分，而简单地把操作系统作为一组命令集合提供给用户。shell接受用户命令，并对其进行解释。在本层中的界面也可以用图符方式实现，或者通过菜单提供命令选择，交互结果输出到一个特殊设备（如显示器）进行显示。

表 1-4 提供的操作系统概念模型，表达了一个有用的结构，可以作为操作系统的实现指南。学生在了解某个特定的设计问题时，可以参考这个结构。

3．操作系统工作模式

在操作系统设计中，操作系统工作模式涉及如下内容。

- 处理机模式：其中的处理机模式位用于区分 CPU 当前执行的是操作系统程序还是用户程序。
- 内核：内核是一个可信软件模块，它支持所有其他软件的正确操作，操作系统最关键的部分要封装在内核中。
- 请求系统服务：即用户进程以何种方式请求操作系统提供服务。通常有两种形式可选。一种是通过系统调用请求服务，另一种是通过向系统进程发送消息请求服务。

1）处理机模式

目前流行的处理机都有一个模式位来定义处理机执行程序的能力，该位可以置成核心态（也称为管态），或者置成用户态（也称为目态）。在管态情况下，处理机能够执行指令集合中的全部指令，而在用户态，处理机只能执行指令集合的一个子集，这个子集中不包含特权指令。仅能在管态下执行的指令称为特权指令或称为保护指令，以此区别于用户态指令。

I/O 指令是特权指令，如果在用户态下运行的应用程序，则不能执行自己的 I/O，而是由操作系统来为它执行 I/O，所以每次的 I/O 调用都是一个系统调用。

模式位还用于解决软件的保护与安全问题，因为能够改变系统当前受保护状态的指令都属于特权指令。例如，保护机制可能依赖于处理机寄存器的正确性，依赖于存放进程特权状态的内存区的正确性，依赖于存放资源指针内存区的正确性。为了保护这些寄存器和内存区，必须用加载和存储它们的特权指令来改变这些内容。

较早的计算机，如 Intel 8088/8086 处理机，没有模式位，因此这些计算机就不能区分管理程序指令（特权指令）与用户指令（非特权指令）。在这样的计算机中，很难提供有效的内存隔离，因为任何用户程序在任何时候都能够为段寄存器随意赋值，这样进程就可以访问主存中 64KB 区域中的任何地址。

在 Intel 芯片家族中，后来的微处理机加入了模式位，所以这些段基址寄存器仅能由特权指令改变。系统还可以从逻辑上扩充模式位来定义处理机运行于管态下的内存区域以及运行于用户态下的内存区域，如图 1-17 所示。如果模式位置为管态，则在处理机上执行的进程既可以访问系统内存区，也可访问用户内存区；如果模式位置为用户态，则程序只可以访问用户内存区。在操作系统讨论中经常称这两种类别的内存区为系统空间和用户空间。

通常，模式位扩展了操作系统的保护权限，模式位由用户模式下的陷阱指令（也称中断指令或访管调用指令或称系统调用）设置。该指令将模式位置位，并转入到固定的系统空间位置，与硬件中断的处理相似。只有操作系统程序能够装入程序到系统空间，不允许用户程序将自己的代码装入系统空间，从而使系统得到了可靠的保护。因为只有通过陷阱指令方可调用系统程序，当操作系统执行该指令并且在返回用户程序之前，则重新将模式位设置为用户态。

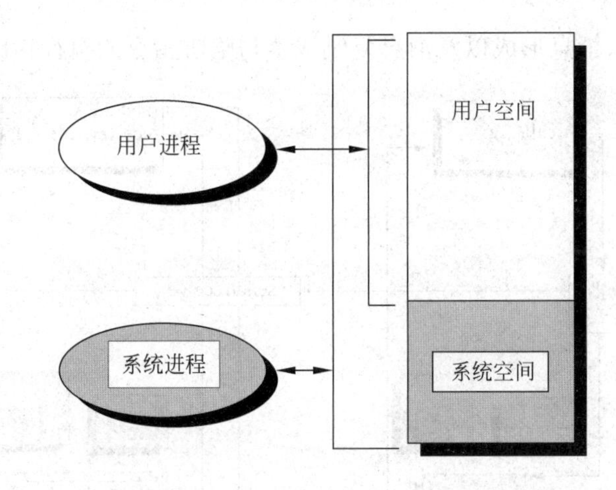

图 1-17 系统与用户存储

2）内核

操作系统的核心部分在管态下执行，而其他软件（如一般的系统软件）以及所有应用程序则在用户态下执行。通常这是区分操作系统和其他系统软件的基本点。在操作系统使用的抽象机制中，执行在管态下的系统软件部分称为操作系统内核，或称核心。

内核是一种可信任软件，在设计和实现内核时，专门实现了一种保护机制，在用户空间执行的非信任软件则无法对内核进行改动。操作系统的扩充部分在用户态下执行，所以为了操作系统的正确操作，操作系统并不依赖于扩充部分系统软件的正确性。因此，对于加入操作系统的任何功能，由基本设计决策决定是否要将这个功能放入内核。如果把它放入内核实现，则必须是一种可信任软件，在系统空间执行时也会访问内核的其他部分。如果加入的功能在用户空间执行，那就不能访问内核数据结构，工作内容也非常有限。而核心内实现的功能在实现上可能比较容易，但是陷阱机制和调用时的验证通常开销比较大。

3）请求系统服务

有两种技术可以用于用户态程序请求内核的服务，即系统调用和消息传递。

图 1-18 总结了系统调用与消息传递两种技术之间的不同。假设用户进程希望调用一个特定的系统功能（在图中用有阴影的矩形表示）。对于系统调用方法，用户进程采用陷阱指令，在应用程序中，以一种常规的过程调用形式使用系统调用。操作系统提供了一个用户函数库，每个系统调用都有对应的名称。在库中的每个函数都对应一个调用操作系统功能的陷阱指令，当应用程序调用这些函数时，则执行陷阱指令。陷阱指令便使 CPU 进入管态，然后间接地由一个操作系统表格进入函数的入口点，当函数完成时，则 CPU 便回到用户态，然后返回控制给用户进程。

在消息传递方法中，用户进程构造消息 A 来描述所需要的服务，然后使用可信 send 函数发送消息给可信的操作系统进程。send 函数与陷阱指令有同样的目的，经仔细检查消息后，便将处理机转入管态，然后将消息交付给实现最终目标功能的进程。同时，用户进程则用 receive 接收消息操作等待服务的结果，当操作系统进程完成操作，则返回消息给用户进程。

若从性能方面考虑，在两种不同的请求系统服务的方法中，即使系统调用必须用陷阱指令实现，基于系统调用界面的操作系统还是比请求进程间消息交换的操作系统更有效，这是将进程多路成本、消息形成以及消息复制成本与陷阱指令的执行相比较而得出的结论。

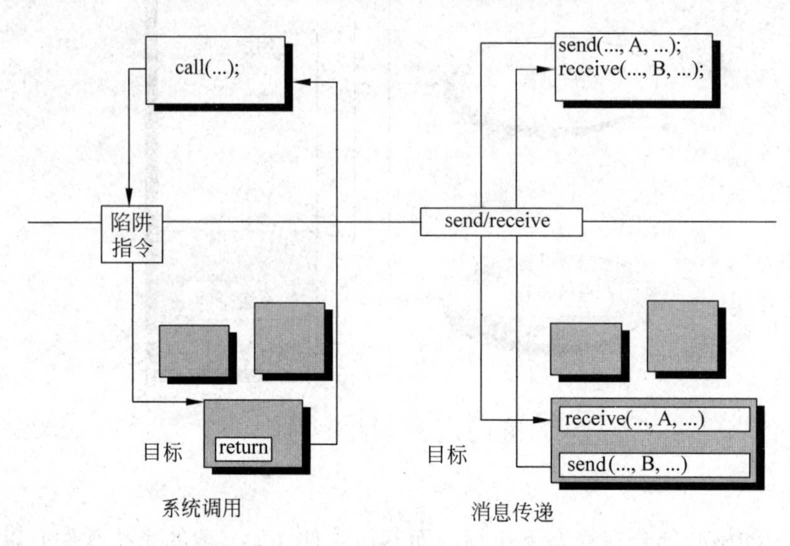

图 1-18 过程调用与消息传递操作系统

系统调用方法有个特点，就是不必使用任何系统进程，而是在执行系统调用的内核代码时，让用户态下执行的进程转入核心态下执行，当从系统调用返回时，则该进程的执行又回到了用户态。

当在特定情况下，若能够得到对系统的控制权，可以将操作系统设计成一组不同的进程，这种方法通常比将内核简单地设计成由用户进程以核心态执行的一组函数更容易实现。即使是基于过程调用（procedure-based）的操作系统通常也会包括若干系统进程，这些系统进程通常称为守护进程（daemons），利用它们分别管理机器空闲情况、调度情况以及对网络的处理情况等。

综上所述，操作系统的主要功能是：管理计算机的软、硬件资源，屏蔽具体硬件差异，为应用程序提供虚拟机。为实现这些功能，操作系统需要提供进程控制、内存管理、设备管理、文件管理等模块。进程控制和内存管理部分与目标计算机的体系结构密切相关，必须针对目标计算机单独开发；而设备驱动、文件管理以及网络部分只涉及具体的外设，与处理机结构无关。

4．Linux 操作系统的整体结构

通常，整体式内核的操作系统以牺牲内核设计的灵活性和可移植性，来获得更高的效率和性能。但是，整体式内核结构的 Linux 以其优良的设计同样也具有良好的可移植性。

图 1-19 给出了 Linux 内核体系结构的示意图。虚拟的进程模型以及虚拟存储模型与硬件体系结构无关，在所有的硬件平台上，这些虚拟模型的定义都是一致的。但是，这些模型的实际处理函数（即对硬件的操作）以及数据（寄存器、内存、堆栈）是针对具体的硬件体系结构而设计的。

从图 1-19 中可以看出，Linux 内核中与具体的处理机结构相关的有中断处理、内存操作以及进程控制等部分。而硬件驱动只与具体的外设密切相关，与处理机的结构无关。

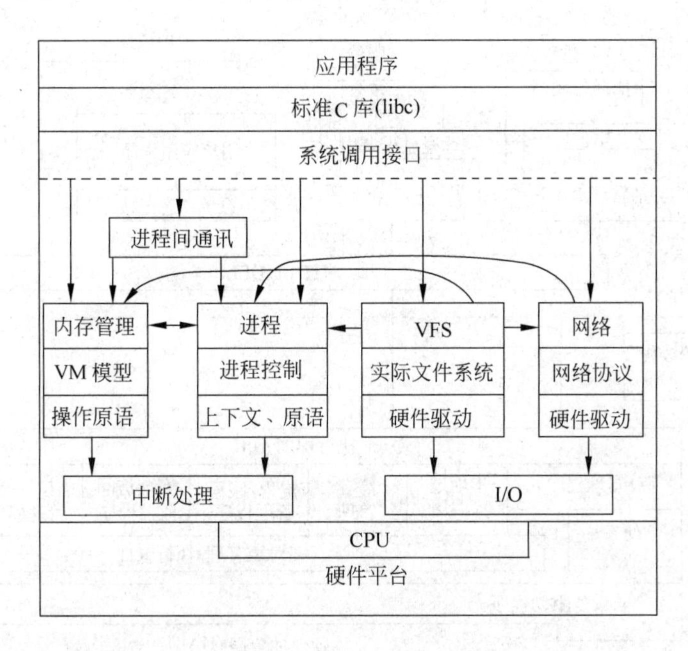

图 1-19　Linux 内核体系结构

Linux 高度模块化的设计以及源码树的合理安排，都为移植工作提供了很大的便利。在确定了与硬件体系结构相关部分与无关部分之后，根据目标处理机的特点，编写与其体系结构相关的代码，便可实现整个 Linux 操作系统的移植工作。

在实际工作中，若有机会从事有关 Linux 系统的移植工作，那么在移植过程中要对最关键的数据结构 pt_regs 给予特别的关注，因为中断处理、系统调用以及进程的实现都依赖于这个结构。从中断的处理和系统调用入手，根据目标处理机的特点，合理设置堆栈映像 pt_regs 结构，在此基础上确定进程的上下文 TSS 结构，然后逐步实现进程管理、内存管理等部分，那么移植工作将会事半功倍。

通过 Linux 体系结构图可以具体看到整体式内核的操作系统的设计情况，有关更具体的细节，可以参阅 Linux 源代码分析的相关资料。对于微内核的具体结构，可参见下面介绍的 Windows 操作系统的整体结构。

5．Windows 操作系统的整体结构

Windows 家族产品都要共用相同的核心代码，即 Windows NT 的核心代码。而 Windows 2000 即 Windows NT 5.0，具有代表性。图 1-20 显示了 Windows 2000 的整体结构。模块化结构给 Windows 2000 提供了相当的灵活性。它被设计成可以在各种 PC 硬件平台上执行，可运行为各种其他操作系统编写的应用程序。图 1-20 的 Windows 2000 结构是在 Pentium/x86 硬件平台上实现的。

与所有操作系统一样，Windows 2000 把面向应用的软件和操作系统分开，而操作系统则包括了内核模式（或称管态）下运行的执行程序、微内核、设备驱动程序和硬件抽象层。内核模式（管态）下运行的软件可以访问系统数据和硬件，在用户模式（用户态）下运行的其余软件对于系统数据的访问则受到限制。

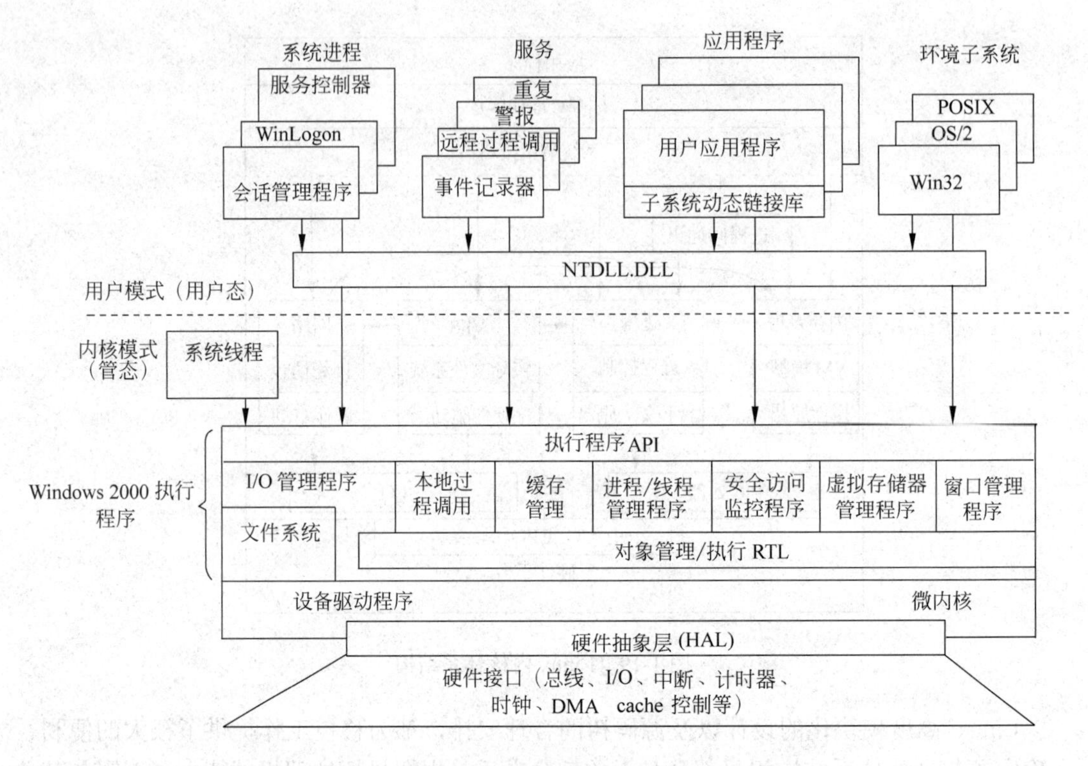

图 1-20　Windows 2000 结构

Windows 2000 并不是纯粹的微内核结构，微软公司将其称为改进的微内核结构。与纯粹的微内核结构一样，Windows 2000 是高度模块化的，每个系统函数通过一个操作系统部件来管理，其余部分和所有的应用程序都是通过该部件使用标准接口访问相应的函数。从理论上讲，任何操作系统模块都可升级或者替换，而不需要重写整个系统或者系统标准应用程序编程接口（API），但是，Windows 2000 与纯粹的微内核不同的是，Windows 2000 主要考虑到性能问题，将许多微内核之外的系统函数，配置为运行在管态之下。因为，如果使用纯粹的微内核方法，则许多非微内核函数需要多次切换进程或者线程、转换模式以及使用附加的存储缓冲区，从而会造成性能下降。

1）Windows 2000 的分层结构

Windows 2000 的一个设计目标是可移植性，即不仅可以在 Intel 机器上运行，而且可以在其他各种硬件平台上运行。为了满足这个目标，Windows 2000 使用以下的分层结构，使得操作系统的大部分执行程序接触到的底层硬件是相同的视图。

- 硬件抽象层（HAL）。在通用的硬件接口与某一特定平台专用的接口之间进行映射，该层将操作系统从与平台相关的硬件差异中隔离出来，使得每个机器的系统总线、存储器直接存取（DMA）控制器、中断控制器、系统计时器和存储器模块对于内核来说看上去都是相同的。 提供多处理机的支持。
- 微内核。由操作系统中最基本、最常用的部件组成。包括线程调度、进程切换、异常和中断处理以及多处理机同步。微内核自身的代码不以线程的方式运行。微内核是常驻内存部分。
- 设备驱动程序。包括文件系统和硬件设备的驱动程序，把用户的 I/O 函数调用转换成特定硬件的 I/O 请求。

2）Windows 2000 的执行程序模块

Windows 2000 执行程序包括一些特殊的系统函数模块，并为用户态下运行的软件提供应用程序接口 API（application programming interface）。执行程序模块简要介绍如下。

- I/O 管理程序。提供应用程序访问 I/O 设备的体系，负责分派合适的设备驱动程序。I/O 管理程序实现所有的 Windows 2000 I/O API，并提供安全性、设备命名和文件系统（使用对象管理程序）。
- 对象管理程序。创建、管理和删除 Windows 2000 执行程序和用于表示诸如进程、线程和同步对象等资源的抽象数据类型。为对象的保持、命名和安全性设置提供统一的规则。对象管理程序还创建对象句柄，该句柄包含了访问控制信息和指向对象的指针。
- 安全访问监控程序。执行访问确认和提供审核规则。Windows 2000 面向对象模型支持统一的安全视图，提供执行程序的基本实体。Windows 2000 为所有受保护对象的确认访问和审核检查使用相同的例程，这些受保护对象包括文件、进程、地址空间和 I/O 设备。
- 进程/线程管理程序。创建、删除和跟踪进程和线程对象。
- 本地过程调用（local procedure call，LPC）机制。在本机系统中，以类似于分布式处理中远程过程调用（remote procedure call，RPC）的方式，在应用程序和执行子系统间强制形成客户/服务器关系。
- 虚拟存储器管理程序。把进程地址空间的虚地址映射到计算机存储器中的物理页。
- 缓存（cache）管理程序。它的功能是将最近访问过的磁盘数据驻留在主存储器中，以便提供快速访问。在更新后的数据发送到磁盘之前，通过在主存储器中短暂的保存数据，延迟磁盘写操作，以此提高基于文件的 I/O 性能，提高缓存中数据的利用率。
- 窗口/图形模块。创建面向窗口的屏幕接口，管理图形设备。

3）Windows 2000 的用户进程类型

在用户层面上，Windows 2000 支持四种基本的用户进程类型。

- 系统支持进程。含有未作为 Windows 2000 操作系统一部分而提供的服务，如登录进程和会话管理程序。
- 服务器进程。诸如事件记录器之类的其他 Windows 2000 服务。
- 环境支持。子系统把本地的 Windows 2000 服务展现给用户应用程序，因而提供一个操作系统环境或个性。每个环境子系统包括动态链接库（DLL），它们把用户程序调用转换成 Windows 2000 调用。每个子系统都是一个独立的进程，执行程序保护它的地址空间不受其他子系统和应用程序的干扰。
- 用户应用程序。可以是 Win32、Windows 3.1、MS-DOS、OS/2、Posix（Linux 系统采用的标准）五种操作系统应用程序之一。其中 Win32 的 API 是 Windows 2000 和 Windows 98 特有的，而且是向上兼容。有关 Win32 为程序员提供的具体功能，可参阅 Windows 编程方面的书籍。

Windows 2000 采用微内核技术和面向对象技术，但是它既不是一个纯粹的微内核结构，也不是一个完全的面向对象操作系统，它不是用面向对象语言实现的，在执行程序组件中的数据结构没有表示成对象。

6．操作系统执行时的主要数据结构

图 1-21 给出 Linux 在实际运行过程中，采用的主要数据结构。以进程控制块 task_struct

为首的数据结构分别抽象了处理机、存储器、外部设备以及外存上存储的物理信息。有关虚拟文件系统部分的数据结构，可参见图 1-21 的（a）图部分；有关虚拟存储管理部分的数据结构，请看图 1-21 的（b）图部分。在 task_struct 中由 fs 和 files 指出的是文件管理的数据结构，由 mm 指出的是存储管理模块的数据结构。

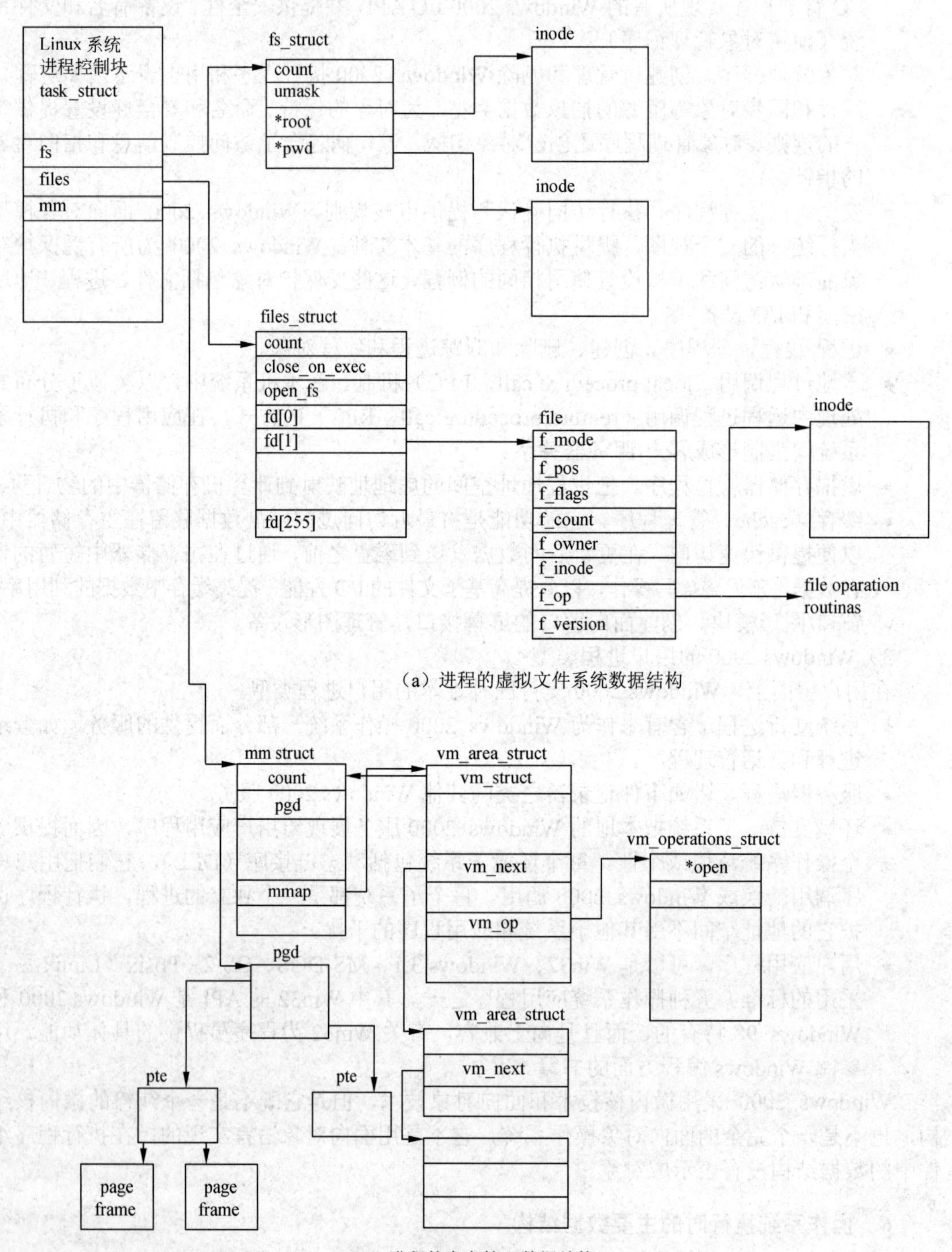

图 1-21　Linux 系统在运行环境下的数据结构

1.3.4 支撑操作系统的知识框架

在了解和掌握计算机科学知识的过程中，如果把操作系统原理课作为学习计算机专业知识的一条主线，那么其他的计算机专业基础课的学习则成为支撑这条主线的分支。例如：操作系统的设计需要提供系统“数据结构”；在实现存储分配加载程序时依赖于“编译”程序提供的目标代码结构；在进行死锁检测时会用到“图论”中的相应算法；在处理中断等底层功能时需要使用“汇编语言”以及“计算机原理”知识；在操作系统的高层设计中一般采用“高级程序设计语言”，如 C 语言等。随着对操作系统研究的深入，在考虑各种资源调度算法中以及在解除死锁算法中，还会需要更多数学理论的支持，如排队论、随机过程、概率论等等。所以，如果以操作系统作为主线去掌握计算机学科的知识，将涉及几乎计算机专业课方方面面的内容。换句话说，操作系统的设计体现了对计算机专业基础知识的综合应用。

1.4 从不同角度刻画操作系统

现代操作系统是一种并发程序，是庞大而复杂的计算机系统软件。为了系统地研究、分析操作系统的基本功能、组成部分、工作流程以及体系结构，人们常常从不同的角度剖析和刻画操作系统，充实操作系统的设计，实现操作系统功能。

1.4.1 用户观点

对于计算机的用户来说，他们只是希望得到功能更强和服务质量更高的计算机系统，对于计算机的构造细节以及操作系统的内部结构和实现方案并不关心。所以，从用户的角度来观察操作系统，操作系统是个黑盒子，它提供了用户使用计算机的方便命令。配置了操作系统的计算机与原始的物理计算机迥然不同。对于一个未配置任何软件的计算机，用户使用起来既困难，效率又很低。为了方便用户使用计算机，提高机器的效率，就要为计算机配置各种软件，从而扩充机器的功能，使计算机容易使用。每当在原来的计算机上安装了一种软件，计算机就多了新的功能，如同构造了一台功能更强的“新”计算机。这种扩充后的计算机只是概念上的计算机，而不是实体计算机，所以我们把它称为虚拟计算机。对于每一台计算机，除了需要配置完成相应功能的软件外，还要为用户提供一种如何使用该虚拟机的语言（称为命令）。那么，呈现给用户的这个新的虚拟机的功能就完全由它的语言所决定。

操作系统对用户来说是一台虚拟机，能协助用户通过计算机解决问题。用户要求简单而且有效地解决问题，要求虚拟机的性能稳定可靠。因此，操作系统应该提供给用户的基本功能如下。

- 创造用户需要的程序运行环境。如多道批处理、分时或实时，便于用户控制自己的作业运行。

- 操作系统应配置各种子系统和程序库。如汇编程序、编译程序、编辑程序、装配程序和调试程序，还有服务程序库和应用程序库等，便于用户编写、调试、修改和运行程序，增加用户的解题能力。
- 提供文件操作。为了简化 I/O 操作和统一资源的分配管理，系统应提供广泛的数据管理操作。
- 为用户提供方便使用的人—机接口。

1.4.2 资源管理观点

1．操作系统的资源管理观点

资源管理观点是从管理计算机系统的角度出发来刻画操作系统。首先，计算机系统由硬件和软件两大部分组成，称之为硬件资源和软件资源，这些资源都是非常有限的宝贵资源。按其性质来分，又可进一步归纳为四类，即：处理机、存储器、外部设备和文件（程序和数据）。这四类资源为操作系统以及用户作业提供了物质基础和工作环境。使用这些资源的方法和管理资源的策略，决定了操作系统的特征、类型、功能及其实现。所以引入资源管理观点，可为操作系统内容的组织以及功能的确定提供指南。基于这一观点，可把操作系统看成是管理这些资源的程序集合，包含了处理机管理、存储管理、设备管理和文件管理（也称信息管理）等几个部分。

为了提高对计算机资源的利用率，从资源管理观点出发，应为用户提供一种简单、有效的使用计算机的方法。以下几个方面的内容，需要从资源管理的观点考虑。

- 记住资源的使用状态。利用资源清单记住哪些资源未被使用，哪些资源已被使用，以及被谁使用等情况。
- 确定资源的分配原则和调度原则。根据系统的设计目标，确定一组原则，用来决定资源分配给谁、何时分配、分配多少以及分配多长时间等问题。
- 分配资源。根据系统确定的分配原则以及用户的要求，执行资源分配程序，为作业或进程分配所需的资源。
- 收回资源。当资源被使用完毕后，应收回资源以便重新分配给其他作业或进程使用。

2．操作系统的四种资源管理模块

1）处理机管理

处理机管理所关心的是处理机的分配问题，通常按照作业管理和进程管理两个阶段去实现处理机时间的分配。作业管理主要由作业调度程序组成，它是处理机时间分配工作的准备阶段。其功能是按照一定的原则（优先数、要求的资源、系统的均衡性等）从所有储备的作业中选择一个作业放入内存，准备运行，实际上是为这个作业建立进程，所以要为作业分配必要的资源（如内存空间、外部设备等）。作业管理还要具备另外一些功能，其中包括记住所有储备作业的状态，当作业结束后收回资源。进程管理的主要功能是把处理机的时间真正分配给就绪进程以及协调各进程之间的相互关系。

2）存储管理

存储管理所关心的是为每个用户作业分配所需的主存空间，完成程序的逻辑地址到物理地址的转换，提供存储保护和内存扩充。从用户角度讲，存储管理所要达到的目的是要提供一个大容量的主存；从系统角度来讲，则是要提高主存资源的利用率，改善系统的整体性能，因而需要采取合理、有效的主存分配和管理策略。

3）设备管理

设备管理主要的任务是控制设备的数据传输，为用户屏蔽设备的物理细节，负责设备分配，提高设备的利用率。

4）文件管理

文件管理即文件系统，它所关心的是为用户提供一种简便、统一的存取和管理文件的方法。它涉及文件存储空间的分配与释放，解决用户提供的文件逻辑结构与文件在实际存储介质上的物理组织之间的转换问题，解决用户使用的文件操作方式与I/O指令之间的转换问题。用户所希望的文件结构是按照简单的逻辑关系组织在一起的，相应的文件操作是一些只用名字就能存取文件的读、写命令。因此，文件系统的功能应包括以下三点。

- 文件命令的解释和加工。每个文件系统都要为用户提供一组文件操作命令，如建立、删除、打开、关闭、读写文件等命令，这些命令是通过文件命令加工程序实现的。
- 管理文件系统所用的资源。文件系统所使用的重要资源是文件目录和外部存储器，外存是存放文件信息的介质，而目录则记录了相应文件的名字、位置、长度、属性等重要信息。
- 为相应设备传递I/O请求。文件命令通常是被转换成一系列I/O指令完成的。

下面以PC上在早期流行一时的DOS系统为例，利用资源观点分析DOS操作系统的内核组成。DOS采用了层次模块式结构，由一个引导记录和三个程序模块组成。BOOT引导程序只在系统启动中起作用，而三个程序模块IO.SYS、MSDOS.SYS及COMMAND.COM是DOS的主体，其中IO.SYS是设备管理模块，MSDOS.SYS是磁盘文件管理模块，COMMAND.COM是DOS命令解释程序。在DOS中没有进程概念，因为DOS是单任务操作系统，所以存储管理非常简单，处理机管理功能退化为运行程序。

1.4.3　进程观点

进程观点是从操作系统运行的角度分析操作系统的行为。

进程是操作系统在运行状态下管理的一个重要结构，进程构成运行于操作系统环境中的基本逻辑实体。进程虚拟了逻辑的处理机，是为描述并发执行的程序的状况以及描述并发程序之间的相互关系而引进的。进程的软件结构有三个元素，即：所执行的程序、相关数据和记录该程序状态的进程控制块。进程控制块是一个系统数据结构，其中含有程序状态、程序地址、中断现场等信息。

在多道程序环境中，多个用户程序同时存放在主存中，由系统数据结构“进程控制块”指出每个程序所在的位置。在单处理机结构中，每一时刻只可能有一个程序运行。那么，对于多个驻留在内存的多个程序来说，它们可能在运行，也可能在等待CPU或者在等待某种事件发生（如等待I/O）。由此可以看出，这些程序随着时间的推移而“走走停停”，其状态是不断变化的。因此，仅仅通过程序的指令集合无法反映这种动态变化情况，必须由操作系统为每个驻留内存的程序附加一个系统数据结构来记录这些变化，这个数据结构就是进程控制块。所以，被运行的程序与系统附加的这个进程控制块以及所访问的数据一起就构成了进程的软件结构。在系统中，除了并发执行的用户程序外，实际上还有一些系统程序也在与这些用户程序一起并发地执行，它们被统一调度，为它们分配处理机的运行时间，当获得 CPU 时间片时便开始运行。利用进程概念，可以动态地描述操作系统的运行状况。许多人都试图给进程概念下一个精确、严格的定义，但由于操作系统是一门发展中的技术和学科，进程的概念也在不断充实和完善，所以至今还没有形成一个严格的定义。通常把“程序的一次执行过程”称为一个进程，在这一过程中，进程被创建、运行，直至被撤销完成其使命。若从进程角度来观察运行中的操作系统，则所有进程的活动就构成了操作系统当前的行为，在系统运行的每一个瞬间都有一棵进程家族树，它展示着操作系统运行状态下的进程间体系结构。图 1-22 展示系统中的进程与系统数据结构之间的交互作用，并展示了在操作系统运行状态下，动态的进程集合构成的各执行程序实体的轮廓。

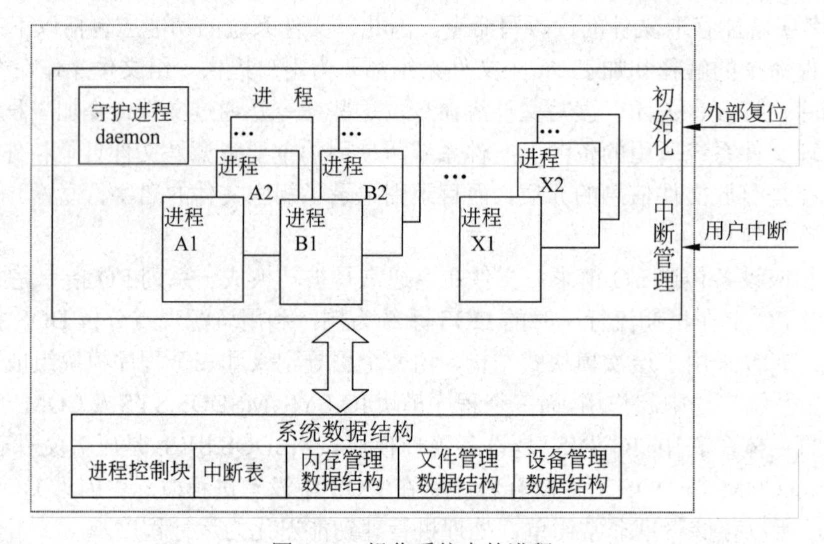

图 1-22　操作系统中的进程

1.4.4　模块分层观点

模块分层观点用于操作系统设计中的软件模块的体系结构搭建。

资源管理的观点回答了整个操作系统是由哪几部分组成的。而构成操作系统的各个部分如何搭建的，则在模块分层观点中讨论。进程的观点指出了操作系统运行的机理，通过进程的执行，调用操作系统的不同部分为之工作。从用户观点看，操作系统是一台虚拟机，操作系统在没有软件的裸机上运行，用户的各个进程在操作系统这种虚拟机上运行，并使用这个虚拟机提供的命令。从这四个观点评论操作系统，可以全面地归纳操作系统的面貌。

模块分层观点讨论操作系统软件模块之间的关系，讨论如何形成操作系统的静态体系构架以及如何构造一个结构合理、简单清晰、逻辑正确、便于实现和分析的操作系统。

在安排操作系统模块的层次时，通常把与机器硬件直接有关的部分（如中断处理、处理机调度以及进程通信等）放在最内层，把与用户关系密切的部分（如虚拟空间分配以及作业管理、作业说明书的解释等）放在最外层，把存储管理、文件管理放在中间层。操作系统设计人员可以从硬件的计算机开始，先实现最内层的功能，得到一个比硬件机器功能强的第一级虚拟机；然后，再以第一级虚拟机为基础，实现中间层的功能，得到第二级虚拟机；这样逐层扩充，最后得到一个功能最强的虚拟机。这就是用户眼中的虚拟机，或者说这就是操作系统。这种自内向外逐层扩充的结构设计方法，使得系统各部分之间的关系有一个方向，即外层依赖于内层，但内层不依赖于外层。在严格的分层方法中，任一指定的层只能调用比它低的内层的服务，不能调用比它高的外层。如果从最内层开始，要求系统尽量正确，各层之间要有简明、准确的通信方法，然后每一次扩充时都严格要求，那么最后得到的操作系统的正确性就比较有把握了。这样的分层办法，称为“自底向上”。也可以把顺序倒过来，从外层到内层，称为“自顶向下”。在实际实现时往往把两者结合起来。其实在各层内部仍然采用模块结构，如果还需细分，就在一层之内再细分成更小的层次，各模块之间的接口必须保证清晰有序。

若从模块分层观点来看 DOS，可得如图 1-23 所示的框图。其中 BIOS 是固化在 PC 上 ROM 中的基本 I/O 程序，箭头表示调用关系，相关的 3 个模块 IO.SYS、MSDOS.SYS 以及 COMMAND.COM 的含义，见 1.4.2 节“资源管理观点”中的 DOS 举例。此处以 DOS 为例子，主要是因为 DOS 最简单。

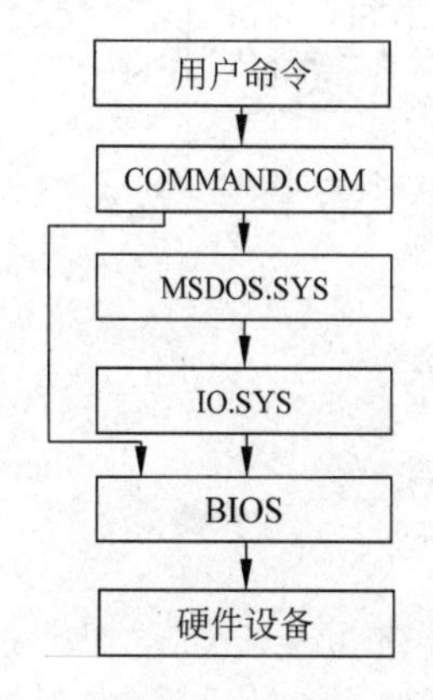

图 1-23　DOS 操作系统的层次结构

1.5　安全操作系统

操作系统用于管理计算机资源，它是计算机系统的基础软件，直接控制计算机硬件，并为用户提供命令和编程接口。各种应用软件均建立在操作系统提供的系统软件平台之上，上层的应用软件要想获得运行的高可靠性、信息的完整性与保密性，必须依赖于操作系统提供的系统软件基础。任何脱离操作系统的应用软件的高安全性，就如同幻想在沙滩上建立坚不可摧的堡垒一样，毫无根基可言。在网络环境中，网络系统的安全性依赖于网络中各主机系统的安全性，而主机系统的安全性正是由其操作系统的安全性所决定的。没有安全的操作系统的支持，网络安全也没有保障。归根结底，若要从根本上保证计算机系统的安全性，则首先要有安全的 CPU 芯片，然后是安全的操作系统，从而为安全的计算机系统和安全的网络系统提供了安全的基础。

安全操作系统的开发一般分为四个阶段，即建立模型、系统设计、可信度检测和系统实现。新的安全机制正在不断地建立和发展，计算机系统的安全性也在不断地提高。

1.5.1　主要的安全评价准则

制定国际评价标准的国际性团体主要有国际标准化组织（ISO）、国际电器技术委员会

（IEC）及国际电信联盟（ITU）所属的电信标准化组（ITU-TS）。ISO 是一个总体标准化组织，而 IEC 在电工与电子技术领域里相当于 ISO 的位置。1987 年，ISO 的 TC97 和 IEC 的 TCs47B/83 合并成为 ISO/IEC 联合技术委员会(JTC1)，而 ITU-TS 是一个联合缔约组织。ISO 的全称是 International Organization for Standards。目前国际上主要的安全评价准则及其关系如图 1-24 所示，下面分别加以简单介绍。

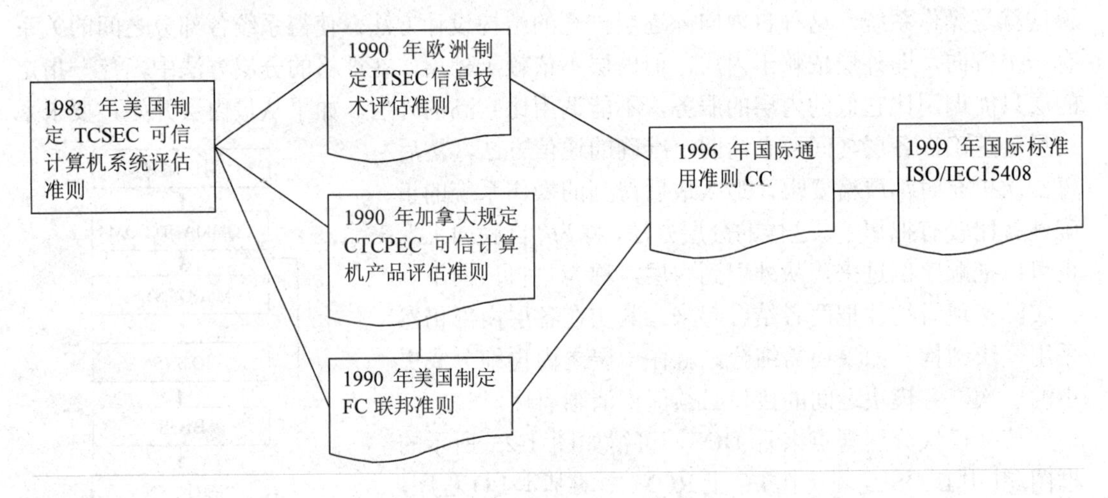

图 1-24 国际主要的安全评价准则及其关系

1. 美国 TCSEC（桔皮书）

该标准是美国国防部制定的。它将安全分为四个方面：安全政策、可说明性、安全保障和文档。在美国国防部“虹系列”（rainbow series）标准中有详细的描述。该标准将以上四个方面分为七个安全级别，从低到高依次为 D、C1、C2、B1、B2、B3 和 A 级。TCSEC 是 trusted computer system evaluation criteria 的缩写词。

2. 欧洲 ITSEC

ITSEC 与 TCSEC 不同，它并不把保密措施直接与计算机功能相联系，而是只叙述技术安全的要求，把保密作为安全增强功能。另外，TCSEC 把保密作为安全的重点，而 ITSEC 则把完整性、可用性与保密性视为同等重要的因素。ITSEC 定义了从 E0 级（不满足品质）到 E6 级（形式化验证）七个安全等级，对于每个系统，安全功能可分别定义。ITSEC 预定义了十种功能，其中前五种与桔皮书中的 C1～B3 级非常相似。ITSEC 是 information technology security evaluation criteria 的缩写词。

3. 加拿大 CTCPEC

CTCPEC 全称是 Canadian trusted computer product evaluation criteria，该标准将安全需求分为四个层次：机密性、完整性、可靠性和可说明性。

4. 美国联邦准则（FC）

FC（federal criteria）标准参照 CTCPEC 及 TCSEC，其目的是提供 TCSEC 的升级版本，

在美国的政府、民间和商业领域得到广泛应用。但 FC 有很多缺陷，是一个过渡标准，后来结合 ITSEC 发展为联合公共准则。

5．联合公共准则（CC）

CC（common criteria）是当前信息安全的最新国际标准，它是在 TESEC、ITSEC、CTCPEC、FC 等信息安全标准的基础上综合形成的。

在 20 世纪 90 年代，六国七方（美国国家安全局和国家技术标准研究所、加、英、法、德、荷）共同提出了“信息技术安全评价通用准则（CC for ITSEC）”。1999 年 5 月，国际标准化组织和国际电联（ISO/IEC）将 CC 标准以 ISO/IEC15408 信息技术安全评估准则列入国际标准，如图 1-24 所示。

CC 定义了一套能满足各种需求的 IT 安全准则，分为简介和一般模型、安全功能要求、安全保障要求等三个部分。

6．ISO 安全体系结构标准

在安全体系结构方面，ISO 制定了国际标准 ISO7498-2—1989。该标准为开放系统互连（OSI）描述了基本参考模型，为协调开发现有的与未来的系统互连标准建立起一个框架。其任务是提供安全服务与有关机制的一般性描述，确定在参考模型内部可以提供这些服务与机制的位置。

几十年来，人们一直在努力发展安全标准，并将安全功能与安全保障分离，制定了复杂而详细的条款。但真正实用的，而且在实践中相对易于掌握的还是 TCSEC 及其改进版本。

我国的信息安全标准化工作近年发展较快，从 20 世纪 80 年代开始，转化了一批国际信息安全基础技术标准，制定了一批符合中国国情的信息安全标准，推动了我国信息安全技术的发展。

1.5.2　可信计算机系统安全评价准则 TCSEC

美国国防部在信息安全研究方面，基于军事计算机系统保密的需要，在 20 世纪 70 年代研究的计算机保密模型的基础上，制定了 TCSEC，即“可信计算机系统安全评价准则”，其后又制定了关于网络系统、数据库等方面的系列安全解释，形成了安全信息系统体系结构最早的原则。目前，美国研制的达到 TCSEC 要求的安全系统（包括安全操作系统、安全数据库、安全网络部件）产品已有上百种。

“可信计算机系统安全评价准则”将计算机系统的安全性分为四个方面（A、B、C、D），共分为七个级别。

1．D 级

D 级是最低的安全保护等级（minimal protection），拥有这个级别的操作系统就像一个门户大开的房子，任何人都可以自由进出，是完全不可信的。对于硬件来说，没有任何保护措施，操作系统容易受到损害，没有系统访问限制和数据访问限制，任何人不需任何账户就可以进入系统，不受任何限制就可以访问他人的数据文件。这一级别只包含一个类别，它是那些已被评价、但不能满足较高级别要求的系统。属于这个级别的操作系统有DOS、Windows 3.x和Apple的Macintosh System 7.1。

2．C级

自定式保护（discretionary protection），该等级的安全特点在于系统的对象（如文件、目录）可由其主体（如系统管理员、用户、应用程序）自定义访问权。例如管理员可以决定某个文件仅允许一特定用户读取、另一用户写入。张三可以决定他的某个目录可给其他用户读、写等。 该等级又根据安全级别的高低分为C1和C2两个安全等级。

1）C1级

C1级又称选择性安全保护系统，它描述一种典型的用在UNIX系统上的安全级别。这种级别的系统对硬件有某种程度的保护，但硬件受到损害的可能性仍然存在。用户拥有注册账号和口令，系统通过账号和口令来识别用户是否合法，并决定用户对程序和信息拥有什么样的访问权。

这种访问权是指对文件和目标的访问权。文件的拥有者和超级用户（root）可以改动文件中的访问属性，从而对不同的用户给予不同的访问权。例如，让文件拥有者有读、写和执行的权力，给同组用户读和执行的权力，而给其他用户以读的权力。

另外，许多日常的管理工作由根用户（root）来完成，如创建新的组和新的用户。根用户（root）拥有很大的权力，所以它的口令一定要保密，不要几个人共享。

C1级保护的不足之处在于用户可以直接访问操纵系统的根用户。C1级不能控制进入系统用户的访问级别，所以用户可以将系统中的数据任意移走，可以控制系统配置，获取比系统管理员允许的更高权限，如改变和控制用户名。

2）C2级

除了C1级包含的特征外，C2级还包含有访问控制环境。该环境具有进一步限制用户执行某些命令或访问某些文件的权限，而且还加入了身份验证级别。另外，系统对发生的事件加以审计，并写入日志当中，如什么时候开机，哪个用户在什么时候从哪儿登录等。这样通过查看日志，就可以发现入侵的痕迹，如有人多次登录失败，则可以大致推测出可能有人想强行闯入系统。审计可以记录下系统管理员执行的活动，审计还加有身份验证，这样就可以知道谁在执行这些命令。审核的缺点在于它需要额外的处理器时间和磁盘资源。

使用附加身份认证就可以让一个C2系统用户在不是root根用户的情况下有权执行系统管理任务。

授权分级使系统管理员能够给用户分组，授予他们访问某些程序的权限或访问分级目录。

另一方面，用户权限可以以个人为单位授权给用户对某一程序所在目录进行访问。如果其他程序和数据也在同一目录下，那么用户也将自动得到访问这些信息的权限。

能够达到C2级的常见操作系统有：UNIX系统、XENIX、Novell 3.x或更高版本、Windows NT。

3．B级

强制式保护（mandatory protection），该等级的安全特点在于由系统强制的安全保护。

在强制式保护模式中，每个系统对象（如文件、目录等资源）及主题（如系统管理员、用户、应用程序）都有自己的安全标签（security label），系统依据用户的安全等级赋予他对各对象的访问权限。B 级中有三个子级别：B1 级、B2 级和 B3 级。

1）B1 级

该级为标签安全保护级。它是支持多级安全（比如秘密和绝密）的第一个级别，这个级别说明一个处于强制性访问控制下的对象，系统不允许文件的拥有者改变其许可权限。

拥有 B1 级安全措施的计算机系统随操作系统而定。政府机构和防御系统承包商们是 B1 级计算机系统的主要拥有者。

2）B2 级

该级又称为结构化保护级，要求计算机系统中所有的对象都加标签，而且给设备（磁盘、磁带和终端）分配单个或多个安全级别。这是提出较高安全级别的对象与另一个较低安全级别的对象相通信的第一个级别。

3）B3 级

该级称为安全域或称为安全区域保护级。它使用安装硬件的方式来加强安全区域保护。例如，内存管理硬件用于保护安全区域免遭无授权访问或对其他安全区域对象的修改。该级别要求用户通过一条可信任途径连接到系统上。

4. A 级

可验证的保护（verified protection）。A 级或验证设计是当前的最高级别。A 级要求对设计运用形式化方法加以验证。最初设计系统就充分考虑安全性，有“正式安全策略模型”，其中包括由公理组成的数学证明。系统还包括分发控制和隐蔽信道分析。本级的安全功能与 B3 级相同，与前面提到的各级别一样，这一级别包含了较低级别的所有特性。

在上述七个级别中，B1 级和 B2 级的级差最大，因为只有 B2、B3 和 A 级，才是真正的安全等级，它们至少经得起程度不同的严格测试和攻击。

对于网络的安全性，目前有四种安全参照及评估模型：

- 不可信计算机在不可信网络上形成；
- 可信计算机在不可信网络上形成；
- 可信计算机在可信网络上形成；
- 可信计算机在高可信网络上形成。

虽然安全标准是针对计算机或者网络系统的，但是，对操作系统的安全性评测也仍然参照上述标准，因为计算机系统的安全性在很大程度上取决于其操作系统的安全性。

1.5.3　安全标准应用分析

1. 自主访问控制功能（C1 级）

普通 Linux 只支持简单形式的自主访问控制，由资源（文件等）的拥有者根据拥有者、同组者、其他人等三类群体，指定用户对资源的访问权。普通 Linux 采用极权化的方式，可以设立一个超级用户 root。而超级用户 root 实际上可以不受系统访问控制规则的任何制约，具有至高无上的权力，可对系统及其中的信息执行任何操作，但这种做法不符合安全系统的“最小特权”原则。攻击者只要破获 root 用户的口令，进入系统，便得到了对系统的完全控制。

2．系统特权分化（C2 级）

根据“最小特权”原则对系统管理员的特权进行分化，根据系统管理任务设立角色，依据角色划分特权。典型的系统管理角色有：

- 系统管理员
- 安全管理员
- 审计管理员

系统管理员负责系统的安装、管理和日常维护，如安装软件、增添用户账号、数据备份等。安全管理员负责安全属性的设定与管理。审计管理员负责配置系统的审计行为和管理系统的审计信息。一个管理角色不拥有另一个管理角色的特权。攻击者破获某个管理角色的口令时不会得到对系统的完全控制。

3．强制访问控制功能（B 级）

提供强制访问控制支持，可以采用 Bell & LaPadula 强制访问控制模型，为主体（用户、进程等）与客体（文件、目录、设备、IPC 机制等）提供标签支持。

主体与客体都有标签设置，系统根据主体与客体间标签的匹配关系强制实行访问控制。不管主体是普通用户还是特权用户，只要符合匹配规则，便准许访问，否则便拒绝访问。

Bell&LaPadula 模型，简称 BLP 模型，由 D.E. Bell 和 L.J. LaPadula 在 1973 年提出，是第一个可证明的安全系统的数学模型。

标签有等级分类和非等级类别：

- 等级分类与整数相当，可以比较大小；比如设置为非密、秘密、机密和绝密等。
- 非等级类别与集合相当，不能比较大小，但存在包含与非包含关系。比如设置为国防部、外交部和财政部等级。

当一个用户的标签为<秘密，{国防部}>时，他可以查看“国防部”范围的不超过“秘密”级的信息。任何用户（包括特权用户），只要标签不符合要求，不管他原来的权力有多大（如系统管理员），都不能对指定信息进行访问，从而提供了信息的保护措施。普通 Linux 无法做到这一点。

通过本节内容的讨论，希望为学生理解安全操作系统的基本概念提供一些帮助。关于安全性标准的细节讨论已超出本书内容，这里不再赘述。

1.6 小结

操作系统是并发程序，是计算机系统的管家，它不仅为计算机系统建立了多道程序的运行环境，也为用户使用计算机搭建了桥梁。

本章依据计算机的发展史，介绍了操作系统的发展过程，强调了操作系统的发展与计算机体系结构的发展息息相关。操作系统的功能、特点以及实现技术综合体现了计算机硬件与软件技术的发展和变化。目前计算机市场上的主流计算机仍是冯·诺依曼计算机，也就是“存储程序式计算机”，其计算模型是顺序过程，与操作系统执行的多任务并行控制模型相矛盾。解决矛盾的办法是在操作系统中采用软件结构“进程”来虚拟多个处理机，从而达到多个程序在逻辑上并行执行的目的。

不同种类的操作系统采用不同的处理机调度算法。基于对处理机的不同调度策略，操作系统的基本类型有批量处理系统、分时系统以及实时系统。在这三种类型基础上可以发展为网络操作系统、分布式操作系统等。无论是哪种类型的操作系统，程序执行的并发性、资源使用的共享性、随机事件产生的不确定性以及被访问对象的虚拟性，是现代操作系统的基本特征。

从用户的观点看，操作系统是一个虚拟机，它提供一个比物理计算机功能更强的虚拟机器，用户通过使用操作系统提供的命令，即可方便地使用计算机，完成指定的工作。操作系统是搭建在硬件平台上的第一层系统软件，所以是第一层虚拟机。

从资源的观点看操作系统，操作系统是计算机资源管理者。计算机资源分为硬件和软件资源。硬件资源有处理机、存储器以及设备，软件资源有程序和数据，所以操作系统程序的主要模块有处理机管理、存储管理、设备管理和文件管理等。

从进程的观点看操作系统，操作系统的动态行为由当前进程集合的活动所定义。进程活动表现了操作系统的活动情况，表现了操作系统动态执行的内容。在某一个时刻的进程家族树定义了此时操作系统的行为主体，从这个意义上讲，应用程序生成的进程只是该进程家族树中的一个成员，应用程序的执行可看成是操作系统执行内容的新的拓展。

操作系统的设计原理可以作为一般并发系统的设计指南，所用到的技术对一般的软件设计也有指导意义。一般软件都要提供用户使用的界面。通常有两种使用方式，即交互命令方式和程序调用方式。相应地，在操作系统中称之为交互式界面（包括命令、图符操作）和系统调用界面。

总之，操作系统的发展象征着计算机硬件技术与软件技术的发展。随着网络的普及，面对日益激烈的信息争夺和不断蔓延的网络犯罪现象，信息安全研究亦越来越重要，而安全操作系统则是信息安全的保证。了解“可信计算机系统安全评价准则”，对于理解安全操作系统的概念以及对操作系统的深入学习有应用价值。

1.7　习题

1．存储程序式计算机的主要特点是什么？

2．批处理系统和分时系统各具有什么特点？

3．实时系统的特点是什么？一个实时信息处理系统和一个分时系统从外表看很相似，那么它们有什么本质的区别呢？

4．什么是多道程序设计技术？试述多道程序运行的特征。

5．什么是操作系统？从资源管理的角度分析操作系统，它的主要功能是什么？

6．操作系统的主要特征是什么？为什么会具有这样的特征？

7．你知道的操作系统有哪些？请列举它们的名称并简述其特点。

8．请思考一下，操作系统如何对计算机硬件部分的处理机、内存、设备进行抽象？

9．什么叫对硬件系统的抽象？

第2章　操作系统接口

2.1　概述

操作系统（OS）是用户与计算机之间的接口，用户在操作系统支持下，可以快速、有效地使用计算机，解决自己的应用问题。操作系统软件本身为用户提供使用界面，称为“操作系统接口”，如图 2-1 所示。该接口支持用户与操作系统之间的交互，即用户通过接口命令向 OS 提出请求，要求 OS 提供特定的服务；而 OS 执行之后，则把服务的结果返回给用户。该接口通常是以命令和系统调用的形式呈现在用户面前。命令模式允许用户在终端上使用键盘命令、单击鼠标图符以及语音输入等直接交互方式；系统调用模式则为用户提供在编程时使用的操作系统功能模块；通常分别将它们称为命令接口和程序接口。

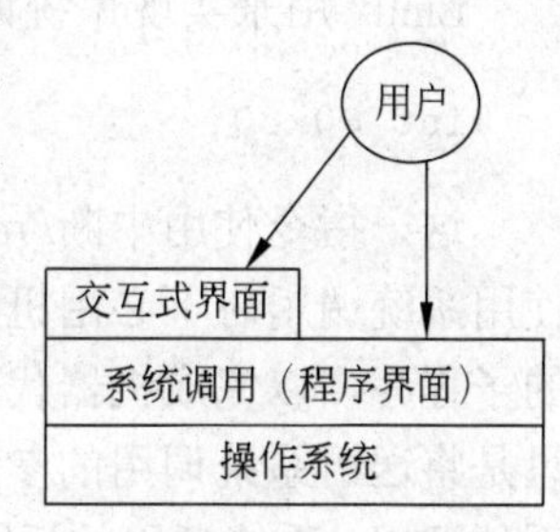

图 2-1　操作系统接口

窗口系统（window system）以及与之联系在一起的图形用户界面（GUI）已经给计算机用户界面带来了变革性的影响。近几年推出的新型操作系统都配有图形用户界面。

2.1.1　系统调用

系统调用是操作系统与应用程序之间的接口，或者说是操作系统提供给用户使用的程序界面。其主要目的是使得用户可以使用操作系统提供的有关功能，如文件的输入/输出、设备控制、进程控制、存储分配等方面的功能，而不必了解系统程序的内部结构和有关硬件细节，从而起到减轻用户负担、保护系统以及提高资源利用率的作用。

系统调用的实现一般与机器特性有关，且总是用汇编语言实现，所以在用高级语言编写程序时若使用系统调用，则必须额外提供一个调用汇编程序的接口程序，在 Linux 中称为系统调用，在 Windows 中称为应用程序接口 API（application programming interface）。

在 Linux 中，大部分的系统调用包含在 Linux 的 libc 库中，通过标准的 C 函数调用方法可以调用这些系统调用。以 read 系统调用为例，它有三个参数：第一个指定所操作的文件，第二个指定使用的缓冲区，第三个指定要读的字节数。在 C 程序中调用该系统调用的格式如下：

```
count=read(file, buffer, nbytes);
```

该系统调用将真正读入的字节数返回给 count 变量。正常情况下这个值与 nbytes 相等，但是，当读到文件结尾符时则可能比 nbytes 小。若由于参数非法或磁盘操作错导致该系统调用无法执行，则 read 返回–1，同时错误码被放在全局变量 errno 中。程序应检查系统调用的返回值，以确定其是否正确地执行。

1．Linux 系统调用机制

在 Linux 系统中，系统调用是作为一种异常类型实现的，在 i386 体系结构中称之为陷阱。它通过执行相应的机器代码指令来产生异常信号（程序中断），从而使系统自动将用户态（用户程序运行状态）切换为核心态（操作系统运行状态），并对此中断进行处理。这就是说，执行系统调用异常指令时，自动地将系统切换为核心态，并安排异常处理程序的执行。需要说明的是，“用户态”又称为“目态”，核心态又称为“管态”，在程序状态字中，专门用一位指示“管态/目态”。

1）实现系统调用的汇编指令

Linux 用来实现系统调用的汇编指令是：

```
int $0x80
```

这一指令使用中断/异常向量号 128（即十六进制的 80）将控制权转移给内核。为了在使用系统调用时不必用机器指令编程，在标准的 C 语言库中为每一系统调用提供了一段短的子程序，以完成机器代码的编程工作。事实上，机器代码段非常简短，它所要做的工作只是将送给系统调用的参数加载到 CPU 寄存器中，接着执行“int $0x80”指令。然后运行系统调用，系统调用的返回值将送入 CPU 的一个寄存器中，标准的库子程序取得这一返回值，并将它送回用户程序。

2）预处理宏指令

为使系统调用的执行成为一项简单的任务，Linux 提供了一组预处理宏指令，它们可以用在程序中。这些宏指令取一定的参数，然后扩展为调用指定的系统调用的函数。它们具有类似下面的格式：

```
_syscallN(parameters)
```

其中 N 是系统调用所需的参数数目，而 parameters 则用一组参数代替。这些参数使宏指令完成适合于特定的系统调用的扩展。例如，为了建立调用 setuid()系统调用的函数，应该使用：

```
_syscall1( int,setuid, uid_t, uid )
```

_syscall1()宏指令的第一个参数 int 说明产生的函数的返回值的类型是整型，第二个参数 setuid 说明产生的函数名称。后面的两个参数 uid_t 和 uid 分别用来指定系统调用本身所需要参数，即参数的类型和名称。有关_syscall1 的宏定义请参见 Linux 源码中的 unistd.h 文件。

其中的一个程序片段如下，行尾处的“\”符号说明有续行。

```
#define _syscall1(type,name,type1,arg1) \
type name(type1 arg1) \
```

```
{ \
long _res; \
_asm_ volatile ("int $0x80" \
: "=a" (_res) \
: "0" (_NR_##name),"b" ((long)(arg1))); \
_syscall_return(type,_res); \
}
```

上面的程序段定义了如下“宏调用”：

```
_syscall1(type，name，type1，arg1)：
```

在 Linux 内核 2.6.18 之后，_syscallN 的定义与之前的版本不同，不再采用_syscallN。所以，syscall 调用接口已经放到应用层实现。

程序段中的_asm_ volatile(...)表示括号中插入的是汇编代码片段，这是 Linux 专用的汇编片段的解释形式，含义是执行 int $0x80 指令，其返回值放在 eax 寄存器中，系统调用的名称_NR_name 也放在寄存器 eax 中，系统调用的参数 arg1 放在寄存器 ebx 中。执行完$0x80 后，执行宏_syscall_return(type，_res)，将执行结果放在_res 中并返回调用程序。这里没有列出_syscall_return(type，_res)的宏定义，学生若有兴趣，可参见 Linux 中的源文件 unisted.h。

在执行系统调用“int $0x80”指令时，所有的参数值都存放在 32 位的 CPU 寄存器中。使用 CPU 寄存器传递参数带来的限制是：可以传送给系统调用的参数数目是有限的。比如最多可以传递 5 个参数，那么可以定义 6 个不同的_syscallN()宏指令，从_syscall0()、_syscall1()直到_syscall5()，其中_syscall0()表示仅提供系统调用的名称，而系统调用本身没有参数。

一旦_syscallN()宏指令用特定系统调用的相应参数进行了扩展，得到的结果是一个与系统调用同名的函数，它就可以在用户程序中执行这一系统调用。

2．添加新的系统调用

对于 Linux，除了 libc 库中已存在的系统调用之外，用户也可以根据自己的需要增加新的系统调用。在增加系统调用时需遵循以下步骤。

（1）添加源代码。

第一个任务是编写加到内核中的源程序（即将要加到一个内核文件中去的一个函数），该函数的名称应该是新的系统调用名称前面加上 sys_标志。假设新加的系统调用为 mycall(int number)，在“/usr/src/Linux-2.4.18/kernel/sys.c”文件中添加源代码，其形式如下：

```
asmlinkage int sys_mycall(int number)
{
return number;
}
```

作为一个最简单的例子，新加的系统调用仅仅返回一个整型值。

这里 asmlinkage 标记符为 Linux 中的 C++编译器 gcc 提供识别，它告诉 gcc 编译器该函数的参数不是放在寄存器中，而是放在 CPU 的堆栈中。当调用“int $0x80”时，将系统调用名称处理为系统调用号，对于其参数处理，简单的做法就是通过堆栈传入参数给处理程序。所有的系统调用都用这个标记符，所以都要指望堆栈传递参数。

（2）连接新的系统调用。

添加了新的系统调用内容后，下一个任务是让 Linux 内核的其余部分知道该程序的存在。为了从已有的内核程序中增加一个到新的函数的连接，需要编辑两个文件。下面以 RedHat 8.0、Linux 内核版本为 2.4.18 的环境为例加以说明。

第一个要修改的文件是：

```
/usr/src/Linux-2.4.18/include/asm-i386/unistd.h
```

该文件中包含了“#define“语句定义的系统调用清单，用来给每个系统调用分配一个唯一的号码，在内核 Linux-2.4.18 中已经用到了 242 号，通过这些定义语句，将系统调用名称对应为相应号码。对于 242 行中的每一行，其格式如下：

```
#define _NR_name NNN
```

其中，name 用系统调用名称代替，而 NNN 则是该系统调用对应的号码。对于新的系统调用名称应该加到清单的最后，并为它分配一个号码，该号码是这个序列中下一个可用的系统调用号。定义的系统调用如下：

```
#define _NR_mycall 243
```

这里定义新的系统调用号为 243，这是因为 Linux-2.4.18 内核自身的系统调用号码已经用到 242。

第二个要修改的文件是：

```
/ usr/ src/ Linux-2.4.18/ arch/ i386/ kernel/ entry.S
```

该文件中有类似如下的清单：

```
.long SYMBOL_NAME（sys_系统调用名称）
```

该清单用来对 sys_call_table[]数组进行初始化。该数组包含指向内核中每个系统调用的指针，即每个系统调用函数的入口地址。若在数组中增加新的内核函数的指针，则需要在清单最后添加一行：

```
.long SYMBOL_NAME(sys_mycall)
```

这样就把前面在 sys.c 文件中加入的函数“asmlinkage int sys_mycall(int number)”的起始地址填进这个跳转表。当执行 int $0x80 指令时，便访问这个跳转表，从这个跳转表便可进入 sys_mycall()函数去执行。

（3）重建新的 Linux 内核。

为使新的系统调用生效，需要重建 Linux 的内核。这需要以 root 超级用户身份登录。登录后，可看见提示符：

```
#
```

然后键入命令系列，完成内核的重建工作。

首先，用pwd命令显示当前路径，看看当前目录：

```
# pwd
/ usr/ src/ Linux
#
```

只有在当前工作目录是“/usr/src/Linux-2.4.18”时，使用如下命令才合适：

```
# make menuconfig
# make dep
# make bzImage
# make modules
# make modules_install
# make install
#
```

当执行命令“make bzImage”时，系统将生成一个可用于安装的、压缩的内核映像文件：

```
/usr/src/Linux/arch/i386/boot/bzImage
```

当执行命令“make install”时，系统在/boot中出现vmlinuz-2.4.18-14custom可执行文件，这就是新的系统加载文件。

上述几个 make 命令中，麻烦最多的就是第一个命令“make menuconfig”，因为menuconfig是为窗口界面进行配置的，所以如果你的机器不支持图形界面，则须改为使用“make config”命令。

在配置中，你只需保持原有配置，在最后问你是否保存修改时，应回答需要保存，然后退出即可。其他几个 make 命令执行期间都无须交互，只需等待自动完成就行了，这个过程需要花一些时间。

（4）用新的内核启动系统。

如果硬盘中还装有Windows系统，现在，当重新引导系统时，会看到以下三种选择：

```
Red Hat Linux(2.4.18-14custom)
Red Hat Linux(2.4.18-14)
Windows
```

新内核成为默认的引导内核。

至此，新的Linux内核已经建立，新添加的系统调用已成为操作系统的一部分，重新启动Linux，用户就可以在应用程序中使用该系统调用了。

（5）使用新的系统调用。

在应用程序中使用新添加的系统调用mycall。为了使用这个新的系统调用，我们编写了一个简单的例子存放在文件use-mycall.c中：

```
/ * use-mycall.c */
#include <Linux/ unistd.h>
```

```
_syscall1(int,mycall,int,ret)   / *这是陷阱指令 int $0x80 的宏定义*/
main()
{
 printf("%d \ n",mycall(100));
}
```

编译该程序：

```
# cc -o use-mycall use-mycall.c
```

执行：

```
# use-mycall
```

结果：

```
# 100
```

注意：上述工作均以超级用户身份进行。

这个程序的执行机理为：首先通过对“use-mycall.c”进行编译，在目标代码中便形成宏_syscall1(int，mycall，int，ret)所定义的汇编程序段，该程序段主要完成对 int $0x80 的调用及其参数的传递。在运行可执行程序 use-mycall 过程中，当执行到 mycall(100)时，便会找到这段汇编代码执行，从而执行 int $0x80，这样便进入了访管中断（即访问系统程序），马上可通过上述的系统调用函数入口表 sys_call_table[]，便转入新添系统调用的定义函数“int sys_mycall(int number)”中执行，执行完成后返回应用程序 use-mycall。

2.1.2 shell 命令及其解释程序

shell 是操作系统内核的外壳，它为用户提供使用操作系统的命令接口。用户在提示符下输入的每个命令都由 shell 先解释然后传给 Linux 内核，所以 Linux 中的命令统称为 shell 命令。对于其他的操作系统（如 Windows 和 DOS 等），都是由相应的命令解释程序来处理各自的操作系统命令，其原理和使用方法是相似的。

通常我们通过 shell 来使用 Linux 系统。Linux 系统的 shell 是命令语言、命令解释程序及程序设计语言的统称。如果把 Linux 内核想象成一个球体的中心，shell 就是围绕内核的外层。当从 shell 或其他程序向 Linux 传递命令时，内核会作出相应的反应。

shell 是一个命令语言解释器，它拥有自己内建的 shell 命令集，shell 也能被系统中其他应用程序调用。用户在提示符下输入的命令，都由 shell 解释后传给 Linux 核心。有一些命令，如改变工作目录命令 cd，是包含在 shell 内部的。还有一些命令，例如拷贝命令 cp 和移动命令 rm，是存在文件系统中某个目录下的单独的程序。用户不必关心一个命令是建立在 shell 内部还是一个单独的程序。但是，操作系统的 shell 设计者必须知道哪些命令作为内部命令，哪些作为外部命令。

shell 命令解释程序首先检查输入的命令是否是内部命令，若不是，则再检查是否是一个应用程序（这里的应用程序可以是 Linux 本身的实用程序，如 ls 和 rm，也可以是购买的商业程序，或者是自由软件，如 emacs），然后 shell 在搜索路径里寻找这些应用程序（搜索路径就是一个能找到可执行程序的目录列表)。如果键入的命令不是一个内部命令，并且在搜索路径里没有找到这个可执行文件，则会显示一条错误信息。如果能够成功地找到此命令，则命令（内部/外部）将被分解为系统调用形式，并传给 Linux 内核。

shell 的另一个重要特性是它自身就是一个解释型的程序设计语言，shell 程序设计语言支持绝大多数在高级语言中能见到的程序元素，如函数、变量、数组和程序控制结构。shell 编程语言简单易学，在提示符下能键入的任何命令都能放到一个可执行的 shell 程序中。

当普通用户成功登录，系统将执行一个称为 shell 的程序。正是 shell 进程提供了命令行提示符。作为默认值，对普通用户用“$”作为提示符，对超级用户 root 用“#”作为提示符。

一旦出现了 shell 提示符，就可以键入命令名称及命令所需要的参数。shell 将执行这些命令。如果一条命令花费了很长的时间运行仍未结束，或者在屏幕上产生了大量的输出，则可以从键盘上按 Ctrl+C 组合键发出中断信号来中断它（在正常结束之前，中止它的执行）。

当用户准备结束登录对话进程时，可以键入 logout 命令、exit 命令或文件结束符（EOF，按 Ctrl+d 组合键实现），结束登录。

例 2-1　熟悉 shell 是如何工作的：

```
$ make work
make: * * * No rule to make target 'work'. Stop.
$
```

make 是系统中一个命令的名称，后面跟着命令参数。在接收到这个命令后，shell 便执行它。在本例中，由于输入的命令参数不正确，系统返回信息后停止该命令的执行。

在例中，shell 会寻找名为 make 的程序，并以 work 为参数执行它。make 是一个经常用于编译大程序的命令，它以参数作为目标来进行编译。在 make work 中，make 编译的目标是 work。因为 make 找不到以 work 为名称的目标，它便给出报错信息表示运行失败，用户又回到系统提示符下。如果命令 make 不给任何参数，则访问的默认文件名是 makefile，makemile 文件的例子参见 2.1.2 节中后面几段内容。

另外，用户键入有关命令行后，如果 shell 找不到以键入的命令名为名称的程序，就会给出报错信息。例如，如果用户键入：

```
$ myprog
bash:myprog:command not found
$
```

可以看到，用户得到了一个没有找到该命令的报错信息。用户敲错命令后，系统一般都会给出这样的报错信息。

1．shell 的种类

Linux 中的 shell 可分为两类：一类是“Bourne shell”，如 sh、ksh、bash 等；另一类是“C shell”，如 csh、tcsh 等。其中最常用的几种是 Bourne shell(sh)、C shell(csh)和 Korn shell(ksh)。这三种 shell 各有优缺点。

Bourne shell 是 UNIX 最初使用的 shell，并且在每种 UNIX 上都可以使用。Bourne shell

在 shell 编程方面相当优秀，但在处理与用户的交互方面做得不如其他几种 shell。Linux 操作系统默认的 shell 是 Bourne Again shell，它是 Bourne shell 的扩展，简称 Bash，与 Bourne shell 完全向后兼容，并且在 Bourne shell 的基础上增加、增强了很多特性。Bash 放在/bin/bash 中，它有许多特色，可以提供如命令补全、命令编辑和命令历史表等功能，它还包含了很多 C shell 和 Korn shell 中的优点，有灵活和强大的编程接口，同时又有很友好的用户界面。

C shell 是一种比 Bourne shell 更适于编程的 shell，它的语法与 C 语言很相似。Linux 为喜欢使用 C shell 的人提供了 tcsh。tcsh 是 C shell 的一个扩展版本。tcsh 包括命令行编辑、可编程单词补全、拼写校正、历史命令替换、作业控制和类似 C 语言的语法，它不仅和 Bash shell 的提示符兼容，而且还提供比 Bash shell 更多的提示符参数。

Korn shell 集合了 C shell 和 Bourne shell 的优点，并且和 Bourne shell 完全兼容。Linux 系统提供 pdksh（ksh 的扩展），它支持任务控制，可以在命令行上挂起、后台执行、唤醒或终止程序。

当然，Linux 并没有冷落其他 shell 用户，它还包括一些流行的 shell，如 ash、zsh 等。每个 shell 都有它的用途，有些 shell 是有专利的，有些是能从 Internet 网上或其他来源获得的。要决定使用哪个 shell，只需读一下各种 shell 的联机帮助，并试用一下即可。

用户在登录到 Linux 时，由/etc/passwd 文件来决定要使用哪个 shell。例如，使用检索命令 fgrep，查找 lisa 用户在文件/etc/passwd 中的信息行：

```
# fgrep lisa /etc/passwd
lisa:x:500:500:TurboLinux User:/home/lisa:/bin/bash
```

从检索到的这一行可看到，用户所用的 shell 被列在行的末尾，是/bin/bash，即放在/bin 目录下的 bash，这是 Bourne shell。

由于 bash 是 Linux 上默认的 shell，因此，这里主要介绍 bash。

2．shell 的使用

当用户登录时，首先需要输入“用户名”，如果以用户名 root 注册，则说明是超级用户，当输入正确的口令后，就会出现 shell 提示符“#”。如果以普通用户注册，当输入相应的口令之后，就会出 shell 提示符“$”。这说明有一个 shell 命令解释程序已在运行并等待着用户输入命令。这个登录 shell 是由/etc/passwd 文件的内容设置决定的。

另外需要注意的是，Linux 的 shell 命令是对大小写敏感的，大多数都使用小写。例如，可以用 date 来查询时间，用 who 来查询哪些用户在使用本计算机，用 ls 来列出目录内容等等。

Linux 命令常带有各种选项。选项一般用“-”加字符串表示，选项可以组合使用。例如下面是 ls 命令的全部选项：

```
ls [-abcdefgiklmnopgrstuxABCFGLNQRSUX178] [-w cols] [-T cols] [-1 pattern]
[--all][--escape] [--directory] [--inode] [--kilobytes] [--numeric-uid-gid]
[--no-group][--hide-control-chars] [--reverse] [--size] [--width=cols]
[--tabsize=cols][--almost-all][--ignore-backups][--classify] [--file-type]
[--full-time] [--ignore=pat-tern] [--dereference][--literal] [--quote-name]
```

```
[--recursive] [--sort={none,time, size, extension}][--for-mat={long,
verbose, commas,across,vertical, single-column}] [--time={atime,access,
use,ctime, status}] [--color[={yes,no, tty}]] [--colour[={yes,no,tty}]]
[--7bit] [--8bit] [--help][--version][name...]
```

从上面可以看出 ls 的选项有很多，其实在使用时并不同时用这么多选项，每个选项的具体含义，可通过 Linux 中的联机帮助"man ls"察看。

例 2-2　ls 的几种用法。

列出当前目录下的文件名：

```
# ls
HowTo HowToMini Linux nag sag
#
```

上述 ls 命令列出当前目录下文件名 HowTo、HowToMini、Linux、nag 和 sag。

详细列出当前目录内容：

```
# ls -l
total 65
drwxr-xr-x 2 root root   37888  Jul  8  20:14  HowTo
dwrxr-xr-x 2 root root   15360  Jul 26  03:34  HowToMini
lrwxrwxrwx 1 root root   14     Jul  9  02:39  Linux ->/usr/src/Linux
drwxr-xr-x 2 347  1002   7168   Sep 10  1996   nag
drwxr-xr-x 2 root users  4096   Nov 15  1997   sag
#
```

上述 ls -l 命令详细列出当前目录下文件属性：文件类型、访问权限、结点数目、文件主、组名、文件大小、修改日期和文件名。

注意：所有以句点开头的文件都是隐含的，只有用"ls -a"或"ls -A"命令才能列出。

显示文件内容：

```
# cat file
This is the contents of file.
#
```

编辑一个文件：

```
$ vi test
```

当 vi 激活后，首先终端清屏，然后显示如下状态：

```
~
~
~
"test" [New file]
```

这里为节省空间，只显示了部分行，其中"~"表示空白区。进入到 vi 命令状态之后，vi 提供许多子命令用于编辑，具体可参见 2.3.3 节及附录 A.1 中有关 vi 命令的介绍。这里提出 vi 命令的目的，是想告知，在 Linux 系统中的 shell 命令有简单的命令，一句话就完成功能；也有复杂的命令，如 vi 编辑命令，键入后只是进入编辑工作命令环境，要达到最后目的还需要使用一系列的 vi 子命令。

Linux 的 shell 命令非常丰富，功能全面，用户可以通过使用 help 列出命令列表，用 man 查询每个命令的用法。shell 不仅是交互式的命令语言，而且可用于编程，详细内容可参考《Red Hat Linux 系统管理员手册》（*Red Hat Linux Administrator's Handbook*）。

3．shell 解释程序的实现

实现 shell 解释程序需要涉及以下几方面的工作：

- 接受命令；
- 进行命令的词法分析；
- 进行命令的语法分析；
- 按照命令的语义实现功能；
- 返回到用户提示，继续接受下一命令。

在我们的讨论中，将其中的许多内容都简化了，也就是说使用 Linux 中现成的语法分析器 yacc 完成了大部分的工作，我们只需要定义词法分析要识别的词法记号，给出 shell 命令集合的语法规则和针对每条语法规则相应执行的语义动作就可以了。语法规则的格式采用巴科斯范式（Backus-Naur form，BNF），这是 yacc 要求的。关于词法分析的工作，需要自己编写词法分析函数或调用 lex 完成，而语法分析的工作，由 yacc 根据我们提供的语法规则自动进行分析，然后生成语法分析程序。这个程序便是我们的 shell 解释程序。

yacc（yet another compiler compiler）的 GNU 版叫做 Bison。它是一种工具，可以根据任何一种编程语言的所有语法生成针对此种语言的语法解析器。yacc 的语法规则用 BNF 来书写。按照惯例，yacc 文件有“.y”后缀。调用 yacc 按如下格式：

```
$ yacc [options] <以 .y 结尾的文件名>
```

1）辅助工具 yacc

yacc 是语法分析程序生成器，可以根据语言的语法描述生成语法分析程序。

yacc 的数据文件名：文件名.y

命令格式：yacc 文件名.y

命令输出：y.tab.c 文件

用 gcc 编译这个 y.tab.c 文件产生最终可执行文件（即新的 shell 命令解释程序）。

2）yacc 的输入数据文件格式

第 1 部分

```
%{
C 语句，如#include 语句、定义语句等
%}
```

第 2 部分

yacc 定义：词法记号、语法变量、优先级和结合顺序

```
%%
```

第 3 部分
语法规则（BNF）与动作

```
%%
```

第 4 部分
其他 C 语句（可选），如：

```
main(){ ...; yyparse(); ... }
yylex() { ... }
...
```

其中第 1 部分内容包含在“%{”和“%}”之间，以后各部分内容之间通过“%%”分隔。

3）开发过程

（1）首先建立“.y”文件，起名为 mysh_0.3.y，然后进行编程形成这个文件的内容。

```
# vi mysh_0.3.y
```

（2）使用 yacc 对这个数据文件进行分析，生成一个完成语法分析的“.c”源程序文件 y.tab.c。

```
# yacc mysh_0.3.y
```

（3）对这个.c 文件进行编译生成可执行文件，从而得到最终的可执行的命令解释程序 mysh。

```
# gcc y.tab.c -o mysh
```

（4）当运行 mysh 后，就会看到提示符：

```
mysh>
```

4）shell 解释程序开发实例

mysh 解释程序功能：

- 支持外部程序命令；
- 支持内部命令 cd；
- 支持前后台进程命令&；
- 输出的提示符为 mysh>。

（1）编译命令。

```
Make
```

Makefile 的内容如下：

```
all:    mysh
mysh:   mysh_0.3.o
```

```
        cc -Wall -O2 -DYYDEBUG -o mysh mysh_0.3.o
clean:
        rm -f *.o *~
```

（2）运行命令。

```
./mysh
```

yacc 的数据文件 mysh_0.3.y 如下：

```
%{
    #include <stdio.h>
    #include <ctype.h>
    #include <string.h>
    #include <unistd.h>
    #include <sys/types.h>
    #include <sys/wait.h>
    #define LEN 20
%}
%union {
        char *sym;              // 词法分析栈中的存放的数据类型，即分析出的词法记号都
                                // 是字符串的形式
}
%token String                   // String 是要分析出的词法记号
%right '&'                      // '&'是右结合的优先级
%type <sym> String ExecFile // String 和 ExecFile 都是字符串指针类型
%type <sym> '&'
%%

// 下面定义了命令的语法规则，一共四条规则，
// 采用正则表达式形式，规则后面花括号中是要执行的语法动作，也就是 C 函数
Command:        // NULL
 | Command '\ n'{printf("mysh>"); }
 | Command Prog '\ n'{make_exec(); reset(); printf("mysh>"); }
 | Command Prog '&' ' \ n' {make_bgexec();reset();printf("mysh>"); }
;
Prog: ExecFile Args { }
;
ExecFile: String{ push(); }     // 将分析出的命令压栈
;
Args:                           // NULL
| Args String { push(); }       // 将分析出的命令参数压栈
;
%%

char *backjobs="&";
char *stack[LEN];
```

```
char buf[100];                                          // 存放分析出来的字符串
char *p=buf;
char *path[]={"/ bin/ ","/ usr/ bin/ ",NULL};  // 外部程序命令的路径
int lineno=0;
int top=0;

int main(int argc,char* argv[ ])                       // 主程序入口
{
    printf("mysh>");
    yyparse();                          // 语法分析函数，由 yacc 自动生成，
                                        // 其分析过程按照前面定义的规则进行
}

yylex()                                 // 词法分析函数，函数名是默认的，
                                        // 其内容由程序员编写，完成词法分析的任务
{
    int c;
    p=buf;
    while ((c=getchar())==' ' || c=='\ t');
    if (c==EOF)// 遇见 Crtl+D 即 EOF（文件结束）
         return 0;//主程序出口
    if (c!= '\ n') {
        do {
            *p++=c;
            c=getchar();
        } while (c!= ' ' && c!= '\ t' && c!= '\ n');
        ungetc(c,stdin);
        *p='\ 0';
        yylval.sym=buf;
        if (!strcmp(buf,backjobs))
            return '&';
        else
            return String;
    } else {
            lineno++;
        }
    return c;
}

yyerror(char *s)          // 出错处理函数，当语法分析产生错误时就会自动调用此函数
{
    warning(s,(char*)0);
}

warning(char *s, char *t)
```

```
{
    if (t)
        fprintf(stderr, "%s",t);
    fprintf(stderr, " errno near line %d\ n",lineno);
}
// 语法分析过程中要执行的动作函数，这里执行分析出来的命令，
//下面的函数作用与此相同
make_bgexec()
{
    pid_t pid;
    char temp[50];
    char *p_path;
    int i=0,ret=0;
    if ((pid=fork())<0) {
        perror("fork failed");
        exit(EXIT_FAILURE);
    }

    if (!pid) {            // 子进程
        while ((p_path=path[i])!=NULL) {
            strcpy(temp,stack[0]);
            strcpy(stack[0],path[i]);
            strcat(stack[0],temp);
            i++;
            ret=execv(stack[0],stack);
            if (ret<0)
                strcpy(stack[0],temp);
        }
        if (ret<0)
            printf("mysh:command not found\ n");
    }
    if (pid>0) {//父进程
    waitpid(pid,NULL,WNOHANG);
    }
}

make_exec()
{
    pid_t pid;
    char temp[50];
    char *p_path;
    int i=0,ret=0;

    if ((pid=fork())<0) {
        perror("fork failed");
```

```
            exit(EXIT_FAILURE);
        }

        if (!pid) {            //子进程
            while ((p_path=path[i])!=NULL) {
                strcpy(temp,stack[0]);
                strcpy(stack[0],path[i]);
                strcat(stack[0],temp);
                i++;
                ret=execv(stack[0],stack);
                if (ret<0)
                    strcpy(stack[0],temp);
            }
          if (ret<0)
                printf("mysh:command not found\ n");
        }
        if (pid>0) {// 父进程
            waitpid(pid,NULL,0);
        }
    }

    reset()
    {
        int i;
        for (i=0; i<top; i++) {
            free(stack[i]);
            stack[i]=NULL;
        }
        top=0;
    }

    push()
    {
        char *temp=NULL;
        if (top==0)
            temp=(char*)malloc(sizeof(char)*100);
        else
            temp=(char*)malloc(strlen(buf)+1);
        strcpy(temp,buf);
        stack[top]=temp;
        top++;
    }
```

5）Linux 下常用的开发工具

- gdb：调试程序。

- gcc：C 和 C++语言编译程序。
- make：建立工程文件。
- man：联机帮助。

这些工具在 Linux 环境进行软件开发时会经常使用，有关这些命令的详细内容可以利用 man 帮助进行了解。

yacc 的例子可参考《UNIX 编程环境》一书。

系统调用的介绍可参考《UNIX 环境高级编程》一书。

2.2 Linux 的安装

Linux 可以直接在裸机上安装，也可以在硬盘上与其他操作系统共存，如与 MS-DOS、Microsoft Windows 或 OS/2 共存于硬盘。具体做法是将硬盘分区，然后将 Linux、MS-DOS 和 OS/2 分别装到各自的分区。

安装 Linux 所花费的时间，取决于具体机器的运行速度、Linux 的版本等条件。一般说，如果在裸机上安装，或者只安装 Linux 系统，大概需要 20 分钟到 1 小时；如果要在机器上同时保留两个或多个操作系统，则可能要花费更多的时间。

2.2.1 安装前的准备

在安装之前，要整理并记录待安装计算机的硬件情况，这对安装成功十分必要。具体地说，需要了解如下硬件数据。

- CPU：对 Linux 来说，通常的个人电脑即可（包括台式机和笔记本电脑）。
- 内存：8MB 以上。
- 硬盘：硬盘的个数，每个硬盘的接口类型，每个硬盘的大小，如果有多个硬盘，要求事先确定由哪个分区作为主分区等信息。
- 显示卡：显存为多少？厂商是谁？型号是什么？
- 显示器：厂商及型号、显示器所允许的水平和垂直扫描频率的范围等。
- 鼠标：类型是什么？如果使用的是串口鼠标，则它接在哪个 COM 端口？
- 网络：如果需要网络功能，则需要知道主机所用的 IP 地址、子网掩码、网关地址、域名服务器的 IP 地址、主机所处域的名称、主机所用的名称、网络类型等参数。

那么如何收集硬件资源的信息呢？可以从如下几个方面着手：

- 搜集主板、显示卡、显示器、调制解调器等计算机各种硬件设备的手册。
- 如果在 Windows 操作系统中，可双击“控制面板”中的“系统”图标，从出现的对话框中收集硬件数据。
- 如果使用过去的旧机器运行 MS-DOS 5.0 以上的操作系统版本，可运行诊断工具 MSD.EXE 来收集硬件数据。

这些收集到的系统硬件信息可以为接下来的安装工作提供参考。如果不知道上述信息也没关系，现在流行的 Linux 安装盘都可进行自动监测，你只要按照提示往下一步一步地进行就可以了。

2.2.2　建立硬盘分区

简单地说，分区（partition）就是从一个硬盘中留出供某个操作系统使用的空间。现代操作系统几乎都需要使用硬盘分区，Linux 也不例外，也需要自己的分区。因此在安装之前，需要为 Linux 建立相应的分区。这里需要注意的一点是：对硬盘重新分区意味着将要删除硬盘上原有的一切数据，因此，在重新分区前，切记要备份系统。

在硬盘上建立的分区有三种类型：主分区、扩展分区和逻辑分区。一个硬盘上最多能建立四个主分区，扩展分区本身不存储数据，而是用来建立多个逻辑分区。由于在 Linux 中，文件系统和交换空间（用作虚拟内存）都需要各自占据硬盘上的一个独立分区，所以一般都要为 Linux 提供不止一个分区。独立的操作系统必须安装在主分区，所以一个磁盘系统最多可以安装四个不同的操作系统。

下面针对在划分分区时经常遇到的几种情况分别进行讨论。

1．硬盘上还有未分区的空间（包括没有进行分区的硬盘情况）

这种情况下只需要为 Linux 建立一个分区就可以了（如在自定义类型安装时，用 Linux 的 fdisk 来完成）。新建分区可以是主分区（primary partition），也可以是扩展分区（extented partition）上的分区（类似以往的 DOS 操作系统上的逻辑分区）。这种情况最为简单，不再赘述。

2．硬盘上有一个未使用的分区

这种情况意味着要使用一个未使用的分区来安装 Linux。因此首先要删除现已不用的分区，然后再建一个 Linux 分区。这些可以在自定义类型安装时，用 Linux 的 fdisk 来完成。

3．所使用的分区上还有未使用的空间（重新分区）

这种情况是最普通的，但也是最为复杂的。针对这种情况，主要有两种方法：破坏性重新分区和非破坏性重新分区。

1）破坏性重新分区

破坏性重新分区较为简单，主要是删除原来的大分区，再创建几个小分区以供不同的系统使用，如图 2-2 所示。

具体做法如下：

（1）备份原有分区上的数据（因为重新分区后，原来的数据将会丢失）。

（2）删除大分区。

（3）为原来所用的操作系统（如果还想用的话）和 Linux 创建不同的分区。

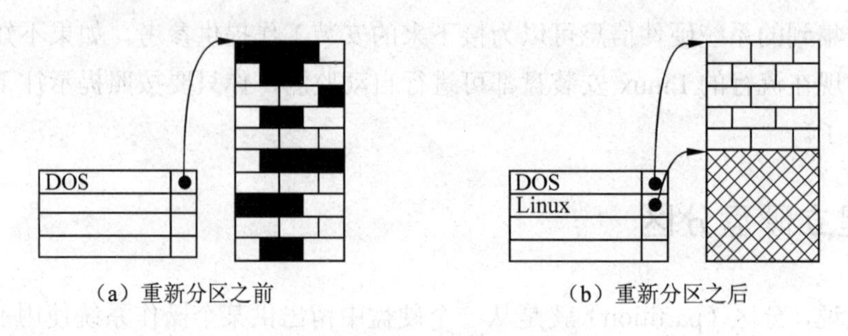

（a）重新分区之前 （b）重新分区之后

图 2-2 破坏性重新分区

2）非破坏性重新分区

非破坏性重新分区较为复杂，但是保存了原来的数据且增加了新分区。这需要使用专门的分区工具来完成，如 Partition Magic。这种方法一般包括如下几个步骤（如图 2-3 所示）：

（1）压缩现有数据。这可以使自由空间尽可能地大。这一步很重要，如果做不好，则可能会限制重新分区的大小。

（2）改变分区大小。这会产生两个分区，一个分区为原来的含有数据的分区，另一个分区则是空白的。

（3）创建新分区。最简单的做法是删除新生成的分区，再创建 Linux 分区。

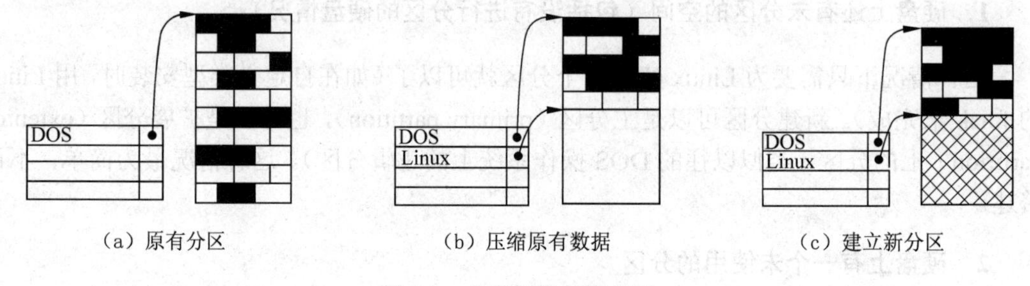

（a）原有分区 （b）压缩原有数据 （c）建立新分区

图 2-3 非破坏性重新分区

2.2.3 安装类型

RedHat 提供了三种类型的安装：

- 客户机类型安装；
- 服务器类型安装；
- 自定义类型安装。

1．客户机类型安装

客户机类型安装最为简单，只需要回答几个安装问题就可以很快地安装好 Linux。这对 Linux 新手尤其适合。该类型安装首先删除硬盘上所有的 Linux 分区，然后再创建 Linux 分区，并安装 Linux。如果硬盘上已经有其他操作系统，那么本方法也将设法利用 LILO 或者 grub 做成双启动。

2．服务器安装

如果需要一个基于 Linux 的服务器，而且不愿意去做很多配置工作，那么这个方法是比较适合的。该类型安装首先删除硬盘上所有分区（不管它是不是 Linux 分区），然后再创建几个 Linux 分区，并安装 Linux。该方法需要 1.6GB 左右的空间。

3．自定义安装

自定义类型安装最为灵活。可以自己决定如何分区，到底要安装哪些软件包，是否要用 LILO 或者 grub 来启动等。RedHat Linux 6.0 以前的版本都使用自定义安装。

2.2.4　安装过程

在完成以上的准备工作后，就可以进入安装 Linux 的具体工作了。RedHat 是一个比较成熟的 Linux 套件，提供了良好的安装界面，只要根据安装程序给出的提示，就能顺利地完成安装工作。目前，Linux 的发行方式都是以光盘的方式提供，所以在安装时一定要有光驱。

如果所用计算机支持光盘启动（须设定好 BIOS 的启动设置参数，从光驱启动），则可以直接用 Linux CD-ROM 光盘来启动。

启动后，将会出现引导选项和提示符：

```
boot:
```

通常只需要按 Enter 键就可以开始引导了，当然也可以输入一些引导参数。注意观察安装界面上的安装提示。

在系统安装过程中，会出现详细的提示菜单，要求用户选择显示模式、选择键盘、选择安装模式、选择安装类型等，并提示用户选择安装软件包、配置 X Window、设置 root 口令、安装 LILO 或者 grub。

完成所有设置后，然后根据安装程序的提示重新启动机器。

2.2.5　操作系统的安装概念

计算机执行的任何程序都必须存储到内存中，CPU 只能通过内存访问程序。上一节讨论的操作系统安装过程，实际上是把存放在光盘上的 Linux 执行代码存入硬盘的过程。因为硬盘是 PC 的固定外部存储设备，从硬盘上加载程序到内存很方便。另外，操作系统中的文件系统主要是靠硬盘提供物理存储空间的支持。安装操作系统到硬盘实际上有两方面的作用：一是在硬盘上建立文件系统，二是把操作系统的全部内容事先存放在硬盘上以便往内存中加载操作系统核心程序时使用。

因此上述的安装概念是指在硬盘上建立文件系统，并将操作系统可执行代码从其他外部介质移动到硬盘上存放的过程。这样当重新启动机器时，从硬盘上加载操作系统到内存，然后将控制转给操作系统内核执行。

2.3 Linux 的使用

2.3.1 使用常识

1．登录

Linux 同 UNIX 系统一样，是一个多任务、多用户的操作系统。这就意味着可以有多个用户同时使用一台机器，运行各自的应用程序。为了区分各个用户，他们都必须有自己独立的用户账号，系统要求每一名合法用户在使用 Linux 系统之前，首先必须按自己的身份登录。

在第一次登录时，可以用 root 用户及口令来登录。键入用户名 root，然后输入口令，这样就登录了。

这时，就可以按 root 身份来使用 Linux。通常，用户是通过 shell 来使用操作系统。shell 类似于 MS-DOS 下的 COMMAND.COM 命令解释器，是用户与操作系统核心之间的接口，负责接受用户输入的命令并将其翻译成机器能够理解的指令。在 Windows 操作系统中相当于使用"开始"菜单下的"运行"对话框中的命令行。在 Linux 中，按 root 方式登录时，命令窗口的提示符是"#"。root 是超级用户，对整个系统拥有一切权利。当由普通用户登录时，则提示符是"$"而不是"#"。当然，提示符的形式也可以由用户重新设定。

Linux 命令是区分大小写的，大多数命令都使用小写。

Linux 命令常带有各种选项。选项前一般用"-"加字符串表示，选项可以组合使用。例如：

```
$ ls -la
```

这是用详细列表的形式，显示当前目录下的所有文件。

2．退出系统

在停止使用系统时，要退出系统；否则其他用户就可能使用你的账号，做一些可能会令你后悔的事，如将你的文件系统删除、修改注册口令等。

退出系统的方法有很多，可以使用 exit 或 logout 命令，或用组合键 Ctrl+D。例如：

```
# exit
logout
Welcome to Linux 2.4.18
login:
```

3．关机

普通用户一般没有关机权限，只有系统管理员（root）才能关闭系统。从本质上讲，Linux 是一种网络操作系统，所以在实际的 Linux 系统中，除系统管理员本人之外，可能还有很多用户通过各种方式使用着Linux主机。另外，在正常工作时，系统为提高访问和处理数据的速度，将很多进行中的工作驻留在内存中，如果突然关机，系统内核来不及将缓冲区的数据写到磁盘上，就会丢失数据甚至破坏文件系统。因此，系统管理员不能以直接关闭电源的方式来停止Linux系统的运行，而要按正常顺序关机。关机方法有两种：可以使用halt或shutdown命令，也可以用组合键Ctrl+Alt+Del。例如，使用halt命令后，当最后显示已关机信息：

```
The systems is halted.
System halted.
```

这时，才可以关闭电源。

2.3.2　文件操作命令

在Linux系统中，所有的数据信息都组织成文件的形式，然后保存在层次结构的树形目录中。用户的一切工作本质上就是对文件的操作。

1．目录与文件的基本操作

与其他操作系统类似，Linux的文件系统结构是树形结构。执行Linux命令，总是在某一目录下进行的，该目录称为当前工作目录（current working directory），通常称为当前目录。当用户刚刚登录到系统中时，当前目录为该用户的主目录（home directory）。例如用户wang的主目录为“/home/wang”。用户主目录可以从“/etc/passwd”中读取。

当引用另一个文件或目录时，可以从当前工作目录来相对定位（给出相对路径），如doc/file.c；也可从根目录来绝对定位（给出绝对路径），如/home/wang/doc/file.c。在Linux中，目录名之间用“/”分隔，而不是用“\ ”（如DOS那样）。在Linux文件系统中，根目录是用“/”表示的。另外“.”表示当前目录，而“..”表示当前目录的上一级目录。

1）常用的目录操作命令

- pwd (print working directory)打印当前工作目录。

例如：

```
$ pwd
/home/wang
```

- cd (change directory) 改变当前目录。

例如：

```
wlinux: ~$ cd ..
wlinux: /home $ cd /usr/bin
wlinux: /usr/bin
$
```

首先将当前目录改为上一级目录即/home，然后再将当前目录改为/usr/bin。这些操作结果可从动态改变的shell提示中看出来。

- mkdir (make director)创建目录。

例如创建数个子目录：

```
$ mkdir bin doc prog junkDir junkDir2
$ ls -CF
bin/  doc/  junkDir/  junkDir2/  prog/
```

- rmdir (remove directory)删除目录。

例如删除两个子目录（欲删除子目录的内容应为空白）：

```
$ rmdir junkDir junkDir2
$ ls -CF
bin/  doc/  prog/
```

2）常用的文件操作命令

文件操作命令与目录操作类似，现简述其中的三条命令。

- cat (concatenation)显示文件内容或合并多文件内容。

不管文件长短，使用 cat 会一下子显示所有内容。

例如：

```
$ cat junk
```

- cp (copy)复制文件。

例如：

```
$ cp junk junk2
```

- rm (remove)删除文件。

例如：

```
$rmjunk
```

2．文件权限

Linux 是一个多用户操作系统，为了保护用户个人的文件不被其他用户读取、修改或执行，Linux 提供文件权限机制。

1）显示文件权限

对每个文件（或目录）而言，都有四种不同的用户：

- root　系统超级用户，能够以 root 账号登录。
- owner　实际拥有文件（或目录）的用户，即文件所有者。
- group　用户所在用户组的成员。
- other　以上三类之外的所有其他用户。

其中，root 用户自动拥有读、写和执行所有文件的操作权限，而其他三种用户的操作权限可以分别授予或撤销。对应于此，每个文件为后三种用户建立了一组 9 位的权限标志，分别赋予文件所有者、用户组和其他用户对该文件的读、写和执行权。

可以用“ls -1”命令显示文件的权限，例如：

```
$ ls -1
```

```
drwxr-xr-x2  wang  users  1024  Aug 18 02:49  bin
drwxr-xr-x2  wang  users  1024  Aug 20 16:64  doc
-rw-r--r--1  wang  users   849  Aug 18 03:00  junk
-rw-r--r--1  wang  users   580  Aug 18 02:56  keppme.txt
drwxr-xr-x2  wang  users  1024  Aug 18 02:49  prog
```

在以上所列出的文件的长格式显示中，共有七列：

- 第一列表示文件的权限，如 junk 的权限为 -rw-r--r--。
- 第二列表示文件的链接数，如 junk 的链接数为 1。
- 第三列表示文件的所有者，如 junk 的所有者为 wang。
- 第四列表示文件所属的用户组，如 junk 的用户组为 users。
- 第五列表示文件的大小，如 junk 的字符数为 849。
- 第六列表示文件的最后修改日期与时间，如 junk 的上一次修改时间为 Aug18 03:00。
- 第七列表示文件本身的名称，如 junk。

2）文件访问权限的组成

文件访问权限由 10 个字符组成，如：

```
-rw-r--r--
```

第一个字符表示文件类型："-"为普通文件，"d"为目录，"b"为块设备文件，"c"为字符设备文件，"1"为符号链接。后面九个字符每三个一组依次代表文件的所有者、文件所有者所属的用户组以及其他用户的访问权限。每组的三个字符依次代表读、写和执行权限。系统用 r 代表读权限，w 代表写权限，x 代表可执行权限（对目录而言，可执行表示可以进入浏览）；如果没有相应权限，则用"-"表示。

文件所有者和超级用户可以用命令 chmod 来设置或改变文件的权限。命令 chmod 的用法有两种，其中一种为：

```
chmod {a, u, g, o} [+,-,=] {r,w,x} filename
```

这里，可以用 a（all，所有用户）、u（user，所有者）、g（group，所属用户组）、o（other，其他用户）中由一个或多个表示访问权限的赋予对象；用+、-、=来表示增加、删除、赋予权限；用 r、w、x 组合表示读、写、执行权限。

另一种用法是用八进制数来设置权限：

```
chmod nnn filename
```

其中，nnn 为三个八进制数，每个八进制数分别表示所有者、同组用户与其他用户的权限，这些八进制数所对应的三位二进制数分别对应于读、写和执行权限，1 表示有相应的权限，而 0 表示没有相应的权限。例如：

```
chmod 755 filename
```

755 代表-rwxr-xr-x，表示文件所有者具有读、写和执行权限，同组用户具有读和执行权限，其他用户具有读和执行权限。

3. 文件链接

在 Linux 文件系统中，每一个文件只有唯一的索引结点号（inode number），即文件的内部标识符，可以有多个外部名称（用户指定的）。一个目录实际上是文件的索引结点号与其相对应的文件名的一个列表，目录中的每个文件名都有一个索引结点号与之对应。目录与索引结点数组之间的关系如图 2-4 所示。

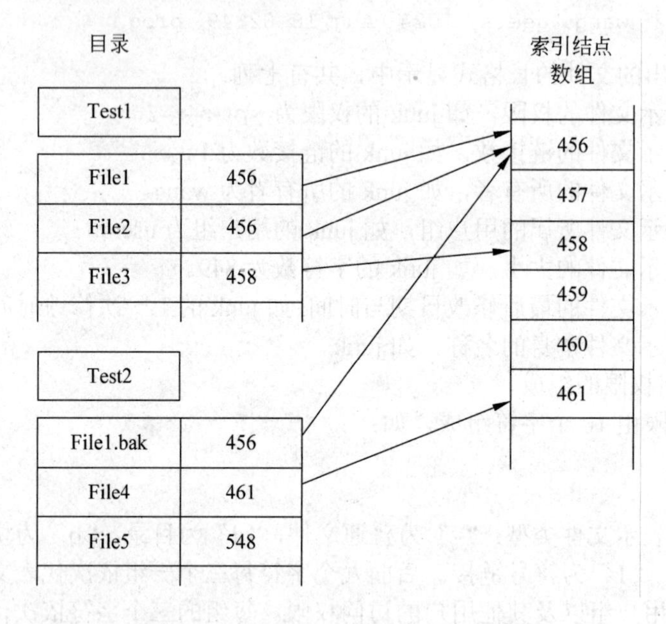

图 2-4 目录与索引结点数组之间的关系

命令 ls -i 可用来查看索引结点号，例如：

```
$ ls -i
45615 f
$ln
```

命令 ln 可用来为一个文件再增加一个名称，在系统内部则为文件增加一个链接，该文件名与原文件名指向同一个文件。例如：

```
$ ln f g
$ ln g h
$ ls -il
total 54
45615 -rw-r--r-- 3 wangusers 17127 Aug 20 22:09f
45615 -rw-r--r-- 3 wangusers 17127 Aug 20 22:09g
45615 -rw-r--r-- 3 wangusers 17127 Aug 20 22:09h
```

表示文件 f 有三个链接。当用命令 rm 删除一个文件时，实际上删除的是文件的一个链接（或一个名称）。例如，以下操作使文件 f 的链接数减 1，从显示中可以看出最后显示少了一行：

```
$ rm h
$ ls -il
```

```
total 36
45615 -rw-r--r-- 2 wangusers 17127 Aug 20 22:09f
45615 -rw-r--r-- 2 wangusers 17127 Aug 20 22:09g
```

当文件链接数为 0 时，则相应的文件索引结点才被删除，即实际删除文件，例如：

```
$ rm f g
$ ls -il
total 0
```

4．查询文件

在通常的 UNIX 操作系统中，有三个命令可以用于从文件中查找给定的字符串，并将相应的行显示出来。

- grep：最为常用，可用固定字符串来查询，也可用正则表达式来查询。
- egrep(extended grep)：扩展的 grep，可用正则表达式查询。
- fgrep(fast grep)：快速 grep，但只能查询固定字符串。

1）grep

在 Linux 操作系统中，以上三个命令都已合并了，用户只要使用 grep 就可以了（当然也可以使用其他两个，事实上这两个是 grep 的链接）。

命令 grep 的使用语法如下：

```
grep [-viw] pattern[file(s)]
```

以下是 grep 命令的应用举例。

显示信箱中 email 发送者：

```
$ grep'^From'$MAIL
```

检查 mary 是否已登录：

```
$ who | grep mary
```

显示 mary 用户的有关信息：

```
$ grep mary /etc/passwd
```

显示含有 fork 的 C 语言文件名：

```
$ grep -l "fork"*.c
```

2）其他查询工具

除了 grep 外，Linux 还提供了其他文件查询工具。

- nngrep：可以查询新闻组。
- zgrep：可以查询压缩过的文件。
- zipgrep：同 zgrep。

5．文件排序

对文本文件，可以用命令 sort 进行排序。命令 sort 可以带有各种不同的选项，从而采用不同的排序方法。

用选项“-f”，可以不区分大小写，例如：

```
$ ls | sort -f
```

用选项“-n”，可以按数值大小进行排序，而不是按字母顺序进行排序。例如：

```
$ ls -s | sort -n
```

用选项“-r”，可以用逆序排序，例如：

```
$ ls -s | sort -nr
```

用选项“+数值”，可以按跳过若干个域后的那个字段进行排序，例如：

```
$ ls -l | sort +4nr
```

这里的“|”为管道命令符，其具体含义请参见 2.3.4 节。

6．对文件的列或域的操作

在 Linux 系统中，可以对文件中的列或域进行各种剪切和合并，常用工具有三个。

- cut：从文件中选择列或域。
- paste：对文件中的列或域进行合并。
- join：可根据关键域对文件进行合并。

1）cut

用 cut 可以仅显示文件的字节数和文件名，如：

```
$ ls -l | cut -c29-41, 55-
```

其中 “-c”表示按字符（character）选取，“29-41”表示字符区间，“55-”表示从第 55 个字符开始到结尾，若是写成“-5”可表示从开头到第 5 个字符。

显示用户名，用户全名和用户的主目录名：

```
$ cut -d: -f1, 5-6/ etc/ passwd
```

其中“-d:”表示使用“:”作为域的分隔符（delimiter)，而不是默认的制表符 Tab 或“\t”。

2）paste

用 cut 和 paste 可以显示用户全名、用户名、 主目录名和注册的 shell。如：

```
$ cut -d: -f5 / etc/ passwd >/ tmp/ t1
$ cut -d: -f1 / etc/ passwd >/ tmp/ t2
$ cut -d: -f6 / etc/ passwd | paste / tmp/ t1/ tmp/ t2-paste
```

命令行中的“-”表示第三个输入文件来自标准输入。

3）join

用 join 可以根据共同的关键域（GID）而将/etc/passwd 和/etc/group 进行合并。如：

```
$ join -t: -j1 4 -j2 3/ etc/ passwd/ etc/ group
```

其中“-t:”表示使用“:”作为域的分隔符，而不是默认的制表符 Tab 或“\ t”。命令选项“- j1 4”表示第一文件的第四个域为共同域；“-j2 3”表示第二文件的第三个域为共同域。

7．文件的压缩和解压缩操作

Linux 中使用 compress 和 gzip 命令可以完成对文件的压缩。

1）compress

该命令压缩的文件后缀名为“.Z”。命令格式如下：

```
compress filename
```

也可以使用通配符同时压缩几个文件。默认情况下，一个文件压缩之后，源文件将被删除。如果要解压缩一个压缩文件，可以使用如下命令：

```
uncompress filename
```

同样可以使用通配符“*.Z”解压缩所有的压缩文件，在指定文件名时要包括“.Z”后缀。

2）gzip

gzip 是一种新的压缩工具，它的压缩算法不同于 compress。使用 gzip 时，应指定文件名和压缩类型：

```
gzip -9 filename
```

其中，“-9”用来告诉 gzip 使用最高压缩因子，是最常用的选项。gzip 压缩文件的扩展名是“.gz”，并且压缩完毕后，源文件也将被删除。解压缩文件时使用 gunzip 或者“gzip -d filename”。

3）tar

tar 命令（tape archive）在很多年以前就集成在 UNIX 系统中了。但 tar 的用户界面不友好，对不熟悉 tar 的用法的用户尤其如此。

tar 命令的目的是建立一个单一的文档文件，就像 DOS 环境下的 ZIP 命令一样。使用 tar 命令可以将多个文件组合成为一个单一的大文件，这样就更加易于管理和备份。tar 的语法如下：

```
tar [options] [file]
```

options 中包含很多选项，具体内容可以从“man tar”中获得。在 file 中可以使用通配符。下面是两个使用 tar 的例子：

```
tar cvf archivel.tar/usr/sr/linux
```

此命令将/usr/src/linux 目录下的所有文件组合成一个 archivel.tar 文件。其中，c 选项用来指定建立一个新的文档（如果原文档已经存在，则被删除）；v 选项指示 tar 在执行时显示提示信息；f 选项告诉 tar 使用文件名 archivel.tar 作为输出文件。

tar 命令不会自动在文件后面加上扩展名“.tar”。所以使用者必须自己加上“.tar”以便识别文档文件。

```
tar xvf archivel.tar
```

此命令将释放 archivel.tar 中的文件。其中，x 选项用来从文档中释放文件；v 选项指示 tar 在执行时显示提示信息；f 选项告诉 tar 要释放的文档的文件名为 archivel.tar。

这里没有必要指定释放出来文件名和路径名，因为文件名和路径名和以前一样。tar 命令在把文件组成文档后并不删除源文件。当文件释放后也不删除文档文件。

8．RPM 命令

RPM（redhat package manager），是由 RedHat 公司开发的软件包安装和管理程序，同 Windows 平台上的 Uninstaller 比较类似。使用 RPM，用户可以自行安装和管理 Linux 上的应用程序和系统工具。

RPM 可以让用户直接以二进制（binary）方式安装软件包，并且可替用户查询是否已经安装了有关的库文件；在用 RPM 删除程序时，它又会聪明地询问用户是否要删除有关的程序。如果使用 RPM 来升级软件，RPM 会保留原先的配置文件，这样用户就不用重新配置新的软件了。RPM 保留一个数据库，在这个数据库中包含了所有的软件包的资料，通过数据库，用户可以进行软件包的查询。RPM 虽然是为 Linux 而设计的，但是它已经移植到 SunOS、Solaris、AIX、Irix 等其他 UNIX 系统上。RPM 遵循 GPL 版权协议，用户可以在符合 GPL 协议的条件下自由使用及传播 RPM。

1）安装 RPM 包

RPM 软件包通常具有类似 fname-1.0-1.i386.rpm 的文件名，其中包括软件包的名称（fname）、版本号（1.0）、发行号（1）和硬件平台（i386）。安装一个软件包只需键入以下命令：

```
$rpm  -ivh  fname-1.0-1.i386.rpm
fname   ####################################
```

RPM 安装完毕后会打印出软件包的名称（并不一定与文件名相同），然后打印一连串的“#”号以表示安装进度。

2）卸载 RPM 包

卸载软件包就像安装软件包时一样简单：

```
$rpm -e fname
```

注意：这里使用软件包的名称 fname，而不是软件包文件的名称 fname-1.0-1.i386.rpm。

3）升级 RPM 包

使用：

```
$rpm -ivh fname-2.0-1.i386.rpm
fname   ####################################
```

RPM将自动卸载已安装的老版本的fname 软件包,用户不会看到有关信息。因为RPM执行智能化的软件包升级，会自动处理配置文件，所以可能显示如下信息：

```
Saving /etc/fname.conf as /etc/fname.conf.Rpmsave
```

4）查询已安装的软件包

使用命令“rpm -q”来查询已安装软件包的数据库。只需输入命令“rpm -q fname”，会打印出fname软件包的包名、版本号和发行号：

```
$rpm -q fname
fname-2.0-1
```

除了指定软件包名以外，还可以使用一些选项来指明要查询哪些软件包的信息。 这些选项称之为“软件包指定选项”。这些选项可以从man命令中获得。

5）验证软件包

验证软件包是通过比较已安装的文件和软件包中的原始文件信息来进行的。验证主要是比较文件的大小、MD5校验码、文件权限、类型、属主和用户组等。

“rpm -V”命令用来验证一个软件包。可以使用任何包选择选项来查询要验证的软件包。命令“rpm -V fname”将用来验证fname软件包。

验证包含特定文件的软件包用：

```
rpm -Vf / bin/ vi
```

验证所有已安装的软件包用：

```
rpm -Va
```

根据一个RPM包来验证用：

```
rpm -Vp fname-1.0-1.i386.rpm
```

如果自己建立的RPM数据库已被破坏，就可以使用这种方式。

2.3.3 文本编辑命令

Linux 文件可分为二进制文件和文本文件两种。二进制文件通常是由程序生成的，而文本文件既可以由程序生成，也可以用编辑器来创建。Linux 下可运行许多种编辑器，有行编辑程序，如ed和ex；也有全屏编辑程序，如vi和emacs等。

vi是UNIX系统提供的标准的屏幕编辑程序，它虽然很小，但功能很强，是所有UNIX系统中最常用的文本编辑器，也适用于Linux。所以本节的讨论主要以vi为例。

利用 vi 进行编辑时，屏幕显示的内容是被编辑文件的一个窗口。在编辑过程中，vi只是对文件的副本进行修改，而不直接改动源文件，因此用户可以随时放弃修改的结果，返回原始文件；只有当编辑工作告一段落，用户明确给出命令保存修改结果，vi才用修改后的文件取代原始文件。

1．vi 的两个模式

vi 编辑器有两种模式：一是命令模式，另一是输入模式。在命令模式中，键入的是命令，有移动光标、打开或保存文件、进入输入模式以及查找或替换等命令。

在输入模式中，键入的内容直接作为文本。只要按 Esc（Escape）键，就可以进入命令模式。

例 2-3 vi 的使用

下面举例说明 vi 的使用。假如要创建或编辑文件 test，则只要输入如下命令即可：

```
$ vi test
```

当 vi 激活后，首先终端清屏，然后会显示如下状态。

```
~
~
~
"test" [New file]
```

此处为节省空间，只显示了部分行，其中，“~”表示空白缓冲区，而“-”表示光标位置。这时 vi 处于命令模式。键入“i”进入输入模式，并输入：

```
What is "LINUX"? In the narrow sense,
~
~
~
```

按 Esc 键，就可进入命令模式。这时，可以通过方向键或 b 键或 f 键，将光标移动到如下所示的位置：

```
What is "UNIX"? In the narrow_sense,
~
~
~
```

键入“a”进入输入模式，可在光标后输入字符，按 Esc 键进入命令模式：

```
What is "LINUX"? In the narrowest_sense,
~
~
~
```

键入“o”进入输入模式，输入一行，按 Esc 键进入命令模式。将光标移到 y 字母下：

```
What is "LINUX"? In the narrowest sense,
 it is a time-sharing operating system
~
~
```

在命令模式下，键入“x”可删除一个字符。如果连续5次，那么光标向前移5位，出现在如下状态中：

```
What is "LINUX"? In the narrowest sense,
it is a time-sharing operating s_
~
~
```

在命令模式下，键入“ZZ”或“:wq”就可以保存文件并退出。

2．vi 其他信息

以上只介绍了 vi 的几个基本操作。表 2-1~表 2-3 列出 vi 的一些常用操作。

注意：*<a>表示按键“a”，而不是按键“<”、“a”和“>”。*

表 2-1　进入输入模式的方法

命　　令	作　　用
<a>	在光标后输入文本
<A>	在当前行末尾输入文本
<i>	在光标前输入文本
<I>	在当前行首输入文本
<o>	在当前行下方输入新一行
<O>	在当前行上方输入新一行

说明：① 可以在以上命令之前加上数字表示重复次数。
② 可以利用键盘上的方向键，如<Page Down>等使光标定位于所需的位置。

表 2-2　删除操作

命　　令	作　　用
<x>	删除光标所在的字符
<dw>	删除光标所在的单词
<d$>	删除光标至行尾的所有字符
<D>	同<d$>
<dd>	删除当前行

说明：可在删除命令前加上数字，如<5dd>表示删除5行。

表 2-3　改变与替换操作

命　　令	作　　用
<r>	替换光标所在的字符
<R>	替换字符序列
<cw>	替换一个单词
<ce>	同<cw>
<cb>	替换光标所在的前一字符
<c$>	替换自光标位置至行尾的所有字符
<C>	同<c$>
<cc>	替换当前行

2.3.4 shell 的特殊字符

用户通过 shell 来使用 Linux 操作系统。shell 有很多种，但各种 shell 的功能都大致类似，是用户与系统之间的命令解释器。另外，shell 还提供许多扩充工作环境的机制，允许用户编写脚本，组合各种命令，然后像执行普通的 Linux 系统命令一样执行这些组合命令。最常见的 shell 有两类：一类是“bourne shell”，如 sh、ksh、bash 等；另一类是“C shell”，如 csh、tcsh 等。下面主要介绍 bash（bourne again shell）。

1．shell 通配符

Linux 的绝大多数 shell 都有一个主要优点，就是可以用通配符来表示多个文件。

通配符“*”可用来代表文件名中的任意长度的字符串。下面举一些例子。

列出所有文件和目录名：

```
$ ls *
```

列出以 c 打头的所有文件名：

```
$ ls c*
ch1.txt  ch10.txt  ch2.txt  ch3.txt
```

通配符“？”可用来代表文件名中的任一字符。如：

```
$ ls f?c
f.c
```

通配符“[]”可用来代表文件名中的任一属于字符组中的字符。如：

```
$ ls ch[0-9]*.txt
ch1.txt  ch10.txt  ch2.txt  ch3.txt
```

2．输入与输出重定向命令 <、> 以及 >>

许多 Linux 命令都是从标准输入中读取输入信息并将输出信息送到标准输出。标准输入（standard input）和标准输出（standard output）通常缩写成 stdin 和 stdout。在默认情况下，用户的 shell 将标准输入设置为键盘，而将标准输出设置为屏幕。

例如，下列 sort 命令从所给文件中按行读取正文，将其排序，并将结果送到标准输出：

```
$ sort animals
bee
cat
dog
$
```

如果 sort 命令行中没有指定输入文件名，那么 sort 将会从标准输入中按行读取正文，将其排序，并将结果送到标准输出：

```
$ sort
bee
dog
cat
Ctrl-D
bee
cat
dog
$
```

上述输出中，“Ctrl-D”是控制字符，是结束标准输入的命令。其上面的三行是标准输入录入的；其下面的三行是标准输出显示出来的。

如果希望将输出信息存入文件中保存，而不是显示在屏幕上，那么可以使用重定向标准输出符号“>”：

```
$ sort animals > animals_sorted
```

除了重定向标准输出外，还可以重定向标准输入。这可以使用重定向标准输入符号“<”来完成：

```
$ sort < animals
bee
cat
dog
$
```

标准输入和标准输出的重定向可以组合使用。如：

```
$ sort < animals > animals_sorted
```

如果将标准输出重定向到某一文件，那么该文件原有内容将被新内容所替换。如果希望将输出信息附加到原来内容之后，则可以使用符号“>>”：

```
$ ls >> animals_sorted
```

3．管道命令 |

如果要将目录内的文件名以逆字典顺序列出，那么可以进行如下操作：

```
$ ls > /tmp/filelist
$ sort -r < /tmp/filelist
```

以上方法虽然可行，但是比较笨拙。Linux 系统提供管道，利用管道可以将一个命令的输出作为另一个命令的输入来使用。

例如，采用管道按如下方式可很容易地完成将目录内的文件名以逆字典顺序列出：

```
$ ls | sort -r
```

如下是其他几个使用管道的例子。

检查有几个用户已登录：

```
$ who | wc -l
```

检查用户 wang 是否已登录：

```
$ who | grep wang
```

将文件 cales 先列出，再排序，最后打印输出：

```
$ cat cales | sort | lp
```

4．shell 编程

当用户登录后，命令窗口就会出现 shell 提示符。也就是说， shell 已在运行并等待着用户键入命令。这个登录 shell 是由“/etc/passwd”文件内容决定的。

shell 不仅仅是一个命令解释程序，而且还是一种功能强大的命令程序设计语言。也就是说除了命令集合外，shell 还包括其他一些有关程序结构控制的语句和变量说明。用户可以用 shell 来快速创建自己的 shell 应用程序，也可以用它定制环境。需要注意的是，这里仅仅讨论 bash（sh 和 ksh 与之相似），而不讨论 csh 和 tcsh。

与其他大多数程序设计语言一样，shell 允许定义变量。用户无需说明变量，就可以用符号“=”为变量赋值。在变量赋值之后，就可以用“$”加变量名访问变量值。例如：

```
$ fname="Hello world"
$ echo $fname
Hello world
$
```

除了以上自定义变量外，还可以将有些变量导出（export）到整个环境，从而影响环境。这些变量常称为环境变量。例如 HOME（用户主目录）、PATH（命令搜索路径）等：

```
$ echo $HOME
/home/wang
$ echo $USER
wang
$ echo $PATH
/usr/local/netscape:/usr/bin:/usr/X11/bin:/usr/andrew/bin:/usr/openwin/
bin:.
$ echo $SHELL
/bin/bash
```

可以将命令直接按顺序组织起来，存入一文件，然后将其权限变为可执行，这样就可执行该文件了。通常称这种文件为脚本文件（script file）。

例 2-4 下面是一个脚本程序的例子，用以显示命令行参数：

```
$ cat show_args
#!/ usr/bin/bash
#
```

```
echo $0
echo $1
echo $2
echo $3
echo $4
echo $*
$
```

在使用脚本程序前，要赋予其执行权限：

```
$ chmod u+x show_args
```

chmod 命令是改变文件的权限，其中“u+x”表示将文件主的使用权限改为可执行。

以下是 shell 文件执行示例：

```
$ show_args abc def gh i j k l m
./show_args
abc
def
gh
i
abc def gh i j k l m
$
```

在上述输出中，“./show_args”是运行当前目录下的 shell 文件 show_args。在此之后所显示的是执行文件 show_args 过程中产生的输出。

例 2-5　在脚本文件中，也可以使用选择语句和循环语句。以下脚本程序 prints 用来将命令行上所给的文件打印出来（more 命令的功能是分屏列出文件的内容）：

```
$ more prints
#!/usr/bin/bash
#
for i in $*
do
echo "$i is being printed... "
pr $i | lpr
done
```

下面修改文件 prints 的权限为可执行，然后执行文件 prints：

```
$ chmod u+x prints
$ prints *
```

这个命令执行的结果是把当前目录下所有的文件都在打印机上打印出来了。

用户登录时，shell 将自动执行一些初始化文件。对 bash 而言，将执行如下文件：

/etc/.profile（所有用户在登录时都要执行的系统脚本文件）；

.bash_profile、.bash+login、.profile（用户在登录时执行的个人脚本文件）；

.bashrc （非登录 shell 要执行的个人脚本文件）。

用户通过自己设定“.profile”文件可以使系统运行环境更适合用户的意愿。

2.3.5 进程控制命令

Linux 是一个多用户多任务操作系统。多任务是指可以同时执行多个任务。但是一般计算机只有一个 CPU，所以严格地说并不能同时执行多个任务。不过，由于 Linux 操作系统只分配给每个任务很短的运行时间片，如 20ms，而且可以快速地在多个任务之间进行切换，因而看起来好像是在同时执行多个任务。

在 Linux 系统中，任务就是进程，它是正在执行的程序。进程在运行过程中要使用 CPU、内存、文件等计算机资源。由于 Linux 是多任务操作系统，可能会有多个进程同时使用同一个资源，因此操作系统要跟踪所有的进程及其使用的系统资源，以便进行进程和资源的管理。

1．Linux 的前台与后台进程

在 Linux 中，进程可以分为前台进程和后台进程。前台进程可以交互操作，也就是说可以从键盘接收输入且可以将输出送到屏幕；而后台进程是不可以交互操作的。前台进程是一个接一个地执行，而后台进程可以与其他进程同时执行。

2．进程控制

前面的所有例子中，在 shell 提示符下输入的命令都是按前台方式执行的。如果要按后台方式执行，只要在命令行最后加上“&”即可。例如下面的命令执行了数个后台进程：

```
$ yes > /tmp/null &
[1] 163
$ yes > /tmp/trash &
[2] 164
```

上述输出中“[]”中的 1 和 2 是作业提交之后，系统分配的作业号。

1）jobs

可以用 shell 内部命令 jobs 显示当前终端下的所有进程：

```
$ jobs
[1]- Running yes>tmp/null &
[2]+ Running yes>tmp/trash &
```

2）fg

可以用 fg 将一个后台进程转换为前台进程：

```
$ fg %1
yes >/ tmp/null
```

3）Ctrl+Z

可以用 Ctrl+Z 组合键暂停执行一个进程，并转换为后台进程：

```
$ fg %1 `
yes >/tmp/null
Ctrl+Z
[1]-Stopped yes>/ tmp/ null
```

4）bg

可以用 bg（重新）运行一个后台进程：

```
$ bg %1
[1] yes >/ tmp/ null
```

5）kill

可以用 kill 命令撤销一个进程：

```
$ kill %1
```

如果想中止某个特定的进程，应该首先使用 ps 命令列出当前正在执行中的进程的清单，然后再使用 kill 命令中止其中的某一个或者全部进程。在默认的情况下，ps 命令将列出当前系统中的进程，下面列出一个例子：

```
$ ps
PID  TTY  STAT  TIME  COMMAND
367   p0   S    0:00   bash
581   p0   S    0:01   rxvt
747   p0   S    0:00   (applix)
809   p0   S    0:18   netscape index.html
945   p0   R    0:00   ps
```

ps 命令会列出当前正在运行的程序以及这些程序的进程号，也就是它们的 PID。可以使用这些信息通过向 kill 命令发出一个“-9”，也就是 SIGKILL 信号来中止某个进程：

```
$ kill -9 809
```

6）more

在 Linux 系统中，可以定时执行一个程序。只需用 at（或 batch）、atq、atrm 分别安排、查询、删除定时作业任务。例如，下面列出一个脚本程序 WhoIsWorking，并安排其在 2:30am 执行：

```
$more WhoIsWorking
date > home/wang/bin/out
who >> /home/wang/bin/out
$ at -f /home/wang/bin/WhoIsWorking 02:30
Job 4 will be executed using /bin/sh
```

7）nohup

进程之间可能具有父子关系，如在 shell 提示下执行的进程都是当前 shell 的子进程。

shell 也是一个进程，它不断地执行用户的输入命令。一般而言，当父进程结束时，其子进程也已结束。与文件系统相似，进程之间的关系也是树状的，但是其变化较快。所有进程都是从 1 号进程（init 进程）派生出来的。这就是说，当用户退出系统后，该用户的所有进程，不管是前台的还是后台的，都将结束。

如果要让一进程在用户退出系统后继续执行，则可使用 nohup 命令。例如：

```
$nohup find / -name '*game*', -print &
[1] 320
nohup: appending output to nohup.out'
$
```

3．进程的优先级

进程是有优先级的。超级用户的优先级比普通用户的要高，用户前台进程的优先级比后台进程的要高。在 Linux 中，优先数从-20（最高优先级）到 19（最低优先级）。默认优先数为 0。所有用户都可以降低自己的优先级，只有超级用户可以增加优先级。可以用 nice 命令或者系统调用来改变进程的优先级。

2.3.6 网络配置和网络应用工具

Linux 和网络有着十分密切的关系，Linux 本身就是 Internet 和 WWW 的产物。Linux 的开发者使用网络和 Web 进行信息交换，而 Linux 自身又用于各种组织的网络支持。本节简要介绍 Linux 下网络配置命令和一些经常在 Linux 中使用的网络应用工具。

1．网络配置

下面主要介绍网卡的配置过程。如果 Linux 能够自动识别网卡，那么在 Linux 的安装过程中就会自动识别，只需根据提示输入 IP 地址、子网掩码等相关信息就可以完成安装。如果当时没填，或者填写得不对，则可以使用网卡设置工具来修改。

1）netconf

netconf 是 RedHat Linux 提供的 Linuxconf 的一部分，主要用于设置与网络相关的参数。它可以在 console 下运行（文本菜单），也可以在 X Window 中运行（图形界面）。它的使用比较简单，只要根据提示在对话框中输入信息就可以了，在此不再赘述。如果设置好了 X Window，用图形界面的 netconf 会更方便。

2）ifconfig

ifconfig 是 Linux 系统中最常用的一个用来显示和设置网络设备的工具。其中 if 是 interface 的缩写。它可以用来使网卡接通或者断开，或显示当前设置。它的语法格式十分复杂，在此就不一一列出，有需要时可以通过 man 命令获得完整的命令语法说明。

下面简单说明常用的命令组合。

- 将网卡的 IP 地址设置为 192.168.0.1。格式：

```
ifconfig 网络设备名 IP 地址
```

```
ifconfig eth0 192.168.0.1
```

- 暂时关闭或启用网卡。

关闭网卡：

```
ifconfig eth0 down
```

启动网卡：

```
ifconfig eth0 up
```

- 将网卡的子网掩码设置为 255.255.255.0。格式：

```
ifconfig 网络设备名 netmask 子网掩码
ifconfig eth0 netmask 255.255.255.0
```

- 查看网卡的状态。格式：

```
ifconfig eth0
```

其中有几个状态比较重要：

UP/ DOWN 网卡是否启动了，如果是 DOWN 的话，那是肯定无法用的；

RX packets 中的 errors 包的数量如果过大，说明网卡在接收时有问题；

TX packets 中的 errors 包的数量如果过大，说明网卡在发送时有问题。

3）route

route 命令用来查看和设置 Linux 系统的路由信息，以实现与其他网络的通信。要实现两个不同的子网之间的网络通信，需要一台连接两个网络路由器或者同时位于两个网络的网关来实现。

在 Linux 系统中，通常设置路由是为了解决以下问题：该 Linux 机器在一个局域网中，局域网中有一个网关，通过网关的机器可以访问 Internet，那么我们就需要将这台机器的 IP 地址设置为 Linux 机器的默认路由。

增加一个默认路由：

```
route add 0.0.0.0 （网关地址）
```

删除一个默认路由：

```
route del 0.0.0.0 （网关地址）
```

显示当前路由表：

```
route
```

2．常用的网络诊断工具

1）ping

ping 是一个最常用的检测是否能够与远端机器建立网络通信连接的工具。它是通过 Internet 控制报文协议 ICMP 来实现的。而现在有些主机对 ICMP 进行过滤，在这种特殊的情况下，有可能使得一些主机 ping 不通，但能够建立网络连接。这是一种特例，在此事先说明。下面通过实例来说明一些常用的组合。

检测与某机器的连接是否正常：

```
ping 192.168.0.1
ping www.edu.cn
```

指定 ping 回应次数为 4：

在 Linux 下，如果不指定回应次数，ping 命令将一直不断地向远方机器发送 ICMP 信息。可以通过“-c”参数来限定：

```
ping -c 4 192.168.0.1
```

2）traceroute

如果 ping 不通远方的机器，想知道是在什么地方出的问题；或者想知道你的信息到远方机器经过了哪些路由器，可以使用 traceroute 命令。

命令格式：

```
traceroute 远程主机 IP 地址或域名
```

3）netstat

Linux 系统提供一个功能十分强大的查看网络状态的工具：netstat。它可以让用户得知整个 Linux 系统的网络情况。

统计出各网络设备传送、接收数据包的情况：

```
netstat -i
```

显示网络的统计信息：

```
netstat -s
```

显示 TCP 传输协议的网络连接情况：

```
netstat -t
```

只显示使用 UDP 的网络连接情况：

```
netstat -u
```

显示路由表：

```
netstat -r
```

3．网络应用工具

1）mail

利用 email（electrical mail，电子邮件）可以与同事同学等联系，例如：

```
$ mail root
Subject: Greeting
How about dinner at 8pm
```

```
EOT
$
```

2）telnet

利用 telnet 可以远程登录到另一台计算机，从而使用其资源。例如：

```
$ telnet astlinux
Trying 202.112.131.225...
Connected to astlinux.wang.buaa.edu.cn
Escape character is '^]'
Linux 2.0.34(astlinux.wang.buaa.edu.cn ) (ttyp0)
astilnux login: root
Password: XXXXXXXX
Linux 2.4.18-14
Last login: Tue Aug 25 22:49:09on ttype0 from p2linux.wang..
No mail.
I went to the race track once and bet on a horse that was so good that
it took seven others to beat him!
#
```

远程登录实际上是建立在 TCP/IP 网络上的，所有支持 TCP/IP 网络协议的操作系统几乎均提供 telnet 程序，利用 telnet 用户还可以从 Windows 中登录到一个远程的 Linux 系统中。

注意：*在本节显示的内容中，斜体黑字部分是使用者录入的内容，为区别于系统的输出部分，在此用斜体突出了输入内容。*

3）ftp

利用 ftp 可以从 ftp 站点获取有关软件的源程序等资源，例如：

```
$ftp ftp.zju.edu.cn
Connected to sun3000.zju.ecu.cn.
220 sun3000 FTP server(UNIX(r) System V Release 4.0) ready.
Name (ftp.zju.edu.cn:wang): anonymous
331 Guest login ok, send ident as password.
Password: anonymous
230 Guest login ok, access restrictions apply.
ftp>?
Commands may be abbreviated. Commands are:
!           debug        mdir       sendport    site
$           dir          mget       put         size
account     disconnect   mkdir      pwd         status
append      exit         mls        quit        struct
ascii       form         mode       quote       system
bell        get          modtime    recv        sunique
binary      glob         mput       reget       tenex
bye         hash         newer      rstatus     tick
case        help         nmap       rhelp       trace
```

```
cd          idle          nlist       rename      type
cdup        image         ntrans      reset       user
chmod       lcd           opent       restart     umask
close       ls            prompt      rmdir       verbose
cr          macdef        passive     runique     ?
delete      mdelete       proxy       send
ftp>ls
200 PORT command successful.
150 ASCIIdata connection for / bin/ ls (210.32.149.83.1111) (0 bytes).
total 16
-r-xr-xr-x  10  1   770 Jul 23  1997    README.txt
dr-xr-xr-x  90  3   512 Apr 16  14:27   aix
dr-xr-xr-x  20  1   512 Jul 23  1997    bin
dr-xr-xr-x  20  1   512 Jul 23  1997    dev
dr-xr-xr-x  20  1   512 Jul 23  1997    etc
dr-xr-xr-x  11  1   512 Aug 1   21:52   pub
drwxr-xr-x  20  1   512 Aug 5   10:57   sun
dr-xr-xr-x  50  1   512 Jul 23  1997    usr
226 ASCII  Transfer complete.
ftp>bin
200Type set to 1.
ftp> get README.txt
local: README.txt remote: README.txt
200 PORTcommand successful.
150 Binary data connection for README.txt( 210.32.149.83.1114) (770 bytes).
226 bytes received in 0.00355  secs(2.1e+02 Kbytes/ sec)
```

4）WWW

自20世纪90年代初以来，WWW一直深受广大用户的喜爱。WWW（World Wide Web或Web）是基于C/S（客户/服务器）结构的。用户可以通过WWW客户程序（常称为Web Browser）来访问WWW服务器。Linux上有众多的Web浏览器可以选择使用。

2.3.7 联机帮助

在Linux系统中，可随时使用联机帮助命令man，获得命令的解释。例如：

```
$ man vi
```

可得到有关vi命令的使用方法介绍。对于任何不十分清楚的命令都可使用man获得命令的解释，man是manual 的前三个字母。

2.4 系统管理

Linux 是一个功能强大而复杂的操作系统。为了能更好地发挥系统性能，需要一些系统管理方面的知识。本节介绍超级用户、账号管理和文件系统管理等内容。

2.4.1 超级用户

UID（user ID，用户 ID）称作用户标识符，它是系统分配给每个用户的用户识别号。系统通常通过 UID，而不是用户名来操作和保存用户信息。每一个 Linux 系统上都有一个 UID 为 0 的特殊用户，它常被称做超级用户或 root 用户（因为它的用户名通常为 root）。当以 root 用户身份登录时，对整个系统具有完全访问权限。也就是说，对于 root 用户，系统将不进行任何权限检查，并且系统把所有文件和设备的读、写和执行权限都提供给了 root 用户，这使得 root 用户无所不能。

正因为如此，应当合理使用 root 账号。如果在 root 账号下使用命令不当，后果就不堪设想，例如以 root 身份运行"/bin/rm-rf/"将删除整个系统。因此，一般应以普通用户使用系统。当需要以 root 用户身份使用时，可以用 su 命令切换成 root 用户；在执行完系统管理后，应马上用 exit 命令切换到原来状态。

命令 su 可以用来改变用户身份，如果需要切换成 root 用户，只要键入"su"并输入 root 口令就可以了。例如：

```
$ su
Password:
#
```

如果还需要改变所使用的 shell，可以加上选项"-s"。例如：

```
$ su -s / bin/ csh
Password:
# echo $SHELL
/bin/csh
#
```

如果仅仅以 root 用户身份运行一个命令，可以使用选项"-c"。例如：

```
# su -c "vi/etc/passwd"
Password:
```

2.4.2 用户和用户组管理

用户管理是系统管理的一个重要部分。对 Linux 而言，每个用户都有唯一的用户名或登录名（login name）。用户名用来标识每个用户，并避免一个用户删除另一个用户的文件这类事故的发生。每个用户还必须有一个口令。

除了用户登录名和口令外，每个用户还有一些其他属性，如用户 ID（user ID，UID）、用户组 ID（group ID，GID）、主目录（home directory）、登录 shell（login shell）等。系统上所有用户信息都保存在系统文件 /etc/passwd 和/etc/group 中。

1．用户管理

用户管理包括增加、修改和删除用户账号。这些工作可以通过手工编辑有关文件完成，但是最好使用用户管理工具。这里介绍一组简单的、基于命令的用户管理工具：useradd、usermod 和 userdel。基于图形的用户管理工具有 control-panel 等。

1）增加一个用户

如果需要增加一个用户，可以使用 useradd 或 adduser 命令，例如，以下命令增加一个名为 john 的用户。除了用户名外，其他参数均为默认。

```
# adduser john
```

通过此操作，达到的效果如下。

（1）在口令文件/etc/passwd 中，增加了一个用户 john 的条目：

```
john: x: 506:506::/ home/ john:/ bin/ bash
```

（2）如果使用了影子口令，还会在影子口令文件“/etc/shadow”中增加一个用户 john 的条目：

```
john :!!: 10772:0:99999:7:::
```

（3）在用户组文件/etc/group 中增加了一个用户组 john 的条目：

```
john::506:
```

（4）为用户 john 创建了主目录，并将/etc/skel 下的模板文件复制到/home/john 下。

如果需要修改 useradd 命令的默认配置，可以通过修改目录“/etc/default/”和“/etc/skel”中的文件来完成。

为了让新增用户可以登录，还需要为他设置一个口令。这可以用 passwd 命令来完成，例如：

```
#passwd john
Changing password for user john
New password:
Retype new password:
passwd: all authentication tokens updated successfully
#
```

2）修改用户信息

命令 chfn 可以用来修改用户的一些个人信息，例如：

```
$ chfn
Changing finger information for john.
Password:
Name []: John Zheng
Office []: 95 Product Development Center
Office Phone []: 82316288
Home Phone []: 63821235
```

```
Finger information changed.
$
```

命令 chsh 可以用来改变登录 shell，例如：

```
$ chsh -s /bin/csh john
Changing shell for john.
Password:
Shell changed.
$
```

3）删除用户

当要删除一个用户时，可以使用 userdel 命令。例如：

```
# userdel john
```

userdel 的用法只删除用户账号，并不删除主目录。如果在删除用户时还要删除其主目录，则可以加上选项“-r”。

2．用户组管理

对 Linux，每个用户都属于一个或多个用户组。如果用户属于一个用户组，则享受该用户组的权限。这样，只需要配置用户组的权限，就能配置各个用户的权限了。

1）增加用户组

当要增加一个用户组时，可以使用 groupadd 命令。例如，下面增加了一个名为 teachers 的用户组：

```
# groupadd teachers
```

结果是在用户组文件/etc/group 中增加了如下一行：

```
teachers:x:507:
```

2）修改用户组

当要修改一个用户组时，可以使用 groupmod 命令。格式如下：

```
groupmod [-g dig [o]] [-n name] group
```

例如，下面将用户组 teachers 改为名为 staff 的用户组：

```
# groupmod -n staff teachers
```

结果是用户组文件/etc/group 中 teachers 行改成了如下内容：

```
staff:x:507:
```

3）删除用户组

当要删除一个用户组时，可以使用 groupdel 命令。此命令很简单，只要加上用户组名就可以了。例如，下列命令删除名为 staff 的用户组：

```
# groupdel staff
```

2.4.3　文件系统管理

数据和程序文件都存储在块设备上，例如硬盘、光盘、U盘等。设备上的文件并不是无序的，而是按一定方法组织起来的。不同组织方法也就形成了不同的文件系统，例如ext2、ext3、FAT32、FAT16等。

Linux操作系统的一个重要特点是它通过VFS（virtual file system，虚拟文件系统）支持多种不同的文件系统。Linux使用最多的文件系统是ext2，这是专门为Linux而设计的文件系统，效率高。ext3则是在ext2的基础上增加了日志管理。Linux也支持许多其他文件系统，如Minix、FAT32、FAT16等。另外，Linux还支持NFS（network file system，网络文件系统）。若想了解Linux所支持的文件系统，可以显示一下“/proc/filesystems”。如果需要增加或删除对某个文件系统的支持，可以重新编译内核。

对Linux而言，所有设备（如硬盘、光驱、U盘等）的文件系统都是树状文件系统的一个子树。这与MS-DOS/Windows 9x/NT/2000/XP等不一样，使用Linux的每个磁盘分区时，在命令中并不写出独立的驱动盘符，像“C:”等等。

由于数据和文件都位于文件系统上。如果文件系统出了问题，则后果不堪设想，因此文件系统的管理尤为重要。本节主要介绍如下几个有关文件系统方面的知识：

- 如何安装和卸载文件系统。
- 如何监视文件系统。
- 如何创建文件系统。
- 如何维护文件系统。

1．手工安装和卸装文件系统

在访问一个文件系统之前，必须首先将文件系统安装到一个目录上（除了根文件系统之外，文件系统在启动时自动安装到根目录上）。安装方法有两个：一是启动时系统自动根据文件“/etc/fstab”来安装；二是用mount命令或相关工具来手工安装。下面简单介绍与文件卷的安装/拆卸有关的命令。

1）mount

命令mount的基本用途是将一个设备上的文件系统安装到某目录上。语法格式：

```
mount -t type device dir
```

其中，device为待安装文件系统的块设备名，type 为文件系统类型，dir为安装点。

例如，下面将第一硬盘第一分区的FAT32文件系统安装到/dosc上，这样就可以从/dosc处访问该文件系统了：

```
# mount -t vfat /dev/hda1 /dosc
```

命令mount还可以用来列出所有安装的文件系统：

```
# mount
```

```
/dev/hda3 on /type ext2(rw)
none on /proc type proc(rw)
/dev/hda2 on /dosd type vfat(rw)
none on /dev/pts type devpts(rw, mode=0622)
hawk:(pid470) on/net type nfs(intr, rw, port=1023, timeo=8, retrans=110,
indirect,)
/dev/hda1 on/dosc type vfat (rw)
#
```

2）umount

文件系统的卸装很容易，只要使用命令 umount 即可。语法格式：

```
umount [-nrv] [device ][dir [...]]
```

例如，要卸装上述刚刚安装的文件系统，可以这样：

```
# umount /dosc
```

也可以这样：

```
# umount /dev/hda1
```

2．自动安装和卸装文件系统

除了用手工方式安装文件系统外，系统还可以自动安装和卸装文件系统，只要在文件“/etc/fstab”列出要安装的文件系统。除了注释行外，每行描述一个文件系统。每行包括如下一些由空格或制表符分隔的字段：

- 设备点。指定要安装的块设备或远程文件系统。
- 安装点。指定文件系统的安装点。
- 文件系统类型。Linux 支持许多文件系统，如 ext2、ext3、ext、minix、sysv、swap、xiafs、msdos、vfat、hpfs、NFS 等。
- 安装选项。这是一组以逗号隔开的安装选项。关于本地文件系统的安装选项，请参见 mount(8)；关于远程文件系统的安装选项，请参见 nfs（5）。
- 备份选项。指定是否使用 dump 命令备份文件系统。如果数值为 0，表示不备份。
- 检查选项。指定在系统引导时 fsck 命令按什么顺序检查文件系统。根文件系统的值应为 1，即最先检查。所有其他需要检查的文件系统的值为 2。如果没有指定数值或数值为 0，表示引导时不做一致性检查。

下面是一个/etc/fstab 的示例：

```
/dev/hda3    /            ext2      defaults          1  1
/dev/hda1    /dosc        vfat      defaults          0  0
/dev/hda2    /dosc        vfat      defaults          0  0
/dev/hda4    swap         swap      defaults          0  0
/dev/fd0     /mnt/floppy  ext2      noauto,user       0  0
/dev/cdrom   /mnt/cdrom   iso9660   noauto,ro,user    0  0
none         /proc        proc      defaults          0  0
none         /dev/pts     devpts    mode=0622         0  0
```

在大多数情况下，Linux 系统所使用的文件系统并不经常发生变化。因此，如果将这些经常使用的文件系统存放在文件/etc/fatab 中，则系统启动时会自动安装这些文件系统，而在系统关机时能自动卸装它们。

3．监视文件系统状态

1）df

当要显示文件系统的使用情况时，可以使用命令 df。例如：

```
# df
Filesystem      1k-blocks   Used        Available   Use %   Mounted on
/dev/hda3       2563244     1344202     1086506     55%     /
/dev/hda1       1614272     928         1613344     0%      /dosc
/dev/hda2       2004192     1509268     494924      75%     /dosd
```

2）du

当要显示某一个目录及其所有子目录所占空间，可以使用命令 du。例如：

```
# du -s / home
310984 / home
#
```

4．维护文件系统

对文件系统要定期检查。如果出现损坏或破坏的文件，则需要修补。

1）系统自检

最常用的方法是在文件“/etc/fstab”中将检查选项数值（pass number）设置为大于 0 的正整数，如 1 或 2，这样系统在启动时会自动检查文件系统的完整性。

2）fsck

另一种方法是直接使用 fsck 命令来检查文件系统；如果需要，还可强制该命令修改错误。这是一个前端命令，根据不同的文件系统类型，fsck 将调用不同的检查程序如 fsck ext2 等。fsck 命令格式：

```
fsck [-AVRTNP ] [-s ] [-t fstype] [-ar] filesys [...]
```

其中命令行选项和参数的用法如下：

-A　　对/etc/fstab 中的文件系统逐个检查，通常在系统启动时使用。
-V　　详细模式，列出有关 fsck 检查时的附加信息。
-R　　当和 -A 一起使用时，不检查根文件系统。
-T　　开始时不显示标题。
-N　　不执行，只显示要做什么。
-P　　当和 -A 一起使用时，并行处理所有文件系统。
-s　　串行处理文件系统。
-t fstype 指定要检查文件系统的类型。

-a　　不询问而自动修复所发现的问题。

-r　　在修复之前，请求确认。

filesys　　指定要检查的文件系统，可以是块设备名，如/dev/hda2；也可以是安装点，如/usr。

在 fsck 检查一文件系统时，最好先卸下这个文件系统，以保证在检查该文件系统时，没有其他程序正在使用这个文件系统。

5．建立文件系统

当增加一个新硬盘或需要改变硬盘上原来的分区时，在 Linux 能使用之前，需要对磁盘进行分区和创建文件系统。

创建磁盘分区可以用 fdisk 命令，而利用 mkfs 命令可以建立或初始化文件系统。实际上，每个文件系统类型都对应有自己单独的初始化命令，mkfs 只是最常用的一个前台的程序，它根据要建立的文件系统类型调用相应的命令，文件系统类型由 mkfs 命令的“-t”参数指定。

1）mkfs

mkfs 命令格式：

```
mkfs [-V][-t fstype][fs-options] filesys [blocks]
```

其中：

-V　　打印提示信息。

-t　　声明文件系统的类型。

fs-options　　主要包含如下选项：

-c　　检查坏块并建立相应的坏块清单。

-l filename　　从指定的文件 filename 中读取初始坏块。

filesys　　要建立文件系统的磁盘分区所对应的设备文件。

blocks　　声明文件系统所使用的块的数目。

2）fdisk

fdisk命令格式：

```
fdisk [-u][-b sectorsize]device
fdisk -l[-u][-b sectorsize][device ...]
fdisk -s partition ...
fdisk -v
```

其中：

Device　　设备文件，代表某个块设备。

-u　　打印分区表时，分区大小按扇区数目显示。

-s partition　　打印 partition 所表示的分区大小。

-l　　打印分区表信息。

-v　　显示 fdisk 命令的版本信息。

2.4.4 Linux 源代码文件安置的目录结构

Linux 系统模块的源程序文件主要由如下几部分构成：

- arch 针对不同的硬件体系结构设置的模块
- fs 文件系统
- init 初始化模块
- ipc 进程间通信
- kernel 内核
- include.h 头文件
- lib 库函数
- mm 存储管理
- net 网络管理
- drivers 驱动程序
- scripts 脚本文件
- documentation 系统文档

Linux 内核模块体系结构如图 1-19 所示。该图不仅体现了 Linux 设计的总体思想，还体现了一般的整体内核操作系统的组成原理，以及用户的应用程序与操作系统内核之间的关系。

2.5 小结

本章主要讨论了操作系统用户界面，并以 Linux 为例，介绍了系统调用的添加方法和 shell 解释程序的开发方法。为了让初学者了解 Linux，从 Linux 的安装、简单使用以及系统管理三个方面介绍了使用 Linux 的基本常识，使用户了解如何通过操作系统来实现与计算机之间的交互。

Linux 是由众多软件精英们共同开发的一种运行于多种平台、源代码公开的自由软件；它是与 UNIX 兼容的操作系统，功能强大、遵循 POSIX（可移植操作系统接口）标准，被称为是 PC 上的 UNIX 操作系统。本章介绍了 RedHat Linux 的安装，是为以后的学习奠定基础，并以 Linux 的简单操作为主，讲解了有关 Linux 的文件操作、vi 工具的使用、shell 编程、进程控制以及网络应用工具等内容。为了使学生能够更好地掌握 Linux 的系统功能，着重讲解了一些 Linux 系统管理方面的知识。

2.6 习题

1．熟悉安装 Linux 系统。
2．建立普通用户账号。

3．使用man命令浏览ls、pwd、cd、cc、vi、a.out（运行程序）等常用命令的功能。

4．用C语言编写一个简单的程序，使用vi录入，用cc进行编译，运行a.out完成程序的执行。

5．利用Linux提供的操作系统源代码，重新生成一个新的内核，然后重新启动系统，试用一下这个新的内核。

提示：参考2.1节中“重建新的Linux内核”提供的命令系列。

第3章 进程机制与并发程序设计

3.1 概述

在使用计算机的时候，时常会同时让计算机为我们做几件事：编辑文本文件，听光盘上的音乐，从网上下载着软件等。在某一时段同时发生几件事的现象称为并发。我们知道，计算机为我们自动地工作，实际上是CPU执行着存放在内存中的程序，同时做几件事就是同时执行着几道不同的程序。如果这几道程序同时在不同的CPU上执行，则称之为“并行”；如果它们分时地运行在同一个CPU上，则称之为“并发”。如果在单CPU条件下同时运行几道程序，那么在宏观上，这几道程序是同时向前推进，但从微观上观察，则是由单CPU按照时间段轮流执行每个程序的一小部分代码，使每个程序都运行到程序的开始与结束之间的某一处。从逻辑上讲，这几道程序都在运行，但从CPU的执行轨迹上观察，却是轮流地为每个程序执行一段时间，循环往复，直到所有程序依次完成。目前使用的计算机几乎都是单CPU的机器，但是都能同时完成几件不同的工作，就是因为采用了CPU分时原理。因此，逻辑上的并行称之为“并发”。

本章将介绍计算机如何同时运行几道程序？支持这种环境的软件应该怎样设计？用户如何使用这样的环境进行并发程序设计？回答这些问题的关键就是CPU管理，习惯上称为处理机管理。

处理机管理是操作系统的基本管理功能之一，它所关心的是处理机的分配问题，也就是把CPU（中央处理机）的使用权分给某个程序。通常把一个正准备进入内存的程序称为作业。当这个作业进入内存后，我们把它称为进程。处理机管理分为作业管理和进程管理两个阶段，常常又把直接实行处理机时间分配的进程调度工作称为低级调度，而把作业调度称为高级调度。作业调度是处理机时间分配工作的准备阶段，即决定有哪些作业进入内存等待分配真正的CPU，因此把作业调度也作为处理机管理的一部分。

在交互式操作环境下，作业管理的主要功能是把用户手头的作业送入内存投入运行，所以此时的作业调度是由用户决定的，一旦将作业送入内存，便由进程管理为作业创建进程，由进程管理负责其运行的安排。

进程管理的主要功能是把处理机分配给进程以及协调各个进程之间的相互关系。它是由进程调度程序和交通控制（控制进程状态转换）程序这两部分内容组成的。进程调度程序的功能是根据一定的调度原则（如优先数、简单轮转等），确定处理机应分配给哪一个等待CPU的进程。交通控制程序的功能是记住进程处于何种状态，并实现进程状态之间的转换。进程通常具有三种状态：运行状态（正在使用CPU）、就绪状态（等待分配CPU）、阻塞状态（等待输入/输出等）。当进程要从运行的状态变为阻塞状态时，交通控制程序的工作就是改变进程状态，保存进程执行的现场，并收回处理机以便分配给其他进程。当进程要从就绪状态变成运行状态时，除了相应地改变状态外，还应恢复进程状态的现场使之能够继续运行。

3.2　进程的基本概念

3.2.1　计算机执行程序的最基本方式——单道程序的执行

对于编程人员来讲，要使计算机执行某程序，必须满足两个基本条件：

- 一是将程序放入内存；
- 二是将该程序的地址送入程序计数器 PC（program counter）。

CPU 的执行轨迹完全取决于程序计数器 PC 的内容是什么，也就是 CPU 要知道到内存何处去取指令。所以，我们只要想办法把这个程序存入内存，记下该程序的起始地址，并把该程序的起始地址存入程序计数器 PC，那么 CPU 便可执行这个程序了，这就是单道程序执行的基本原理。

3.2.2　多个程序驻留内存——多个程序依次顺序执行

当需要依次顺序执行多个程序时，则需要将这几个程序都放到内存中，然后将第一个被执行的程序的起始地址放入 PC 中，这样 CPU 便可执行第一个程序了，当第一个程序执行完成时，再将第二个程序的起始地址放入 PC 中，这样第二个程序又被 CPU 执行……依此顺序执行，直到所有程序都被执行一次。这就是多道程序驻留于内存中的一种顺序执行方式。

3.2.3　进程的概念和结构——多个程序并发执行

如果在多道程序驻留内存的基础上，几个程序轮流地占有 CPU 执行，也就是让每个程序平分 CPU 时间，比如不管第一个程序是否执行完成，到了一个固定时间便让 CPU 的 PC 值指向另一个程序，以此类推，直到轮了一圈，再安排第一个程序在断点处继续往下执行，循环往复……

在这种情况下，对被中断的程序如果不把中断点的地址保存下来，不把通用寄存器的内容保存下来，下次再轮到它执行时，便不能保证能够从曾被中断的地方继续执行。即使是从曾被中断的地方继续执行，也不能保证其结果是正确的，因为在它被中断的期间，有别的程序在执行，可能已经对通用寄存器的内容进行了变更。所以当轮到它执行时，通用寄存器的内容已不是当时被中断时的内容，如果该程序用到了通用寄存器，便会出现与被中断时的值不一致的情况。

一般情况下并发程序的个数往往多于处理机的个数，若在逻辑上模拟多个程序并行执行，各程序需要轮流使用处理机，当某程序不在处理机上运行时，必须保留其被中断的程序的现场，包括断点地址、程序状态字、通用寄存器的内容、堆栈内容、程序当前状态（在处理机上运行、等待处理机或是等待输入/输出）、程序的大小、运行时间等，以便程序再次获得处理机时能够正确执行。为了保存这些内容，系统中需要建立一个专用结构——进程控制块 PCB。程序的运行需要数据，现在为了模拟并行又多了一个 PCB，从而形成了一个不同于原有程序的软件结构：程序+数据+PCB。该软件结构称为进程。形成了这样的软件结构，使得逻辑上模拟并行变得容易实现，而且进程与进程之间是相互独立的个体，既可以并发地执行，亦可以顺序执行。但是，程序的顺序执行与并发执行有其不同的特性。

1．程序的顺序执行及其特性

由于各类软件的出现及日益复杂化，使得程序设计的概念和方法有了很大的发展，在单道程序工作环境中，我们把一个“程序”理解为“一个在时间上有严格次序的操作序列”。这是因为可以把一个复杂的程序划分成若干个时间上完全有序的逻辑操作段，其操作必须按照物理先后次序来执行，每一时刻最多执行一个操作，以保证某些操作的结果可为其他操作所利用。例如，某个用户作业的计算程序，首先输入该用户的程序和数据，然后进行计算，最后输出所需的结果。显然，不仅这三个操作阶段有着严格的顺序，只能一个一个地顺序执行，而且用户程序之间也必须按照先后次序执行。当某个用户程序执行时，系统的全部资源（输入设备、处理机和打印机等）都由该用户占有，直至用户程序结束，才释放全部资源，转交给后继用户。

图 3-1 表示每次仅能调度一个用户作业进行操作的先后次序。输入、处理计算和打印输出工作只能串行执行，我们可以把程序的执行过程看做是一系列状态转变过程，每执行一个操作，系统就从一种状态变成另一种状态。图中 I 表示输入操作，P 表示处理操作，O 表示输出操作。

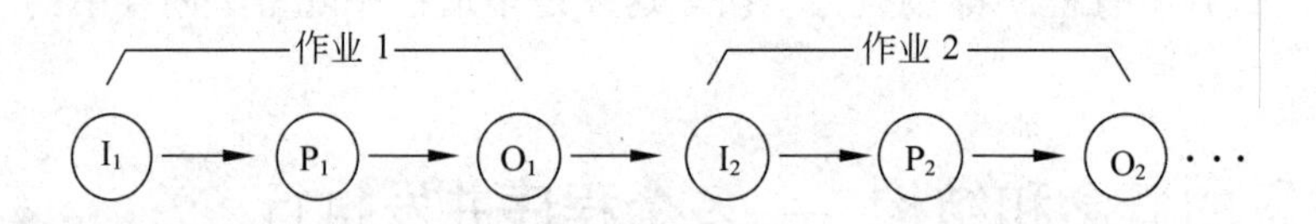

图 3-1　顺序处理操作的先后次序

由上述顺序程序的执行情况可以看出，一切顺序执行的程序都具有下列特性。

- 顺序性。程序在处理机上执行时，其操作只能严格地按照所规定的顺序执行，即后继操作只有在前一操作执行完毕之后方能执行，否则就会发生错误。
- 资源独占。程序在执行过程中独占全部资源，资源状态的改变只与程序本身有关，而与外界环境无关。
- 结果的无关性。有两方面内容：一是指程序执行的结果与其执行速度无关，即无论程序是连续地还是间断地执行，均对最终结果无影响；二是指只要程序的初始条件不变，当重复执行时，一定能得到相同的结果。

顺序程序的以上特性可归结为封闭性和可再现性。所谓封闭性是指程序一旦开始执行，就不受外界环境的影响，其计算结果与其环境以外的事情无关。所谓可再现性是指当程序重复执行时，只要其初始条件相同，必将获得相同的结果。这些特性为用户测试和修改程序提供了许多方便。

2．程序的并发执行及其特性

为了提高计算机的利用率、运行速度和系统的处理能力，并行处理技术在计算机中已得到了广泛的使用，程序的并发执行成为现代操作系统的一个基本特征。在大多数计算问题中，仅要求操作在时间上是部分有序的。有些操作必须在其他操作之后执行，另外有些操作却可以并行地执行。如图 3-2 所示，其先后次序是：I_1 先于 P_1 和 I_2；P_1 先于 O_1 和 P_2；I_2 先于 P_2 和 I_3；O_1 先于 O_2；以此类推。部分有序使某些操作的并行执行成为可能，如 I_2 和 P_1 可以同时进行；I_3、P_2 和 O_1 的执行也可以在时间上互相重叠等。

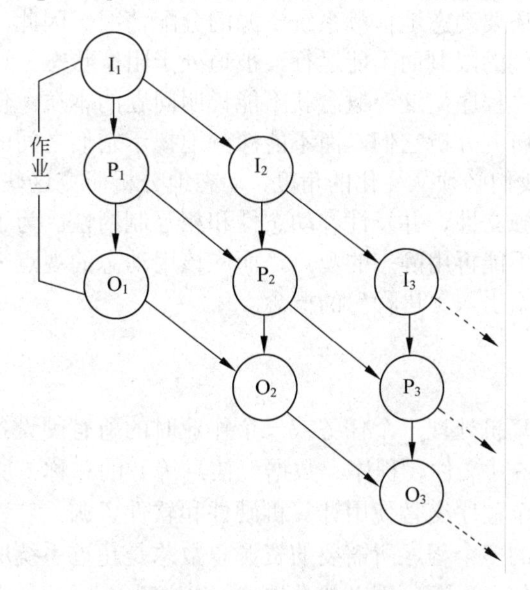

图 3-2　并行计算的先后次序

无论是操作系统自身的程序还是用户程序，通常总是存在一些相对独立但又能并发执行的程序段。由于这些程序段可以被多个用户作业调用，因此可在同一时间间隔内发生。这样一来，一个程序段可能对应多个“计算”，于是程序与“计算”已不具有一一对应关系了。这些“并发程序”就构成了一个“并发环境”。

为了合理利用系统资源，更好地发挥各种资源的效益，使各种物理设备之间的时间性限制条件减少到最低限度，最大限度地提高系统的效率，因而导致在内存存放多道程序，以提高系统的并行性。这些多道程序在并发执行过程中，有很多时间是可以独立运行的，各自以自己的速度前进，而且各程序执行的起止时间也是独立的。程序彼此之间有时是完全独立的，有时又通过某种方式发生着相互依赖、相互制约的关系，这就失去了顺序程序的封闭性。如几个独立运行的用户算题程序，可能因竞争某种资源（比如共享数据）而相互制约。获得资源者就能投入运行，否则就会被阻塞等待。但经过一段时间之后，等待者就可获得某资源而投入运行。所以，由程序并发执行而产生的相互制约关系，使得并发执行程序具有“执行-暂停-执行”的活动规律。通常，程序的制约方式有如下两种：

- 间接制约方式。这是由于竞争相同资源而引起的，得到资源的程序段可以投入运行，而得不到资源的程序段就暂时等待，直至获得可用资源时再继续运行。一般地说，这种制约关系不仅可以发生在有逻辑关系的程序之间，而且有时还可发生在那些逻辑上彼此毫无关系的程序段之间，在这种情况下，通常需要操作系统协调，实行并发控制。

- 直接制约方式。这通常是在那些逻辑上相关的程序段之间发生的，一般是由于各种程序段要求共享信息引起的。例如，要求信息通信或同步时，就会发生这种制约关系。这时，可以在程序段中使用系统提供的同步操作或信息通信操作，调节各程序段之间的并行控制。

正是因为在这些可以并发执行的程序段之间存在着某种相互制约的关系，所以每个程序段都不能与运行环境隔绝，不能随心所欲地在处理机上运行。它不仅要受到其他程序段的活动所制约，而且还要动态地依赖系统资源的分配情况。因此，每个可以并发执行的程序段，就会因外界条件的限制而不能运行，被迫处于阻塞状态。这样，对于这些可以并发执行的程序段，只用“程序”这一概念就不能说明问题的本质。使用程序这一概念只能是简单、孤立、静止地研究分析它们，而不能深刻地揭示它们之间的内在活动、相互联系及其状态变化。因此，我们必须从变化的角度，动态地分析研究这些可以并发执行的程序段，真实地反映出系统的独立性、并发性、动态性和相互制约性。为了准确地描述与设计出高质量的操作系统，就不能再用静态的观点，而应该用动态的观点来刻画操作系统。为此，在操作系统中就不得不引入“进程”的概念。

3．资源共享

所谓资源是指计算机处理一个任务或一个作业时的所有硬设备（处理机、内存、外存、I/O 设备等）和软设备（文件、程序、数据、信息等）的总称。所谓资源共享，就是指计算机中并发执行的多个程序交替使用计算机硬件和软件资源。

通常，并发执行的多个程序所需要的资源总数总是超过系统所配备的资源的数量，如果任凭多个程序擅自使用资源，则必然会造成一片混乱。因此，必须由操作系统提供一定的管理和协调手段，才能真正有条不紊地实现资源共享。操作系统是用来实现对计算机资源进行管理的一个大型系统程序，其基本特征之一就是资源共享。

操作系统提供了以下两种实现资源共享的方法：

- 由操作系统统一管理和分配。在这种方法中，凡是要使用资源的进程，都要先通过一定的手段向操作系统提出申请，然后由系统根据当时资源的情况和分配策略来实施统一分配。由于进程不能直接擅自动用系统资源，因此可以保证共享中不会出现混乱。一般地，系统中的硬件资源都是采用这种方法共享。
- 由进程自行使用。系统中的有些资源不必由系统进行分配，而可由进程直接使用。例如某些数据结构（操作系统中使用的各种表格和控制块、队列等数据结构）、变量等。对于这类资源的共享可以用进程之间协调的方式来实现资源的共享。

3.2.4 进程的定义

在多道程序系统和分时系统中，系统内部存在着多个并发执行的程序执行过程。这样的多个程序执行过程的特点是：每个执行过程都已经开始，但又都没有结束。在单处理机的系统中，每个时刻实际上只有一个程序可真正在处理机上执行，而其他程序执行过程则处于暂停状态，一旦时机成熟就会立即投入运行。操作系统的主要工作，就在于为多个程序执行过程合理地分配所需的内存储器、外部设备、处理机时间等资源，充分发挥各种资源的作用，并协调这些程序执行过程的正常进行，最大限度地提高系统效率，在连续运行过程中完成这些任务。由此可以看出，程序执行过程是计算机系统中的基本活动单位，也是操作系统分配资源的基本单位。

1．进程定义

为了描述和实现系统中各种活动的独立性、并发性、动态性、相互制约性及“执行-暂停-执行”的活动规律，揭示操作系统的动态实质，在操作系统中引入进程概念是非常自然和必要的。进程是现代操作系统的一个基本概念，是并发程序问世后出现的一个重要概念，它是指程序在一个数据集合上运行的过程，是系统进行资源分配和调度运行的一个独立单位，有时也称为活动、路径或任务。习惯上，我们定义进程为：程序的一次执行。从软件结构的构造角度讲，进程是由“程序+数据+进程控制块”构成。到目前为止进程还没有一个严格的定义，根据应用的需要，对进程的描述会略有不同。

进程，作为程序执行的过程，至少有两个方面的性质：一是它的活动性，即进程是动态变化的，并且每个进程都有一个从创建到消亡的过程；二是它的并发性，即多道程序中每个进程的执行过程，总是与其他进程的执行过程并发执行的。进程和程序是既有密切联系又有区别的两个完全不同的概念。

2．进程与程序的区别

为了加深对进程的理解，我们来看一看进程与程序的区别和相互关系。

- 动态性和静态性。进程是程序的执行过程，是动态的过程，属于一种动态概念。一个进程可以看成是一个动作序列，而每个动作则是由执行一段指令序列（也就是一个程序）来实现的，其结果是提供了某种系统功能。进程的动态性不仅表现在“程序的执行”，而且还表现在它是动态地产生和消亡，而程序是一组有序静态指令和数据的集合，用来指示处理机的操作，是一种静态概念。
- 进程包含进程控制块。从结构上看每个进程，其实体都是由程序段和相应的数据段两部分构成的，这一特征与程序的含义相近，但是进程的结构还要包含一个数据结构 PCB，即进程控制块。
- 一对多关系。一个进程可以涉及一个或几个程序的执行；反之，同一程序可以对应一个或多个进程，即同一程序段可以在不同数据集合上运行，可构成不同的进程。例如，一个打印输出程序段，当调用它打印输出不同作业的计算结果时，就构成了若干个不同进程。这就是说，同一程序在某一指定的时刻，可以是几个不同进程的一部分。

在多道程序情况下，两个用户源程序（两个进程）同时要求执行某种高级语言的编译程序，为了减少编译程序的副本，这两个进程可以共享该编译程序，它们都有自己的数据区，在各自的工作区中活动。这样，同一编译程序就能为两个进程服务，即成为几个进程的一部分。另外，一个计算进程也可以对应多个程序。例如，为了调度一个后备作业并让它投入运行，必须执行作业调度程序（挑选作业）和资源管理程序（分配该作业所需的资源）。

- 并发性。进程能真实地描述并发执行，而程序就不具有这种鲜明的特征。进程是一个能独立调度并能和其他进程并行执行的单位，它能确切地描述并发活动，而程序段通常不能作为独立调度执行的单位。
- 进程具有创建其他进程的功能。通常情况下进程都是由其父进程创建的，而祖先进程是在系统初始活动时由系统初始启动程序建立的。一个进程可以创建一个以上的子进程，这样一来，所有的进程就组成了一个进程树（或族系）。系统中所有进程的活动进程均受操作系统或父进程控制，不断地改变状态，直至它完成任务后被撤销，而一般的程序不具备创建其他程序的功能。
- 操作系统中的每一个程序都是在一个进程现场中运行的。实际上，进程是一个虚拟机，它为用户规定地址空间和逻辑资源。所谓虚拟机，即逻辑机，指的是一个概念上的环境。在这样一个环境中，程序所看到的机器界面在实际硬件中不一定存在。

3．系统进程与用户进程

进程通常分为两类，一类是系统进程，另一类是用户进程。它们的区别是：

- 系统进程是操作系统用来管理系统资源并行活动的并发软件；用户进程是可以独立执行的用户程序段，它是操作系统提供服务的对象，是系统资源的实际享有者。
- 系统进程之间的关系由操作系统负责，这样有利于增加系统的并行性，提高资源的利用率；用户进程之间的关系主要由用户自己负责，为了便于用户管理自己的任务，操作系统提供一套简便的任务调用命令作为协调手段，并在用户区根据用户作业的性质（是单任务还是多任务）装入相应的任务调度程序。
- 系统进程直接管理有关的软、硬设备的活动；用户进程只能间接地和系统资源发生关系，当任务需要某种资源时，它必须向系统提出请求，由系统调度和分配。
- 在进程调度中，系统进程的优先级高于用户进程。不管是系统进程还是用户进程，对核心层来说它们都是基本的活动单位。

3.3 进程的状态和进程控制块

3.3.1 进程的状态及状态转化

在引进了进程概念之后，就可以用变化的观点，动态地研究它们的状态变化和相互制约关系。

1．进程的状态

我们从进程管理的角度出发，将进程划分成运行、阻塞、就绪三种基本状态，这三种状态构成了最简单的进程生命周期模型，进程在其生命周期内处于这三种状态之一，其状态将随着自身的推进和外界环境的变化而变化，由一种状态变迁到另一种状态。

- 运行状态。进程正在处理机上运行的状态，该进程已获得必要的资源，也获得了处理机，用户程序正在处理机上运行。
- 阻塞状态。进程等待某种事件完成（例如等待 I/O 操作的完成）而暂时不能运行的状态，处于该状态的进程不能参与竞争处理机。
- 就绪状态。等待处理机的状态。该进程运行所需的一切资源（不包括处理机）都得到满足，但因处理机个数少于进程个数，所以该进程不能运行，而必须等待分配处理机资源，一旦获得处理机就立即投入运行。

进程的各个状态可依据一定的因素和条件发生变化。图 3-3 为典型的进程状态变化图。

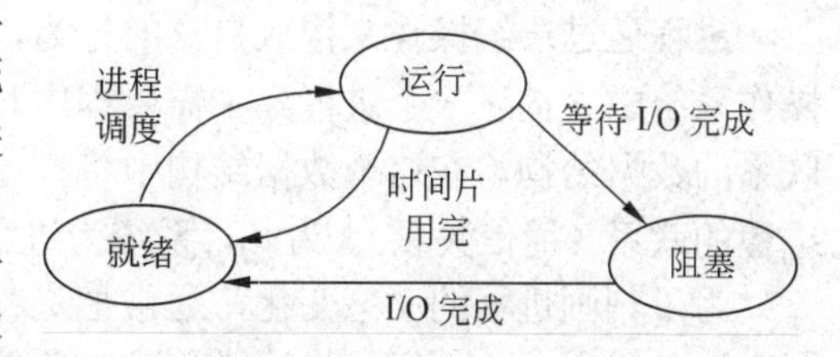

图 3-3　进程状态变化图

为什么要把进程运行过程划分成这样三个基本状态呢？我们知道，在一个实际系统中，存在有大量并发活动的进程，如果每个进程所需要的各种资源都能及时得到满足，那么进程就不会处于阻塞和就绪状态而处于运行状态，实际上这是做不到的，而且也没有必要这样做。这是因为进程的活动不是孤立进行的，而是相互制约的。例如，有的进程可能正在等待另一进程的计算结果而无法运行。因此，在某一时刻就只有一个进程获得处理机而得以运行，一些进程可能因为等待某种事件发生（如等待 I/O 设备）而被阻塞，另外一些进程可能一切准备就绪，只等待获得处理机而处于就绪状态。

2. 进程状态的转化

进程在运行过程中，不仅随着自身的推进而前进，而且还随外界环境的变化而变更。因此，上述基本状态会依一定条件而相互转化。

1）就绪→运行

处于就绪状态的进程，它已具备了运行的条件，但由于未能获得处理机，故仍然不能运行。对于单处理机系统而言，因为处于就绪状态的进程往往不止一个，同一时刻只能有一个就绪进程获得处理机。进程调度程序根据调度算法（如优先级或时间片规定）把处理机分配给某个就绪进程，建立该进程运行状态标记，并把控制转到该进程，把它由就绪状态变为运行状态，这样进程就投入运行。

2）运行→就绪

这种状态变化通常出现在分时操作系统中。一个正在运行的进程，由于规定的运行时间片用完而使系统发出超时中断请求，超时中断处理程序把该进程的状态修改为就绪状态，并根据其自身的特征而插入就绪队列的适当位置，保存进程现场信息，收回处理机并转入进程调度程序。于是，正在运行的进程就由运行状态变为就绪状态。

3）运行→阻塞

处于运行状态的进程能否继续运行，除了受时间限制外，还受其他种种因素的影响。例如，运行中的进程需要等待文件的输入（或其他进程同步操作的影响）时，控制便自动转入系统控制程序，通过信息管理程序及设备管理程序进行文件输入；在输入过程中这个进程并不恢复到运行状态，而是由运行状态变成阻塞状态（此时，标记阻塞原因，并保留当前进程现场信息），然后将控制转给进程调度程序，再由进程调度程序根据调度算法把处理机分配给处于就绪状态下的其他进程。

4）阻塞→就绪

被阻塞的进程在其被阻塞的原因获得解除后，并不能立即投入运行，需要通过进程调度程序统一调度才能获得处理机，于是将其状态由阻塞状态变成就绪状态继续等待处理机。仅当进程调度程序把处理机再次分配给它时，才可恢复曾被中断的现场继续运行。

3.3.2 进程控制块

进程通过一组操作来构成自身的行为，因此，不同的进程，其内部操作也不相同。在操作系统中，描述一个进程除了需要程序和数据之外，最主要的是需要一个与动态过程相联系的数据结构，在这个数据结构中将描述进程的外部特性（名称、状态等）以及与其他进程的联系（通信关系）。为此，系统为进程设计了一种数据结构——进程控制块（PCB）。

为了刻画进程的动态变化，通常把进程表示为程序段、私有数据块和进程控制块，如图 3-4（a）所示。程序段描述进程本身所要完成的功能，而“私有数据块”是程序操作的对象。PCB 是在进程建立时构成的，当进程存在于系统时，PCB 就代表了这个进程。如图 3-4（b）所示的 PCB 中包含了进程的有关信息。PCB 跟踪程序执行过程中的状态，它们表达了进程在当前时刻的状态以及它与其他进程和资源的关系。当程序因某种原因暂时撤离处理机时，PCB 中就记下了当时的处理机现场、进程的程序在内存中的位置以及进程的调度状态。在不同的操作系统中，PCB 的结构定义也不一样。通常 PCB 包含的信息有：进程的名称、当前状态、所需资源和已分配的资源、调度信息、通信信息、与其他 PCB 的连接字、优先级、现场保留区等。但每个进程都必须有一个名称，名称可以用字符也可以用编号表示，一般是由父进程（即建立其他进程的进程）在建立子进程时指定的。当前状态项用于指明本进程所处的状态；优先数是表示进程获得处理机的优先程度的一个数值；现场保留区用以记录进程释放处理机时的现场信息，通常包括寄存器内容、程序状态字 PSW（包括指令地址、中断屏蔽码等等），以便该进程再次获得处理机时，恢复执行现场使用；链指针用作构成具有相同状态的进程的队列，以便对进程的查询和调度；资源清单表示每个程序段运行时，所需内存、I/O 设备、外存、数据区等；进程起始地址表示该进程从此地址开始执行；家族关系说明本进程与其进程家族的关系。

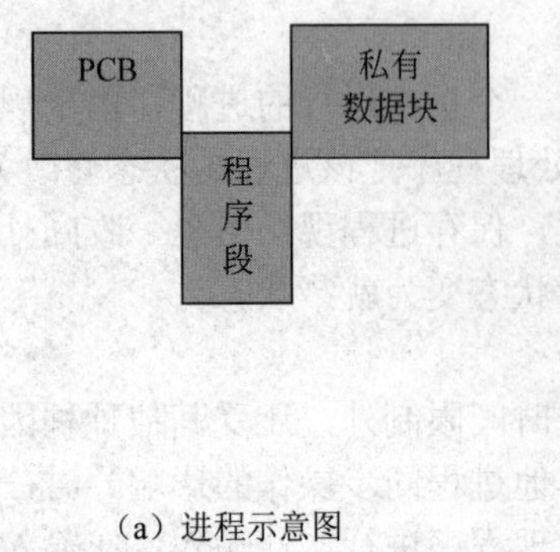

（a）进程示意图

进程名
当前状态
优先数
现场保留区
指示处于同一状态进程的链指针
资源清单
进程起始地址
家族关系
其他

（b）进程控制块的基本内容

图 3-4 进程控制块

PCB是进程存在的标志，当系统或父进程创建一个进程时，实际上就是为其建立一个进程控制块。PCB也是进程的唯一代表，它包含了进程状态调度和控制这个进程所需要的全部信息。操作系统就是根据PCB所提供的信息来对进程实行调度和管理的，所以PCB是操作系统中的重要数据结构。程序段、进程控制块和数据块是构成进程结构的三要素。

PCB不但指出了进程的名称，而且标志了程序和数据集合的物理位置；不仅记录了系统管理进程所需要的各种控制信息，也给出了能够描述进程的瞬间特征的现场内容，只要有关程序修改相应进程的PCB的内容（状态字或调度信息等），就能动态地表达进程自身的状态变化以及它与外界环境的联系。一般地说，PCB的内容可由进程本身、其他进程、资源操作、中断处理程序以及各种调度程序进行修改和引用。因此，PCB既能标识进程的存在又能刻画出进程的动态特征，它是一个进程仅有的真正感知的部分。对操作系统而言，所有PCB将构成并发执行控制和维护系统工作的依据。

3.4　进程控制

进程控制的职能是对系统中的全部进程实行有效的管理，其主要表现在对一个进程进行创建、撤销以及在某些进程状态间的转换控制。通常允许一个进程创建和控制另一个进程，前者称为父进程，后者称为子进程。创建父进程的进程称为祖父进程，子进程又可创建孙进程，从而形成了一个树结构的进程家族，如图3-5所示。采用这种树形结构的方式，使得进程控制更为方便灵活。为了实现父进程对子进程的控制而引进了进程控制原语。

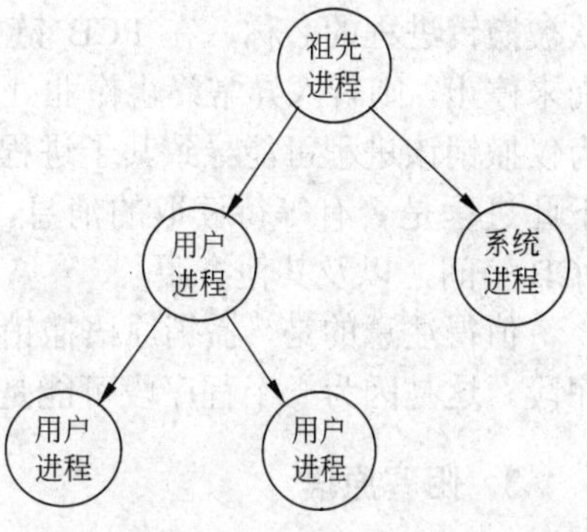

图3-5　进程家族树

3.4.1　原语

在操作系统中，某些被进程调用的操作，例如队列操作、对信号灯的操作、检查启动外设操作等，一旦开始执行，就不能被中断，否则就会出现操作错误，造成系统混乱。原语就是为实现这些操作而设置的。

原语通常由若干条指令所组成，用来实现某个特定的操作。通过一段不可分割的或不可中断的（当不考虑高级中断时）程序实现其功能。原语是操作系统核心（不是由进程而是由一组程序模块所组成）的一个组成部分，它必须在管态（一种机器状态，管态下执行的程序可以执行特权和非特权两类指令，通常把它作为操作系统执行时的程序状态）下执行，并且常驻内存，而个别系统有一部分不在管态下运行。原语和广义指令（也称系统调用）都能被进程所调用，两者的差别在于原语有不可中断性，原语是通过在其执行过程中关闭中断实现的，且一般由系统进程调用。而广义指令的功能可用目态（一种机器状态，通常把它作为用户程序执行时的状态）下运行的进程调用，例如文件的建立、打开、关闭、删除等广义指令，都是借助中断进入管态程序，然后转交给相应的系统进程实现其功能。

引进原语的主要目的是为了实现进程的通信和控制。

3.4.2 进程控制原语

1．创建原语

创建一个新的子进程时，父进程要通过创建原语完成创建一个新的子进程的功能。我们知道，进程的存在是以其进程控制块为标志的，因此，创建一个新进程的主要任务就是为进程建立一个进程控制块 PCB，将调用者提供的有关信息填入该 PCB 中。所以，创建一个新进程，首先要根据建立的进程名查找 PCB 表，若找到了则非正常终止（即已有同名进程），否则，申请分配一块 PCB 空间；若进程的程序不在内存中，则应将它从外存调入内存，然后把有关信息（进程名、各信号量和状态位等）分别填入 PCB 的相应栏目中，并把 PCB 链接到 PCB 链中。

2．撤销原语

进程完成了其“历史使命”之后，应当撤离系统而消亡，系统及时收回它占有的全部资源以便其他进程使用，这是通过撤销原语完成的。撤销原语的实现过程是：根据提供的欲被撤销进程的名称，在 PCB 链中查找对应的 PCB，若找不到要撤销的进程名或该进程尚未停止，则转入异常终止作业处理，否则从 PCB 链中撤销该进程及其所有子孙进程（因为仅撤销该进程可能导致其子进程与进程家族隔离开来，而成为难以控制的进程）；检查一下此进程是否有等待读取的消息，有则释放所有缓冲区，最后释放该进程的工作空间和 PCB 空间，以及其他资源。

值得注意的是，撤销原语撤销的是标志进程存在的进程控制块 PCB，而不是进程的程序段。这是因为一个程序段可能是几个进程的一部分，即可能有多个进程共享该程序段。

3．阻塞原语

我们知道，一个正在运行的进程，因为未满足其所需求的资源而会被迫处于阻塞状态，等待所需事件的发生，进程的这种状态变化就是通过进程本身调用阻塞原语实现的。其实现过程是：首先中断处理机，停止进程运行，将 CPU 的现行状态存放到 PCB 的 CPU 状态保护区中，然后将该进程置阻塞状态，并把它插入到等待队列中。

4．唤醒原语

其基本功能是：把除了处理机之外的一切资源都得到满足的进程置成就绪状态。执行时，首先找到被唤醒进程的内部名，让该进程脱离阻塞队列，将现行状态改变为就绪状态，然后插入就绪队列等待调度运行。

3.5 线程的基本概念

自从 20 世纪 60 年代提出进程概念以来，在操作系统中一直都是以进程作为能独立运行的基本单位。直到 80 年代中期，人们又提出了比进程更小的能独立运行的基本单位——线程，用它来提高系统内程序并发执行的速度，从而可进一步提高系统的吞吐量。近几年，线程概念已得到了广泛应用，不仅在新推出的操作系统中，大多都已引入了线程概念，而且在新推出的数据库管理系统和其他应用软件中，也都纷纷引入了线程来改善系统的性能。

3.5.1　线程的引入

如果说，在操作系统中引入进程的目的，是为了使多个程序并发执行，以改善资源利用率及提高系统的吞吐量；那么，在操作系统中再引入线程则是为了减少程序并发执行时所付出的时空开销，使操作系统具有更好的并发性。为了说明这一点，我们首先回顾进程的两个基本属性：一是进程是一个可拥有资源的独立单位；二是进程同时又是一个可以独立调度和分配的基本单位。正是由于进程具有这两个基本属性，才使之成为一个能独立运行的基本单位，从而也就构成了进程并发执行的基础。

然而为使程序能并发执行，系统还必须进行以下一系列操作：

（1）创建进程。系统在创建进程时，必须为之分配其所必需的、除处理机以外的所有资源。如内存空间、I/O 设备以及建立相应的 PCB。

（2）撤销进程。系统在撤销进程时，又必须先对这些资源进行回收操作，然后再撤销 PCB。

（3）进程切换。在对进程进行切换时，由于要保留当前进程的 CPU 环境和设置新选中进程的 CPU 环境，为此须花费不少处理机时间。

简言之，由于进程是一个资源拥有者，因而在进程的创建、撤销和切换中，系统必须为之付出较大的时空开销。也正因为如此，在系统中所设置的进程数目不宜过多，进程切换的频率也不宜太高，但这也就限制了并发程度的进一步提高。

如何能使多个程序更好地并发执行，同时又尽量减少系统的开销，已成为近年来设计操作系统时所追求的重要目标。于是，有不少研究操作系统的学者们想到，可否将进程的上述属性分开，由操作系统分别进行处理。即把处理机调度和其他资源的分配针对不同的活动实体进行，以使之轻装运行；而对拥有资源的基本单位，又不频繁地对之进行切换。正是在这种思想的指导下，产生了线程概念。

在引入线程概念的操作系统中，线程是进程中的一个实体，是被系统独立调度和分配的基本单位。线程自己基本上不拥有系统资源，只拥有一些在运行中必不可少的资源（如程序计数器、一组寄存器和栈），但它可与同属一个进程的其他线程共享进程所拥有的全部资源。一个线程可以创建和撤销另一个线程；同一进程中的多个线程之间可以并发执行。由于线程之间的相互制约，致使线程在运行中也呈现出间断性。相应地，线程也同样有就绪、阻塞和执行三种基本状态，有的系统中线程还有终止状态。

3.5.2　线程与进程的比较

线程具有许多传统进程所具有的特征，故又称为轻型进程（light-weight process）或进程元；而把传统的进程称为重型进程（heavy-weight process），它相当于只有一个线程的任务。在引入了线程的操作系统中，通常一个进程都有若干个线程，至少需要有一个线程。下面，我们从调度、并发性、系统开销、拥有资源等方面，来比较线程与进程。

1．调度

在传统的操作系统中，拥有资源的基本单位和独立调度、分配的基本单位都是进程。在引入线程的操作系统中，则把线程作为调度和分配的基本单位，而把进程作为资源拥有的基本单位，使传统进程的两个属性分开，线程便能轻装运行，从而可显著地提高系统的并发程度。在同一进程中，线程的切换不会引起进程的切换，在由一个进程中的线程切换到另一个进程中的线程时，将会引起进程的切换。

2．并发性

在引入线程的操作系统中，不仅进程之间可以并发执行，而且在一个进程中的多个线程之间，亦可并发执行，因而使操作系统具有更好的并发性，从而能更有效地使用系统资源和提高系统吞吐量。例如，在一个未引入线程的单 CPU 操作系统中，若仅设置一个文件服务进程，当它由于某种原因而被阻塞时，便没有其他的文件服务进程来提供服务。在引入了线程的操作系统中，可以在一个文件服务进程中，设置多个服务线程，当第一个线程等待时，文件服务进程中的第二个线程可以继续运行；当第二个线程阻塞时，第三个线程可以继续执行，从而显著地提高了文件服务的质量以及系统吞吐量。

3．拥有资源

不论是传统的操作系统，还是设有线程的操作系统，进程都是拥有资源的一个独立单位，它可以拥有自己的资源。一般地说，线程自己不拥有系统资源（只有一些必不可少的资源），但它可以访问其隶属进程的资源。亦即，一个进程的代码段、数据段以及系统资源，如已打开的文件、I/O 设备等，可供同一进程的所有线程共享。

4．系统开销

由于在创建或撤销进程时，系统都要为之分配或回收资源，如内存空间、I/O 设备等，因此操作系统所付出的开销将显著地大于在创建或撤销线程时的开销。类似地，在进行进程切换时，涉及当前进程整个 CPU 环境的保存，以及新被调度运行的进程的 CPU 环境的设置。而线程切换只需保存和设置少量寄存器的内容，并不涉及存储器管理方面的操作。可见，进程切换的开销也远大于线程切换的开销。此外，由于同一进程中的多个线程具有相同的地址空间，致使它们之间的同步和通信的实现，也变得比较容易。在有的系统中，线程的切换、同步和通信都无需操作系统内核的干预。

3.6 进程调度

3.6.1 进程调度的职能

进程调度亦可称为处理机调度，它协调和控制各进程对 CPU 的使用。相应的进程调度程序可称为分配程序或低级调度程序。一旦作业调度程序选择了一个作业集合来运行，系统要为作业建立起一组进程，这组进程协同运行，以便共同完成该作业的计算任务，这样，在系统中就存在许多进程，而这些进程具有获得使用处理机的可能性，它们同时在等待处理机时间，进程调度的职能就是动态地、合理地把处理机分配给就绪队列中的某一进程，并使该进程投入运行。为了完成这一任务，进程调度程序包括了如下内容。

（1）记录系统中所有进程的有关情况。系统为了对进程进行有效的管理，必须把每个进程的有关信息记入 PCB 中，所记录的信息包括每个进程的名称，该进程在当前的状态（运行、就绪或阻塞），优先级、资源使用情况以及不活动的进程在它被暂停的那个时刻的现场信息等。

（2）根据进程调度算法分配处理机。处理机分配是指如何调度进程到处理机上执行以及执行多长时间，进程调度程序是根据进程调度算法来调度进程，把处理机控制权交给被选中的进程，即让它开始执行，并将该进程由就绪状态变成运行状态。

（3）从进程收回处理机。正在运行的进程，由于时间片用完，或具有更高优先级的进程需要处理机，或因等待某种资源等原因，必须交出处理机。系统根据调度原则，再选取符合条件的进程投入运行。

引起进程调度的原因不仅与操作系统的类型有着密切的关系，而且还与下列因素相关：①正在运行的进程运行完毕；②运行中的进程要求 I/O；③执行某种原语操作；④一个比正在运行进程优先级更高的进程申请运行（可剥夺调度方式）；⑤分配给运行进程的时间片已经用完等。

3.6.2　进程调度算法

进程调度的主要问题就是采用某种算法合理有效地把处理机分配给进程，其调度算法应尽可能提高资源的利用率，减少处理机的空闲时间。对于用户作业采用较合理的平均响应时间，以及尽可能地增强处理机的处理能力，避免有些进程长期不能投入运行。这些“合理的原则”往往是互相制约的，难以全部达到要求。

选择进程投入运行，是根据对 PCB 就绪队列的扫描并应用调度算法决定的。就绪队列有两种组成办法：一是每当一个进程进入就绪队列时，根据其优先级的大小放到“正确的”优先位置上，当处理机变成空闲时，从队列的顶端选取进程投入运行；二是把进程放到就绪队列的尾部，当需要寻找一个进程投入运行时，调度程序必须扫描整个 PCB 就绪队列，根据调度算法挑选一个合适的进程投入运行。

为了防止某些进程独占处理机，保证给用户以适当的响应，并对与时间有关的事件作出反应以及恢复某类程序错误，对每个进程的连续运行时间加以规定和限制是必不可少的。进程占用处理机时间的长短与进程是否完成、进程是否等待、具有更高优先级的进程是否需要处理机、时间片是否用完、是否产生某种错误等因素有着密切的关系，进程调度算法很多，在这里仅介绍几种常用的算法。

1．先来先服务（FCFS）

FCFS（first come first service）调度算法按照进程就绪的先后顺序来调度进程，到达得越早，其优先级越高。获得处理机的进程，在未遇到其他情况时，一直运行下去，系统只需具备一个先进先出的队列，在管理优先级的就绪队列时，这种方法是一种最常见策略，并且在没有其他信息时，也是一种最合理的策略。

2．轮转调度

先来先服务的一个重要变形，就是轮转调度。轮转调度算法是系统把所有就绪进程按先后次序排队，处理机总是优先分配给就绪队列中的第一个就绪进程，并分配它一个固定的时间片（如 50ms）。当该运行进程用完规定的时间片时，被迫释放处理机给下一个处于就绪队列中的第一个进程，分配给这个进程相同的时间片。每个运行完时间片的进程，当未遇到任何阻塞时，就回到就绪队列的尾部，并等待下次轮到它时再投入运行。于是，只要是处于就绪队列中的进程，按此种算法迟早总可以分得处理机投入运行。

注意：当某个正在运行的进程的时间片尚未用完，而此时由于进程需要的 I/O 请求受到阻塞，这种情况下就不能把该进程送回就绪队列的尾部，而应把它送到相应阻塞队列。只有等它所需要的 I/O 操作完毕之后，才能重新返回到就绪队列的尾部，等待再次被调度后再投入运行。

上面所述的轮转法称为简单轮转法，它是以就绪队列中的所有进程均以相同的速度往前推进为其特征。其时间片的长短，影响着进程的进展速度。当就绪进程很多时，如果时间片很长，就会影响一些需要“紧急”运行的作业。同样这对短作业和要求 I/O 操作多的作业显然是不利的，因而在简单轮转法的基础上又提出了分级轮转法。

3．分级轮转法

所谓分级轮转法就是将先前的一个就绪队列，根据进程的优先级不同，划分两个或两个以上的就绪队列，并赋给每个队列不同的优先级，以两个就绪队列为例，一个具有较高优先级，另一个具有较低优先级，前者称为前台队列，后者称为后台队列。一般情况下，调度算法把相同的时间片分配给前台就绪队列的进程，优先满足其需要。只有当前台队列中的所有进程全部运行完毕或因等待 I/O 操作而没有进程可运行时，才把处理机分配给后台就绪进程，分得处理机的就绪进程立即投入运行。通常后台就绪进程与前台就绪进程分得的时间片有差异，对长作业可采取增长时间片的办法来弥补。例如，若短作业的执行时间为 50ms，而长作业的时间片可增长到 150ms，这就大大降低了长作业的交换频率，减少了系统在交换作业时的时间消耗，提高了系统的效率。

4．优先级法

进程调度最常用的一种简单方法，是把处理机分配给就绪队列中具有最高优先级的就绪进程。根据已占有处理机的进程是否可被剥夺这一原则，分为优先占有法和优先剥夺法两种。

优先占有法的原理是：一旦某个最高优先级的就绪进程分得处理机之后，只要不是其自身的原因被阻塞（如要求 I/O 操作）而不能继续运行时，就一直运行下去，直至运行结束。

优先剥夺法的原理是：当一个正在运行的进程其时间片未用完时，无论什么时候，只要就绪队列中有一个比它的优先级高的进程，优先级高的进程就可以取代目前正在运行的进程，投入运行。而被剥夺的进程重新回到就绪队列中，等待时机成熟再次投入运行。这就意味着，无论任何时刻，运行进程的优先级高于或等于就绪队列中的任何一个进程。

1）进程优先级的确定条件

进程的优先级是根据什么条件确定的，这是一个很重要的问题，通常应考虑如下几个因素：

- 进程类型。根据不同类型的进程确定其优先级。例如，系统进程比用户进程具有较高的优先级（设备进程优于前后台用户作业进程）；特别是某些系统进程（具有频繁的 I/O 要求的进程），必须赋予它一种特权，当它要求处理机时，应尽量得到满足；前台用户进程优于后台用户进程；又如，联机操作用户进程的优先级高于脱机操作用户进程的优先级；对计算量大的进程所请求的 I/O 给予一个高优先级等等。
- 运行时间。通常规定进程优先级与进程所需运行时间成反比，即运行时间长的（一般占用内存也较多）大作业，分配给它的优先级就低，反之则高。实际上这是短作业优先算法。此种方法对长作业用户来说，有可能长时间等待而得不到运行的机会，按照此种原则，在含有交互进程的较复杂的多道程序设计环境中，便可将平均周转时间减少到最小。
- 作业的优先级。根据作业的优先级来决定其所属进程的优先级。如一种常用于多道批处理系统的方法是，系统把用户作业卡上提供的外部优先级赋给该作业及其所创建的进程。

上面提到的三种因素实际上是一种静态优先级法，每个进程的优先级在其生存期间是一成不变的，因其算法简单而受到欢迎。但有时不尽合理，下面介绍较为合理的动态优先级。

- 动态优先级。所谓动态优先级是指进程的优先级在该进程的生存期间可以改变，随着进程的推进，确定优先级的条件需要发生变化，这就更能精确地控制机器的响应时间和效率，在分时系统中，其意义尤为重要。大多数动态优先级方案设计成：把交互式和输入/输出频繁的进程移到优先级队列的顶端，而让计算量大的进程移到较低的优先级上；在每级内，按先来先服务或轮转法则分配处理机。对于一给定时间周期，一个正在运行的进程，每请求一次 I/O 操作后其优先级就自动加 1，显然此进程的优先级直接反映出 I/O 请求的频率，从而使 I/O 设备具有很高的利用率。

以上诸种调度算法各有其特点，但分级轮转法较为理想。进程调度程序不仅仅是为了从就绪进程中选取一合理的进程投入运行，而且还必须给该进程分配运行时间片。为了保证终端用户提供服务请求之后，在几秒钟之内就能得到响应，使用户感觉到好像只有他一个人在使用处理机，故一般所规定的时间片在几十毫秒到几百毫秒之间不等。

2）影响时间片的因素

时间片的长短由如下四个因素决定：

- 系统的响应时间。当进程数目一定时，时间片的长短直接影响系统的响应时间。
- 就绪队列中进程的数目。这与前面的问题正好相反，即当系统对响应时间要求一定时，就绪队列中进程数少则时间片长，反之亦然。

- 进程状态转换的时间开销。如：进程由就绪转为运行；由运行转为阻塞；由阻塞转为就绪等。
- 计算机本身的处理能力、执行速度和可运行作业的道数。

我们可以有针对性地确定时间片的长短，让运行时间长的进程在不太频繁的时间间隔里获得较大的时间片，应该让经常相互制约的进程有更多的机会获得处理机，但每次获得的时间片应较短。这样一来，系统会优先考虑那些短的、相互制约的进程，而要求时间片长的进程虽然不经常运行，但其运行周期较长，可以采用上述方法，就能减少处理机分配所造成的开销。

进程调度算法有许多种，在具体实施中，不是孤立地采用某一种方法，而是将几种算法结合起来使用，这样效率更高。

3.6.3 调度时的进程状态图

我们采用进程状态图来帮助学生进一步了解进程调度算法。以分级轮转法为例，将就绪进程分成高优先级和低优先级两个队列。如果进程运行中超过了规定的时间片就进入低优先级队列，而 I/O 操作完成的进程，即由阻塞状态进入高优先级就绪队列。如图 3-6 所示，其调度算法是：首先从高优先就绪队列中选择一个进程来运行，如果在高优先级就绪队列中没有进程，则从低优先级就绪队列中选择一个进程运行。

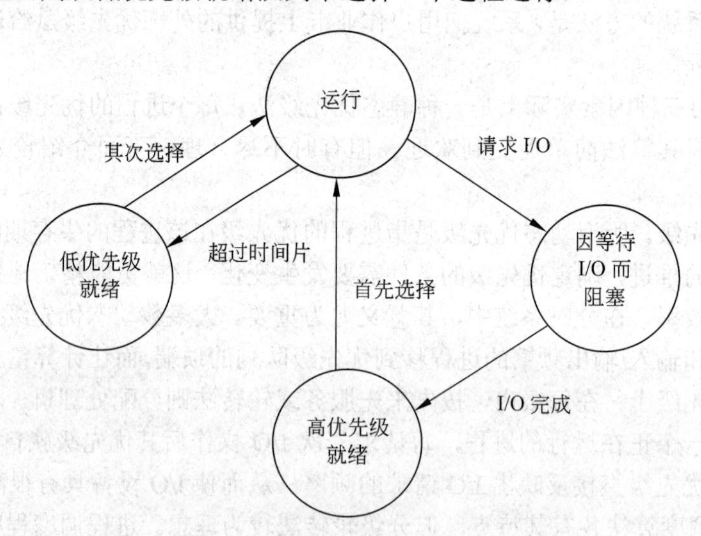

图 3-6 调度时的进程状态变迁图

此种算法对于那些要求 I/O 量大的就绪进程有利（高优先级就绪队列），而对于那些计算量大的就绪进程不利（未计算完毕就进入低优先级就绪队列）。由于外部设备的运行速度大大低于主机的运行速度，所以为了保持 I/O 通道和设备处于忙碌状态，受 I/O 限制的进程优先于受 CPU 限制的进程运行。只有当所有的受 I/O 限制的进程全部被阻塞，才选取某个受 CPU 限制的低优先级就绪进程在处理机上运行。对交互式用户来说，这个策略提供了良好的响应，也保持了 I/O 和中央处理机之间的高度并行。

3.7 进程通信

3.7.1 临界资源和临界区

在计算机中有许多资源一次只能允许一个进程使用，如果有多个进程同时使用这类资源就会引起激烈的竞争，即互斥。因此必须保护这些资源，避免两个或多个进程同时访问这类资源，例如打印机、磁带机等硬设备和变量、队列等数据结构。我们把那些某段时间内只允许一个进程使用的资源称为临界资源。

几个进程若共享同一临界资源，它们必须以互相排斥的方式使用这个临界资源，即当一个进程正在使用临界资源且尚未使用完毕时，则它进程必须延迟对该资源的进一步操作，在当前的使用完成之前，不能从中插进去使用这个临界资源，否则将会造成信息混乱和操作出错。

系统中同时存在有许多进程，它们共享各种资源，然而有些资源每次只能让一个进程所利用。我们以 A、B 两个进程共享一个公用变量 *V* 为例；如果 A 进程的 CS1 段程序向变量 *V* 写入数据值，而 B 进程的 CS2 段程序从 *V* 中取数据值，那么当 A 进程正在给 *V* 变量赋值操作时，此时 B 进程就不能去使用 *V* 变量。系统只能让它们按次序交替使用，而不能同时使用，即只有进程 A 执行完毕 CS1 程序段释放了 *V* 之后，才允许 B 进程执行 CS2 程序段来使用 *V*，我们把 CS1 和 CS2 这种必须互斥执行的程序段称为相对于临界资源 *V* 的临界区（也可称为互斥段）。

几个并发进程对变量和队列等临界资源的互斥共享，可借助进程同步通信机构来完成。信号量和 P/V 操作常用来实现进程对临界资源的互斥共享。

3.7.2 进程的通信方式之一——同步与互斥

并发执行的多个进程，看起来好像是异步前进的，彼此之间都可以互不相关的速度向前推进，而实际上每一个进程在其运行过程中并非相互隔绝。一方面它们相互协作以达到运行用户作业所预期的目的，另一方面它们又相互竞争使用系统中有限的资源。所以它们总是存在着某种间接或直接的制约关系。

当两个进程配合起来完成同一个计算任务时，常常出现这种情况：一个进程执行到某一步时，必须等待另一个进程发来信息（如必要的数据，或某个事件已发生）才能继续运行下去。有时，还需要两个进程相互交换信息后才能共同执行下去。例如，有一个单缓冲区为两个相互合作的进程所共享，计算进程对数据进行计算，而打印进程输出计算的结果。计算进程未完成计算则不能向缓冲区传送数据，此时打印进程未得到缓冲区的数据而无法输出打印结果。一旦计算进程向缓冲区输送了计算的结果，就应向打印进程发出信号，以便打印进程立即进行工作，输出打印结果。反过来也一样，打印进程取走了计算结果，也应向计算进程发出信号，表示缓冲区为空，计算进程才能向缓冲区输送计算结果。我们把进程间的这种必须互相合作的协同工作关系、有前后次序的等待关系称为进程同步。

两个并行的进程 A、B，如果当 A 进行某个操作时，B 不能做这一操作，进程间的这种限制条件称为进程互斥。引起资源不可共享的原因，一是资源的物理性质所致；二是某些资源如果同时被几个进程使用，则一个进程的动作可能会干扰其他进程的动作。例如进程 A、B 共享一台打印机，若不加任何限制，让它们随意所用，其结果可能是两个进程输出的结果混在一起，难以区分。为此，需要加以限制，A 进程要使用打印机时应预先提出申请，只有当它获得打印机之后，才能进行工作，并且一直为它所独占，即使 B 进程提出申请，也只能等待，直到 A 进程用完并释放后，系统才能把打印机资源分配给 B 进程使用。

进程间的互斥和同步是一种通信方式，进程通过修改信号量或其他方式与另一进程通信。通信原语是实现进程间的同步与互斥的一种工具。通常把开锁和关锁、P 操作和 V 操作称为低级通信原语，采用消息缓冲机制称为高级通信原语。

1．lock 和 unlock

大部分同步方案均采用某个物理实体（如锁、信号量等）实现通信，进程通信原语中关锁（lock）和开锁（unlock）是最简单的原语。在这两个原语中设置一个公共变量 x 代表某个临界资源的状态。如：

x=0　资源可用

x=1　资源正在使用

进程使用临界资源必须做如下三个不可分割的操作：

（1）检查 x 的值。当 x=1 时，表示资源正在使用，于是返回继续进行检查；当 x=0 时，表示资源可以使用，则置 x 为 1（关锁）；

（2）进入临界区，访问临界区资源；

（3）释放临界区资源，置 x 为 0（开锁）。

通过以上分析，可以给出关锁和开锁原语的描述。开锁与关锁可用图 3-7 来描述。

关锁原语 lock[x]：

```
L:
if x=1 then
 go to L;
else
 x:=1;
```

开锁原语 unlock[x]：

```
x:=0;
```

注意：在检查 x 的值和置 x 为 1（关锁）这两步之间，x 值不能被其他进程所改变。

2．P/V 操作

上述开锁和关锁原语可以解决互斥问题，但效率低，浪费处理机资源。这是因为任何想直接进入临界区的进程都不能进入，它们必须不停地循环检查 x 的值，并等待锁位变为 0。等待的进程消耗了有价值的 CPU 时间，而一直重复无意义的工作，这样降低了系统总的速度。因此，E.W.Dijkstra 引进了 lock/unlock 原语的更一般的形式——P/V 操作来克服这种忙碌等待现象，大大地简化了进程的同步与互斥。这是他对进程通信的最重要的一个贡献。

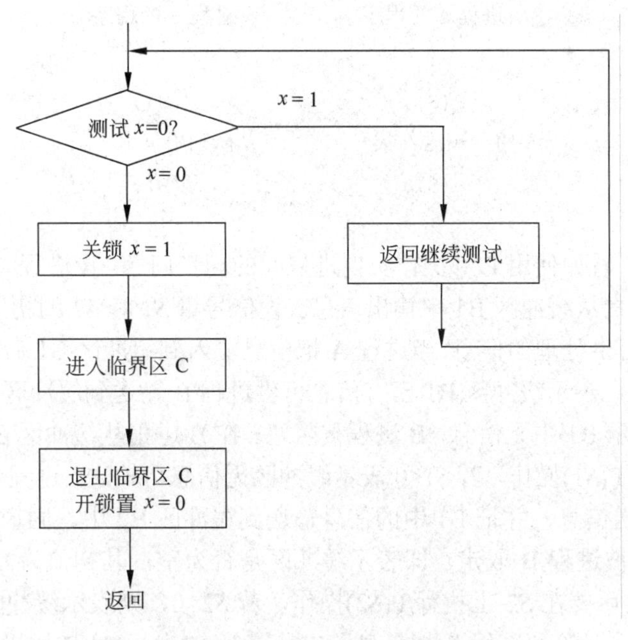

图 3-7　开锁和关锁的框图

P/V 操作由 P 操作原语和 V 操作原语组成，其意义是在一个整型变量 S 上定义了两个操作，该整型变量被称之为信号量，只能由 P 操作和 V 操作进行修改。

当一个进程执行 P 操作原语 P(S)时，应顺序执行下述两个动作：

（1）S:=S–1；

（2）如果 S≥0，则表示有资源，该进程继续执行；如果 S<0，则表示已无资源，执行原语的进程被置成阻塞状态，并使其在 S 信号量的队列中等待，直至其他进程在 S 上执行 V 操作释放它为止。

当一个进程执行 V 操作原语 V(S)时，应顺序执行下述两动作：

（1）S:=S+1；

（2）如果 S>0，则该进程继续执行；如果 S≤0，则释放 S 信号量队列的排头等待者并清除其阻塞状态，即从阻塞状态转变到就绪状态，执行 V(S)者继续执行。

应该注意的是，P/V 操作都是低级通信原语，在执行过程中各个动作都是不可分割的。这就是说，一个正在执行 P/V 操作的进程，不允许任何其他进程中断它的操作，这样就保证了同时只能有一个进程对信号量 S 施行 P 操作或 V 操作。

从 P/V 操作中可以看出，当信号量 S>0 时，S 的值表示某类资源可用的数量。由 P 操作中的 S:=S–1 可知请求的进程获得了一个资源，由 V 操作中的 S:=S+1 可知进程释放了一个资源；S<0 表示无资源分配给请求的进程，于是将它排在信号量 S 的等待队列 Q 中，这时 S 的绝对值正好等于信号量队列 Q 上的进程数目。

P/V 操作用于互斥是卓有成效的，我们可以把 lock 和 unlock 看作 P/V 操作的特例，即当信号量 S=1 时，两者的功能一样。作为一个例子，假设两个进程 A 和 B，它们分别对队列（临界资源）加入一项或移出一项。为了不使队列指针指向错误位置，需要严格限制一次只能有一个进程存取该队列。设 S 信号量的初值为 1，于是项的送入和移出代码部分就是临界区，用 P/V 操作实现互斥模型为：

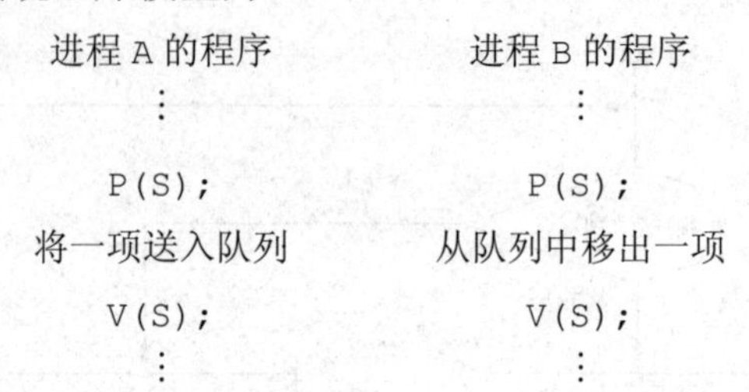

```
进程 A 的程序          进程 B 的程序
    ⋮                     ⋮
  P(S);                 P(S);
将一项送入队列        从队列中移出一项
  V(S);                 V(S);
    ⋮                     ⋮
```

我们再来看一看如何用 P/V 操作实现进程间的同步问题。设进程 A 将信息输入到缓冲区 B1，进程 B 负责从缓冲区 B1 中输出信息。设信号量 $S1$ 和 $S2$ 的初始值均为 0。$S1$ 表示缓冲区中是否有可供处理的信息，当进程 A 把信息输入到缓冲区 B1 后，就对 $S1$ 执行 V($S1$)操作。当 $S1=1$ 时，表示缓冲区 B1 已有信息可供进程 B 输送到缓冲区 B2（唤醒 B 进程）；当 $S1=0$ 时，则表示 B1 中无信息，B 进程被阻塞。在 B 进程从缓冲区 B1 中读取信息之前，必须先对 $S1$ 执行 P($S1$)操作，若 $S1<0$ 表示缓冲区无信息可输送，进程 B 被阻塞；若 $S1=0$，则进程 B 可以传送信息，并把 B1 中的信息输送到缓冲区 B2 中。同理，用 $S2$ 表示缓冲区 B1 中的信息是否被进程 B 取走，即表示缓冲区是否为空，其初值为 0。当进程 A 把信息送到缓冲区 B1 之后要在 $S2$ 上执行 P($S2$)操作，若 $S2<0$，则表示缓冲区 B1 已满，于是阻塞进程 A 暂停输入，等到进程 B 把信息取走，并对 $S2$ 执行 V($S2$）操作（唤醒进程 A），随后进程 A 再继续向缓冲区 B1 输入信息。用 P/V 操作实现上述同步模型如下：

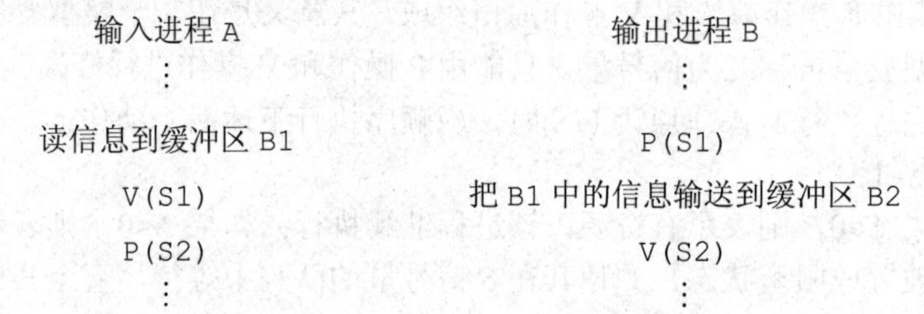

```
    输入进程 A                    输出进程 B
       ⋮                             ⋮
读信息到缓冲区 B1                   P(S1)
      V(S1)             把 B1 中的信息输送到缓冲区 B2
      P(S2)                         V(S2)
       ⋮                             ⋮
```

信号量的使用能实现进程的同步。P 原语可能引起调用进程的等待，而 V 原语则可能启动某一等待进程。P/V 操作的不可分性保证了信号量值的完整性。P 和 V 操作两者都应当是不可分割的，即在同一时刻只允许一个进程执行 P 或 V 操作。因此两者都应当编成以某种关锁操作开始，以开锁操作结束的过程。在一个单处理机结构中只要禁止了中断机构就能轻易地实现关锁操作。这样一来，P 和 V 操作的执行过程就不可能再被中断，于是就保证了在这段时间中进程不会失去对中央处理机的控制。开锁操作则可以简单地用开中断实现。在具有多个中央处理机的系统中，这种方法不再适用，因为两个在不同处理机上运行的进程相互之间无法屏蔽中断，可能造成同时进行 P 和 V 操作。

3.7.3　两个经典的同步/互斥问题

例 3-1　生产者与消费者问题。

荷兰计算机科学家 Edsgar W.Dijkstra 把广义同步问题抽象成一种“生产者与消费者问题”（Producer-consumer relationship）的抽象模型。事实上，计算机系统中的许多问题都可归结为生产者与消费者问题，例如：对于需要输出打印文件的某用户进程和相对于打印机的管理进程，该用户进程是生产者，而后者便是消费者；同理，若该用户进程需要读入一个磁盘文件，相对于磁盘管理进程，该用户进程是消费者，而磁盘管理进程则是生产者。

生产者与消费者可以通过一个环形缓冲池（如图 3-8 所示）联系起来，环形缓冲池由几个大小相等的缓冲块组成，每个缓冲块容纳一个产品。每个生产者可不断地每次往缓冲池中送一个生产的产品，而每个消费者则可不断地每次从缓冲池中取出一个产品。指针 i 和指针 j 分别指出当前的第一个空缓冲块和第一个满缓冲块。这里既存在合作同步问题，也存在临界区互斥问题。当缓冲池全满时，表示供过于求，生产者必须等待，同时唤醒消费者；当缓冲池全空时，表示供不应求，消费者应等待，同时唤醒生产者。这是相互合作同步。而缓冲池显然是临界资源，所有生产者与消费者都要使用它，而且都要改变它的状态，故关于缓冲池的操作必须是互斥的。

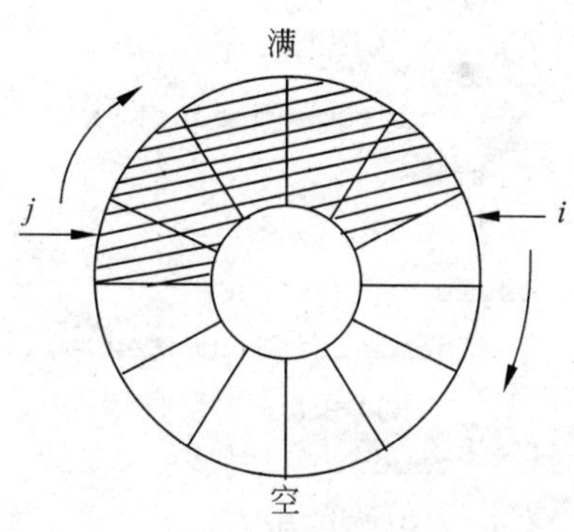

图 3-8　环形缓冲池

下面给出基于环形缓冲池的生产者与消费者关系的形式描述，设

（1）公用信号量 mutex：初值为 1，用于实现临界区互斥；

（2）生产者私用信号量 empty：初值为 n，指示空缓冲块数目；

（3）消费者私用信号量 full：初值为 0，指示满缓冲块数目；

（4）整型量 i 和 j：初值均为 0，i 指示空缓冲块序号头指针，j 指示满缓冲块序号头指针。

```
var mutex,empty,full:psemaphore;
var i,j,goods:integer;
var buffer:array[0..n-1] of item;
procedure producer;//  生产者进程
begin
   while true do
   begin
     produce next product;
       P(empty);
       P(mutex);
       buffer(i):=product;
       i:=(i+1) mod n;
       V(mutex);
       V(full);
   end
end
procedure consumer;// 消费者进程
begin
   while true do
   begin
```

```
        P(full);
        P(mutex);
        goods: = buffer(j);
        j:=(j+1) mod(n);
        V(mutex);
        V(empty);
        consume product ;
      end
   end
   begin
       seminitial (mutex.v,1;empty.v,n;full.v,0);
       i:=j:=0;
       cobegin
         producer;
         consumer;
       coend
   end
```

学生可自己分析该算法的执行过程，其中cobegin和coend之间的语句为并发进程。

注意：*在此模块中无论是生产者还是消费者，关于P操作的次序不能颠倒，否则可能造成死锁。*

例3-2 读者与写者问题。

一个数据对象（比如一个文件或记录）若被多个并发进程所共享，且其中一些进程只要求读该数据对象的内容，而另一些进程则要求修改它，对此，可把那些只想读的进程称之为“读者”，而把要求修改的进程称为“写者”。显然，如果有两个甚至更多个读者同时访问这个可共享数据对象，那么任何一个读者的访问结果都是正确的。但是，如果是一个写者和任何一个其他的读者或写者同时访问这个数据对象，就有可能导致不确定的访问结果。

所有类似的这类问题都可归结为“读者与写者关系”。解决这类同步问题的基本思想是：任一写者必须与其他写者或读者互斥访问可共享的数据对象。下面给出读者进程与写者进程的一般结构：

```
var mutex,wrt:psemaphore;
var readcount:integer;
begin
    seminit (mutex.v,1;wrt.v,1);
    readcount: = 0;
    cobegin
        procedure reader;
        begin
        P(mutex);
             readcount:=readcount+1;
```

```
                if readcount =1 then P(wrt);
                V(mutex);
                reading is performing;
                P(mutex);
                readcount:=readcount-1;
                if readcount =0 then V(wrt);
                V(mutex);
            end
            procedure writer;
            begin
                P(wrt);
                writing is performing;
                V(wrt);
            end
        coend
    end
```

其中，变量 readcount 记录当前正在访问该对象的读者个数；

互斥信号量 mutex 用于互斥对 readcount 的修改；

互斥信号量 wrt 用于互斥写者，它也可由当前第一个要求访问该对象的读者和最后一个退出访问的读者使用，但它不被中间的那些读者使用。

注意：如果一个写者已进入临界区且有 n 个读者要求访问该数据对象，则只有一个读者进入 wrt 等待队列，其余 n–1 个读者则进入 mutex 等待队列。

3.7.4　结构化的同步/互斥机制——管程

前面讨论的开锁、关锁原语和信号量上的 P、V 操作，虽不失为有效的同步机构，但它们仍然是低级的，用它们很难表示更为复杂的并发性问题，它们在并发程序中的出现，使得程序正确性证明更加困难。而且要求用户自己使用同步原语设计同步关系，这本身就不尽合理，一则加重了用户的编程负担，二则用户对同步原语有意或无意的不正确使用都可能破坏并发系统的正确运行。因此，促使研究人员研究出更为高级的一些同步机构，其中最重要的可能就是管程(monitor)，这是由 E.W.Dijkstra 首先提出的，后经 Hansen 和 Hoare 改进并实现。

建立管程的基本理由是：由于对临界区的执行分散在各进程中，这样不便于系统对临界资源的控制和管理，也很难发现和纠正分散在用户程序中的对同步原语的错误使用等问题。为此，应把分散的各同类临界区集中起来，并为每个可共享资源设立一个专门的管程来统一管理各进程对该资源的访问。这样既便于系统管理共享资源，又能保证互斥访问。

Hansen 在并发 PASCAL 语言中首先引入了管程，将它作为语言中的一个并发数据结构类型。

管程主要由两部分组成：

- 局部于该管程的共享数据，这些数据表示了相应资源的状态；

- 局部于该管程的若干过程，每个过程完成关于上述数据的某种规定操作。

局部于管程内的数据结构只能被管程内的过程所访问，反之，局部于管程内的过程只能访问该管程内的数据结构。因此管程就如同一堵围墙，把关于某个共享资源的抽象数据结构以及对这些数据施行特定操作的若干过程围了起来。任一进程要访问某个共享资源，就必须通过相应的管程才能进入。为了实现对临界资源的互斥访问，管程每次只允许一个进程进入其内（即访问管程内的某个过程），这是由编译系统保证的。例如，对并发 PASCAL 编译程序在编译源程序时，对每一个形如：

```
monitor-name. procedure/ function-entry-name
```

的调用语句，都将自动保证其按如下方式执行：

```
P(mutex);
```

执行相应的过程或函数：

```
V(mutex);
```

其中，mutex 是关于相应管程的互斥信号量，初值为 1。

此外，当一进程进入管程执行管程的某个过程时，如果因某种原因而被阻塞，应立即退出该管程，否则就会阻挡其他进程进入该管程，而它自己又不能往下执行，这就有可能造成死锁。为此，引入了条件（condition）变量及其操作的概念。每个独立的条件变量是和进程需要等待的某种原因（或说条件）相联系的，当定义一个条件变量时，系统就建立一个相应的等待队列。关于条件变量有两种操作：wait(x)和 signal(x)，其中(x)为条件变量。wait()把调用者进程挂在与 x 相应的等待队列上，signal()唤醒相应等待队列上的一个进程。

前面我们曾给出了利用信号量及其 P、V 操作实现的生产者与消费者共享环形缓冲池的同步模型，下面再以环形缓冲池为例，给出环形缓冲池的管程结构：

```
monitor ringbuffer;
var rbuffer: array [0.. n-1] of item;
var goods, k,nextempty,nextfull:integer;
var empty,full:condition;
procedure entry put (var product:item);
begin
    if k=n then wait(empty);
    rbuffer[nextempty]:=product;
    k:=k+1;
    nextempty:= (nextempty+1) mod n;
    signal(full);
end
procedure entry get(var goods:item);
begin
    if k =0 then wait(full);
    goods:=rbuffer[nextfull];
    k:=k-1;
    nextfull:=(nextfull+1) mod n;
```

```
        signal(empty);
    end
    begin
        k:= 0;
        nextempty:=0;
        nextfull:=0;
    end
```

管程 ringbuffer 包含两个局部过程：过程 put 负责执行将数据写入某个缓冲块的操作；过程 get 负责执行从某个缓冲块读取数据的操作。empty 和 full 被定义为条件变量，对应于缓冲池满和缓冲池空条件等待队列。任一进程都必须通过调用管程 ringbuffer 来使用环形缓冲池，生产者进程调用其中的 put 过程，消费者进程调用 get 过程。

在利用管程解决生产者与消费者问题时，其中的生产者和消费者可描述为：

```
    producer:
    begin
        repeat
            produce an item ;
            ringbuffer.put(item);
            until false;
    end
    consumer:
    begin
        repeat
            ringbuffer.get(item);
            consume the item;
        until false
    end
```

限于篇幅，这里仅对管程概念进行了简单介绍。

3.7.5　进程的通信方式之二——消息缓冲

两个并行进程可以通过互相发送消息进行合作，消息是通过消息缓冲在进程之间互相传递的。所谓消息是指进程之间以不连续的成组方式发送的信息，而消息缓冲区则是包含有指向发送进程的指针、指向消息接收进程的指针、指向下一个消息缓冲区的指针、消息长度、消息内容等信息的一个缓冲区。这个缓冲区构成了进程通信的一个基本单位。当进程需要发送消息时，须形成这样一个缓冲区，并发送给指定的接收进程。每个进程都设置一个消息队列，当来自其他一些进程的消息传递给它时，就需要将这些消息链接成队列。其队列头由接收进程的 PCB 中的队列指针指出。通常，进程按先来先服务的原则处理这一队列。当处理完一个消息之后，接收进程（即收到消息的那个进程）在同一缓冲区中向发送进程回送一个“回答”信号。队列中的消息数量可由 PCB 中设置的信号量 sm 登记。为了在两组彼此独立的进程之间进行通信，要求它们在一次传送数据的过程中互相同步。每当发送进程发来一个消息，并将它挂在接收进程的消息队列上时，便在 sm 上执行 V 操作，而当接收进程需从消息队列中读取一个消息时，先对 sm 执行 P 操作，再从队列中移出已读过的消息。

在操作系统中，为了能高效率地实现进程通信，研究设计了多种高级通信原语。这种原语具有简化程序设计和减少错误的优点。以下介绍的诸原语称为高级通信原语。

1．send（B,a）（发送消息）原语

进程使用发送消息原语把消息发送到存放消息的缓冲区。B 是接收消息的进程名，a 表示发送区的地址。其工作原理是：首先调用“寻找目标进程的 PCB”的程序查找接收进程的 PCB，如果接收进程存在，则申请一个存放消息的缓冲区（如果接收此消息的进程曾因等待此消息的到来而处于阻塞状态，此时则唤醒此进程），并把消息的内容、发送原语的进程名和消息等，复制到预先申请的存放消息的缓冲区，且将存放消息的缓冲区连接到接收进程的 PCB 上；如果接收进程不存在，则由系统给出一个“哑”回答；最后控制返回到发送消息的进程继续执行，或转入进程调度程序重新分配处理机。如果消息缓冲区已满，则返回到非同步错误处理程序入口，进行特殊处理，如图 3-9 所示。发送消息原语的实现如下：

```
procedure send (receiver,a)
begin
    getbuf(a,size,i);
    i.sender:=a.sender;
    i.size:=a.size;
    i.text:=a.text;
    i.next:=0;
    getid(PCB,receiver,j);
    P(j.mutext);
    insert(j.mq,i);
    V(j.mutext);
    V(j.sm);
end
```

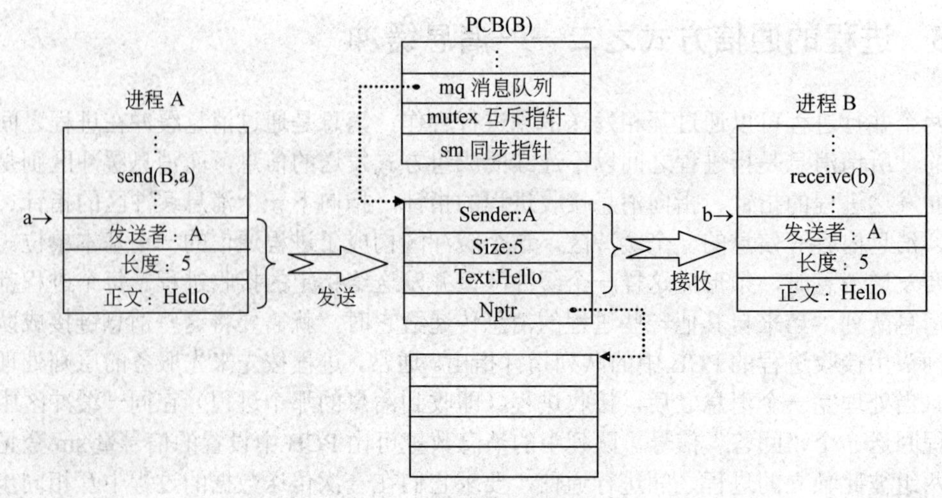

图 3-9 发送与接收消息过程

2．receive(b)（读取消息）原语

receive(b)原语用来读取消息，接收进程读取消息之前，在自己的空间中确定一个接收区。当接收进程想要读取消息时，使用 receive(b)原语，b 是接收进程提供的接收区起始地址。receive(b)原语把消息缓冲区中的消息内容、消息长度以及发送进程的名称都读取到接收区，然后把消息缓冲区从链表中去掉，并释放消息缓冲区，如果没有消息可读取，则阻塞接收进程，直至消息发送来为止。至此，接收消息的工作完毕，返回到接收进程，接收进程继续执行，如图 3-9 所示。读取消息原语的实现如下：

```
procedure receive(b)
begin
    P(j.sm);
    P(j.mutext);
    remove(j.mq,i);
    V(j.mutext);
    b.sender:=i.sender;
    b.size:=i.size;
    b.text:=i.text;
    putbuf(i);
end
```

其中，i 代表缓冲区号；j 代表接收进程的 PCB 地址；getbuf()是申请缓冲区；putbuf()是释放缓冲区。

3.8　死锁

3.8.1　死锁的原因和必要条件

在许多中型和大型计算机系统中，都期望在各级系统和用户程序上具有动态共享资源、并发程序设计及进程通信这些操作特征，以改善系统资源的利用率和提高系统的处理能力。由于资源的占用往往是互斥的，因此当某个进程提出申请资源后，使得有关进程在无外力协助下，会永远分配不到必需的资源而无法继续运行，这就产生了一种特殊的现象——死锁。在许多实时应用中，比如计算机控制运输和监视系统方面，死锁问题也极为重要。死锁现象不仅存在于计算机中，而且在日常生活中也屡见不鲜。例如，有一跨河的独木桥，当两人相对而行至桥中，若他们互不退让，就会出现谁也不能过河的死锁局面。对死锁问题的研究涉及计算机科学中并发程序的终止性问题。

例 3-3　死锁例子。

我们先看一个申请不同类型资源的死锁例子。假定有两个进程 P_1 和 P_2 都要修改文件 F，修改时都需要一盘暂时存放信息的磁带，而只有一台磁带机 T 可用。又假定由于某种原因，在进行修改之前，P_2 需要一暂存磁带（例如为了修改，要重新组织输入数据）。设 F 和 T 都是可重用资源，它们分别表示允许更新文件和允许使用磁带机。于是 P_1 和 P_2 可有如下形式：

```
        进程 P1                        进程 P2
          ⋮                              ⋮
      申请文件 F                      申请磁带机 T
  r1：申请磁带机 T                       ⋮
          ⋮                        r2：申请文件 F
     释放磁带机 T                        ⋮
      释放文件 F                       释放文件 F
          ⋮                              ⋮
```

从上面的申请-释放过程可以看出，进程 P_1 和 P_2 有可能“同时”分别到达 r_1 和 r_2 处，例如，P_2 首先得到 T，然后 P_1 得到 F，接着 P_1 到达 r_1，最后 P_2 到达 r_2；此时，若 P_1 继续运行，则占有 F 的进程 P_1 将阻塞在 T 上，若 P_2 继续运行，则占有 T 的进程 P_2 将阻塞在 F 上，如果 P_2 不能前进，则 P_1 也不能继续下去，反之亦然，如图 3-10 所示。我们就说这两个进程处在死锁状态。这是由于在多个并发进程的环境中，资源分配的策略或时机不当，造成每个进程都已占有一部分资源，而又都在等待使用别的进程已占有的资源。一个进程不能强行夺取已被别的进程占有的资源，形成了每个进程都在永远无休止地互相等待资源。图 3-11 描述了这种死锁情况，图中形成了一个循环等待链，其中：方框表示资源，圆圈表示进程，从资源到进程的箭头（有向边）表示分配，从进程到资源的箭头则表示请求，这种描述方式形成的图称为“进程-资源图”。通过考察“进程—资源图”是否可以化简，可以发现是否存在死锁。

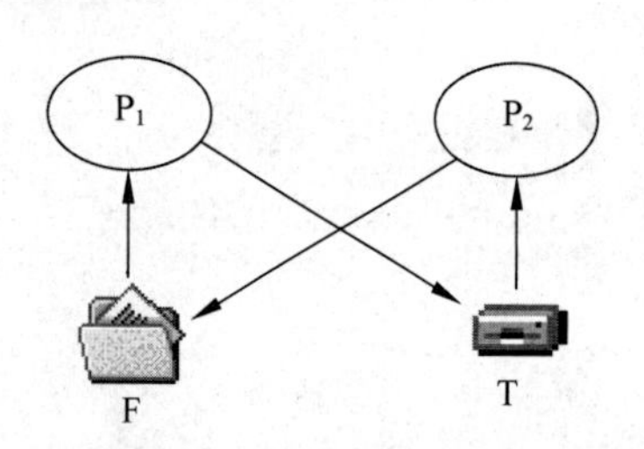

图 3-10　申请不同类型的资源

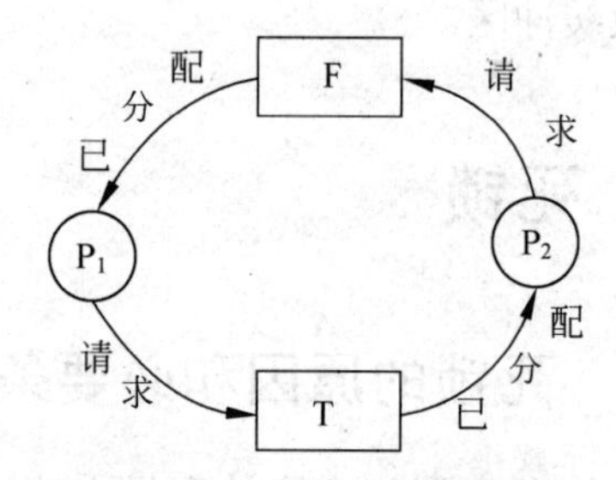

图 3-11　简单的死锁例子

现在再来看一个关于相同类型资源共享的死锁例子，假设有一类可再使用资源 R，例如主存或外存，它包含有 m 个页面或扇区，由 n 个进程 P_1，P_2，…，P_n（$2 \leqslant m \leqslant n$）共享。假定每个进程按下述顺序申请和释放页面（或扇区）：

申请一页（或扇区）
⋮
申请一页（或扇区）
⋮
释放一页（或扇区）
⋮
释放一页（或扇区）
⋮

这里每次申请和释放只涉及 R 的一个分配单元（页或扇区）。因此，当把所有单元全部分配完毕时，便很容易发生死锁；占有 R 的单元的所有进程（前 *m* 个进程）会永远阻塞在第二次申请上，而有些进程（*n*–*m* 个进程）类似地会阻塞在它们的第一次申请上，在图 3-12 中说明了当“*n*=3，*m*=2”时这种系统的状态，这类死锁是相当普遍的。例如，在若干输入和输出进程竞争外存空间的假脱机（SPOOLing）子系统中，就可能发生这类死锁。如果外存空间完全分配给等待装入的作业的输入文件和已部分运行的作业的输出记录，则系统就死锁了。

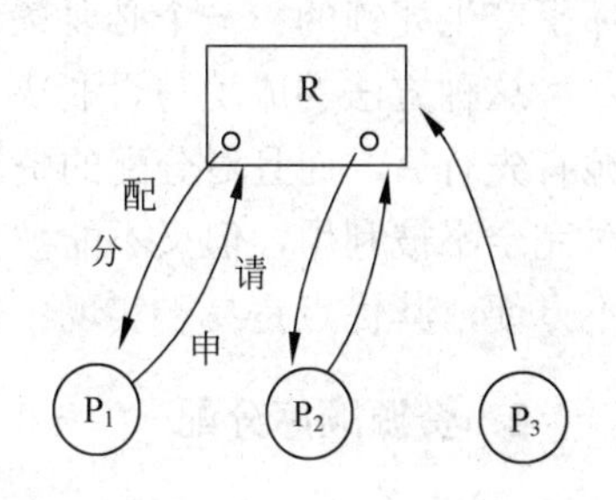

图 3-12　同类资源共享时的死锁现象

由以上诸例子可知产生死锁现象的原因，一是系统提供的资源不能满足每个进程的使用；二是在多道程序运行时，进程推进顺序不合法。产生死锁有四个必要条件：

- 互斥条件。对于独占资源，每个资源每次只能给一个进程使用，进程一旦申请到了资源后占为己有，则排斥其他进程享受该资源。
- 不剥夺条件。正在使用的资源不可剥夺，进程获得的资源尚未使用完毕之前，只能由占有者自己释放，不能被其他进程强行占用。
- 请求和保持条件。进程因未分配到新的资源而受阻，但对已占有的资源又不释放。
- 环路等待条件。存在进程的循环等待链，前一进程占有的资源正是后一进程所需求的资源，结果就形成了循环等待的僵持局面。

死锁不仅会发生在两个进程之间，也可能发生在多个进程之间，甚至发生在全部进程之间。此外，死锁不仅会在动态使用外部设备时发生，而且也可能在动态使用存储区、文件信息、各种缓冲区、数据库时发生，甚至在进程通信过程中发生。随着计算机资源的增加，系统出现死锁现象的可能性也大大增加，死锁一旦发生，会使整个系统瘫痪而无法工作。因此，死锁问题提出之后，引起了计算机工作者的普遍关注，很多人对此做了深入研究。

3.8.2　预防死锁

为了使系统安全可靠地运行，在设计操作系统的过程中，对各种资源调度算法应考虑周全，对资源的用法应进行适当限制，防止系统在运行过程中可能产生的死锁现象。方法是只要能保证在任何时刻产生死锁的四个必要条件中至少有一个不能成立，就可以起到预防死锁的目的。

1. 资源独占

这是一种静止分配法，系统预先分配所有共享资源给请求进程。在早期的操作系统中，资源分配常常采用这种静态方法，因而未暴露死锁问题的严重性，即使对于现代操作系统，我们也可以采用此方法来预防死锁。

这种方法的基本思想是：每个进程在运行之前，必须预先提出自己所要使用的全部资源，调度程序在该进程所需要的资源未得到满足之前，不让它们投入运行，并且当资源一旦被分配给某个进程之后，那么在该进程的整个运行期间相应资源一直被它占有，这就破坏了产生死锁的第一个必要条件。

这种方法的成功与否取决于各类资源是否配置得当。由于进程在运行过程中需求的资源有先有后，而且对分配的资源使用的时间可能很短，甚至可能有的资源在进程正常运行时完全不被利用，但又不能被其他进程所利用。这种方法的缺点是资源利用率极低且使用不方便，其优点是易于实现、安全。

2．资源顺序分配

这种方法的基本思想是：对系统提供的每一项资源，由系统设计者将它们按类型进行线性排队，并赋予不同的序号。例如，设某种输入设备为1，打印机为2，磁带机为3，磁盘机为 4……所有的进程都只能严格地按照编号递增的次序去请求资源。亦即，只有低编号的资源要求满足后，才能对高编号资源提出要求；释放资源时，应按编号递减的次序进行。由此可以看出，对资源请求采取了这种限制之后，所形成的“进程-资源图”不可能再产生循环等待链。这就破坏了引起死锁的第四个必要条件。

资源顺序分配法与资源独占分配法相比，显著地提高了资源的利用率，由于进程实际需要请求的资源不可能完全与系统所规定的统一资源序列一致，所以仍然会造成资源的浪费，另外，对资源的请求加强了对顺序的约束。

在这种方法的基础上，把资源分成若干级：L_1，L_2，…，L_n，而每一级中可有几类资源。低级资源申请先于高级资源，释放资源的次序则和申请次序相反。

如图 3-13 所示，若某进程已分配了 L_i 级中的资源，则它只能再请求更高级 L_j（$j>i$）中的资源，而要请求较 L_i 中低级的资源之前，必须先释放所有比申请资源高级的资源，当某进程释放了在某级中所有资源时，它可在同一级中提出另一请求。进程释放资源的顺序同它请求的顺序相反，这种方法实现起来不太复杂，通常用户使用资源也是有一个顺序的，只要对资源进行合理安排，就可以满足进程对资源的要求。

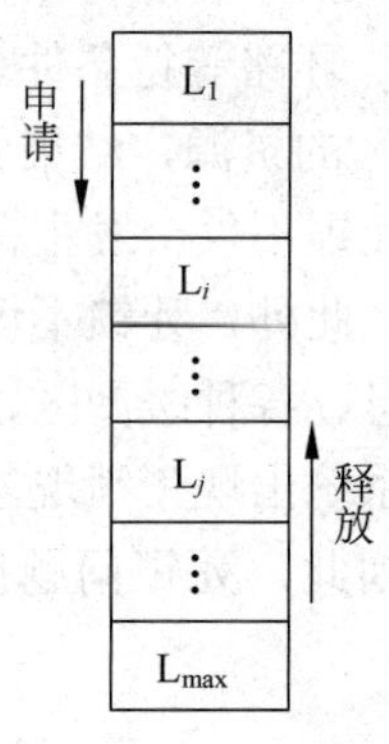

图 3-13　资源申请和释放顺序图

3．资源受控动态分配

为了避免死锁发生，操作系统必须根据预先掌握的关于资源用法的信息，控制资源分配，使得共同进展路径的下一步不至于进入危险区，即只要有产生死锁的可能性，就避免把一种资源分配给一个进程。采用这种方法必须事先知道每个进程在运行之前，提出对每类资源的最大申请量（即峰值），但它不像静态办法那样事先分配它所需的全部资源，而是在需要时，再动态地进行分配。在分配一种资源前先查看一下，在所有用户均按最大需求量提出申请时，是否有产生死锁的可能性，如果不可能产生，就将资源分配给申请者，否则拒绝分配。直到有资源被释放，再按上述思想重新考虑。这种方法的缺点是需要事先知道资源的最大需求量，且算法过于保守。这是因为进程并不是任何时刻都需要资源的最大量，因而引起不必要的等待。这种避免死锁发生的动态分配资源的方法通常也称为“银行家算法”，因为该方法的思想源于银行信贷策略。

银行家算法是一种死锁避免策略，该策略以银行家所采用的接待策略为基础建立模型。该算法的思想是：银行家通过检测贷款的金额是否可以收回，决定是否发放相应数额的贷款。银行家可以将有限的资金贷款给多个客户，而且所有客户申请贷款的总和可以大于银行家实际拥有的资金总额度，但要求每个客户申请的个体贷款额度不超过银行家的资金总额。通过合理的控制，银行家可以安全地收回所有贷款。

以进程集合 P，使用资源集合 R 的情况为例说明该算法具体操作过程。假设有 n 个进程，m 种资源。

由于当前系统状态 S 的特性是由已经分配给进程的资源情况所确定的，所以系统状态可以通过枚举每个进程所占有的每种资源类型的资源数目来定义。设 Allocation 是一个（$n \times m$）二维矩阵，矩阵中的第 i 行表示第 i 个进程 p_i，第 j 列表示第 j 类资源 r_j，而且 Allocation[i, j]是进程 p_i 所占有的资源 r_j 的数目。设定另一个矩阵 Maxreq，表示进程 p_i 对资源 r_j 的最大资源需求数，也是一个（$n \times m$）的二维矩阵，矩阵中的第 i 行表示第 i 个进程 p_i，第 j 列表示第 j 类资源 r_j，而且 Maxreq [i, j]是进程 p_i 需要资源 r_j 的最大数目。所以，矩阵 Allocation 和矩阵 Maxreq 也称为分配矩阵和请求矩阵。它们表达了一个进程—资源图（参见下一节的内容）的数据结构，矩阵中的值，表达了进程资源图的分配边数与请求边数。为了得到可用资源的数目，考虑如下数据结构。

首先，设定表示可用资源的向量 Available，Available[j]表示了该类资源的可用数目，初值为每类资源的总数目；Available [j]= Available[j]-∑Allocation[i,j]，其中 i=1,2,⋯,n。其次，设定进程当前申请资源的矩阵 Request，Request[i,j]表示了进程 p_i 此次提出申请的 r_j 资源数目；最后，设定仍待申请的需求资源矩阵 Need，Need[i,j]表示了此次申请完成后，仍待申请的资源数目。分配矩阵、最大资源需求矩阵以及仍待申请的需求资源矩阵关系为：Need[i,j]=Maxreq[i,j]–Allocation[i,j]，而 Need 的初值为 Maxreq 的内容，利用 Request 对 Need 进行更新，每次申请满足之后，重新计算 Need[i,j]= Need[i,j]–Request[i,j]。

注意如下条件存在，保证资源申请的合理性：

Request[i,j]<=Need[i,j]&&Request[i,j]<=Available[j]

具体算法实现步骤如下。

设当前进程号为 i，分配的资源类别为 j，执行下列操作：

（1）如果 Request[i,j] <= Need[i,j] 则转（2），否则，出错。

（2）如果 Request[i,j] <= Available [j]，则转（3），否则，表示系统中尚无足够的资源，p_i 必须等待。

（3）尝试把要求的资源分配给进程 p_i，并修改下面数据：

Available[j]:=Available[j]-Request[i,j];

Allocation[i,j]:=Allocation[i,j]+Request[i,j];

Need[i,j]:=Need[i,j]-Request[i,j];

（4）执行安全性检查，检查此次资源分配之后，系统是否处于安全状态，即：是否所有进程都可完成，并归还资源。若安全，则正式分配资源给进程 p_i，完成本次分配；否则，将作废此次试分配，恢复原来的资源分配状态，让进程 p_i 等待。

安全性检查算法实现步骤如下：

（1）设置两个数组，一个表示在当前 m 类可用资源中，每一类资源的可用数目 W[j]和 n 个进程完成状态值 F[i]。

（2）赋初值 W[j]=Available[j]，j=1,2,⋯,m；F[i] =false，i=1,2,⋯,n，当进程 p_i 得到全部

资源时，则 $F[i]$ =true。

（3）从进程集合中找到能满足下列条件的 p_i 进程（i=1,2,…,n）：

$F[i]$ =false 并且 Need[i,j] ≤$W[j]$

若找到了，则执行步骤（4），否则，执行步骤（5）。

（4）当 p_i 获得资源后，则可执行直到完成，并释放其所拥有的资源，执行如下操作：

$W[j]$:= $W[j]$+Allocation[i,j];

$F[i]$:=true;

转到步骤（3）执行。

（5）如果所有进程的 $F[i]$ =true，则表明系统处于安全状态。否则，处于不安全状态。

3.8.3 发现死锁

上节讨论了预防死锁发生的几种方法，但这些方法都比较保守，且都是以牺牲机器效率和浪费资源为代价的，这恰与操作系统的宗旨相违背。如果我们采取较为大胆的方法，即允许有死锁出现，但操作系统能不断地监督进程的共同进展路径，判定和发现死锁，一旦死锁发生，采取专门的措施加以克服，并以最小的代价使系统恢复正常，这正是我们所希望的。

假定系统有 n 个进程 P_1，P_2，…，P_n 和 m 种类型资源 R_1，R_2，…，R_m 建立资源分配表 S 和进程等待表 W，分别如表 3-1 和表 3-2 所示，其中 a_{ij} 表示分配给进程 P_i 的资源 R_j 的数目，b_{ij} 表示进程 P_i 请求资源 R_j 的数目。另外为每一个进程设置一个等待资源计数器 C_1，C_2，…，C_n，它们表示引起相应进程被阻塞的资源数目，将未阻塞的进程组成一个表 L（或队列）。

表 3-1 资源分配表 S

资源 / 进程	R_1	R_2	…	R_j	…	R_m
P_1	a_{11}	a_{12}	…	a_{1j}	…	a_{1m}
P_2	a_{21}	a_{22}	…	a_{2j}	…	a_{2m}
…	…	…	…	…	…	…
P_i	a_{il}	a_{i2}	…	a_{ij}	…	a_{im}
…	…	…	…	…	…	…
P_n	a_{n1}	a_{n2}	…	a_{nj}	…	a_{nm}

表 3-2 进程等待表 W

进程 / 资源	P_1	P_2	…	P_i	…	P_n
R_1	b_{11}	b_{21}	…	b_{i1}	…	b_{n1}
R_2	b_{12}	b_{22}	…	b_{i2}	…	b_{n2}
…	…	…	…	…	…	…
R_j	b_{1j}	b_{2j}	…	b_{ij}	…	b_{nj}
…	…	…	…	…	…	…
R_m	B_{1m}	b_{2m}	…	b_{im}	…	b_{nm}

其发现死锁的算法如下：

（1）把未阻塞（C_i=0）的进程 P_i 记录在 L 表中（其全部资源请求已得到满足的进程）；

（2）从 L 表中选择一进程，根据资源分配表 S 释放分配给该进程的所有资源；

（3）由进程等待表 W 依次检查和修改需要该进程释放资源的每一个进程的等待计数器 C_j；

（4）若 C_j=0，则表示该进程所请求的资源已得到满足，不再阻塞，将 P_j 记入 L 表中；

（5）再从 L 表中选取另一进程，重复上述操作；

（6）若所有的进程都记入 L 表中，则系统初始状态为非死锁状态，否则为死锁状态。

进程的死锁可以用进程-资源图来描述。进程-资源图是由结点集合 N 和边集合 E 组成的一对偶 $G=(N, E)$，定义如下：

$N=P\cup R$, P 与 R 为两个互斥子集，其中：$P=\{p_1, p_2, \cdots, p_n\}$为进程结点集合，$R=\{r_1, r_2, \cdots, r_n\}$为资源结点集合。

任何属于集合 E 中的边 $e\in E$, 都连接着集合 P 中与集合 R 中的结点，$e=\{p_i, r_j\}$为资源请求边，由进程 p_i 指向资源 r_j，表示进程 p_i 请求一个单位的资源 r_j。$e=\{r_j, p_i\}$为资源分配边，由资源 r_j 指向进程 p_i，表示把一个单位的资源 r_j 分配给进程 p_i。

这里用大圆圈代表进程，用矩形框代表资源。由于一类资源可以有多个，所以在矩形框中用小圈表示该类资源中的单个资源。如图 3-14 所示，在该图中，有两类资源 R_1 和 R_2。进程 P_1 已经分得了 2 个 R_1 资源，仍需要 1 个 R_2 资源，进程 P_2 已经分得了 1 个 R_2 资源，仍需要 1 个 R_1 资源。

利用进程-资源图化简的方法，可以检测系统是否存在死锁。简化的方法如下：

（1）针对进程资源图中任一进程结点，检查是否有请求边，如果没有请求边，则删除该进程结点的所有分配边，使该结点成为孤立结点，转步骤（3）；如果有请求边，则检查是否有资源可以分配给请求资源的进程，如果可以满足请求，则将请求边改为分配边，转步骤（2）；如果无法满足请求，则保留此请求边，并转步骤（3）。

（2）以同样的方法处理该进程结点的其他请求边，如果所有的请求边都可以得到满足，则将请求边改为分配边，然后将该进程结点的全部分配边删除，使该进程成为孤立结点。这意味着该进程获得了所有请求的资源并完成了任务，释放了所有资源，从而又为其他进程提供获得这些资源的机会。否则，保留请求边，转步骤（3）。

（3）转步骤（1）继续处理其他进程结点，直到所有进程结点全部都经过上述处理。

（4）经上述步骤处理后，若能够使所有进程结点都变成孤立结点，则称该进程-资源图可以完全化简，表明系统没有死锁。否则，如果不是所有进程结点都能化简为孤立结点，则称进程-资源图不可完全化简，表示系统存在死锁。图 3-14 是可以化简的进程资源图，而图 3-15 是不可化简的进程资源图。

死锁定理：

进程-资源图表达的系统状态 S 为死锁状态的充分必要条件是：当且仅当 S 状态的进程-资源图是不可完全化简的。

3.8.4　解除死锁

当发现系统中存在死锁时，就必须设法消除它，这样才是有价值的，一般说来，只要让某个进程释放一个或多个资源就可以解除死锁。死锁解除后，释放资源的进程应恢复它原来的状态，才能保证该进程不会出现错误。因此，死锁解除实质上就是如何让释放资源的进程能够继续运行。死锁状态的恢复，常常采用下面两种方法。

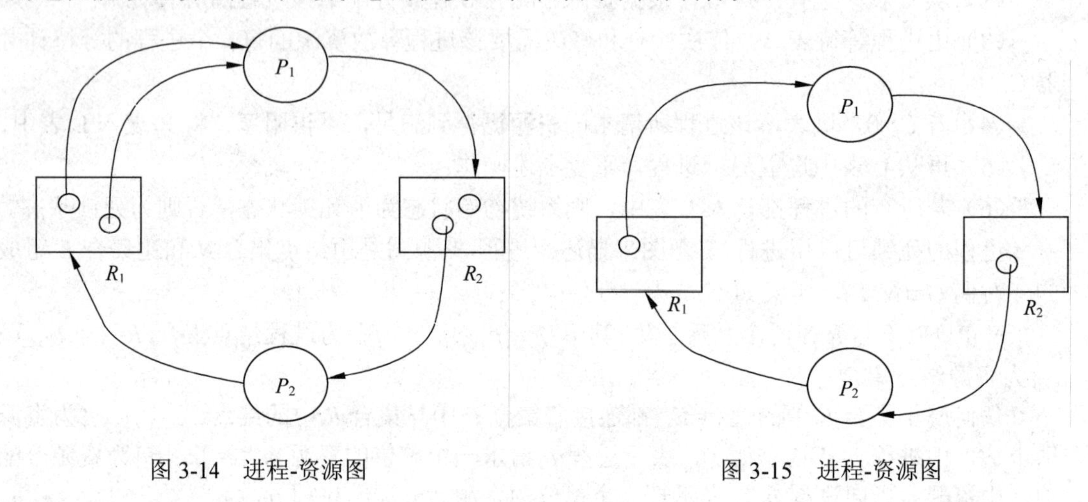

图 3-14　进程-资源图　　图 3-15　进程-资源图

1．资源剥夺法

由于死锁是由进程竞争资源而引起的，所以可从一些进程那里强行剥夺足够数量的资源分配给死锁进程，以解除死锁状态。剥夺的顺序可以是以花费最小资源数为依据。每次剥夺后，需要再次调用检测算法。资源被剥夺的进程为了再得到该资源，必须重新提出申请，为了完全地释放资源，该进程就必须返回到分配资源前的某一点。经常使用的方法有：

- 还原算法，即恢复计算结果和状态。
- 建立检查点，主要是用来恢复分配前的状态。这种方法对实时计算和长时间运行的数据处理来说是一种常用技术。在实时系统中，经常在某些程序地址插入检查的程序段，即采用检查点的技术来验证系统的正确性，如发现故障，可从检查点处重新启动。因此，在有些实时系统中，一旦发现死锁，可以在释放某进程的资源后，从检查点处重新启动。

2．撤销进程法

按照某种顺序逐渐撤销已死锁的进程，直到获得为解除死锁所需要的足够可用的资源为止。在极端情况下，这种方法可能造成除一个死锁进程外，其余的死锁进程全部被撤销。

按照什么原则撤销进程，目前较实用而又简便的方法是撤销那些代价最小的进程，或者使撤销进程的数目最小，以下几点作为衡量撤销代价的标准：

- 程序的优先级，即被撤销进程的优先级。
- 作业类的外部代价，如学生作业、行政管理作业、生产作业、研究作业以及系统程序作业等。把这些作业都规定出各自的撤销代价。系统或操作员可根据这些规定，撤销代价最小的进程，达到解除死锁的目的。
- 运行代价，即重新启动它并运行到当前撤销点所需要的代价。这一点可由系统记账程序给出。

撤销法的优点是简单明了，缺点是有时可能不分青红皂白地撤销一些甚至不影响死锁的进程。其他一些方法由于效率较低，故不再叙述。

3.9 Linux 中的进程

Linux 是一个多任务操作系统，它要保证 CPU 时刻保持在使用状态，如果某个正在运行的进程等待外部设备完成工作（例如等待打印机完成打印任务），这时操作系统就可以选择其他进程运行，从而保持 CPU 的最大利用率，这就是多任务的基本思想。进程之间的切换由调度程序完成。

进程即程序的一次执行。从组成上看，进程可划分为三个部分：PCB、指令与数据。从动态执行的角度来看，进程可视为在操作系统（OS）根据 PCB 进行调度而分配的若干时间片内对程序的执行以及对数据的操作过程。

PCB 是 OS 对进程管理的依据和对象。为了实现进程调度，在 PCB 中必须存有进程标识、状态、调度方法以及进程的上下文等信息；而每个进程运行在各自不同的虚拟地址空间，需要有虚实地址映射机制；为了达到控制目的，PCB 中存有进程链信息以及时钟定时器等；PCB 中还有用于通信的内容，如信号、信号量等。OS 便是根据这些信息来控制和管理每个进程的创建、调度切换以及消亡。

3.9.1 Linux 进程控制块 PCB 简介

Linux 内核利用一个数据结构（task_struct）标志一个进程的存在，表示每个进程的数据结构指针形成了一个 task 数组（Linux 中，任务和进程是两个相同的术语），这种指针数组有时也称为指针向量。这个数组的大小默认为 512，表明在 Linux 系统中能够同时运行的进程个数最多可有 512。当建立新进程的时候，Linux 为新的进程分配一个 task_struct 结构，然后将其指针保存在 task 数组中。

task_struct 结构的组成主要可分为如下几个部分：

- 进程运行状态信息。该 Linux 进程的运行、等待、停止以及僵死状态。
- 用户标识信息。执行该进程的用户的信息。
- 标识号 pid。用以唯一地标识一个进程，进程还有一个 id 用以标识它在进程数组中的索引。每个进程还有组号、会话号，这些标识用以判断一个进程是否有足够的优先权来访问外设等。
- 调度信息。调度策略、优先级等。
- 信号处理信息。信号挂起标志，信号阻塞掩码，信号处理例程等。
- 进程内部状态标志。调试跟踪标识，创建方法标识，用户 id 改变标识，最后一次系统调用时的错误码等。这些标志一般与具体 CPU 有关。
- 进程链信息。Linux 中有一个 task 数组，其内容存放一组 task_struct 结构指针，其长度为允许进程的最大个数，一般为 512。对于每一个进程，有两个指针用以形成一个全体进程的循环双向链表（进程 0 为根），还有两个指针用以形成一个可运行进程的循环双向链表。还有一些指针用以指向父进程、子进程、兄弟进程等。
- 等待队列。用于 wait4()函数等待子进程的返回。

- 时间与定时器。保存进程的建立时间，以及在其生命周期中所花费的 CPU 时间。应用程序还可以建立定时器，在定时器到期时，根据不同定时器类型发送相应的信号。
- 打开的文件以及文件系统信息。系统需要跟踪进程所打开的文件，以便在适当的时候关闭文件以及判断对文件操作的正确性。子进程从父进程处继承了父进程打开的所有文件的标识符。另外，进程还有指向 VFS（虚拟文件系统）索引结点的指针，分别是进程的主目录以及当前目录。
- 内存管理信息。进程分别运行在各自的地址空间中，需要将虚实地址一一映射对应起来。
- 进程间通信信息。包含信号量等。
- 上下文信息 tss（task state segment）。在进程的运行过程中，随着系统状态的改变，将影响进程的执行。当调度程序选择了一个新进程运行时，旧进程从运行状态切换为暂停状态，它的运行环境如寄存器、堆栈等，必须保存在上下文中，以便下次恢复运行时使用。

1．进程运行状态

Linux 进程共有如下六种状态。

- TASK_RUNNING：当前运行进程以及运行队列中的进程都处于该状态中。进程调度时，调度程序只在处于该状态的进程中选择最优进程来运行。
- TASK_INTERRUPTIBLE：在等待队列中，可被信号中断的等待状态。收到信号后，进程可能停止或者重新插入到运行队列中。
- TASK_UNINTERRUPTIBLE：直接等待硬件状态，不可被中断。
- TASK_ZOMBIE：僵死状态。进程已经消亡，但其 PCB 仍存在 task 数组中。在进程退出时，将状态设为 TASK_ZOMBIE，然后发送信号给父进程，由父进程在统计其中的一些数据后，释放它的 task_struct 结构。
- TASK_STOPPED：进程因接收到信号（如 SIGSTOP、SIGSTP、SIGTTIN、SIGTTOU）而停止，或由于其他进程使用 ptrace 系统调用来跟踪而将控制权交回控制进程。
- TASK_SWAPPING：进程被交换到了交换区（2.0 版中未实现）。

2．用户标识信息

Linux 使用用户标识符与组标识符来判断用户进程对文件和目录的访问许可。每个进程的 task_struct 中均有四对标识符。

- uid、gid：执行该进程的用户的标识与组标识。在 fork 时，从父进程处继承。
- euid、egid：某些程序可以将 uid 和 gid 改变为自己私有的 uid 和 gid，称为有效 uid 和有效 gid。系统在运行这样的程序时，会根据修改后的 uid 及 gid 判断程序的特权，如是否能够直接进行 I/O 输出等。通过 setuid 系统调用，可将程序的有效 uid 和 gid 设置为其他用户。在该程序映像文件的 VFS 索引结点中，有效 uid 和 gid 由索引结点的属性描述。
- suid、sgid：如果进程通过系统调用修改了进程的 uid 和 gid，这两个标识符则保存实际的 uid 和 gid。
- fsuid、fsgid：用于检查对文件系统的访问许可。处于用户模式的 NFS（网络文件系统）服务器作为特殊进程访问文件时使用这两个标识符，用于限制用户的其他访问权限。系统调用 setfsuid、setfsgid 可直接修改这两个 id，而不改动 euid 与 egid。

3．标识号

- pid：唯一地标识一个进程。
- pgrp：进程所处的进程组的标识。pid 与 pgrp 用以判断进程是否具有外设的访问权。
- Session：进程所处的会话的标识。
- Leader：会话的首进程标志。
- groups[NGROUPS]：正如现代的许多 UNIX，一个进程可能同时属于许多个进程组，Linux 使用该数组来存储进程所在的各个进程组 id，这些进程组的最多个数为 NGROUPS，可以通过“#define NGROUPS -1”来取消这项功能。

另外，进程还有一个隐含的 id，就是它在 task 数组中的索引。该索引指向进程的 TSS 段描述符以及 LDT（local directory table）段描述符在 GDT（globle directory table）中的位置。

4．调度信息

1）Linux 有三种调度策略

- SCHED_OTHER：适用于一般进程，基于优先级的轮转法，一般进程的优先级较实时进程低。
- SCHED_FIFO：用于实时进程，先进先出（first in first out），如 kswapd 进程。
- SCHED_RR：用于实时进程，轮转调度（round robin）。

有关调度策略的更详细的信息，参见 3.9.3 节。

2）long counter 与 long priority

系统为进程给定的优先级，即从进程开始运行算起的，允许进程运行的时间。counter 在开始时设为 priority，每次时钟中断发生，该值减 1 直至为 0。counter 为 0 表示分配给该进程的执行时间已到，不可再被调度。若所有可运行进程的 counter 都为 0，则需要重新计算 counter。

3）unsigned long rt_priority

实时进程的相对优先级。在计算权重时，实时进程的权重为 rt_priority+1000，因此总能获得比一般进程更高的优先级。

4）unsigned timeout

用于定时，当值为 0 时，将进程从等待队列移至就绪队列。

5．信号处理信息

在 Linux 中，信号种类的数目和具体的平台有关，因为内核用一个字代表所有的信号，因此字的位数就是信号种类的最多数目。对 32 位的 i386 平台而言，一个字为 32 位，因此信号有 32 种。有关“信号”的更详细的内容，参见 3.9.6 节。

1）信号处理方式

进程可以选择对某种信号采取特定操作：

- 阻塞信号：进程可选择阻塞某些信号，SIGKILL 和 SIGSTOP 信号不能被阻塞。
- 由进程处理信号：进程本身可在系统中注册处理信号的处理程序地址，当发出该信号时，由注册的处理程序处理此信号。

- 由内核进行默认处理：大多数情况下，信号由内核的默认处理程序处理。

2）信号及其结构

- unsigned long signal 与 unsigned long blocked

signal 用以记录当前挂起的信号，blocked 用以记录当前阻塞的信号。挂起的信号指尚未进行处理的信号。阻塞的信号指进程当前不处理的信号，如果产生了某个当前被阻塞的信号，则该信号会一直保持挂起，直到该信号不再被阻塞为止。

- 结构

```
struct signal_struct *sig
struct signal_struct {
    int count;
    struct sigaction action[32];
};
```

其中 count 为该 signal_struct 的引用计数，当使用 CLONE_SIGHAND 标志创建一个子进程时，父进程与子进程共享一个 signal_struct，count 计数加 1。在进程退出时，判断该 signal_struct 是否还有其他进程引用。只有 count 为 0，方可删除该结构。action[32]中指定了进程处理所有这 32 个信号的方式，如果某个 sigaction 结构中包含有处理信号的例程地址，则由该处理例程处理此信号；反之，则根据结构中的一个标志或者由内核进行默认处理，或者只是忽略该信号。信号处理的其他细节参见 3.9.6 节。

6．进程链信息与等待队列

1）进程链信息

- struct task_struct *next_task, *prev_task：所有进程的双向链表指针，其根为 task0 即 init_task。在拼装 init_task 的 task_struct 结构时，将这两个指针都指向它自身。
- struct task_struct *next_run, *prev_run：所有运行进程的双向链表指针，组成了运行队列，其根也为 task0。在拼装 init_task 的 task_struct 结构时，这两个指针也都指向它自身。若当前进程不处于运行队列中，这两个指针必为空，否则必为非空。这常用于进程入运行队列与出运行队列的判断。
- struct task_struct *p_opptr：初始的父进程指针，父进程可能由于退出或其他原因，而将其子进程转移到其他进程（如 task1）名下。
- struct task_struct *p_pptr：父进程指针，init_task 的这个指针指向它自身。
- struct task_struct *p_cptr：最新的子进程指针，init_task 的这个指针指向它自身。
- struct task_struct *p_ysptr：左兄弟进程指针。
- struct task_struct *p_osptr：右兄弟进程指针。

2）等待队列

- struct wait_queue *wait_chldexit：等待队列，用于系统调用 wait()，等待子进程的返回。在系统调用 wait()发生时，将自己插入到这个等待队列中，状态改为 TASK_INTERRUPTIBLE，等待子进程结束时的返回信号。

7．时间与定时器

1）时间

- long utime, stime：进程在用户态、核心态下的运行时间。

- long cutime, cstime：分别为进程所有子孙进程 utime 与 stime 的总和。子进程退出时，将发送信号 SIGCHLD 给父进程，然后父进程更新这些数据。
- long start_time：进程创建的时间。

Linux 用指针 current 保存当前正在运行的进程的 task_struct。每当产生一次实时时钟中断（在 i386 上，外部中断# 0，中断号为 0x20），Linux 就会更新 current 所指向的进程的时间信息，如果当前执行任务的进程是内核处理程序（例如进程调用系统调用时），那么系统就将时间记录为进程在系统模式下花费的时间，否则记录为进程在用户模式下花费的时间。

2）定时器

除了为进程记录其消耗的 CPU 时间外，Linux 还支持和进程相关的间隔定时器。当定时器到期时，会向定时器的所属进程发送信号。进程可使用三种不同类型的定时器给自己发送相应的信号，如表 3-3 所示。

表 3-3　定时器类型

类型	功能
Real	实时更新，到期时发送 SIGALRM 信号
Virtual	只在进程运行时更新，到期时发送 SIGVTALRM 信号
Profile	在进程运行时以及内核代表进程运行时更新，到期时发送 SIGPROF 信号

- unsigned long it_real_value, it_prof_value, it_virt_value：三种计时器各自的定时长度。
- unsigned long it_real_incr, it_prof_incr, it_virt_incr：三种计时器各自的到期时间。

Linux 对 Virtual 和 Profile 定时器的处理是相同的，在每个时钟中断，定时器的计数值减 1，直到计数值为 0 时发送信号。

8．文件系统信息

1）进程的主目录

```
struct fs_struct *fs
struct fs_struct {
    int count;
    unsigned short umask;
    struct inode * root, * pwd;
};
```

其中，count 为该 fs_struct 的引用计数，当使用 CLONE_FS 标志创建一个子进程时，父进程与子进程共享一个 fs_struct，count 计数加 1。在进程退出时，判断该 fs_struct 是否还有其他进程引用。只有 count 为 0，方可删除该结构。

root 与 pwd 包含指向两个 VFS 索引结点的指针，这两个索引结点分别是进程的主目录以及进程的当前目录。索引结点中有一个引用计数器，当有新的进程指向某个索引结点时，该索引结点的引用计数器会增加计数。未被引用的索引结点的引用计数为 0，因此，当包含在某个目录中的文件正在运行时，就无法删除这一目录，因为这一目录的引用计数大于 0。

2）进程打开的文件

```
struct files_struct *files
struct files_struct {
    int count;
    fd_set close_on_exec;
    fd_set open_fds;
    struct file * fd[NR_OPEN];
};
```

其中，count 为该 files_struct 的引用计数，当使用 CLONE_FILES 标志创建一个子进程时，父进程与子进程共享同一个 files_struct，count 计数加 1。在进程退出时，判断该 files_struct 是否还有其他进程引用。只有 count 为 0，方可删除该结构。

NR_OPEN 为 Linux 允许打开的文件的最大个数。fd[NR_OPEN]数组记录了进程打开的所有文件的描述符，某个元素非空表示该文件已经被该进程打开。这些描述符在子进程创建时，从父进程继承而来。在继承时，还要将这些文件的引用计数加 1，表明多了一个进程使用这些文件。

9．内存管理信息

- struct mm_struct *mmmm_struct：结构中主要包括进程代码段、数据段、BSS 段、调用参数区与环境区的起始结束地址，以及指向 struct vm_area_struct 结构的指针等（参见第 4 章“存储管理”）。

10．上下文信息 tss（task state segment）

- struct thread_struct tss：保存进行运行的环境信息，如通用寄存器中断向量（中断入口地址及程序状态字）。

11．执行域

- struct exec_domain *exec_domain：unsigned long personality

Linux 可执行遵循 iBCS2 基于 i386 结构的其他系统的程序，这些程序都有一些差别，在 exec_domain 结构中反映出要模拟运行的其他 UNIX 的信息。personality 用于记录这个程序对应的 UNIX 的版本，对于标准的 Linux 进程，personality 值为 PER_LINUX。

12．内核栈

- unsigned long kernel_stack_page：用户进程在系统调用时使用的内核栈。
- unsigned long saved_kernel_stack：在系统调用 vm86 时，用于保存旧的内核栈。

13．进程间通信信息

- struct sem_undo *semundo
- struct sem_queue *semsleeping

用以实现 UNIX SYSV 的进程间通信机制。

14．其他信息

- struct rlimit rlim［RLIM_NLIMITS］：对进程使用资源的一些限制。
- char comm[16]：本进程所执行的程序的名称，经常用于调试。
- int exit_code, exit_signalexit_code：记录进程的返回码。在进程退出时，将 exit_signal 信号发送给父进程。
- int dumpable:1：用于标志接收到某个信号时，是否执行内存卸出（memory dump）。
- int did_exec:1：为了遵循 POSIX 标准，在调用 setpgid 时，用以判断进程是否通过系统调用 execve()而重新装载执行。
- struct linux_binfmt *binfmt：用于装载可执行程序的结构，其中的装载函数指针可以设置为不同的装载函数。

3.9.2 进程的创建

1．进程

系统启动时，启动程序运行在内核模式，这时，只有一个进程在系统中运行，即初始进程。系统初始化结束时，初始进程启动一个内核线程（即 init），而自己则处于空循环状态。当系统中没有可运行的进程时，调度程序将运行这一空闲进程。空闲进程的 task_struct 是唯一的非动态分配的任务结构，该结构在内核编译时分配，称为 init_task。

init 内核线程/进程的标识号为 1，它是系统的第一个真正进程。它负责初始的系统设置工作，如打开控制台、挂装文件系统等。然后，init 进程执行系统的初始化程序，这一程序可以是/etc/init、/bin/init 或/sbin/init。init 程序将/etc/inittab 当作脚本文件建立系统中新的进程，这些新的进程又可以建立新进程。如 getty 进程可建立 login 进程来接受用户的登录请求。

新的进程通过复制旧进程（即父进程）而建立。为了创建新进程，首先在系统的物理内存中为新进程创建一个 task_struct 结构（使用 kmalloc 函数，以便得到一个连续的区域），将旧进程的 task_struct 结构内容复制到其中，再修改部分数据。接着，为新进程分配新的核心堆栈页，分配新的进程标识符 pid。然后，将这个新 task_struct 结构的地址填到 task 数组中，并调整进程链关系，插入运行队列中。于是，这个新进程便可以在下次调度时被选择执行。此时，由于父进程的进程上下文 TSS 结构已复制到子进程的 TSS 结构中，通过改变其中的部分数据，便可以使子进程的执行效果与父进程一致，都是从系统调用中退出，而且子进程将得到与父进程不同的返回值（返回父进程的是子进程的 pid，而返回子进程的是 0）。

在创建进程时，Linux 允许父子进程共享某些资源。可共享的资源包括文件、文件系统、信号处理程序以及虚拟内存等。当某个资源被共享时，该资源的引用计数值加 1。在进程退出时，将所引用的资源的引用计数减 1。只有在引用计数为 0 时，才表明这个资源不再被使用，此时内核才会释放这些资源。

在进程创建时，Linux 内核并不为子进程分配所需的物理内存，而是让父进程与子进程以只读方式共享父进程原分配的内存。新的 vm_area_struct 结构、新进程自己的 mm_struct 结构以及新进程的页表在创建进程结构时便已准备好，但并不复制。如果旧进程的某些虚拟内存在物理内存中，而有些在交换文件中，那么虚拟内存的复制会非常困难和费时。而且，为每个创建的进程都一一复制虚存，将导致极大的内存开销，而这些内存其实并不一定是必要的。于是，如同许多现代的 UNIX 系统，Linux 采用了 copy-on-write 技术，只有当两个进程中的任意一个向虚拟内存中写入数据时才复制相应的虚拟内存；而未执行过写操作的任何内存页均在两个进程之间以只读方式共享。代码页实际上总是可以共享的。

若一个进程需要对某一页执行写操作，由于这一页已被写保护，此时将产生一个 page fault 异常。在这个异常的处理句柄中，为该页复制一个副本，并将其分配给执行写操作的进程，然后修改这两个进程的页表以及虚拟内存数据结构，以分别使用不同的页。对于进程而言，这一处理过程是透明的，它的操作可以成功地执行。如此处理，只在真正需要时为进程分配内存，好处在于减少了不必要的内存复制开销，并减少了一些不必要的内存需求。这便是所谓的 copy-on-write 即“写时复制”技术。

2．线程

进程的相关资源包括代码、数据、堆栈、文件、I/O 和虚拟内存信息等，而线程除了 CPU 资源，再没有其他资源可以分配。因此，线程也被称作“轻量级进程”。系统对进程的处理要花费更多的开支，尤其在进行进程调度时。利用线程则可以通过共享这些基本资源而减轻系统开销。

线程有“用户线程”和“内核线程”之分。用户线程指不需要内核支持而在用户程序中实现的线程，这种线程甚至在像 DOS 这样的操作系统中也可实现，但线程的调度需要用户程序完成，这有些类似 Windows 3.x 的协作式多任务。另外一种则需要内核的参与，由内核完成线程的调度。这两种模型各有优缺点。用户线程不需要额外的内核开销，但是当一个线程因 I/O 而处于等待状态时，整个进程就会被调度程序切换为等待状态，其他线程得不到运行的机会；而内核线程则没有各种限制，但却占用了更多的系统开销。

Linux 并不确切区分进程与线程，而将线程定义为“执行上下文”，它实际只是同一个进程的另外一个执行上下文而已。对于调度，仍然可以使用进程的调度程序。Linux 的内核进程，使用内核函数 kernel_thread 创建，一般称作线程。

有两个系统调用可用以建立新的进程：fork 与 clone。fork 一般用于创建普通进程，而 clone 可用于创建线程，内核程序使用的 kernel_thread 是通过 clone 来创建新的内核进程。fork 与 clone 都调用 do_fork 函数执行创建进程的操作。fork 并不指定克隆标志，而 clone 可由用户指定克隆标志。克隆标志有 CLONE_VM、CLONE_FS、CLONE_FILES、CLONE_SIGHAND 与 CLONE_PID 等，这些克隆标志分别对应相应的进程共享机制。而 fork 创建普通进程则使用 SIGCHLD 标志。这些克隆标志在处理后形成 exit_signal，将在进程退出时作为信号发送给父进程。

- CLONE_VM：父子进程共享同一个 mm_struct 结构，这个克隆标志用以创建一个线程。由于两个进程都使用同一个 mm_struct 结构，于是这两个进程的指令、数据都共享，也就是将线程视为同一个进程的不同执行上下文。

- CLONE_FS：父子进程共享同一个文件系统。
- CLONE_FILES：父子进程共享所打开的文件，如图 3-16 所示。
- CLONE_SIGHAND：父子进程共享信号处理句柄。
- CLONE_PID：父子进程共享 pid。

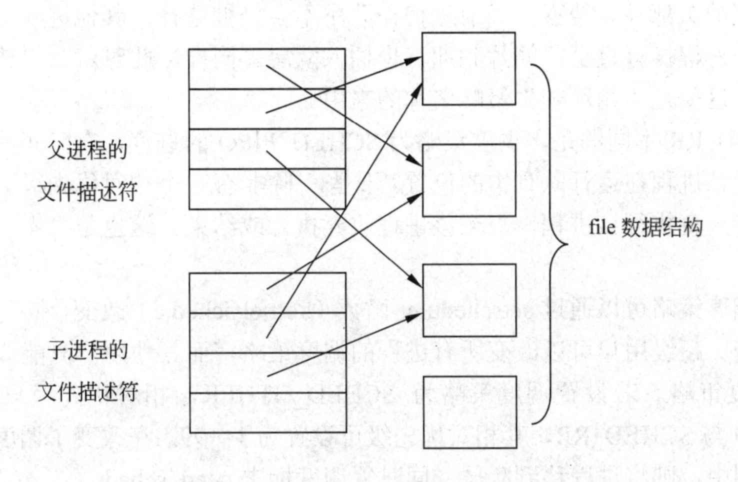

图 3-16　父进程与子进程共享打开的文件

系统调用 fork 使用 SIGCHLD 标志来创建普通进程，而且新进程使用与父进程一致的用户堆栈。

3.9.3　进程调度

1. 进程的调度策略

为了符合 POSIX 标准，Linux 中实现了三种进程调度策略。

- SCHED_OTHER：一般进程。
- SCHED_FIFO：先进先出（first in first out）的实时进程。
- SCHED_RR：轮转调度（round robin）方式执行的实时进程。

Linux 并不为这三种调度策略的进程分别设置一个运行队列，而是通过权重的不同计算以及其他的一些队列操作，在一个运行队列中实现这三种不同的调度。发生进程调度时，调度程序要在运行队列中选择一个最值得运行的进程来执行，这个进程便是通过在运行队列中一一比较各个可运行进程的权重来选择的。权重越大的进程越优先，而对于相同权重的进程，在运行队列中的位置越靠前越优先。

如果当前进程的优先级和某个其他可运行进程一样，而当前进程至少已花费了一个时钟滴答（计时单位约 10ms），计算出来的权重必定小于这个进程，因此当前进程总处于劣势（照顾了公平性）。

如果当前进程的权重与某个其他可运行进程一样，则将当前进程的权重增大，以便在没有更高权重进程的情况下可选择当前进程继续执行，从而减少了进程切换的开销。

相对于一般进程，实时进程总是会被认为是最值得运行的进程，只要队列中有一个实时进程就会选择该进程执行。与一般进程不同，实时进程权重的计算与进程的已执行时间无关，通过相对优先级反映，相对优先级越大则权重越大。

调度策略为 SCHED_RR 的实时进程，在分配的时间片到期后，插入到运行队列的队尾。对于相对优先级相同的其他 SCHED_RR 进程，此时它们的权重相同，但由于调度程序从运行队列的头部开始搜索，当前进程在队尾不会先被选择，其他进程便有了更大的机会执行。这个进程执行直至时间片到期，也插入队尾。同样，此时就会先选择上一次运行的那个进程。这便是“循环赛”策略名称的来由。

与 SCHED_RR 不同的是，调度策略为 SCHED_FIFO 的进程，在时间片到期后，调度程序并不改变该进程在运行队列中的位置。于是， 除非有一个相对优先级更高的实时进程入队，否则将一直执行该进程，直至该进程放弃执行或结束。这也是“先进先出”策略名称的来由。

进程的调度策略可以通过 setscheduler 函数（kernel/sched.c）改变，同时需要设置进程的相对优先级。超级用户可以改变所有进程的调度策略，而其他用户只能改变他自己执行的进程的调度策略。若设置调度策略为 SCHED_OTHER，相对优先级只能为 0；若为 SCHED_FIFO 与 SCHED_RR，其相对优先级可设置为 1～99。在改变了调度策略后，若进程在运行队列中，则将进程移到队尾，同时置调度标志 need_sched。

相关的系统调用有：sys_sched_setscheduler、sys_sched_setparam、sys_sched_getscheduler、sys_sched_getparam、sys_sched_get_priority_max、sys_sched_get_priority_min。由这些系统调用的名称，不难看出它们的功能。

2．进程的权重

发生进程调度时，调度程序要在运行队列中选择一个最值得运行的进程来执行，这个进程便是通过在运行队列中一一比较各个可运行进程的权重来选择的。权重越大的进程越优先，而对于相同权重的进程，在运行队列中的位置越靠前越优先。进程权重的计算各不相同，与进程的调度策略、优先级以及已执行时间都有关系。

以下分别介绍与进程权重计算相关的各个要素。

1）优先级 priority

进程的优先级反映了进程相对于其他进程的可选择度，其实就是系统每次允许进程运行的时间（时钟滴答数）。子进程继承了父进程的优先级。priority 也可以通过系统调用 sys_setpriority（sys_nice 已被 sys_setpriority 取代）设置。

系统为每个进程预定的 priority 为 DEF_PRIORITY（include/linux/sched.h）：

```
#define DEF_PRIORITY  (20*Hz/100)   // 其中 Hz=100，即每个进程每次最多
                                    // 只能执行 20 个时钟滴答的时间（200ms）
```

根据 UNIX 的传统，进程的优先级为–20～20，–20 优先等级最高而 20 最低，默认的优先级为 0。只有超级用户可以为进程设置数值小于 0 的优先级，而普通用户只能为他的进程设置数值大于 1 的优先级。为了使 UNIX 传统的–20..20 的优先级与 Linux 中的优先级代表进程可运行时间对应起来，在系统调用 sys_setpriority 与 sys_getpriority 中做了一些调

整以及符号的处理，使优先级 0 对应的 priority 值为 20，优先级 20 对应的 priority 值为 1，优先级–20 对应的 priority 值为 40。

2）相对优先级 rt_priority

对于实时进程，除了用 priority 来反映其优先级（可执行时间）外，还有相对优先级用于同类进程之间的比较选择。实时进程的 rt_priority 取值 1～99，一般进程的 rt_priority 值只能取 0。进程的 rt_priority 可通过 setscheduler 函数而改变。

3）计数器 counter

counter 用于反映进程所剩余的可运行时间，在进程运行期间，每次发生时钟中断时，其值减 1，直至 0。由于时钟中断为快中断，在其底半（bottom half）处理过程中，才刷新当前进程的 counter 值。因此，也可能在发生了好几次时钟中断后才集中进行处理。

计数器 counter 是衡量一般进程权重的重要指标，主要根据如下几种事件而改变：

- task 0 的 counter 初值为 DEF_PRIORITY，在执行 sys_idle()时，将 counter 值置为-100。
- 在创建子进程时，父进程的 counter 变为原值的一半，并将该值赋予子进程。
- 在进程运行期间，每次发生时钟中断时，counter 值减 1，直至为 0。
- 若所有的可运行进程的 counter 值都为 0，则需要为所有的进程都重新赋 counter 值，counter = counter/2 + priority。

权重通过调用函数 goodness 计算。

对于实时进程，其权重为 1000+rt_priority；否则，权重为 counter。对于当前进程，可以得到比其他进程稍高的权重，为 counter+1。这样处理是为了在某个进程与当前进程权重相同时可选择当前进程继续执行，以减少进程切换的开销。

3.9.4　进程的退出与消亡

通过系统调用 exit，便可以使进程终止执行。在子进程退出时，发送信号给父进程，将退出的消息通知父进程，如果父进程由于执行了 wait4 系统调用处于等待状态，则唤醒父进程。然后，将本进程所有的子进程都转移到 init 进程名下，如果本进程的某个子进程已经处于僵死状态，则替该进程发退出信号给 init 进程，以便释放该进程的进程结构。

在进程执行 wait4 系统调用时做以下操作：

（1）首先，将自己插入到等待队列 wait_chldexit 中。

（2）然后，遍历所有的子进程，将处于僵死状态的子进程的进程结构释放。

（3）若要等待的进程尚未退出，则将自身状态置为 TASK_INTERRUPTIBLE，调用调度程序。恢复运行时，跳转到第 2 步。

（4）否则，将自身从等待队列中移出，返回。

只有在父进程执行 wait4 系统调用时，才会释放已经退出的子进程的进程结构，否则，子进程将一直保持 TASK_ZOMBIE 状态。

3.9.5　相关的系统调用

在表 3-4 中简要列出了和进程及进程间通信相关的系统调用。在标志列中，各字母的意义说明如下。

- m：手册页可查。
- +：POSIX 兼容。
- -：Linux 特有。
- c：libc 包含该系统调用。
- !：该系统调用和其他系统调用类似，应改用其他 POSIX 兼容系统调用。

表 3-4　Linux 中的系统调用

系统调用	说明	标志
alarm	在指定时间之后发送 SIGALRM 信号	m+c
clone	创建子进程	m-
execl, execlp, execle, ...	执行映像	m+!c
execve	执行映像	m+c
exit	终止进程	m+c
fork	创建子进程	m+c
fsync	将文件高速缓存写入磁盘	mc
ftime	获取自 1970.1.1 以来的时区+秒数	m!c
getegid	获取有效组标识符	m+c
geteuid	获取有效用户标识符	m+c
getgid	获取实际组标识符	m+c
getitimter	获取间隔定时器的值	mc
getpgid	获取某进程之父进程的组标识符	+c
getpgrp	获取当前进程之父进程的组标识符	m+c
getpid	获取当前进程的进程标识符	m+c
getppid	获取父进程的进程标识符	m+c
getpriority	获取进程/组/用户的优先级	mc
gettimeofday	获取自 1970.1.1 以来的时区+秒数	mc
getuid	获取实际用户标识符	m+c
ipc	进程间通信	-c
kill	向进程发送信号	m+c
killpg	向进程组发送信号	m!c
modify_ldt	读取或写入局部描述符表	-
msgctl	消息队列控制	m!c
msgget	获取消息队列标识符	m!c
msgrcv	接收消息	m!c
msgsnd	发送消息	m!c
nice	修改进程优先级	mc
pause	进程进入休眠，等待信号	m+c
pipe	创建管道	m+c
semctl	信号量控制	m!c
semget	获取某信号量数组的标识符	m!c
semop	在信号量数组成员上的操作	m!c
setgid	设置实际组标识符	m+c
setitimer	设置间隔定时器	mc
setpgid	设置进程组标识符	m+c

续表

系统调用	说明	标志
setpgrp	以调用进程作为领头进程创建新的进程组	m+c
setpriority	设置进程/组/用户优先级	mc
setsid	建立一个新会话	m+c
setregid	设置实际和有效组标识符	mc
setreuid	设置实际和有效用户标识符	mc
settimeofday	设置自 1970.1.1 以来的时区+秒数	mc
setuid	设置实际用户标识符	m+c
shmat	附加共享内存	m!c
shmctl	共享内存控制	m!c
shmdt	移去共享内存	m!c
shmget	获取/建立共享内存	m!c
sigaction	设置/获取信号处理器	m+c
sigblock	阻塞信号	m!c
siggetmask	获取当前进程的信号阻塞掩码	!c
signal	设置信号处理器	mc
sigpause	在处理下次信号之前，使用新的信号阻塞掩码	mc
sigpending	获取挂起且阻塞的信号	m+c
sigprocmask	设置/获取当前进程的信号阻塞掩码	+c
sigsetmask	设置当前进程的信号阻塞掩码	c!
sigsuspend	替换 sigpause	m+c
sigvec	见 sigaction	m
ssetmask	见 sigsetmask	m
system	执行 shell 命令	m!c
time	获取自 1970.1.1 以来的秒数	m+c
times	获取进程的 CPU 时间	m+c
vfork	见 fork	m!c
wait	等待进程终止	m+c
wait3, wait4	等待指定进程终止（BSD）	mc
waitpid	等待指定进程终止	m+c
vm86	进入虚拟 8086 模式	m-c

3.9.6　信号

信号是 UNIX 系统中最古老的进程间通信机制之一，它主要用来向进程发送异步的事件信号。键盘中断可能产生信号，而浮点运算溢出或者内存访问错误等也可产生信号。shell 通常利用信号向子进程发送作业控制命令。

在 Linux 中，信号种类的数目和具体的平台有关，因为内核用一个字代表所有的信号，因此字的位数就是信号种类的最多数目。对 32 位的 i386 平台而言，一个字为 32 位，因此信号有 32 种；而对 64 位的 Alpha AXP 平台而言，每个字为 64 位，因此信号最多可有 64 种。Linux 内核定义的最常见的信号、C 语言宏名及其用途如表 3-5 所示。

表 3-5 常见信号及其用途

值	C 语言宏名	用途
1	SIGHUP	从终端上发出的结束信号
2	SIGINT	来自键盘的中断信号（Ctrl+C）
3	SIGQUIT	来自键盘的退出信号（Ctrl+\）
8	SIGFPE	浮点异常信号（例如浮点运算溢出）
9	SIGKILL	该信号结束接收信号的进程
10	SIGUSR1	用户自定义
12	SIGUSR2	用户自定义
14	SIGALRM	进程的定时器到期时，发送该信号
15	SIGTERM	kill 命令发出的信号
17	SIGCHLD	标识子进程停止或结束的信号
19	SIGSTOP	来自键盘（Ctrl+Z）或调试程序的停止执行信号

1．进程对信号的操作

进程可以选择对某种信号所采取的特定操作，这些操作如下。

- 忽略信号：进程可忽略产生的信号，但 SIGKILL 和 SIGSTOP 信号不能被忽略。
- 阻塞信号：进程可选择阻塞某些信号。
- 由进程处理的信号：进程本身可在系统中注册处理信号的处理程序地址，当发出该信号时，由注册的处理程序处理此信号。
- 由内核进行默认处理：信号由内核的默认处理程序处理。大多数情况下，信号由内核处理。

需要注意的是，Linux 内核中不存在任何机制用来区分不同信号的优先级。也就是说，当同时有多个信号发出时，进程可能会以任意顺序接收到信号并进行处理。另外，如果进程在处理某个信号之前，又有相同的信号发出，则进程只能接收到一个信号。产生上述现象的原因与内核对信号的实现有关，这在下面解释。

系统在 task_struct 结构中利用两个字分别记录当前挂起的信号（signal）以及当前阻塞的信号（blocked）。挂起的信号指尚未进行处理的信号。阻塞的信号指进程当前不处理的信号，如果产生了某个当前被阻塞的信号，则该信号会一直保持挂起，直到该信号不再被阻塞为止。除了 SIGKILL 和 SIGSTOP 信号外，所有的信号均可以被阻塞，信号的阻塞可通过系统调用实现。每个进程的 task_struct 结构中还包含了一个指向 sigaction 结构数组的指针，该结构数组中的信息实际指定了进程处理所有信号的方式。如果某个 sigaction 结构中包含有处理信号的例程地址，则由该处理例程处理此信号；反之，则根据结构中的一个标志或者由内核进行默认处理，或者只是忽略该信号。通过系统调用，进程可以修改 sigaction 结构数组的信息，从而指定进程处理信号的方式。

进程不能向系统中所有的进程发送信号。一般而言，除系统和超级用户外，普通进程只能向具有相同 uid 和 gid 的进程，或者处于同一进程组的进程发送信号。产生信号时，内核将进程 task_struct 的 signal 字中的相应位设置为 1，从而表明产生了该信号。系统对置位之前该位已经为 1 的情况不进行处理，因而进程无法接收到前一次信号。如果进程当前没有阻塞该信号，并且进程正处于可中断的等待状态，则内核将该进程的状态改变为运行，并放置在运行队列中。这样，调度程序在进行调度时，就有可能选择该进程运行，从而可以让进程处理该信号。

2．内核处理信号的过程

发送给某个进程的信号并不会立即得到处理，相反，只有该进程再次运行时，才有机会处理该信号。每次进程从系统调用中退出时，内核会检查它的 signal 和 block 字段，如果发出了任何一个未被阻塞的信号，内核就根据 sigaction 结构数组中的信息进行处理。处理过程如下：

（1）检查对应的 sigaction 结构，如果该信号不是 SIGKILL 或 SIGSTOP 信号，且标有忽略，则不处理该信号。

（2）如果该信号利用默认的处理程序处理，则由内核处理此信号，否则转向第（3）步。

（3）该信号由进程自己的处理程序处理，内核将修改当前进程的调用堆栈帧，并将进程的程序计数寄存器修改为信号处理程序的入口地址。此后，指令将跳转到信号处理程序，当从信号处理程序中返回时，实际就返回了进程的用户模式部分。

Linux 是 POSIX 兼容的，因此，进程在处理某个信号时，还可以修改进程的 blocked 掩码。但是，当信号处理程序返回时，blocked 值必须恢复为原有的掩码值，这一任务由内核完成。Linux 在进程的调用堆栈帧中添加了对清理程序的调用，该清理程序可以恢复原有的 blocked 掩码值。当内核在处理信号时，可能同时有多个信号需要由用户处理程序处理，这时，Linux 内核可以将所有的信号处理程序地址推入堆栈帧，而当所有的信号处理完毕后，调用清理程序恢复原先的 blocked 值。

3.9.7 信号量与 PV 操作

信号量也用来保护关键代码或数据结构（即临界资源）。我们都知道，关键代码段的访问，是由内核代表进程完成的，如果让某个进程修改当前由其他进程使用的关键数据结构，其后果是不堪设想的。Linux 利用信号量实现对关键代码和数据的互斥访问，同一时刻只能有一个进程访问某个临界资源，所有其他要访问该资源的进程必须等待直到该资源空闲为止。等待进程处于暂停状态，而系统中的其他进程则可运行如常。

Linux 信号量数据结构中包含如表 3-6 所示的信息。

表 3-6 Linux 信号量数据结构中包含的信息

count（计数）	该域用来跟踪希望访问该资源的进程个数，正值表示资源是可用的，而负值或零表示有进程正在等待该资源；该计数的初始值为 1，表明同一时刻有且只能有一个进程可访问该资源；进程要访问该资源时，对该计数减 1，结束对该资源的访问时，对该计数加 1
waking（等待唤醒计数）	等待该资源的进程个数，也是当该资源空闲时等待唤醒的进程个数
等待队列	某个进程等待该资源时被添加到该等待队列中
lock（锁）	用于实现对 waking 域的互斥访问的 Buzz 锁

假定该信号量的初始计数为 1，第一个要求访问资源的进程可对计数减 1，并可成功访问资源。现在，该进程是“拥有”由信号量所代表的资源或关键代码段的进程。当该进程结束对资源的访问时，计数加 1。最优的情况是没有其他进程和该进程一起竞争资源所有权。Linux 针对这种最常见的情况对信号量进行了优化，从而可以让信号量高效工作。

当某个进程正使用某资源时，如果其他进程也要访问该资源，需首先将信号量计数减 1。由于计数值成为负值（–1），因此该进程不能进入临界区，所以必须等待资源的拥有者释放所有权。Linux 将等待资源的进程置入休眠状态，并插入到信号量的等待队列中，直到资源所有者退出临界区。此时，临界区的所有者增加信号量的计数，如果计数小于或等于 0，表明其他进程正在处于休眠状态而等待该资源。资源的拥有者增加 waking 计数，并唤醒处于信号量等待队列中的休眠进程。当休眠进程被唤醒之后，waking 计数的当前值为 1，因此可以进入临界区，这时，它减小 waking 计数，将 waking 计数的值还原为 0。对信号量 waking 域的互斥访问利用信号量的 lock 域作为 Buzz 锁来实现。

3.9.8 等待队列

在进程的执行过程中，有时难免要等待某些系统资源。例如，某个进程要读取一个描述目录的 VFS 索引结点，而该结点当前不在缓冲区高速缓存中，这时，该进程就必须等待系统从包含文件系统的物理介质中获取索引结点，然后才能继续运行。

Linux 利用一个简单的数据结构来处理这种情况。如图 3-17 所示，是 Linux 中的等待队列，该队列中的元素包含一个指向进程 task_struct 结构的指针，以及一个指向等待队列中下一个元素的指针。

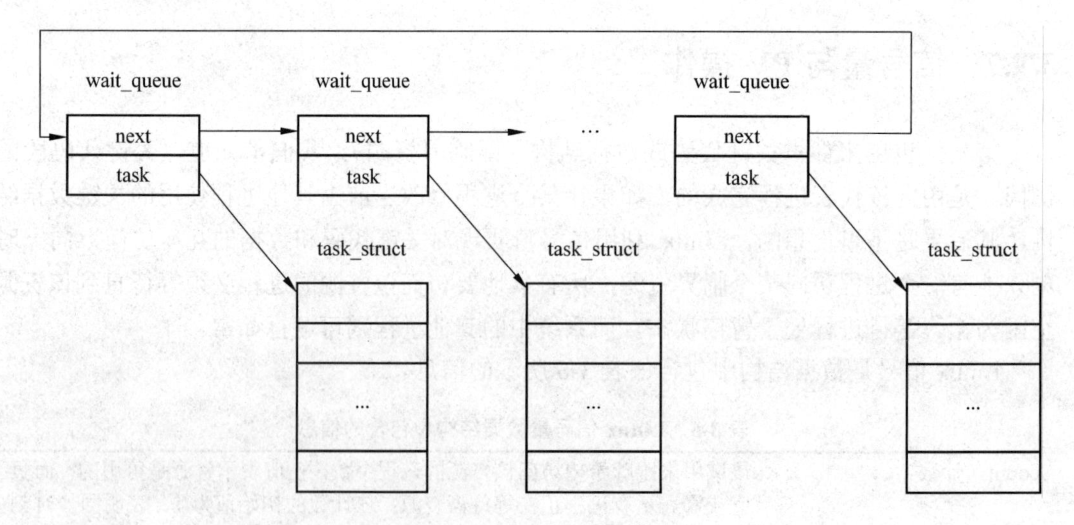

图 3-17 Linux 中的等待队列

对于添加到某个等待队列的进程来说，它可能是可中断的，也可能是不可中断的。当可中断的进程在等待队列中等待时，它可以被诸如定时器到期或信号的发送等事件中断。如果等待进程是可中断的，则进程状态为 INTERRUPTIBLE；如果等待进程是不可中断的，则进程状态为 UNINTERRUPTIBLE。

3.9.9　管道

管道是 Linux 中最常用的进程间通信 IPC 机制。利用管道时，一个进程的输出可成为另外一个进程的输入。当输入/输出的数据量特别大时，这种 IPC 机制非常有用。可以想象，如果没有管道机制，而当必须利用文件传递大量数据时，会造成许多空间和时间上的浪费。

在 Linux 中，通过将两个 file 结构指向同一个临时的 VFS 索引结点，而两个 VFS 索引结点又指向同一个物理页而实现管道，参见图 3-18。

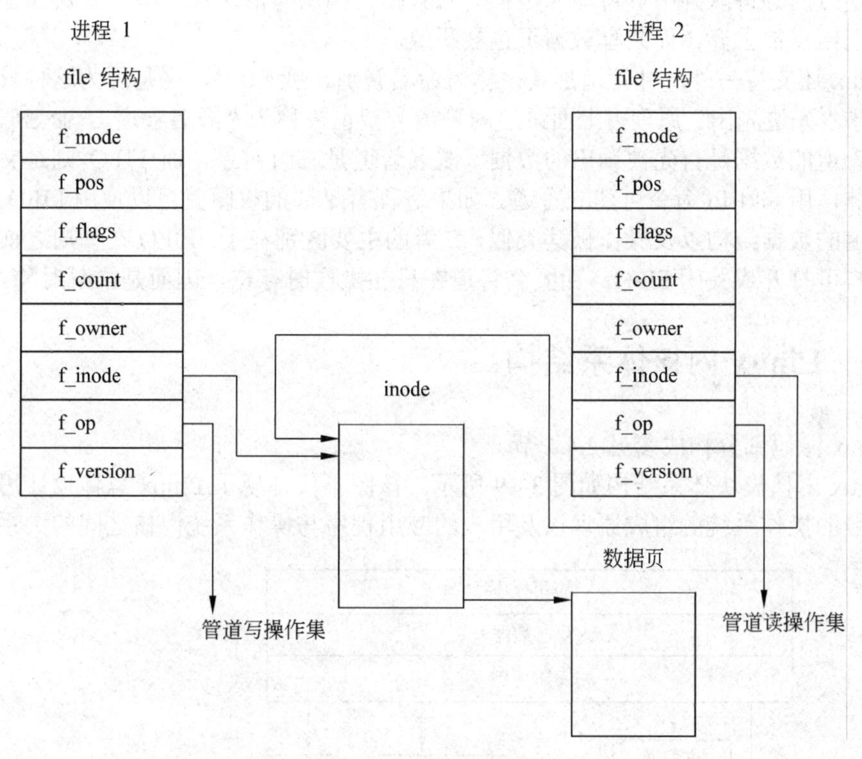

图 3-18　管道示意图

在图中，每个 file 数据结构定义不同的文件操作例程地址，其中一个用来向管道中写入数据，而另外一个用来从管道中读出数据。这样，用户程序的系统调用仍然是通常的文件操作，而内核却利用这种抽象机制实现了管道这一特殊操作。管道写函数通过将字节复制到 VFS 索引结点指向的物理内存而写入数据，而管道读函数则通过复制物理内存中的字节而读出数据。当然，内核必须利用一定的机制同步对管道的访问，为此，内核使用了锁、等待队列和信号。

当写进程向管道中写入时，它利用标准的库函数，系统根据库函数传递的文件描述符，可找到该文件的 file 结构。file 结构中指定了用来进行写操作的函数（即写入函数）地址，于是，内核调用该函数完成写操作。写入函数在向内存中写入数据之前，必须首先检查 VFS 索引结点中的信息，同时满足如下条件时，才能进行实际的内存复制工作：

- 内存中有足够的空间可容纳所有要写入的数据；
- 内存没有被读程序锁定。

如果同时满足上述条件，写入函数首先锁定内存，然后从写进程的地址空间中复制数据到内存。否则，写入进程就休眠在 VFS 索引结点的等待队列中，接下来，内核将调用调度程序，而调度程序会选择其他进程运行。写入进程实际处于可中断的等待状态，当内存中有足够的空间可以容纳写入数据，或内存被解锁时，读取进程会唤醒写入进程，这时，写入进程将接收到信号。当数据写入内存之后，内存被解锁，而所有休眠在索引结点的读取进程会被唤醒。

管道的读取过程和写入过程类似。但是，进程可以在没有数据或内存被锁定时立即返回错误信息，而不是阻塞该进程，这依赖于文件或管道的打开模式。反之，进程可以休眠在索引结点的等待队列中等待写入进程写入数据。当所有的进程完成了管道操作之后，管道的索引结点被丢弃，而共享数据页也被释放。

Linux 还支持另外一种管道形式，称为命名管道，或 FIFO，这是因为这种管道的操作方式基于“先进先出”原理。上面讲述的管道类型也被称为“匿名管道”。命名管道中，首先写入管道的数据是首先被读出的数据。匿名管道是临时对象，而 FIFO 则是文件系统的真正实体，用 mkfifo 命令可建立管道。如果进程有足够的权限就可以使用 FIFO。FIFO 和匿名管道的数据结构以及操作极其类似，二者的主要区别在于：FIFO 在使用之前就已经存在，用户可打开或关闭 FIFO；而匿名管道在只在操作时存在，因而是临时对象。

3.9.10 Linux 内核体系结构

Linux 源码部分构成参见 2.4.4 节

Linux 内核模块体系结构如图 3-19 所示。该图不仅体现了 Linux 总体设计思想，也体现了一般的操作系统的组成原理以及用户的应用程序与操作系统内核之间的关系。

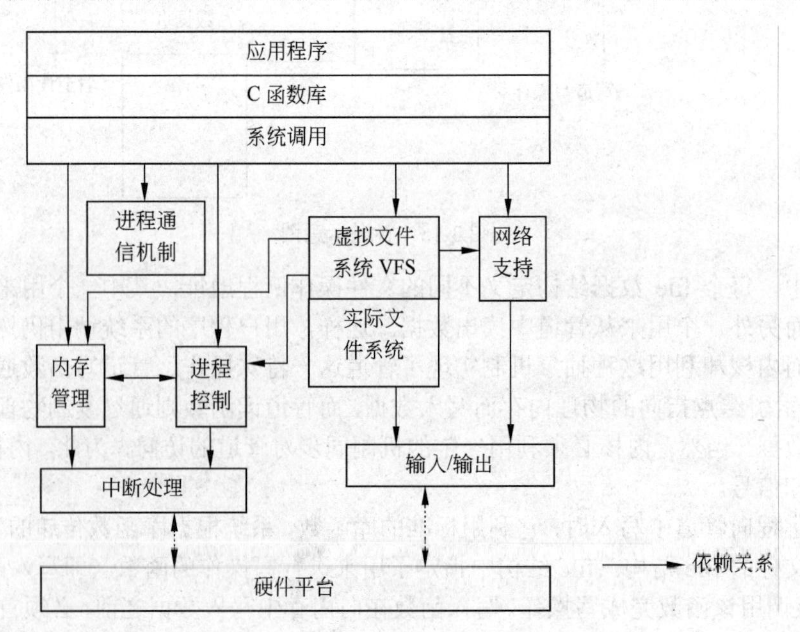

图 3-19 Linux 内核体系结构简单示意图

3.10　并发程序设计实例

本节通过 Linux 进程之间通信的例子展示并发程序设计的方法、过程与结果。并发程序的设计关键是使用创建进程的系统调用，使一个程序运行时可以生成几个同时运行的程序，如果程序中没有创建进程的动作则为顺序程序设计。

下面这个并发程序的例子完成两个程序 child1 和 father1 之间的数据传递工作，具体做法有如下五步。

（1）编制并发程序 pipeline.c。在该程序中定义管道和文件描述符，并且创建子进程 child1。该程序用到的系统调用有 pipe()、dup()、fork()、close()、execl()、exit()，它们的功能分别是建立管道、复制文件描述符、创建进程并使子进程与父进程有相同的程序正文、关闭文件描述符、用指定文件覆盖调用程序、撤销当前进程。

文件 pipeline.c 如下：

```
#define STD_INPUT 0                        /*定义标准输入设备描述符*/
#define STD_OUTPUT 1                       /*定义标准输出设备描述符*/
int fd[2];
main()
{
    static char process1[]="father1",process2[]="child1";
    pipe(fd);                              /*定义管道*/
    pipeline(process1,process2);           /*调用自定义函数 pipeline()*/
    exit(1);                               /*程序结束*/
}

pipeline(process1,process2)
char *process1,*process2;
{
    int i;
    while((i=fork())==-1); /* 创建进程，当失败时反复创建，
                           直到成功便跳出 while。
                           在实际应用中应转出错处理，此处为了程序简单而
                           采用了 while 语句*/
    if(i)                                  /*父进程的 fork()返回*/
    {
    close(fd[0]);                          /*关闭管道输入描述符*/
    close(STD_OUTPUT);                     /*关闭标准输出描述符 1*/
    dup(fd[1]);                            /*指定标准输出描述符 1 为管道写指针*/
    close(fd[1]);                          /*关闭原始管道写指针*/
    execl(process1,process1,0);            /*用程序 father1 覆盖当前程序*/
    printf("— father failed.\n");          /*execl()执行失败*/
    }
    else                                   /*子进程执行 fork()返回*/
```

```
    {
    close(fd[1]);         /*关闭管道写描述符*/
    close(STD_INPUT) ;    /*关闭标准输入描述符 0*/
    dup(fd[0]);           /*指定标准输入描述符 0 为管道读指针*/
    close(fd[0]);         /*关闭原始管道读指针*/
    execl (process2,process2,0) ;    /*用程序 child1 覆盖当前程序*/
    printf ("— child failed.\n");  /*execl()执行失败*/
    }
    exit (2) ;            /*程序结束*/
}
```

（2）编制“管道写”程序 father1.c 作为父进程的一部分工作。其内容如下：

```
main()
{
static char string[]="Parent is using pipe write.";
int len;
len=sizeof(string);
write (1,string,len) ;  /*将 string 中的内容写入管道中*/
printf ("parent,parent,parent\n\n\n") ;
exit(0);
}
```

（3）编制“管道读”程序 child1.c 作为子进程的一部分工作。其内容如下：

```
main()
{
    char output[30];
    read(0,output,30);  /*从管道中读数据并存入 output 中*/
    printf("— %s\nchild,child.\n",output) ;
    return(0);
}
```

（4）编译：

```
cc- o child1 child.c
cc- o father1 father1.c
cc pipeline.c
```

（5）运行：

```
./ a.out
```

得到的显示结果为：

```
— parent is using pipe write.
child,child.
```

该例子中 fork、execl、pipe、close、dup、read、write 是系统调用，它们的使用方法细节可参见程序员参考手册。

3.11 小结

本章主要介绍了实现并发控制的软件结构：进程，从提出让计算机同时做几件事的需求开始，到并发进程的概念的使用，论述了如何利用软件手段解决单处理机计算机系统中的并发计算问题。

涉及的主要概念有：并发与并行、进程的定义、进程控制块、进程的状态、进程之间的制约关系——同步与互斥、与互斥相关的临界资源和临界区、信号量、用于实现进程之间同步与互斥的工具 P/V 操作、管程、造成进程交互阻塞的死锁现象以及近些年出现的线程。

涉及的技术有：进程的实现方法，同步与互斥模型，进程通信原语，死锁的预防、检测和消除。

通过 Linux 系统中进程管理的数据结构对上述相关内容具体化，目的在于对上述内容加深理解。

最后通过一个 C 语言编写的并发程序展示什么是并发程序设计，同时通过例子说明 Linux 和 UNIX 系统中的系统调用 fork、execl、pipe、close、dup、read 和 write 的使用方法。

3.12 习题

1．现代操作系统中为什么要引入“进程”概念？它与程序有什么区别？

2．试叙述进程的并发性和制约性。

3．进程的含义是什么？如何构成和描述进程？

4．有三个并发进程，R 负责从输入设备读入信息并传送给 M，M 将信息加工并传送给 P，P 将打印输出，写出下列条件下的并发程序：

a．双缓冲区，每个区大小为 KB。

b．单缓冲区，其大小为 KB。

5．在生产者与消费者问题的算法中，交换两个 V 操作的次序会有什么结果？交换两个 P 操作的次序呢?试说明理由。

6．设有三个进程 A、B、C，其中 A 与 B 构成一对生产者与消费者（A 为生产者，B 为消费者），共享一个由 n 个缓冲块组成的缓冲池；B 与 C 也构成一对生产者与消费者（此时 B 为生产者，C 为消费者），共享另一个由 m 个缓冲块组成的缓冲池。用 P/V 操作描述它们之间的同步关系。

7．何谓并发？何谓并行？

8．引入线程的目的是什么？

9．引入管程的目的是什么？

10．试用管程实现读者与写者关系。

11．何谓进程通信？

12．消息通信机制中应设置哪些基本通信原语？

13．何谓死锁？试举例说明之。

第4章 存储管理

4.1 概述

计算机系统中的存储器可以分成两类：内存储器（简称内存）和外存储器（简称外存）。处理器可以直接访问内存，但不能直接访问外存。CPU 要通过启动相应的输入 / 输出设备后才能使外存与内存交换信息。

计算机可以同时做几件事，比如搜索文件、检查病毒、录入文档以及运行程序等，完成这些任务的可执行程序需要放入内存。搜索文件运行的是文件检索程序，检查病毒运行的是杀毒软件，录入文档运行的是文本编辑软件等。若让用户指定各个程序安放的具体位置，是相当麻烦的，而且会出现内存位置冲突，降低内存利用率，使内存管理造成混乱等。所以，必须由操作系统统一安排，这就形成了操作系统的内存管理模块。

我们知道，CPU 只从内存中取得指令执行，这就是为什么要把运行的程序放入内存。当使用计算机时，可能会单击鼠标激活屏幕上显示的某个应用程序的图符，然后这个应用程序便执行起来。其实当单击这个图符时，首先由鼠标按钮产生中断，然后转入操作系统的中断处理，之后又通过相应的分析程序获取屏幕上这个图符所在位置的坐标，从而得知是哪个程序。在将该程序调入内存之前，首先要由进程管理模块为此程序建立进程，再由存储管理模块为此程序分配内存，然后由文件管理系统提供该程序在外存上的位置等属性信息，之后文件管理系统调用设备管理模块启动磁盘驱动器，并将这个程序从磁盘读入到内存中。这样一旦操作系统调度到这个进程，CPU 便可执行由该进程定位的这个程序了。从以上过程的描述中可以体会到，即便用户单纯的单击，也会引起操作系统一系列的工作。其中，安排一个程序到内存并不是用户能自主去做的事，而是由操作系统代劳，由进程管理模块调用存储管理模块分配内存，接着又调用文件系统完成内存、外存之间的数据传输。操作系统各个管理模块之间的关系参见图 1-13。

存储管理是对内存硬件的抽象，它与处理机硬件有着密切而复杂的关系，所以有关这方面的研究是非常复杂的。下面分别介绍计算机的存储体系、存储管理的主要功能、各种不同的存储管理方案和虚拟存储管理。

4.2 存储体系

存储器在计算机系统中起着非常重要的作用，它负责整个计算机系统中数据的保存。随着计算机技术的发展，计算机的体系结构已从以运算器为中心演变为以存储器为中心。存储器相关技术也在朝着高速度、大容量、小体积的方向飞速发展。随着制造工艺的不断提高，集成电路的集成度在不断的增大，内存的容量亦随之增大，内存的访问速度也有所提高，而单位容量所占的体积却在不断减小。作为辅存的磁介质存储器，由于磁头读写的技术的不断进步，存储密度和访问速度也有大幅提高。DRAM 的集成度每年将增加 60%，每三年翻两番；磁介质存储器的存储密度，每年将增加约 50%多，也约合每三年翻两番。

存储组织就是要在存储技术和 CPU 寻址技术许可的范围内组织合理的存储结构，其依据是访问速度匹配关系、容量要求和价格。常见的两种存储的组织形式是“寄存器-内存-外存”结构和“寄存器-缓存-内存-外存”结构。现在微机中的存储层次组织如图 4-1 所示，从上到下访问速度越来越慢，容量越来越大，价格越来越便宜。这种组织形式的最佳状态应是各层次的存储器都处于均衡的繁忙状态。

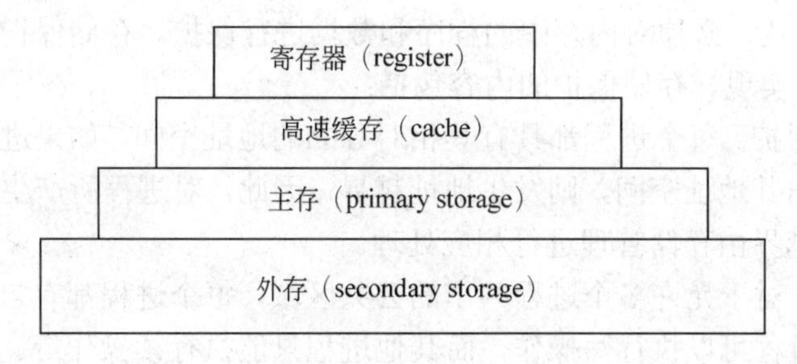

图 4-1 存储层次结构

虽然，存储器的容量不断扩大、速度不断提高，但是仍然不能满足现代软件发展的需求，因此存储器仍然是一种宝贵的资源。如何对它们进行有效的管理，不仅直接影响到存储器的利用率，而且还对系统的性能有重大影响，因此存储管理是操作系统的一项非常重要的任务，也是不可缺少的部分。

4.3 存储管理的功能

任何程序和数据以及各种控制用的数据结构都必须占用一定的存储空间，因此存储管理直接影响整个系统性能。存储器由内存和外存组成。所谓内存空间，是由存储单元（字节或字）组成的一维连续的地址空间，简称内存空间。用来存放当前正在运行程序的代码及数据，是程序中指令本身地址所指的，亦即程序计数器所指的存储器。

为了对内存进行有效的管理，一般把内存分成若干个区域。即使在最简单的单道、单用户系统中，至少也要把它分成两个区域：在一个区域内存放系统软件，如操作系统本身；而另外一个区域则用于安置用户程序。但是，计算机技术的发展，尤其是多道程序和分时技术的出现，要求操作系统的存储管理机构必须解决以下问题。

1．内存的分配和回收

多个进程同时在系统中运行，都要占用内存，那么内存空间如何进行合理的分配，决定了内存是否能得到充分利用。一个有效的存储分配机制，应对用户提出的需求予以快速响应，为之分配相应的存储空间；当用户程序不再需要它时及时回收，以供其他用户使用。

为此，存储管理应该具有以下功能：

- 记住每个存储区域的状态。使用相应的表格记录内存空间使用状态，内存空间是已分配的，或者是空闲的。
- 完成分配。当用户提出申请时，按需要进行分配，并修改相应的分配表格。
- 回收。收回用户释放的区域，并修改相应的分配表格。

2．存储保护

多个进程在内存中运行，必须保证它们之间不能互相冲突、互相干扰和互相破坏。在多道程序系统中，内存中既有操作系统，又有许多用户程序。为使系统正常运行，避免内存中各程序相互干扰，必须对内存中的程序和数据进行保护。存储保护通常需要有硬件支持，并由软件配合实现。存储保护的内容包括：

- 地址越界保护。每个进程都具有其相对独立的地址空间，如果进程在运行时所产生的地址超出其地址空间，则发生地址越界。因此，对进程所产生的地址必须加以检查，地址越界由存储管理进行相应处理。
- 权限保护。对于允许多个进程共享的公共区域，每个进程都有自己的访问权限。例如，有些进程可以执行写操作，而其他进程只能执行读操作等。因此，必须对公共区域的访问加以限制和检查。

3．地址转换

地址转换是存储管理的重要功能，各种存储管理方案中软件和硬件协同完成地址转换的功能。下面先介绍与地址相关的一些概念。

在用汇编语言或高级语言编写的程序中，是通过符号名来访问子程序和数据的。我们把程序中符号名的集合叫做“名字空间”。汇编语言源程序经过汇编，或者高级语言源程序经过编译，得到的目标程序是以“0”作为参考地址的模块。然后多个目标模块由连接程序连接成一个具有统一地址的可执行代码，以便最后装入内存中执行。目标程序中的地址称为相对地址（或逻辑地址），把相对地址的集合叫做“相对地址空间”或简单地叫做“地址空间”。计算机物理内存中的实际地址称为“绝对地址”，这一地址的集合称为“绝对地址空间”或“存储空间”。程序的名字空间、地址空间和存储空间之间的关系如图 4-2 所示。

当目标程序装入计算机系统请求执行时，存储管理要为它分配合适的内存空间，这个分配到的内存空间可能是从某单元开始的一组连续的地址空间。该地址空间的起始地址是不固定的，而且逻辑地址与分到的内存空间的绝对地址经常不一致。为了保证程序的正确执行，必须根据分配给程序的内存区域对程序中指令和数据的存放地址进行重定位，即要把逻辑地址转换成绝对地址。把逻辑地址转换成绝对地址的工作称为“地址重定位”或“地址转换”，又称“地址映射”。

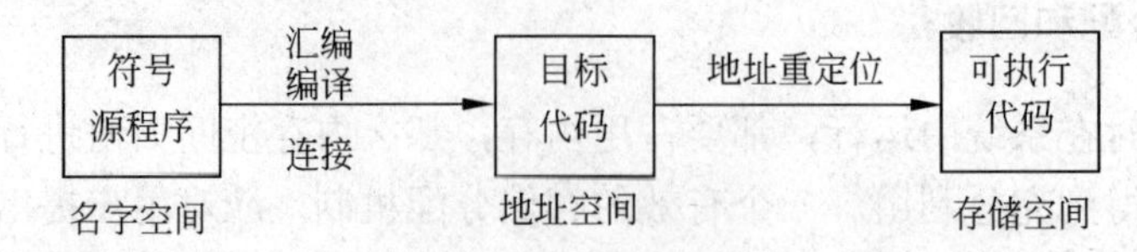

图 4-2　程序的名字空间、地址空间及存储空间

按照重定位的时机，可分为静态重定位和动态重定位。

4．静态重定位

静态重定位是在程序执行之前进行重定位。它根据装配模块将要装入的内存起始位置直接修改装配模块中的有关使用地址的指令。

例如，图 4-3 中一个以“0”作为参考地址的装配模块，要装入以 1000 为起始地址的存储空间。显然，在装入之前要做某些修改，程序才能正确执行。例如“LOAD 1,300”这条指令的意义，是把相对地址为 300 的存储单元内容 5678 装入 1 号累加器。现在内容为 5678 的存储单元的实际地址应为 1300，即为相对地址(300)加上了装入的内存起始地址(1000)。因此，“LOAD 1, 300”这条指令中的直接地址码也要相应地加上起始地址，而成为“LOAD 1,1300”。

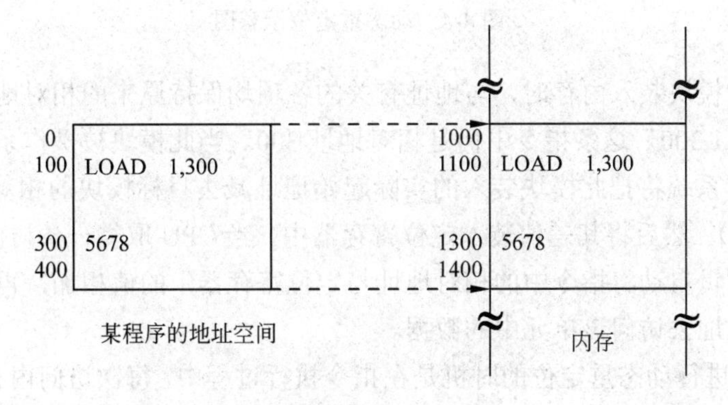

图 4-3　静态重定位示意图

程序中涉及直接地址的每条指令都要进行这样的修改。需要修改的位置称为重定位项。实际装入模块起始地址称为重定位因子。

为支持静态重定位，连接程序在生成统一地址空间和装配模块时，还应产生一个重定位表。连接程序此时还不知道装配模块将要装入的实际位置，故重定位表所给出的需修改位置仍是相对地址所表示的位置。

操作系统的装入程序要把装配模块和重定位表一起装入内存。由装配模块的实际装入起始地址得到重定位因子，然后实施如下两步：

（1）取重定位项，加上重定位因子而得到欲修改位置的实际地址；

（2）对实际地址中的内容再做加重定位因子的修改，从而完成指令代码的修改。

对所有的重定位实施上述两步操作后，静态重定位才完成，而后可启动程序执行。使用过的重定位表内存副本随即被废弃。

静态重定位无需硬件支持，但存在着如下的缺点：一是程序重定位之后就不能再在内存中移动；二是要求程序的存储空间是连续的，不能把程序放在若干个不连续的区域内。

5．动态重定位

动态重定位是指：在程序执行过程中进行地址重定位，而不是在程序执行之前进行。更确切地说，是在每次访问内存单元前才进行地址转换。动态重定位可使装配模块不加任何修改而装入内存，但是它需要硬件支持，需要定位寄存器和加法器。图 4-4 给出了动态重定位的实现示意图。

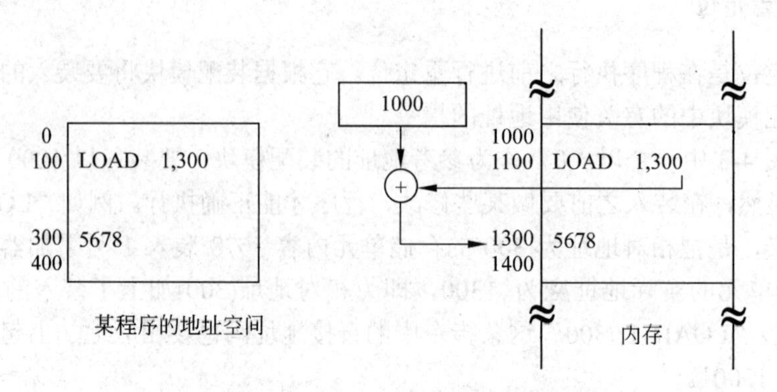

图 4-4　动态重定位示意图

程序的目标模块装入内存时，与地址有关的各项均保持原来的相对地址不进行任何修改，如“LOAD 1,300”这条指令中仍是相对地址 300。当此模块被操作系统调度到处理机上执行时，操作系统将把此模块装入的实际起始地址减去目标模块的相对基地址（图 4-4 中该基地址为 0），然后将其差值装入定位寄存器中。当 CPU 取得一条访问内存的指令时，地址转换硬件逻辑自动将指令中的相对地址与定位寄存器中的值相加，再将相加后的结果作为内存绝对地址去访问该单元中的数据。

由此可见，进行动态重定位的时机是在指令执行过程中，每次访问内存时动态地进行。采取动态重定位可带来两个好处：

- 目标模块装入内存时无需任何修改，因而装入之后再搬迁也不会影响其正确执行，这对于下面将要介绍的存储器紧缩、解决碎片问题是极其有利的。
- 一个程序由若干个相对独立的目标模块组成时，每个目标模块装入的存储区域之间不必顺序相邻，只需要各个模块有各自对应的定位寄存器。

动态重定位技术所付出的代价是需要硬件支持。

6．存储共享

多个进程可能共同使用同一系统软件，如编译程序，而存放编译程序的内存区即为共享内存区。存储共享不仅能使多道程序动态地共享内存，提高内存利用率，而且还能共享内存中某个区域的信息。共享的内容包括：代码共享和数据共享。

7．“扩充”内存容量

存储扩充这里所指的扩充不是内部存储器硬件上的扩充，而是指利用存储管理软件为进程提供一个比实际内存更大的逻辑存储空间，即所谓的虚拟存储管理技术。用户在编制程序时，不应该受内存容量限制，所以要采用一定技术来“扩充”内存的容量，使用户得到比实际内存容量大得多的内存空间。具体实现是在硬件支持下，软件、硬件相互协作，将内存和外存结合起来统一使用。

4.4　分区存储管理

为了支持多道程序系统和分时系统，支持多个程序并发执行，引入了分区式存储管理。它的基本思想是将内存划分成若干个连续区域，称为分区。每个分区只能存储一个程序，而且程序也只能在它所驻留的分区中运行。分区式存储管理引入了两个新的问题：内碎片和外碎片。前者是占用分区之内未被利用的空间，后者是占用分区之间难以利用的空闲分区（通常是小空闲分区）。为实现分区式存储管理，操作系统应维护的数据结构为：分区表或分区链表。表中各表项一般包括每个分区的起始地址、大小及状态（是否已分配）。

分区的划分方式很多，可将其归纳为两类，一类是固定式分区，另一类是可变式分区。

4.4.1　固定式分区

1．基本思想

固定分区是指系统先把内存划分成若干个大小固定的分区，一旦划分好，在系统运行期间便不再重新划分。为了满足不同程序的存储要求，各分区的大小可以不同。由于每一分区的大小是固定的，就对可容纳程序的大小有所限制了。因此，程序运行时必须提供对内存资源的最大申请量。

2．内存分配表与分区的分配、回收

操作系统将内存的用户程序区域划分成大小不同的分区，以便适应所欲处理作业的不同规模。系统应建立一个分区说明表，每个表目说明一个分区的大小、起始地址和是否已分配的使用标志，如图 4-5（a）所示。因为每一分区的大小是固定的，故每个注册的作业必须说明所需的最大内存容量。在调度作业时，由存储管理程序根据作业所需内存量，在分区说明表中找出一个足够大的空闲分区分配给它，然后用重定位装入程序将此作业装入。若找不到，则通知作业调度模块，另外选择一个作业。图 4-5（b）表示某一时刻，作业 A、B、C 分别被分配到 1、3、2 三个分区，第 4 分区尚未分配，操作系统永久占据内存低地址区 20KB 的内存。一个作业结束时，系统又调用存储管理程序查找分区说明表，把所占分区的使用标志修改为未分配状态即可。

采用这种技术，虽使多个作业共驻内存，但一个作业的大小不可能刚好等于某个分区的大小，于是在每个分配的分区中总有一部分被浪费。有时这种浪费还相当严重。尤其是，如图 4-5（b）所示的内存使用情况下，第 3 分区的未分配部分和第 4 分区已是物理上的一个连续区域，若有一个大小为 125KB 的作业申请内存则将被系统拒绝。由于分区的大小是预先划分的，分区说明表中指出，只有第 4 分区是未分配的，而它的大小固定为 124KB。

固定分区方案虽然可以使多个程序共存于内存中，但不管采用哪种分配策略，都不能充分利用内存。因为一个程序的大小，不可能刚好等于某个分区的大小。所以很难避免内存空间的浪费。另外，固定分区方案灵活性差，可接纳程序的大小受到了分区大小的严格限制。

区号	大小(KB)	起始地址	标志
1	16	20K	已分配
2	32	36K	已分配
3	64	68K	已分配
4	124	132K	未分配

（a）分区说明表

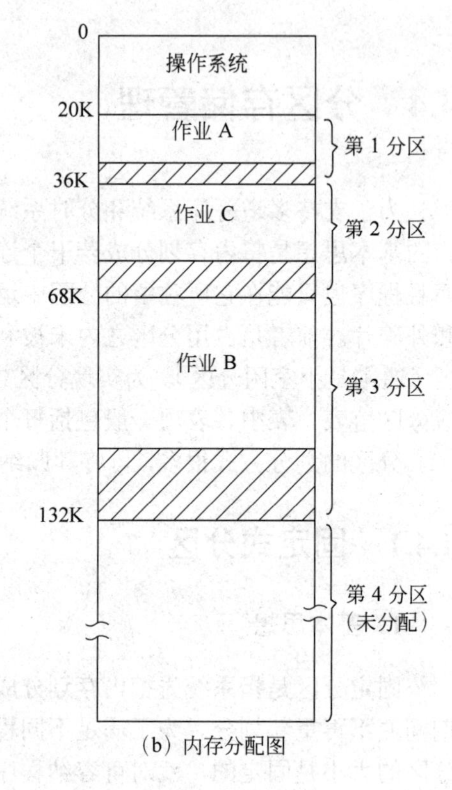

（b）内存分配图

图 4-5 固定分区分配

4.4.2 可变式分区

1. 基本思想

可变分区是指系统不预先划分固定分区，而是在装入程序时划分内存分区，使为程序分配的分区的大小正好等于该程序的需求量，且分区的个数是可变的。显然，可变分区有较大的灵活性，较之固定分区能获得较好的内存利用率。

系统初启时，内存中除常驻的操作系统外，其余的是一个完整的大空闲区。随后，对调入的若干作业接连划分几个大小不等的分区分配给它们。但是，系统运行一段时间后，随着作业的撤除且相应分区的释放，原来一整块的存储区会形成空闲分区和已分配分区相间的局面，如图 4-6 所示。

图 4-6 中画有斜线的分区是空闲分区。可变分区在分配时，首先找到一个足以容纳该作业的空闲分区，如果这个空闲区比所要求的大（这是普遍的情况），则将它分成两部分：一部分成为已分配的分区，剩下一部分仍为空闲区。图 4-6（b）所示的作业 5、作业 6 的装入正是这种情况。可变式分区在回收撤除作业所占分区时，要检查回收的分区是否与空闲区邻接，若是则加以合并，使之成为一个连续的大空闲区。图 4-6（c）所示的作业 2 撤除时，没有相邻的空闲区可合并，而作业 4 撤除时，合并了一个 8KB 的空闲区，两个分区

合并成一个 128KB 的空闲区。

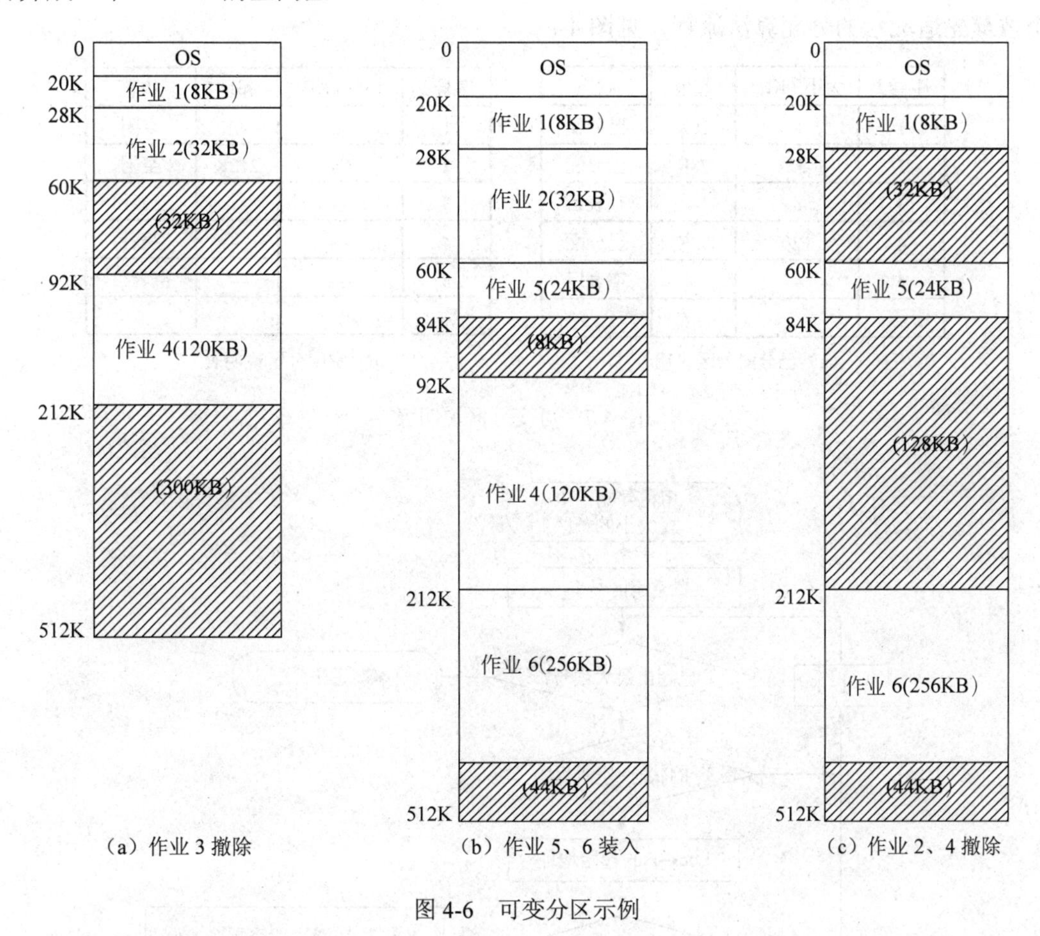

图 4-6　可变分区示例

2．可变分区分配和释放算法

为实现可变分区管理，必须解决内存占用情况的记录方式和分配与回收算法两个问题。记录内存分配情况的数据结构主要有两种，一种是表格形式，另一种是空闲区链形式。分配算法一般有：①最佳适应（best fit）算法，它从全部空闲区中找出能满足作业需求的容量最小的空闲区分配之，此法的着眼点是使碎片尽量小；②最先适应（first fit）算法，它按序查找，把最先找到的满足需求的空闲区分配之，此法的目的在于尽量减少查找时间；③最坏适应（worst fit）算法，此法的目的在于使剩下的空区最大，减少空区碎片机会；④下次适应算法（next fit），此法将空闲区链成环形链，每次分配从上次分配的位置开始查找合适的空闲区。

记录内存分配情况的表，一般是两张表：一张表称为 P 表，说明已分配的分区；另一张表称为 F 表，说明空闲的分区。图 4-7 的 P 表、F 表登记的状况对应于图 4-6（a）的内存分配情况。表项的数目要足够多，一些暂时未使用的表项称为空表目。

对于空闲分区说明表来说，它的表项排序方法要与所采用的分配算法相适应。采用最佳适应法时，空闲分区按从小到大排序。采用最先适应法时，空闲分区按地址由低到高排序。对于已分配分区说明表而言，则不需要排序，P 的序号就是分区的区号。下面给出一个按最先适应法的分配算法流程，见图 4-8。

序号 P	大小（KB）	起址	状态
1	8	20K	已分配
2	32	28K	已分配
3	—	—	空表目
4	120	92K	已分配
5	—	—	空表目
…	…	…	…

（a）已分配分区说明

序号 F	大小（KB）	起址	状态
1	32	60K	空闲
2	300	212K	空闲
3	—	—	空表目
4	—	—	空表目
5	—	—	空表目
…	…	…	…

（b）空闲分区说明表

图 4-7　可变分区说明表

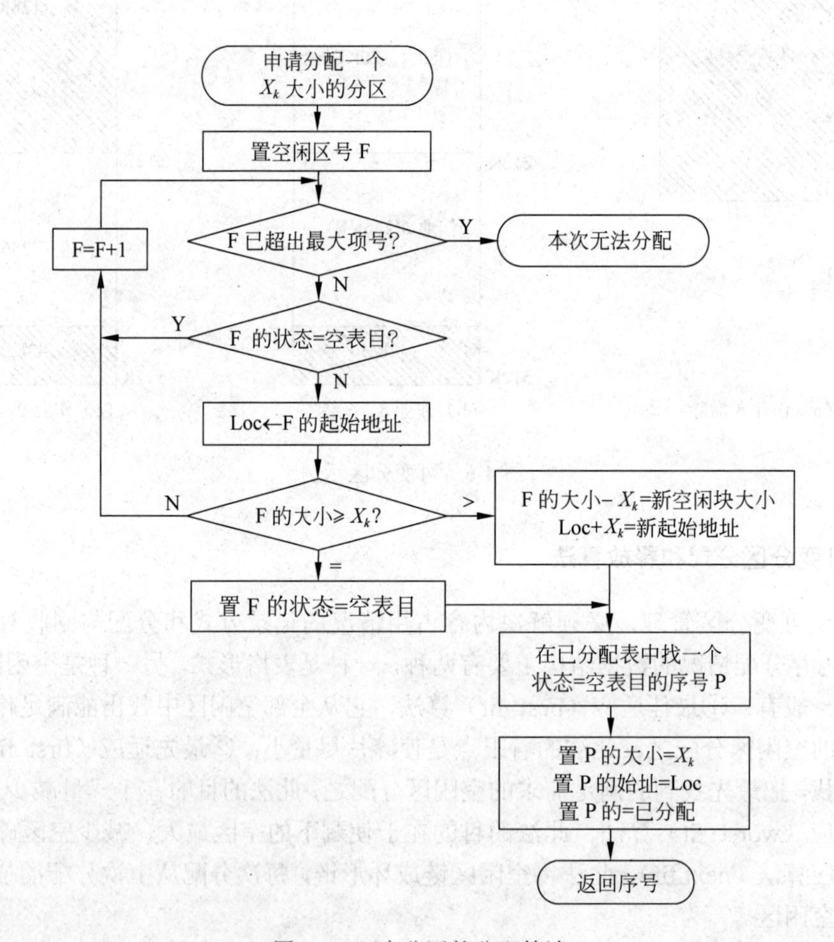

图 4-8　可变分区的分配算法

当一个作业撤除，由系统回收它所占分区时，应考虑到回收分区是否与空闲区邻接，若有则应加以合并。下面给出的最先适应法的回收算法流程，全面考虑到回收分区 R 可能与上（低址）空闲区 F_1 相邻，也可能与下（高址）空闲区 F_2 相邻的所有可能情况（不外乎四种）见图 4-9。

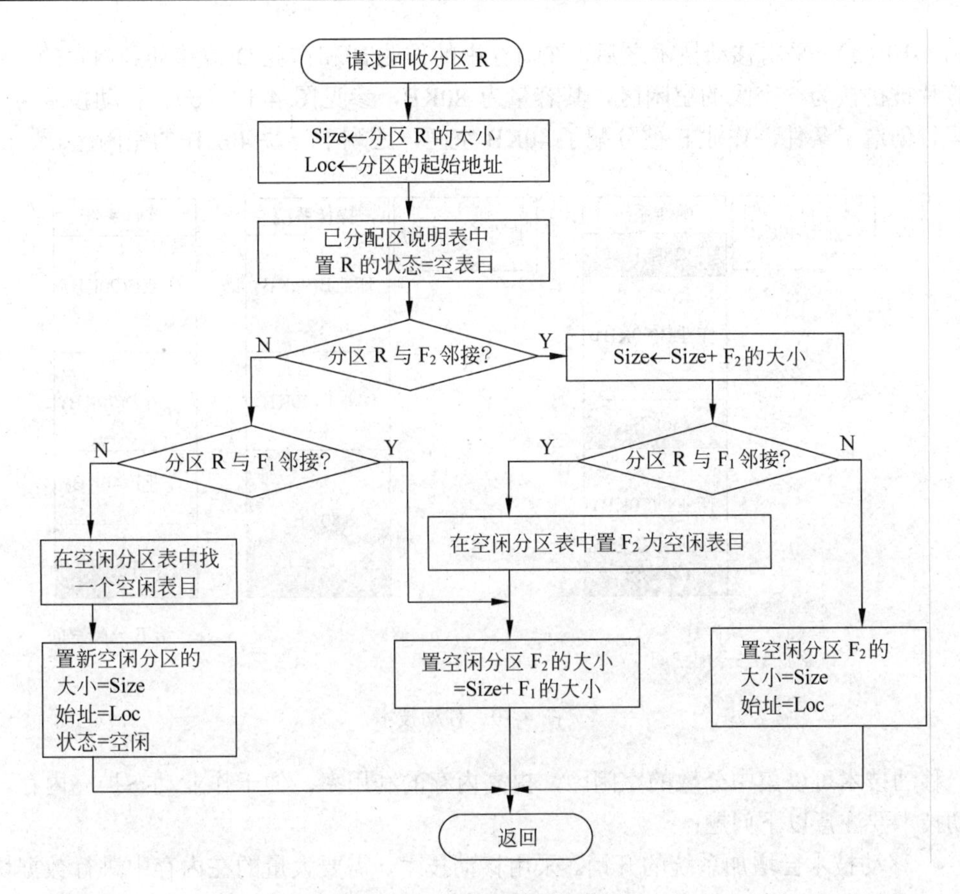

图 4-9　可变分区的回收算法

可变分区存储管理也广泛采用空闲区链的数据结构。一种实现方法是把每个空闲区的起始若干个字节分为两部分：前一部分作为链指针，指向下一空闲区的起始地址；后一部分指出本空闲区的大小。系统中用一固定单元作为链的头指针，指向第一个空闲区的起始地址。最后一个空闲区的链指针中放着链尾标志（如 0）。这样使用链指针把所有空闲分区链接在一起，构成了一条空闲区链。还有一种实现方法采用后向链接指针和前向链接指针的双向链数据结构。不同的数据结构应有不同的分配与回收算法。

3．移动技术

内存经过一段时间的分配回收后，可变分区管理有碎片问题。碎片是不相邻的非常小的空闲区，已经无法利用。可能所有碎片的总和超过某作业的容量要求，但由于不连续也无法分配。

解决碎片问题的办法是：在适当时刻进行碎片整理，通过移动内存中的程序，把所有空闲碎片合并成一个连续的大空闲区且放在内存的一端，而把所有程序占用区放在内存的另一端，参见图 4-10。这一技术称为“移动技术”，或“拼接技术”。

在图 4-10 中，作业 E 需要 40KB 的空间，在存储器中，有三块空闲的碎片，大小分别是 26KB、30KB 和 24KB，它们的总容量 80KB 虽然远大于作业 E（大小为 40KB）的需求量，但每块空闲区的单独容量均小于作业 E 的容量，故系统仍不能为作业 E 实施分配，参见图 4-10（a）。采用移动技术之后，在内存中的作业 B 和作业 D 被移动到内存的一端，三块碎片被拼接为一个大的空闲区，其容量为 80KB，参见图 4-10（b）。移动技术为作业 E 的运行创造了条件，作业 E 被分配了 40KB 空间，还剩下一块 40KB 的空闲区。

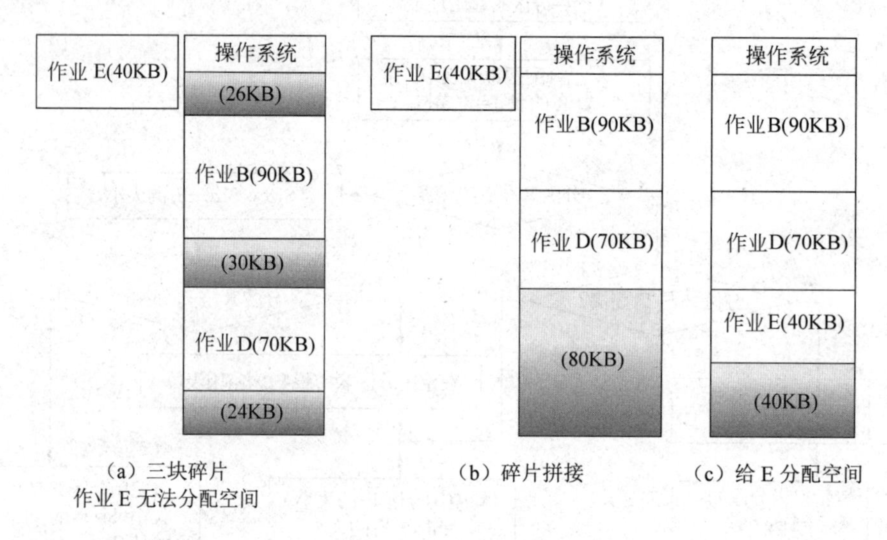

图 4-10　移动技术

移动技术可以集中分散的空闲区，提高内存的利用率，便于作业动态扩充内存。采用移动技术要注意以下问题：

- 移动技术会增加系统的开销。采用移动技术，需要大量的在内存中进行数据块移动的操作，还要修改内存分配表和进程控制块，这些工作既增加了系统程序的规模，也增大了系统运行时间。
- 移动是有条件的。不是任何在内存中的作业都能随时移动。比如，若某个进程正在与外部设备交换信息，那么与该进程有关的数据块就不能移动，只能在与外部设备的信息交换结束之后，再考虑移动。

4．分区的保护

分区管理的存储保护有两种方法：一种是界地址法，即系统设置一对上、下界寄存器，每当选中某个作业运行时，先将它的界地址装入这对寄存器中，作业运行时形成的每一个访问存储器的地址都要同这两个寄存器的内容进行比较，若超出这个指定范围，便产生越界保护性中断。还可以采用一对基址、限长寄存器，道理同前，但此时基址寄存器还起着定位寄存器的作用。

分区存储保护的另一种方法是保护键法。系统给每个存储块都分配一个单独的保护键，相当于一把锁。而在程序状态字中设置有保护键字段，对不同的作业赋予不同的代码——相当于一把钥匙。匙、锁相符可进行读写访问；否则只准进行读访问（写保护），或者访问被禁止（读、写都保护）。当一个作业运行时产生非法访问，系统将产生保护性中断。保护键法还提供了一种数据共享的方式。

4.4.3　分区管理方案的优缺点

分区管理是实现多道程序设计的一种简单易行的存储管理技术。通过分区管理，内存真正成为了共享资源，有效地利用了处理机和 I/O 设备，从而提高了系统的吞吐量并缩短了周转时间。分区存储管理算法比较简单，所采用的表格不多，实现起来比较容易，内存额外开销较少，存储保护措施也很简单。

在内存利用率方面，可变分区的内存利用率比固定分区高。

分区管理的主要缺点是：内存使用仍不充分，并且存在着较为严重的碎片问题。虽然可以解决碎片问题，但需要移动大量信息，浪费了处理机时间。此外，分区管理不能为用户提供“虚存”，即不能实现对内存的“扩充”，每一个用户程序的存储要求仍然受到物理存储器实际存储容量的限制。分区管理要求运行程序一次全部装入内存之后，才能开始运行。这样，内存中可能包含有一些实际不使用的信息。

4.5　页式存储管理

用分区方式管理内存时，每道程序都占用内存的一个或几个连续的存储空间。因此，当内存中无足够大的连续空间时，程序就无法装入，必须移动已在内存中的某些程序后才能再装入新的程序，这不仅不方便，而且系统开销也增大。

如果可以把一个逻辑地址连续的程序分散存放到几个不连续的内存区域中，并且保证程序的正确执行，则既可充分利用内存空间，又可减少移动所花费的开销。页式存储管理就是这样一种有效的管理方式。

4.5.1　基本思想

页式存储管理思想首先由英国曼彻斯特（Manchester）大学提出，并在该校的 Atlas 计算机上使用。该技术近年来已广泛用于微机系统中，支持页式存储管理的硬件部件通常称为存储管理部件（memory management unit，MMU）。

分页式存储管理的主要特征是将内存等分成大小固定的若干块，一般每块的大小为 2^9、2^{10} 或 2^{11} 单元，每个这样的内存块称为页面或物理块。内存被等分成页（块）之后，地址编号再不是字节（或字）了，而是以页号进行编址，如 0,1,2,…,n 页。例如，内存容量为 32768，地址编号为 0, 1,2,…,32767，若取页的大小为 512，则该存储器被分为 0～511，512～1023，…，31744～32255，32256～32767 等 64 页，并且依次命名为 0 页，1 页，…，63 页，称为物理块号。同样，把每个用户程序的虚地址空间划分为同样大小的若干页面，每个页面也对应着一个编号，称之为页号。

按照这种页式概念，用户访问内存的地址形式应理解为由相对页号和页内地址两部分组成：相对页号与页内地址。

例如：若在字长为 16 位，页长为 1K 的分页系统中，地址 1024 代表了 1 号页面中相对地址为 0 的单元：

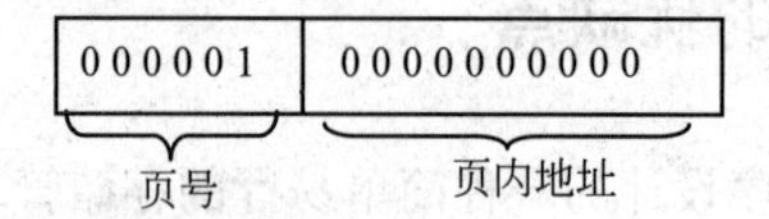

硬件机构把左侧 6 位当成页号处理，右侧 10 位当成页内相对位移，也即页内地址。通过这种地址处理方式，将用户程序的虚拟地址空间划分为同样大小的一些 1K 大小的页面。

当用户要访问内存时，系统应将相对页号转换成物理块号，页内地址不变，从而形成访问内存的实际地址。

页面的大小直接影响地址转换和页式存储管理的性能。如果页面的尺寸太大，以致和作业的地址空间相差无几，这种方法实质上就成了可重定位分区分配的翻版。反之，如果太小，则页表冗长，系统需要提供更多的寄存器（或存储单元）来存放页表，从而大大地增加了计算机系统的成本，综合诸因素，大多数分页系统所采用的页面尺寸为 512B～8KB。

4.5.2　地址转换

页式存储管理要有硬件的地址转换机构作支持。同时，要为每个被装入内存的进程提供一张页表。该页表所在内存的起始地址和长度作为现场信息存放在该进程的进程控制块 PCB 中。一旦进程被调度进入处理器执行，这些信息将作为恢复现场信息送入系统的地址映射机制中的寄存器里。

1．页式存储管理的地址转换

为了实现页式存储管理，系统要提供一对硬件的页表控制寄存器，即页表始址寄存器和页表长度寄存器，另外还需要高速缓冲存储器的支持。页表始址寄存器，用于保存正在运行进程的页表在内存的首地址，当进程被调度程序选中投入运行时，系统将其页表首地址从 PCB 中取出送入该寄存器。页表长度寄存器，用于保存正在运行进程的页表的长度，当进程被选中运行时，系统将它从 PCB 中取出送入该寄存器。

页表指出该程序逻辑地址中的页号与所占用的内存块号之间的对应关系。页表的长度由程序拥有的页面数而定，故每个程序的页表长度可能是不同的。

页表又是硬件进行地址转换的依据，每执行一条指令时按逻辑地址中的页号查页表。若页表中无此页号，则产生一个“地址错”的程序性中断事件。若页表中有此页号，则可得到对应的内存块号，按计算公式可转换成访问的内存的物理地址。

物理地址的计算公式为：

物理地址=内存块号×块长＋页内地址

根据二进制乘法运算的性质，一个二进制数乘以 2^n 的结果，实际上是将该数左移 n 位。所以，实际上是把内存块号作为绝对地址的高位地址，而页内地址作为它的低地址部分。地址转换关系如图 4-11 所示。

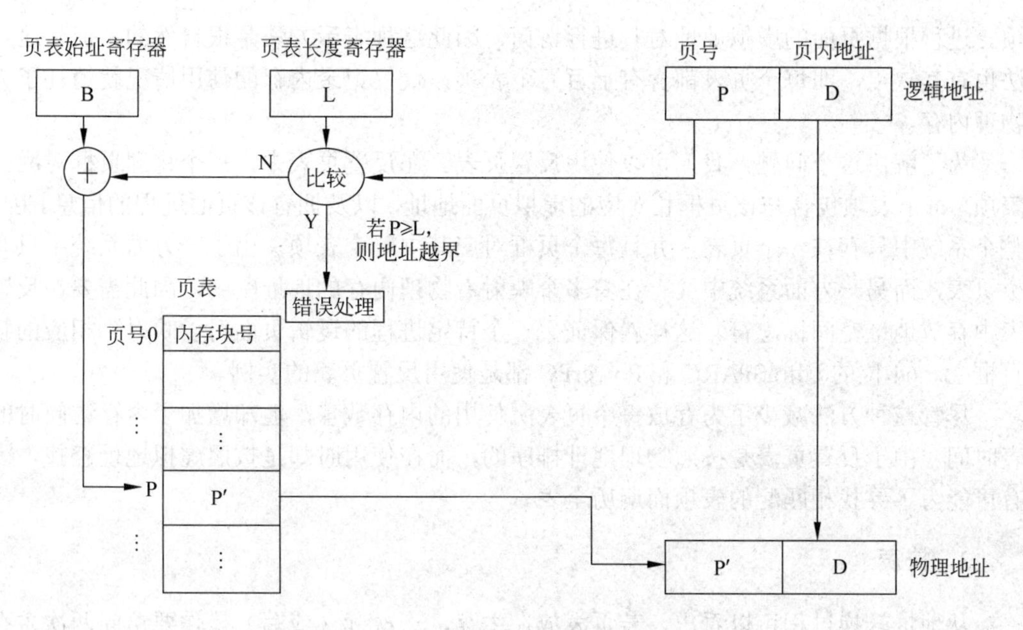

图 4-11　页式存储管理的地址转换关系

2．页表

1）多级页表

大多数现代计算机系统都支持很大的地址空间，由此带来的结果是页表本身也变得很大。例如，当系统支持 32 位的逻辑地址空间时，若页面大小为 4KB，则页表将包含 1M 个表项。假设每个表项由 4 个字节组成，那么仅仅是为了存储页表就要为每个进程分配 4MB 的物理地址空间。显然，我们并不希望在内存中为页表分配连续的空间。简单的解决办法就是分级，例如采用两级页表，即页面大小为 4KB 的 32 位机器，逻辑地址可划分为 10 位页目录、10 位页表和 12 位的页内偏移。

2）杂凑页表

当地址空间大于 32 位时，一种常见的方法是使用以页号为杂凑值的杂凑页表。其中每个表项都包含一个链表，该链表中元素的杂凑值都指向同一个位置。这样，杂凑页表中的每个表项都包含三个字段：（a）虚拟页号，（b）所映射的页框号，（c）指向链表中下一个元素的指针。

使用的算法如下：由虚拟页号得到杂凑值查找杂凑页表，并将此页号与链表中的第一个元素的字段（a）进行比较。如果匹配，则相应的页框号——字段（b），就可用于形成物理地址。如果不匹配，则沿链表依次寻找相匹配的表项。

将上述方法稍作改变而得到的集群页表更适用于 64 位的地址空间。它与杂凑页表相似，不过其中每个表项代表了多个（如 16 个）页面而不是一个。这样，一个页表项就存储了多个物理页框的映射信息。对于散布于整个地址空间的不连续内存访问来说，这种集群页表非常有效。

3）反置页表

通常，每个进程都有与之相关的页表，进程正在使用的每个页面在页表中都有一个表项。进程根据页面的虚拟地址对其进行访问，因此这种表示方法是很自然的。但是这种方法也有其缺点，即每个页表都含有上百万个表项，仅仅记录内存的使用情况就消耗了大量物理内存。

为了解决这个问题，我们可以使用反置页表。在反置页表中，每个物理页框对应一个表项。每个表项包含与该页框相对应的虚拟页面地址，以及拥有该页面进程的信息。因此，整个系统中只存在一个页表，并且每个页框对应其中一个表项。由于一方面系统中只有一个页表，而另一方面系统中又存在着多个映射着物理内存的地址空间，因此需要在反置页表中存放地址空间标志符。这样就保证了一个特定进程的逻辑页面可以映射到相应的物理页框上。64 位的 UltraSPARC 和 PowerPC 都是使用反置页表的实例。

尽管这种方法减少了为存放每个页表所使用的内存数量，但却增加了内存访问时的查表时间。由于反置页表是按照物理地址排序的，而在使用时却是按照虚拟地址查找，因此有可能为了寻找相匹配的表项而遍历全表。

3．快表

从地址转换过程可以看出，若页表放在主存，一次读（或写）操作要访问两次主存，第一次内存访问是读取页表，找到数据的物理地址，第二次内存访问才是存取数据。这种访问形式造成每一次访问内存所需要的时间加倍。为了解决这一问题，采用的方法是在地址转换机构中增加一组高速寄存器，用于保存页表。由于页表长度与地址空间的大小成正比例，因此需要大量的这种高速寄存器，经济上不可行。另一种解决方法是采用一种不同的存取活动页的技术，在地址转换机构中增加一个由高速寄存器组成的小容量的联想寄存器，构成一张所谓的快表，用来存放当前访问最频繁的少数活动页的页号。如表 4-1 所示，特征位表示该行是否有内存页表的某一页存在，通常用“0”表示没有，用“1”表示有；访问位表示该页是否被访问过，用“0”表示未访问过，用“1”表示已访问，访问位是为淘汰那些用得很少甚至不用的页面而设置的。

表 4-1　快表

序号	相对页号	物理块号	访问过	特征位
0	0	8	1	1
1	1	10	1	1
2	5	20	0	0
⋮	⋮	⋮	⋮	⋮
m-1	8	50	1	1

这种表也称联想寄存器，它不是根据地址而是根据所存信息的全部特征或部分特征进行存取。访问时，要将给定信息的关键字与所有的或所选择的一部分存储单元中的信息进行比较，若相等，则可将此单元中的信息读出，或将新的信息写入这一单元，它不仅具有存储功能，还具有信息处理功能。实际上，联想寄存器各行的页号比较同时进行。例如，图 4-12 中的程序地址是 3580，取页的大小为 1024，则其相对页号为 3，页内地址为 508，于是该页号可同时与快表中的所有内容进行比较，并找到了与 3 对应的物理块号为 5，且特征位为 1，由物理块号 5 和页内地址 508 就得到了访问内存的绝对地址为 5628。

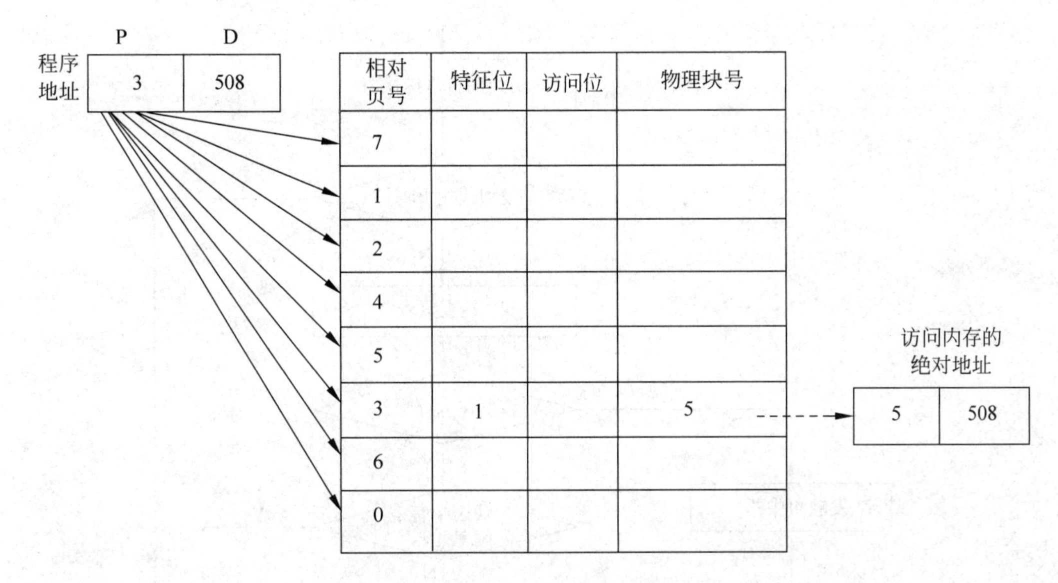

图 4-12　快表的地址映像

由于经济上的原因，快表一般都比较短，由 8～16 个单元组成。鉴于表的容量很小，所以只存放访问当前最活跃进程的少数几页。随着进程的推进，必须动态地不断地更换表的内容。当某一用户作业运行并需要从内存取出数据时，根据该数所在的页号在快表中寻找对应的主存物理块号，若能找到，就将物理块号加上页内地址，得到存取数据所需内存的绝对地址。否则，地址转换过程还需通过主存中的页表进行。用此页号到该用户页表中把与该页对应的登记项取至快表的空闲单元中，如无空闲单元，则通常把最早装入的某个页号淘汰，替换为刚被访问的页表项。实际上查找快表和页表是同时进行的，一旦发现快表中有与查寻的页号相符合的页号就停止查找主存中的页表。

有了快表后，地址转换过程如图 4-13 所示，快表的地址映射操作过程如图 4-14 所示。

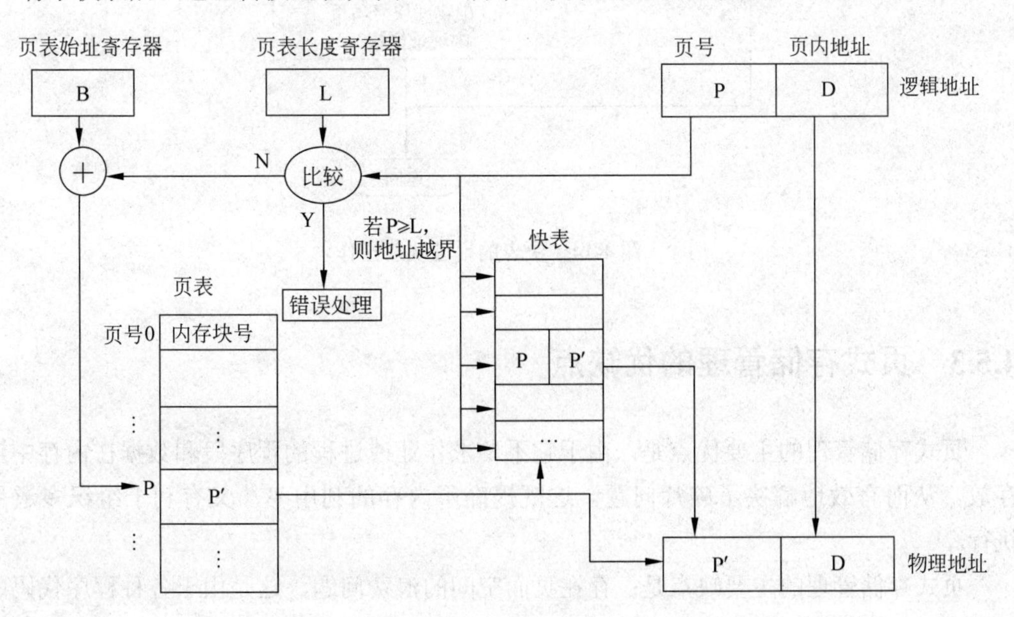

图 4-13　带有快表的页式存储管理地址映射过程

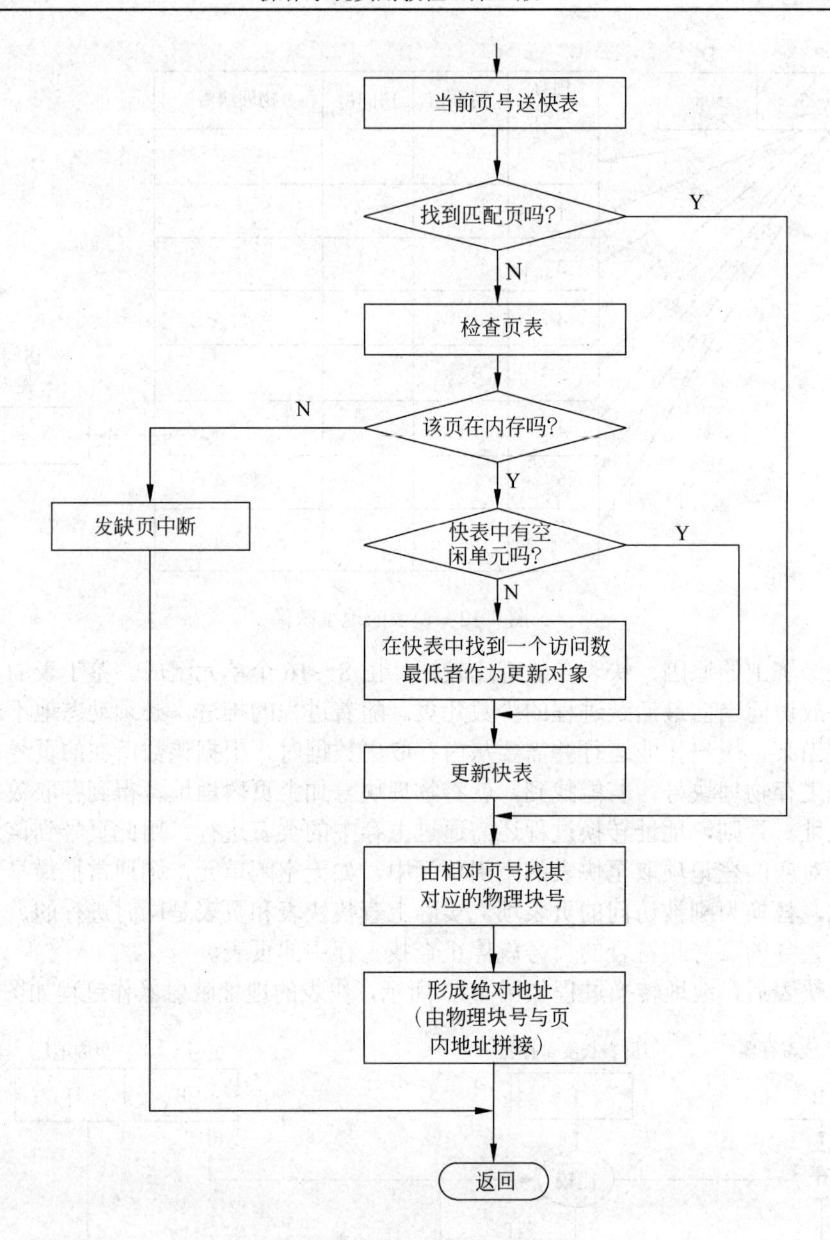

图 4-14　快表的地址映射操作

4.5.3　页式存储管理的优缺点

页式存储管理的主要优点是：由于它不要求作业或进程的程序段和数据在内存中连续存放，从而有效地解决了碎片问题。这既提高了内存的利用率，又有利于组织多道程序执行。

页式存储管理的主要缺点是：存在页面空间的浪费问题。这是由于各种程序代码的长度是各不相同的，但页面的大小是固定的，所以在每个程序的最后一页内总有一部分空间得不到利用。如果页面较大，则由此引起的存储空间的损失仍然较大。

页式存储管理的另一个不足之处是，不能应用在分段编写的、非连续存放的大型程序中，在第 4.8 节中会解决这个问题。

4.6　段式存储管理

4.6.1　段式存储管理技术的提出

在前述的分区管理和页式系统中，程序的地址空间是一维线性的。因为指令和操作数地址只要给出一个信息量即可决定。但分区方法易出现碎片。而页式系统中一页或页号相连的几个虚页上存放的内容一般都不是一个逻辑意义完整的信息单位。请调一页，可能只用到页中的一部分内容。这种情况，对于要调用许多共享子程序的大型用户程序来说，仍然会感到内存空间的使用效率不高，为此提出了段式存储管理技术。在这样的系统中作业的地址空间由若干个逻辑分段组成，每个分段有自己的名称，对于一个分段而言，它是一个连续的地址区。在内存中，每个分段占一分区。由于分段是一个有意义的信息单位，所以分段的共享和对分段的保护更有意义，同时也容易实现。

4.6.2　段式地址转换

在段式系统中，作业由若干个逻辑分段组成，如可由代码分段、数据分段、栈段组成。分段是程序中自然划分的一组逻辑意义完整的信息集合。它是用户在编程时决定的。图 4-15 给出了一个具有段式地址结构的作业地址空间。

更灵活的段式系统允许用户根据需要使用大量的段，而且可以按照他自己赋予的名称来访问这些段。由于标识某一程序地址时要同时给出段名和段内地址。因此，地址空间是二维的（实际上为了实现方便，在第一次访问某段时，操作系统就用唯一的段号来代替该段的段名）。程序地址的一般形式由一数对（s,w）组成，这里 s 是段号，w 是段内地址。段式系统中的地址结构如图 4-16 所示。

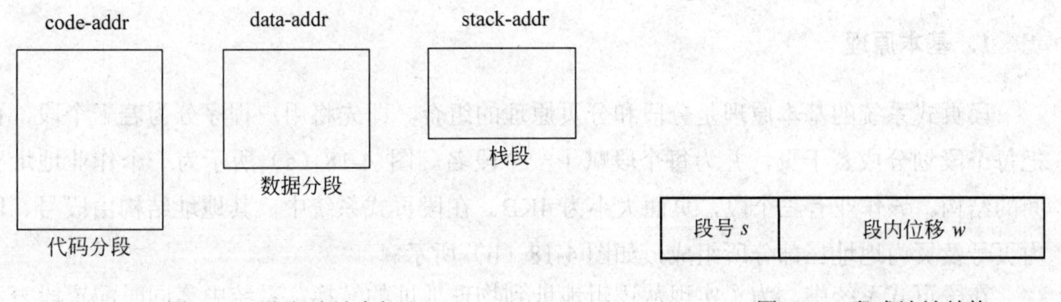

图 4-15　分段地址空间　　图 4-16　段式地址结构

地址转换由段表（smt）来实现。段表由若干个表目组成。每一个表目描述一个分段的信息，其逻辑上应包括：段号、段长、段首址。地址转换的简化形式如图 4-17 所示。

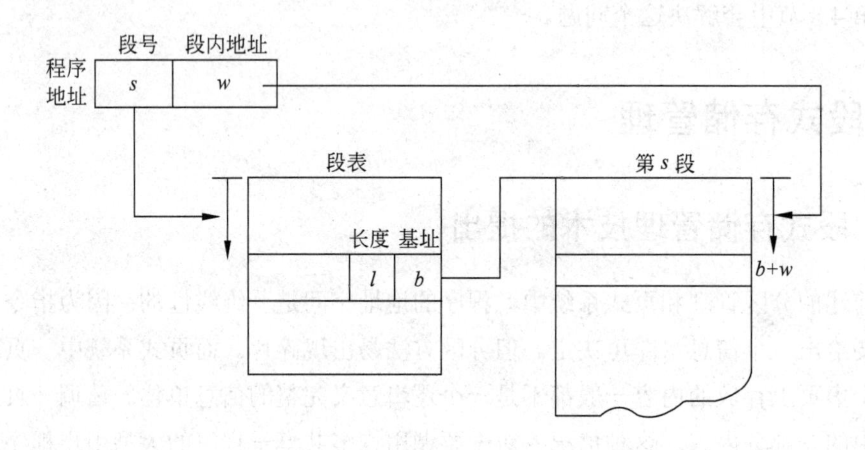

图 4-17　段式地址转换

段式地址转换的步骤如下：

（1）取出程序地址（s,w）。

（2）用 s 检索段表。

（3）如 $w<0$ 或 $w\geqslant l$ 则内存越界。

（4）（$b+w$）即为所需内存地址。

4.7　段页式存储管理

分页和分段存储管理方式都各有其优缺点，分页系统能有效地提高内存的利用率，而分段系统则能很好地满足用户需要。如果对两种存储管理方式“各取所长”后，则可以将两者结合成一种新的存储管理方式的系统。这种新系统既具有分段系统便于实现、分段可共享、易于保护、可动态链接等一系列优点，又能像分页系统那样很好地解决内存的外部碎片问题，以及为各个分段可离散地分配内存等问题。这种方式显然是一种比较有效的存储管理方式，这样结合起来所形成的新系统称为“段页式系统”。

1．基本原理

段页式系统的基本原理是分段和分页原理的组合。即先将用户程序分为若干个段，再把每个段划分成若干页，并为每个段赋予一个段名。图 4-18（a）所示为一个作业地址空间的结构。该作业有三个段，页面大小为 4KB。在段页式系统中，其地址结构由段号、段内页号及页内地址三部分所组成，如图 4-18（b）所示。

在段页式系统中，为了实现从逻辑地址到物理地址的转换，系统中需同时配置段表和页表。由于允许将一个段中的页进行离散分配，因而使段表的内容略有变化，它不再是段的内存起始地址和段长，而是页表起始地址和页表长度。图 4-19 展示了利用段表和页表完成从地址空间到物理空间的映射功能。

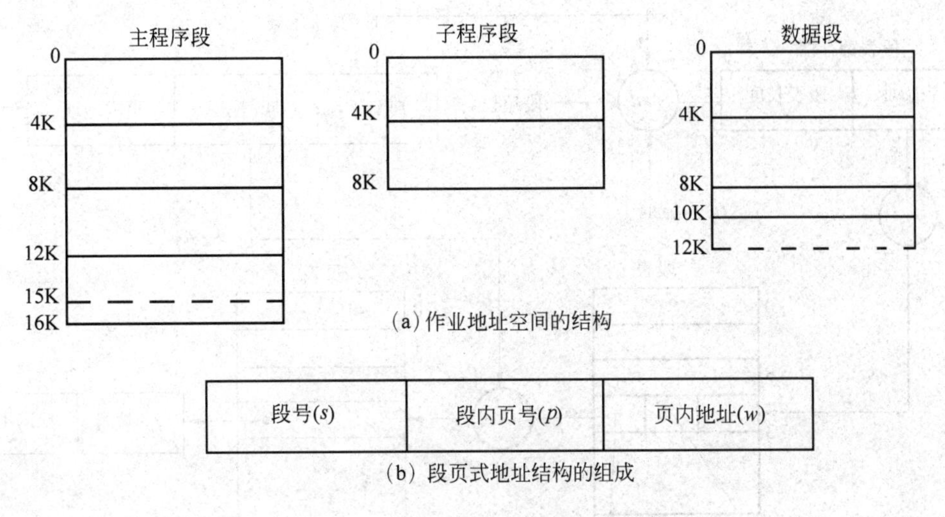

图 4-18　作业地址空间和地址结构

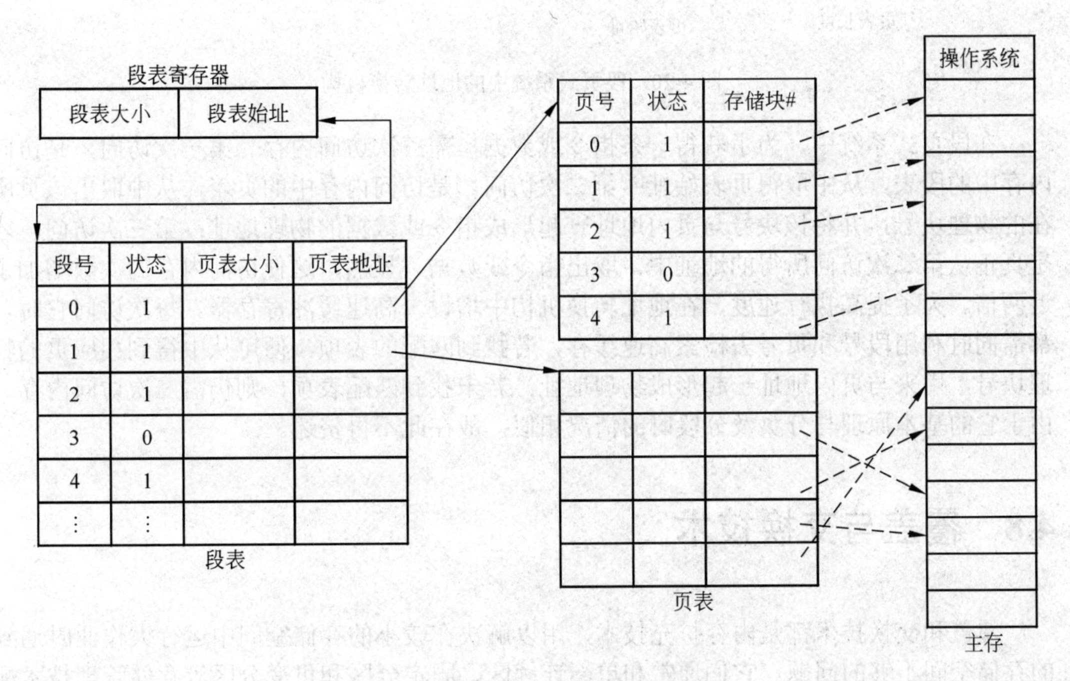

图 4-19　利用段表和页表实现地址映射

2．地址转换

在段页式系统中，为了便于实现地址转换，须设置一段表寄存器，在其中存放段表始址和段长 tl。进行地址转换时，首先利用段号 s，将它与段长 tl 进行比较。若 $s<tl$，表示未越界，于是利用段表始址和段号求出该段对应的段表项在段表中的位置，从中得到该段的页表始址，并利用逻辑地址中的段内页号 p 来获得对应页的页表项位置，从中读出该页所

在的物理块号 b，再用块号 b 和页内地址构成物理地址。图 4-20 说明了段页式系统中的地址转换机构。

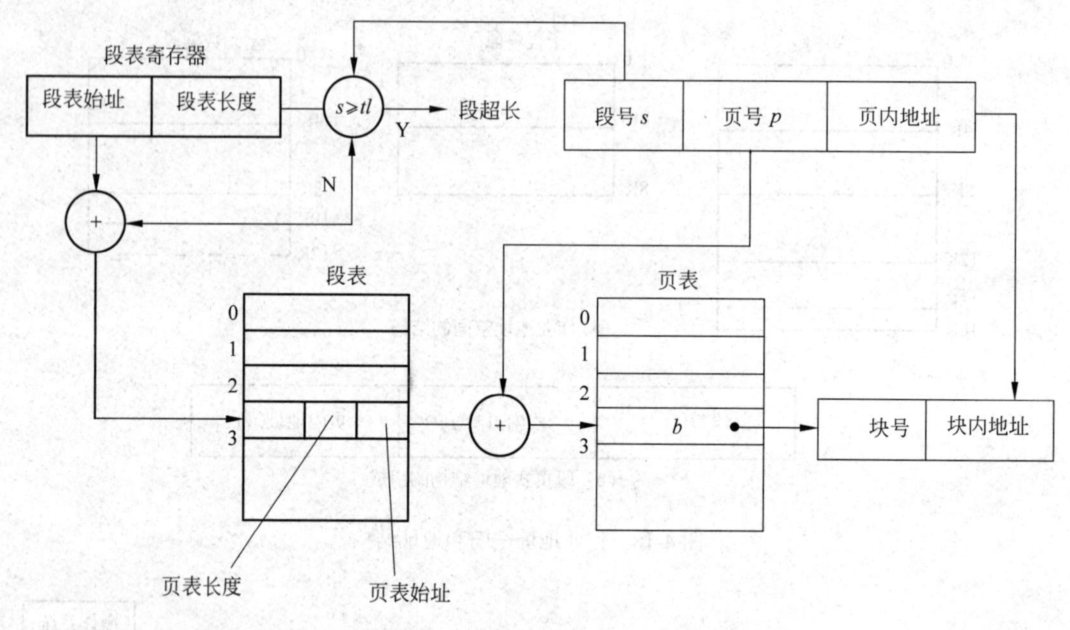

图 4-20　段页式系统中的地址转换机构

在段页式系统中，为了获得一条指令或数据，需三次访问内存。第一次访问，是访问内存中的段表，从中取得页表始址；第二次访问，是访问内存中的页表，从中取出该页所在的物理块号，并将该块号与页内地址一起形成指令或数据的物理地址；第三次访问，才是真正从第二次访问所得的地址中，取出指令或数据。显然，这使访问内存的次数增加了近两倍。为了提高执行速度，在地址转换机构中增设一高速缓冲寄存器。每次访问它时，都需同时利用段号和页号去检索高速缓存，若找到匹配的表项，便可从中得到相应页的物理块号，用来与页内地址一起形成物理地址；若未找到匹配表项，则仍需三次访问内存。由于它的基本原理与分页及分段时的情况相似，故在此不再赘述。

4.8　覆盖与交换技术

覆盖和交换技术都是内存扩充技术，用以解决在较小的存储空间中运行大作业时遇到的存储空间不够的问题。它们通常和单一连续区、固定分区和可变分区等存储管理技术配合使用。

4.8.1　覆盖技术

覆盖技术是指一个程序的若干程序段，或几个程序的某些部分共享某一个存储空间。覆盖技术的实现是把程序划分为若干个功能上相对独立的程序段，按照其自身的逻辑结构使那些不会同时执行的程序段共享同一块内存区域；未执行的程序段先保存在磁盘上，当有关程序段的前一部分执行结束后，把后续程序段调入内存，覆盖前面的程序段。

例 4-1　一个作业的内部覆盖处理。

考虑图 4-21 所示的作业内部过程调用结构。它由主模块 A 和子模块 B、C、D、E、F 组成。A 可以调用 B 或 C，但不会同时调用，而且 B、C 之间也无互相调用关系。同样的关系也出现在 C、D、E 之间。由于这样的关系，可以不必一次把作业的六个模块同时装入内存（需 190KB），而是每次只装入三个模块：A、B、F 或者 A、C、D 或 A、C、E。分配的内存区域划分成 20KB 大小的非覆盖区和 50KB 大小的覆盖区 0 与 40KB 大小的覆盖区 1，这样总共只需 110KB 的内存。作业运行时，系统首先把 A、B、F 装入内存中，当 A 运行到调用 C 语句时，才将 C 装入到覆盖区 0，自动地将 B 覆盖，同时也将 D 装入到覆盖区 1，自动地将 F 覆盖。当 C 运行到调用 E 语句时，再把 E 装入到覆盖区 1，覆盖 D。

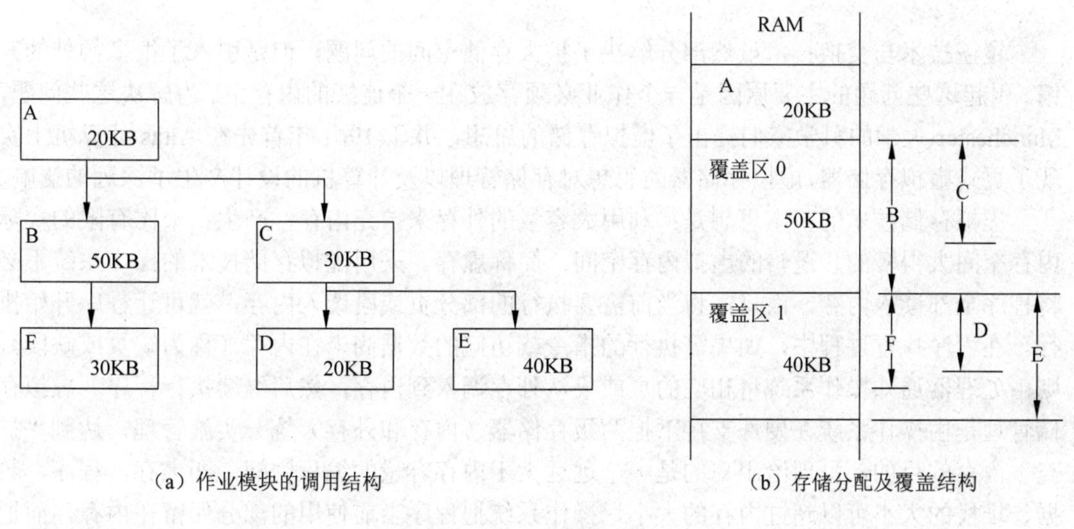

（a）作业模块的调用结构　　（b）存储分配及覆盖结构

图 4-21　覆盖技术例

虽然可由操作系统完成自动覆盖，但要求作业各模块间有明确的调用结构，并要求用户向系统指明其覆盖结构，增加了用户的负担。

4.8.2　交换技术

所谓交换，就是允许把一个作业装入内存之后，仍能把它交换出内存或再交换入内存。也常称它为滚入滚出（roll-in, roll-out）。换出的作业通常放在外存（如磁盘），当需要把它再投入运行时才把它换入内存。该技术根据系统资源，包括内存的使用情况，来控制各作业的调入调出。当前运行的作业在用完时间片或因 I/O 请求被阻塞时就可以换到外存上，而把外存上准备运行的作业调入。这样可使系统资源的利用更为充分有效。交换技术一般都有动态重定位机构的支持，因而一个作业换入内存时不一定要装入它被换出前所占据的区域中。

交换技术的缺点是：由于交换时需要花费大量的 CPU 时间，这将影响对用户的响应时间，因此，减少交换的信息量是交换技术的关键问题。合理的做法是，在外存中保留每个程序的交换副本，换出时仅将执行时修改过的部分复制到外存。

同覆盖技术一样，交换技术也是利用外存来逻辑地扩充内存，它的主要特点是，突破了一个程序一旦进入内存便一直运行到结束的限制。

与覆盖技术相比，交换技术不要求用户给出程序段之间的逻辑覆盖结构，对用户而言是透明的。交换可以发生在不同的进程或程序之间，而覆盖发生在同一进程或程序内部，而且只能覆盖那些与覆盖段无关的程序段。因此，交换技术比覆盖技术更加广泛地用于现代操作系统。覆盖技术与交换技术的发展导致了虚拟存储技术的出现。

4.9 虚拟存储管理

覆盖技术与交换技术虽然部分解决了扩大存储空间的问题，但是引入了很多额外的开销。引起这些问题的主要原因是一个作业必须存放在一个连续的内存中。为解决这些问题，Manchester 大学的科学家们提出了虚拟存储的思想，并于 1961 年首先在 Altas 计算机上实现了页式虚拟存储器，虚拟存储器的思想对存储管理以及计算机的设计产生了深远的影响。

虚拟存储技术的基本思想是：利用大容量的外存来扩充内存，产生一个比有限的实际内存空间大得多的、逻辑的虚拟内存空间，简称虚存。采用虚拟存储技术的操作系统不必将程序全部读入内存，而只需将当前需要执行的部分页或段读入内存，就可让程序开始执行。在程序执行过程中，如果需执行的指令或访问的数据尚未在内存（称为缺页或缺段），则由处理器通知操作系统将相应的页或段从外存调入到内存，然后继续执行程序。虚拟存储管理是由操作系统在硬件支持下把两级存储器（内存和外存）统一实施管理，达到“扩充”内存的目的，呈现给用户的是一个远远大于内存容量的编程空间，即虚存。程序、数据、堆栈的大小可以超过内存的大小，操作系统把程序当前使用的部分保留在内存，而把其他部分保存在磁盘上，并在需要时在内存和磁盘之间动态交换。

下面讨论虚拟存储的基础——局部性原理和虚拟页式存储管理。

4.9.1 局部性原理

引入虚拟存储器概念实际上就意味着装入程序的部分页面就可以开始执行。采用这种策略的基础是局部性原理，即进程往往会不均匀地高度局部化地访问内存。

在操作系统环境中，特别是在存储管理的领域里，可以观察到局部性现象。对于各种程序来说，虽不能永远保证存在着局部性，但可能性总是存在的。例如，在分页系统中，我们观察到程序执行时，在一段时间内只访问它拥有的所有页面的一个子集，并且这些页面经常是在程序的虚地址空间中相互邻接的。这并不意味着活动进程不打算访问它的程序中的一个新页面，而说明进程在一段时间间隔中集中访问它的程序页面的特定子集。

实际上，在计算机系统中，当考虑到编写程序和组织数据的方法时，局部性现象是不足为怪的。局部性现象体现在两个方面：时间局部性和空间局部性。

- 时间局部性：意思是最近被访问的某页，很可能在不久的将来还要访问。支持这种现象：一是循环；二是子程序；三是栈；四是用于计数和总计的变量。

- 空间局部性：意思是存储访问有在一组相邻页面中进行的倾向，以致一旦某个页面被访问到，很可能它相邻的页面也要被访问。支持这种现象：一是数组遍历；二是代码程序的执行；三是程序员倾向于将相关的变量定义相互靠近存放。

存储访问局部性现象是很有意义的。在这种理论下，人们可很容易想到：只要把程序所“偏爱”的页面子集放在主存中，就可以有效地运行。根据对于局部性现象的观察，Denning 系统地阐述了程序性能的工作集理论。

图 4-22 说明了局部性现象的存在。它展示了进程的页面故障率（访问页面不在主存）和作业所能获得的主存容量之间的关系。图中的直线表示：如果进程的随机访问踪迹均匀地分布于它的各个页面，则页面故障率随着进程在主存中的页面的百分比下降而直线上升。曲线表示的是在操作中所观察到的进程的实际表现。当进程可获得的主存数目减少时，将有一段间隔，在这个间隔中主存块数目的减少对页面故障率没有显著的影响。但在一个特定的点上，当主存块进一步减少时，运行进程经历的页面故障数显著上升。这里观察到的是只要进程当前所需要的页面子集保存在主存中，则页面故障率就不会有很大变化；但一旦这一子集中的页面被移出主存时，进程的页面调度活动就会大大地增加，因为它不断地访问并将这些页调回主存。

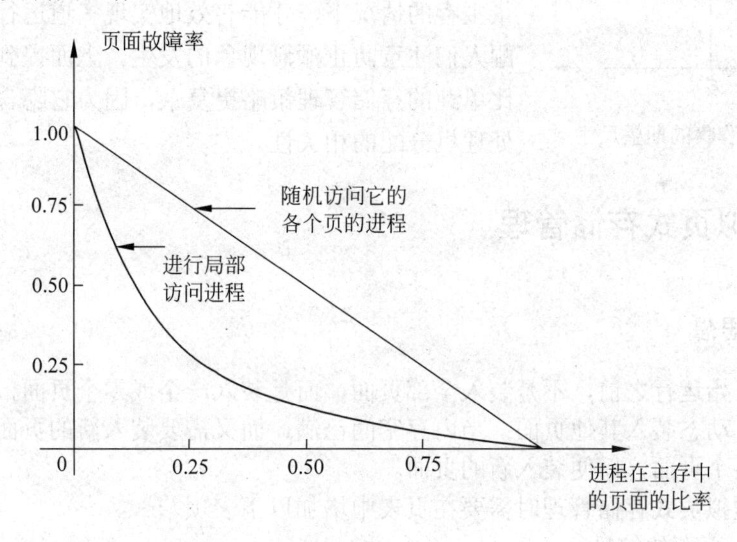

图 4-22　页面故障率与页面数的关系

1．工作集理论的提出

Denning 提出的程序页面活动的观点，叫做程序性能的工作集理论。简单地说，工作集是进程活跃地访问的页面的集合。Denning 主张为使程序有效地运行，它的页面工作集必须放在主存中，否则由于程序频繁地从外存请求页面，而出现称作“颠簸”的过度的页面调度活动。

工作集存储管理策略力求把活跃程序的工作集保存于主存中，在多道程序运行环境下，当要增加一道新程序时，其关键是检查主存中是否有足够的可利用空间，以提供给新程序的页面工作集。常常采用探索方式来解决，特别是在初始化新进程的情况下，因为系统预先是不知道给定进程的工作集应是多大。

2．工作集的定义

一个进程在时间 t 的工作集可形式化地定义为：

$W(t,h)$={页 i | 页 $i \in N$ 与页 i 在 t 时刻前的一段时间 h 内被访问}

换言之，工作集是最近被访问过的页的集合，“最近”是集合参数之一（h）。根据局部性原则，可以期望工作集成员的改变在时间上是缓慢的。Denning 给出了工作集大小 $W(h)$ 随 h 变化的关系，如图 4-23 所示。

随着 h 的增加，即越往过去看，可以期望在工作集可能出现的例外页会越少。这样，就给出一个适当的 h 值，例如 h_0，使得即使再增加 h 值，也不会明显地增加工作集尺寸。

就调入和淘汰策略而论，工作集的价值在于下述规则：仅当一个进程的全部工作集在内存中时，才能运行该进程，且永不移走属于某进程工作集部分的页面。

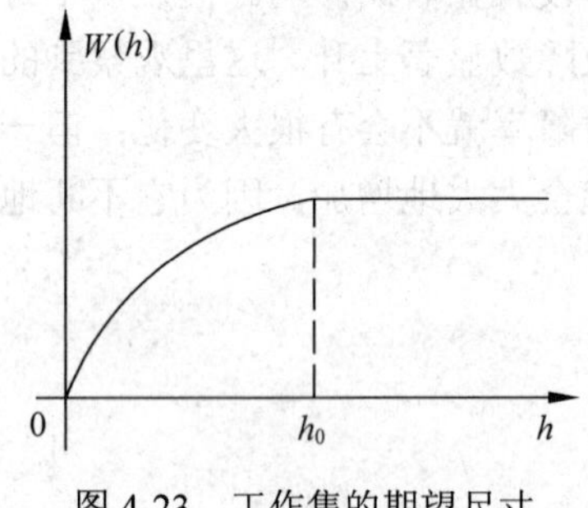

图 4-23　工作集的期望尺寸

由于程序的执行是动态的、不可预测的，所以工作集也是变化的、瞬态的。进程下一个工作集可以完全不同于它的前一个工作集，所以使用工作集存储管理策略是很困难的。但是，这一理论使人们认识到，只有在具备足够容量主存的情况下，才能有效地实现多道运行，它也可以提醒人们注意防止颠簸现象的发生。上面提到的这一规则要比单纯的存储管理策略更复杂，因为它隐含着内存分配和处理机分配的相关性。

4.9.2　虚拟页式存储管理

1．基本思想

在进程开始运行之前，不是装入全部页面，而是装入一个或零个页面，之后根据进程运行的需要，动态装入其他页面；当内存空间已满，而又需要装入新的页面时，则根据某种算法淘汰某个页面，以便装入新的页面。

在使用虚拟页式存储管理时需要在页表中增加以下表项。

- 页号：页面的编号。
- 驻留位：又称中断位，表示该页是在内存还是在外存。
- 内存块号：页面在内存中时，所对应的内存块号。
- 外存地址：页面在外存中时，所在的外存地址。
- 访问位：表示该页在内存期间是否被访问过。
- 修改位：表示该页在内存中是否被修改过。

其中，访问位和修改位可以用来决定置换哪个页面，具体由页面置换算法决定。

2．缺页中断

在实际系统中，用户作业当前用到的页面放在主存中，其他的页面则放在磁盘上，因此若从页表查出该页信息不在主存而在磁盘上时，则发生缺页中断。这时用户作业被迫停止执行，转入执行缺页中断处理程序。该程序负责把所需的页从磁盘上调入内存，并把实际页号填入页表，更改特征位，然后再继续执行被中断的程序，见图 4-24。

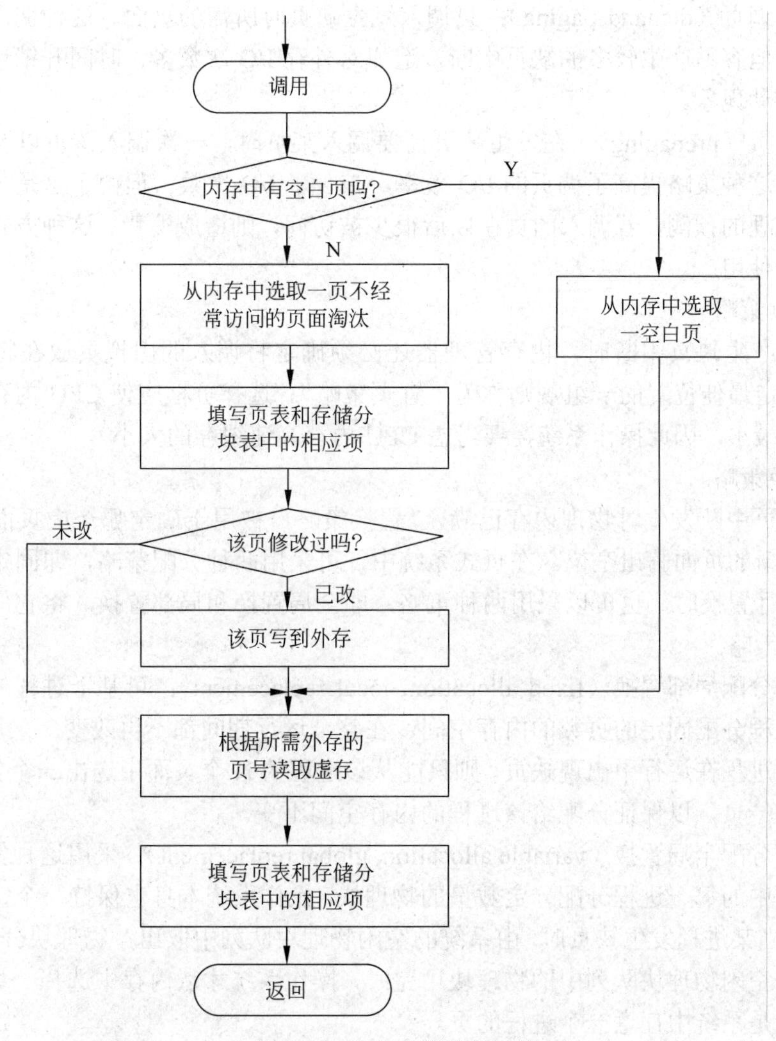

图 4-24　缺页中断处理过程

缺页中断处理过程比较复杂，实现时涉及许多方面的问题。例如，作业副本以文件的形式存放在外存，进行页面交换时，必然要涉及文件系统管理和外设管理。在多道程序环境中，一个运行的进程等待输入页时，它必然由运行状态变为阻塞状态，这时系统要调度另一进程运行。当页面交换完毕后，它才能由阻塞状态进入就绪状态，等待再次调度才能继续运行。由此可以看出，缺页中断处理过程几乎涉及操作系统的所有方面，其复杂性是不言而喻的。

3．页面调度策略

虚拟存储器系统通常定义三种策略来规定如何（或何时）进行页面调度：调入策略、置页策略和置换策略。

1）调入策略

虚拟存储器的调入策略决定什么时候将一个页由外存调入内存之中。在虚拟页式管理中有两种常用调入策略。

- 请求调页（demand paging）：只调入发生缺页时所需的页面。这种调入策略实现简单，但容易产生较多的缺页中断，造成对外存 I/O 次数多，时间开销过大，容易产生抖动现象。
- 预调页（prepaging）：在发生缺页需要调入某页时，一次调入该页以及相邻的几个页。这种策略提高了调页的 I/O 效率，减少了 I/O 次数。但由于这是一种基于局部性原理的预测，若调入的页在以后很少被访问，则造成浪费。这种方式常在程序装入时使用。

2）置页策略

当线程产生缺页中断时，内存管理器还必须确定将调入的虚拟页放在物理内存的何处。用于确定最佳位置的一组规则称为“置页策略”。选择页框应使 CPU 内存高速缓存不必要的震荡最小，因此操作系统需要考虑 CPU 内存高速缓存的大小。

3）置换策略

如果缺页中断发生时物理内存已满，“置换策略”被用于确定哪个虚页面必须从内存中移出，为新的页面腾出空位。在页式系统中，可采用两种分配策略，即固定和可变分配策略。在进行置换时，也可以采用两种策略，即全局置换和局部置换。将它们组合起来，有如下三种策略。

- 固定分配局部置换（fixed allocation, local replacement）：可基于进程的类型，为每一进程分配固定的页数的内存空间，在整个运行期间都不再改变。采用该策略时，如果进程在运行中出现缺页，则只能从该进程的 N 个页面中选出一个换出，然后再调入一页，以保证分配给该进程的内存空间不变。
- 可变分配全局置换（variable allocation, global replacement）：采用这种策略时，先为系统中的每一进程分配一定数量的物理块，操作系统本身也保持一个空闲物理块队列。当某进程发生缺页时，由系统的空闲物理块队列中取出一物理块分配给该进程。但当空闲物理块队列中的物理块用完时，操作系统才从内存中选择一块调出。该块可能是系统中任意一个进程的页。
- 可变分配局部置换（variable allocation, local replacement）：同样基于进程的类型，为每一进程分配一定数目的内存空间。但当某进程发生缺页时，只允许从该进程的页面中选出一页换出，这样就不影响其他进程的运行。如果进程在运行的过程中，频繁地发生缺页中断，则系统再为该进程分配若干物理块，直到进程的缺页率降低到适当程度为止。

4．页面置换算法

当主存空间已被装满而又要调入新页时，就必须把已在主存中的一些页淘汰，如果被淘汰页的信息被修改过，还要将此页写到外存储器，然后换进新的页。如果每个用户作业（程序）装入内存储器的部分太少，再加上页面调度的策略设计不当，那么就会出现如下情况：刚被淘汰（从内存调到外存）出去的一页，时隔不久又要访问它，因而又要把它调入，调入不久又再次被淘汰，再访问，再调入，如此反复，使得整个系统的页面调进调出工作非常频繁，以致大部分计算机时间都用在来回进行页面调度上，只有很少一部分时间用于作业的实际计算，这种现象称为“抖动”，也称为“颠簸”。抖动使得整个系统的效率大大下降，甚至趋于崩溃，系统应立即采取措施加以排除。

对于不同类型的作业，从不同的角度，提出了许多不同的淘汰算法，目前常见的算法有下列几种。

1）先进先出（FIFO）

该算法总是首先淘汰在主存中驻留时间最长的作业。每个作业的装入是依次进行的，一般说来，页号相邻的页之间的逻辑关系最紧密，所以最早调入主存的页，其不再被使用的可能性比最近调入主存的页要大。这种算法仅在按线性顺序访问地址空间时才是理想的，那些最经常被访问的页，由于往往在主存中停留时间久，有时也不得不被淘汰。

2）最近最久未使用（LRU）

该算法是根据一个作业在执行过程中过去的页面踪迹来推测未来的情况。过去一段时间里不曾被访问过的页，在最近的将来可能也不再会被访问。所以当需要淘汰一页时，应选取在最近一段时间内最久未用过的页面予以淘汰。

为了实现这一算法，每一页可设立一个标志位，每当访问某一页时，将该页的标志位的值从 0 改变成 1，周期性地检查每一页的标志位，看看哪些页被访问过，并把这些页记到一个表格中，然后把各页的标志位清 0。当要淘汰一页时，检查登记表格，淘汰最久不曾使用的页面。这是 LRU 的一种简单而有效的近似方法。由于 LRU 算法实现起来比较困难，如用软件实现，系统开销太大，由硬件实现，增加机器成本，故常用近似算法。LRU 算法的缺点是：使所有存储块的标志位重置 0 的周期长短选择不易确定，周期太长，有可能所有块的标志位均为 1，难以确定淘汰哪一页；反之，标志位为 0 的页太多，因而被淘汰的不一定是最近最久未使用的页。当缺页中断正好发生在系统对所有标志位重置 0 之后，则几乎所有页的标志位为 0，因而也有可能把常用的页不适当地淘汰出去。

3）最不频繁使用（LFU）

该方法很容易理解，就是把最不常用的页面先淘汰。实现方法：每一页可设立一个计数器，每访问一次后，将该页的计数器加 1，然后淘汰计数值最小的页。

4）最优算法（OPT）

该算法的思想是：淘汰将在最长的时间后才要访问的页面。例如，假定内存容量为 4 页，当前某一作业已有 2、3、4、7 四个页面在内存，而现在即将访问第 6 页，又假定各页的访问顺序是 7、2、4、3、6、4、2、3、4、7……虽然第 7 页刚刚被访问过，但是第 7 页使用间隔时间最长，由此可以得出第 7 页最长时间以后才用到，所以淘汰第 7 页为最优。这是理想状态下的最佳算法。

以上几种淘汰算法中，FIFO 算法最简单，但效率不高。LRU 的近似算法和 LFU 是较为实用的算法，效果较好，实现也不难。OPT 算法是一种最佳算法，但并不实用，因为要跟踪各页面方可预测未来。而这种预测往往是很困难的。

5）补救措施

上述淘汰算法的目的在于减少页面交换次数，节约处理机时间。除此之外还可以采取一些补救措施减少页面交换次数：

（1）作业进入执行状态之前，输入并保存作业的全部信息，根据作业的执行情况，作业“分期分批”进入内存。如果进入内存的某页未被修改过，则该页被淘汰时就不必写回外存储器，否则就写回外存储器。如何识别被淘汰的页是否应写回外存储器呢？只要在页表中增加一个写回标志位即可。如果某页被修改，则将该位置为 1，被淘汰时写回外存；否则不写回外存。

（2）为了避免发生缺页中断而临时进行页面交换，可采用所谓预淘汰方式，其思想是：在内存中保持有少量空页，当发生缺页中断时，直接从外存调入所需的页面，而不立即淘汰暂不需要的页面；而未发生页面中断时，根据淘汰算法再淘汰某些页面。此种方法可以避免缺页中断处理时先要调出然后调入，使延迟时间过长的缺点，把淘汰页面工作放在缺页中断处理完成之后再做。

（3）优化访问磁盘次序（文件系统中的磁盘调度问题）。由于磁盘的动臂是一种机械运动，其速度是页交换延迟的主要原因。为了减少动臂的运动时间，对于多个读写页面请求不采用先来先服务的原则，而采用使动臂与磁盘中读写页面距离最近的方式来安排读写顺序。

5．缺页中断率

假定一个程序共有 n 页，系统分配给它的内存块是 m 块（m、n 均为正整数，且 $1 \leqslant m \leqslant n$）。因此，该程序最多有 m 页可同时被装入内存。如果程序执行中访问页面的总次数为 A，其中有 F 次访问的页面尚未装入内存，故产生了 F 次缺页中断。现定义：

$$f=F/A$$

把 f 称为“缺页中断率”。

显然，缺页中断率与缺页中断的次数有关。因此，有如下影响缺页中断率的因素。

1）分配给程序的内存块数

分配给程序的内存块数多，则同时装入内存的页面数就多，故减少了缺页中断的次数，也就降低了缺页中断率。反之，缺页中断率就高。

从原理上说，每个程序只要能得到一块内存空间就可以开始执行了。这样可增加同时执行的程序数，但实际上仍是低效的，因每个程序将频繁地发生缺页中断。如果为每个程序分配很多的内存块，则又减少了可同时执行的程序数，影响系统效率。根据试验分析，对一共有 n 页的程序来说，只有能分到 $n/2$ 块内存空间时才把它装入内存执行，那么，可使系统获得最高效率。

2）页面的大小

页面的大小取决于内存分块的大小，块大则页面也大，每个页面大了则程序的页面数就少。装入程序时是按页存放在内存中的，因此，装入一页的信息量大，就减少了缺页中断的次数，降低了缺页中断率。反之，若页面小则缺页中断率就高。

对不同的计算机系统，页的大小可以不相同。一般说，页的大小在 2^9（512 个字节）～2^{14}（16384 个字节）之间。有的系统还提供几种分页方式供选择。

3）程序编制方法

怎样编制程序也是值得探讨的，程序编制的方法不同，对缺页中断的次数有很大影响。

例 4-2　有一个程序要把 128×128 的数组置初值“0”，数组中的每个元素为一个字。现假定页面的大小为每页 128 个字，数组中的每一行元素存放在一页中。能供这个程序使用的内存块只有一块，开始时把第一页装入了内存。若编制程序如下：

```
VAR A: ARRAY [1··128,1··128] OF Integer;
    FOR j:= 1 TO 128 DO
        FOR i:= 1 TO 128 DO
            A[i, j]:= 0;
```

则由于程序是按列把数组中的元素清 0 的，所以，每执行一次“A[i,j]:=0”就会产生一次缺页中断。因为开始时第 1 页已在内存了，故程序执行时就可对元素 *A*[1,1]清 0，但下一个元素 *A*[2,1]不在该页中，就产生缺页中断。按程序上述的编制方法，每装入一页只对一个元素清 0 后就要产生缺页中断，于是总共要产生（128×128－1）次缺页中断。

如果重新编制这个程序如下：

```
VAR A: ARRAY [1··128,1··128] OF Integer;
    FOR i:= 1 TO 128 DO
        FOR j:= 1 TO 128 DO
            A[i, j]:= 0;
```

那么，每装入一页后就对一行元素全部清 0 后才产生缺页中断，故总共产生（128－1）次缺页中断。

可见，缺页中断率与程序的局部化程度密切相关。一般说，希望编制的程序能经常集中在几个页面上进行访问，以减少缺页中断率。

4）页面调度算法

页面调度算法对缺页中断率的影响也很大，调度不好就会出现“抖动”。理想的调度算法（OPT）能使缺页中断率最低。然而，因为谁也无法对程序执行中要使用的页面做出精确的断言，因此这种算法是无法实现的。不过，这个理论上的算法可作为衡量各种具体算法的标准。

6．页式存储管理的保护措施

页式存储管理的保护措施有两种：一是程序隔离，二是对页面的存取控制。

在分页存储管理方法中，进入系统的各作业程序的连续页面可能被分配到主存的不连续的各块中。为了限定各作业程序在自己的存储范围内活动而不相互干扰，可以利用页表来达到分页存储的存储保护的目的，以起到程序隔离的作用。

在进行内存分配时，只要各作业程序的存储区（各主存块）互不干扰，各作业的页表就可以控制程序的逻辑地址不至于转换到别的作业所占用的物理区域内，因而起到分区保护作用。

另外，为了实现对页面的存取控制，可以在页表中对应于每个页面设置一个保护位，即在页表结构中又增加一个存取控制位，这一位可以根据本页面使用情况定义为可读/写或只能读的标志。在进行地址变换时，由逻辑地址得到页号，找到页表的相应表目，可以得到块号；同时，要检查存取控制位，看是否可读、可写。若程序要执行的操作和存取控制位的指示相符，则指令正常执行；否则，由硬件捕获发出保护性中断，然后由操作系统处理这一事件。比如，对于一个只能读的页面来说，若指令要执行的是写操作，通过检查存取控制位可得 READ-ONLY 指示，那么这一非法操作就不能进行，对页面实现了有效的保护。

4.10 用户编程中的内存管理实例分析

为加深对操作系统存储管理机制的理解，下面的程序实例利用操作系统调用实现了用户程序分配内存以及回收所用内存的过程。整个程序由 my-malloc.h、my-malloc.c、test.c 和编译 makefile 四个文件组成，该程序已在 Linux 下调试通过，为使学生阅读程序方便，对其中的主要函数给出了说明，学生可结合程序注释理解该程序。

1．my-malloc.h 文件

```
#include <stdlib.h>
typedef long Align;/ * for alignment to long boundary */
union header {/ * block header: */
struct {
union header *next; / * next block if on Free list */
        unsigned int size;  / * size of this block */
    } s;
    Align x;        / * force alignment of blocks */
};

typedef union header Header;

#define NALLOC 10 / * minimum #units to request */
static Header* morecore(unsigned int nu);
void* Malloc(unsigned int nbytes);
void Free(void *ap);
```

该段程序主要定义了一个描述自由存储块的结构，每一个自由块都包含块的大小、指向下一块的指针以及块区本身，所有的自由块以地址增加顺序排列，并用链表链接起来。这一链表是本程序维护的一个空闲区域，对于操作系统的当前记录来说，是已分出去的区域，因为本程序是运行在用户态的程序。

2．my-malloc.c 文件

```
#include <unistd.h>
#include "my_malloc.h"

static Header base;/ * empty list to get started */
static Header *free_list = NULL;    / * start of free list */

/ * Malloc: general-purpose storage allocator */
void* Malloc(unsigned int nbytes)
{
```

```
    Header *p, *prev;
    unsigned int nunits;
    nunits = (nbytes + sizeof(Header) - 1) / sizeof(Header) + 1;
    if ( (prev = free_list) == NULL) {      / * no free list yet */
        base.s.next = free_list = prev = &base;
        base.s.size = 0;
    }
    for (p = prev->s.next; ; prev = p, p = p->s.next) {
       if (p->s.size >= nunits) {       / * big enough */
if (p->s.size == nunits)    / * exactly */
                prev->s.next = p->s.next;
            else {
                p->s.size -= nunits;
                p += p->s.size;
                p->s.size = nunits;
            }
            free_list = prev;
            return (void *)(p + 1);
        }
        if (p == free_list)     / * wrapped around Free list */
        if ( (p = morecore(nunits)) == NULL)
            return NULL;        / * none left */
    }   / * end for */
}
```

当请求分配内存时，扫描自由存储块链表，直到找到一个足够大的可供分配的内存块；若找到的块大小正好等于所请求的大小时，就把这一块从自由链表中取下来，返回给申请者；若找到的块太大，即对其分割，并将一块大小适合的空间返回给申请者，余下的部分返回链表。若找不到足够大的块，就通过调用 morecore 函数向操作系统请求另外一块足够大的内存区域，并把它链接到自由块链表中，然后再继续搜索。

```
/  * morecore: ask system for more memory */
static Header* morecore(unsigned int nu)
{
    char *cp;
    Header *up;

    if (nu < NALLOC)
        nu = NALLOC;
    cp = sbrk(nu * sizeof(Header));
    printf("sbrk: %X - -  %X\n", cp, cp + nu * sizeof(Header));
    if (cp == (char *) - 1)/ * no space at all */
        return NULL;
    up = (Header *)cp;
    up- >s.size = nu;
```

```
    Free(up + 1);
    return free_list;
}
```

该函数从操作系统得到存储空间，在 Linux 中，通过系统调用 sbrk(*n*)向操作系统申请 *n* 个字节的存储空间，返回值为申请到的存储空间的起始地址。由于要求系统分配存储空间是一个代价较大的操作，故通常一次申请一个较大的内存空间，需要时再将其分割。

```
/ * Free: put block ap in Free list */
void
Free(void *ap)
{
    Header *bp, *p;
        bp = (Header * )ap - 1;        / * point to block header */
    for (p = free_list; !(bp>p && bp<p- >s.next); p = p- >s.next)
        if (p>=p- >s.next && (bp>p || bp<p- >s.next))
            break;/ * freed block at start or end of arena */
    if (bp + bp- >s.size == p- >s.next) {   / * join to upper nbr */
        bp- >s.size += p- >s.next- >s.size;
        bp- >s.next = p- >s.next- >s.next;
    }
    else
        bp- >s.next = p- >s.next;
    if (p + p - >s.size == bp) {/ * join to lower nbr */
        p- >s.size += bp- >s.size;
        p- >s.next = bp- >s.next;
    }
    else
        p- >s.next = bp;
    free_list = p;
}
```

释放存储块也要搜索自由链表，目的是找到适当的位置将要释放的块插进去，如果被释放的块的任何一边与链表中的某一块邻接，则对其进行合并操作，直到没有可合并的邻接块为止，这样可防止存储空间变得过于零碎。学生可以从后面有关 Linux 存储管理的论述中看到，Linux 正是通过采用 Buddy 算法防止存储空间由于内存空间的频繁分配和回收而变得过于零碎。

```
void print_list(void)
{
    Header *p;
    int i = 0;
    printf("base: %X, base.next: %X, base.next.next: %X, free: %X\n", &base,
         base.s.next, base.s.next- >s.next, free_list);
    for (p = &base; p- >s.next != free_list; p = p- >s.next) {
```

```
        i++;
        printf("block %d, size=%d", i, p- >s.size);
        if (p > free_list)
            printf(" used!\n");
        else
            printf(" free!\n");
    }
}
```

上面这段程序将输出分区的状态。

3. test.c 文件

```
#include "my_malloc.h"

void main(void)
{
    / *print_list();*/
    char *p [200] ;
    int i;

    for (i = 0; i < 20; i++) {
        p [i] = (char *)Malloc(8);
        printf("malloc %d, %X\n", i, p [i] );
        print_list();
    }

        for (i = 19; i >= 0; i- - ) {
        Free(p [i] );
        printf("free %d\n", i);
        print_list();
    }
}
```

4. makefile 文件

```
all:    test
test:   test.o my_malloc.o
    cc test.o my_malloc.o - o test
test.o: test.c my_malloc.h
my_malloc.o:    my_malloc.c my_malloc.h
clean:
    rm test
    rm *.o
```

makefile 是用来编译由多个文件组成的源程序的工具，它说明多个源程序文件之间的依赖关系，每次编译时检查上次编译后对哪些文件做了修改，只重新编译经修改的文件，减少需重新编译的文件的个数，以达到控制编译源程序文件成为可执行文件过程的目的。

4.11 Linux 内存管理概述

4.11.1 基本思想

Linux 是多用户多任务操作系统，所以存储资源要被多个进程有效共享，为此，Linux 也采用了虚拟内存管理机制。Linux 的虚拟内存管理功能可以概括为以下几点。

- 地址空间大于主存物理空间：对运行在系统中的进程而言，运行程序的长度可以远远超过系统的物理内存容量，运行在 i386 平台上的 Linux 进程，其地址空间可达 4GB（32 位地址线）。
- 进程保护：每个进程拥有自己的虚拟地址空间，这些虚拟地址对应的物理地址完全和其他进程的物理地址隔离，从而避免了进程之间的互相影响。
- 内存映射：利用内存映射，可以将程序或数据文件映射到进程的虚拟地址空间中，对程序代码和数据的逻辑地址的访问与访问物理内存单元一样。
- 公平的物理内存分配：虚拟内存可以方便地隔离各进程的地址空间，这时，如果将不同进程的虚拟地址映射到同一物理地址，则可实现内存共享，这就是共享虚拟内存的本质。利用共享虚拟内存不仅可以节省物理内存的使用，也为用户和系统提供了一种有效的进程间通信机制（两个进程通过同一物理内存区域进行数据交换的“共享内存”通信机制）。

Linux 的虚拟内存采用分页机制进行管理。分页机制将虚拟地址空间和物理地址空间划分为大小相同的块，这样的块在逻辑地址空间称为“页”，在物理地址空间称为“块”。通过虚拟内存地址空间的页与物理地址空间的块之间的映射，分页机制实现了虚拟内存地址到物理内存地址之间的映射。

4.11.2 Linux 中的页表

Linux 为了适合 36 位地址场的处理器结构，提高存储管理效率，而采用了三级页表，如图 4-25 所示。

- 页全局目录（page global directory，pgd）：是多级页表的抽象最高层。每一级的页表都处理不同大小的内存——这个全局目录可以处理 4MB 的区域。每项都指向一个更小目录的低级表，因此 pgd 就是一个页表目录。当代码遍历这个结构时（有些驱动程序就要这样做），就称为是在“遍历”页表。
- 页中间目录（page middle directory，pmd）：是页表的中间层。在 x86 架构中，PMD 在硬件中并不存在，但是在内核代码中它是与 pgd 合并在一起的。
- 页表条目（page table entry，pte）：是页表的最低层，它直接处理页。该值包含某页的物理地址，还包含了说明该条目是否有效及相关页是否在物理内存中的位。

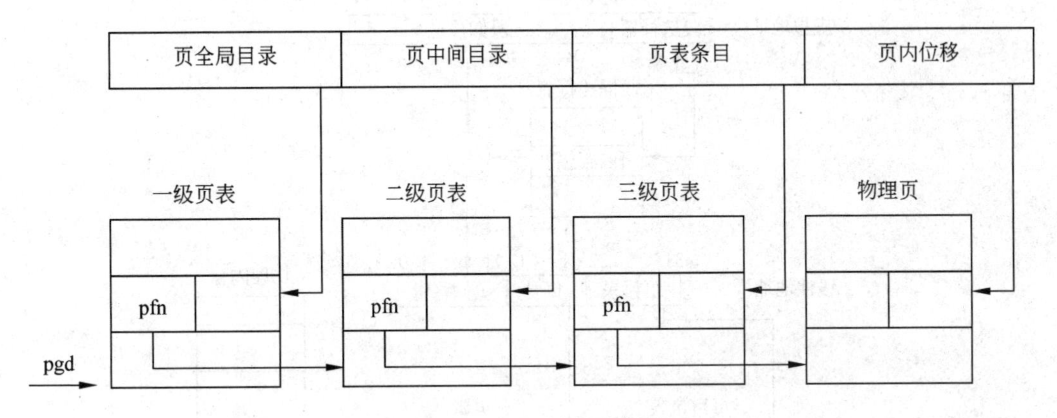

图 4-25 三级页表示意图

Linux 内核源代码利用 C 语言的宏屏蔽了处理器结构对页表的影响，在编译时通过启用或禁用 pmd 可以选择使用二级或是三级页表。例如，对 x86 构架的 32 位处理器结构，Linux 将 pmd 的最大目录项个数定义为 1，并提供一组相关的宏（这些宏将 pmd 用 pte 来替换），将三级页表转换成只有两级页表起作用。图 4-26 展示了奔腾 PC 的分页情况，图中的 CR3 是页表地址寄存器。

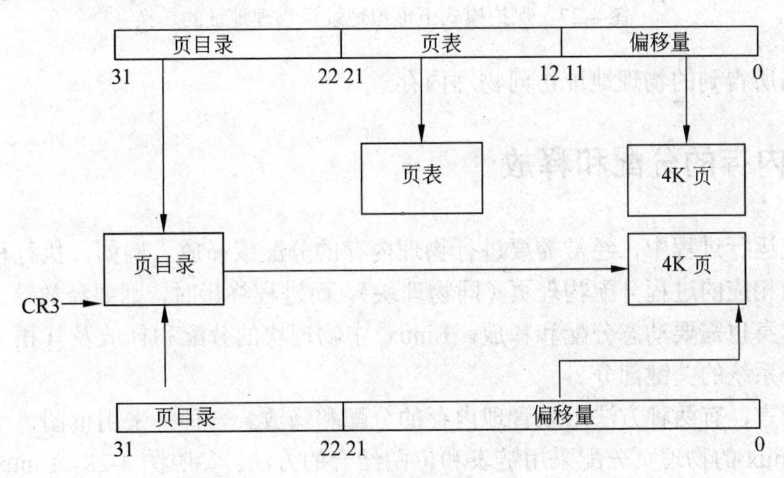

图 4-26 奔腾 PC 体系结构下的分页

图 4-27 显示了通过二级页表转换虚拟地址到物理地址的过程。图中的 CR3 是页表地址寄存器，由它指出页目录在什么地方。其寻址过程如下：

（1）由段地址寄存器指出段描述符存放的起始地址，从段描述符中取出该段的起始地址（0）与段的位移量相加，得到的地址作为页面访问的逻辑地址，该地址被划分为三段，如图 4-27 所示。实际上在 Linux 中并没有使用分段功能，而是使用分页功能，这种分段模型的描述是为了提供与 x86 等构架的兼容性。

（2）由页表地址寄存器指出页目录的起始地址，通过逻辑地址中的页目录内容作为索引，访问页目录表，取出该项内容，由它指出页表始址，再由逻辑地址中的页号作为索引访问页表，从页表内取出块的起始地址，将它与页偏移量相加得到最终的物理地址。

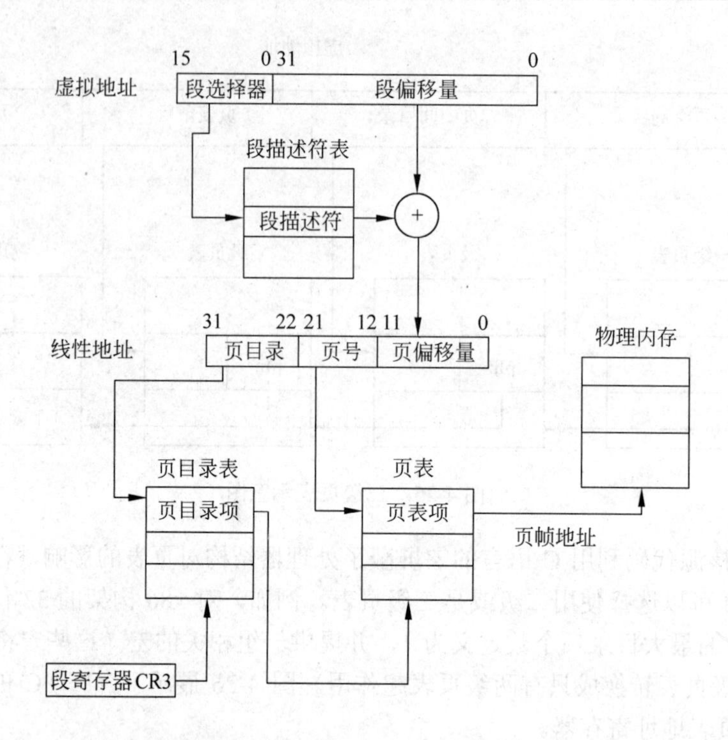

图 4-27 保护模式下虚拟地址至物理地址的转换

（3）用所得到的物理地址访问物理内存。

4.11.3 内存的分配和释放

在系统运行过程中，经常需要进行物理内存的分配或释放。例如，执行程序时，操作系统需要为相应的进程分配物理页（同物理块），而进程终止时，则要释放这些物理页。再如，页表本身也需要动态分配和释放。Linux 中物理块的分配和释放及其相关数据结构是虚拟内存子系统的关键部分。

一般而言，有两种方法用来管理内存的分配和释放。一种是采用位图，另外一种是采用链表。Linux 的物理页分配采用链表和位图结合的方法。参照图 4-28，Linux 内核定义了一个称为空闲页（free_area）的数组，该数组的每一项描述某一种页块的信息。第一个元素描述单个页的信息，第二个元素则描述以 2 个页为一个块的页块信息，第三个元素描述以 4 个页为一块的页块信息，以此类推，所描述的页块大小以 2 的倍数增加。free-area 数组的每项包含两个元素：list 和 map。list 是一个双向链表的头指针，该双向链表的每个结点包含空闲页块的起始物理页帧编号；而 map 则是记录这种页块组分配情况的位图，例如，位图的第 N 位为 1，则表示第 N 个页块是空闲的。从图中也可以看到，用来记录页块组分配情况的位图大上各不相同，显然页块越小，位图越大。

图 4-28 中，free_area 数组的元素 0 包含了一个空闲页（页帧编号为 0）；而元素 2 则包含了两个以 4 页为大小的空闲页块，第一个页块的起始页帧编号为 4，而另一个页块的起始页帧编号为 56。

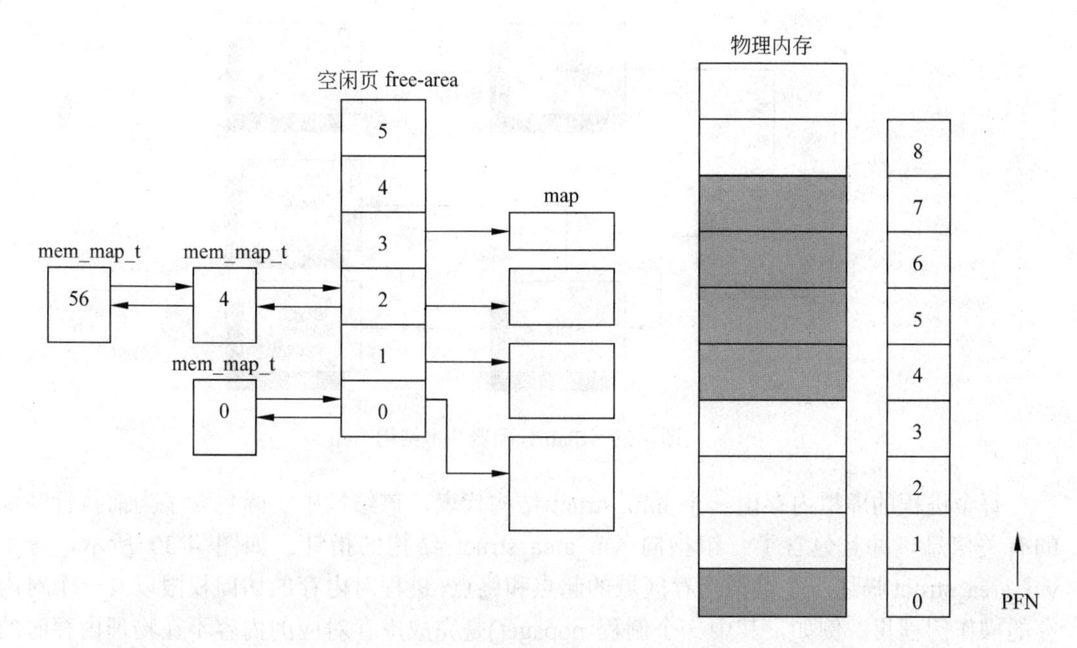

图 4-28　Linux 物理页块的分配和释放

Linux 采用 BUDDY（伙伴）算法有效地分配和释放物理页块。按照上述数据结构，Linux 可以分配的内存大小只能是 1 个页块、2 个页块或 4 个页块等。在分配物理页块时，Linux 在 list 双向链表中寻找空闲页块。如果搜索到的页块大小满足要求的最小页块，则只需将该页块剩余的部分划分为小的页块，并添加到相应的 list 链表中。页块的分配会导致内存的碎片化，而页块的释放则可将页块重新组合成一个大的页块，这一过程一直继续，直到把所有可能的页块组合成尽可能大的页块为止。了解了上述原理，读者可以自己想象系统启动时，初始的 free_area 数组中的信息。

很多时候，内核需要频繁地申请和释放某一特定类型的对象（Object），如果每次都用 BUDDY 算法以页为单位分配和释放内存块，不仅造成大量的内碎片，而且严重影响系统的运行性能。为此，Linux 提供了从缓存（Cache）中分配内存的机制，即 Slab 分配器，其基本结构如图 4-29 所示。Slab 分配器通过预先分配一块内存区域当作缓冲区，当要求分配对象时就直接用缓冲区提供空区，释放对象时 Slab 分配器只是将对象归还到缓冲区以供下次分配时使用，这样就可以避免频繁地调用伙伴系统的申请和释放操作，从而加快申请和释放对象的时间。

4.11.4　内存映射和需求分页

当某个程序映像开始运行时，可执行映像必须装入进程的虚拟地址空间。如果该程序用到了任何一个共享库，则共享库也必须装入进程的虚拟地址空间。实际上，Linux 并不将映像装入物理内存；相反，可执行文件只是被链接到进程的虚拟地址空间中。随着程序的运行，被引用的程序部分会由操作系统装入物理内存，这种将映像链接到进程地址空间的方法称为“内存映射”。

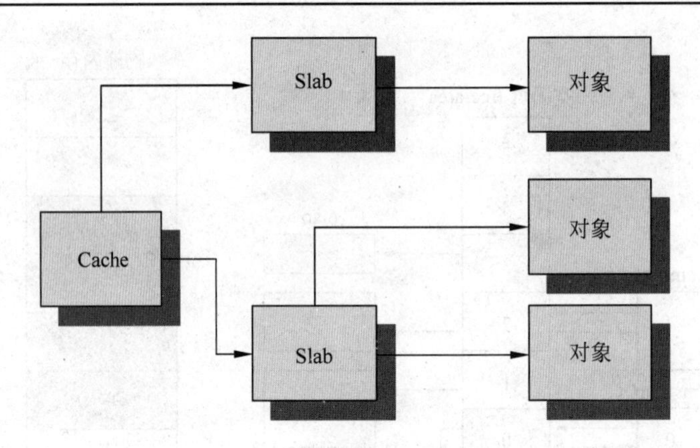

图 4-29 Slab 分配器基本结构

每个进程的虚拟内存由一个 mm_struct 结构代表，该结构中实际包含了当前执行映像的有关信息，并且包含了一组指向 vm_area_struct 结构的指针。如图 4-30 所示，每个 vm_area_struct 描述一个虚拟内存区域的起点和终点，进程对内存的访问权限以及一个对内存的操作例程集。例如，其中一个例程 nopage()是完成虚存对应的内容不在物理内存时的缺页处理。当可执行映像映射到进程的虚拟地址空间时，将产生一组 vm_area_struct 结构，由此代表可执行文件的一部分，包括可执行代码、初始化变量和未初始化的数据。

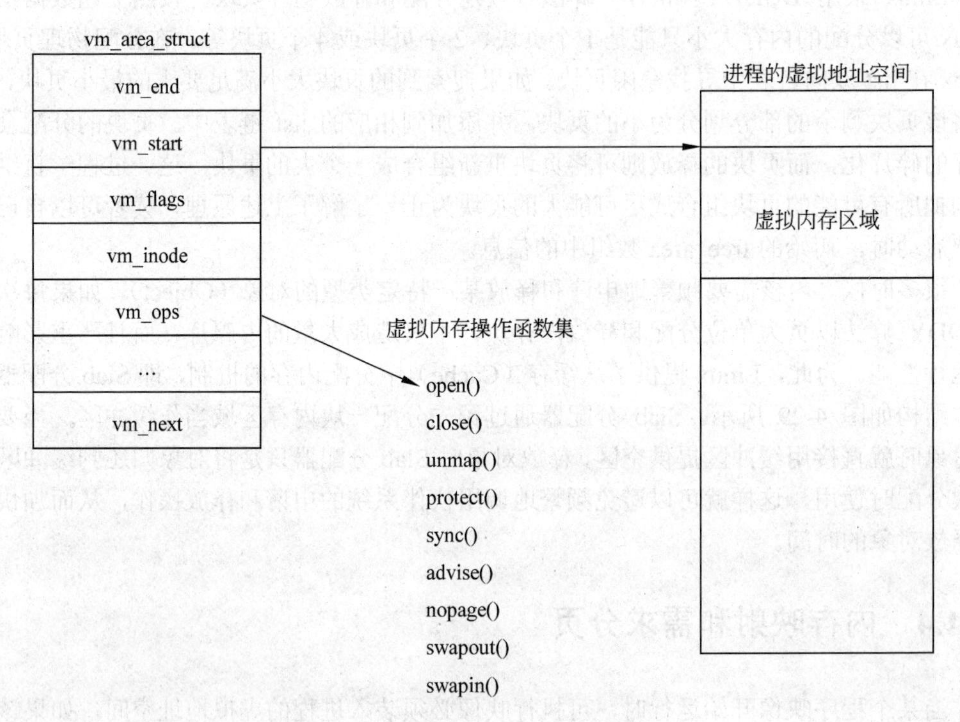

图 4-30 vm_area_struct 数据结构示意图

某个可执行映像映射到进程虚拟内存中并开始执行时，因为仅有开始部分装入物理内存，因此很快就会访问尚未装入物理内存的虚拟内存区域。这时，处理器将向 Linux 报告一个页故障及其对应的故障原因，并调用 do_page_fault()进行缺页处理，将相应的虚页面装入物理内存，同时更新页表项，然后继续执行进程。这种只在必要时才将虚页装入物理内存的处理称为“请求分页”。

4.11.5 内存交换

当物理内存出现不足时，Linux 内存管理子系统需要释放部分物理内存页。这一任务由内核的交换守护进程 KSWAPED 完成，该内核守护进程实际是一个内核线程，它的任务是保证系统中具有足够的空闲页，从而使内存管理子系统能够有效运行。

在系统启动时，这一守护进程由内核的 INIT 进程启动，按核心交换时钟开始或终止工作。每到一个时钟周期结束，KSWAPED 便查看系统中的空页内存块数，通过变量 free_pages_high 和 free_pages_low 来决定是否需要释放一些页面。当空闲块数大于 free_pages_high 时，KSWAPED 便进入睡眠状态，直到时钟终止，free_pages_high 和 free_pages_low 在系统初始化时设置。若系统中的空闲内存页面数低于 free_pages_high 甚至 free_pages_low 时，KSWAPED 使用下列三种方法减少系统中正在使用的物理页面：

- 减少缓冲区和页面 cache 的大小。
- 换出 SYSTEM V 的共享内存页。
- 换出或丢弃内存页面。

KSWAPED 轮流查看系统中哪一个进程的页面适合换出或淘汰。因为代码段不能被修改，这些页面不必写回缓冲区，直接淘汰即可，需要时再将原副本重新装入内存。当确定某进程的某页被换出或淘汰时，还要检查它是否是共享页面或被锁定，如果是这样，就不能淘汰或换出。

Linux 采用老化算法——LRU 算法的一种近似算法，来公平地选择将要被淘汰的页面。它为每个页面设置一个年龄，保存在描述页面的数据结构 mem_map_t 中。页面年龄的初值为 3，每访问一次年龄增加 3，最大值为 20，而当内核的交换进程运行时，页的寿命减 1。这样，页面被访问的次数越多，页面就越年轻；相反则越衰老。如果某个页面的年龄为 0，则该页可作为交换候选页。

当某页曾被修改过后重新放在交换区中，某进程再次需要该页时，由于它已不在内存中（通过页表），该进程便发出缺页请求，这时，Linux 的缺页中断处理程序 do_page_fault() 开始执行，它首先通过该进程的 vm_area_struct 定位，先找到发生缺页中断的虚地址，再把相应的物理页面换入内存，并重新填写页表项。

4.11.6 页目录和页表的数据结构表示

在 Linux 实际运行过程中，以进程控制块 task_struct 为首的数据结构可参考图 4-31，在图中，task_struct 中的 mm 指出的是存储管理模块的数据结构。这组数据结构抽象了存储器的物理信息，这是虚拟存储管理部分的数据结构，其中页表由数据结构 pgd 和 pte 给出，这是二级页表，物理块由 page frame 示意性地表示。pgd、pte 以及 page frame 三者之间的关系如图 4-31 所示，这部分的数据结构直接为虚拟地址空间的逻辑地址到物理地址空间的物理块之间的映射提供基础。在数据结构中还有另一部分 vm_area_struct 结构，它主要是从代码段、数据段等另一个角度提供一种检索链表，如图 4-32 所示，这种做法只是为一些辅助功能提供便利。

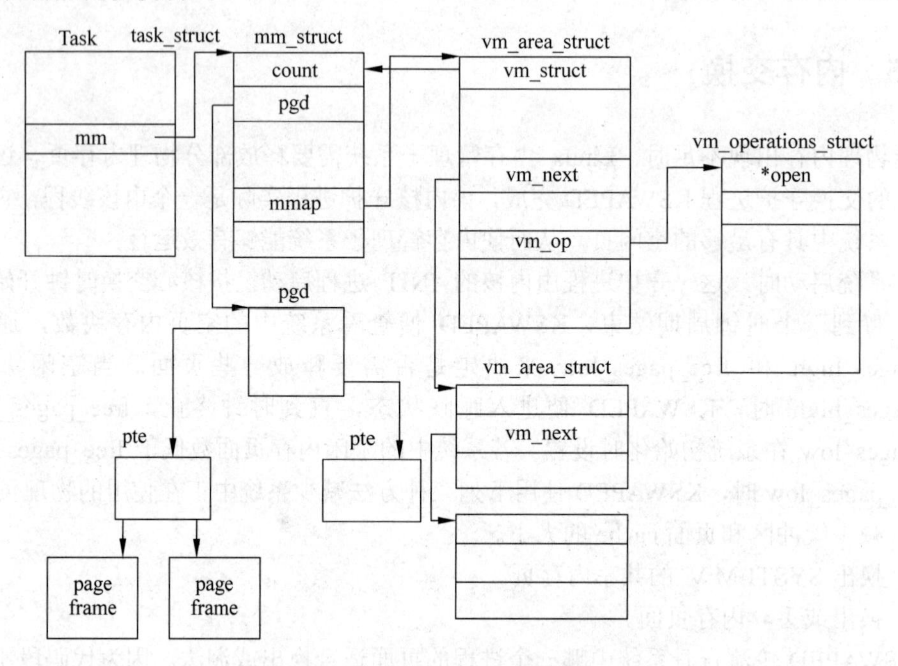

图 4-31 进程的虚存管理数据结构

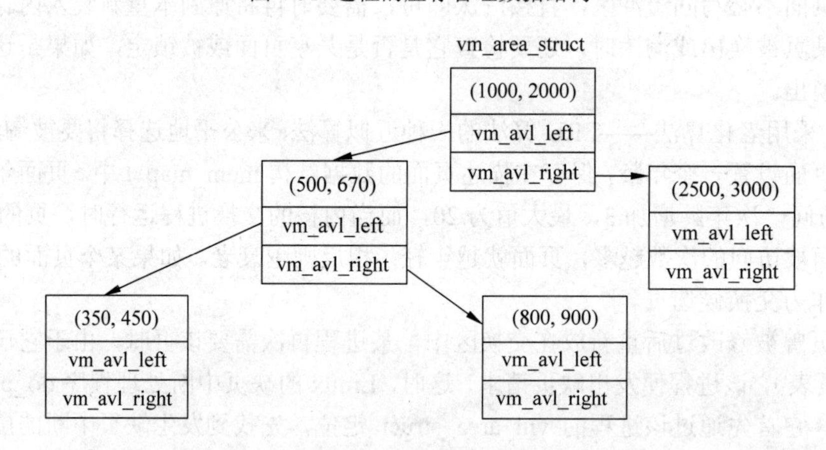

图 4-32 虚拟数据结构成员 vm_area_struct

由于在 Linux 系统中采用的是页面存储管理方案，所以当用户使用的系统调用 sbrk()，申请内存空区时，根据分页管理的原理可知，每次 Linux 至少提供内存块大小为一页，以页的整数倍分配内存空闲区。

4.12 小结

本章学习了存储管理。我们看到在最简单的系统中，程序运行过程中不存在内存与外存之间的交换，一旦一个程序装入内存，它将一直在内存中运行直到退出。一些操作系统在同一时刻只允许一个进程在内存中运行。现代操作系统通常允许多个程序同时运行，因此内存中需同时存放这些程序。

不同的操作系统采用不同的存储管理方案，主要有分区式存储管理、分页式存储管理、分段式存储管理和段页式存储管理等。分区式管理技术的数据结构有分区表、分页式数据结构有页表、分段式的数据结构为段表等。

虚拟存储机制的提出从根本上改变了操作系统存储管理的实现，许多计算机都为虚存的实现提供某种形式的硬件支持。在简单的形式中，每一进程的地址空间被划分为同等大小的称为页的逻辑块，页可以被放入内存中任何可用的物理块（物理页面）中。当页表很大的时候，可以使用多级页表，这样页表本身可被置换出，从而大大减少页表本身所占用的内存空间。

为了提高性能，几乎所有支持分页的计算机都支持联想寄存器。联想寄存器可以完成从虚页号到物理块号的快速映射，在联想寄存器找不到虚页号时才会访问页表。

现在存在许多页面置换算法，一些算法虽好，但不可行，例如最优页面置换算法。实用的算法有 LFU 算法、老化算法等。

在实际的内存分页系统中，还涉及页的划分、页面尺寸的选择、请求分页处理、工作集模型、局部分配、全局分配以及实现方面的问题。

本章还以一个实例程序说明了应用程序如何通过系统调用管理自己用的空闲内存，目的在于加深学生对本章内容的理解。

本章最后介绍了 Linux 操作系统存储管理的基本思想和实现过程中主要的数据结构，旨在为学生结合所学理论、分析相关操作系统源码奠定基础。

4.13　习题

1．何谓名字空间？何谓地址空间？何谓存储空间？
2．分区分配方案能用于实现虚拟内存吗？
3．为什么要引入动态重定位？如何实现？
4．请详细说明，引入分页存储管理是为了满足用户哪几方面的需求。
5．为什么说分段系统比分页系统更易于实现地址变换？
6．分页存储管理中有哪几种常用的页面置换算法？试比较它们的优缺点。

第5章　输入/输出系统

5.1　概述

计算机可以帮助人们完成两大类任务：输入/输出（I/O）工作和运算处理。而且，在大多数情况下，都是进行 I/O，而运算工作只是偶尔才会出现。如在人们浏览网页或者编辑文件时，主要是在读取或者在输入信息，并不是计算答案。在计算机的输入/输出中，操作系统的作用是执行 I/O 操作并控制 I/O 设备。输入/输出在操作系统设计中是最为繁杂的部分。

本章将针对计算机的输入/输出，讨论操作系统所起的作用。在本章中，首先介绍 I/O 硬件基础，了解硬件接口的性质对操作系统内部功能提出了哪些要求。其次讨论 I/O 软件的设计，了解操作系统提供的 I/O 服务以及在应用程序中，如何用 I/O 接口体现这些服务的具体形式。然后介绍操作系统如何在硬件接口与应用程序接口之间起衔接作用，讨论如何将设备名称与驱动程序以及 I/O 端口地址相互对应。最后讨论 I/O 方面的性能以及在改进 I/O 性能方面操作系统的设计原理。

输入/输出（I/O）系统是计算机系统中一个重要的组成部分。由于各种 I/O 设备（如鼠标、硬盘、DVD 光盘机）在其功能和速度上差异很大，因而针对这些设备需要有不同的控制方法。这些方法的实现程序便形成了内核的 I/O 子系统。

I/O 设备技术的发展出现两种不同的趋势：一方面，软件与硬件接口趋于标准化，这种趋势有助于将新一代设备纳入现有的计算机与操作系统之中。另一方面，设备也越来越多样化。有些新设备与先前的设备差异很大，若将其纳入现存的计算机与操作系统中并不是一件容易的事，在软、硬件技术相结合时会遇到一些棘手的问题。针对这些发展趋势，通常采用像端口、总线以及设备控制器这类基本的 I/O 硬件，来容纳种类繁多的 I/O 设备；通过采用设备驱动程序模块构造操作系统内核，来封装不同设备的细节和差异。设备驱动程序为 I/O 子系统访问硬件设备提供了统一的接口，这种封装所起的作用，与系统调用为应用程序访问操作系统提供标准接口所起的作用是一样的。

5.2　I/O 硬件

计算机可以控制种类繁多的电子设备，只要是数据信号控制的电子设备都可作为计算机的外围设备。大多数设备都可归类为：存储设备（磁盘、磁带）、传输设备（网卡、调制解调器）、人机接口设备（屏幕、键盘、鼠标）。此外，还有一些是较特殊的人机交互设备。

比如：飞机驾驶盘或者宇宙飞船的操纵机构。在这些飞行器中，驾驶员通过操纵杆和脚踏板将信息输入控制飞行的计算机中，计算机通过发送输出命令控制设备。虽然 I/O 设备千变万化，但有一些基本概念却是相通的，这些基本概念有助于理解设备的连接以及软件对硬件的控制。

设备与计算机系统之间的通信既可以通过电缆，亦可以通过无线电发送信号。设备与机器通信是经连接点（端口）进行，如串口。如果设备使用一组公共导线相连，则将此连接称为总线连接。所谓总线是一组线，具有严格定义的协议，通过协议指定一组消息，在总线上可以发送这些消息。利用电子设备，按照定义的时序，这些消息在导线上以电压模式传递。在总线布置中的一种常用形式是顺序链，这种排列就是将电缆设备 A 插到设备 B，设备 B 又插到设备 C，设备 C 直接插到计算机的一个端口上。

在计算机体系结构中广泛地采用总线。典型的 PC 总线结构如图 5-1 所示。该图展现了 PCI 总线（公共 PC 系统总线，全称是：外围设备互连 peripheral component interconnect），它将处理机与存储器连接到一些快速设备以及扩展总线上。该扩展总线连接着速度较慢的设备，如键盘、串口、并口等这类设备。在图 5-1 的右上角，有两个磁盘连接在 SCSI 总线（small computer-systems interface，SCSI），该总线插在 SCSI 控制器上。

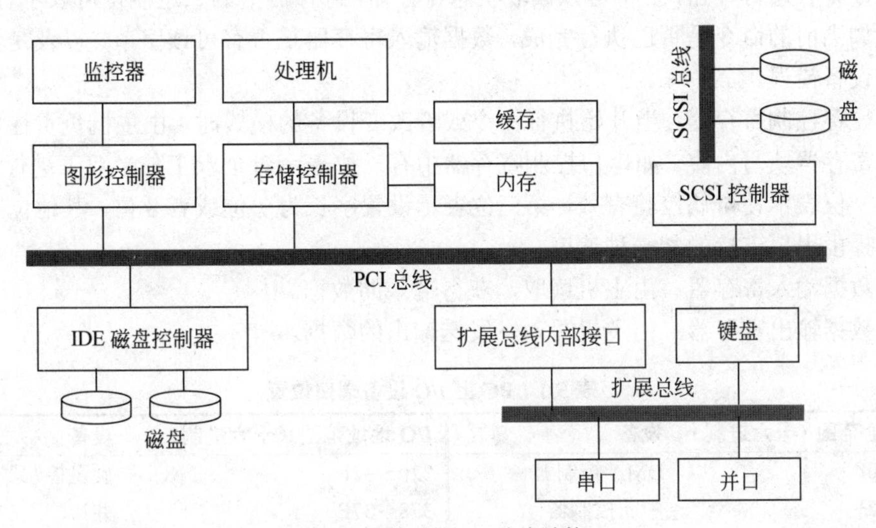

图 5-1　典型的 PC 总线结构

控制器可以对控制端口、总线或者设备的电子集成部件进行控制。串口控制器是一个简单的设备控制器，是计算机中的单一芯片（或部分芯片），它控制着串口线上的信号。相比之下，SCSI 总线控制器要复杂一些。因为 SCSI 的协议复杂，SCSI 总线控制器往往做成单独的电路板（或主机适配器）插到计算机上。SCSI 通常含有处理机、微代码和一些私有存储器，使其能够处理 SCSI 协议消息。还有一些设备有自己内置的控制器，如果观察一下卸下来的硬盘，便可以看到有一个附在硬盘侧面的电路板，这个电路板便是磁盘控制器，它执行关于某种连接的磁盘一方的协议，如 SCSI 或 ATA（advanced technology attachment）。磁盘驱动器具有微代码和处理器，可以完成多个任务，如坏区段映射、预取、缓冲与缓存。

处理机操纵控制器，提供命令和数据给控制器，由控制器操纵 I/O 设备，使设备完成 I/O 传输。简单地说，控制器中有数据寄存器与控制寄存器，处理机通过读/写这些寄存器，与控制器进行通信。其中一种通信方式是使用专门的 I/O 指令，针对指定的 I/O 端口地址进行数据传输。I/O 指令通过总线选择适当的设备，并将二进制位移入或者移出设备寄存器。另一种通信方式是指设备控制器能够支持内存映射的 I/O。在这种情况下，设备控制寄存器被映射到处理机的地址空间，CPU 在执行 I/O 请求时，采用标准数据传输指令读/写设备控制寄存器。

有些系统同时采用了上述两种通信方式，例如：PC 机有部分设备使用 I/O 指令控制，还有部分设备使用内存映射控制。表 5-1 展示了 PC 机通常的 I/O 端口地址。图形控制器既有基本控制操作的 I/O 端口，亦有保存大量屏幕内容的内存映射区。进程向屏幕发送输出就是直接往内存映射区写入数据，控制器根据该块内存的内容产生屏幕映像，这项技术简单易用。而且，往图形内存写入百万字节要比发出百万条 I/O 指令快得多。虽然内存映射的 I/O 控制器的写入容易，但是在软件上经常会由于指针使用不当而造成写错区域，易造成内存映射设备寄存器被意外地修改。

I/O 端口通常有四个寄存器组成：设备状态寄存器、设备控制寄存器、数据输入寄存器和数据输出寄存器。

- 设备状态寄存器：主机可以读取状态寄存器，寄存器中的二进制位可表示各种状态，如当前的命令是否已执行完成，数据输入寄存器是否有可读字节，以及是否发生了设备错误。
- 设备控制寄存器：当开始执行命令或者改变设备的模式时，由主机负责往设备控制寄存器填写内容。如串口控制寄存器中有一位表示对全双工与半双工进行选择，另一位表示使奇偶校验有效，第三位表示设置字长为 7 位或者 8 位，其他位则表示选择由串口支持的某一种速度。
- 数据输入寄存器：由主机读取，获得输入的数据。
- 数据输出寄存器：由主机写入，发送输出的数据。

表 5-1　PC 上 I/O 设备端口位置

I/O 地址范围（十六进制）	设备	I/O 地址范围（十六进制）	设备
000～00F	DMA 控制器	320～32F	硬盘控制器
020～021	中断控制器	378～37F	并口
040～043	计时器	3D0～3DF	图形控制器
200～20F	游戏控制器	3F0～3F7	软盘驱动控制器
2F8～2FF	串口（次要）	3F8～3FF	串口（主要）

数据寄存器通常有 1～4 个字节，有些设备控制寄存器还有 FIFO 芯片（first-in first-out），可以保存几个字节的输入或输出数据，其容量比数据寄存器大，扩展了控制器的能力。FIFO 芯片可以临时保存数据直到设备或者主机能够接收这些数据为止。

USB 的全称是通用串行总线。USB 口没有分配固定的总线 I/ O 地址，它的地址是通过软件来虚拟的。RS-232 是串口，有固定的 I/O 地址与中断号。

5.2.1 循环等待（忙等待）

在主机与控制器之间的交互中，有一种简单的握手概念。下面用一个例子解释握手概念。假设在主机与控制器之间用 2 个二进制位（忙位与命令就绪位）来协同生产者与消费者关系。控制器通过状态寄存器中的忙位指出其状态。如果控制器正在工作，将忙位置位，即二进制位置 1；如果控制器准备接收下一个命令，则清除忙位，即二进制位置 0。主机是通过设备控制寄存器中的命令就绪位提出请求，所以当有命令让控制器执行时，主机将设备控制寄存器中的命令就绪位置 1。在本例中，主机通过端口提供输出，按照如下握手规则，与控制器协同工作：

（1）主机反复地读取设备状态寄存器中的忙位，直到该位变为 0 为止；

（2）主机在设备控制寄存器中置写位为 1，并且写入一个字节到数据输出寄存器；

（3）主机置设备控制寄存器中的命令就绪位；

（4）当控制器发现命令就绪位置 1，则置设备状态寄存器中的忙位为 1；

（5）控制器读取设备控制寄存器并得到写命令；控制器首先读出数据输出寄存器中的字节，然后送到设备进行输出；

（6）控制器清除设备控制寄存器中的命令就绪位和状态寄存器中的错误位（置 0），表明设备的 I/O 成功；控制器忙位清 0 表明 I/O 工作完成。

在处理每一个字节时，都要重复上述循环。

在第（1）步中，主机处于忙等待或者循环等待：该循环反复地读取设备状态寄存器，直到忙位置 0 为止。如果控制器和设备速度都很快，这种方法是可取的。但是，等待时间也许会很长，在这种情况下，主机应该切换到别的任务上执行。那么，怎样知道控制器何时才能变成空闲呢？有些设备，主机需要快速地为其服务，否则数据就会丢失。比如：当数据大量涌入到串口上或者来自于键盘时，若主机推迟了较长时间返回读取字节，那么控制器上的小缓冲区就会溢出，将会丢失数据。

在多数计算机体系结构中，用三个 CPU 指令周期足以完成循环等待设备：读设备状态寄存器；“逻辑与”抽取状态位；判断若为 0 则转移。显然，这个基本循环等待是有效的，但是如果出现 CPU 反复询问却很少发现设备就绪，与此同时还有一些其他处理正等着 CPU 去完成。在这种情况，若 CPU 不是反复地询问 I/O 来了解其完成情况，而是能够在设备就绪或者完成的情况下，通过硬件控制器通知 CPU 则会更有效。能够让设备通知 CPU 的硬件机制称为中断。

有关忙等待的数据传输方式如图 5-2 所示。

5.2.2 中断

中断机制的基本工作原理为：CPU 硬件有一根导线称为中断请求线，CPU 在执行每条指令之后都要对此查询；如果 CPU 查出控制器已经发出信号到中断请求线上，那么 CPU 首先保护中断现场（保存当前状态），然后跳转到内存固定地址执行中断处理程序；通过分析，确定中断原因之后，便可处理相应中断，最后恢复中断现场（恢复中断之前的状态）并从中断返回。总之，由设备首先在中断请求线上发出中断信号，再由 CPU 响应中断，并分派中断处理程序，中断处理程序以服务设备的方式清除中断。图 5-3 总结了中断驱动特点。

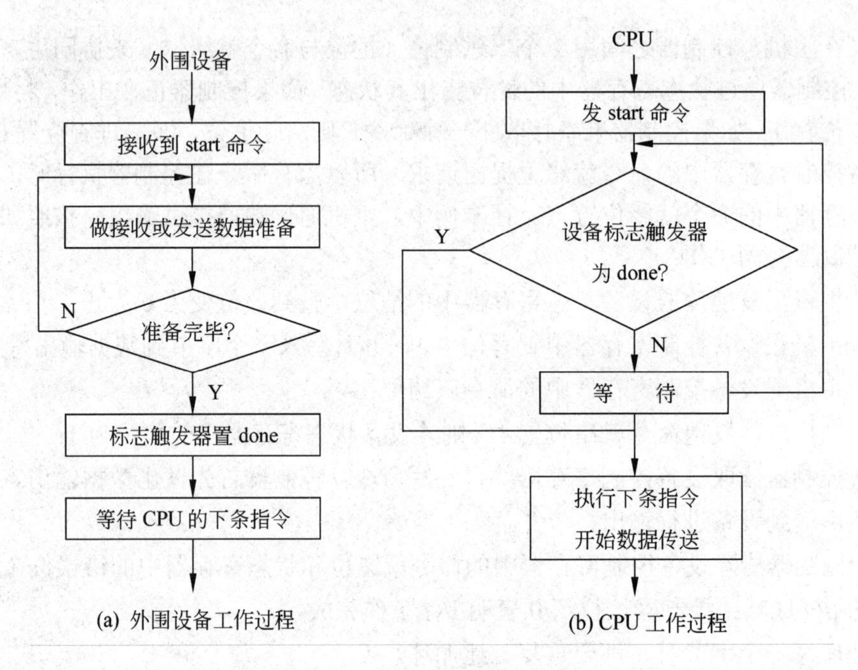

(a) 外围设备工作过程　　　　(b) CPU 工作过程

图 5-2　忙等待数据传输方式

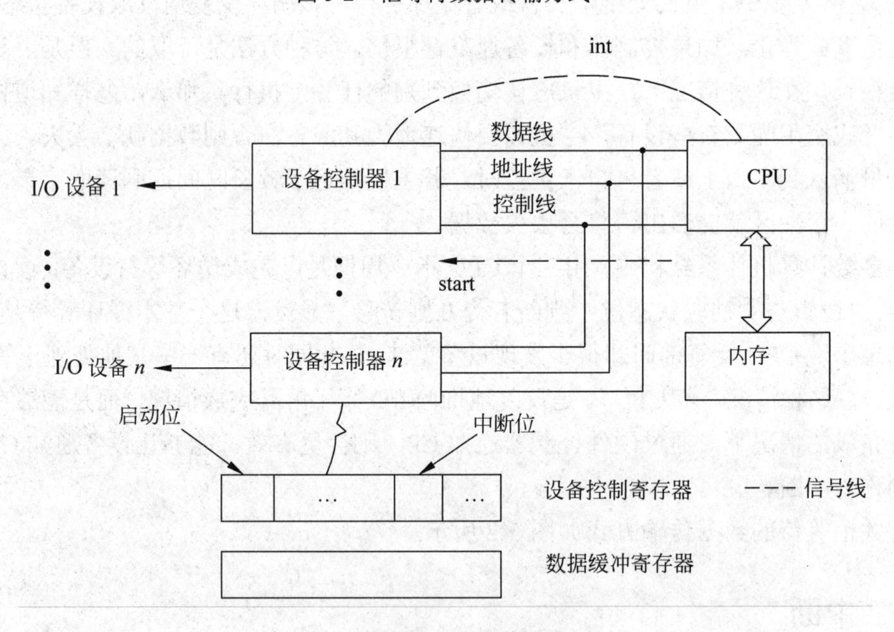

图 5-3　中断控制方式的传送结构

这个基本的中断机制能够使 CPU 在设备控制器就绪时，响应异步事件。不过，在现代操作系统中，需要更完善的中断处理功能。比如：

- 需要在关键处理期间能够推迟中断处理；
- 需要一种有效的方法为设备分派适当的中断处理程序，而不是先去查询所有的设备才能知道是哪个设备发出的中断；
- 需要多个级别的中断，使操作系统可以区分不同优先级别的中断，而且还可以按照适当的紧迫程度来响应中断。

在现代计算机硬件中，CPU 和中断控制器硬件可以提供上述三种特点。有关中断控制方式的处理过程，如图 5-4 所示。

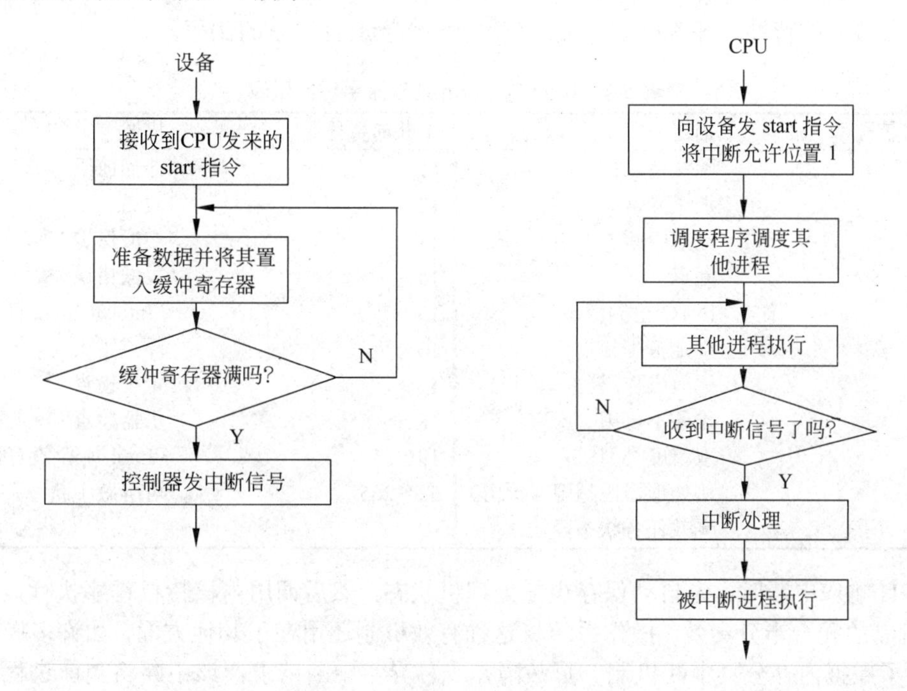

图 5-4　中断控制方式的处理过程

大多数 CPU 具有两种中断请求线：第一种是不可屏蔽中断，是为某些事件预留的，如不可恢复的内存错；第二种中断是可屏蔽中断，在执行不可中断的关键指令序列之前可由 CPU 关掉中断线（即屏蔽这些中断）。可屏蔽中断由设备控制器在请求服务时使用。

中断机制接受一个地址，该地址是一个编号，根据它可从一组地址中选择指定的中断处理程序。在大多数体系结构中，该地址是一个表的位移，此表称为中断向量表。中断向量含有指定的中断处理程序的内存地址。因为在所有可能中断源中搜索一个中断程序，并决定到底需要哪个中断服务程序提供服务很花时间，所以向量化的中断机制是为了减少查找中断处理程序的时间。然而实际上，计算机拥有的设备远比中断向量表中的元素多，因此对应的中断处理程序也就多。解决此问题的共同方法是采用中断链技术。在该技术中，中断向量的每个元素指向中断处理程序链表表头。当请求中断时，在相应链表中的处理程序被逐一检查，直到找到可为该中断请求提供服务的那个程序。在庞大中断表开销与低效率的单个中断处理程序调度之间，此结构是一种折中办法。表 5-2 展示了美国英特尔公司奔腾处理器（Intel Pentium）中断向量的设计。其中，事件 0～31 是不可屏蔽中断，用于各种出错条件信号。事件 32～255 是可屏蔽中断，用于设备产生的中断。

中断机制还实现了一个中断优先级系统。该机制使 CPU 能够推迟低优先级中断的处理而无需屏蔽所有中断，并使高优先级中断能够抢先低优先级中断的执行。

现代操作系统与中断机制有几种交互方式。在开机时，操作系统探测硬件总线，确定系统中的设备并在中断向量表中安装相应中断处理程序。在 I/O 期间，当各种设备控制器就绪时，设备便请求中断CPU。这些中断表示输出已完成，或者输入的数据可用了，或者检测出故障了。中断机制还可以用来处理各种各样的异常发生，如：除以0（分母为0），访问一个受保护的或不存在的内存地址，或试图在用户模式下执行特权指令。触发中断的事件具有共同的特性，即都会引起CPU执行一个急迫且独立的例程。

表 5-2 Intel Pentium 处理器事件向量表

中断向量号	描述	中断向量号	描述
0	除法错	11	非当前段
1	调试异常	12	栈错
2	无效中断	13	一般保护
3	断点	14	页面错误
4	INTO 检测溢出	15	（Intel 预留,没有使用）
5	绑定范围异常	16	浮点错误
6	无效操作码	17	定位检查
7	设备不可用	18	机器检查
8	双精度类型错	19～31	（Intel 预留,没有使用）
9	协处理器段超限（预留）	32～255	可屏蔽中断
10	无效任务状态段		

CPU响应中断时，先自动保存少量处理机状态，然后调用内核特权程序执行，这种软/硬件机制的配合十分奏效。操作系统将这种有效机制还用在了其他方面，如许多操作系统都采用了虚拟内存分页中断机制。页故障是一种异常中断请求，该中断将当前进程挂起并跳转到内核的页故障处理程序。该处理程序首先保存处理机状态，然后将挂起的进程放入等待队列中，接着执行页面缓存管理，调度I/O操作获取页面，并调度另一个进程重新启动执行，然后从该中断返回。

另一个例子是系统调用的实现。通常应用程序利用库函数使用系统调用，库函数通过检查应用程序提供的参数，建立数据结构并将这些参数传递给内核，然后执行一个特殊指令，称为软件中断（或陷阱）。该指令具有操作码，由它指出内核提供的服务，即系统调用。当一个进程执行陷阱指令时，中断硬件保存用户代码的状态，并切换到管理程序模式，然后将所要履行的服务移交给内核程序去做。分给陷阱的优先级要比分给设备中断的优先级低，因为，代表应用程序执行的系统调用，其紧迫程度要低于设备控制器的服务。但是，如果应用程序执行时出现FIFO队列溢出而造成数据丢失情况时，则性质就不同了，此时属于一种异常中断，需要紧急处理，其优先级要求高。

中断也可以用于管理内核内部的控制流。如在读磁盘的操作中，有个步骤是将数据从内核空间复制到用户缓冲区，这种复制虽然耗时，但是并不紧急，所以不应该阻塞其他高优先级的中断处理。还有个步骤是为磁盘驱动器启动下一个待处理的输入输出，该步骤具有较高的优先级：如果有效地使用磁盘，就需要在上一个I/O一旦完成，就启动下一个I/O。所以，有两个中断处理程序实现了读磁盘的内核代码。首先由高优先级中断处理程序读取I/O状态、清除设备中断、启动下一个待处理的I/O、唤醒低优先级中断处理程序，让其工作。稍后，若CPU未被高优先级工作所占用，便将负责低优先级中断的处理程序交给CPU执行，该处理程序完成用户级的I/O，它将数据从内核缓冲区复制到应用程序空间之后，再调用调度程序将应用程序放入就绪队列。

线程化的内核结构很适于实现多重中断优先级，适合于将内核与应用程序中的中断处理优先于后台处理。

总之，在现代操作系统中，中断的使用贯穿始终，用于处理异步事件以及用陷阱方式进入内核的管态例程中。为了使最紧迫的工作能够首先完成，现代计算机采用中断优先级系统。设备控制器、硬件故障以及系统调用，都是通过发出中断请求来调用内核例程。由于中断大量地用于对时间敏感的处理中，所以若要达到优良的系统性能，则要实现有效的中断处理。

5.2.3　直接内存访问

对于大容量的传输设备，如磁盘驱动器，若采用昂贵的通用处理器来监控状态位，而且让一次一个字节地将数据送到设备控制寄存器，是很不经济的。所以，许多计算机通过一种专用处理器，称为直接内存访问（DMA）来分担这项工作，而避免让主机负担 PIO（programmed I/O），避免主机忙等待。如果启动 DMA 传输，主机需要将 DMA 命令块写入内存，命令块含有指向传输源的指针、传输目的地的指针、传输数据的总字节计数。CPU 将命令块地址写入 DMA 控制器，然后便去做其他工作。DMA 控制器便可直接操作内存总线，按照地址内容，在总线上进行传输，此时并不需要主 CPU 干预。简单的 DMA 控制器在 PC 机中是标准部件，PC 机的总线控制 I/O 板通常有自带的高速 DMA 硬件。

DMA 控制器与设备控制器之间的握手，是通过一对线，称为 DMA 请求线与 DMA 确认线。当传输一个数据字时，设备控制器发送信号到 DMA 请求线上，该信号使 DMA 控制器抢占内存总线，DMA 将要求的地址放在内存地址总线上，并发送信号到 DMA 确认线上。当设备控制器收到 DMA 确认信号时，便将数据字传输到内存，且删除 DMA 请求信号。

当传输全部完成时，DMA 控制器便中断 CPU。图 5-5 描述了总线结构的计算机配有 DMA 设备的示意图，图中表示了数据输入时由 CPU、DMA 以及设备控制器各自承担的责任及其处理次序。

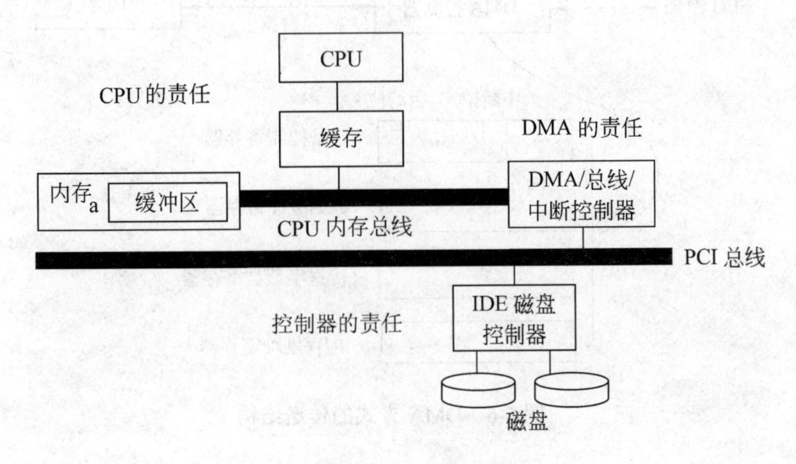

图 5-5　DMA 传输示意图

（1）CPU 的责任

- 应用程序通知设备驱动程序将磁盘数据传输到地址为 a 的缓冲区；

- 设备驱动程序通知磁盘控制器将 c 个字节数据从磁盘传输到地址为 a 的缓冲区中。

（2）控制器的责任

- 磁盘控制器初始化 DMA 传输；
- 磁盘控制器发送每一个字节给 DMA 控制器。

（3）DMA 的责任

- DMA 控制器将字节数据传输到缓冲区 a，将内存地址 a 加 1，将计数 c 减 1，直到 c=0；
- 当 c=0 时，DMA 中断 CPU，发出传输完毕信号。

当 DMA 控制器占有内存总线时，要暂时禁止 CPU 访问主存。虽然此时 CPU 可能对主、次缓存中的数据访问还未完成，只要 DMA 抢占了总线，CPU 则要暂时让开对主存的访问。尽管这种周期挪用可能减慢 CPU 的计算，不过，将数据传输工作交给 DMA 控制器完成，通常会改进总体系统性能。有些计算机体系结构利用物理内存地址使用 DMA，但也有一些计算机体系结构，采用虚拟地址执行直接虚拟内存访问（DVMA），它自动地将虚拟地址转换成物理地址。DVMA 在无须 CPU 的干涉或者不利用主存的情况下，可以在两种内存映射设备之间进行转换。

综上所述，DMA 控制器可用来代替 CPU 的控制，由它负责控制内存与设备之间成批的数据交换。批量数据(数据块)的传送由计数器逐个统计，并由内存地址寄存器确定内存地址。除了在数据块传送开始时需要 CPU 的启动指令和在整个数据块传送结束时需发中断通知 CPU 进行中断处理之外，在此数据传输期间不再需要 CPU 进行任何干预。DMA 存取方式的传送结构如图 5-6 所示。

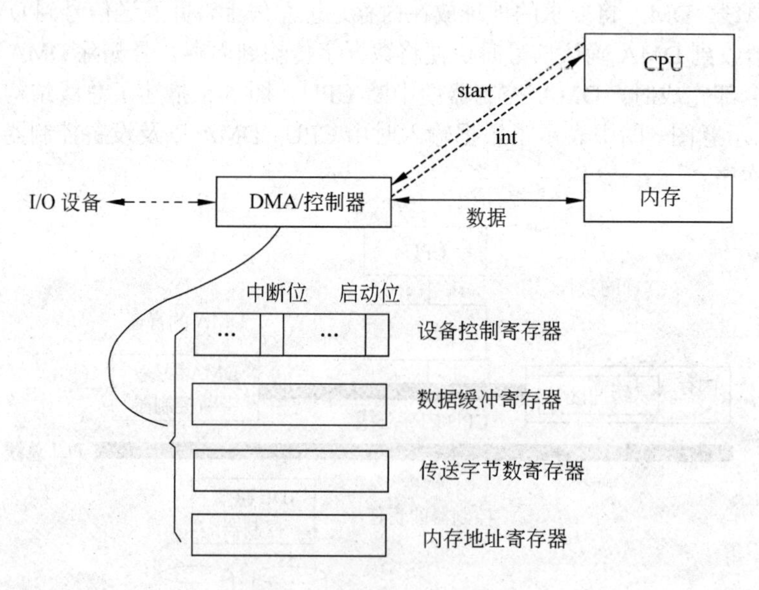

图 5-6　DMA 方式的传送结构

CPU 与 DMA 数据输入的交互处理过程概括如下：

（1）当进程要求存储设备输入数据时，CPU 把准备存放输入数据的内存始址以及要传送的字节数据分别送入 DMA 控制器中的内存地址寄存器和传送字节计数器，并把设备控制寄存器中的中断允许位和启动位置 1，从而启动设备开始进行数据输入。

（2）此时，发出数据要求的进程便进入等待状态，进程调度程序则调度其他进程占用 CPU。

（3）输入设备不断地请求 DMA 挪用 CPU 工作周期，将数据缓冲寄存器中的数据源源不断地写入内存，直到所要求的字节全部传送完毕。

（4）DMA 控制器在传送字节数减为 0 时通过中断请求线发出中断信号，CPU 在接收到中断信号后转中断处理程序进行中断处理。

（5）中断处理结束时，CPU 返回被中断的进程，继续执行或被调度到新的进程上下文环境中执行。

DMA 方式与中断方式的一个主要区别是：中断方式是在数据缓冲寄存器填满之后则发出中断，要求 CPU 进行中断处理；而 DMA 方式则是在所要求转送的数据块全部传送结束时要求 CPU 进行中断处理，从而减少了 CPU 进行中断处理的次数。另一个主要区别是；中断方式的数据传送是在中断处理时由 CPU 控制完成的，而 DMA 方式则不经过 CPU 而是在 DMA 控制器的控制下完成的。图 5-7 展示了 DMA 方式的数据传送处理过程。

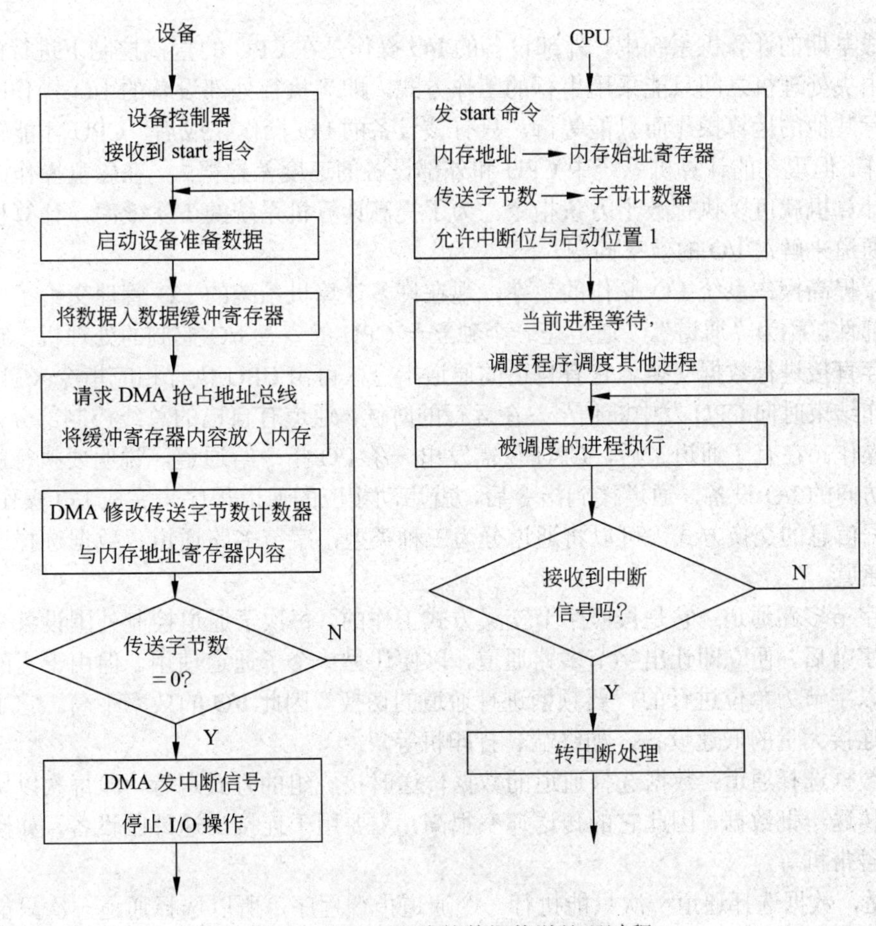

图 5-7　DMA 方式的数据传送处理过程

在DMA方式中，由于I/O设备直接同内存发生成块的数据交换，因此I/O效率比较高。由于DMA技术可以提高I/O效率，因此在现代计算机系统中得到了广泛的应用。许多I/O设备的控制器，特别是块设备的控制器，都支持DMA方式。

通过上述分析可以看出，DMA控制器功能的强弱，是决定DMA效率的关键因素。DMA控制器需要为每次数据传送做大量的工作，数据传送单位的增大意味着传送次数的减少。另外，DMA方式挪用CPU工作周期，CPU处理效率降低了，要想尽量少地挪用CPU工作周期，就要设法提高DMA控制器的性能，这样可以较少地影响CPU处理效率。

关于保护模式的内核，操作系统通常禁止进程直接使用设备命令。这种限制保护数据免遭访问控制违规，保护系统免遭错误地使用设备控制器而导致系统瘫痪。取而代之的是，操作系统导出一些功能，让特权进程能够利用这些功能，访问基础硬件上的低层操作。在没有内存保护的内核，进程可以直接访问控制器而获得高性能，因为它避开了内核通信、上下文切换以及内核层软件。然而，这种直接访问会干扰系统的安全与稳定。通用操作系统的发展趋势将保护内存与设备，使系统可以设法对错误的或者恶意的应用程序加以防范。

5.2.4 通道

在最早期的计算机系统中，外部设备的I/O操作是在CPU的直接控制下进行的。外部设备和中央处理机之间只能采用串行的工作方式，即当执行外部设备的I/O操作时，CPU不能执行其他的运算操作而只能等待。只有该设备的I/O操作完成后，CPU才能转去执行其他操作。但现在的计算机系统中CPU和外部设备的速度差异很大，在磁盘操作的等待时间内，计算机就可以执行数十万条指令。为了提高计算机系统的I/O效率，计算机系统中引入了通道来解决I/O的效率问题。

为了提高操作系统I/O操作的效率，现在许多计算机系统的I/O管理交给了一个专门的管理部件，称为“通道”。 通道是一个独立于CPU的专管I/O控制的处理机，它控制设备与内存直接进行数据交换。它有自己的通道指令，可由CPU执行相应指令来启动通道，并在操作结束时向CPU发中断信号。在运行的时候，通道有自己的总线控制部分，可以进行总线操作。在有了通道之后，CPU仅需发出一条I/O指令给通道，说明要执行的I/O操作和要访问的I/O设备，通道接到指令后，就启动相应的通道程序来完成I/O操作。

根据信息的交换方式，可以将通道分为三种类型：字节多路通道、数据选择通道和数组多路通道。

- 字节多路通道：它是按照字节交叉方式工作的。每次子通道控制外围设备交换一个字节后，便立即让出字节多路通道，以便让另一个子通道使用。但由于它的传送是以字节为单位进行的，要频繁进行通道的切换，因此I/O的效率不高。它主要用来连接大量的低速设备，如终端、打印机等。
- 数据选择通道：数据选择通道的数据传送时按成组的方式进行，即每次以块为单位传送一批数据，因此它的传送速率很高，主要用于连接高速外围设备，如磁盘机和磁带机等。

但是，数据选择通道一次只能执行一个通道指令程序，所以选择通道一次只能控制一台设备进行I/O操作。它虽然可以连接多台I/O设备，但在一段时间内只能执行一个通道程序。

- 数组多路通道。数组多路通道有多个非分配型子通道，它可连接多台高速外围设备，数据传送是按成组方式进行的，几个通道程序分时并行进行。相应地，几种高速外围设备也并行操作。由此可见，它具有传送速率高和能分时操作不同的设备等优点。数组多路通道主要用来连接中速块设备，如磁盘机等。

在配有通道的计算机体系结构中，其通道方式的数据传输结构如图 5-8 所示。

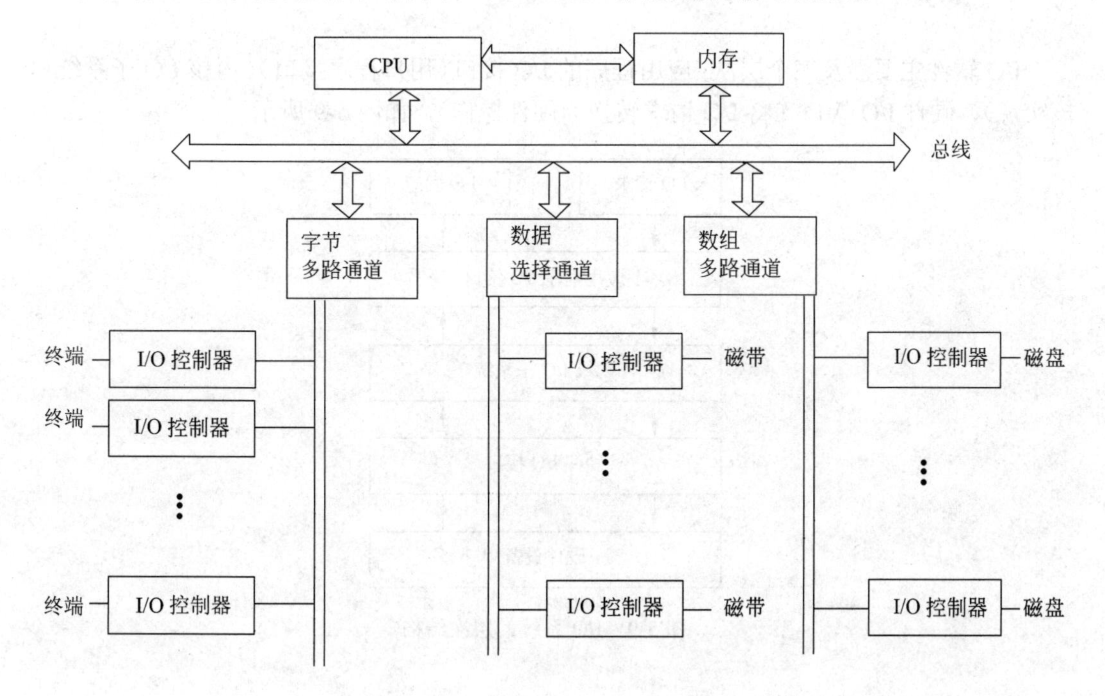

图 5-8　通道方式的数据传输结构

5.2.5　I/O 硬件小结

如果从电子硬件设计细节的角度看，尽管 I/O 硬件复杂，但根据上述概念，已不难了解操作系统 I/O 的许多特点。其涉及的主要概念如下：

- 总线；
- 控制器；
- I/O 端口及其寄存器；
- 在主机与设备控制器之间的握手关系；
- 在忙等待循环中完成握手或者使用中断完成握手；
- 在大容量传输中，由 DMA 控制器负责 I/O 工作；
- I/O 通道是一个专用的、具有特殊目的的 CPU，在大型机以及另外一些高端系统中使用。

本节通过一个在设备控制器与主机之间进行交互的例子介绍了握手的基本过程。在现实中，可使用的设备种类繁多，因此操作系统的实现者会面对一系列的问题。比如：每种设备都有自己的一组功能、控制位定义以及与主机交互的协议；如何设计操作系统，才能做到为计算机添加新设备而不用重写操作系统程序？当设备各异时，操作系统怎样才能提供方便、统一的应用程序接口？下面的内容将解决这些问题。

5.3 I/O 软件

I/O 软件主要涉及三个层次：应用程序的 I/O 接口（用户程序接口）、内核 I/O 子系统（内核实现）、硬件 I/O 接口（将 I/O 请求转换为硬件操作），如图 5-9 所示。

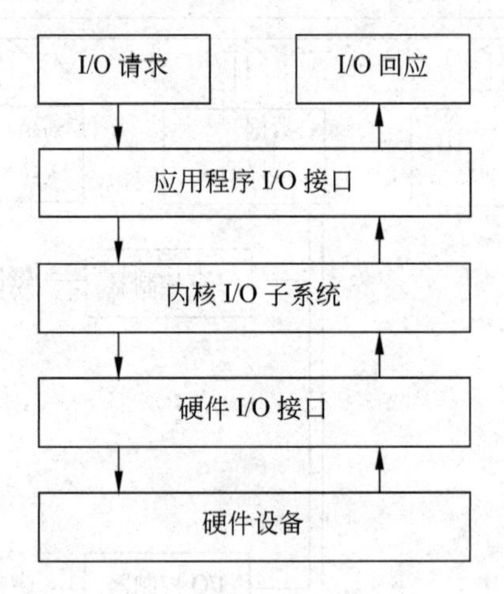

图 5-9 I/O 系统的层次结构

5.3.1 应用程序的 I/O 接口

如何使操作系统能够以一种标准的、统一的方式控制 I/O 设备？这是设备管理需要解决的一个主要问题。针对这个问题，讨论操作系统在 I/O 方面的构造技术以及接口形式。例如，应用程序如何在无需了解磁盘类型的情况下打开磁盘上的文件，以及添加新设备时，如何在不拆分操作系统的情况下能够被添加到计算机中。

与复杂的软件工程问题类似，这里所采用的方法涉及抽象、封装以及软件分层。具体来说，就是通过确定若干常规类型，以抽象的手段忽略 I/O 设备中的细节差异。每个常规类型通过一组标准函数提供访问，这组函数称为“接口”。各设备的差异被封装在称为设备驱动程序的内核模块中，每个设备的驱动程序都从内部进行了定制，但是对外是统一的标准接口。图 5-10 说明了在软件分层中，与 I/O 相关的内核部分的组织形式。

设备驱动程序这一层的目的是，对内核的 I/O 子系统隐藏各种设备控制器之间的差异，正如 I/O 系统调用把设备的活动封装成一些常规类，这样对应用程序来说，它隐藏了硬件差异。把 I/O 子系统独立于硬件，简化了操作系统开发者的工作，硬件制造商也从中受益。硬件厂商们既可以设计与现存主机控制器接口兼容的新设备（如 SCSI-2），也可以针对流行的操作系统，编写与新硬件进行接口的驱动程序。因此，附加新的计算机外围设备，并不需要等待操作系统开发商开发支持代码。

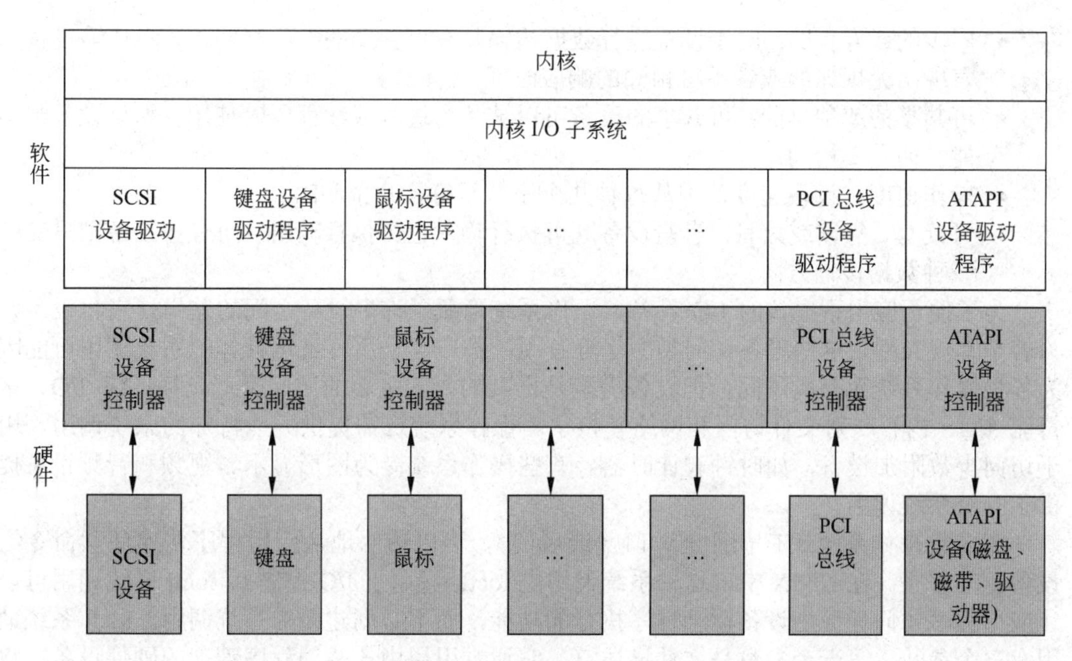

图 5-10　内核 I/O 结构

由于每种操作系统都有自己的设备驱动程序接口标准，所以，对于设备硬件制造商来说，对每一个特定的设备可能要配有多种设备驱动程序，即需要配有针对不同的操作系统（如 Windows、Linux）的驱动程序。设备的不同体现在多个方面，如表 5-3 所示。

表 5-3　I/O 设备的特征

侧重点	不同形式	举例
字符传输模式	字符 块	终端 磁盘
存取方法	顺序 随机	调制解调器 DVD
传输方法	同步 异步	磁带 键盘
共享	专用（独享） 可共享	磁带 磁盘
设备速度	延迟 寻道时间 传输速率 操作之间延迟	
I/O 方向	只读 只写 读/写	DVD 图形控制器 磁盘

其中：

- 字符流或块：字符流设备逐个地传输字节，而块设备以一块的字节数为单位进行传输。
- 顺序或随机访问：顺序设备以设备固定的顺序传输数据，而随机访问设备可以随意寻找任何可用存储位置进行数据访问。

- 同步的或异步的：同步设备执行数据传输具有可预知的响应时间，异步传输设备则表现出无规律的或者不可预知的响应时间。
- 可共享的或独享的：可共享的设备可以被几个进程或线程同时使用；独享设备则不能，而是专用的。
- 操作速度：设备速度范围从每秒几个字节至每秒几个 GB。
- 可读写、只读或只写：有些设备既可执行输入也可执行输出，而有些设备则只支持一种数据传输方向。

为了便于应用程序访问 I/O 设备，操作系统隐藏了许多设备之间的差异，它将设备归为若干常规类型，这些设备访问类型十分有用，被广泛采用。虽然具体的系统调用可能因为各种操作系统而有所不同，但设备类型是标准的。其主要的访问类型包括：块 I/O、字符流 I/O、内存映射文件访问和网络套接字。操作系统还需提供一些特殊的系统调用，用于访问少数附加设备，如时钟和计时器。有些操作系统专为图形显示、视频和音频设备提供了一组系统调用。

大多数操作系统还有一种逃逸口（或后门），可以透明地从应用程序传递任意命令给设备驱动程序。在 UNIX 中，这种系统调用是 ioctl()（用于 I/O 控制）。ioctl 系统调用可以让应用程序访问任何由设备驱动程序执行的功能，而不必创建新的系统调用。ioctl 系统调用有三个参数。第一个参数是文件描述符，它通过引用由该驱动程序管理的硬件设备，将应用程序连接到驱动程序。第二个参数是一个整数，由它选择驱动程序执行的命令。第三个参数是一个指针，它指向内存规定的数据结构，使应用程序和驱动程序之间能够传递必要的控制信息或数据。

ioctl()函数的基本格式为：

```
int ioctl (int fd, int cmd, void *data)
```

其中：fd 是文件描述符；cmd 是操作命令，一般分为 GET、SET 以及其他类型命令，GET 是用户空间进程从内核读数据，SET 是用户空间进程向内核写数据。

cmd 虽然是一个整数，但是有一定的参数格式。

data 是数据起始位置指针。

1．块设备和字符设备

块设备接口记录着访问磁盘驱动器或其他面向块设备的所有必要信息，要求设备了解像 read()和 write()这样的命令；如果是随机存取设备，还需要有 seek()命令指定下一个要传输的是哪一块。应用程序一般通过文件系统接口访问这种设备。由 read()、write()和 seek()对块存储设备的基本动作进行控制，从而将应用程序从各种设备之间的低层差异中隔离出来。

操作系统本身以及一些特殊的应用，像数据库管理系统，更倾向于把块设备当成一个简单的线性块数组来访问。这种访问模式有时被称为原始（raw）I/O。如果应用程序执行自己的缓冲，那么使用文件系统将会引起额外的、不必要的缓冲。同样，如果一个应用程序自身已经提供文件块锁或区域锁，那么任何操作系统锁定服务都是重复的，甚至会发生冲突。为了避免这些冲突，原始设备（raw-device）访问把对设备的控制直接交给应用程序，让操作系统放手不管。但是，没有操作系统服务会运行在这种设备上。常用的折衷手段是允许操作系统提供一种操作模式：禁用文件缓冲和锁定。在 UNIX 环境中，称它为直接（direct）I/O。

内存映射（memory-mapped）文件访问可以置于块设备驱动程序的顶层。内存映射接口通过主存中的字节数组提供了对磁盘的存储访问，而不是提供读写操作。通过使用系统调用，把文件映射到内存，该系统调用返回一个文件副本的虚存地址。为了满足对内存映像的访问，仅当需要时才进行实际数据传输。由于传输处理采用内存管理的统一机制完成，即按需调页的（demand-paged）虚存访问机制，所以内存映射的 I/O 是高效的。内存映射对于编程人员也很方便，访问内存映射文件就像读/写内存一样简单。提供虚拟存储的操作系统普遍使用内核服务的映射接口。例如，为执行一个程序，操作系统把可执行程序映射到内存，然后把控制转给可执行程序的入口地址。映射接口通常也用于内核对磁盘交换区的访问。

键盘是一个通过字符流接口进行设备访问的例子。该接口的基本系统调用可以提供应用程序使用 get()或 put()输入或输出一个字符。在接口顶层，可以建立库函数提供每次一行的访问功能，并且具有缓冲和编辑服务（如当使用者键入一个退格键，那么前一个字符被从输入流中删除）。这种访问风格适合于像键盘、鼠标和调制解调器这种产生“字符流”数据的设备。也就是说，有时应用程序不一定能够预测。这种访问风格对于像打印机和声卡（audio board）这种自然符合线性字节流的输出设备也是非常合适的。

2．网络设备

由于网络 I/O 的性能和寻址特征与磁盘 I/O 很不同，大多数操作系统提供的网络 I/O 接口不同于磁盘使用的 read()、write()、seek()接口。在许多操作系统（包括 UNIX、Linux 和 Windows）中的一个可用接口就是网络套接字（socket）接口。

可以想象如墙壁上的电插座，它可以插接任何电器插销。与此类似，套接字接口的系统调用可以使应用程序建立一个套接字，然后将其连接到一个远程地址的本地套接字（将该应用程序接入由另一个应用建立的套接字上），从而监听任何接入本地套接字的远程应用程序，并在此连接基础上，发送和接收信息包。为了支持服务器执行，套接字接口还提供 select()函数来管理一组套接字。采用 select()调用，其返回的信息可以指出哪些套接字正在等待一个接收包、哪些套接字有空间接纳一个发送包。使用函数 select()，消除了网络 I/O 原本使用的循环忙等待，该函数封装了网络基本行为，极大地方便了要使用底层的网络硬件和协议栈的分布式应用程序的建立。

还有一些进程间通信和网络通信的方法已得到了实现。例如，Windows NT 操作系统提供了一个到网卡的接口和一个到网络协议的接口。而在 UNIX 中，这个具有悠久历史的操作系统作为网络技术的基础，有半双工管道、全双工 FIFO、全双工的流（streams）、消息队列以及套接字。

3．时钟和计时器

大多数计算机都有硬件时钟和计时器，它们可提供三项基本功能：

- 提供当前时间；
- 提供实耗时间；
- 设置一个计时器在时间 T 触发操作 X。

操作系统频繁地使用地这些功能，对时间敏感的应用程序也是如此。不过，实现这些功能的系统调用在各种操作系统中并没有标准化。

统计实耗时间并触发相应操作的硬件称为可编程间隔时钟（或称相对时钟）。首先为相对时钟赋值，当相对时钟计数减为0时，则触发中断。可以设置该时钟重复这一过程仅一次或者重复多次产生定期中断。在调度进程中，使用的就是这种机制。当时间片结束时，便产生一个抢占进程的中断。在磁盘I/O子系统中利用此机制定期地调用回写程序，将脏缓存缓冲区写回到磁盘中。网络子系统用此机制取消一些由于网络堵塞或故障而造成的进展过慢的操作。操作系统也可以为用户进程提供使用该时钟的接口，通过模拟虚拟时钟，操作系统能够提供多于时钟硬件通道数目的时钟请求。为实现这个目的，内核（或时钟设备驱动程序）维护一张内核例程与用户请求所需的中断表，该表以最早时间优先（earliest-time-first）的顺序排列。设置计时器为最早时间，当计时器产生中断时，内核向请求者发送信号并将计时器设置为下一个最早时间。

在许多计算机中，由硬件时钟产生的中断速率在每秒18～60次之间，这是很低的粒度。因为现代计算机每秒可以执行上亿条指令。触发器的精度受限于粗粒度的计时器以及维护虚拟时钟的开销。此外，如果用计时器触发次数维护系统的日常时钟，那么该系统时钟可能偏离。在多数计算机中，硬件时钟由高分辨率计数器制造而成。有些计算机从设备寄存器中读取计数器的值，此时可认为计数器是一个高分辨率时钟。虽然该时钟并不产生中断，但它提供了准确的时间间隔的度量。

4．阻塞和非阻塞I/O

系统调用接口还涉及对阻塞I/O与非阻塞I/O的选择。当一个应用程序发出一个“阻塞”系统调用，应用程序的执行便被挂起。此时，要把应用程序从操作系统的运行队列移至等待队列。当该系统调用完成之后，又要把应用程序移回到运行队列，并取得重新执行的资格。此时，该应用程序将收到系统调用的返回值。I/O设备执行的物理动作通常是异步的，也就是所花费的时间是变化的或不可预测的。尽管如此，大多数操作系统仍然在应用程序接口上使用“阻塞”系统调用，因为阻塞应用程序代码比起非阻塞应用程序代码更容易理解。

有些用户级进程则需要非阻塞I/O。一个用户接口的例子就是在接收键盘和鼠标的输入的同时处理和显示屏幕数据。另一个例子是视频应用程序在读取磁盘文件的数据帧的同时，还在解压缩和在显示器上显示输出。

应用程序编写者可以让I/O与应用程序执行相互重叠的一种方法是编写多线程应用程序。当一些线程可能执行阻塞系统调用时，而另一些线程仍在执行。操作系统Solaris的开发者使用这种技术为异步I/O实现了一个用户级程序库，从而使应用程序编写者从多线程任务的编写中解脱出来。还有一些操作系统提供了非阻塞I/O系统调用。“非阻塞”调用在一段持续时间内不停止应用程序的执行，而是快速返回，并用一个返回值说明已传输了多少字节。

另一种“非阻塞”系统调用是异步系统调用。异步调用立即返回，而不必等I/O完成。应用程序继续执行其代码，I/O的完成会在将来某个时刻通报给应用程序，既可以通过在应用程序的地址空间中设置某个变量通报，也可以通过触发信号或软件中断进行通报，或者在应用程序的线性控制流之外通过执行回调例程进行通报。非阻塞与异步系统调用之间的区别在于非阻塞的read()立即返回所得的不论什么数据，返回的可能是所要的全部字节数，也可能是几个字节或者没任何内容。而异步的read()调用则要求传输其整体内容，但可在将来某个时刻完成。这两种 I/O 方法如图 5-11 所示。

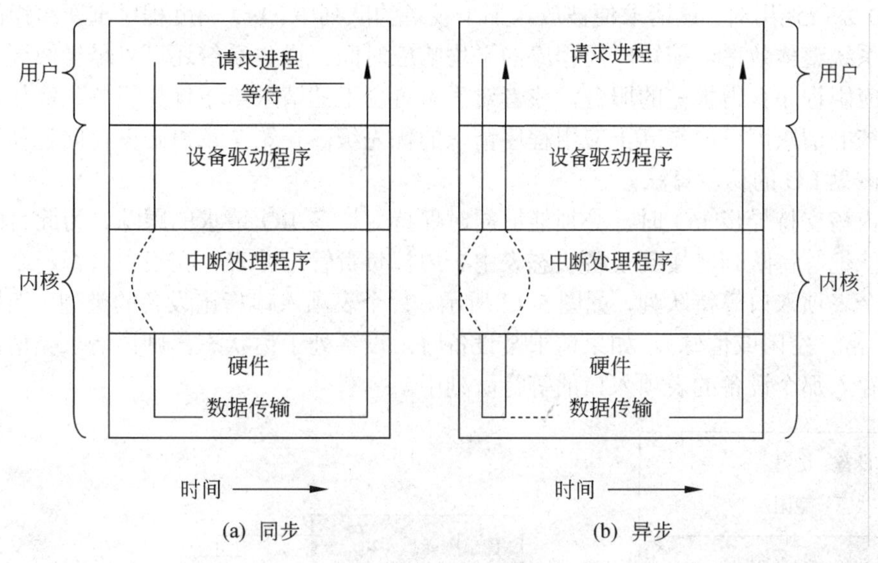

图 5-11　阻塞 I/O 与非阻塞 I/O 方法

一个非阻塞行为的例子是网络套接字的 select()系统调用。该系统调用取一个参数，表示最大等待时间。通过设置参数值为 0，应用程序可以对网络活动反复询问，而无阻塞。但是使用 select()引进了额外的开销，因为该调用只检查 I/O 的可能性。要进行数据传输的话，使用 select()之后，还要紧跟着某种 read()或 write()命令。此方法的一种变形在 Mach 中采用，就是阻塞多路读调用 blocking multiple-read，即在一个系统调用中为若干个设备指定所请求的读操作，只要其中任何一个执行完时，便立即从调用中返回。

5.3.2　内核 I/O 子系统

内核提供许多与 I/O 相关的服务。一些服务诸如：调度（scheduling）、缓冲（buffering）、缓存（caching）、假脱机（spooling，联机同时外围操作）、设备预留以及错误处理，均由内核的 I/O 子系统提供并建立在硬件和设备驱动程序基础设施上。I/O 子系统还负责使自己免受错误进程和恶意用户的影响。

1. I/O 调度

调度一组 I/O 请求，是指要确定一个好的执行顺序。应用程序发出系统调用的顺序很少是最佳选择。调度可以提高系统整体性能，可以在进程之间公平地共享设备访问，可以减少为等待 I/O 的完成所消耗的平均时间。

可以用一个简单的例子来说明一下调度算法：假设磁盘的磁臂靠近磁盘起始位置，并且有三个应用程序向磁盘发出阻塞的读调用。应用程序 1 请求读一个靠近磁盘末尾的块，应用程序 2 请求读一个靠近磁盘起始位置的块，应用程序 3 请求读一个位于磁盘中部的块。操作系统可以通过以 2、3、1 的顺序向应用程序提供服务来减少磁盘臂移动的距离。以这种方式重新组织服务顺序是 I/O 调度的精髓。

操作系统开发者通过为每个设备维护一个请求等待队列来实现调度。当应用程序发出阻塞 I/O 系统调用时，该请求便被放入那个设备的队列中。I/O 调度程序重新组织队列顺序来提高系统整体效率，缩短应用程序的平均响应时间。操作系统还可以尽量做到公平，不让任何应用程序获得很差的服务，或者对于不可延迟的请求给予优先服务。例如，虚拟存储子系统的请求可以取得高于应用程序请求的优先级。在第 7 章“磁盘存储管理”中会详细给出磁盘 I/O 的调度算法。

当内核支持异步 I/O 时，必须能够同时保持对许多 I/O 请求的跟踪。为此目的，操作系统可能把等待队列链接到设备状态表中。内核负责管理此表，在表中，每一个 I/O 设备都有一个表项入口等待队列，如图 5-12 所示。每个表项入口指出设备的类型、地址和状态（功能异常、空闲或忙碌）。如果请求某设备时，设备处于忙状态，则该请求类型以及其他参数将存入那个设备的表项入口的等待队列中。

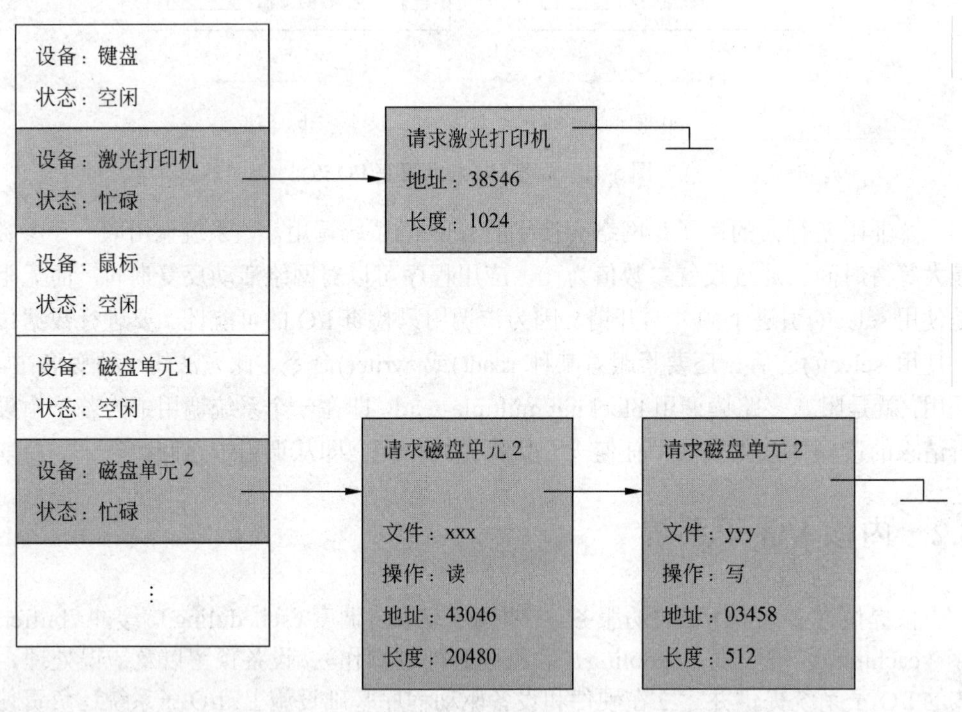

图 5-12　设备状态表

I/O 子系统改进计算机效率的一种方法就是调度 I/O 操作，另一种方法则是通过缓冲、缓存以及假脱机技术利用主存中或磁盘上的存储空间。

2．缓冲（buffering）

缓冲区（buffer）是存储数据的内存区域，用于在设备之间或设备与应用程序之间传输数据。有三个理由需要用到缓冲（buffering）。

第一个用途是克服在生产者与消费者模式下，数据传输时的速度失配。例如，假设通过调制解调器正在接收一个文件并存储在硬盘上。调制解调器的传输速度大约比硬盘的速度慢 1000 倍，所以，要在主存中建立一个缓冲区收集从调制解调器接收的字节，当整个缓冲区的数据到达时，可以用单一操作将缓冲区写入磁盘。由于磁盘写操作不是即刻就能完成的，并且调制解调器仍需要地方来存储后续到来的数据，于是需要使用两个缓冲区。在调制解调器填满第一个缓冲区后，便要求磁盘写操作。当把第一个缓冲区写入磁盘时，调制解调器便开始填充第二个缓冲区。当调制解调器填完第二个缓冲区时，从第一个缓冲区的磁盘写操作应该已经完成，所以在磁盘写第二个缓冲区时，调制解调器可以切换回第一个缓冲区。双缓冲将数据的消费者与生产者分开，因此缓解了调制解调器与磁盘之间在数据传输上的时间要求。

缓冲区的第二个用途是在数据传输规模不同的设备之间重新组装数据包。这在计算机网络中十分普遍，而缓冲区在此被广泛用于消息的分解和重组。在发送方，一个大的消息被分解成小的网络包之后，便发送到网上。接收方把把这些包放入重组缓冲区，从而形成源数据的映像。

缓冲区的第三个用途是支持应用程序 I/O 的复制语义。用一个例子来说明“复制语义”的含义：假设应用程序有一个数据缓冲区要写入磁盘，便调用 write()系统调用，该系统调用提供了指向缓冲的指针和写入的字节数。当系统调用返回之后，应用程序若改变了缓冲区中的内容，会怎样呢？对于复制语义，它要保证写入磁盘的数据版本是应用程序系统调用时的版本，而且独立于在应用程序缓冲区中所做的任何后续变更。有一种简单的方法可以使操作系统确保复制语义：在将控制返回给应用程序之前，用 write()将应用程序的数据复制到内核缓冲中。磁盘写是从内核缓冲区中执行的，所以应用程序缓冲区的后续变化不会对内核缓冲区有任何影响。在操作系统中，尽管语义处理有额外开销，但在内核缓冲区与应用程序的数据区之间的数据复制是很普遍的。若灵活地利用虚拟内存映射和写时再复制（copy-on-write）页保护，会更有效地获得此效果。

3．缓存（caching）

缓存是一块快速内存区，其内保留有数据的副本。访问缓存副本要比访问源数据高效得多。例如，当前运行进程的程序存放在磁盘上，缓存在物理内存中，再复制到 CPU 的次缓存与主缓存中。缓冲区和缓存的区别在于：缓冲区可以保留仅是现存副本的数据项，而按定义，缓存恰好将某一处的数据项保留在高速存储中。

缓冲区和缓存是截然不同的功能，但有时一块内存区域可能被用于这两种目的。例如，为维持复制语义不变以及有效地调度磁盘 I/O，操作系统利用在主存中的缓冲区保留磁盘数据。这些缓冲区也用作缓存，以便改进对文件的 I/O 效率，这些文件由应用程序之间共享或者把它们迅速地写入和再读出。当内核收到一个文件 I/O 请求时，内核先访问缓冲区缓存，查看文件块是否已在主存中。如果是在主存中，则可避免或推迟物理磁盘的 I/O 操作。同样，由于在缓冲区缓存中累积几秒钟的磁盘写，因此聚集了大量的传输数据，从而允许有效的写调度。这种延迟写将改进 I/O 效率。

4．Spooling 和设备预留

Spool（simultaneous peripheral operations on line）称为联机的同时外围设备操作，俗称假脱机。它是一个保留着设备输出内容的缓冲区，如打印机不能接受交叉访问的数据流，虽然一个打印机一次只能服务一个作业，但是几个应用程序可能期望并发打印它们的输出，可又不能将其输出混在一起，操作系统通过截取所有到打印机的输出来解决这个问题。每个应用程序的输出都被假脱机系统（Spooling）存放在一个单独的磁盘文件，称为 spool

文件。当一个应用程序结束打印时，假脱机系统将相应的 spool 文件放入等待打印机的队列中，假脱机系统将该队列中的 spool 文件每次提交一个副本给打印机输出。有些操作系统使用系统守护进程管理假脱机，而有些操作系统则由内核线程处理假脱机。无论哪种情况，操作系统都提供了控制界面，能够让用户和系统管理员做些操作，比如：显示打印队列；在打印前删除不想要的作业；当打印机在服务期间时可以挂起打印等。

有些设备，如磁带驱动器和打印机，不能有效地处理多个并发应用程序的多路 I/O 请求，假脱机便是操作系统在协调并发输出时可以采用的一种方法。另一种处理并发设备访问的方法是：提供显式的协调设施。有些操作系统（包括 VMS）通过让进程能够分配一个空设备，并且在不需要此设备时去掉分配来支持独享设备的访问。还有些操作系统对于这样的设备强加一个打开文件句柄的限制。许多操作系统提供一些功能，能使进程之间协调互斥访问。例如，Windows NT 提供系统调用等待一个设备对象成为可用。Open ( )系统调用也有一个参数，它声明允许其他并发线程访问的类型。这些系统避免死锁取决于应用程序。

5. 错误处理

使用保护内存的操作系统可以预防多种硬件和应用程序错误，所以整个系统故障并不是每次轻微的机械失灵常见的结果。设备和 I/O 传输会以多种形式失败，既可能是一个暂时性的原因，如网络出现超载，也可能是永久的原因，如磁盘控制器出毛病。操作系统通常可以有效地弥补暂时性的失效。如，对于磁盘 read()失效可重试 read()，对于网络 send()错误可使用 resend()，如果协议有问题则可以重新指定。不过，如果一个重要组件出现永久性故障，操作系统就不太可能做到恢复了。

一般来说，I/O 系统调用会返回一位有关调用状态的信息，指示成功或失败。在 UNIX 操作系统中，添加了整型变量 errno，用于返回一个错误码，指明错误的一般性质（例如：参数超出范围，错误指针，或者文件没有打开）。相比之下，有些硬件反倒可以提供非常详细的错误信息。尽管如此，现行的许多操作系统并未设计成向应用程序传递这类信息。例如，SCSI 协议可以分三个细节层次报告 SCSI 设备失效：探测代码，可以识别一般性质的失效，如硬件错误或非法请求；附加探测代码，可以声明失效类别，如命令参数错误或自检失败；附加探测代码限定符，可以提供更加详尽的细节，如哪一个命令参数出错或哪一个硬件子系统自检失败。更进一步，许多 SCSI 设备维护一些错误日志信息内部页面，可以由主机请求，不过主机很少提出请求。

6. I/O 保护

错误与保护问题紧密相关。由于使用了非法 I/O 指令，用户进程可能有意或无意地破坏了系统的正常操作。我们可以用各种机制确保在系统中这种破坏不能发生。

为了防止用户执行非法 I/O 指令，我们将所有 I/O 指令定义为特权指令。因此，用户不能直接发出 I/O 指令，必须通过操作系统发出 I/O 指令。用户要进行 I/O，用户程序则执行一个系统调用，请求操作系统代替它执行 I/O 操作，如图 5-13 所示。操作系统在监控程序模式下执行，检查请求的有效性；如果有效，则执行 I/O 请求，然后操作系统返回到用户程序。

另外，必须对所有内存映射的位置以及 I/O 端口内存位置进行保护，避免用户通过存储保护系统去访问这些位置。

注意：内核不能简单地拒绝所有用户访问。

例如，大多数图形游戏、视频编辑，以及录音重放软件，需要直接访问内存映射的图形控制器内存来加速图形的执行。在这种情况下，内核可能会提供一个锁定机制，允许每次分配给进程一个图形内存段（它代表屏幕上的一个窗口）。

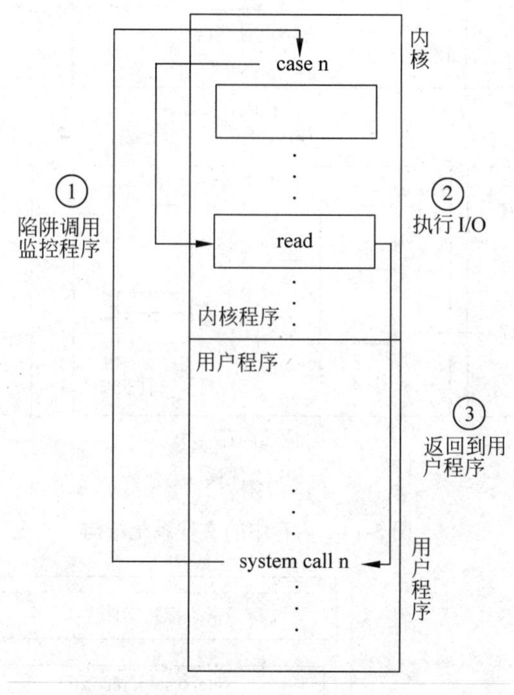

图 5-13 执行 I/O 使用系统调用

7. 内核数据结构

内核需要通过各种内核数据结构来保存 I/O 部件的使用状态信息。例如打开文件表结构，是内核文件管理的系统数据结构，其中可以包含通过文件接口访问的有关设备信息，如图 5-14 所示。内核运用许多类似结构追溯网络链接、字符设备通信，以及其他 I/O 活动。

UNIX 提供多种实体形式的文件系统访问，例如用户文件、原始设备（raw devices）以及进程地址空间。尽管每一个这样的实体都支持 read()操作，但是它们的语义不同。例如，读用户文件，内核须先检查缓冲区缓存，再决定是否执行磁盘 I/O；读原始磁盘，内核须确保请求大小是磁盘扇区大小的倍数，并且与扇区边界对齐；读取进程映像，只需从内存复制数据。UNIX 通过运用面向对象技术将这些差异封装在一个统一的结构中。在图 5-15 中，显示了打开文件记录，该记录包括一个分配表，根据不同的文件类型，该表中含有指向相应程序的指针。

有些操作系统更广泛地使用面向对象的方法。例如，微软的 Windows 操作系统使用消息传递实现的 I/O。要求将 I/O 请求转换成消息，通过内核发送到 I/O 管理器，然后再送到设备驱动程序，每个驱动程序都可能改变消息的内容。对于输出，消息中包含了要写的数据。对于输入，消息中包含了接收数据的缓冲区。与采用共享数据结构的过程技术对比，消息传递方法会增加系统开销，但它简化了 I/O 系统的结构与设计，并且增加了灵活性。

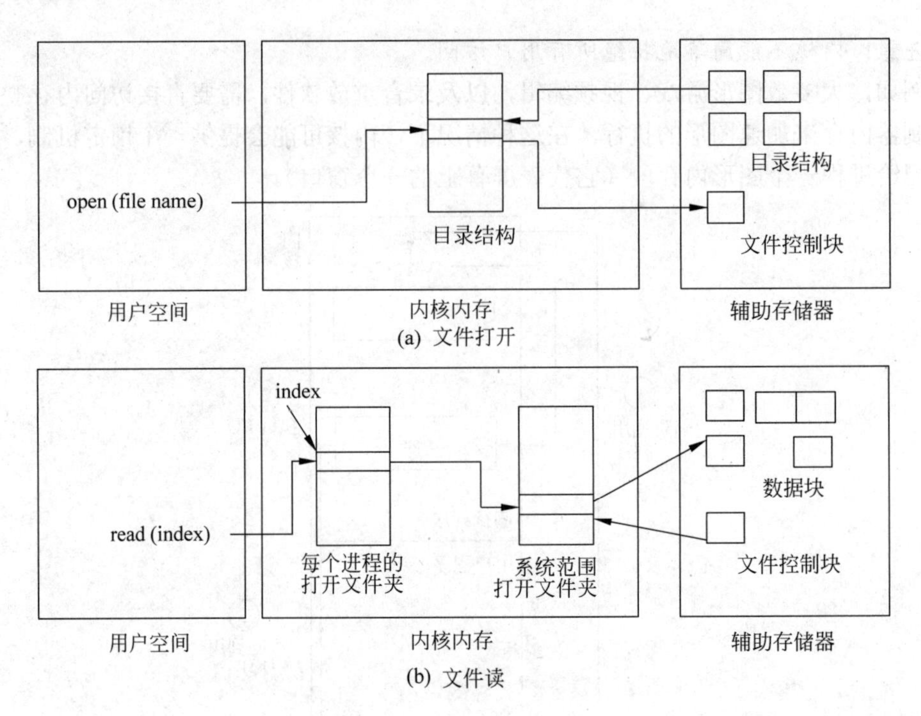

图 5-14 内存中的文件系统结构

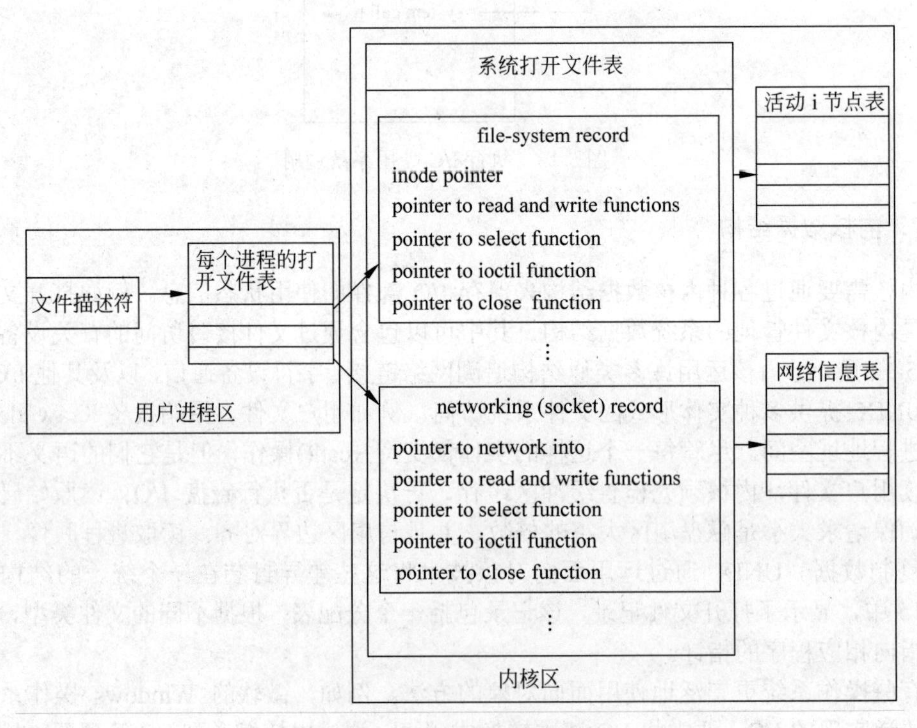

图 5-15 UNIX I/O 内核结构

8．内核 I/O 子系统小结

总之，I/O 子系统协调大量的应用程序和内核的其他部分可以使用的服务。I/O 子系统监督如下过程：

- 文件和设备的名字空间管理；
- 文件和设备的访问控制；
- 操作控制，例如调制解调器不能 seek()；
- 文件系统空间分配；
- 设备分配；
- 缓冲、缓存以及假脱机；
- I/O 调度；
- 设备状态监控，错误处理和故障恢复；
- 设备驱动程序配置与初始化；

I/O 子系统的上层由设备驱动程序提供统一接口访问设备。

5.3.3　把 I/O 请求转换为硬件操作

前面描述过设备驱动程序与设备控制器之间的握手过程（即主机与设备控制器之间的握手），但是并没有解释操作系统如何把应用程序的请求与一组网络线或与特定的磁盘扇区联系起来。

举一个从磁盘读取文件的例子，应用程序通过文件名查阅数据。在磁盘上，文件系统通过文件系统目录映射文件名，以便得到该文件的空间分配。例如，在 MS-DOS 中，文件名映射为一个编号，该编号指出文件访问表的一个入口，从该入口项又可得知哪些磁盘块分配给了该文件。在 UNIX 中，将文件名映射成 *i* 结点号，而相应的 *i* 结点包含了空间分配信息。

若要了解文件名到磁盘控制器（硬件端口地址或内存映射控制器寄存器）是如何建立起联系的，首先，看一下 MS-DOS。它是个相对简单的操作系统。MS-DOS 文件名的第一部分位于冒号之前，是标识所指硬件设备的字符串。例如，“c:”是在主硬盘分区上的每个文件名字的第一部分。事实上，“c:”代表主硬盘，已成为操作系统的组成部分；通过一个设备表，将“c:”映射到一个指定的端口地址。在每种设备范围内，正是由于冒号分隔符才分开了设备名空间与文件系统名空间。这种分隔方便了操作系统访问设备附加功能。比如，可以方便地调用有关打印机任何被写文件的假脱机。

如果不照上面那么做，而是将设备名空间纳入到正规的文件系统命名空间中，像 UNIX 那样，则会自动地提供正常的文件系统名服务。如果文件系统向所有文件名提供所有权和访问控制权，那么，设备便有了宿主和访问控制权。由于文件是被存储在设备上的，这样的接口便可以在两个层次上向 I/O 系统提供访问。文件名既可以用来访问设备本身，也可以访问存储在该设备上的文件。

UNIX 用正规的文件系统命名空间表示设备名。不像 MS-DOS 文件名那样，有一个冒号分隔符，UNIX 的路径名并没有清晰的设备名分隔符。实际上，路径名中根本就没有设备名部分。UNIX 有一张安装表，该表将路径名的前缀与指定设备名联系起来。为了分解一个路径名，UNIX 查询安装表中的名称，找到最长匹配前缀；安装表中相应的入口便给出了设备名。该设备名同样具有文件系统名空间的名称形式。当 UNIX 在文件系统目录结构中查找该名时，它找到的不是一个i结点号，而是一个<主,次>设备号。主设备号决定处理这个设备I/O请求的驱动程序，次设备号则被传递给设备驱动程序，用作设备表的索引，对应的设备表入口便给出设备控制器的端口地址或者内存映射地址。

现代操作系统在连接请求到物理设备控制器的路径中，从多段查找表中获得很大的灵活性。在应用程序到驱动程序之间传递请求的机制是通用的。因此，我们可以将新的设备和驱动程序加入到一个计算机中，而无须重新编译内核。事实上，有些操作系统能够一经请求便加载设备驱动程序。在启动时，系统首先探测硬件总线，决定有哪些设备；之后加载所需的驱动程序，可以立即加载也可在第一个I/O请求提出时加载。

例 5-1 典型的带阻塞的读请求的全过程。

如图 5-16 所示，在图中假设 I/O 操作需要许多步骤，这些步骤消耗了大数量的 CPU 周期。解释如下：

（1）进程向已打开的文件描述符发出一个带阻塞的 read()系统调用。

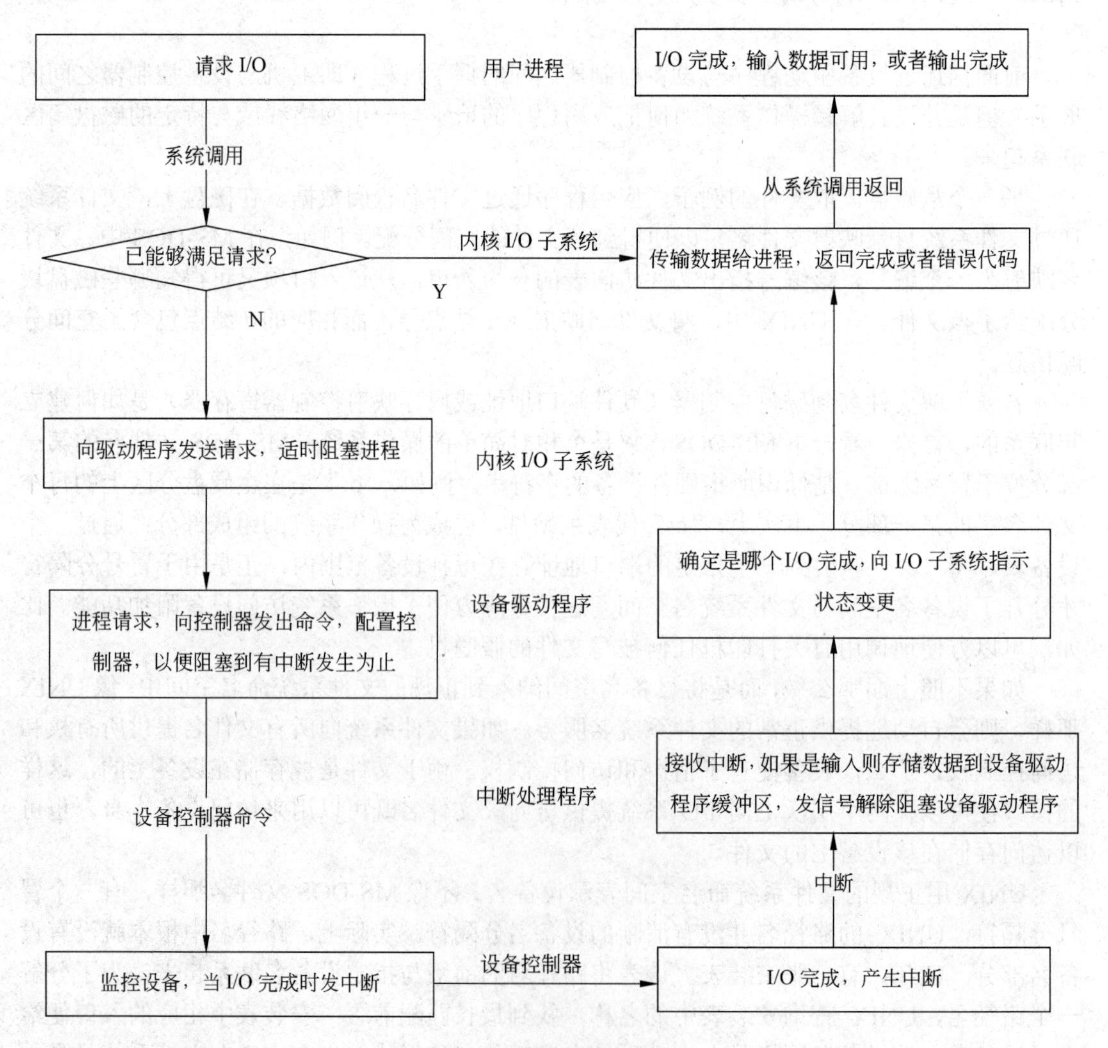

图 5-16 I/O 请求全过程

（2）内核系统调用代码对参数进行正确性检查。在输入情况下，如果数据已经在缓冲区缓存中，则将数据返回给进程，完成 I/O 请求操作。

（3）否则，执行物理 I/O 操作。从运行队列中移去该进程，将其放入设备的等待队列中，调度 I/O 请求。最后，I/O 子系统将请求发送给设备驱动程序。该消息的发送是通过子程序调用还是通过内核消息，取决于操作系统。

（4）设备驱动程序分配内核缓冲区空间接受数据，调度 I/O。最终，驱动程序通过写设备控制寄存器向设备控制器发送命令。

（5）设备控制器操作设备硬件执行数据传输。

（6）驱动程序可以反复查询状态和数据，或者建立 DMA 传输进入内核内存。假设由 DMA 控制器管理传输，当传输完成时，DMA 控制器会产生一次中断。

（7）相应的中断处理程序通过中断向量表接收中断，保存所有必需的数据，向设备驱动程序发送信号，然后从中断返回。

（8）设备驱动程序接收信号，决定是哪个 I/O 请求已经完成，确定请求的状态，发信号给内核 I/O 子系统，通知请求已经完成。

（9）内核传送数据或者返回代码至请求进程的地址空间，然后将该进程从等待队列移回就绪队列中。

（10）将该进程移至就绪队列，对该进程解除阻塞。当调度程序为该进程分配了 CPU 之后，该进程就可以在系统调用完成处开始执行。

5.3.4　流

在 UNIX 系统 V 中，有一种机制称为“流”。它可以使应用程序动态地组装驱动程序代码管道。一个流是设备驱动和用户级进程之间的一种全双工连接，由以下几部分组成：流头部，作为与用户进程打交道的接口；驱动程序端，用于控制设备；以及它们之间的零个或多个流模块。流头部、驱动程序端以及每个流模块都包含一对队列：读队列和写队列。队列之间数据的传输通过消息传递来实现。流的结构如图 5-17 所示。

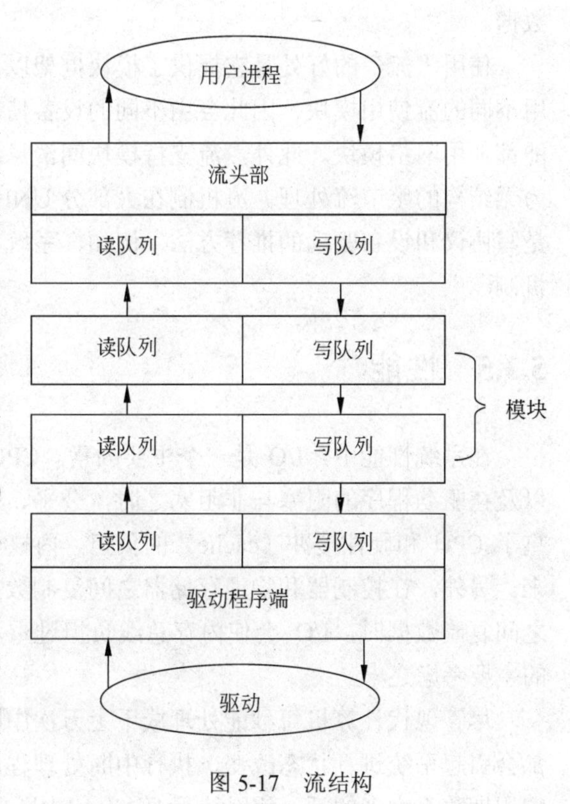

图 5-17　流结构

模块提供流处理功能；通过使用 ioctl() 系统调用，将它们交给流。例如，一个进程能通过流打开串口设备，并将输入编辑交给模块来处理。由于在相邻模块的队列之间要进行消息交换，所以一个模块中的队列可能会使得相邻的队列溢出。为了防止这种情况发生，队列允许支持流控制。如果没有流控制，一个队列会接收所有的消息，让消息没有任何缓冲就立刻发送给邻接模块的队列。而采用了流控制的队列则会对消息进行缓冲，如果没有充足的缓冲空间，则不接收消息，该过程涉及相邻模块队列之间控制消息的交换。

用户进程通过使用 write()或者 putmsg()系统调用向设备写数据。write()系统调用向流中写入原始数据，而 putmsg()系统调用则允许用户进程指定消息。不论用户进程使用哪种系统调用，流的头部都把数据复制成消息，并将其放入下一个模块队列中排队。这种消息复制一直继续下去，直到将消息复制到驱动程序端，从而至设备。同样，用户进程从流头读数据使用的是 read()或者 getmsg()系统调用。如果使用 read()方法，流头从其相邻队列中获得消息，并返回原始数据（一个无结构字节流）给进程。如果使用 getmsg ()方法，则将消息返回进程。

除了用户进程与流头通信的情况外，I/O 流总是异步的（或者“非阻塞的”）。当对流进行写操作时，假若下一队列使用了流控制，用户进程则处于阻塞自己直到有空间复制消息为止。同样地，当对流进行读操作时，用户进程便处于阻塞，直到有数据可用。

驱动程序端与流头或流模块是类似的，因为它也有一个读写队列。然而，驱动程序端必须对中断进行响应，比如，当网络帧准备好而等待读出时，便引发中断。与流头部不同的是，驱动程序端必须处理所有到来的数据。而流头在它不能按次序复制消息到下一个队列时，流头可能处于阻塞。驱动程序也要支持流控制，不过，如果设备缓冲区满了，那么这个设备一般采取的措施就是丢弃到来的数据。假定有个网卡，如果它的输入缓冲区已经满了，那么网卡只能丢弃后续的消息，一直等到有了充足缓冲区空间，才不再丢弃到来的数据。

使用“流”的好处是它提供了模块框架以及用增量方法写设备驱动和网络协议。可以用不同的流使用模块，因此会由不同的设备使用模块。例如，以太网网卡和令牌环网卡可能都使用网络模块。此外，流支持模块间消息边界和控制信息，而不是将字符设备 I/O 作为无结构的字节流处理。流机制在大部分 UNIX 变种的操作系统中普遍得到支持，并且它是写协议和设备驱动的推荐方法。例如，系统 V UNIX 和 Solaris 均使用流来实现 Socket 机制。

5.3.5 性能

在系统性能中，I/O 是一个主要因素。CPU 负担的大量请求是执行设备驱动程序代码以及在驱动程序的阻塞与非阻塞之时，公平、有效地调度进程，由此带来的上下文切换加重了 CPU 和硬件缓冲（cache）的负担，内核一些低效的中断处理机制也通过 I/O 暴露出来。另外，在控制器和物理存储器之间复制数据时，或者在内核缓冲区与应用程序数据区之间复制数据时，I/O 会使内存总线负担过重。对这些请求的适度处理是计算机设计者们的主要考虑之一。

尽管现代计算机每秒能处理成千上万次中断，但是中断处理是比较昂贵的：每次中断都会引起系统进行状态改变，执行中断处理程序，然后再恢复状态。如果消耗在忙碌等待的周期数不太多的话，使用编程 I/O 会比中断驱动的 I/O 更有效。一般来说，I/O 完成时解除受阻进程，直接导致上下文间切换的全部开销。

网络传输也会引起高的上下文切换率。比如，考虑从一台机器远程登录到另一台机器上的例子，从本地机器上键入的每个字符都要传送到远程机器上。在本地机器上键入字符，产生键盘中断，通过中断处理程序将字符传给设备驱动程序，再传给内核，然后再传给用户进程。用户进程发出网络 I/O 系统调用，以便将字符发送到远程机器。接下来字符流入本地内核，通过网络层构造网络包，然后进入网络设备驱动程序。网络设备驱动程序将该数据包传递至网络控制器，网络控制器发送字符并产生中断。该中断经过内核返回，从而导致网络 I/O 系统调用的完成。

现在，远程系统的网络硬件接收数据包，并且产生一个中断。根据网络协议，将字符解包，并交给适当的网络守护进程。该网络守护进程确定参与的远程登录会晤，然后将数据包传送给该会晤的适当守护进程。这一流程总有上下文切换和状态转换，如图 5-18 所示。通常，接收方将字符重复回应给发送方，这一方法使工作量加倍。

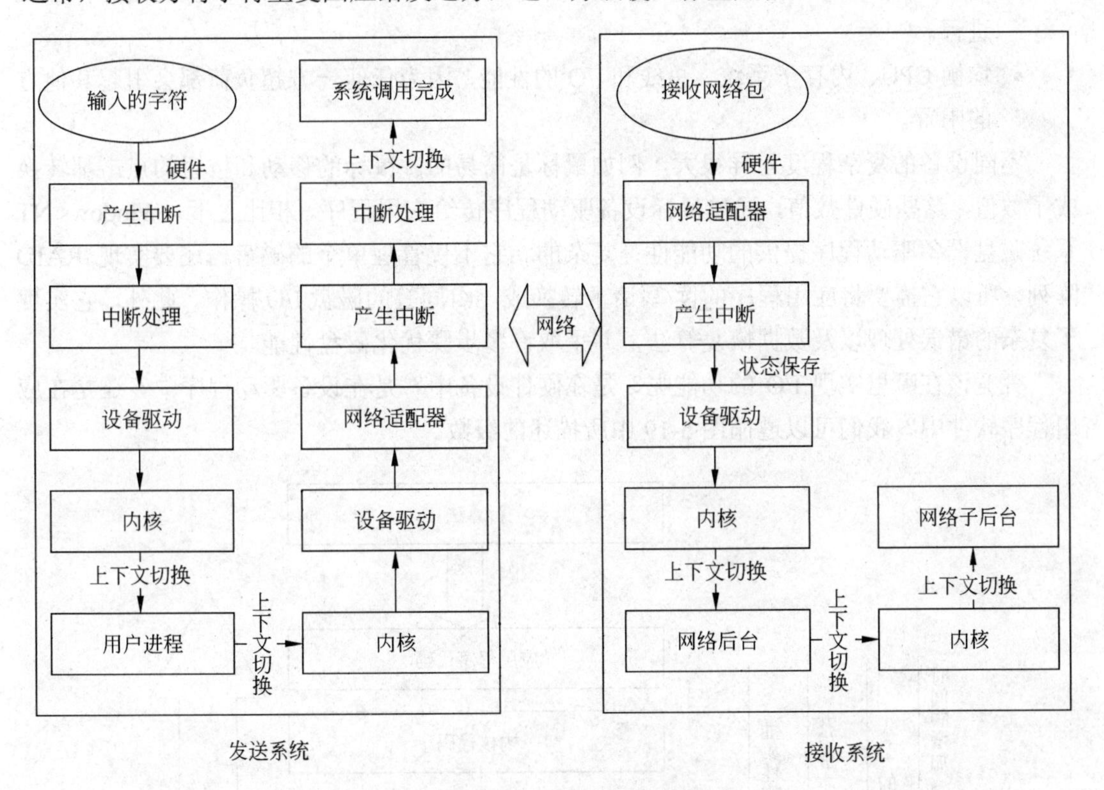

图 5-18　计算机间的通信过程

为了消除在守护进程与内核之间移动每个字符时伴随的上下文切换，Solaris 系统开发者使用内核线程重新实现了 telnet 的守护进程。Sun 公司估计，这一改进使得在大型服务器上网络登录的最大数目从几百增加到几千。

还有些系统专门为 I/O 终端提供独立的“前端处理器”，以便减少主 CPU 的中断负担。例如，一个终端集中器能够进行多路传输，将几百个远程终端接入到大型计算机上的一个端口。I/O 通道是一个专用的、具有特殊目的的 CPU，在大型机以及另外一些高端系统中使用。通道的任务是将 I/O 工作从主 CPU 上分担过来。其想法是让通道来维持数据的流动顺畅，而让主 CPU 空出来处理数据。如同在较小计算机上出现的设备控制器和 DMA 控制器一样，通道可以处理更加通用与成熟的程序，因此可以为某一种工作负荷调用通道。

我们可以使用以下几种原则来改进 I/O 的效率：

- 减少上下文切换的次数。
- 当数据在设备和应用程序间传输时，减少数据在内存中被复制的次数。
- 通过使用大的传输量、敏捷的控制器和轮流检测（如果忙等待能降到最低限度）来减少中断的频率。
- 通过使用有智能的 DMA 控制器或者通道，让 CPU 摆脱简单数据的复制，以此增加并发性。
- 将原语处理交给硬件完成，使其在设备控制器中的操作能与 CPU 及总线操作并发进行。
- 均衡 CPU、内存子系统、总线和 I/O 的性能，因为任何一方超负荷都会引起其他方的闲置。

不同设备的复杂程度差异很大，例如鼠标是简易的。鼠标的移动和按钮的点击都转换成了数值，这些硬件数值，通过鼠标设备驱动程序传给应用程序。相比之下，Windows NT 系统磁盘设备驱动程序提供的功能性是复杂的。它不仅管理单个的磁盘，还要实现 RAID 阵列，所以它需要将应用程序的读/写请求转换成一组同等的磁盘 I/O 操作。此外，它实现了复杂的错误处理以及数据恢复算法，并采取许多步骤优化磁盘性能。

究竟该在哪里实现 I/O 的功能呢？是在硬件设备中？是在设备驱动程序中？还是在应用程序软件中？我们可以遵循图 5-19 中所描述的级数。

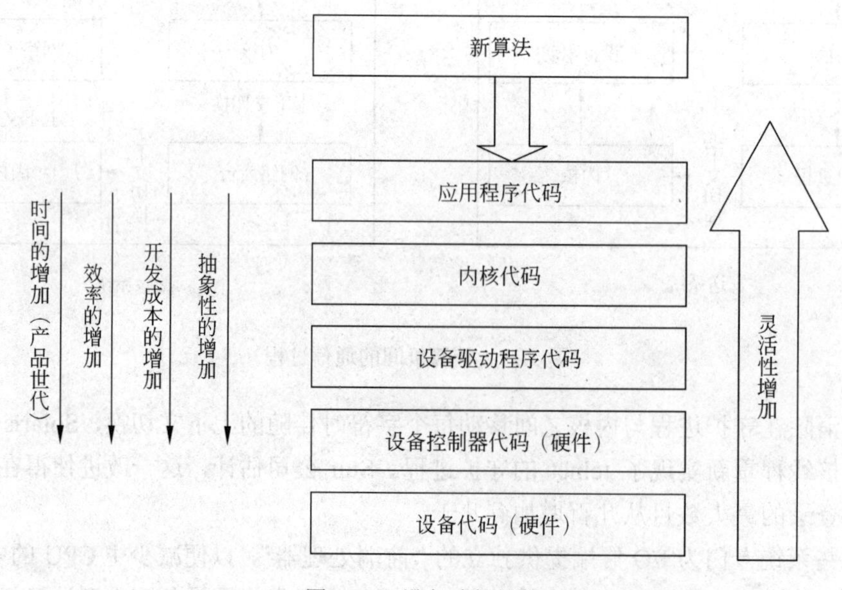

图 5-19 设备功能级数

最初，我们在应用程序级上实现试验性的 I/O 算法，因为应用程序编码灵活，并且应用程序的 Bug（缺陷）不大可能导致系统崩溃。此外，通过在应用程序级上开发代码，可以避免每次修改代码后要重新启动或重新加载设备驱动程序。然而，应用程序级的实现可能效率低，因为上下文切换有开销，而且应用程序无法利用内核数据结构和内核功能，如内核有效的消息、线程并要锁定机制。

当应用程序级的算法已证实其价值，我们可以在内核中重新实现此算法，使性能能得到改进。但是开发工作复杂，因为操作系统的内核是一个庞大、复杂的软件系统，而且在内核中的实现必须进行十分彻底的调试，以免数据遭到破坏并要避免系统 崩溃。

最高的性能可以通过在硬件上（即在设备上或者控制器上）的一个专门实现来获得。硬件实现的缺点是对进一步的改进或者 Bug 的修复有困难且费用高，增加了开发时间（通常要花几个月而非几天时间）还降低了灵活性。例如，硬件 RAID 控制器可能没有为内核提供任何手段去改变单个块的读写的次序或位置，即便内核具有关于让内核改进 I/O 性能的工作量的专门信息，也没用。

5.3.6　设备分配

我们已经介绍了 I/O 数据传送控制方式及与其紧密相关的中断技术与缓冲技术。不过，在讨论这些问题时，已经做了如下假定：即每一个准备传送数据的进程都已申请到了它所需要的外围设备、控制器和通道。事实上，由于设备、控制器和通道资源的有限性，不是每一个进程随时随地都能得到这些资源。进程必须首先向设备管理程序提出资源申请，然后，由设备分配程序根据相应的分配算法为进程分配资源。如果申请进程得不到它所申请的资源时，将放入资源等待队列中等待，直到所需要的资源被释放。

下面，讨论设备分配和管理的数据结构、分配策略原则以及分配算法等问题。所采用的计算机体系是配有通道的体系结构，如图 5-8 所示。

1．设备分配用数据结构

设备的分配和管理通过下列数据结构进行。

1）设备控制表 DCT（device control table）

设备控制表 DCT 反映设备的特性、设备和 I/O 控制器的连接情况。包括设备标识、使用状态和等待使用该设备的进程队列等。系统中每个设备都必须有 DCT，且在系统生成时或在该设备和系统连接时创建，但表中的内容则根据系统执行情况而被动态地修改，DCT 包括以下内容。

- 设备标识符：用来区别设备。
- 设备类型：反映设备的特性，例如终端设备、块设备或字符设备等。
- 设备地址或设备号：由计算机原理课可知，每个设备都有相应的地址或设备号。这个地址既可以是和内存统一编址的，也可以是单独编址的。
- 设备状态：指设备是处于工作还是空闲中。
- 等待队列指针：等待使用该设备的进程组成等待队列，其队首和队尾指针存放在 DCT 中。

- I/O 控制器指针：该指针指向该设备相连接的 I/O 控制器。

2）系统设备表 SDT（system device table）

系统设备表 SDT 在整个系统中只有一张，它记录已被连接到系统中的所有物理设备的情况，并为每个物理设备设一表目项。SDT 的每个表目项包括以下内容。

- DCT 指针：该指针指向有关设备的设备控制表。
- 正在使用设备的进程标识。
- 设备类型和设备标识符：该项的意义与 DCT 中的相同。

SDT 的主要意义在于反映系统中设备资源的状态，即系统中有多少设备，有多少是空闲的，而又有多少已分配给了哪些进程。

3）控制器表 COCT（controler control table）

COCT 是每个控制器一张，它反映 I/O 控制器的使用状态以及和通道的连接情况等（在 DMA 方式时，该项是没有的）。

4）通道控制表 CHCT（channel control table）

该表只在通道控制方式的系统中存在，也是每个通道一张。CHCT 包括通道标识符、通道忙/闲标识、等待获得该通道的进程等待队列的队首指针与队尾指针等。

SDT、DCT、COCT 及 CHCT 如图 5-20 所示。

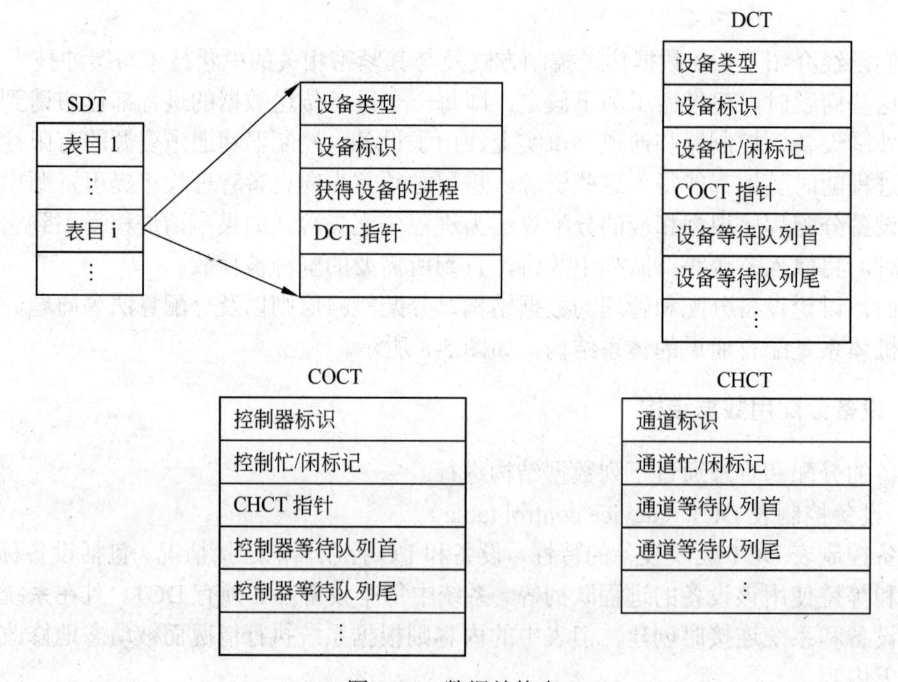

图 5-20　数据结构表

显然，一个进程只有获得了通道、控制器和所需设备三项内容之后，才具备了进行 I/O 操作的物理条件。

2．设备分配的原则

1）设备分配原则

设备分配的原则是根据设备特性、用户要求和系统配置情况决定的。设备分配的总原则是：既要充分发挥设备的使用效率，又应避免由于不合理的分配方法造成进程死锁；另外还要做到把用户程序和具体物理设备隔离开来，即用户程序面对的是逻辑设备，而分配程序将在系统把逻辑设备转换成物理设备之后，再根据要求的物理设备号进行分配。

设备分配方式有两种，即静态分配和动态分配。

静态分配方式是在用户作业开始执行之前，由系统一次分配该作业所要求的全部设备、控制器和通道。一旦分配之后，这些设备、控制器和通道就一直为该作业所占用，直到该作业被撤销。在静态分配方式下不会出现死锁，但设备的使用效率低。因此，静态分配方式并不符合设备分配的总原则。

动态分配在进程执行过程中根据执行需要进行。当进程需要设备时，通过系统调用命令向系统提出设备请求，由系统按照事先规定的策略给进程分配所需要的设备、I/O 控制器和通道，一旦用完之后，便立即释放。动态分配方式有利于提高设备的利用率，缺点是如果分配算法使用不当，则有可能造成进程死锁。

2）设备分配策略

对设备的分配策略，与进程的调度有些相似之处，但相对要简单些。通常有先请求先分配、优先级高者先分配策略等。设备分配流程图如图 5-21 所示。

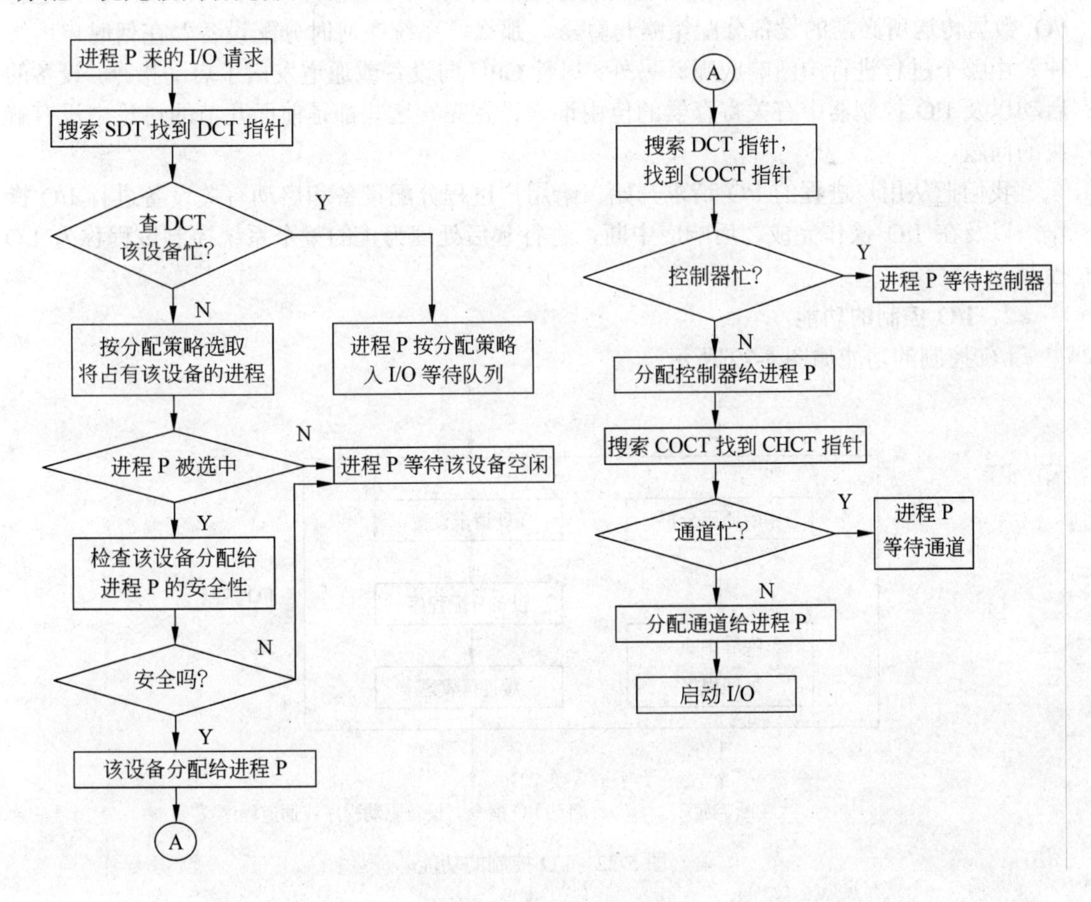

图 5-21　设备分配流程图

- 先请求先分配：当有多个进程对某一设备提出 I/O 请求时，或者是在同一设备上进行多次 I/O 操作时，系统按提出 I/O 请求的先后顺序，将进程发出的 I/O 请求命令排成队列，其队首指向被请求设备的 DCT。当该设备空闲时，系统从该设备的请求队列的队首取下一个 I/O 请求消息，将设备分配给发出这个请求消息的进程。
- 优先级高者先分配：优先级高者指发出 I/O 请求命令的进程。这种策略和进程调度的优先数法是一致的，即进程的优先级高，它的 I/O 请求也优先予以满足。对于相同优先级的进程，则按先请求先分配策略分配。因此，优先级高者先分配策略把请求某设备的 I/O 请求命令按进程的优先级组成队列，从而保证在该设备空闲时，系统能从 I/O 请求队列队的首取下一个具有最高优先级进程发来的 I/O 请求命令，并将设备分配给发出该命令的进程。

5.3.7 I/O 进程控制

1．I/O 控制的引入

前面各节在描述了 I/O 数据传送控制方式的基础上，讨论了中断、缓冲技术以及进行 I/O 数据传送所必需的设备分配策略与算法。那么，系统在何时分配设备？在何时申请缓冲？由哪个进程进行中断响应呢？另外，尽管 CPU 向设备或通道发出了启动指令，设备的启动以及 I/O 控制器中有关寄存器的值由谁来设置呢？这些都是前面几节的讨论中没有解决的问题。

我们把从用户进程的 I/O 请求开始，给用户进程分配设备和启动有关设备进行 I/O 操作，以及在 I/O 操作完成之后响应中断，进行善后处理为止的整个系统控制过程称为 I/O 控制。

2．I/O 控制的功能

I/O 控制的功能如图 5-22 所示。

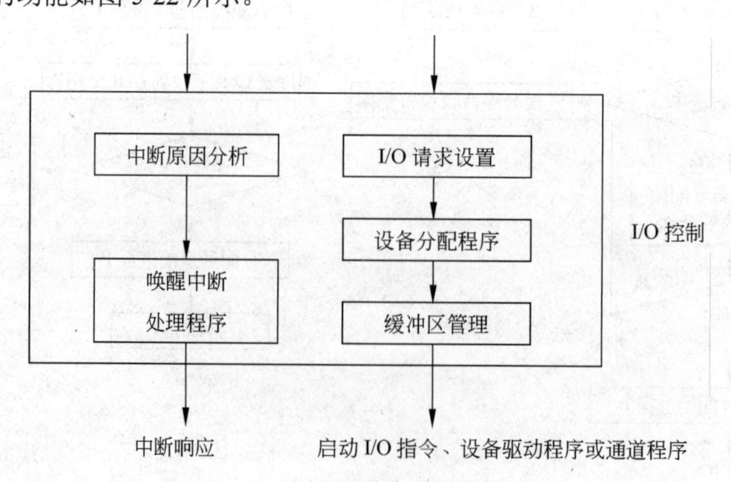

图 5-22 I/O 控制的功能

I/O 控制过程首先收集和分析调用 I/O 控制过程的原因：是外设来的中断请求还是进程来的 I/O 请求。然后，根据不同的请求，分别调用不同的程序模块进行处理。图 5-22 中各子模块的功能可简单地说明如下：

I/O 请求处理是用户进程和设备管理程序接口的一部分，它把用户进程的 I/O 请求变换为设备管理程序所能接受的信息。一般来说，用户的 I/O 请求包括所申请进行 I/O 操作的逻辑设备名、要求的操作、传送数据的长度和起始地址等。I/O 请求处理模块对用户的 I/O 请求进行处理。它首先将 I/O 请求中的逻辑设备名转换为对应的物理设备名；然后，检查 I/O 请求命令中是否有参数错误；在 I/O 请求命令参数正确时，把该命令插入指向相应 DCT 的 I/O 请求队列；然后启动设备分配程序。在有通道的系统中，I/O 请求处理模块还将按 I/O 请求命令的要求编制出通道程序。

在设备分配程序为 I/O 请求分配了相应的设备、控制器和通道之后，I/O 控制模块还将启动缓冲管理模块为此次 I/O 传送申请必要的缓冲区，以保证 I/O 传送的顺序完成。缓冲区的申请也可在设备分配之前进行。例如 UNIX 系统首先请求缓冲区，然后把 I/O 请求命令写到缓冲区中，并将该缓冲区挂到设备的 I/O 请求队列上。

另外，在数据传送结束后，外设发出中断请求，I/O 控制过程将调用中断处理程序并作出中断响应。对于不同的中断，其善后处理不同。例如处理结束中断时，要释放相应的设备、控制器和通道，并唤醒正在等待该操作完成的进程。另外，还要检查是否还有等待该设备的 I/O 请求命令。如有，则要通知 I/O 控制过程进行一次 I/O 传送。

3．I/O 控制的实现

I/O 控制过程在系统中可以按三种方式实现：

- 作为请求 I/O 操作的进程的一部分实现。这种情况下，请求 I/O 进程应具有良好的实时性，且系统应能根据中断信号的内容准确地调度对应 I/O 请求的进程占据处理机，因为在大多数情况下，当一个进程发出 I/O 请求命令之后，都被阻塞而进入睡眠。
- 作为当前进程的一部分实现。作为当前进程的一部分实现时，不要求系统具有高的实时性。但由于当前进程与完成的 I/O 操作无关，所以当前进程不能接受 I/O 请求命令的处理，因此，如果让请求 I/O 操作的进程调用 I/O 操作控制部分（I/O 请求处理、设备分配、缓冲区分配等），而让当前进程负责调用中断处理部分也是一种可行的 I/O 控制方案。
- I/O 控制由专门的系统进程——I/O 进程完成。在用户进程发出 I/O 请求命令之后，系统调度 I/O 进程执行，控制 I/O 操作。同样，在外设发出中断请求之后，I/O 进程也被调度执行以响应中断。I/O 请求处理模块、设备分配模块、缓冲区管理模块，以及中断原因分析、中断处理模块和设备驱动程序模块等都是 I/O 进程的一部分。

I/O 进程也可分为三种方式实现。它们是：

- 每类（个）设备设一专门的 I/O 进程，且该进程只能在系统态下执行。
- 整个系统设一 I/O 进程，全面负责系统的数据传送工作。由于现代计算机系统设备十分复杂，I/O 进程的负担很重，因此，又可把 I/O 进程分为输入进程和输出进程。
- 每类（个）设备设一个专门的 I/O 进程，但该进程既可在用户态也可在系统态下执行。

5.4 Linux 输入/输出系统概述

5.4.1 简介

Linux 的 I/O 系统是 Linux 操作系统的重要组成部分，它的基本功能就是要提供一个统一而简单的 I/O 系统调用接口。

I/O 系统可分为上下两部分：一部分是下层的、与设备有关的，称为设备驱动控制程序，它直接与相应设备打交道，并且向上层提供一组访问接口。另一部分是上层的、设备无关的 I/O 软件，这部分根据上层的用户的 I/O 请求，向下通过特定设备驱动程序接口和设备进行通信。

为了便于使用，I/O 子系统必须提供一个简单的统一的设备使用接口。和 UNIX 操作系统一样，Linux 将各种设备都作为特殊文件来处理。也就是说，对设备也可以进行 read 和 write 等操作。这样，许多应该由设备管理实现的部分，如设备访问控制、I/O 缓冲区的管理都由文件系统一并完成，从而减轻了设备管理的负担。

和其他的操作系统相比，为 Linux 内核编写驱动程序是一件容易的事情。实际上，用户所要做的只是为 I/O 设备编写特定的基本函数并向 VFS 注册就可以了，Linux 就把该设备当成一个特殊的文件进行处理。当用户的应用程序需要使用该设备文件时，VFS 会调用和它相对应的设备函数。

这里，有关设备驱动程序的讨论主要是以 INTEL 386 体系结构为主，而 Linux 内核版本以 2.0.36 为主。

5.4.2 Linux 输入/输出的过程

与 UNIX 的 I/O 系统类似，Linux 的操作系统和文件系统结合得很紧密，以至于许多 I/O 基础操作，都通过文件管理来完成，而设备的运作在底层都通过具体的设备驱动程序来完成。设备驱动程序在 Linux 中是一个内核模块，通过使用 mknod 命令，可以转化为文件系统的 i 结点。这样一个具体的设备文件就和底层的驱动程序对应起来了。

当用户发出一个 I/O 操作的命令时，他看到的只是一个设备文件。VFS 根据用户指出的设备文件名找到和文件对应的 *i* 结点。每个文件都有一个具体的数据结构——file_operations，它用于存放各种设备驱动程序的操作函数指针，如 int (*open)的指针指向的就是设备驱动程序的 open 函数。操作系统运行设备驱动程序来完成 I/O 操作。

在设备驱动程序运行的时候，它经常作为中断处理过程使用。如当外部设备和磁盘写完了一块后，就发出一个中断，设备驱动程序随后响应这个中断，接着进行下一步的操作。从 I/O 控制的角度来说，它属于第二种，即作为当前进程的一部分实现。当设备驱动程序相应中断的时候，它使用的资源如堆栈等，都是属于当前进程的。虽然从控制代码来看，驱动程序的代码和当前进程没有关系，但它们共享当前进程的资源。因此，中断驱动程序可以看成是当前进程的扩展。

由于 Linux 把具体的设备都用设备文件对应起来了，因此许多的具体操作，如缓冲区的管理、独占/共享设备的分配，都是在文件系统实现的。对于 Linux 来说，设备管理主要表现在下层，如中断和设备驱动程序。

5.4.3　Linux 设备管理基础

1. I/O 空间

计算机的 I/O 空间由所有设备的寄存器组成。根据与内存空间是否独立，可以将 I/O 空间的设置分为两种情况。一种是 I/O 空间与内存空间相互独立，这样 I/O 空间的访问就不能是普通的内存访问指令了，它们需要使用专门的 I/O 语句如 inb 和 outb 等。Intel 的系列处理机就使用了这种方法。另一种是将 I/O 寄存器作为内存的一部分，这样使用普通的内存访问指令就可以读写 I/O 寄存器，从而完成 I/O 操作。 Motorola 680x0 就采用了这种体系结构。

有关 Linux 系统所使用的 I/O 空间，可以查看文件/proc/ioports：

```
[root@jiaohui / proc] #more  / ioports
0000-001f : dma1
0020-003f : pic1
0040-005f : timer
0060-006f : keyboard
0080-008f : dma page reg
00a0-00bf : pic2
00c0-00df : dma2
00f0-00ff : fpu
0170-0177 : ide1
01f0-01f7 : ide0
0300-031f : NE2000
0376-0376 : ide1
03c0-03df : vga+
03f6-03f6 : ide0
03f8-03ff : serial(auto)
ffa0-ffa7 : ide0
ffa8-ffaf : ide1
```

2. I/O 端口操作

PC 采用 I/O 端口操作来与设备进行交互。不同大小的端口具有不同的端口操作，端口大小可分为 byte（8 位）、word（16 位）和 long（32 位）等。有关 PC 的端口操作，可参见 include/asm-i386/io.h：

```
// 8位
```

```
unsigned nib (unsigned port) ;
void outb (unsigned char byte, unsigned port) ;
  //16位
  unsigned inw (unsigned port) ;
  void outw (unsigned short word,unslgned port) ;
  // 32位
  unsigned inl(unsigned port) ;
  void outl (unsigned doubleword, unsigned port) ;
```

3．字符设备与块设备

设备可分为两大类：一类是字符设备，另一类是块设备。字符设备以字节为单位进行数据处理。字符设备通常只允许按顺序访问，一般不使用缓存技术。块设备将数据按可寻址的块为单位进行处理，块的大小通常为 512B 到 32KB 不等。大多数块设备允许随机访问，而且常常采用缓冲技术。

有关 Linux 所用设备，可以查看文件 / proc/devices：

```
    [root@jiaohui] #more/proc/devices
Character devices:
  1 mem
  2 pty
  3 ttyp
  4 ttyS
  5 cua
  7 vcs
  10 misc
  128 ptm
  136 pts

Block devices:
  2 fd
  3 ide0
  22 ide1
```

4．主设备号和次设备号

在 Linux 中，对每个设备的描述通过主设备号和从设备号完成。主设备号相同的设备使用相同的驱动程序，而次设备号（minornumber）用来区分同一个驱动程序控制的不同设备。例如，对于计算机系统使用的主 IDE 硬盘，它缺省的主设备号是 3，而从设备号可以是 0，1，2…。相关信息可以通过如下命令来获得：

```
[root @ jiaohui /proc]# ls -1 /dev/had*
brw-rw----   1 root    disk     3,   0 May  5  1998 /dev/hda
brw-rw----   1 root    disk     3,   1 May  5  1998 /dev/hda1
brw-rw----   1 root    disk     3,  10 May  5  1998 /dev/hda10
```

```
brw-rw----   1 root   disk     3,  11 May  5  1998 /dev/hda11
brw-rw----   1 root   disk     3,  12 May  5  1998 /dev/hda12
brw-rw----   1 root   disk     3,  13 May  5  1998 /dev/hda13
brw-rw----   1 root   disk     3,  14 May  5  1998 /dev/hda14
brw-rw----   1 root   disk     3,  15 May  5  1998 /dev/hda15
brw-rw----   1 root   disk     3,  16 May  5  1998 /dev/hda16
brw-rw----   1 root   disk     3,   2 May  5  1998 /dev/hda2
brw-rw----   1 root   disk     3,   3 May  5  1998 /dev/hda3
brw-rw----   1 root   disk     3,   4 May  5  1998 /dev/hda4
brw-rw----   1 root   disk     3,   5 May  5  1998 /dev/hda5
brw-rw----   1 root   disk     3,   6 May  5  1998 /dev/hda6
brw-rw----   1 root   disk     3,   7 May  5  1998 /dev/hda7
brw-rw----   1 root   disk     3,   8 May  5  1998 /dev/hda8
brw-rw----   1 root   disk     3,   9 May  5  1998 /dev/hda9
```

5. 设备文件

在与设备驱动程序通信时，内核常常使用设备类型、主设备号和次设备号来标识一个具体的设备。但是，从用户角度而言，这一方法是不太实用的，因为用户不会记住每台设备的主、次设备号。为了实现系统的底层对用户透明，以方便用户的使用，Linux 采用了设备文件的概念。

引入设备文件后，Linux 为文件和设备提供了一致的用户接口。对用户来说，设备文件与普通文件并无区别。用户可以打开和关闭设备文件，可以读数据，也可以写数据等。

Linux 将设备文件放在目录“/dev”或其子目录之下。设备文件名通常由两部分组成，第一部分由二、三个字母组成，用来表示设备大类。例如，IDE 接口的普通硬盘为“hd”SCSI 硬盘为“sd”，软盘为“fd”，并口为“lp”。第二部分通常为数字或字母用来区别设备实例。例如，/dev/hda、/dev/hdb、/dev/hdc 表示第一、二、三块硬盘；而/dev/hda1、/dev/hda2、/ dev/hda3 则表示第一块硬盘的第一、第二、第三分区。

在 Linux 内核中，设备文件是通过 file 结构来表示的：

```
struct file{
    mode_t       f_mode;
    loff_t       f_pos;
    unsigned short f_flags;
    unsigned short f_count;
    unsigned long  f_reada, f_ramax, f_raend, f_ralen, f_rawin;
    struct file   *f_next, *f_prev;
    struct fown_struct f_owner;
    struct fown_struct f_owner;
    struct inode     *f_inode;
    struct file_operations *f_op;
    unsigned long       f_version;
    void        *private_data;
```

```
        /* neeed for tty driver, and maybe others */
}
```

6．设备驱动程序接口

I/O 子系统向内核的其他部分提供一个统一的标准的设备接口。这是通过数据结构file_operations（见 include/linux/fs.h）来完成的：

```
struct file_operations
{
    int (*lseek)  (struct inode *, struct file *, off_t, int);
    int (*read) (struct inode *, struct file *, char *, int);
    int (*write) (struct inode*, struct file*, const char*, int);
    int (*readdir) (struct inode , struct file, void*, filldir_t);
    int (*select) (struct inode*, struct file*, int, select_table*);
    int (*ioctl) (struct inode*, struct file*, unsigned int, unsigned long);
    int (*mmap) (struct inode*, struct file*, struct vm_area_struct *);
    int (*open) (struct inode*, struct file*);
    void (*release) (struct inode*, struct file*);
    int (*fsync) (struct inode*, struct file*);
    int (*fasync) (struct inode*, struct file*, int);
    int (*check_media_change)(kdev_t dev);
    int (*revalidate)  (kdev_t dev);
}
```

实际上，这个接口和文件系统的 *i* 结点一样，里面存放的是一些函数指针，这些指针指向设备驱动程序的具体函数。系统对设备驱动程序的调用就是通过这些函数指针来完成的。

以下是常用访问接口的简单介绍。

- lseek()：定位的读写位置。
- read()：从设备中读数据。
- write()：向设备中写数据。
- readdir()：只用于文件系统，不用于设备。
- select()：用来实现设备的复用。
- ioctl()：对设备进行控制，如转动等。
- mmap()：将设备空间映射到进程地址空间。
- open()：打开并初始化设备。
- release()：关闭设备并释放资源。
- fsync()：实现内存与设备之间的同步通信。
- fasync()：实现内存与设备之间的异步通信。
- check_media_change()：仅用于块设备，用于检查设备内容自上次操作后是否发生了变化。
- revalidate()：缓冲区操作，仅用于块设备。

5.4.4　Linux 的中断处理

1．中断的使用情况

设备一般都要比 CPU 慢得多，所以一般来说，当一个进程通过设备驱动程序向设备发出读/写请求后，该进程会将 CPU 使用权转交给其他进程，而自已进入睡眠状态。在设备完成请求后就向 CPU 发出一个中断请求，然后 CPU 根据中断请求决定调用相应的设备驱动程序。

关于系统中断使用情况的信息，可以查询文件 / proc/interrupts：

```
        [root@jiaohui /]#more /proc/interrupts
          CPU0      CPU1
  0:      6202      2985        IO-APIC-edge        timer
  1:       191       103        IO-APIC-edge        keyboard
  2:         0         0        XT-PIC              cascade
  3:      8243      3926        IO-APIC-edge        NE2000
 12:         0         0        IO-APIC-edge        PS/2 Mouse
 13:         1         0        XT-PIC              fpu
 14:       621       458        IO-APIC-edge        ide0
 15:         9         0        IO-APIC-edge        ide1
NMI:         0
ERR:         0
```

2．中断请求

在 Linux 内核中，一个设备在使用一个中断请求号时，首先需要通过 request_irq()申请使用该中断请求。函数 request_irq()的原型（见 include/linux/sched.h）如下：

```
extern int request_irq(unsigned int irq,
    void (*handler) (int,void*, struct pt_regs*),
    unsigned long flags,
    const char *device,
    void *dev_id);
```

其中，irq 是中断使用的序号；handler 指向中断处理函数；flags 是用于中断管理的一些常量；device 是产生中断的设备；dev_id 是用于共享中断号。

3．设备的睡眠与唤醒

在 Linux 中，当设备驱动程序向设备发出读/写请求后，就进入睡眠状态。例如，可中断并口打印驱动程序在发送一个字节后，可通过下面方法进入睡眠：

```
interruptible_sleep_on(&lp->lp_wait_q);
```

这时 CPU 可以接着运行别的进程。当设备完成请求后，向 CPU 发出一个中断请求，然后 CPU 根据中断请求决定调用哪个设备驱动程序。例如，可中断并口打印在处理完所接收的数据后，会产生一个中断，以唤醒进程：

```
static void lp_interrupt(int irq, void * dev_id, struct pt_regs *regs)
{
    struct lp_struct *lp=&lp_table[0];
    while(irq !=lp->&lp_table[0]){
      if(++lp>=&lp_table[LP_NO])
        return;
    }
   wake_up(&lp->lp_wait_q);
}
```

5.4.5 设备驱动程序的框架

Linux 的设备驱动程序与外界的接口与 DDI / DKI 规范相似，可分为三部分。

- 驱动程序与操作系统内核的接口：通过数据结构 file__operations 完成。
- 驱动程序与系统引导的接口：利用驱动程序对设备进行初始化。
- 驱动程序与设备的接口：描述驱动程序如何与设备进行交互，与具体设备密切相关。

一个完整的 Linux 设备驱动程序包括五个部分：

- 设备驱动程序的注册与注销：注册：在系统初始化时或者驱动在程序模块加载时完成注册，建立与文件系统的接口，文件系统可根据注册资料，建立文件操作与具体设备驱动程序的映射关系。如字符设备用 register_chrdev 向内核注册，块设备用 register_blkdev ()向内核注册。

注销：在系统关闭时或者在驱动程序模块卸载时完成注销。字符设备用 unregister_chrdev 从内核注销，块设备用 unregister_blkdev 从内核注销。

- 设备的打开与关闭：设备首先要打开才能读或写，完成之后及时释放，针对不同设备有不同操作，每种设备都有各自的 open()和 release()函数完成此项工作。
- 设备的读写操作：在读写过程中，设备可能采用查询或者中断的方式来控制数据传输，针对不同的数据传输控制方式，驱动程序采取相应的措施，各类设备使用各自的 read()和 write()函数完成操作。
- 设备的控制操作：使用设备的 ioctl()函数控制设备，如光盘的弹出等控制。
- 设备的中断处理或者忙等待查询处理：当设备不支持中断时，I/O 操作便采用忙等待方式查询设备状态。

1. 驱动程序的编译与加载

在 Linux 中加载驱动程序，可以采用动态和静态两种方式。静态加载就是把驱动程序直接编译到内核里，系统启动后可以直接调用。静态加载的缺点是调试起来比较麻烦，每次修改一个地方都要重新编译内核，生成新的系统，效率较低。动态加载利用了 Linux 的模块（module）特性，可以在 Linux 系统启动后用 insmod 命令把驱动程序（.o 文件）添加上去，在不需要的时候用 rmmod 命令来卸载。

在编写驱动程序的时候，必须提供两个函数：一个函数是 int init_module(void)，供 insmod 在加载此模块的时候自动调用，负责进行设备驱动程序的初始化工作。函数 init_module 返回 0 以表示初始化成功，返回负数表示失败。另一个函数是 void cleanup_module(void)，在模块被卸载时，供 rmmod 命令自动调用，负责进行设备驱动程序的清除工作。

写完设备驱动程序，下一项的任务是对驱动程序进行编译和装载。在 Linux 里，除了直接修改系统内核的源代码，把设备驱动程序加进内核外，还可以把设备驱动程序作为可加载的模块，由系统管理员通过命令随时加载它，使之成为内核的一部分。当不再需要它时，系统管理员可以把已加载的模块随时卸载下来。在 Linux 中，模块可以用 C 语言编写，用 gcc 编译成目标文件，使用"–c –D_KERNEL_-DMODULE"的参数，说明要编写的是内核模块，而且不进行链接，作为"*.O"文件存盘。由于不进行链接，gcc 只允许一个文件，因此一个模块的所有部分都必须在一个文件里实现。

编译好的模块*.O 放在/lib/modules/xxxx/misc 下（其中 xxxx 表示内核版本），然后用"depmod –a"使此模块成为可加载模块。模块用 insmod 命令加载，用 rmmod 命令卸载，可以用 lsmod 命令查看所有已加载的模块的状态。

有关驱动程序编写、编译、加载与卸载的实际例子，可见参考文献[3]。

2．驱动程序的注册与注销

每个字符设备或块设备的初始化都要通过 registef_chrdev()或 register_blkdev()向内核注册。在成功地向系统注册了设备驱动程序后，就可以用 mknod 命令把设备映射为一个特别文件。其他程序使用这个设备的时候，只要对此特别文件进行操作就行了。

```
//include/linux/fs.h
extern int register_chrdev(unsigned int, const char*, struct  file_
operations*);
xtern int register_blkdev (unsigned  int, const char*, struct file_
operations*) ;
```

在关闭字符设备或块设备时，还需要通过 unregister_chrdev()或 unregister_blkdev()从内核中注销设备。

```
//include/linux/fs.h
extern int unregister_chrdev (unsigned int major,const char *name) ;
extern int unregister_blkdev (unsigned int major,const char *name) ;
```

3．设备的打开与释放

打开设备是由函数 open()完成的。例如，打印机是用 lp__open()打开的。打开设备通常需要执行如下几件事：

（1）检查与设备有关的错误，如设备尚未准备好等。

（2）如果首次打开，则初始化设备。

（3）确定次设备号，根据需要可更新设备文件的 f_op。

（4）如果需要，分配且设置设备文件中的 private_data。

（5）递增设备使用的计数器。

释放设备（有时也称为关闭设备）与打开设备刚好相反，这是由 release()完成的，例如释放打印机是用 lp_release()。

释放设备的过程如下：

（1）递减设备使用的计数器。

（2）释放设备文件中的私有数据所占内存空间。

（3）如果属于最后一个释放，则关闭设备。

4．设备的读写操作

字符设备使用各自的 read()和 write()对设备进行数据读写，而块设备使用通用 block_read()和 block_write()进行数据读写。对块设备来说，这两个通用函数向请求表中增加读写请求。由于是对内存缓冲区而不是对设备进行操作的，因而它们能加快读写请求。这是通过数据结构 blk_dev_struct 中的 request_fn()来完成的。

```
//include/linux/blkdev.h
struct blk_dev_strcut{
  void (*request_fn)(void);
  struct request *current_request;
  struct request plug;
  struct tq_struct plug_tq;
};
struct request {
  volatile int rq_status;
#define RQ_INACTIVE (-1)
#define RQ_ACTIVE 1
#define RQ_SCSI_BUSY   0xffff
#define RQ_SCSI_DONE   0xfffe
#define RQ_SCSI_DISCONNECTING 0xffe0
  kedv_t rq_dev;
  int cmd;    /*读或写*/
  int errors;
  unsigned long sector;
  unsigned long nr_sectors;
  unsigned long current_nr_sectors;
  char * buffer;
  struct semaphore * sem;
  struct buffer_head *bh;
  struct buffer_head *bhtail;
```

```
    struct request * next;
};
```

对于具体的块设备，函数指针 request_fn 是不同的。软驱读写通过 do_fd_request()，硬盘的读写通过 do_hd_request()完成。

5.4.6 并口打印设备驱动程序

为了能够对 Linux 的设备管理有一个大概的认识，我们以并口打印驱动程序为例，介绍 Linux 的字符设备驱动程序。

1. 并口打印的接口

并口打印驱动程序与内核其他部分的接口通过 lp_fops 实现：

```
// drivers/char/lp.c
static struct file_operations lp_fops={
   lp_lseek,
   NULL,   /*lp_read*/
   lp_write,
   NULL,   /*lp_readdir*/
   NULL,   /*lp_select*/
   lp_ioctl,
   NULL,   /*lp_mmap*/
   lp_open,
   lp_release
 };
```

为了获得各打印机的属性和状态信息，并口打印驱动程序采用数组 lp_table 表示具体的打印机。在 Linux 的源程序 lp.h 中，结构 lp_struct 定义了打印机的属性和状态信息数据结构，参考路径是 linux/include/linux/lp.h，具体定义如下：

```
struct lp_struct {
   int base;
   unsigned int irq;
   int flags;
   unsigned int chars;
   unsigned int time;
   unsigned int wait;
   struct wait_queue *lp_wait_q;
   char *lp_buffer;
   unsigned int lastcall;
   unsigned int runchars;
   unsigned int waittime;
   struct lp_stats stats;
};
```

利用结构 lp_struct 说明并口打印机驱动程序采用的数组如下：

```
struct lp_struct lp_table[LP_NO];
```

其中 LP_NO 定义了打印机个数。

2．并口打印的注册与注销

并口打印的初始化由 lp_init()完成，它的注销由 lp_release()完成。如果并口打印的设备驱动程序为动态模块，则可以通过 cleanup_module()实现注销并释放内存等。

并口打印的打开由 lp_open()完成，而释放由 lp_release()完成。

3．并口打印的轮询工作方式

对并口打印机而言，只有需要打印的数据而没有需要读入的数据。因此，只有 lp_write()，而没有和它对应的 lp_read()。它的打印过程可以采用两种方式：轮询方式和中断方式。如果使用了轮询方式，lp_write()就调用 lp_write_polled()；否则 lp_write()就调用 lp_write_interrupt()。

lp_write()的程序原型如下：

```
static int lp_write(struct inode * inode, struct file *file,
    const char * buf, int count)
  {
    unsigned int minor=MINOR(inode->i_rdev);
    if(jiffies-lp_table[minor].lastcall>LP_TIME(minor))
       lp_table[minor].runchars=0;
    lp_table[minor].lastcall=jiffies;
    if(LP_IRQ(minor))
       return lp_write_interrupt(minor,buf,count);
    else
      return lp_write_polled(minor, buf, count);
  }
```

最后一行程序调用了函数 lp_write_polled()。该函数通过调用函数 lp_char_polled()，使用轮询方式（忙等待）将字节一个一个地打印出来。

lp__char_polled()的程序原型如下：

```
static inline int lp_char_polled(char lpchar, int minor)
      {
        int status, wait=0;
        unsigned long count =0;
        struct lp_stats *stats;
        do {
          status=LP_S(minor);
          count ++;
```

```
        if (need_resched)
          schedule ();
      } while(!LP_READY(minor,status)&& count <LP_CHAR(minor));
      if (count==LP_CHAR(minor)){
          return 0;
        /*we timed out,and the character was /not/printed*/
      }
      outb_p (lpchar, LP_B (minor));
      stats=&LP_STAT(minor);
      stats->chars++;
      /*must wait before taking strobe high,and after taking strobe
      low, according spec. Some printers need it, others don't. */
while(wait!=LP_WAIT(minor))wait++;
  …
return 1;
}
```

4．并口打印的中断工作方式

当并口打印机按中断方式打印时，它的打印函数 lp_write()调用了函数 lp_write_interrupt()来完成中断方式的打印过程。当驱动程序发出需要打印的字符后，它就让出 CPU 的计算资源，通过调用 interruptible_sleep_on()进入睡眠状态。

这一过程的示意程序如下：

```
Static inline int lp_write_interupt(unsigned int minor, const char *buf,
int count)
{
…
interruptible_sleep_on(&lp->lp_wait_q);
…
}
```

当打印机打印完接收到的字符后，它就向 CPU 发出一个中断信号，ISR 就会唤醒睡眠的并口打印进程：

```
    static void lp_interrupt(int irq, void *dev_id, struct pt_regs *regs)
    {
      struct lp_struct *lp=&lp_table[0];
      while (irq !=lp->irq){
          if(++lp>=&lp_table[LP_NO])
              return;
      }
      wake_up(&lp->lp_wait_q);
}
```

5.4.7 Linux 输入/输出实现层次及数据结构

通过 Linux，我们可以了解一下具体的设备管理实现的技术和方法。在 Linux 中，把设备当成了一种特殊的设备文件处理，如图 5-23 所示。所以，文件系统层实际上完成了设备管理中“与设备无关软件”的那部分工作，与设备相关的控制部分则由驱动层来完成。这种控制层次所基于的数据结构如图 5-24 所示，该数据结构在文件系统综述中也有描述。Linux 的设备管理顶层是文件管理，底层便是设备驱动程序。在数据结构的关系中，设备文件与普通文件的区别，主要体现在 inode 的内容上，前者存放的是设备号，后者存放的则是存放文件的磁盘物理块号。

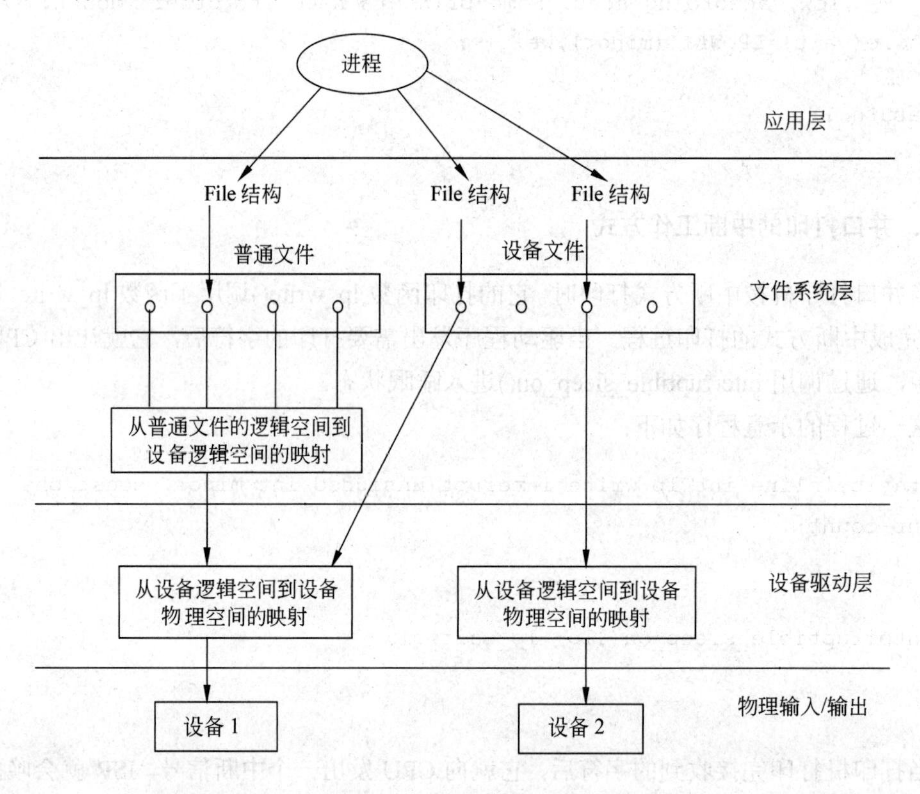

图 5-23 驱动程序分层示意图

在 Linux 的设备管理中，一个更重要的特点就是每个设备文件都有各自的操作函数入口表，在表中存放的是操作设备的各种控制函数，所以无论添加到系统中的是什么样的新设备，这个入口的形式是统一的，而不同的是根据设备的特点去开发各自的这些函数，这些函数本身就是所谓的驱动程序。这些函数指针集中存放在指针表 file_operations 结构中，如字符设备的函数指针表定义为：

```
struct file_operations chardev_fops = {
                open:  chardev_open,
                release: chardev_release,
```

```
        read:   chardev_read,
        write:  chardev_write,
    };
```

当以命令形式创建设备文件时，使用命令 mknod()，同时需要提供设备号作为参数。mknod 的格式是：

```
mknod Name { b | c } Major Minor
```

其中，Name 是设备名，b 表示特殊文件是面向块的设备（磁盘、软盘或磁带），c 表示特殊文件是面向字符的设备（其他设备）。最后两个参数是指定主设备的号，即设备类型，它帮助操作系统查找设备驱动程序代码，和指定次设备的号，表明不同属性，即具体哪台设备，是十进制或八进制数。

建立一个虚拟设备的命令可写为：

```
mknod dev/null c 1 3
```

这个命令的含义是：建立虚拟字符设备 dev/null，主设备号是 1，次设备号是 3。

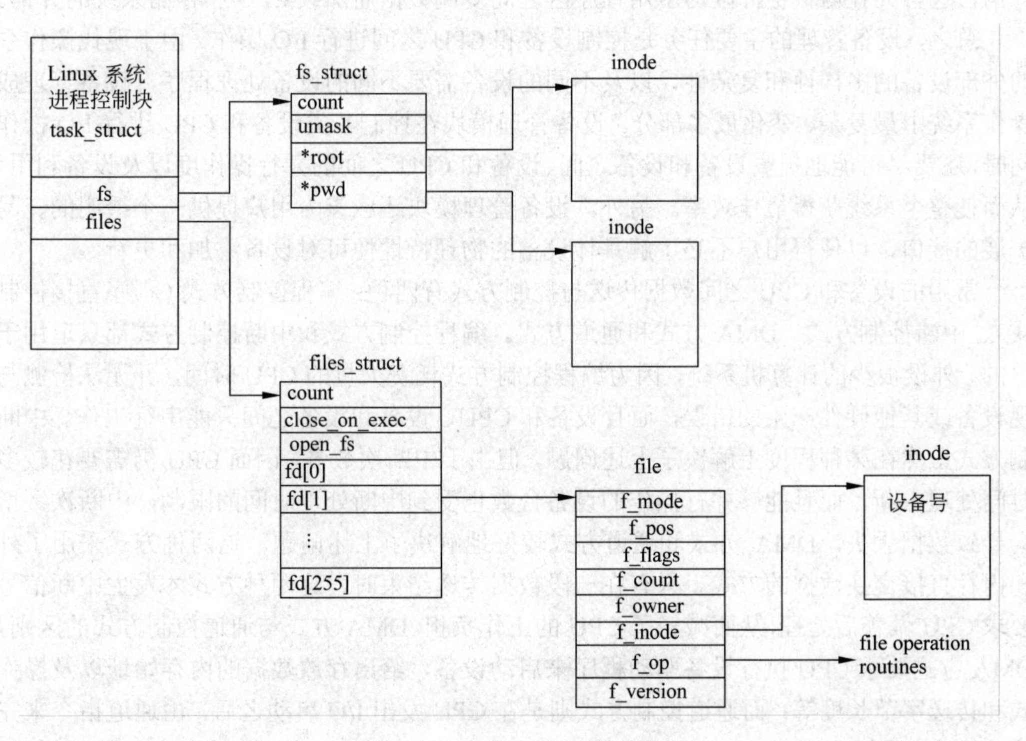

图 5-24 文件系统的数据成员

5.5 小结

I/O 中的基本硬件元素有总线、设备控制器以及设备本身。设备和主存之间的数据移动操作可由 CPU 以编程 I/O 的方式来完成，或者交付给 DMA 控制器完成。控制设备的内核模块是设备驱动程序。提供给应用程序的系统调用接口，设计成处理硬件的几种基本分类，包括块设备、字符设备、存储映像文件、网络套接字以及编程计时器。系统调用经常阻塞发出该调用的进程，但是内核本身使用非阻塞和异步调用，以非睡眠状态等待 I/O 操作完成的应用程序也使用非阻塞和异步调用。

内核 I/O 子系统提供许多服务。其中有 I/O 调度、缓冲、缓存、假脱机、设备预留和错误处理。另一项服务是名称翻译，它使硬件设备与应用程序使用的符号文件名称之间建立起联系，有几个映射级别，从字符串名称转换到指定设备驱动程序以及设备地址，然后再到 I/O 端口或总线控制器物理地址。在 UNIX 中，该映射可以出现在文件系统名空间内，在 MS-DOS 中，该映射则发生在分开的设备名空间。

“流”是一种实现方法，它使驱动程序得到重用且易用。通过“流”，可以将驱动程序串起来，数据处理在流上进行顺序的双向传递。

I/O 系统调用在 CPU 代价上成本高，这是由于在物理设备与应用程序之间有多层软件。这些层包含在内核保护边界的上下文切换的开销；包含服务于 I/O 设备的信号和中断处理开销，包含为在内核缓冲区与应用程序区之间复制数据而加载 CPU 和存储系统的开销。

总之，设备管理的主要任务是控制设备和 CPU 之间进行 I/O 操作。由于现代操作系统的外部设备的多样性和复杂性，以及不同的设备需要不同的设备处理程序，设备管理成了操作系统中最复杂、变化最多部分。设备管理模块在控制各类设备和 CPU 进行 I/O 操作的同时，还要尽可能地提高设备和设备之间、设备和 CPU 之间的并行操作度以及设备利用率，从而使整个系统获得最佳效率。另外，设备管理模块还应该为用户提供一个透明的、易于扩展的接口，以使得用户不必了解具体设备的物理特性便可对设备添加和更新。

常用的设备和 CPU 之间数据传送与控制方式有四种：编程控制方式（程序直接控制方式）、中断控制方式、DMA 方式和通道方式。编程控制方式和中断控制方式都只适用于简单的、外设很少的计算机系统，因为编程控制方式耗费大量的 CPU 时间，并无法检测与发现设备或其他硬件产生的错误，而且设备和 CPU、设备和设备之间只能串行工作。中断控制方式虽然在某种程度上解决了上述问题，但由于中断次数多，因而 CPU 仍需要花较多的时间处理中断，而且能够并行操作的设备台数也受到中断处理时间的限制，中断次数增多会导致数据丢失。DMA 方式和通道方式较好地解决了上述问题。这两种方式采用了外设和内存直接交换数据的方式。只有在一段数据传送结束时，这两种方式才发生中断信号，要求 CPU 做善后处理，从而减轻了 CPU 的工作负担。DMA 方式与通道控制方式的区别是：DMA 方式要求 CPU 执行设备驱动程序来启动设备，给出存放数据的内存始址以及操作方式和传送字节长度等；而通道控制方式则是在 CPU 发出 I/O 启动之后，由通道指令来完成这些工作。

I/O 软件的设计目标是实现设备无关性，即用户程序在不加修改的情况下，可以读出不同设备上的文件。为了实现这个目标，操作系统将 I/O 软件组织成四个层次：中断处理程序、设备驱动程序、设备无关软件和用户层软件。

设备分配应保证设备有高的利用率并避免死锁。进程只有在得到了设备、I/O 控制器和通道（如果采用了通道）之后，才能进行 I/O 操作。另外，用户进程给出的 I/O 请求中包含逻辑设备号，设备管理程序必须将其变换为实际的物理设备。I/O 请求命令中的其他参数被用来编制通道指令程序或由设备开关表选择设备驱动程序。

I/O 控制过程是对整个 I/O 操作的控制，包括对用户进程 I/O 请求命令的处理、进行设备分配、缓冲区分配、启动通道指令或驱动程序进行真正 I/O 操作以及分析中断原因和响应中断等。

Linux 的设备管理的实现。和其他的操作系统一样，它的实现也包括以上几部分的内容。Linux 中主要依靠设备驱动程序和 CPU 交互来完成 I/O 操作。但为了做到高效而简洁，它把每个设备和文件的 *i* 结点对应起来，而且它的设备管理和缓冲区的管理都在文件系统中实现。

5.6 习题

1．当同一时间出现了来自不同的设备的多个中断，可以用优先级策略确定响应中断服务的顺序。请讨论当为不同的中断分配优先级时，应考虑什么问题。

2．支持内存映射 I/O 的设备控制寄存器有什么优缺点？

3．考虑如下单用户 PC 的 I/O 场景：

a．用于图形用户界面的鼠标；

b．在多任务操作系统上磁带驱动器（没有可用的预分配设备）；

c．包含用户文件的磁盘驱动器；

d．具有直接总线连接、可通过内存映射 I/O 访问的图形卡。

对于以上各种情景，你能否使用缓冲、假脱机、缓存或者它们的组合设计操作系统？你能否使用轮询 I/O 或者中断驱动 I/O？请给出你所做选择的原因。

4．在大数多道程序系统中，用户程序通过虚拟地址访问内存，而操作系统使用原始物理地址访问内存。在通过用户程序进行 I/O 操作初始化，并由操作系统执行这些操作时，这种设计的含义是什么？

5．与中断服务相关的性能开销有哪些不同的种类？

6．试描述使用阻塞 I/O 的三种情况。描述使用非阻塞 I/O 的三种情况。为什么不只是实现非阻塞 I/O，并且使进程处于“忙-等”状态直到设备就绪？

7．一般在设备 I/O 完成时有一个简单中断，并由主机处理机做适当处理。然而，在某些特定的环境下，在 I/O 完成时所执行的代码可以分为两部分，一部分在 I/O 完成后立即执行，并且为稍后执行剩余部分代码调度第二次中断。试问：在中断处理程序的设计中，使用这种策略的目的是什么呢？

8．有些 DMA 控制器支持直接虚拟内存访问，在这种情况下，指定虚拟地址为 I/O 操作对象，并且在 DMA 期间将虚拟地址转换成物理地址。试问：该设计如何使得 DMA 控制器复杂化？提供这种功能的优点是什么？

9．UNIX 系统通过利用内核中数据结构的共享来协调内核 I/O 构件的活动，而 Windows NT 则使用在内核 I/O 构件之间的面向对象消息传递机制。试讨论每种方法的三种赞成的理由和三种反对的理由。

10．试用伪代码写出虚拟时钟的实现，包括内核与应用程序的计时器请求的排队与管理。假设硬件提供三种计时器通道。

11．讨论在流的提取过程中，在模块之间保证数据可靠传输的优缺点。

12．设备管理的目标和功能是什么？

13．数据传送控制方式有哪几种？试比较它们各自的优缺点。

14．何谓通道？试画出通道控制方式时的 CPU、通道和设备的工作流程图。

15．何谓开中断？何谓关中断？何谓中断屏蔽？

16．何谓陷阱？何谓软中断？试述中断、陷阱和软中断之间异同。

17．描述中断控制方式时的 CPU 动作过程。

18．设备驱动程序是什么？为什么要有设备驱动程序？用户进程怎样使用驱动程序？

19．I/O 控制可用哪几种方式实现？各有什么优缺点？

20．设在对缓冲队列 em（空闲缓冲区）、in（输入缓冲区）和 out（输出缓冲区）进行管理时，采用最近最少使用算法存取缓冲区，即在把一个缓冲区分配给进程之后，只要不是所有其他的缓冲区都在更近的时间内被使用过了，则该缓冲区不再被分配出去。试描述过程 take_buf(type, number)和 add_buf(type, number)。

21．试编写一个 Linux 的打印机驱动程序，可以将文本文件通过 PRN 并行口输出。

第6章 文 件 系 统

6.1 概述

计算机的主要用途是处理数字信息，这些信息包括程序和数据。处理的信息量越来越多，信息的存储和检索变得愈加重要。由于计算机内存容量有限，并且不能长期保存信息，所以通常把信息以一种单元的形式，也就是所谓的文件，存储在磁盘或磁带等外部存储器（简称外存）上。

在早期的计算机中，由于没有专门的系统部件对外存中的文件进行统一管理，所以对文件的使用是相当复杂和烦琐的。无论是用户还是系统本身，均需熟悉外存的物理特性。他们不但要按物理地址（磁头号、磁道号、扇区号）存取文件，还要准确地记录外存中文件的物理位置和整个外存的文件分布情况，然后才能通过相应的I/O指令对文件信息进行操作。稍不小心，如使用了错误的文件地址，就会破坏已存入的文件。很显然，要求用户记住这样大量而复杂的文件分布情况，对用户是一种沉重的负担，也给计算机系统带来了不安全因素。特别是在目前的多道程序运行的系统中让用户自己组织外存空间的存放格式也是不可能的。因此，如同内存和外部设备一样，外部存储器及文件也必须由操作系统统一管理。

文件系统（file system）就是操作系统中专门负责对外存空间及文件进行管理的程序模块。文件系统是操作系统顶层的模块。用户使用计算机时与之打交道最多的就是文件系统，比如查找文件、打印文件内容、删除文件、建立一个新的文件等。所谓文件系统实际上就是把用户操作的抽象数据，映射成为在计算机物理设备上存放的具体数据，并提供数据访问的方法和结构。

具体来说，用户使用的抽象数据就是文件，通常的形式为流式文件（如源程序）和记录式文件（如数据库文件）。用户建立文件时只需提供名称，然后给定具体内容就行了，这实际上是数据的一种逻辑结构；具体存放在外存上的二进制数据形式称为文件的物理组织，那是信息的最终存放形式。而数据的这种物理结构用户是无须了解的，这种结构只是更便于计算机数据的内部保存和操作，在管理上效率更高。所以，文件系统是对信息的抽象，它既为用户提供了符合常规逻辑的操作形式，也为系统内部的管理提供了有效的数据访问和存储形式，它是这两种不同形式之间的桥梁。

6.2 文件系统的概念

6.2.1 文件

1．文件的概念

所谓文件是数据的一种组织形式，是具有符号名的一组相关数据信息的集合。该符号名是用来标识文件的，称为文件名。例如，一个已经命名的源程序、目标程序、数据集合等均可作为一个文件。又如各种应用信息，如职工的工资表、人事档案表、设备表以及文件目录和系统程序等，给予命名后也均可作为文件。

从基本构成单位（结构）的角度来看，文件目前主要被分成两种形式。

- 无结构文件：文件被看作是命名了的字符串集合。例如，在 UNIX/Linux 系统中，文件系统从物理上将每个文件仅仅看作是由一系列字符串组成，而不是把文件看成是物理记录的集合，这种文件形式也称为流式文件。
- 有结构文件：文件被看作是命名了的相关记录的集合，这是一种比较普遍的看法。文件的组织被分为文件、记录和数据项三级。其中，记录是一组相关数据项的集合，用于描述一个对象的属性，一个记录一般包含多个数据项。数据项是描述一个对象的相关字符的集合。例如，一个命名为“学生登记表”的文件（见表 6-1）是一个学生情况记录的集合，每个学生情况的记录是由姓名、性别、年龄等数据项组成，而姓名、年龄、性别等数据项则由若干个字符组成。这种文件形式也称为记录式文件。

表 6-1　学生登记表示例

姓名	性别	年龄
刘洋	男	19
王倩	女	18
孙威	男	19
…	…	…

除文件名外，文件还具有其他的属性，通常包括以下属性。

- 文件类型：可以从不同的角度来规定文件的类型。如从文件用途角度，可分为系统文件或用户文件等。
- 文件长度：指文件所占外存空间的大小。长度的单位可以是字节、字或块，也可能是最大允许长度。
- 文件的物理位置：用于指示文件在哪个设备上以及在该设备的哪个位置。
- 文件的存取控制：规定不同用户对文件的访问权限，如可读、可执行等。
- 文件的创建时间：指文件信息第一次被写入外存的时间。

2．文件的分类

为了便于管理和控制文件，通常将文件分成若干类型。不同的文件管理系统，其文件分类方法也不同。许多文件系统中还常把文件类型与文件名一起作为识别和查找文件的参数。通常对文件用以下四种方法分类。

1）按文件用途分类

- 系统文件：由与操作系统本身密切相关的一些程序或数据所组成的文件。
- 库文件：由系统提供的可供用户调用的各种标准过程、函数和应用程序等所组成的文件。
- 用户文件：由用户的程序或数据所组成的文件。

2）按文件中的数据分类

- 源文件：从终端或其他输入设备输入的源程序和数据文件，以及作为处理结果的输出数据文件。
- 相对地址目标文件：源程序文件通过各种语言编译程序编译后所输出的相对地址形式的目标程序文件。
- 可执行程序文件：相对地址目标文件通过链接装配程序链接后所生成的、可在计算机中运行的程序文件。

3）按文件保护方式分类

- 只读文件：仅允许对其进行读操作的文件。
- 读写文件：有控制地允许不同用户对其进行读或写操作的文件。
- 不保护文件：没有任何存取限制的文件。

4）按文件保存时间分类

- 临时文件：在批处理中从作业开始运行到作业结束，或是在分时处理中从会话开始到会话终止期间所保存的临时性文件。一旦这些作业终止，其相应的临时文件也被系统自动撤销。
- 永久文件：在用户没有发出撤销该文件的命令前，一直需要在系统中保存的文件。

3．文件的操作

文件系统应方便用户对文件的使用，因此不应要求用户必须了解文件的物理组织（如文件存放的物理地址、在外部存储器中的存储方式等）才能使用文件，而应为用户提供按其逻辑组织形式来使用文件的便利。

一个文件系统至少要提供用户以下的文件操作功能。

1）对整个文件的操作

- 打开（open）文件：以准备对该文件进行访问。
- 关闭（close）文件：结束对该文件的使用。
- 创建（create）文件：构造一个新文件。
- 撤销（destroy）文件：删除一个文件。
- 复制（copy）文件：为文件产生一个副本。
- 文件更名（rename）：改变给定文件的文件名。
- 文件列表（list）：打印或显示文件列表。

2）对文件中记录的操作

- 检索（find）记录：检索文件中的一个或多个记录。
- 修改（update）记录：修改文件中一个记录中的一个或多个数据项。
- 插入（insert）记录：在文件中添加一个新纪录。
- 删除（delete）记录：从文件中删除一个记录。

4．文件的转储和恢复

文件系统中不论是硬件还是软件都会发生损坏和错误。例如：自然界的闪电、电网电压的变化等均可能造成磁盘损坏。一些错误和不慎的操作也会引起软、硬件的破坏。由于所有的系统程序也均以文件形式出现在文件系统中，所以这些破坏甚至可能损毁操作系统的核心部分。因此，为使至关重要的系统文件万无一失，应对保存在外存中的系统文件采取一些保护措施。当然，对一些重要的用户文件（包括程序文件和数据文件），也需采取保护措施。最简便，最通常的保护措施就是对重要文件进行“定期转储”，把这些文件备份到可拆卸外部存储器（如磁带）上，以备系统发生故障或需要时恢复这些文件。

1）文件的转储

常用的转储方法有两种。

- 全量转储：把文件存储器中的所有文件，定期（如每周一次）复制到磁带上。这种方法比较简单，但有以下缺点：
  - 转储时系统必须停止向用户开放。
  - 很费机时，全部转储工作可能要花费数小时。
  - 当发生故障时，只能恢复上次转储的信息，而丢失了从上次转储以来的改变和增加的信息。

全量转储的优点是转储期间系统可以重新组织介质上的用户文件。例如把磁盘上不连续存放的文件重新构造成连续存放的文件。

- 增量转储：每隔一定时间，把所有被修改过的文件和新创建的文件转储到磁带上。通常系统会对这些修改过的文件和新文件做上标记。当用户退出系统时，系统就会自动地将列有这些文件名的表传送给系统进程，由它转储这些文件。

2）文件的恢复

文件被转储后，当系统出现故障或需要时，就可以用重新装入备份文件的方法来恢复系统或用户文件。

6.2.2 目录

在一个计算机系统中文件的数量是巨大的，文件系统的主要功能之一是有效地组织和管理这些文件。文件系统通过目录来组织管理文件。

1. 目录的概念

一个文件系统可以包含许多目录和文件。所谓目录，是文件系统层次结构的一个非终结结点。一个目录通常包含有许多目录项，每个目录项可以是一个文件或目录。而文件是文件系统层次结构的一个终结结点，即在文件下不可能再包含文件或目录。在很多系统中，目录本身也是文件。

我们可以把一组相关的文件存放在一个目录之下。利用目录可以非常方便地查找文件，减少了查找文件的时间。通过设定目录的访问权限，目录还可以防止未经授权的用户使用文件。每个目录中列出了该目录下文件的文件名、文件属性和文件数据在磁盘上的地址等信息。

用户可以通过操作系统提供的命令显示或管理目录。在打开文件时，操作系统首先查找目录，直到找到要打开该文件的目录项。然后从目录项所指向的数据结构中取得文件属性和磁盘地址，放入内存的相应表中。在这之后，系统对该文件的所有引用均使用内存中的信息。

2．目录的层次结构

一个目录项可以是文件或者其他目录，这样就产生了目录的层次结构，或称为树状目录结构。树状目录结构的根结点称为根目录。例如，可以把一个学生各门功课成绩放入一个目录，而把电子邮件放入另一个目录，另外再创建一个目录存放 WWW 主页文件。

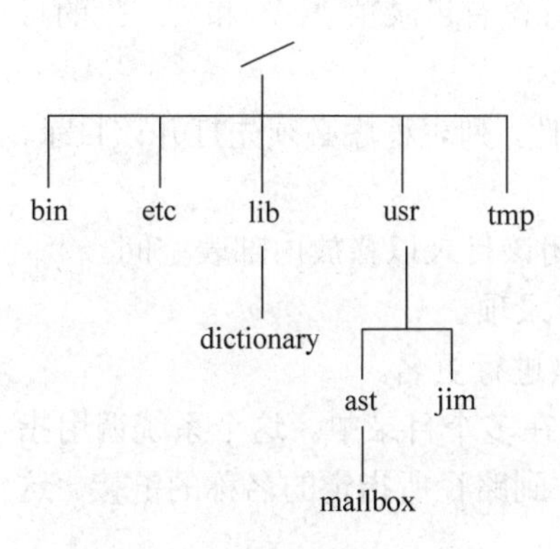

图 6-1　UNIX 系统目录树

层次目录结构中的每一个文件都可以用一个从根目录开始的路径名来确定，这种路径名称为绝对路径名。它包含了从根目录到该文件的所有中间目录名，相互之间用正斜杠“/”（用于 UNIX/Linux）或反斜杠“\”（用于 DOS/Windows）隔开。非斜杠起始的路径名，称为相对路径名。

图 6-1 是一个典型的 UNIX 系统目录结构树。

该目录树从根目录（/）开始，/lib/dictionary 就是绝对路径名。每个用户进程在任一时刻都有一个当前工作目录，相对路径名是相对于当前工作目录的路径名。例如，当前工作目录为/usr/ast，想引用文件“/usr/ast/mailbox”，则可使用相对路径名 mailbox。它与绝对路径名“/usr/ast/mailbox”是等效的。使用相对路径名往往更加方便，并且实现的功能和绝对路径名完全一样。

有些程序需要存取某个特定文件，而不管当前的工作目录是什么。这种情况下，应该使用绝对路径名。比如，一个拼写检查程序要读取文件/usr/lib/dictionary，而它不知道当前的工作目录，就必须使用完整的绝对路径名。无论当前的工作目录是什么，绝对路径名总是可以使用的。

当然，如果这个拼写检查程序需要从目录“/usr/lib”中读取很多文件，它可以采用另一种方法，即首先执行一个系统调用，把工作目录改变到/usr/lib，然后只需用相对路径名 dictionary 作为打开文件命令的参数即可。通过显式地改变工作目录，程序可以知道它在目录树中的确切位置，因此可以使用相对路径名。

大多数支持目录层次结构的操作系统，在每个目录中都有两个特殊的目录项“. ”和“..”，目录项“.”代表当前工作目录，目录项“..”代表其父目录。例如用户进程的当前工作目录是/usr/ast，则可以使用“..”代表其父目录/usr，可以使用如下 shell 命令：

```
cp ../lib/dictionary .
```

其含义是把文件“/usr/lib/dictionary”复制到当前工作目录下。第一个参数“../lib/dictionary”告诉系统先上溯到/usr 目录，然后向下到达 lib 目录，找到 dictionary 文件。第二个参数“.”指定目的目录为当前目录。当 cp 命令用一个目录名（包括“. ”）作为它的第二个参数时，它把所有指定文件复制到该目录中。

3．目录的操作

相对于文件的系统调用而言，不同操作系统中用于管理目录的系统调用差别更大。为了让学生对这些系统调用及其工作方式有一个印象，我们介绍一下 UNIX 系统有关目录的系统调用。

- 创建（create）目录项：创建一个只包含目录“. ”和“.. ”的空目录。目录项“. ”和“.. ”由系统自动生成，与整个目录同时存在，只能在该目录被删除时由系统自动删除。
- 删除（delete）目录项：只有空目录可以被删除。只含有目录项“. ”和“.. ”的目录被认为是空目录。
- 打开（opendir）目录项：为了列出目录中的所有文件，列表程序必须先打开该目录，然后读取其中所有文件的文件名。
- 关闭（closedir）目录项：读目录结束后，应该关闭该目录以释放内部表空间。
- 读（readdir）目录项：返回已打开目录下的一个目录项。
- 更名（rename）目录项：与文件相似，目录也可以进行更名。
- 链接（link）目录项：文件链接机制允许文件出现在多个目录中。这个系统调用指定一个已存在的文件和一个路径名，并建立从文件到路径所指定的名称的链接。这样，同一文件可以在多个目录中出现。
- 撤销（unlink）目录项：如果被撤销的文件只出现在一个目录中，则从文件系统中直接删除该文件。如果文件出现在多个目录中（即该文件有多个链接），则只删除指定路径的文件名，其他路径的文件名依然保留下来。在 UNIX 系统中，删除文件的系统调用实际上就是 unlink。

6.2.3 文件系统

1．文件系统的概念

文件系统是指操作系统中专门负责存取和管理外部存储器上文件信息的功能模块。文件系统既要为用户提供对个人专用存储器上文件信息的存取，也要以可控制的方式为用户提供对共用存储器上共享文件信息的存取。

通常文件可保存在各类外部存储介质上，例如 U 盘、硬盘、磁带等外部存储器，也可保存在穿孔卡片或打印纸等介质上。本章讨论的文件系统仅限于对外部存储器（U 盘、硬盘、磁带等）上所存文件信息的管理。

2．文件系统的功能

一个文件系统应具有以下功能：

- 使用户能建立、修改和删除一个文件。
- 使用户能在系统控制下共享其他用户的文件，以便于用户可以利用其他人的工作成果。

- 使用户能方便地建立文件。
- 使用户能在文件之间进行数据传输。
- 使用户能通过符号文件名对文件进行访问，而不应要求用户使用物理地址来存取文件。
- 为防止意外系统故障，文件系统应具有转储和恢复重要文件的能力。
- 为用户文件提供可靠的保护和保密措施。

3．文件系统的组成

不同的文件系统有各种各样的组织形式，没有一个固定的模式，但其功能相差无几，一般可分为五个部分，如图 6-2 所示。

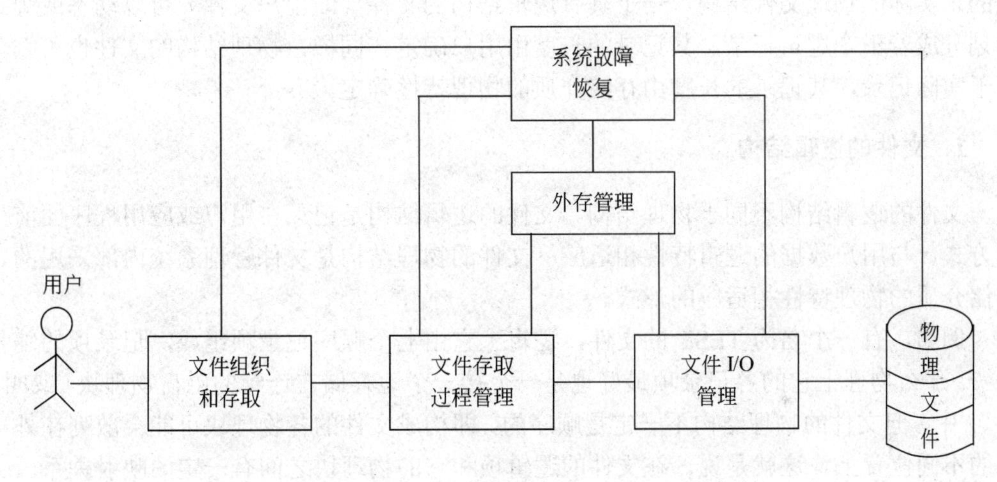

图 6-2　文件系统的组成

- 文件组织和存取：它的功能是实现同用户的接口。它提供了定义文件的各种逻辑组织和方法以及存取文件的命令，其中包括建立、撤销、读写、修改文件以及控制文件存取特性的命令和说明。在许多文件系统中，把这些功能扩充到物理文件一级，使得在某种程度上用户可以越过系统的许多部分，而直接规定文件物理组织和 I/O 命令。
- 文件存取过程管理：这一部分由一些程序组成，这些程序负责管理和查找文件目录、打开和关闭文件、把符号文件名转换成它们的物理地址、控制合法用户存取文件、管理文件系统内部缓冲区，以及生成相应的 I/O 程序。因为要完成这一系列工作，文件存取过程管理就成为许多文件系统的最大组成部分。
- 文件 I/O 管理：管理 I/O 请求的队列，调动和启动这些操作，处理 I/O 错误以及发出 I/O 结束的信号。
- 外存管理：检查外存的可用空间，根据请求分配或释放外存空间。在复杂的系统中，还可能包括通过多级存储系统传送文件信息的功能。
- 系统故障恢复：当计算机系统的硬件或软件发生故障时，应具有恢复文件系统功能的能力。

6.3 实现文件

6.3.1 文件的结构

文件系统的设计者常常用两种不同的观点去研究文件的结构：一种是用户的观点；另一种是系统实现的观点。从用户的观点出发，侧重于研究为用户提供一种逻辑结构清晰、使用方便的逻辑文件结构。从系统实现的观点出发，则主要研究如何在外存储器上存放有效的、实际的物理文件结构。一个具有逻辑结构的文件（即用户文件）可以动态或静态地被划分成若干个逻辑记录，其记录的长度由用户确定。同样，物理结构的文件也可划分成若干实际记录，其记录的长度由存储介质的物理特性确定。

1．文件的逻辑结构

文件的逻辑结构不同于物理结构。文件的逻辑结构是记录在用户或应用程序面前呈现的方式，与用户数据的逻辑特性相适应；文件的物理结构是文件管理系统内部采用的、与存储介质的物理特性相适应的形式。

例如，有一个名为 TEST 的文件，逻辑上它由七个顺序记录项组成，记录项的编号为1～7。那么物理上它的各记录项最好也是一个接一个地存储在连续的磁盘物理块（或叫“扇区”）中。但文件的物理结构不一定是顺序的，即构成文件的各物理块可能会散列在外存储器的不同位置上。这就是说，在文件的逻辑项和它的物理块之间有一定的映射关系。文件的逻辑结构不同，这种映射关系也必然不同。显然文件管理系统必须具有执行这种映射功能的模块，它的作用是把用户对一个记录项的请求转换为对字节串的请求，或者说把用户请求中的逻辑字节串地址变换成物理字节串地址，这就是通常所说的存取方法。

因此，可以这样说：对应于文件的一种逻辑结构，文件管理系统提供一种相应的存取方法，它通过存取方法模块来实现。存取方法模块用于管理某种文件逻辑结构及与其相对应的文件，即管理对这种文件的存取。

常见的文件逻辑结构及其存取方法如下。

1）顺序结构的定长记录

这种文件的特点是，文件中的每个记录的长度都相等。用户把文件看成是由定长记录组成的序列。因此，记录在文件内可从 0 开始依次编号。显然，只要找到了文件的起始地址，通过对记录编号的计算就可以立即得到某个记录在文件内的相对位置。

对此种结构的文件提供顺序存取（存取下一个记录）和直接存取（存取第 n 个记录）两种命令。顺序存取只要把当前的逻辑字节地址加上记录长度就可得到下一个记录的逻辑字节地址。直接存取第 n 个记录，其逻辑字节地址等于：$(n\text{-}1)\times$记录长度。

2）顺序结构的变长记录

这种文件的特点是，文件中各个记录的长度是由用户根据需要来确定的。用户把文件看成是长度不同的记录序列，记录在文件内亦可从 0 开始依次编号。但由于记录长度不同，所以在文件连续的信息中很难标出记录之间的界限。

顺序存取下一个记录，可由当前的逻辑字节地址加上这一记录的长度即可得到下一记录的逻辑字节地址。而对于直接存取，则依次加上各记录的长度得到存取记录的逻辑字节地址。但此种方法效率甚低，实际工作中，常常采用索引表进行直接存取，索引表中存放有每个记录的起始地址，查找索引表得到变长记录的长度和记录的地址，从而找到该记录的信息。虽然此种方法查找速度很快，但当记录很多、索引表很长时，无疑要占用很多存储空间。

3）带关键字的逻辑记录

在这种记录结构中，由给定的一个主关键字的值所确定的记录是唯一的。按关键字存取的特点是，根据记录的内容而不是根据记录的编号或地址进行访问，记录的编址不是按它们在文件中的位置，而是按逻辑记录中的某个数据项的内容（关键字）进行编址。例如，在职工履历表文件中，每个职工的情况为一个记录，当要查找某个职工的情况时，可根据职工姓名或职工编号来查询该职工记录。

2．文件的物理结构

一般情况下，文件存放在外部存储器上。为了提高存储空间的利用率和减少存取记录的时间，记录在外存上存储的物理结构，根据不同需要和外存设备的不同特性，可以有多种方式。

文件系统选择何种物理结构，一般由外存类型、记录使用频率、存取速度要求、关键字数量以及节省使用存储空间等因素确定。文件的物理结构有多种多样，一般可分三种：顺序结构、随机结构、链表结构。

1）顺序结构——连续文件

连续文件结构是计算机中最早使用的一种文件结构。它是根据记录中某一公共的属性，把一个逻辑上连续的记录分配到连续的物理块中，即用物理上的顺序存储来实现文件的逻辑次序。在这种情况下，物理顺序和逻辑顺序是一致的，如图 6-3 所示。

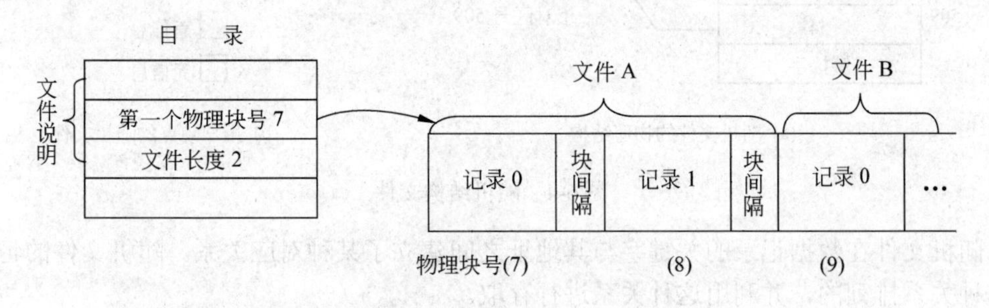

图 6-3　顺序结构的文件

连续文件结构的基本优点就是在连续存取时速度较快，即如果文件中的第 n 个记录刚被存取过，而下一个要存取的是第 $n+1$ 个记录，则这个存取会很快完成。当连续文件是存放在顺序存取型存储设备（如磁带）上时，这一优点是明显的。但如果它是存储在直接存取型存储设备（如磁盘）上时，则在多道程序的情况下，由于其他用户可能同时驱动磁头移向其他柱面，因此会降低这一优越性。所以连续文件结构多用于磁带设备。

当需要对连续文件中的某个记录进行查找时，一般是采用扫描的方式，即扫视整个文件，直到所需的记录被找到为止。当文件规模很大时，这个扫描过程会相当长。因此，通常是将那些处理程序对连续文件进行检索的请求加以累积，把它们所要查找的所有记录积累起来进行排序，然后一次从头到尾进行查找，即可完成多个处理程序的查找请求。这种处理方式称为批处理技术。这对每个处理程序来说，所花费的查找代价最小。但这种技术对于实时应用不够实用，因为在很短的时间间隔内，积累的成批处理的规模不大，不能表现出其优越性。

对于连续处理的情况，顺序结构是一种最经济的结构方式，因为不必花费时间把记录的逻辑顺序转换为物理顺序。但如果对它不按顺序进行存取，则处理起来速度很慢。同时，因为对连续文件的任何修改，都要把整个文件重新复制一遍，所以对文件进行少量修改的处理是非常不合算的。顺序结构通常适用于只读（输入）文件和只写（输出）文件。

2）随机结构——随机文件

在随机结构中，文件存放在直接存取型存储设备上，例如磁盘。磁盘文件由若干个不一定连续的磁盘扇区组成，如图 6-4 所示。

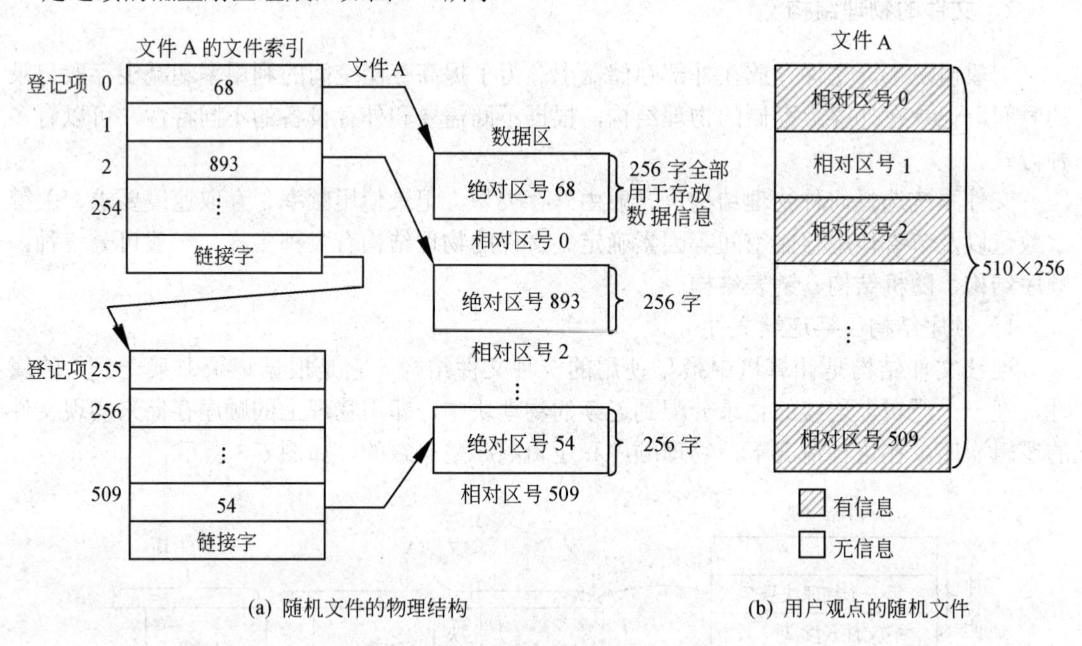

(a) 随机文件的物理结构　　(b) 用户观点的随机文件

图 6-4　随机结构文件

随机文件在数据记录的关键字与其地址之间建立了某种对应关系。随机文件的记录是按这种关系排列的，并利用这种关系进行存取。

随机文件结构有三种：直接地址结构、索引地址结构和计算寻址结构。

- 直接地址结构：当知道某个记录的地址时，可直接使用这个地址进行存取。但这意味着，用户必须知道每个记录的具体地址，或者在记录中必须有某个数据段的值直接作为地址使用，这都是不方便的。因此，直接地址结构并不常用，当然在使用这种结构时，存取效率是最高的。因为它提供了最快的寻址方法，并且不需要文件查找或索引操作。

- 索引地址结构：索引文件带有一个索引表，索引表中的每一项内容都包括一个关键字及对应于该关键字相应记录的地址。一般说来，索引表是按关键字的大小顺序排列的，而索引文件既可以按顺序排列，也可以不按顺序排列。前者称为索引连续文件，后者称为索引无序文件，它们有时简称为索引主文件。
- 计算寻址结构：在这种方法中，关键字经过某种巧妙而有用的计算处理之后转换成相应的地址。一般来说，由于地址的总数比可能的关键字值的总数要少得多，即不会是一对一的关系，因此不同的关键字在计算之后，可能会得出相同的地址，称为“冲突”。这种计算方法就是通常所说的散列法，也称为“杂凑”或“哈希（Hash）”法。一种散列算法是否成功的一个重要标志，是看其将不同的关键字映射到同一地址的概率有多大，概率越小，则此散列算法的性能就越好，即产生的冲突越少。

3）链表结构——串联文件

这类文件由若干个不一定连续的磁盘扇区组成，如图 6-5 所示。

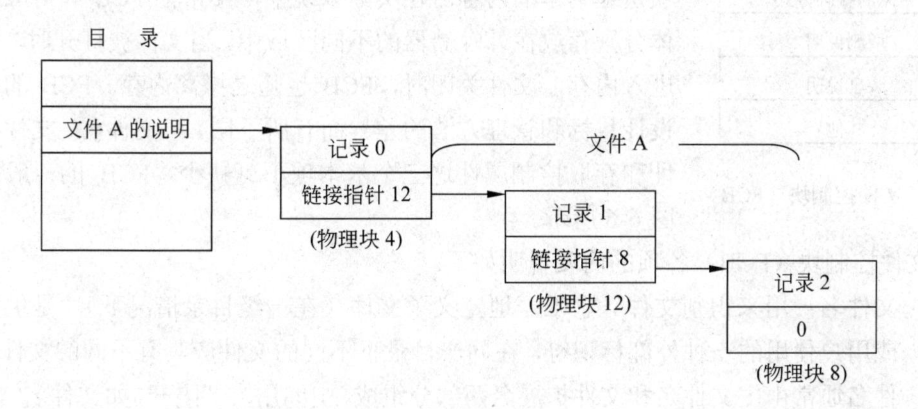

图 6-5　链表结构文件

链表结构的特点是使用指针表示各个记录之间的关联。指针可以表示记录的绝对地址，也可以表示相对于文件第一个记录的相对地址。使用指针的特点是可以将文件的逻辑顺序与其物理顺序完全分开，即记录在物理设备上可以任意排列，而利用指针来表示它们之间的逻辑关系。当记录之间的物理顺序与其逻辑顺序一致时，则可以不使用指针，这时的存放方式即为顺序结构。反之，如果使用指针将有关的记录链接起来，则称为链表结构。链表结构比较容易修改，但由于要存放指针，需要较多的存储空间。

6.3.2　文件的组成和文件控制块

1．文件的组成

我们在介绍进程的组成时曾经提到，一个进程包含进程控制块、程序段和数据段。类似地，一个文件也包含文件控制块（FCB）和文件体两部分。从用户的观点来看一个文件，他仅仅关心文件体，对文件究竟存放在何处一般不感兴趣。从操作系统的观点来看一个文件，它应包括文件控制块和文件体，这样操作系统才能实现各种对文件的管理和控制，不致出现差错。

文件体是文件的正文部分，是用户需要保存和处理的有效信息。操作系统为了管理和控制系统中的全部文件，为每个文件建立了一个描述文件信息的文件控制块，用来保存一个文件的文件名、物理位置及其他有关的说明与控制信息。系统利用这些信息可以实现从逻辑记录到物理记录的转换以及其他许多操作。文件控制块是在文件创建时建立的，在文件传送、压缩、扩充和存取时更新其内容，随着文件的撤销而删除。

2．文件控制块

最简单的文件控制块（FCB）只有文件名和定位信息，这两项是最基本的内容。在实际系统中，常常把FCB和对应的文件体分别存放在外存储器的不同区域中。当文件被打开时，其FCB进入内存，文件关闭时，FCB也随之撤离内存。FCB的内容因设计目标和管理方法的差异而有所不同，但文件名、文件存放地址和存取控制属性这三个基本项不可缺少。FCB的一般格式如图6-6所示。

文件名
内部名
用户名
物理组织
物理地址
记录格式
历史和测量信息
文件性质
口令或密码
存取属性
信息的编码方式
增删说明
共享说明
其他

图6-6　文件控制块（FCB）

文件控制块（FCB）各项的简要说明如下。

- 文件名：用来识别文件。它唯一地定义了文件（在一级目录情况下），是供程序员或用户使用的一种外部标识符，在同一目录下不同的文件应具有不同的文件名。文件名通常由主文件名和文件扩展名两部分组成，中间用“.”隔开，如文件名“file.txt”中file为主文件名，而txt为扩展名，主文件名和扩展名均有一定的长度和字符约束。不同的文件系统还对文件名有另外的理解。在某些系统（如UNIX）中，扩展名只是一种约定，并不强迫用户采用，省略或是有多个扩展名都被允许，如文件名file和file.txt.zip都是合法的文件名。而Windows则将扩展名赋予含义，用户（或进程）可以在系统中注册扩展名，使某些程序与之产生关联，如文件名file.txt表示一个文本文件，可以用文本编辑工具打开它进行编辑。
- 内部名：用途是给每个文件提供唯一的简单标识符，以便能迅速找到FCB。因此，使用内部名给文件管理和查找文件带来了方便。除此之外，内部名还有助于在系统“崩溃”后重建目录和测试文件系统的相容性。文件内部名可以是FCB的实际地址，或者是通过某种简单计算求得的结果。
- 用户名：一个用户存放在系统中的文件往往不止一个用户名，在多用户情况下，系统中不同用户存放的文件就有可能出现同名。因此，为了标识文件的拥有者和区分不同用户的同名文件，系统在FCB中规定用户名。
- 物理组织：用来说明该文件的物理结构是顺序结构还是随机结构等。文件的结构不同，其存储的方式也不一样，这是一个重要的定位信息。

- 物理地址：用来说明文件在外存中存放的物理位置和范围。对于顺序方式，应给出文件第一个逻辑记录的物理段号及整个文件的长度（以字节为单位）；对于链接方式，应给出文件第一个和最后一个逻辑记录的物理段号；对于索引方式，则应指出每个逻辑记录的物理段号和记录长度（为变长记录时），若将全部索引以一个文件存储时，应指出该索引文件的文件名。
- 记录格式：用来说明该文件的记录是等长记录还是变长记录。
- 历史和测量信息：包括文件的建立日期、保留日期、上一次更改或读的日期、打印文件的次数等。
- 文件性质：说明文件是临时文件（建立此文件的作业完成后，在"关闭"文件时撤销它）还是永久文件（这种文件可以长期保存）。
- 口令或密码：FCB 中存放用户自己规定的口令或密码，防止别人使用文件。如设置口令或密码，在对该文件进行操作时要核对口令或密码，若不一致，拒绝执行。
- 存取属性：存取属性规定了文件的存取特性，这也是为了保护文件的安全，对不合法的存取予以拒绝。存取属性包含只读文件、读写文件、不加限制文件等。当违反该文件规定的属性而进行操作时，就拒绝执行，并给出"错误"信息。
- 信息的编码方式：文件的数据编码可以是二进制代码串，即不用解释就可直接装入机器，也可以是字符串（如 ASCII 代码），这时在输入/输出时要分别进行译码和编码，或组装和拆散。
- 增删说明：说明能否截断、删除该文件的某些内容和能否对该文件增补新的内容。
- 共享说明：说明该文件允许哪些用户使用。
- 其他：该项供扩充使用。

6.3.3 文件共享机制

在多道程序设计环境中，几个不同的用户常常要求共同享用同一个文件。文件共享是文件系统的一个重要内容，它是文件系统性能优劣的标志之一。文件共享不仅可以减少用户大量的重复性劳动和系统复制文件副本的工作，而且还可以节省大量的存储空间。因此，系统应能提供某种手段，使存储空间内只保存文件的一个副本，而所有要共享该文件的用户可用相同的或不同的文件名来访问它。

1．链接法

文件共享有多种方法，首先介绍一种链接（或链访）法。这种方法的基本思想是：用一个目录中的表目直接指向另一个目录表目，如图 6-7 所示。这种链接不是直接指向文件，而是在两个文件之间建立一种等价的关系。借助这种等价关系，一个文件目录的登记项就能指出另一文件目录的登记项。对于文件系统来说，若一部分用户要求使用某些文件，而文件拥有者又允许使用，那么就建立这种等价关系。即文件拥有者允许其他用户在自己的用户文件目录中建立与文件拥有者的用户目录之间的联系。从图 6-7 可以看出，为了实现文件共享，除了建立主文件目录和用户文件目录之外，还要建立用来实现等价关系的总目录。原来存放在用户文件目录中的文件地址以及存取控制和管理信息，现在改放在总目录中，用户文件目录只指出总目录的一个登记项。为了使共享用户的文件目录指向同一文件，可以采用下述方法：当乙用户要求共享甲用户的文件 B 时，乙用户的文件目录登记项 C，指向甲用户的登记项 B 即可。

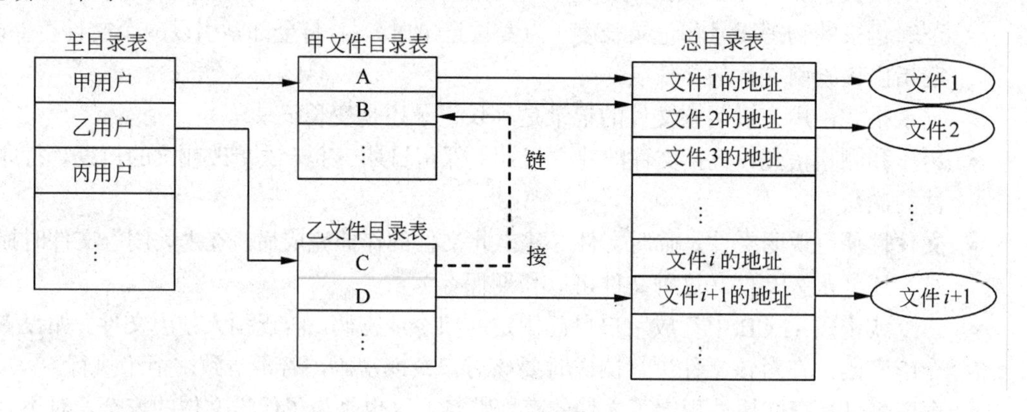

图 6-7 文件共享

值得注意的是，采用这种链访方法，在 FCB 中还需增加一项“链接”属性，指明其中的物理地址是指向总目录还是指向共享文件的目录表目。另外，当删除一个文件时，必须判断是否有共享用户还要使用。为此，对于共享文件，其 FCB 中还应有“共享用户计数”一项。

2. 采用共享的目录组织

实现文件共享的另一种有效办法是，采用一种便于共享的目录组织。把文件目录（包括主目录）的表目分成两部分：一部分包括文件的结构信息、物理地址、存取控制和管理信息等文件说明，并用系统赋予的唯一标识符来标识；另一部分包括符号名和与之对应的内部标识号。第一部分构成基本文件目录 BFD，第二部分构成符号文件目录 SFD。这样组成的多级目录结构如图 6-8 所示。这里，为了简单起见，基本文件目录未列出存取控制等信息。在图 6-8 中，表示两个用户共享一个文件，它的标识号 ID=7。用户 A 用符号名 BETA 来访问它，而用户 D 用符号名 ALPHA 来访问它。由此可见，如果某用户要共享另一用户的文件，只要在共享用户的符号文件目录中增设一个表目，填上他所用符号名及该共享文件的唯一标识符即可。

通常系统预先规定赋予基本文件目录 BFD、系统符号文件目录即主目录 MFD、空闲文件目录 FFD 以特定不变的唯一标识符 ID（在图中它们分别为 1、2、3）。

6.3.4 活动文件表和活动符号名表

在文件系统提供给用户的所有操作中几乎都要包括一个最基本的动作——查寻文件目录。由于现代计算机系统的文件很多，文件目录很大，不可能将全部目录都放在内存中，通常把文件目录也作为文件来处理，并把它存放在外存的某个存储卷上。当要查找某个文件时，就要逐块地把目录所在的物理块读入内存中，然后才能逐个表目地进行查找。进程每发出读进一数据块的命令后，它要在 I/O 通道排队等待，并进行磁臂查寻优化和定位后，才能把该块从外存传送到内存。这不但速度慢，而且，如果查寻过于频繁将大大增加通道压力。为此在文件目录组织中想了许多办法：如为了减少查找长度（也为方便用户使用）采取多级目录结构；为了增加查找命中率（也为了便于共享）可把目录分为基本文件目录和符号文件目录两套目录组织，以及提供文件的链接功能等。

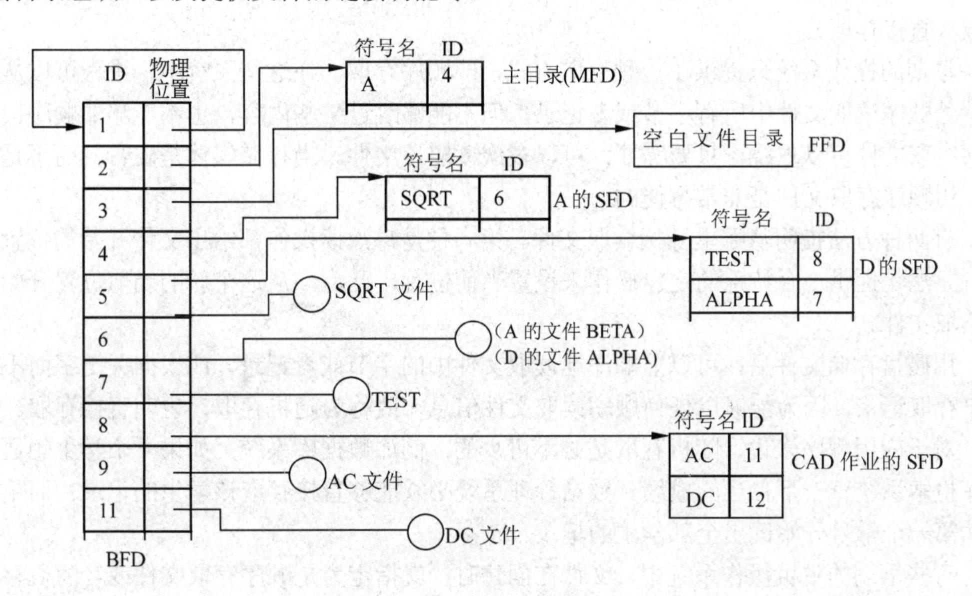

图 6-8　采用基本文件目录和符号文件目录的多级目录结构

从程序的局部性理论可知，一个文件被用户访问后，很可能要被多次访问。为了防止每次访问文件时都要从外存把目录读入内存来查找一番，各系统都提供了一个“打开文件”的操作，并且为整个系统设置了一张“活动文件表”，并为每个用户设置了一张“活动符号名表”。这些表都建立在内存中的系统表格区。活动文件表的表目内容与基本文件目录的表目内容大致相同。活动符号名表的表目内容基本上与符号文件目录的表目内容相同，但应增加该文件“在活动文件表中的表目指针”项，如图 6-9 所示。

文件名	内部标识号	在活动文件表中表目指针

图 6-9　活动符号名表

当系统初始启动时，自动将基本文件目录中的第一个表目（内部标识号=1，关于基本文件目录本身有关信息）和第二个表目（内部标识号=2，关于主符号目录或者说根符号目录文件的有关信息）复制到活动文件表中。

当用户打开某个文件时，系统就将该文件在基本文件目录中的相应表目复制到活动文件表中，将符号文件目录中的相应表目复制到活动符号名表中。这样当用户再次访问该文件时，就不必再到外存中去查找符号文件目录和基本文件目录了，只要通过活动符号名表和活动文件表即可得到该文件描述符的全部信息，然后去访问磁盘上的文件。当文件关闭时，将此文件的表目从活动文件表和活动符号名表中撤销，以节省表目空间给其他进程使用。

6.3.5 文件的存取方法

文件的存取方法是指访问文件内容的一种次序。一般有两种方法，即顺序存取以及随机存取（直接存取）。

早期的操作系统只提供了一种存取方式，即顺序存取。在这些系统中，进程可以从文件开始处顺序读取文件中所有字节或者记录，但不能够跳过某些内容，也不能够非顺序读取。顺序存取文件可以重绕，只要需要，可以多次读取该文件。当存储媒体是磁带，而不是磁盘时，用顺序存取文件是非常方便的。

有两种方法指明从哪里开始读取文件。第一种是每次读操作都给出文件开始的位置；另一种方法是提供一个特殊的定位操作来设置当前位置，此后，从这个新的当前位置开始顺序地读取文件。

用磁盘存储文件后，可以非顺序地读取文件中的字节或者记录，或根据关键字而不是位置来存取记录。因为能够以任何顺序读取文件信息，故称为随机存取，也叫直接存取。

对于应用程序来说，随机存取是必不可少的，例如数据库系统。如果一个学生想通过数据库检索系统查一下自己的成绩。数据管理系统必须能够直接存取该学生的记录，而不必依次从第一个学号开始读出全部学生的记录。

有些早期的主机操作系统中，文件在创建时，就指定为是顺序存取文件或者随机存取文件。对这两类文件系统使用不同的存储技术。现代操作系统则不加区分，创建后所有文件自动成为随机存取文件，可以采用顺序存取或者是直接存取方法。

6.3.6 文件的使用与控制

这一节讨论文件系统呈现在用户面前的面貌，即它的外部特征。通常文件系统会为用户提供若干条广义指令，使用户能够灵活、方便、有效地使用和控制文件。最基本的广义指令包括建立文件和撤销文件、打开文件和关闭文件、读文件和写文件以及其他相关的文件使用和控制操作命令。用户可以通过系统调用的方式向文件系统发出指令，从而使用和控制文件。不同系统的系统调用方式不尽相同，但对于广义指令的处理方式是一致的。下面对提到的几种广义指令做进一步介绍，在6.8.4节中以Linux文件系统为例说明系统调用的使用方法。

1．建立文件命令

当用户想要把一组信息建立为一个文件时，可以使用系统提供的建立文件的命令。用户在调用此命令时，通常要提供以下参数。

- 文件名：用户使用的外部符号名。
- 设备号：指出该文件建立在哪类设备和哪一个存储卷上。
- 文件属性和存取控制信息：此项内容与具体系统有关，差别较大，通常要包括文件类型、文件大小、记录大小、存取控制等信息。

文件系统完成此命令的主要步骤如下：

（1）在基本文件目录中为其分配一个空表目，并返回一个内部标识号（通常相应于表目序号）。

（2）在符号文件目录中分配一个空表目，并填入文件符号名与内部标识号。

（3）调用存储分配程序为文件分配外存空间。

（4）将其在基本文件目录中的相应表目置初值，并填入物理地址。

（5）调用打开文件命令将有关表目登入活动文件表和活动符号名表。

2. 打开文件命令

为了避免用户在每次访问文件时从外存中查找目录，系统提供了打开文件命令。打开文件命令的功能是为用户访问文件做好准备，建立起与该文件的联系，具体的作用是把欲访问文件的目录表目（或文件描述符）内容读入活动文件表和活动符号名表。此命令要求的参数通常应包括文件名和设备名。

系统完成此命令的主要步骤如下：

（1）查找符号文件目录树，以找出该文件的表目。如找到返回该文件的内部标识号，找不到就转入错误处理程序。

（2）在活动文件表和活动符号名表中为该文件分配一个表目。

（3）将有关信息填入活动文件表和活动符号名表中，并将该文件的“当前用户数”加 1（该数据项在活动文件表中）。

文件被打开后，可以多次使用，直到文件被关闭为止，无须多次打开。在有些系统中，也可以通过读写命令隐含地向系统提出打开文件要求，不必事先用显式的打开文件命令来打开文件。但如果在读、写命令中不包括隐式打开文件功能，在读写文件前，用户必须事先打开文件，否则认为是出错。

3. 读文件命令

文件的读和写是文件系统中最基本而又最重要的操作。读文件是把文件中的数据从外存中的文件区读入到内存用户区。该命令的主要参数为：

- 文件名和设备号。
- 在文件中欲读的起始逻辑记录号。
- 欲读的记录数或字节数。
- 数据应送至的内存起始地址。

完成该操作的主要步骤如下：

（1）按文件名从活动符号名表和活动文件表中找出该文件的文件描述符内容（即目录表目内容）。

（2）按存取控制说明检查访问的合法性。

（3）按文件描述符中指出的该文件的逻辑和物理组织形式（包括存放方式、记录大小、起始物理块号等）将欲读的逻辑记录号和记录个数转换成物理块号。

（4）将所有这些参数按设备管理程序的接口形式进行转换，并将此访问要求转送给设备管理程序，以完成数据交换工作。

4. 写文件命令

当用户要求插入、添加、更新一个或多个记录时，可以使用写命令或其他相应的专用命令。除要求分配盘空间外，其参数和操作类似于读文件命令。

5. 关闭文件命令

若文件暂时不用或对文件的操作完成后，用户必须将它关闭，即切断用户与该文件的联系。文件关闭后一般不能再存取，除非重新打开它。该命令的参数同打开文件命令。其主要步骤如下：

（1）撤销在用户的活动符号名表中的相应表目内容。

（2）在活动文件表中该文件的“当前用户数”减 1。如减 1 后，此值为 0，则撤销此表目的内容。

（3）若活动文件表表目内容已被修改过，则在撤销此表目内容前，应将此表目内容写回磁盘上基本文件目录的相应表目中去。

6. 撤销文件命令

当一个文件已经完成了它的使命，不再需要时，可用撤销文件命令将此文件删除。其所需的参数为文件名（本节中所述的文件名均为路径名）。其主要操作步骤如下：

（1）清除用户符号文件目录中的相应表目。

（2）释放该文件在外存的文件存储空间。

（3）清除该文件在基本文件目录中的相应表目。

这里要注意的是：

- 撤销文件前应先关闭文件。
- 若此文件对另一文件进行了链接访问，则应将被链接文件中的“链接数”（在文件描述符中）减 1。

只有当被撤销文件的“当前用户数”为 0 和“链接数”为 0 时，该文件才能被删除。

6.4 实现目录

在现代计算机系统中，通常都要存储大量的文件，为了能有效地管理这些文件，必须对它们加以妥善的组织，以做到用户只需向系统提供所需访问文件的名字，便能快速地、准确地找到指定文件。这主要是依赖于文件目录结构来实现。或者说，通过文件目录可以将文件名转换为该文件在外存的物理地址。在操作系统中，随着软件技术的发展，文件目录也经历了从单级目录、二级目录，直到发展成目前在操作系统中普遍使用的多级目录结构。在目录结构中，每级目录都包含多个目录项，每个目录项中都包含文件名、文件的物理地址、文件长度、文件类型、文件存取控制等信息。

6.4.1 单级目录结构

在早期的计算机系统中，由于软硬件技术水平较低，内存、外存容量有限，文件系统一般采用单级目录结构。单级目录结构是最简单的目录结构。在整个系统中只建立一张单级目录表，直接为每个文件分配一个目录项，而不允许为目录建立目录项。单级目录结构如表 6-2 所示。

表 6-2　一级目录

文件 A 的控制块
文件 B 的控制块
文件 C 的控制块
⋮

在单级目录中，每当要创建一个新文件时，首先去查看所有的目录项，看所用的新文件名在目录中是否是唯一的；然后，再从目录中去找出一个空白目录项，把新文件名、物理地址和其他属性信息填入目录项中。在删除一个文件时，首先到目录中找到该文件的目录项，从中找到该文件的物理地址，然后回收该文件所占用的存储空间，清空该目录项，并放入空白目录项表中。

单级目录结构的优点是简单，并且能够实现按名存取文件。但是存在一些缺点，如文件不能重名、查找速度慢、不能实现文件共享等。所以，单级目录结构只能满足小容量、单用户、低水平的计算机系统的要求。不过，世界第一台超级计算机 CDC 6600 也采用了单级目录结构，尽管该机器允许同时被许多用户使用，这样的决策无疑是为了使软件设计简单。

6.4.2　两级目录结构

为了克服单级目录结构存在的缺点，可以为每个用户建立一个单独的用户文件目录（user file director，UFD）。这些 UFD 具有相似的结构，它由用户所有文件的文件控制块组成。此外，在系统中再建立一个主文件目录（master file director，MFD）。在 MFD 中，每个用户文件目录都占有一个目录项，其中包括用户名和指向该用户 UFD 的指针，如图 6-10 所示。图中的主文件目录中表示出了两个用户 ABC 和 XYZ。

在两级目录结构中，用户可以在自己的 UFD 中根据需要创建新文件。每当用户要创建一个新文件时，文件系统只需检查该用户的 UFD，判定在该 UFD 中是否已有同名的另一个文件。若存在，则用户必须为新文件重新命名；若不存在，则可在该用户 UFD 中建立一新目录项，将新文件名及其他属性信息填入目录项中。当用户要删除一文件时，文件系统也只需查找该用户的 UFD，从中找到要删除文件的目录项，回收该文件所占用的存储空间，清空该目录项，并放入空白目录项表中。

两级目录结构克服了单级目录的缺点，目录检索速度快、不同用户 UFD 中的文件可以重名，并解决部分文件共享的问题。但是二级目录结构也存在一个严重缺点，即用户 UFD 只能有一级，不能提供用户建立子目录的手段，用户也不具有管理目录的权力。

6.4.3　多级目录结构

有了一级目录和二级目录，可以满足处理一般文件的需要，但是对大作业的用户仍有不方便之处。例如，一个管理大学师生员工的文件，它涉及学校各系、部、处、专业等多个层次，每级用户都可以有他直接管辖的文件信息，也可以有下属组织的信息，如图 6-11 所示。如果仍用二级目录，就给用户带来不便，于是在二级目录的基础上引出了多级目录。

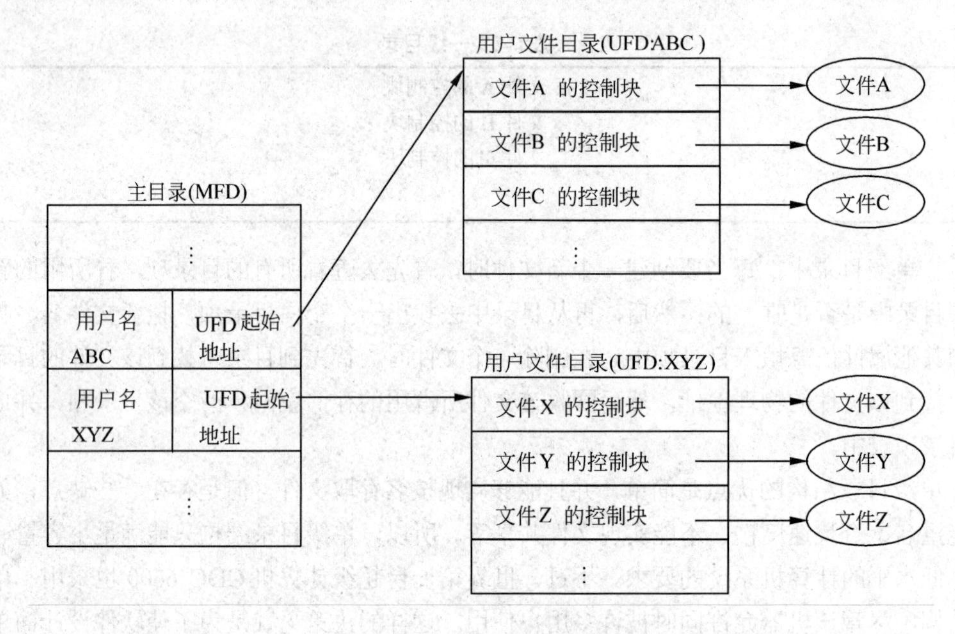

图 6-10 二级文件目录结构

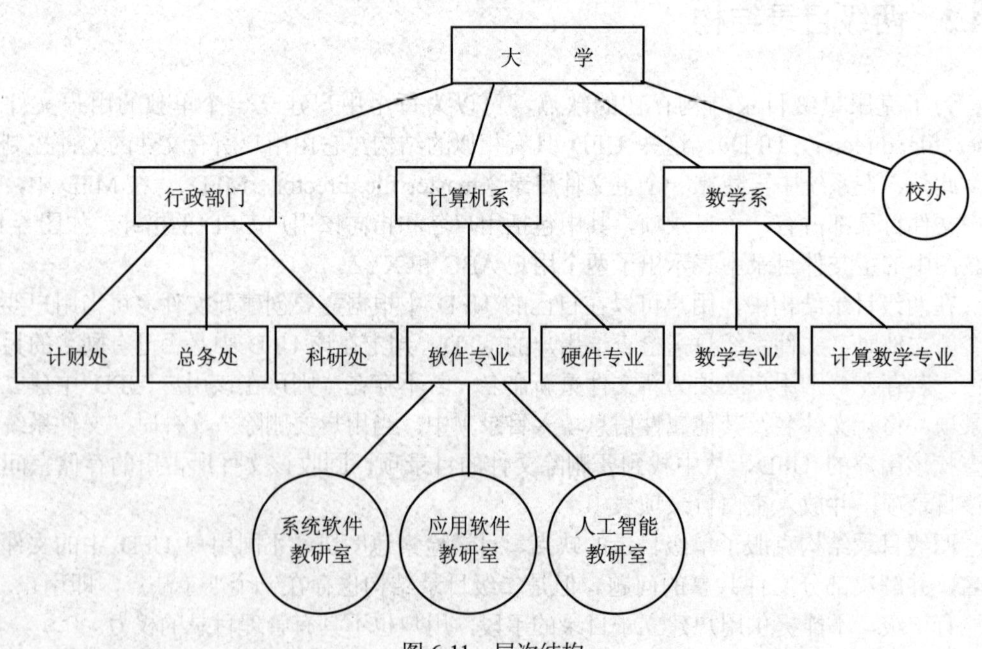

图 6-11 层次结构

如果在两级目录结构中，又进一步允许用户创建自己的子目录并相应地组织自己的文件，这样便可将两级目录演变为三级文件目录。以此类推，又可进一步形成四级、五级文件目录。通常把包括三级及三级以上的文件目录结构称为多级目录结构。由于多级目录结构具有检索效率高、允许文件重名、便于实现文件共享等一系列优点，所以在现代操作系统中被广泛使用。在目前广泛使用的操作系统中，如常见的 Windows、Linux、UNIX 等，都是采用多级目录结构。由于在这种多级目录结构中，从主文件目录 MFD 到用户文件目录 UFD，再到用户的其他目录，构成了一棵倒置的文件目录树，所以多级目录结构也可称为树型目录结构。在树型目录结构中，主文件目录作为树的根结点，称为根目录，其他目录作为树的分支结点，代表根目录或其他目录的子目录，最后所有数据文件作为树的叶子结点。树型目录结构的一个实例如图 6-12 所示，图中大写字母表示某一级目录表，小写字母表示一个具体的文件。

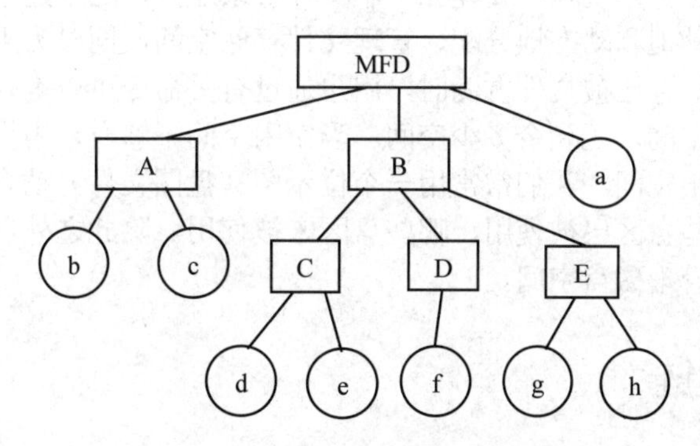

图 6-12　多级目录的树状结构

在多级目录结构中，要查找目录中的一个文件，只要找到了该文件的文件控制块（即目录项），就可以找到具体文件。在这种树状结构中，从树根出发到任一树叶都有且仅有一条路径，该路径的全部结点的名称组成一个路径名。在查找一个非目录文件时所用的文件名实际上就是这样的一个路径名，即它的各级树结点名与本文件（非目录文件）名组成的符号串。例如，要查找文件控制块 d 所对应的文件，只要找到了文件控制块 d，就可以找到 d 所对应文件。其查找路径是“MFD/B/C/d”。查找过程是：首先从主文件目录 MFD 中找到 B，然后从目录 B 中找到第三级目录 C，最后从 C 中找到文件 d。同样，要查找文件 g，首先从主文件目录 MFD 中找到 B，然后从目录 B 中找到第三级目录 E，最后从目录 E 中找到文件 g。

为了简化查找过程，引进“当前目录”的概念。通常，一个用户在一给定的时间内所存取的大部分文件，基本上集中在同一个用户文件目录内，因此在内存中开辟一个缓冲区，用来存放当前正在工作的目录文件的文件控制块。这样一来，当用户想要访问某个文件时，就不用给出文件的全路径名，只需给出从“当前目录”到要查找文件之间的相对路径名即可。系统不必从主文件目录开始查找，而只需从“当前目录”开始查。例如，若图 6-12 中的 MFD/B 为“当前目录”，当用户存取文件 d 时，则查找路径“MFD/B/C/d”可以从当前目录“MFD/B 开始，仅用二步“B/C/d”即可找到该文件。同样若设定“MFD/B/C”为“当前目录”，存取文件 d 仅用一步“C/d”就可以找到。显然，此种方法节约了查找时间。但如果当前目录为“MFD/B/C”，用户要查找文件 b 就遇到了麻烦，此时必须使用全路径名。

在树状多级目录的文件系统中，有时采用一种可装卸文件卷的结构（如 UNIX 的文件系统）。在这种文件系统中，以硬盘作为根设备，即根目录（主文件目录）在硬盘上，用户要访问其他卷（例如一个 U 盘）上的文件，必须首先用文件系统装配命令，把这个卷上的目录装配到与根目录相连接的某个结点上，使其成为整个文件系统的一个组成部分，然后才能访问这个卷上的文件。不再使用的文件卷，可以通过拆卸命令把它从系统上卸下。

6.5 磁盘空间管理

文件信息在大部分时间内都是存放在外存储器（主要是磁盘）上的，只在文件创建时放在内存和使用时从外存调入内存。一块磁盘的容量常有几百兆到数千兆字节，如果由用户来分配空间是不可想象的事情。为了使用户能够直接使用文件名存取所需的信息，而又无须知道信息存放的位置，文件系统除了要建立一个文件目录之外，还应建立一套文件存放空间的管理办法，以便能自动地和动态地分配、管理文件存储空间，同时为用户了解外存使用情况提供信息。例如，当外存已被文件占满时，用户通过有关命令可查询外存（盘区）空间的使用情况，使用了多少空间，还剩余多少空间。当空闲空间不够时，用户可以删除一些过时的或不必要的文件以腾出空间。我们常常用一个位示图（盘图文件）动态地记录盘区空间的使用情况，亦即记住哪些盘区已被使用，哪些盘区未被使用。除此之外，还可用空闲盘区链和空闲盘区目录等方法管理磁盘空间。

6.5.1 空闲盘区链

这种方法的主要思想是：在每个未被使用的空闲盘区中设立一个指针，用来把所有的空闲盘区链接在一起，在内存中保存一个指向第一个空闲盘区的指针。当用户创建一个文件，需要空闲盘区时，就从链头依次取出几块空闲盘区，同时修改保存在内存中的空闲盘区指针。当删除一个文件时，要收回其所占盘区，把它们依次链接到原空闲盘区链上。这种方法非常简单，容易实现，但效率非常低。这是因为要想在链上增加或减少空闲盘区，需要执行大量的 I/O 操作才能找到相应的盘区，而且还要修改指针。

在 UNIX 操作系统中，采用了一种改进的方法，它是把空闲盘区分成组，再通过指针把组与组之间链接在一起，这种管理空闲盘区的方法称为成组链接法。

6.5.2 空闲盘区目录

把一个连续的空闲盘区组成一个“空闲文件”，系统将所有的空闲文件组织起来，建立一个目录，即空闲盘区目录。对于每个空闲盘区文件，将有关信息（第一个空闲盘区的物理块号、空闲盘区的块数）登记在该目录中。当请求分配空闲盘区时，依次查找空闲盘区目录表目，直至找到一个合适的空闲盘区为止，然后去掉被分配的空闲盘区在空闲盘区目录中的相应表目。当删除一个文件时，系统收回文件空间，把相应的空闲盘区的有关信息填入空闲盘区目录中。用这种管理方法，分配和释放空闲盘区都相当容易，但空闲盘区目录也占用了大量的存储空间。

6.5.3 位示图

位示图（或称盘图文件、自由空间表）是一张存储空间分配表。当存储器以块为单位分配时，用位示图进行存储空间分配比较方便。位示图以连续文件形式存放在磁盘或内存中，磁盘空间中的各个盘区和位示图中每个字的各个二进制位建立一一对应的关系。二进制位等于 1 时表示此块未分配，等于 0 时表示此块已分配，如图 6-13 所示。这样，当创建一个文件，需要分配存储空间时，只要查询一下位示图，取出所需要的位示图中等于 1 的空闲块分配给文件即可。当删除一个文件时，只要将该文件所占的存储块对应于位示图中的 0 变成 1 就可以了。通常外存储器的一块（扇区）为 512 或 1024 个字节，它仅对应于位示图中一个二进制位，因此位示图本身所占的存储空间很小，往往将位示图存放在内存中，以便快速查找。

位 / 字	0	1	2	3	4	5	6	7	8	9	10	11	12	13	14	15
0	1	1	0	0	0	1	1	1	0	0	0	1	1	0	0	0
1	0	0	0	1	1	0	1	1	0	1	1	1	0	1	0	1
2	1	0	1	1	1	0	1	0	1	1	0	0	1	1	1	1
…																

图 6-13　位示图

同空闲盘区目录方法相比较，位示图方法分配空闲块时间要长一些，但释放空闲块较快，所以常常用于对磁盘等大容量外存储器的管理。微型计算机文件系统中外存储器（磁盘）空间的管理也大都采用位示图方法。在某些情况下位示图可能太大，不宜存放在内存中，此时可把它放在外存，只把其中的一段装入内存，先用该段进行分配，待它填满时（即所有的位均变成 0），再与外存中的另一段交换。但是，空闲空间的回收就需要在位示图中找到对应于那些回收块的有关段，并对它们进行检索，置相应二进制位为 1，这就会引起磁盘的频繁存取。可建立一个保存回收块的表格，仅当一个新的段调入内存时，才按该表对段进行更新。这样就可减少磁盘的存取次数，使用这种技术应注意在磁盘出现故障时，应能使位示图与磁盘空间分配的状态保持一致。

6.6　文件系统的结构和工作流程

6.6.1　文件系统的层次结构

文件系统有三个基本职能：一是根据用户提供的文件名为用户在物理介质上建立一个文件；二是为用户加工文件提供必要的手段；三是为用户输出加工后的文件。为了实现这些功能，文件系统可以采用各种各样的组织结构，但其功能基本类似。

图 6-14 给出了一种文件系统的层次结构模型，它具有结构化程序设计的特点。可以看出，分层基本上是按照文件管理功能划分的，各层的顺序是根据执行管理过程中所需功能的顺序来确定的，每一层表示的文件生成依次比其低一层更为抽象，每一层的模块都只以调用下层模块的形式转去执行其他模块。下面对各层的功能进行解释。

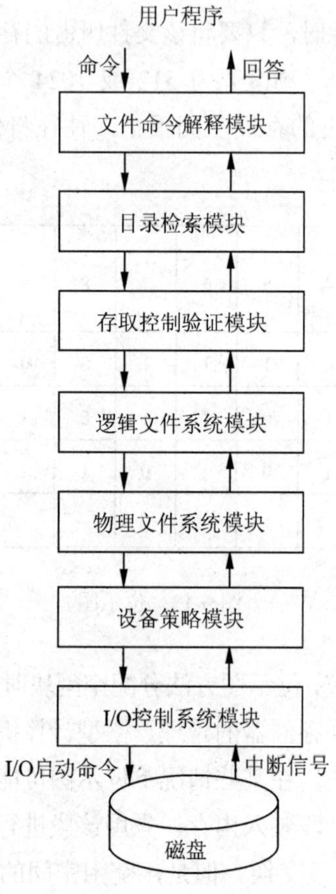

图 6-14　文件系统的层次结构

1．第一层　文件命令解释模块

本模块是文件系统和用户程序之间的接口，它接收用户发出的文件操作命令，处于抽象的第一层。它为用户提供了定义逻辑文件空间、各种逻辑组织方法和存取文件的丰富的文件操作命令。这类命令有建立、删除、读、写、修改和控制文件等。用户通过这些命令定义自己所需的各种逻辑文件结构，按照各种存取模式传输文件信息。

本模块的主要功能是：

- 语法检查。当用户发出文件操作命令时，系统要对该命令进行语法检查，看是否合乎系统语法规定。如果格式符合规定，则按系统要求将参数重新组织，使之成为适合系统内部使用的模块间的调用格式；否则，返回用户的错误入口地址，显示错误信息。
- 补充信息。当用户未给出某些信息时，还可由系统提供这些信息。例如，当用户仅给出文件名而未给出目录时，有的系统会自动提供目录。

- 传递信息。向目录检索模块传递信息，为进一步细化用户命令提供依据。

2．第二层　目录检索模块

这一层模块的主要功能，就是根据用户提供的文件名，在用户文件目录中查找文件名所对应的文件说明，以及与存取控制验证模块进行通信。当用户文件目录中没有所需的文件说明时，则从外存读入用户其他的文件目录至内存（因为内存中仅保存有当前使用较频繁的部分用户文件目录），反复进行查找。若找不到，则按照系统的规定给出访问错误信息，并返回上一层进行处理，然后返回用户错误入口地址，或者由系统自动帮助用户把文件说明存放到用户文件目录中去（如用户提供的是文件建立命令）。如果用户文件目录中登记有需要的文件说明，则将控制转给下层。

3．第三层　存取控制验证模块

存取控制验证模块是目录检索模块和逻辑文件系统模块之间的检查站，负责访问限制和共享权的核对与判断。实现文件保护主要由这一层模块来完成。其功能是：把用户提出的访问要求与文件说明（文件控制块）中所规定的存取控制信息进行比较，审核用户的访问是否合法。如果访问不合法，则给出错误信息，表示请求文件系统失败，并返回用户错误入口地址；否则，实现用户的使用要求，并将控制直接传递给逻辑文件系统模块。

4．第四层　逻辑文件系统模块

逻辑文件系统的主要功能是根据文件说明中包含的有关逻辑结构的位置信息，通过对逻辑字节串首址的计算，把对逻辑记录的请求，转换成对文件所在块的相对块号的请求（即盘区的相对区号和位移），为实现从用户说明的逻辑地址转换成文件体所在的物理地址做准备，并同物理文件系统模块进行通信。

5．第五层　物理文件系统模块

本模块的主要功能是动态地管理和使用盘区空间，根据文件的物理结构，将用户要求存取的记录所在的相对区（块）号转换成物理区（块）号，检查用户要求存取的记录是否已在系统缓冲区中，对内存缓冲区进行分配和释放以及同设备策略模块通信。

管理磁盘盘区（或其他存储设备）空间的使用情况由分配盘区子程序和收回盘区子程序完成。分配盘区子程序的功能是查找外存空间分配情况，并根据有关参数指出的盘区数分配空闲盘区。当空闲盘区数不能满足文件的要求时，则给出错误信息，返回调用者；否则将空闲盘区分配给该文件，此时还需修改外存空间管理程序中的有关信息。收回盘区子程序的功能是把调用者释放的盘区重新加到空闲盘区中，并且相应地更改外存管理程序中的有关信息。

把记录所在的相对区号转换成物理区号。文件的物理组织（即文件的物理结构）不同，转换区号的方法也不同。对于连续文件结构，除了给出第一个物理区号外，还需给出“当前”的相对区号，将两者相加就得到了相应盘区的绝对区号；对于随机文件结构，只要找到相应盘区的索引登记项，其内容就给出了相应盘区的物理区号。

内存缓冲区的管理包括内存缓冲区的分配和释放。分配缓冲区子程序的功能是，根据系统规定的缓冲区分配原则对系统缓冲区进行分配。缓冲区的分配原则是：优先分配当前未使用过的空缓冲区。在没有未使用过的空缓冲区时，则分配最早使用过的缓冲区；如果无任何缓冲区可用，则将调用进程挂起，等待有空缓冲区时再进行分配。释放缓冲区子程序的功能是收回调用者释放的缓冲区。

6．第六层　设备策略模块

设备策略模块的主要功能是将物理区号转换成相应设备所需的地址格式。例如，将磁盘设备转换成（磁头号、磁道号、扇区号）三维地址。另外，还应根据请求的操作存取记录的物理区号，为该类型的设备准备相应的I/O命令和对应的通道程序。

7．第七层　I/O控制系统模块

本模块的功能是实现所有I/O请求的排队调度、启动、I/O操作的控制，最后把所需的物理记录从文件所在的设备上传输到系统缓冲区中，或者把系统缓冲区中用户的信息块送到外存指定块中。这个模块由读盘区程序、写盘区程序、设备启动程序和设备中断处理程序组成。读盘区程序的功能是把已知物理区号的盘区内容读到某个缓冲区中。在正式读盘区之前，先检查缓冲区是否已有所要的盘区，即所读盘区的内容是否已在缓冲区。如果其内容已在缓冲区中，则不必再去读盘区，只需把相应的缓冲区送给调用者，并立即返回，这样就可以减少访问盘区的次数。若没有所要的盘区，则驱动设备进行读取操作。

写盘区程序的功能是把指定缓冲区的内容写到指定的盘区中。

设备启动程序的功能是依次加工文件传输模块所提交的读写盘区要求，根据盘区的物理区号和缓冲区的地址产生I/O指令，并启动磁盘传输信息，然后把控制转给其他程序。当设备完成一个I/O请求之后，发出中断信号，此时将控制转到设备中断处理程序。该程序解除等待此I/O的进程的挂起操作，再启动下一个I/O请求，然后返回到断点，继续执行中断之前的程序。当调度程序再次调度原来发I/O请求的进程时，该进程从“等待I/O”封锁的位置继续执行。实际上，这一层的任务是由设备管理中的设备进程完成的。

应该说明的是，文件系统的层次结构模型不是唯一的，不同的设计者对层次的划分不尽相同，例如目录检索模块可以划分成符号文件系统和基本文件系统。某个模块的功能有的可以列入前一模块，有的可以列入下一模块中，但所有这些并不影响我们对文件系统的结构和文件存取流程的理解。

6.6.2　文件系统的工作流程

前面讨论了文件系统的层次结构模型中各个模块的功能，在此基础之上，通过文件命令的一般执行过程来熟悉文件系统的工作流程。用户作业在执行过程中遇到有关文件命令时，控制就转到文件系统，其主要流程如下：

（1）当用户作业需要使用文件时，就调用文件命令，提出具体的使用要求，操作系统通过访问中断，把使用文件的要求以发消息方式转交给文件管理进程。请求使用文件的作业进程处于阻塞状态。

（2）用户作业执行到一条文件命令时，文件命令解释模块首先对此命令进行语法检查，对合乎语法规则的命令按系统要求进行加工处理，使之成为内部的调用格式。在此过程中，命令解释模块要多次调用其他模块，以便完成文件命令所规定的功能。

（3）命令解释模块调用目录检索模块，以便根据文件命令中的文件名参数查询目录文件，找出该文件的文件说明（文件控制块）。

（4）找到了相应文件的文件说明之后，目录检索模块调用存取控制验证模块，根据文件的说明对用户的存取权限进行检查。如果存取不合法，则给出错误信息，返回用户程序，否则，调用逻辑文件系统模块继续对文件命令进行解释加工。

（5）只有找到了文件记录的正确位置之后，才能对文件实行存取。所以在此之前，由逻辑文件系统将文件说明中确定的逻辑结构的位置信息，转换成文件中的相对字节地址，即确定相对盘区号和盘区中的位移地址。当文件的逻辑结构不同时，其存取方法也不一样，逻辑文件系统模块内的子程序会根据不同情况采取相应方法，保证到相对字节地址的转换正确完成。

（6）逻辑文件系统模块转换成的是相对地址而不是绝对地址（物理地址），存取文件还需由相对地址转换成绝对地址。逻辑文件系统要调用物理文件系统模块，把相对盘区号转换成绝对盘区号，确定读写盘区时使用的缓冲区，进行内存缓冲区的分配和释放。当文件是等长记录的连续文件时，则任意逻辑记录 Ri 在外存的地址可通过如下公式计算：

$$B+l\times(i-1)$$

其中，B 是文件在外存的物理起始地址，l 为记录长度。

（7）物理文件系统模块调用设备策略模块，使物理盘区号转换成相应设备所要求的地址格式，如磁盘的磁道号、盘区号；生成相应的 I/O 指令序列，启动分配数据传输所要的盘区。一般情况下，此时执行命令解释模块的进程处于阻塞状态，等待分配传输信息所要的盘区。

（8）操作系统根据设备使用情况，将调度处于阻塞状态的 I/O 进程，启动进行 I/O 操作的控制，最后将信息传送到分配的缓冲区中，并做中断处理。当还需传送信息时，则重复执行第（4）步～第（8）步，直至文件命令解释完毕，返回用户作业为止。

6.7　文件系统的安全性和保护机制

系统中的文件，有些可供多个用户共同使用，但有些只能由文件主（owner）使用，而不能被其他用户使用。对于这样的文件需要采取保护措施，防止非法用户存取文件。除此之外，共享文件有不同的共享级别，要求文件拥有者指定哪些用户可以存取他的文件，哪些用户不能存取。此外，也应该使文件拥有者能够说明允许哪一种类型的存取。例如，可允许他的一些同事修改他的文件，而另一些同事只可以读这些文件，其他用户就只能执行这些文件。总之，文件主必须能够指定其他用户对文件有哪些存取权限。

为了正确地共享文件，必须采取保护措施。这些保护措施包括为防止未经授权的用户使用其他用户文件，以及为防止文件主自己错误使用文件而采取的措施。

为了保证文件系统安全可靠，现在许多操作系统要求用户提供口令和用户名作为建立用户文件信息的一部分。用户使用文件系统时，系统都要在终端上询问用户名和口令，只有核准之后的用户，系统才能认定他能使用哪些文件和不能使用哪些文件。

文件共享和文件保护是一对矛盾，但各有各的用途，应根据用户对文件的不同要求，采取相应措施。

6.7.1 文件存取控制矩阵

文件存取控制矩阵是由系统的全部用户和系统中的全部文件组成的一个二维矩阵，一维列出使用文件系统的全部用户；另一维列出系统中存放的所有文件，如表 6-3 所示。

表 6-3 存取控制矩阵

用户 文件	张彬	刘小燕	陈华	…
图书管理	R	R	REW	…
货价	REW	E	N	…
工资表	N	REW	R	…
仓库管理	REW	N	E	…
…	…	…	…	…

矩阵中的每个元素规定了用户对该文件的存取权限。例如，用户陈华对图书管理文件可以进行读（R）、写（W）和执行（E）操作，而对工资表文件只能读，对货价文件不能访问（N）。

如果某个用户向文件系统申请存取操作，系统中的存取控制验证模块根据存取控制矩阵，把用户的存取请求与允许他存取的文件进行比较，如果它们不匹配，就不允许进行存取操作，否则可以进行相应的操作。

存取控制矩阵的原理很简单，实现起来并不难，但当用户和文件都很多时，就需要占用大量的存储空间。例如，如果文件系统有 5000 个核准的用户和约 30 000 个联机文件，二维矩阵就要 5000×30 000 个项，这么多的项将占去大量的存储空间；另外，查找这样大的表不仅不方便，而且还浪费大量 CPU 时间。

6.7.2 文件存取控制表

一个用户的个人文件一般只允许部分用户共享，而另外一些用户则无权存取该文件；反之，一个用户往往只要求对某些文件享有存取权，而对另外一些文件不要求享有存取权。因此，可以在每个文件之后附上一个存取控制表，用来规定每组用户对该文件的可访问性，即存取权限。这个表可以与文件的其他表格合并在一起使用。存取权限规定哪些用户可以读、哪些用户可以写等。多个用户对同一个文件可能具有相同的存取权限，可把这些用户按工程项目或某种关系分成若干组。于是把具有同一存取权限的同一类型的用户分为一组，而把不具有存取权限的用户统统归入“其他”组，如表 6-4（a）所示；对于某些公共文件，它允许所有用户享有某种存取权限，则可采用表 6-4（b）所示的存取控制表。因为多数用户都只具有选择性很强的共享，所以存取控制表往往都很短。但是一个文件被许多用户共享时，存取控制表也很长。如果每个文件都另设一张文件存取控制表，会增加系统空间开销。

表 6-4　文件存取控制表

(a) 选择性共享

文件名 用户	文件 A
文件主	RWE
I 组	RE
II 组	RW
III 组	E
其他	N

(b) 普遍共享

文件名 用户	文件 B
文件主	RWE
I 组	RW
II 组	RE
III 组	WE
其他	R

6.7.3　用户权限表

文件存取控制表是以文件来考虑用户的存取权限而制定的表，类似地，可以把一个用户（或用户组）所要存取的文件集中起来制定一张用户权限表，如表 6-5 所示。由表可以看出，当文件很多且用户对每个用户文件都享有存取权时，此表也很长。

表 6-5　用户权限表

用户 文件名	I（组）	用户 文件名	I（组）
文件 A	RWE	文件 D	E
文件 B	RE	⋮	⋮
文件 C	RW	文件 X	R

文件存取控制表和用户权限表不仅要占去大量的存储空间，而且因表格长度不同管理起来可能很复杂。解决的办法：一是把所有的表目链接起来；二是为这些表目留出足够大的存储空间，使其能容下最大的表目。

6.7.4　文件口令

为了保证文件的安全所采取的另一种比较简单的保密措施是“口令”。系统在为文件拥有者创建文件时，同时也为每个文件设置一个口令（即加密字符串），文件拥有者再把口令告诉允许共享该文件的其他用户。

这种方法的优点是：系统为每个文件提供保护信息，并且只占用少量的存储空间，实现起来方便，易于管理。因此，这种方法在各种操作系统上得到了广泛的应用。但其也有缺点：当文件经过一定时间要回收某个用户的使用权时，必须更改口令；而更改后的新口令又必须通知它所允许使用的用户，这对用户来说很不方便。

6.7.5　文件加密

还有一种保护文件信息的方法是对相关文件进行加密。

文件的加密是在文件写入时秘密地进行的，读出时需对写入的编码进行解密。加密和解密都由系统中的存取控制验证模块完成。发请求的用户要提供一个加密键，用户可根据情况改变这个加密键。信息加密的方法有许多种，一种简单的加密方法是，把加密键作为生成一串相继随机数的起始码，加密程序把相继的随机数加到被加密文件的字节中去。解密时，用和加密时相同的加密键来启动随机数发生器，并从存入的文件中依次减去所得到的随机数，这样就得到了原来的数据。因为只有核准的用户才知道用户提供的加密键，所以只有他才可以正确地访问文件。

在这种方法中，因为加密键不存放在系统中，只有用户需要存取文件时，才需给出加密键，这样系统中就没有那种可由不诚实的系统程序员能读出的表，他也无法找到各个文件的加密键，因而也就不能偷窃或篡改别人的文件。加密技术虽然具有保密性强、节省存储空间等优点，但需要耗费大量加密和解密时间。

6.8 Linux 文件系统

Linux 是一个著名的自由软件，用户可以编写适合自己系统要求的内核，或者在系统中添加新开发的模块，甚至还可以为 Linux 写一个新的文件系统。Linux 支持多种不同类型的文件系统，如 ext、ext2、ext3、minix、hpfs、msdos、vfat、proc、sysv 和 ntfs 等。Linux 不仅支持多种文件系统，而且还支持这些文件系统相互之间进行访问，这一切都要归功于 Linux 的虚拟文件系统。

虚拟文件系统又称虚拟文件系统转换（virtual filesystem switch，VFS）。说它虚拟，是因为它所有的数据结构都是在系统运行以后才建立，并在系统卸载时删除，在系统磁盘上并没有存储这些数据结构。显然如果只有 VFS，系统是无法工作的，VFS 只有与实际的文件系统，如 ext2、minix、msdos、vfat 等相结合，才能进行工作，所以 VFS 并不是一个真正的文件系统。与 VFS 相对应，称 ext2、minix、msdos 等为逻辑文件系统。本节将介绍 Linux 的虚拟文件系统和逻辑文件系统 ext2。

6.8.1 虚拟文件系统

虚拟文件系统（VFS）是 Linux 内核的一个子系统，Linux 的其他子系统只与 VFS 打交道，而并不与实际的逻辑文件系统发生联系。对逻辑文件系统来说，VFS 是一个管理者，而对内核的其他子系统来说，VFS 是它们与逻辑文件系统的一个接口。Linux 系统中文件系统的逻辑关系如图 6-15 所示。

VFS 是物理文件系统与服务之间的一个接口层，它对 Linux 的每个逻辑文件系统的所有细节进行抽象，使得不同的文件系统在 Linux 内核以及系统中运行的其他进程看来都是相同的。严格地说，VFS 并不是一种实际的文件系统，它只存在于内存中，不存在于任何外存空间。VFS 在系统启动时建立，在系统关闭时消亡。

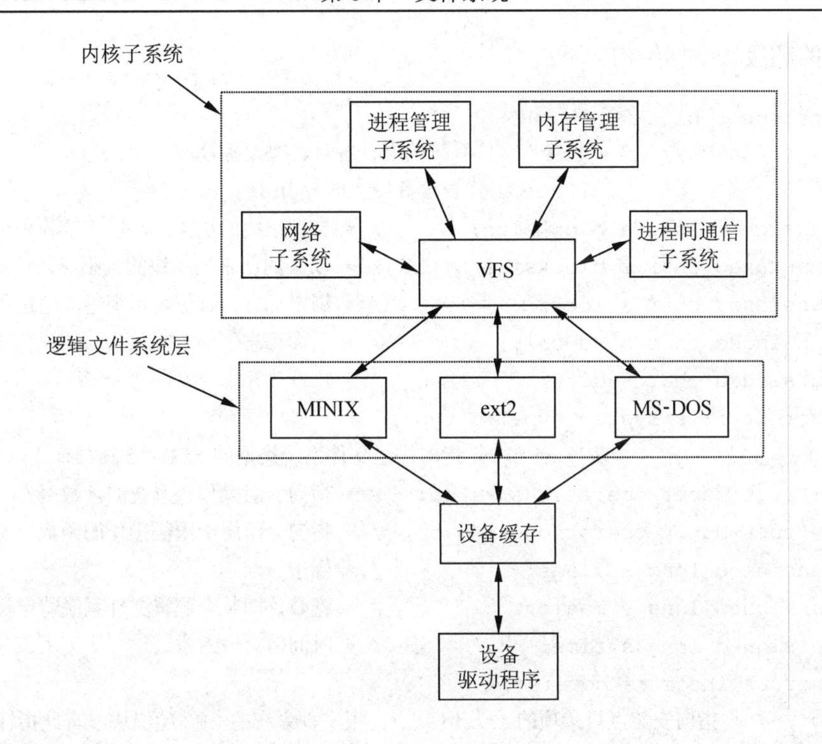

图 6-15　VFS 与实际文件系统的封装关系

VFS 使得 Linux 可以同时安装、支持多种不同类型的文件系统。VFS 拥有关于各种特殊的文件系统的公共接口，如超级块、inode、文件操作函数入口等。各种特殊文件系统的细节问题统一由 VFS 的公共接口来翻译，它们对系统内核和用户进程来说是透明的。

1．VFS 的功能

VFS 的功能包括：

- 记录可用的文件系统的类型。
- 将设备同对应的文件系统联系起来。
- 处理一些面向文件的通用操作。
- 涉及针对文件系统的操作时，VFS 把它们映射到与控制文件、目录以及 inode 相关的物理文件系统。

当某个进程发出了一个面向文件的系统调用时，内核将调用 VFS 中相应的函数。这个函数处理一些与物理结构无关的操作，并且把它重定向为真实文件系统中相应的函数调用，后者则用来处理那些与物理结构相关的操作。

2．VFS 超级块

VFS 描述系统文件使用超级块和 inode 的方式。在系统初启时，所有被初始化的文件系统类型（file_system_type）都要向 VFS（file_systems）登记。每种文件系统类型的读超级块子例程（read_super）必须识别该文件系统的结构并且将其信息映射到一个 VFS 的超级块数据结构上。

VFS 的超级块数据结构如下：

```
struct super_block {
    kdev_ts_dev;  / * 包含该文件系统的主设备号、次设备号，
                      如 0x0301 代表设备 / dev/ hda1 */
    unsigned long s_blocksize;       / * 文件系统的块大小，以字节为单位 */
    unsigned char s_blocksize_bits;  / * 以 2 的次幂表示块的大小 */
    unsigned char s_lock;            / * 锁定标志，置位表示拒绝其他进程的访问 */
    unsinged char s_rd_only;         / * 只读标志位 */
    unsinged char s_dirt;            / * 已修改标志 */
    struct file_system_type *s_type;
                  / * s_type 指向描述文件系统类型的 file_system_type 结构 */
    struct super_operations *s_op;   / * 指向一组操作该系统的函数 */
    struct dquot_operations *dq_op;  / * 指向一组用于限额操作的函数 */
    unsigned long s_flags;           / * 标志 */
    unsigned long s_magic;           / * 魔数，即某个逻辑文件系统特定标志 */
    unsigned long s_time;            / * 时间信息 */
    struct inode *s_covered;
        / * 指向安装点目录项的 inode 结点，根文件系统的 VFS 超级块没有此指针 */
    struct inode * s_mounted;
        / * 指向被安装文件系统的第一个 inode 结点，它与 s_covered 共同使用 */
    struct wait_queue *s_wait;       / * 在该超级块上的等待队列*/
    union{                           / * 各类逻辑文件系统的特定信息*/
        struct minix_sb_info minix_sb;
        struct ext_sb_info ext_sb;
        struct hpfs_sb_info hpfs_sb;
        struct msdos_sb_info msdos_sb;
        struct isofs_sb_info isofs_sb;
        struct nfs_sb_info nfs_sb;
        struct xiafs_sb_info xiafs_sb;
        struct sysv_sb_info sysv_sb;
        struct affs_sb_info affs_sb;
        struct ufs_sb_info ufs_sb;
        void *generic_sbp;
    } u;
};
```

为了保证文件系统的性能，设备上的超级块（或 FAT 表等索引信息）必须驻留内存空间，VFS 超级块 super_block 数据结构提供了这样的内存空间。其中，联合类型成员 super_block.u 是实现的关键，它指向某一特定文件系统的超级块。例如，ext2 类型的文件系统一旦安装，磁盘上的超级块信息即会复制一个 ext2_sb_info 结构，super_block.u.ext2_sb 将指向该结构。

VFS 超级块包含了一个指向文件系统中的第一个 inode 的指针 s_mounted。对于根文件

文件系统，它就是代表根目录的 inode 结点。VFS 超级块也包含一个指向该文件系统安装点的 inode 的指针 s__covered。对根文件系统，s_covered 无效。

利用 VFS 超级块的 s_mounted 和 s_covered 以及 inode，可以构造包容所有已安装文件系统的树状目录结构，如图 6-16 所示。

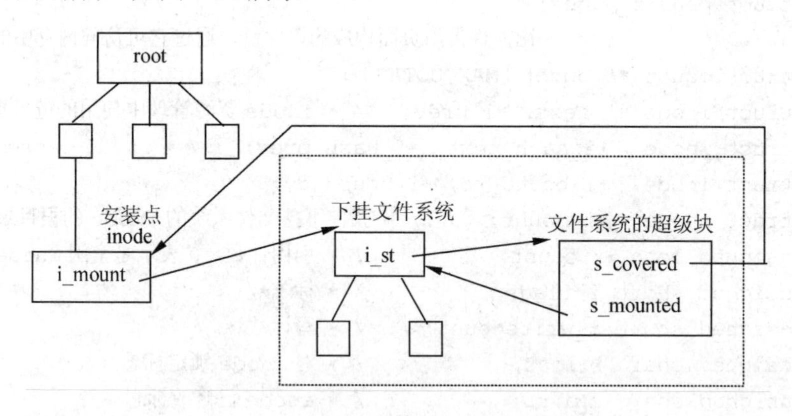

图 6-16　将文件系统安装到树状目录上

3．VFS inode

文件系统由子目录和文件构成。每个子目录或文件只能由唯一的 inode 描述。inode 是 Linux 管理文件系统的最基本单位，也是文件系统连接任何子目录和文件的桥梁。

VFS inode 的内容取自物理设备上的文件系统，由文件系统指定的操作函数填写。VFS inode 只存在于内存中，可通过 inode cache 访问，其结构如下：

```
struct inode {
    kdev_t i_dev;     /＊所在设备的设备号，包括主设备号和次设备号＊/
    unsigned long i_ino;
                    /＊外存 inode 的结点号，i_dev 和 i_ino 在 VFS 中是唯一的＊/
    umode_t  i_mode;      /＊表示文件类型以及访问权限＊/
    nlink_t  i_nlink;     /＊链接到该文件的 link 数＊/
    uid_t  i_uid;         /＊拥有此文件的用户的标识号＊/
    gid_t  i_gid;         /＊拥有此文件的用户所在组的标识号＊/
    kdev_t  i_rdev;       /＊所在设备的设备号＊/
    off_t  i_size;        /＊文件长度＊/
    time_t  i_atime;      /＊最后一次文件访问时间＊/
    time_t  i_mtime;      /＊最后一次文件修改时间＊/
    time_t  i_ctime;      /＊文件创建时间＊/
    unsigned long  i_blksize;    /＊以字节为单位的块大小，一般为 1024 字节＊/
    unsigned long  i_blocks;     /＊文件块数＊/
    unsigned long  i_version;    /＊版本号＊/
    unsigned long  i_nrpages;    /＊文件在内存中所占页数＊/
    struct semaphore  i_sem;     /＊信号量＊/
    struct inode_operations *i_op;   /＊指向一组针对该文件的操作函数，见 fs.h ＊/
```

```
    struct super_block*i_sb;          / * 指向内存中 VFS 的超级块 */
    struct wait_queue*i_wait;         / * 在该文件上的等待队列 */
    struct file_lock*i_flock;         / * 操作该文件的文件锁链表的首地址 */
    struct vm_area_struct  *i_mmap;   / * 文件页面映射地址 */
    struct page*i_pages;
                          / * 由文件占用页面构成的单向链，通过它可访问内存中的文件数据*/
    struct dquot *i_dquot [MAXQUOTAS] ;
    struct inode *i_next, *i_prev;    / * inode 资源管理中使用的链表指针 */
    struct inode  *i_hash_next, *i_hash_prev;   / * inode cache 的链表指针 */
    struct inode  *i_bound_to, *i_bound_by;
    struct inode  *i_mount;       / * 指向下挂文件系统的 inode 的根目录 */
    unsigned long  i_count;           / * 引用计数，0 表示是空闲 inode */
    unsigned short i_flags;           / * 标志*/
    unsigned short i_writecount;      / * 写计数 */
    unsigned char  i_lock;            / * 对 inode 锁定标志 */
    unsigned char  i_dirt;            / * inode 已修改标志 */
    unsigned char  i__pipe;           / * inode 管道标志 */
    unsigned char  i__sock;           / * 套接字标志 */
    unsigned char  i__seek;           / * 搜索标志 */
    unsigned char  i__update;         / * 更新标志 */
    unsigned char  i__condemned;      / * 协调标志 */
    union{/ * 各类文件系统 inode 的特定信息 */
        struct pipe_inode_info pipe_i;
        struct minix_inode_info  minix_i;
        struct ext_inode_infoext_i;
        struct ext2_inode_info   ext2_i; / * ext2 文件系统的 inode */
        struct hpfs_inode_info   hpfs_i;
        struct msdos_inode_info  msdos_i;
        struct umsdos_inode_info umsdos_i;
        struct iso_inode_infoisofs_i;
        struct nfs_inode_infonfs_i;
        struct xiafs_inode_info  xiafs_i;
        struct sysv_inode_info   sysv_i;
        struct affs_inode_info   affs_i;
        struct ufs_inode_infoufs_i;
        struct socket socket_i;
        void *generic_ip;
    }u;
};
```

其中，(i_dev，i_ino)在 VFS 中是唯一的，即 VFS 的 inode 通过设备号 i_dev 和 i 结点号 i_ino 唯一地对应到某一设备上的一个文件或子目录。VFS 的 inode 同 VFS 的 super_block 一样，是物理设备上文件或目录在内存中的统一封装。联合类型成员 inode.u 是实现的关键，它指向某一特定文件系统的某一特定 inode。例如，对于 ext2 类型的文件系统，其磁盘上的 inode 信息 ext2_inode 复制到内存中就是一个 ext2_inode_info 结构，inode.u.ext2_i 指向此类结构。

node 的 i_count 表达了对该 inode 的占用情况，i_count 为 0 即空闲，i_count 非 0 即被占用。

i_lock 和 i_flock 都是锁定标志。它们的区别在于 i_lock 用于锁定 inode 结点本身，是字符型属性；i_flock 用于锁定 inode 指定的文件内容，是个 file_lock 型的指针，指向一串文件锁。

inode 的 i_prev、i_next 使所有 inode 成为一条双向链表，这个链表的头指针是 first_inode。

相关的变量还有 nr_inodes、 nr_free_inodes、 max_inodes（见 fs/inode.c）：

```
static struct inode *first_inode;
int nr_inodes=0, nr_free_inodes=0;
int max_inodes=NR_INODE;
```

当 nr_inodes<max_inodes，而且 nr_free_inodes<nr_inodes/2 时，说明 VFS inode 不够用。VFS 会调用函数 grow_inodes()从系统内核空间（而非用户空间）申请一个页面，将该页面分割成若干个 inode，加入 first_inode 链表。

考虑到存取 inode 的效率，空闲的 inode 总是串在 first_inode 链表前面，分配出去的 inode 总是连接在 first_inode 链表尾部。这样，i_count 为 0 的空闲 inode 都在链表前面，i_count 为非 0 的已占用 inode 都在链表后面。

4．与 VFS inode 相关的操作函数

以下是与 inode 相关的主要操作函数。

- insert_inode_free()：在 inode 双向链表的表头插入空闲 inode。
- remove_inode_free()：在 inode 双向链表中删除 inode。
- put_last_free()：把 inode 放在 inode 双向链表的表尾。
- insert_inode_hash()：把 inode 加到 hash 表。
- remove_inode_hash()：把 inode 从 hash 表中删去。
- inode_init()：对 inode 初始化。即把 hash 表清空，并置 first_inode 表头为 NULL。
- clear_inode()：释放 inode。判断需释放的 inode 是否满足释放条件。若不满足，则等待直到满足。然后把 inode 从 hash 表和双向链表中删除，再把该 inode 插到 first_inode 链表的表头，这样保证了在双向链表中，空闲的 inode 总是靠近表头部分。当申请新的 inode 时，只需从表头开始搜索，减少了搜索的空间，从而提高了效率。
- get_empty_inode()：获得空闲 inode。
- grow_inodes()：当 nr_inode＜2048 且 nr_free_inode<nr_inodes/2 时，生成新的 inode。根据条件“i_count==0&&i_dirt==0&&i_lock==0”搜索链表。若没有符合条件的 inode，则调用 grow_inodes()产生新的 inode，再返回上级进行搜索；否则调用 clear_inode()，对该 inode 进行初始化，调整 nr_free_inode 全局计数器，并返回 inode 地址。
- lock_inode()：对 inode 互斥操作时锁定 inode。调用 wait_on_inode()判断是否已有其他进程对该 inode 上锁；若有，则等待，直到解锁；然后置 i_lock=l，防止其他进程再对其进行互斥操作。
- unlock_inode()：解除对 inode 的锁定。复位 i_lock，唤醒在该 inode 等待的进程。

- write_inode(struct：inode *inode)：把 inode 写回设备。若“inode->i_dirt==0”，则表明未对 inode 修改，返回；否则调用 wait_on_inode(inode)判断是否有互斥操作，若有则等待；否则，置位互斥标志“inode->i_lock”，然后调用相应文件系统的函数 write_inode()，把 inode 写回设备。
- sync_inode(dev_t dev)：把对应某设备的所有 inode 写回设备。搜索 inode 双向链表把 dev 一致的并且 i_dirt==1 的 inode，用 write_inode(inode) 函数写回设备。

6.8.2 ext2 文件系统

在 Linux 系统中，每个文件系统由逻辑块的序列组成，一个逻辑空间一般划分为几个用途各不相同的部分，即引导块、超级块、inode 区以及数据区等。

- 引导块：在文件系统的开头，通常为一个扇区，其中存放引导程序，用于读入并启动操作系统。
- 超级块（super_block）：用于记录文件系统的管理信息。特定的文件系统定义了特定的超级块。
- inode 区（索引结点）：一个文件（或目录）占用一个索引结点。第一个索引结点是该文件系统的根结点。利用根节点，可以把一个文件系统挂在另一个文件系统的分枝结点上。
- 数据区：存放文件数据或者管理数据。

Linux 系统中最常用的逻辑文件系统是 ext2 或 ext3 文件系统。ext3 文件系统在 ext2 文件系统的基础上进行了扩充，增加了日志信息管理功能。一些最新的 Linux 系统都开始以 ext3 作为其标准的文件系统，但 ext2 文件系统仍是理解 Linux 文件系统实现原理的基础。这里将以 ext2 文件系统作为实例介绍 Linux 的文件系统实现机制。在一个 ext2 文件系统中，文件也是由逻辑块的序列组成的，所有数据块的长度相同。但是对于不同的 ext2 文件系统，其长度可以变化。当然，对于给定的 ext2 文件系统，其数据块的大小在创建时就会固定下来。文件总是整块存储，不足一块的部分也占用一个数据块。例如，在数据块长度为 1024B 的 ext2 文件系统中，一个长度为 1025B 的文件就要占用 2 个数据块。

ext2 文件系统中的每个文件都用一个单独的 inode 来描述，而每个 inode 都有唯一的标识号。ext2 通过使用 inode 来定义文件系统的结构以及描述系统中每个文件的管理信息。

ext2 文件系统将它所占用的逻辑分区划分成块组（block group），如图 6-17 所示。

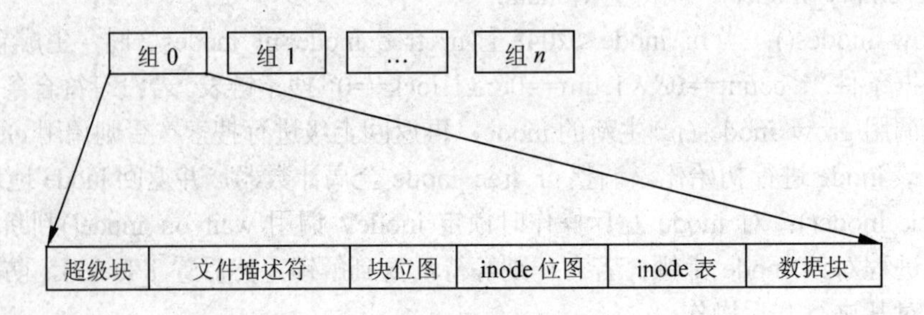

图 6-17 ext2 文件系统结构

每个块组中保存着关于文件系统的备份信息（超级块和所有组描述符）。当某个组的超级块或 inode 受损时，这些信息可以用来恢复文件系统。

块位图（block bitmap）记录本组内各个数据块的使用情况，其中每一位（bit）对应于一个数据块，0 表示空闲，非 0 表示已分配。

inode 位图（inode bitmap）的作用类似于块位图，它记录 inode 表中 inode 的使用情况。

inode 表（inode table）保存了本组所有的 inode。

ext2 应用 inode 描述文件，一个 inode 对应一个文件，子目录是一种特殊的文件。每个 inode 对应一个唯一的 inode 号。Inode 既定义文件内容在外存空间的位置，也定义了对文件的访问权限、文件修改时间、文件类型等信息。

数据块（data block）则是真正的文件数据区。同一个 ext2 文件系统的所有数据块长度一致。为文件分配的存储空间以数据块为单位。

1．ext2 的超级块

ext2 超级块主要用来描述目录和文件在磁盘上的静态分布，包括尺寸和结构。超级块对于文件系统的维护至关重要。每个块组均包含一个相同的超级块，一般只有块组 0 的超级块才读入内存，其他块组的超级块仅仅作为备份。在系统运行期间，要将超级块复制到内存系统缓冲区内，形成 super_block.u.ext2_sb 结构：

```
struct ext2_super_block{                / * 外存中的 ext2 超级块 */
    _u32  s_inodes_count;               / * inode 数量 */
    _u32  s_blocks_count;               / * 块数量 */
    _u32  s_r_blocks_count;             / * 保留块(reserved)数量 */
    _u32  s_free_blocks_count;          / * 空闲块数量 */
    _u32  s_free_inodes_count;          / * 空闲 inode 数量 */
    _u32  s_first_data_block;           / * 第一个数据块位置 */
    _u32  s_log_block_size;             / * 块长，以字节为单位，一般是 1024* /
    _u32  s_log_frag_size;              / * 片(fragment)长度 */
    _u32  s_block_per_group;            / * 每组块数 */
    _u32  s_frags_per_group;            / * 每组片(fragment)数 */
    _u32  s_inodes_per_group;           / * 每组 inode 数 */
    _u32  s_mtime;                      / * 安装时间 */
    _u32  s_wtime;                      / * 最后一次写操作时间 */
    _u16  s_mnt_count;                  / * 安装计数，每安装一次文件系统即增 1 */
    _s16  s_max_mnt_count;              / * 最大安装计数。达到此数，将显示警告信息 */
    _u16  s_magic;          / * ext2 超级块的标志 oxEF53，以此识别 ext2 文件系统 */
    _u16  s_state;                      / * 文件系统状态 */
    _u16  s_errors;                     / * 检测到错误时的处理 */
    _u16  s_pad;                        / * 填充标志 */
    _u32  s_lastcheck;                  / * 最后一次检测文件系统状态的时间 */
    _u32  s_checkinterval;              / * 两次对文件系统检测的最大间隔时间 */
    _u32  s_creator_os;                 / * 对应的 os 名*/
    _u32  s_rev_level'                  / * 版本号，系统以此识别是否支持某些特征 */
    _u32  s_def_resuid;                 / * 保留块的默认用户标识号 */
    _u32  s_def_resgid;                 / * 保留块的默认用户标识号 */
    _u16  s_reserved[235];              / * 保留数据区 */
};
```

2．ext2 的组描述符

块组是 ext2 文件系统的体系结构的一个组成单位，每个块组都有一个组描述符（group discriptor）来描述它。和超级块类似，所有的组描述符在每个块组中都有备份，这样，在文件系统崩溃时，可以用来恢复文件系统。

ext2 的块组结构描述定义如下：

```
struct ext2_group_desc    {
        _u32  bg_block_bitmap;           / * 该块组的块位图位置 */
        _u32  bg_inode_bitmap;           / * 该块组的 inode 位图位置 */
        _u32  bg_inode_table;            / * 该块组的 inode 表的位置 */
        _u16  bg_free_blocks_count;      / * 该块组的空闲块数 */
        _u16  bg_free_inodes_count;      / * 该块组的 inode 数 */
        _u16  bg_used_dirs_count;        / * 目录数 */
        _u16  bg_pad;                    / * 填充标志 */
        _u32  bg_reserved[3];            / * 保留数据区 */
};
```

组描述符一个接一个存放，构成了组描述符表。每个块组在它所包含的超级块的副本之后，存放了整个组描述符表。事实上，ext2 文件系统只使用在块组 0 中的第一个副本。其他块组中的备份只在该副本被破坏时，才用来恢复，其作用如同超级块的副本。

3．ext2 的 inode

inode 是 ext2 文件系统的基本构件。在 ext2 中，inode 结点可以描述普通文件、目录文件、符号链接、块设备、字符设备或 FIFO 文件。属于同一块组的 inode 保存在同一 inode 表中，与该组的 inode 位图一一对应。因此，系统可以通过遍历任意块组的 inode 位图掌握该组的 isode 的使用情况。

外存中的 inode 定义如下（见 include/linux/ext2_fs_i.h）：

```
struct ext2_inode {
      _u16  i_mode;             / * 文件模式，表示文件类型以及访问权限 */
      _u16  i_uid;              / * 拥有此文件的用户的标识号 */
      _u32  i_size;             / * 文件长度，以字节为单位 */
      _u32  i_atime;            / * 文件最后一次访问时间 */
      _u32  i_ctime;            / * 该结点的最后被修改时间 */
      _u32  i_mtime;            / * 文件内容的最后一次修改时间 */
      _u32  i_dtime;            / * 文件删除时间 */
      _u16  i_gid;              / * 拥有此文件的用户所在用户组的标识号*/
      _u16  i_links_count;      / * 文件的链接(link)数 */
      _u32  i_blocks;           / * 文件所占块数 */
      _u32  i_flags;            / * 打开文件的方式 */
      _u32  i_block[ext2_N_BLOCKS];
   / * 这里定义指向该 inode 结点所描述的数据块的指针，前面 12 个指针直接指向物理块，
     * 最后三个指针分别是一级间址，二级间址以及三级间址指针，
```

```
   * 这就意味着在文件长度小于或者等于 12 个数据块的时间，
   * 对它的访问要比大文件的访问快得多          */
    _u32  i_version;                   / * 文件的版本号，用于 NFS */
    _u32  i_file_acl;                  / * 文件访问控制链 */
    _u32  i_dir_acl;                   / * 目录访问控制链 */
   union{
        struct {
             _u8   l_i_frag;          / *片号 */
             _u8   l_i_fsize;         / *片大小*/
             _u16  i_pad1;
             _u32  l_i_reserved2[2];
        } linux2;
        struct {
             _u8  h_i_frag;           / *片号*/
             _u8  h_i_fsize;          / *片大小*/
             _u16 h_i_mode_high;
             _u16 h_i_uid_high;
             _u16 h_i_gid_high;
             _u16 h_i_author;
         } hurd2;
         struct {
             _u8   m_i_frag;          / * 片号 */
             _u8   m_i_fsize;         / * 片大小 */
             _u16  m_pad1;
             _u32  m_i_reserved2[2];
      } masix2;
   } osd2; / * inode 中与 OS 相关的第 2 个结构体 */
};
```

4. ext2 系统中目录与文件的对应关系

在 ext2 文件系统中，目录是用来创建和保留文件系统中文件的存取路径的特殊文件。一个目录文件就是一个目录项的列表，其中每个目录项都有一个数据结构来描述：

```
struct ext2_dir_entry{
  _u32   inode;  / * 该目录项的 inode 号，用于查找 inode 表中对应的 inode */
  _u16   rec_len;   / * 目录项的长度 */
  _u16   name_len;  / * 文件名长度，最长 255 */
  char   name[ext2_NAME_LEN];  / * 文件名 */
};
```

每个目录的头两项总是目录项“.”和“..”，分别指向当前目录和父目录的 inode。

例如，在 ext2 文件系统中查找“/usr/include/stdio.h”文件。首先，系统根据 ROOT_DEV，从 vfsmntlist 链表及 file_systems 链表找到文件系统的超级块，然后找出“/”的 inode 号（VFS 的 super_block.s_mounted），再到块组 0 的 inode 表中读取文件系统的根的 inode。

根文件是一个目录文件，包含了根目录下由 ext2_dir_entry 描述的子目录和文件的目录项。可以在其中找到“ext2_dir_entry.name="usr"”的目录项，从该目录项的“ext2_dir_entry.inode”读出代表“/ usr”目录的inode号。

根据这个inode号，以及超级块的s_inodes_per_group的值（代表每个块组的inode数），从某个块组中读到代表“/usr”的inode。根据这个inode的描述，在同一块组读取包含“/usr”目录文件内容的若干数据块。这些数据块包含了“/usr”目录下子目录和文件的目录项。

然后，系统要在这个目录文件中查找include目录项，根据include目录项的内容，读取相应的inode。根据该inode的指示，读取目录文件“/usr/include”。在该目录文件中，可以找到代表stdio.h文件的目录项，从目录项中获取inode号，找到相应的inode。

最后，根据该inode的描述，特别是“struct ext2_inode”的i_block数组，读取文件/usr/include/stdio.h的内容。

5. 文件扩展时的数据块分配策略

和内存管理一样，文件系统管理的一个令人头痛的问题就是外存碎片的管理。经过一段时间的读写后，属于同一文件的数据块将会散布在文件系统的各个角落，从而影响访问文件的效率。

ext2文件系统为文件的扩展部分分配新数据块时，尽量先从文件原有数据块的附近寻找，至少使它们属于同一个块组。实在找不到，才从另外的块组中寻找。

进程启动一个文件的写操作后，文件系统管理模块检查该文件的长度是否扩展。若扩展了，就要分配新数据块，分配过程中进程必须等待。ext2的数据块分配程序首先锁定文件系统的超级块。分配和释放数据块会影响超级块，而Linux不允许两个以上进程同时更改超级块。此时如果有第二个进程申请数据块，它肯定将被挂起，直至前一个进程释放超级块。对超级块的分配用先进先出策略。空闲数据块有可能不够多，如果空闲数据块不够，第一个锁定超级块的进程只好放弃该文件系统的超级块，并返回。

一般情况下总是有足够的空闲数据块。那么，如果ext2文件系统引入了预分配机制，就从预分配的数据块中取一块来用。描述ext2文件系统inode的ext2_inode_info数据结构中包含两个属性prealloc_block和prealloc_count。前者指向可预分配数据块链表中第一块的位置，后者表示可预分配数据块的总数。

如果没有预分配数据块，或者干脆ext2文件系统没有引入预分配机制，ext2文件系统只好申请分配新数据块。从访问效率考虑，它首先试探紧跟该文件后面的那个数据块，然后试探其相邻的64个数据块（属于同一个块组），不得已才搜索其他块组。如果只能从其他块组搜索空闲数据块，那么首先考虑8个一簇连续的块。

不管用什么方法找到空闲数据块后，应修改该数据块所在块组的块位图，分配一个数据缓冲区并初始化。初始化包括修正缓冲区buffer_head的b_bdev和b_blocknr，数据区清0。最后，超级块的s_dirt置位，表示内容已更改，需要写回设备。

这时如果有其他进程等待使用超级块，则第一个等待进程被唤醒。

6.8.3 Linux文件系统管理

1. 文件系统的登记和注销

一个已安装的Linux操作系统究竟支持几种文件系统类型，须由文件系统类型的注册链表描述。向系统内核注册文件系统的类型有两种途径：一种是在编译内核系统时确定，并在系统初始化时通过内嵌的函数调用向注册表登记。另一种则利用 Linux 的模块（module）特征，把某个文件系统当作一个模块。装入该模块时（通过 kerneld 或用 insmod 命令）向注册表登记它的类型，卸装该模块时则从注册表注销。

文件系统类型的登记函数为：

```
int register filesystem(struct file system_type *fs)
```

文件系统类型的注销函数为：

```
int unregister_filesystem(struct file_system_type *fs)
```

2．文件系统的安装和卸载

与任何一种 UNIX 系统一样， Linux 并不通过设备标识访问某个文件系统，而是将它们“捆绑”在一个树状结构中。文件系统安装（mount）时，Linux 将它挂到树的某个分支结点（即目录），文件系统的所有文件就是该目录的文件或子目录。直到文件系统卸载（umount）时，这些文件或子目录才自然脱离。

Linux 系统启动时，必须首先装入根文件系统，然后根据/etc/fstab， 逐个安装其他文件系统。此外，用户也可以通过 mount、umount 命令，随时安装或卸载文件系统。

1）安装

当安装一个文件系统时，应首先向操作系统内核注册该文件系统。当卸载一个文件系统时，应向操作系统内核申请注销该文件系统。

文件系统的安装函数为：

```
struct vfsmount *add_vfsmnt(kdev_t dev, const char * dev_name, const char
* dir_name)
```

文件系统的卸载函数为：

```
void remove_vfsmnt(kdev_t dev)
```

文件系统的安装和卸载情况记录在以 vfsmntlist 为链头，vfsmnttail 为链尾，以 vfsmount 为结点的单向链表中。从链表的每一个 vfsmount 结点可找出已安装文件系统的信息：

```
static struct vfsmount *vfsmntlist=(struct vfsmount *) NULL; / * 链头 */
static struct vfsmount *vfsmnttail=(struct vfsmount *) NULL; / * 链尾 */
static struct vfsmount *mru_vfsmnt=(struct vfsmount *) NULL;
/ * 当前结点 */
struct vfsmount
{
    kdev_t mnt_dev;                    / * 文件系统所在设备的主设备号、次设备号 */
    char *mnt_devname;                 / * 设备名，如/ dev/ hda1 */
    char *mnt_dirname;                 / * 安装目录名称 */
    unsigned int mnt_flags;            / * 设备标志，如 r0 */
```

```
    struct semaphore mnt_sem;                    / * 对设备 I/O 操作时的信号量 */
    struct super_block *mnt_sb;                  / * 超级块指针 */
    struct file * mnt_quotas [MAXQUOTAS] ;       / * 指向配额文件的指针 */
    time_t mnt_iexp [MAXQUOTAS] ;                / * inode 分配允许延迟时间 */
    time_t mnt_bexp [MAXQUOTAS] ;                / * 数据块分配允许延迟时间 */
    struct vfsmount *mnt_next;                   / * 已注册文件系统链表的后续指针 */
};
```

系统管理可从 vfsmntlist 开始，遍历整个文件系统链表，获得任何一个已安装文件系统的 vfsmount。由 vfsmount 中的指针 mnt_sb，获得该文件系统的 super_block。再从超级块得到具体信息，如 s_type 指向文件系统类型链表，s_monuted 指向第一个 VFS inode，s_covered 指向安装点目录项的 VFS inode。

例如，超级用户可以用如下 mount 命令安装 ext2 文件系统：

```
#mount - t ext2 / dev/ cdrom / mnt/ cdrom
```

该命令行给出了文件系统的类型（ext2）、存储文件系统的块物理设备（/dev/cdrom）和文件系统的安装点（/ mnt/ cdrom）。虽然 Linux 的系统调用翻译模块会做一些简单的语法检查，但 mount 并不知道内核系统是否支持 ext2，也不知道安装点是否存在。

所以文件系统管理模块首先搜索文件系统类型注册表 file_systems，查出含有 ext2 类型名的 file_system_type 结点。如果找到，该 file_system_type 结点一定保存了读出此类文件系统超级块的函数指针。如找不到，再看 Linux 的 module 管理模块可否装入、注册 ext2 类型。若仍不行， mount 系统调用只好出错返回。

第二步，检查存储该文件系统的物理设备是否存在且还没有安装。如确定准备 mount 的安装点 inode。mount 的安装点必须是目录类型（从 inode 的 i_modc 属性判断），且尚未用作其他文件系统的安装点。

所有检查通过后，mount 才转入正式的安装工作。首先，向 super_blocks[]数组申请一个空闲的元素 super_blocks[i]，元素类型为 struct super_block；找出文件系统类型注册表对应于 ext2 类型的 file_system_type 结点，调用函数 read_super()，读入待安装文件系统的超级块内容，写到 super_blocks[i]中。然后，申请一个 vfsmount 结构，填入正确内容后，挂到文件系统注册表 vfsmntlist 中。

2）卸装

超级用户卸装文件系统用 umount 命令。卸装过程除了进行安装过程的相反操作外，还要检查文件系统及其超级块的状态：如果文件系统超级块已被修改（s_dirt 属性置位），则应首先将它写回到原物理设备；如果文件系统正被其他进程使用，则 umount 操作必须等待。文件系统只有完全空闲后，才允许卸载。

3. 文件系统管理函数

以下是与文件系统管理相关的主要操作函数。

- fs_may_mount(dev_t dev)：判断是否可以安装。它搜索 inode 双向链表，如果“inode->i_dev==dev&&inode->i_count==0&&i_node->i_dirt==0&&inode->i_lock==0”为真，则可以安装，返回 1；否则，不可以安装，返回 0。

- read_super()：读取设备的超级块。
- mount_root(void)：安装根设备。它调用函数 memset()初始化内存，并为将要安装的文件系统申请内存空间；调用函数 blkde_open(&d_inode, &filp)打开根设备（如果打开根设备失败，返回值为“_EROFS”）；最后调用函数 read_super()从磁盘上读入根设备的超级块。
- do_mount()：将文件系统安装到某设备上。
- do_unmount()：卸载文件系统。它调用函数 get_super()，读取设备的超级块；调用函数 put_super()，将相应的超级块引用数减 1，必要时释放内存中的超级块。

6.8.4 Linux 系统调用

Linux 系统调用是系统内核与用户进程之间的最底层接口，系统所有的 I/O 都是以系统调用为基础的，Linux 所有的系统调用都符合 IEEE 的 POSIX（portable operation system interface for UNIX）标准。

本节只讨论 Linux 文件系统的系统调用，主要是有关文件和目录的系统调用。众所周知，所有 UNIX（包括 Linux）的基本原理之一是：操作系统把对各种 I/O 设备的读写，也看作是像对普通文件的 I/O 一样。这些设备包括磁盘、光盘、终端、打印机等。所以，本节讨论的系统调用也适合于对这些设备的输入输出。

1．文件描述符

在 Linux 系统中，通过文件描述符（file descriptors，fd）访问文件。

当用户启动一个进程时，系统会自动分配三个文件描述符 0、1、2，并提供给用户使用。文件描述符 0 代表标准输入设备（默认为键盘），1 代表标准输出设备（默认为显示器），2 代表标准错误输出设备（默认为显示器）。在系统使用过程中，文件描述符 0、1、2 可以被重新定向。

每一个文件描述符与一个实际要打开的文件信息结构相联系。文件信息结构中包括文件的各种属性和标志。文件描述符和打开的文件信息结构之间不一定是一一对应的，也就是说，有可能属于不同进程的几个文件描述符同时指向同一个打开的文件信息结构，这时，存储在打开的文件信息结构上的数据信息可由所有指向它的文件描述符所共享。

2．文件索引结点

在 Linux 系统中，所有文件和设备都有一个索引结点（又称 i 结点）结构与它们相连，系统通过索引结点来访问它们。

索引结点结构中包含许多文件的属性信息，它们存储在一个 stat 结构中：

```
struct stat
{
    dev_tst_dev;                         / * 索引结点结构所在的设备号 */
    ino_t       st_ino;                  / * 索引结点号 */
    short       st_mode;                 / * 文件类型和权限 */
```

```
    short       st_nlink;               / * 文件链接数 */
    short       st_uid;                 / * 文件主用户标识号 */
    short       st_gid;                 / * 文件主所在组标识号 */
    sev_t       st_rdev;                / * 文件数据所在的设备名 */
    off_t       st_size;                / * 文件大小 */
    time_t      st_atime;               / * 文件的最后一次访问时间 */
    time_t      st_mtime;               / * 文件的最后一次修改时间 */
    time_t      st_ctime;               / * 文件的最后一次状态改变时间 */
};
```

其中，st_mode 表示文件类型和权限，包括以下内容：

```
#define     S_IFMT      0160000     / * 文件类型 */
#define     S_IFDIR     0040000     / * 目录文件 */
#define     S_IFCHR     0020000     / * 字符设备文件 */
#define     S_IFBLK     0060000     / * 块设备文件 */
#define     S_IFREG     0100000     / * 普通文件 */
#define     S_ISUID     0004000     / * 设置用户可执行权限 */
#define     S_ISGID     0002000     / * 设置组用户执行权限 */
#define     S_ISVTX     0001000     / * 保存缓冲区文件 */
#define     S_IREAD     0000400     / * 文件主可读 */
#define     S_IWRITE    0000200     / * 文件主可写 */
#define     S_IEXEC     0000100     / * 文件主可执行 */
```

stat 结构定义和 st_mode 说明均保存在 sys/stat.h 文件中。对文件索引结点结构 stat 的访问，可以通过系统调用函数 stat()和 fstat()来完成。

3．文件系统的目录结构

Linux 系统的目录结构是典型的 UNIX 树状目录层次结构。其中，目录作为树状结构的树枝结点，文件作为树状结构的树叶结点（在此不再赘述）。

4．有关文件的系统调用

1）open()和 creat()

打开文件的系统调用为 open()。

```
#include    <sys/ types.h>
#include    <sys/ stat.h>
#include    <fcntl.h>
int open(const char *path, int flags);
int open(const char *path, int flags, mode_t mode);
```

其中，

- path 为要打开的文件路径名指针。flags 为文件打开标志参数。
- flags 为文件打开标志参数，它必须包括下列三个参数之一：

O_RDONLY

O_WRONLY

O_RDWR

此外，上述文件打开标志参数还可利用逻辑或运算与下列标志值进行任意组合：

O_CREAT

O_EXCL

O_TRUNC

O_APPEND

所有这些文件打开标志参数值可以通过“#include　<fcntl.h>”进行访问。

- mode 为文件访问模式，用来规定文件主、文件主所在组用户和所有其他用户所具有的访问权限设置。这些数值可以通过“#include　<sys/ stat.h>”进行访问。有以下访问模式。

S_IRUSR：文件主可读。

S_IWUSR：文件主可写。

S_IXUSR：文件主可执行。

S_IRGRP：文件主所在组用户可读。

S_IWGRP：文件主所在组用户可写。

S_IXGRP：文件主所在组用户可执行。

S_IROTH：所有其他用户可读。

S_IWOTH：所有其他用户可写。

S_IXOTH：所有其他用户可执行。

三个有用的逻辑组合定义如下：

S_IRWXU 定义为(S_IRUSR| S_IWUSR| S_IXUSR)

S_IRWXG 定义为(S_IRGRP| S_IWGRP| S_IXGRP)

S_IRWXO 定义为(S_IROTH| S_IWOTH| S_IXOTH)

例 6-1　调用 open()的例子。

```
open("xfile", O_RDONLY);
open("yfile", O_RDWR|O_TRUNC);
open("zfile", O_WRONLY|O_CREAT|O_EXCL, S_IRWXU|IRWXG);
```

创建文件的系统调用为 creat()。

```
#include    <sys/ types.h>
#include    <sys/ stat.h>
int creat(const char *path, mode_t mode);
```

其中，path 为要创建的文件路径名指针，mode 为文件访问模式。

2）read()和 write()

一旦文件被打开，就有了一个可使用的文件描述符，可以用 read()系统调用从文件中读取数据。

```
#include<sys/ types.h>
#include<unistd.h>
```

```
int read(int fd, void *buf, size_t nbytes);
```

其中，fd 为文件描述符，buf 为读入数据缓冲区指针，nbytes 为要读入的数据字节数。其功能是从文件 fd 中读入 nbytes 个字节数据，放入 buf 数据缓冲区中。

同样，可以用 write()系统调用将数据写入到一个文件中。

```
#include    <sys/ types.h>
#include    <unistd.h>
int write (int fd, void *buf, size_t nbytes);
```

其中，fd 为文件描述符，buf 为数据缓冲区指针，nbytes 为要写入的数据字节数。其功能是从 buf 数据缓冲区中读入 nbytes 个字节数据，存入文件 fd 中。

3）stat()和 fstat()

stat()和 fstat()是专门用来读取文件索引结点结构信息的系统调用。

```
#include<sys/ stat.h>
#include<unistd.h>
int fstat(int fd, struct stat *sbuf);
int stat(char *pathname, struct stat *sbuf);
```

其中，fd 为文件描述符，sbuf 为指向 stat 结构的指针。

4）chmod()和 fchmod()

系统调用函数 chmod()和 fchmod()用来改变文件的访问权限。这些权限包括：文件主、文件主所在组用户和其他用户对文件所具有的读、写、执行权限。

```
#include<sys/ types.h>
#include<sys/ stat.h>
int chmod(char *pathname, mode_t mode);
int fchmod(int fd, mode_t mode);
```

5）chown()和 fchown()

系统调用函数 chown()和函数 fchown()用来改变文件主的用户标识号或文件主所在组的组标识号。

```
#include<sys/ types.h>
#include<unistd.h>
int chown(char *pathname, uid_t owner, gid_t group);
int fchown(int fd, uid_t owner, gid_t group);
```

注意：在 Linux 系统中，只有 root 账号才能使用 chown()和 fchown()。

6）lseek()

在默认情况下，Linux 系统都是按顺序读写文件，即对文件的读写都是从文件的开始进行，每读写一次，文件的读写字符指针向后位移一个字节。如果需要对文件进行随机读写，就要使用 lseek()系统调用。

```
#include<sys/ types.h>
```

```
#include<unistd.h>
off_t lseek(int fd, off_t offset, int base);
```

其中，参数 fd 是文件描述符，base 是文件读写字符指针开始位移的初始位置，offset 是需要从初始位置开始位移的以字节为单位的位移量（长整型）。

base 的初始位置包括以下三种情况。

- SEEKSET：文件的开始位置。
- SEEKCUR：文件读写字符指针的当前位置。
- SEEKEND：文件的结束位置。

7）close()

由于系统打开文件数量的限制，文件在使用完毕后，需用 close()系统调用关闭文件以释放打开的文件描述符。

```
#include<unistd.h>
int close(int fd);
```

5. 有关目录的系统调用

1）mkdir()、rmdir()、opendir()和 readdiv()

- Linux 进程可以用 mkdir()系统调用创建一个目录。

```
#include<sys/ types.h>
#include<fcntl.h>
#include<unistd.h>
int mkdir(char *pathname, mode_t mode);
```

其中，参数 pathname 要创建的目录名指针，mode 是目录的访问权限（类似于文件的访问权限）。

- rmdir()系统调用删除一个只包含“.”和“..”目录项的空目录。

```
#include<unistd.h>
int rmdir(char *pathname);opendir()和 readdir()
```

- opendir()系统调用打开一个目录。

```
#include<dirent.h>
DIR *opendir(char *pathname);如果目录打开成功，则返回一个 DIR 目录指针。
```

可以用 readdir()来读取目录内容。

```
#include<dirent.h>
struct dirent *readdir(DIR *dirptr);
```

- readdir()系统调用返回一个指向结构 dirent 的指针，它包含一个目录项的名字和索引结点号。

dirent.h 文件：

```
#define #NAME_MAX  14                      / * 文件名的最大长度 */
typedef struct  {                          / * dirent 结构 */
    ling        ino;                       / * 文件索引结点号 */
    char        name[NAME_MAX+1];          / * 文件名数组 */
}Dirent;

typedef struct  {                          / * DIR 结构 */
    int      fd;                           / * 文件描述符 */
    Dirent  d;                             / * Dirent 结构数据项 */
}DIR;

DIR* opendir(char* dirname);
Dirent* readdir(DIR* dfd);
void closedir(DIR* dfd);
```

2）link()和 unlink()

给文件指定一个新的路径名，即给文件增加了一个链接。当文件被首次创建时，从它的给定路径名自动产生一个文件的链接。对给定文件增加其他链接可以用 link()来完成，并且文件的链接数加 1：

```
#include<unistd.h>
int link(char *pathname1, char *pathname2);
```

文件的链接可以用 unlink()来删除。unlink()删除指定的目录项，并且文件的链接数减 1。只有文件的链接数减为 0，该目录项所代表的文件才从系统中实际删除：

```
#include    <unistd.h>
int unlink(char *pathname);
```

3）closedir()

一旦结束对一个目录的使用，可以用 closedir()关闭它：

```
#include<dirent.h>
void closedir(DIR *dirptr);
```

6．系统调用使用举例

这里举一个 Linux 系统调用的综合实例。该例子使用了有关文件索引结点 stat()的系统调用，以及有关目录的系统调用 opendir()和 readdir()。

例 6-2 编写一个名为 fsize 的程序，把程序参数表中所列出的文件的大小打印出来：

```
#include <stdio.h>
#include <string.h>
#include <fcntl.h>
#include <sys/ types.h>
#include <sys/ stat.h>
#include <dirent.h>
```

```
#define MAX_PATH        1024

void fsize(char *);
void dirwalk(char *dir, void (*fcn)(char*));

/ * 主函数：程序功能，打印所有参数代表的文件大小 */
int main(int argc, char **argv)
{
    if (argc == 1)                          / * 如果没有参数，使用当前目录 */
        fsize(".");
    else
        while (- - argc > 0)                / * 循环计算所有文件的大小 */
            fsize(* ++argv);
    return 0;
}

/ * 函数 fsize：打印文件 name 的大小 */
void fsize(char *name)
{
    struct stat stbuf;

    if (stat(name, &stbuf) == - 1) {/ * 读 name 的索引结点结构，放到 stbuf 中 */
        fprintf(stderr, "fsize: cant access %s\n", name);
                                            / * 失败，打印错误信息 */
        return;
    }
    if ((stbuf.st_mode & S_IFMT) == S_IFDIR) {
        dirwalk(name, fsize);/ * 如果是目录，调用 dirwalk 函数处理该目录 */
    }
    printf("%8ld %s\n", stbuf.st_size, name); / * 如果是文件，打印它的大小 */
}

/ *函数 dirwalk()：在目录中查找文件名 name，并调用 fsize()打印它的大小 */
void dirwalk(char *dir, void (*fcn)(char *))
{
    char    name[MAX_PATH];
    DIR *dfd;
    struct dirent*dp;

    if ( (dfd=opendir(dir)) == NULL) {
        fprintf(stderr, "dirwalk: cant open %s\n", dir);
/ * 打开目录失败，出错 */
        return;
    }
    while ( (dp=readdir(dfd)) != NULL) {
        if (strcmp(dp->d_name, ".") == 0
```

```
            || strcmp(dp->d_name, "..") == 0)
            continue;          / * 跳过当前目录和父目录 */
        if (strlen(dir)+strlen(dp->d_name)+2 > sizeof(name))
            fprintf(stderr, "dirwalk: name %s/ %s too long\n", dir,
    dp->d_name);               / * 目录项名字太长 */
        else {
            sprintf(name, "%s/ %s", dir, dp->d_name);
            (*fcn)(name);      / * 调用 fsize()打印文件 name 的大小 */
        }
    }
    closedir(dfd);             / * 关闭目录 */
}
```

6.8.5 Linux 文件系统的数据结构

文件系统在完成用户的文件访问过程中，采用一系列的数据结构为文件系统的工作提供信息依据。这些数据结构中最重要的一个就是目录，目录存放了文件的属性，每个文件的属性内容如图 6-6 所示，它为文件系统实现“按名存取文件”提供了依据。

例 6-3　以如图 6-18 所示的 Linux 文件系统为例，说明文件系统中实际使用的数据结构以及它们之间的相互关系。

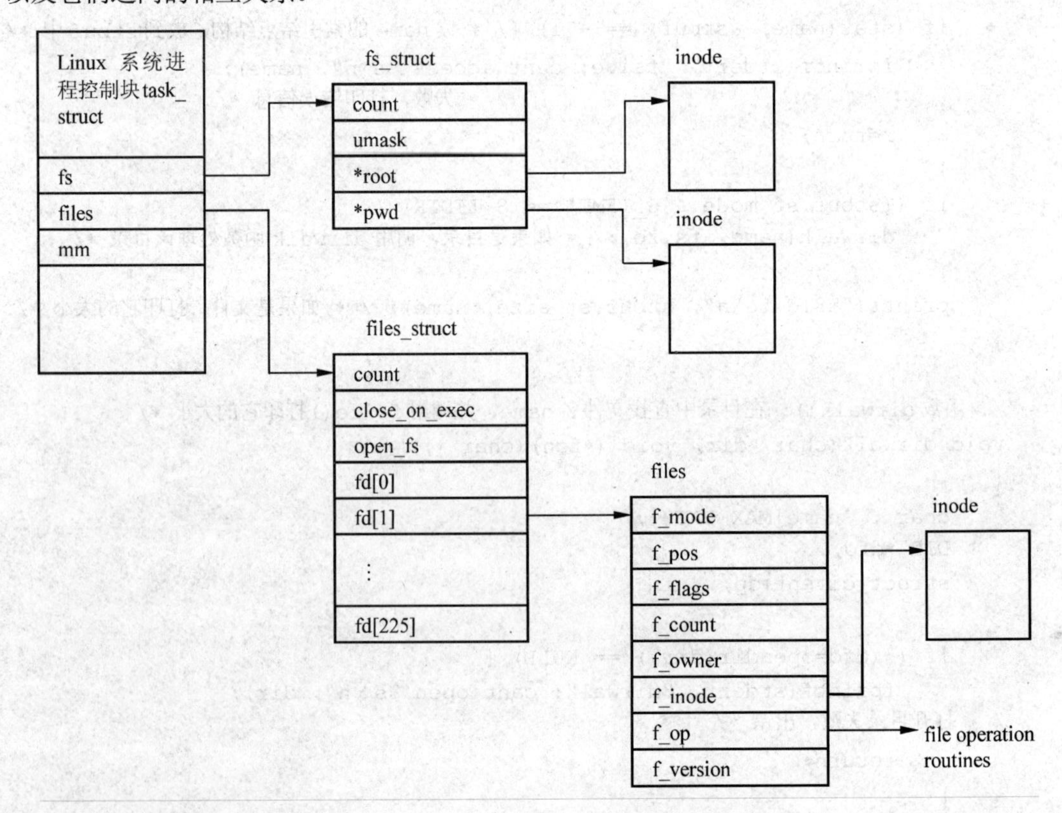

图 6-18　Linux 系统中进程的虚拟文件系统数据结构

从 Linux 系统的这个虚拟文件系统的数据结构中可以了解到，无论用户提出什么请求，操作系统首先查询的数据结构便是进程控制块 PCB，在 Linux 系统中就是 task_struct 结构。从 PCB 中可以找到文件管理系统的数据结构，在本例中是 fs 和 files 两个指针。指针 fs 指出根目录和当前工作目录的属性信息，而 files 指出其他所有文件的属性信息。图 6-18 中的 inode 实际上存放的是文件的物理结构，在 Linux 系统中，文件的物理结构采用的是索引文件结构，如图 6-19 所示。一共可以有三重索引，短文件采用直接块访问，长文件则需要通过间接块访问到物理位置。这种多重索引的安排，主要是为了缩短 inode 所占的连续空间。

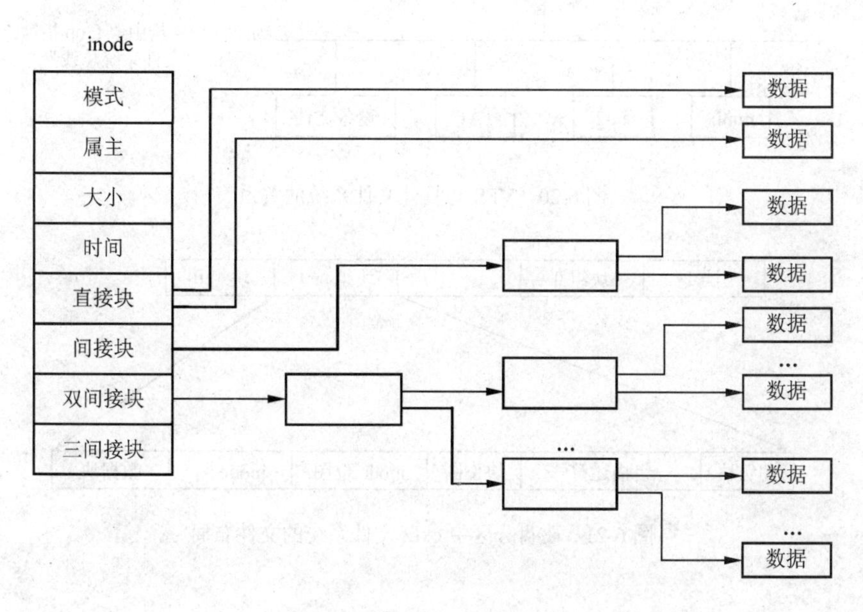

图 6-19　Linux 文件的物理结构 inode（i 结点）

那么这个结构如何将用户的文件名映射到索引文件指出的物理块的位置呢？简单地讲，就是当用户提出访问文件的请求时，由用户进程将请求提交给操作系统，也就是通过系统调用进入操作系统程序执行，然后操作系统通过访问该进程的 PCB，就可找到指向文件管理系统的数据结构的 fs 和 files 指针，从根目录 root 和当前目录就可以定位当前需要的文件，若文件存在，则可从 files 指针出发，最终可以定位到该文件的 inode，而 inode 的内容存放了这个文件在外存安放的位置信息，即物理块号。至此，文件管理系统完成了主要功能，下一步便是将这个物理块号传递给设备管理，并调用设备管理，让设备管理来启动磁盘，完成对这个物理块的具体 I/O 操作。

在图 6-18 中，提到了“Linux 虚拟文件系统”，实际上通过上述这组数据结构可将不同的操作系统的文件格式转换成一个统一的 inode 表达的形式，然后可以用相同的方式对不同的文件系统格式进行操作，这就是为什么 Linux 能够支持多种文件系统格式的关键所在。图 6-18 是存放在内存中的数据结构，对于其中的 inode，当 Linux 系统结束运行时，便消失了，所以把这个在内存活动的数据结构称为虚存文件系统 VFS 的数据结构。VFS 是 Linux 的文件系统的特色。图 6-20 表达了这种逻辑关系，这种逻辑关系是基于图 6-18 的数据结构实现的。ext2 是 Linux 自身提供的一个物理文件系统，它的 inode 结构与 VFS 数据结构中提供的 inode 基本相同。但是它是组织外存上数据的逻辑结构，如图 6-21 所示。即使 Linux 运行结束了，ext2 的文件仍然保存在磁盘上。

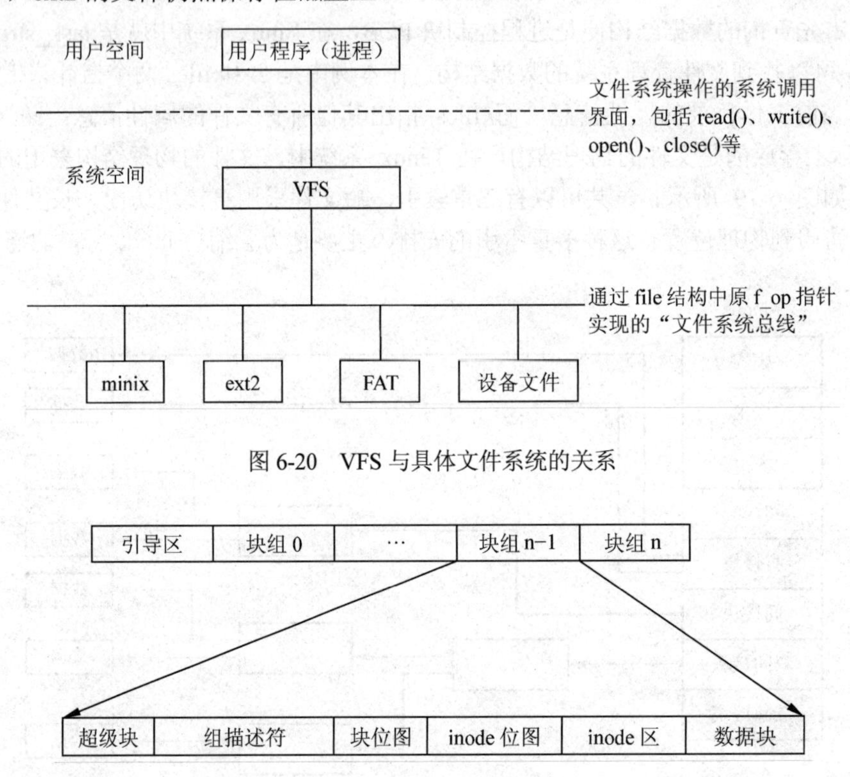

图 6-20　VFS 与具体文件系统的关系

图 6-21　磁盘分区中 ext2 文件系统的文件布局

6.9　小结

在早期的计算机中，由于没有文件系统对文件进行管理，都需按物理地址存取文件。对用户来说，这样做是相当复杂和烦琐的，并且是十分危险的，稍不小心，就会破坏已存入的文件。所以，现代操作系统都采用文件系统来管理文件。

本章介绍了在计算机中建立文件系统的目的和作用。介绍了文件系统的基本知识，包括文件、目录和文件系统的基本概念，文件的分类，对文件、目录和文件系统的基本操作，文件系统的功能和组成等。

关于文件的实现方法，介绍了文件和物理结构和逻辑结构，以及文件和组成，详细地讨论了文件控制块 FCB、活动文件表和活动符号名表。在此基础上，讨论了文件使用和控制操作命令。

文件系统分为七层结构，包括文件命令解释模块层、目录检索模块层、存取控制验证模块层、逻辑文件系统模块层、物理文件系统模块层、设备策略模块层、I/O 高度和控制模块层。

还讨论了文件系统的安全性和保护机制，包括文件存取控制矩阵、文件存取控制表、用户权限表、文件口令和文件加密等内容。

最后，对一个实际操作系统的文件系统——Linux 文件系统——进行了详细的介绍。Linux 虚拟文件系统 VFS，包括 VFS 的功能、VFS 超级块、VFS inode 以及对 VFS inode 的操作。对 Linux 的一个逻辑文件系统 ext2，介绍了 ext2 超级块、ext2 文件系统中目录和文件的对应关系、ext2 的块组描述符和 ext2 的 inode。最后介绍了 Linux 系统中一些与文件系统相关的系统调用，并给出了一个使用这些系统调用对文件系统操作的一个程序实例。

通过对文件系统分层次讨论，使学生既能较好地掌握文件系统的基本概念和基本知识，又可以较为深入地理解文件系统的原理和实现过程。

6.10　习题

1．说明下列术语：记录、文件、文件系统、目录文件、路径名、文件描述符。

2．文件系统的功能是什么？有哪些基本操作？

3．文件按其用途和性质可分成几类？有何特点？

4．有些文件系统要求文件名在整个文件系统中是唯一的。有些系统只有要求文件名在其用户的范围内是唯一的。请指出这两种方法在实现和应用这两方面有何优缺点？

5．什么是文件的逻辑组织？什么是文件的物理组织？文件的逻辑组织有哪几种形式？

6．文件的物理组织常见的有几种？它们与文件的存取方式有什么关系？为什么？

7．多级索引连续文件是如何组织的？试举例说明之。

8．提出多级文件目录结构的原因是什么？

9．允许不同用户对各自的文件赋予相同的名称（同名问题），以及同组的不同用户对他们共享的同一文件按自己的爱好赋予不同的文件名（多名问题）。同名和多名的便利是文件系统应具有的。试问文件系统是如何解决同名和多名问题的？

10．请画出下列术语的对应关系。

基本文件目录	层次树状结构
符号文件目录	线性表结构
活动文件表	活动文件表目
活动符号表	活动符号表目

11．在一个层次的文件系统中的路径名有时可能很长。假定绝大多数对文件的访问是用户对自己文件的访问，文件系统用何种方法来减少使用冗长的路径名？

12．何谓文件的链接？文件链接有何作用？

13．有些系统要求显式地打开文件，而有些系统把打开文件作为第一次访问某文件的隐式部分。为何显式打开文件更好些？试比较几种文件存取控制方法的特点。

第7章　磁盘存储管理

7.1　概述

磁盘存储器不仅容量大，存取速度快，而且可以实现随机存取，是实现虚拟存储系统所必需的硬件，因此在现代计算机系统中，都配置了磁盘存储器，并以它为存放文件的主要设备。磁盘存储管理的主要任务是：

- 为文件分配必要的存储空间。
- 提高磁盘存储空间的利用率。
- 提高对磁盘的I/O速度，以改善文件系统的性能。
- 采取必要的冗余措施，确保文件系统的可靠性。

7.2　磁盘结构

在现代计算机结构中，磁盘用于第二级存储。早期磁带是第二级存储介质，不过磁带相对于磁盘，存取时间较慢。因此，现在磁带主要用于数据备份，存储不频繁使用的信息，作为系统间传递信息的介质。磁带主要用于大量数据的存储，这些大量的数据对磁盘存储来说是不现实的。

7.2.1　磁盘

在磁盘设备中，可包含一个或多个盘片，每片分两面，每面又可分成若干条磁道（典型值为500~2000条磁道），磁盘之间留有必要的空隙。为使处理简单起见，在每条磁道上可存储相同数目的二进制位，每英寸中所存储的位数称为磁盘密度。显然，内层磁道的密度较外层磁道的密度高。每条磁道又分成若干个扇区，其典型值为10~100 个扇区。每个扇区的大小相当于一个盘块。0 扇区是最外层柱面的第一个磁道的第一个扇区。磁盘的顺序首先是磁道不同的扇区，然后是同一柱面的不同的磁道，最后是由外向内的不同的柱面。

有了这种对应关系，至少在理论上可以把磁盘中一个逻辑块的号转化成相应的包含柱面号、磁道号、扇区号的磁盘地址。实际中这种转化是很困难的，主要有两个原因：首先，大部分的磁盘都有坏扇区，对应时使用磁盘的其他空闲扇区代替坏扇区，因此对应关系隐藏了坏扇区。其次，某些磁盘驱动器的每个磁道不具有相同的扇区数。有些磁盘驱动器使用恒定线速度，每个磁道的数据密度是相同的，距离磁盘中心较远的外层磁道，由于磁道长度加大，可以容纳更多的扇区，由外部区域向内部区域，每个磁道的扇区数目减少，一般最外部的磁道比最内部的磁道多容纳 40%的扇区。当磁头由外部磁道向内部磁道移动时，为了保持磁头下相同的数据传输率，磁盘驱动器的转速提高了。CD-ROM 和 DVD-ROM 采用恒定线速度的方法。另外，如果保持磁盘转速恒定，为了保持恒定的数据传输率，由内部磁道向外部磁道的数据密度必须依次减小。磁盘中采用的这种方法称为恒定角速度。

随着磁盘技术的提高，每个磁道容纳的扇区的数目增多，磁盘每个磁道的外部区域一般有几百个扇区。同样，每个磁盘的柱面数目也增多，较大的磁盘有上几百万的柱面。

对磁盘可从不同的角度进行分类。最常见的有：将磁盘分成硬盘和软盘、单片盘和多片盘、固定头磁盘和移动头磁盘等。下面仅介绍固定头磁盘和移动头磁盘。

7.2.2　磁盘种类

1．固定头磁盘

这种磁盘在每条磁道上都有一个读/写磁头，所有的磁头都被装在一刚性磁臂中，通过这些磁头可访问所有的磁道，并进行并行读/写，有效地提高了磁盘的 I/O 速度。这种结构的磁盘主要用于大容量磁盘上。

2．移动头磁盘

每一个盘面仅配有一个磁头，也被装入磁臂中，为能访问该盘面上的所有磁道，该磁头必须能移动以进行寻道。可是，移动头磁盘只能进行串行读/写，致使 I/O 速度较慢，但由于结构简单，故仍广泛地用于中、小型磁盘设备中。在微机上配置的磁盘，都采用移动磁头结构，故本节主要针对这类磁盘的 I/O 进行讨论。

7.2.3　磁盘访问时间

磁盘的访问时间，包括以下三部分。

1．寻道时间 T_s

这是把磁臂（磁头）从当前位置移动到指定磁道上所经历的时间。该时间是启动磁盘的时间 s 与磁头移动 n 条磁道所花费的时间之和。即

$$T_s = m \times n + s$$

式中，m 是一常量，它与磁盘驱动器的速度有关。对一般磁盘，m=0.3；对高速磁盘，$m \leqslant 0.1$，磁盘启动时间约为 3ms。这样，对一般的磁盘，其寻道时间将随寻道距离的增大而增大，大体上是 10～40ms。

2．旋转延迟时间 T_r

T_r 是指定扇区移动到磁头下面所经历的时间。对于硬盘，典型的旋转速度为 3600r/min，

每转需时 16.7ms，平均旋转延迟时间 T_r 为 8.3ms。对于软盘，其旋转速度为 300 或 600r/min，这样，平均 T_r 为 50~100ms。

3．传输时间 T_t

T_t 是指把数据从磁盘读出，或向磁盘写入数据所经历的时间，T_t 的大小与每次所读／写的字节数 b 及旋转速度有关：

$$T_t = \frac{b}{rN}$$

式中，r 为磁盘以秒计的旋转速度；N 为一条磁道上的字节数。假设平均移动距离为半条磁道。因此，可将访问时间 T_a 表示为

$$T_a = T_s + \frac{1}{2r} + \frac{b}{rN}$$

从式中可以看出，在访问时间，寻道时间和旋转延迟时间，基本上都与所读／写数据的多少无关，而且它通常是占据了访问时间的大头。例如，假定寻道时间和旋转延迟时间平均为 30ms，而磁道的传输速率为 1MB/s，如果传输 1KB，此时总的访问时间为 31ms，传输时间所占比例相当小。当传输 10KB 的数据时，其访问时间也只是 40ms，即当传输的数据量增加 10 倍时，访问时间只增加了约 30%。目前磁盘的传输速率一般可达 60MB/s 以上，数据传输时间所占的比例更低。可见，适当地集中数据（不要太零散）传输，将有利于提高传输效率。

7.3 磁盘调度

操作系统的一个主要的任务是使硬件高效的发挥作用，为了满足这一要求，磁盘驱动器必须有较快的磁盘存取时间和磁盘带宽，存取时间主要取决于两个因素，寻道时间是磁盘臂把磁头定位到请求扇区的柱面的时间。旋转延迟是磁盘旋转使请求扇区到达磁头的时间。磁盘带宽是传输的数据字节总数和请求服务开始和数据传输最后完成所需时间的比值。通过调度请求磁盘 I/O 的序列，可以提高磁盘的存取时间和磁盘带宽。

当进程请求磁盘 I/O 操作时，进程向操作系统引发系统调用，磁盘请求包含以下的说明信息：

- 请求的操作属于输入操作还是输出操作。
- 传送数据的磁盘地址。
- 传送数据的内存地址。
- 传送数据的总字节数。

如果期望的磁盘驱动器和控制器空闲，请求可以立即服务，如果驱动器和控制器忙，请求服务转移到磁盘驱动器的请求等待队列中，在多进程的多任务系统中，磁盘队列经常有几个等待的请求，当一个请求完成后，操作系统选择下一个要服务的等待的请求。当有多个进程都请求访问磁盘时，应采用一种适当的调度算法，以使各进程对磁盘的平均访问（主要是寻道）时间最小。由于在访问磁盘的时间中，主要是寻道时间，因此，磁盘调度的目标应是使磁盘的平均寻道时间最少。目前常用的磁盘调度算法有：先来先服务；最短寻

道时间优先；扫描算法；循环扫描算法等。

7.3.1　先来先服务（FCFS）

FCFS（first-come，first-served）是一种简单的磁盘调度算法。它根据进程请求访问磁盘的先后次序进行调度。此算法的优点是公平、简单，且每个进程的请求都能依次得到处理，不会出现某一进程的请求长期得不到满足的情况。但此算法由于未对寻道进行优化，致使平均寻道时间可能较长。表 7-1 示出了有 9 个进程先后提出磁盘 I/O 请求时，按 FCFS 算法进行调度的情况。这里，将进程号（请求者）按其发出请求的先后次序排列。这样，平均寻道距离为 55.3 条磁道。与后面要介绍的几种调度算法相比，其平均寻道距离较大。故 FCFS 算法仅适用于请求磁盘 I/O 的进程数目较少的场合。

7.3.2　最短寻道时间优先（SSTF）

SSTF（shortest seek time first）算法选择的进程要求访问的磁道与当前磁头所在的磁道距离最近，以使每次的寻道时间最短，但这种调度算法却不能保证平均寻道时间最短。表 7-2 所示按 SSTF 算法进行调度时，各进程被调度的次序，每次磁头的移动距离，以及 9 次磁头移动的平均距离。比较表 7-1 和表 7-2 可以看出，SSTF 算法的平均每次磁头移动距离，明显低于 FCFS，故 SSTF 较之 FCFS 有更好的寻道性能，因此过去一度被广泛采用。

表 7-1　FCFS 调度算法示例
（从 100#磁道开始）

被访问的下一个磁道号	移动距离（磁道数）
55	45
58	3
39	19
18	21
90	72
160	70
150	10
38	112
184	146
平均寻道长度：55.3	

表 7-2　SSTF 调度算法示例
（从 100#磁道开始）

被访问的下一个磁道号	移动距离（磁道数）
90	10
58	32
55	3
39	16
38	1
18	20
150	132
160	10
184	24
平均寻道长度：27.5	

7.3.3　各种扫描算法

1．扫描 SCAN

SSTF 算法虽然获得较好的寻道性能，但它可能导致某些进程发生“饥饿”（starvation）。

因为只要不断有新进程到达，且其访问的磁道与磁头当前所在磁道的距离较近，这种新进程的 I/O 请求必被优先满足。对 SSTF 算法略加修改后所形成的 SCAN 算法，即可防止老进程出现饥饿现象。

SCAN 算法不仅考虑到欲访问的磁道与当前磁道的距离，更优先考虑的是磁头的当前移动方向。例如，当磁头正在自里向外移动时，SCAN 算法所选择的下一个访问对象应是其欲访问的磁道既在当前磁道之外，又是距离最近的。这样自里向外地访问，直到再无更外的磁道需要访问时，才将磁臂换向，自外向里移动。这时，同样也是每次选择这样的进程来调度，即其要访问的磁道，在当前磁道之内，从而避免了饥饿现象的出现。由于这种算法中磁头移动的规律颇似电梯的运行，故又称为电梯调度算法。表 7-3 展示了按 SCAN 算法对 9 个进程进行调度及磁头移动的情况。

2．循环扫描 CSCAN

SCAN 算法既能获得较好的寻道性能，又能防止进程饥饿，故被广泛用于大、中、小型机和网络中的磁盘调度。但也存在这样的问题：当磁头刚从里向外移动过某一磁道时，恰有一进程请求访问此磁道，这时该进程必须等待，待磁头从里向外，然后再从外向里扫描完所有要访问的磁道后，才处理该进程的请求，致使该进程的请求被严重地推迟。为了减少这种延迟，CSCAN（circular SCAN）算法规定磁头单向移动。例如，只自里向外移动，当磁头移到最外的被访问磁道时，磁头立即返回到最里的欲访磁道，即将最小磁道号紧接着最大磁道号构成循环，进行扫描。采用循环扫描方式后，上述请求进程的请求延迟，将从原来的 $2T$ 减为 T＋smnx。其中，T 为由里向外或由外向里扫描完所有要访问的磁道所需的寻道时间， smnx 是将磁头从最外面被访问的磁道直接移动最里边欲访问的磁道所需的寻道时间（或相反）。表 7-4 示出了 CSCAN 算法对 9 个进程调度的次序及每次磁头移动的距离。

表 7-3 SCAN 调度算法示例

（从 100# 磁道开始）

被访问的下一个磁道号	移动距离（磁道数）
150	50
160	10
184	24
90	94
58	32
55	3
39	16
38	1
18	20
平均寻道长度：27.8	

表 7-4 CSCAN 调度算法示例

（从 100# 磁道开始）

被访问的下一个磁道号	移动距离（磁道数）
150	50
160	10
184	24
18	166
38	20
39	1
55	16
58	3
90	32
平均寻道长度：27.5	

7.3.4 磁盘调度算法的选择

在众多磁盘调度算法中，如何选择最好的算法呢？一般的选择是 SSTF 算法，因为它比 FCFS 提高了磁盘的性能，SCAN 和 CSCAN 适用于磁盘请求负荷很重的系统，因为它们不可能产生死等问题。

任何调度算法的性能绝大部分取决于请求的类型和数目。例如，假设磁盘队列中只有一个请求，那么所有的调度算法的性能是相同的，因为只有一个选择确定磁头的移动，任何算法的效率和 FCFS 调度的效率是相同的。

磁盘请求服务很大程度上受文件分配方法的影响。对于连续分配存储的文件进行读操作，会产生对磁盘临近位置的几个请求，结果是磁头移动很有限的距离。但是对于链表或者索引文件，文件包含的数据块分散于磁盘的各个位置，结果导致磁头较大范围的移动。

目录和索引块的位置也很重要。因为每个文件只有打开才能使用，打开文件需要检查目录结构，将频繁访问目录。假设目录的入口在第一个柱面上，而文件数据在最后一个柱面上，这需要磁头移动整个磁盘的宽度。如果目录的入口在中间的柱面上，磁头至多移动磁盘宽度的 1/2。将目录和索引块放在高速缓存中，可以减小磁盘臂的移动，特别是对于读磁盘请求。

以上调度算法仅考虑了寻道距离。实际上在现代磁盘中，旋转延迟时间几乎等于平均寻道时间。通过操作系统调度来提高旋转延迟是很困难的，因为磁盘不揭示逻辑块的物理地址。磁盘制造商简化了这个问题，在磁盘驱动器中内嵌的控制器中实现磁盘调度算法。如果操作系统向控制器发送一批请求，控制器将请求放在等待队列中，然后控制器调度队列中的请求以提高寻道时间和旋转延迟。如果只考虑 I/O 性能，操作系统将把磁盘调度的任务交给磁盘硬件。实际上，操作系统对请求的服务顺序有另一些限制。例如，缺页请求比应用程序 I/O 有较高的优先级，如果高速缓存超出了空闲页，写操作比读操作更紧迫。操作系统期望能够保证写磁盘的顺序，使文件系统更加强壮，尽量避免系统崩溃。

7.4 磁盘格式化

一块新的磁盘是空的，仅仅是表面涂有可记录性磁性材料的圆形盘片。在磁盘存储数据之前，磁盘必须划分成磁盘控制器可以读写的扇区。这个划分过程称为低层格式化（或者物理格式化）。低层格式化为磁盘的每个扇区填写一个特殊的数据结构。这个特殊的数据结构一般包含头部字段，数据字段（数据大小一般是 512B），尾部字段。头部和尾部字段包含磁盘控制器使用的信息，像扇区号和纠错码（error-correcting code，ECC）。当控制器通过 I/O 写扇区的数据时，对扇区数据字段所有数据进行计算，使用计算值更新纠错码。当读取扇区的数据时，重新计算纠错码并且和存储的值比较，如果比较结果不一致，说明此扇区的数据遭到破坏，此扇区为坏扇区。纠错码的纠错能力在于它包含足够的信息，使得即使在数据只有几位遭到破坏的情况下，磁盘控制器可以确定是哪几位数据遭到了破坏，并且计算正确的值应该是什么。当读写扇区时，控制器自动做纠错处理。

作为工厂里生产过程的一部分，多数的磁盘进行了低层格式化。通过低层格式化，厂家可以完成磁盘测试和逻辑块到磁盘无错扇区的映射。当磁盘控制器进行低层格式化时，需要清楚头部字段和尾部字段之间的数据字段的字节大小。通常有几种选择，如 256B、512B、1024B。使用大尺寸扇区格式化磁盘，那么每个磁道有较少的扇区，每个磁道有较少的头部字段和尾部字段，这样增加了用户的数据空间。某些操作系统只能处理 512B 的扇区。

为了使用磁盘存储文件，操作系统需要在磁盘上记录操作系统的数据结构，分两步：首先对磁盘进行分区得到一组或者多组柱面。操作系统将每个分区当作是独立的磁盘。例如，一个分区存储操作系统可执行代码的副体；另一个分区存储用户文件。分区以后进行第二步是逻辑格式化（创建文件系统），操作系统把初始化的文件系统的数据结构存储在磁盘上。这些数据结构包括空闲空间表、分配空间表和初始化的空目录。

有些操作系统赋予特定程序一种能力，能够不使用任何文件系统数据结构，把磁盘分区当作逻辑块的连续数组。这些数组结构有时候称为裸磁盘，而对于数组结构的 I/O 访问称为裸 I/O。例如，某些数据库系统使用裸 I/O，因为它能够控制数据库记录在磁盘上的精确存储位置。裸 I/O 旁路了所有的文件系统服务，如高速缓冲区、文件锁、预取、空间分配、文件名、目录。在裸分区上实现特定目的的存储服务，应用程序会更加高效，但是某些应用程序在使用规则的文件系统服务时性能会更好。

7.5 廉价冗余磁盘阵列

随着磁盘驱动器变得越来越小和廉价，在计算机系统中连接多个磁盘在经济上是可行的。如果计算机系统中的多个磁盘能够并行操作，可以提高数据读写的速率。此外由于冗余信息可以存储在多个磁盘上，这种组织结构潜在地提高了数据存储的可靠性。这样，一个磁盘的损坏不会导致所有数据的丢失。这种磁盘组织技术通称为廉价冗余磁盘阵列（redundant arrays of inexpensive disks，RAID），通常用于提高系统的性能和可靠性。

7.5.1 利用冗余技术提高可靠性

首先考虑可靠性，具有 n 个磁盘的磁盘组中某些磁盘比特定的单个磁盘具有较高的出错率。假设单个磁盘的平均损坏时间为 100 000 小时，具有 100 个磁盘的阵列中某些磁盘的平均损坏时间为 100 000/100 小时，大约是 41.66 天，时间一点都不算长。如果我们只存储一份数据的副本，每个磁盘损坏将会导致大量数据的丢失，这样高的数据丢失率是不能接受的。

解决可靠性问题的方法是引入冗余技术存储一般不需要的额外的信息，可以在磁盘损坏时用来恢复丢失的信息。这样，如果一个磁盘损坏，数据不会丢失。

引入冗余技术的最简单（通常很昂贵）的方法是复制每个磁盘内容。这种技术称为镜像。每个逻辑磁盘包含两个物理磁盘，写操作对两个物理磁盘写数据。如果一个磁盘损坏，数据可以从另一个磁盘读取。只有在第一个磁盘替换之前，第二个磁盘损坏的情况下，数据才可能丢失。

镜像磁盘的平均损坏时间（损坏指数据丢失）取决于两个因素：单个磁盘的平均损坏时间和平均修复时间，平均修复时间指磁盘替换和数据重建的平均时间。假设磁盘损坏是独立的，即一块磁盘的损坏不会导致另一块磁盘损坏。如果单个磁盘的平均损坏时间是 100 000 小时，平均修复时间是 10 小时，则镜像磁盘系统的平均数据丢失时间是 $100\,000^2/(2\times10)=500\times10^6$ 小时，大约 57 000 年。

磁盘断电和自然灾害，像地震、火灾、洪水，顷刻之间损坏所有的磁盘。另外，厂家批量生产磁盘时会导致相关联的损坏。在磁盘的生命周期中，磁盘损坏的概率增加，当第一块磁盘修复时，第二块磁盘损坏的概率也增加。尽管有这些因素，镜像磁盘系统比单磁盘系统有更高的可靠性。

磁盘断电是要考虑的特殊问题，因为它比自然灾害的出现频率要高很多。在镜像系统中，向两个磁盘相同的逻辑块写数据，在数据写完之前突然断电，这样两个磁盘块会处于不一致的状态。解决这一问题的方法是先写一份数据，然后再写另一份，两份数据通常应该是一致的。当断电以后重启机器时，需要一些额外操作使磁盘从不完全写状态中恢复。

7.5.2　利用并行提高性能

下面考虑并行访问多个磁盘的好处。使用磁盘镜像，读请求的处理速率提高一倍，因为每个读请求可以发送到两个磁盘中的任何一个（只要一对镜像磁盘都是可用的）。每个读请求的数据传输率和单磁盘系统每个读请求的数据传输率相同，但是每个单元时间内处理的读请求增加一倍。

使用多磁盘，把数据成条带状分布在多磁盘上可以提高数据传输率。最简单的方式是，多磁盘上的数据条带包含每个字节数据的每一位，这样的数据条带称为位级数据条带。例如，如果有 8 个磁盘的阵列，向每个磁盘 i 写每个字节的第 i 位。具有 8 个磁盘的阵列可以看作是一个单磁盘，只不过这个单磁盘的扇区大小是一般扇区大小的 8 倍，更重要的是，这样的磁盘阵列的数据存取率是原来的 8 倍。在这样的结构中，每个磁盘都参与读写访问，这样每秒钟处理的访问数量和单磁盘几乎相同，不同的是，每次访问的数据所读取的数据是单磁盘的 8 倍。

只要磁盘阵列的磁盘数目是 8 的倍数或者 8 的约数，位级数据条带技术均可扩展到这些磁盘阵列。例如，如果使用磁盘数目是 4 的磁盘阵列，每个数据字节的第 i 位和第 $i+4$ 位存储在磁盘 i 上。此外，数据条带不一定都是位级数据条带，例如可以有块级数据条带，多磁盘上的每个数据条带包含文件的一个数据块，如果磁盘阵列使用 n 个磁盘，文件的第 i 个数据块存储到第（$i \bmod n$）+1 个磁盘上。数据条带的级别还可以是扇区的字节或者数据块扇区。

总之，磁盘系统中使用并行技术主要有两个目标：

- 根据装载平衡，提高小存取（例如页存取）的吞吐量。
- 减少大存取的反应时间。

7.5.3　RAID 层次

磁盘阵列中针对不同的应用使用的不同技术，称为 RAID level，每一 level 代表一种技术，目前业界公认的标准是 RAID 0～RAID 5。这个 level 并不代表技术的高低，level 5 并不高于 level 3，level 1 也不低过 level 4，不同的级别之间工作模式是不同的。整个 RAID 结构是一些磁盘结构，通过对磁盘进行组合达到提高效率、减少错误的目的。至于要选择哪一种 RAID level 的产品，视用户的操作环（operating environment）及应用（application）而定，与 level 的高低没有必然的关系。其他如 RAID 6、RAID 7，乃至 RAID 10 等，都是厂商各做各的，并无一致的标准。

为简便起见，下面结合示意图（图 7-1～图 7-7）来进行说明，图中每个方块代表一个数据块或者数据位的分布，每列方块代表一个磁盘。

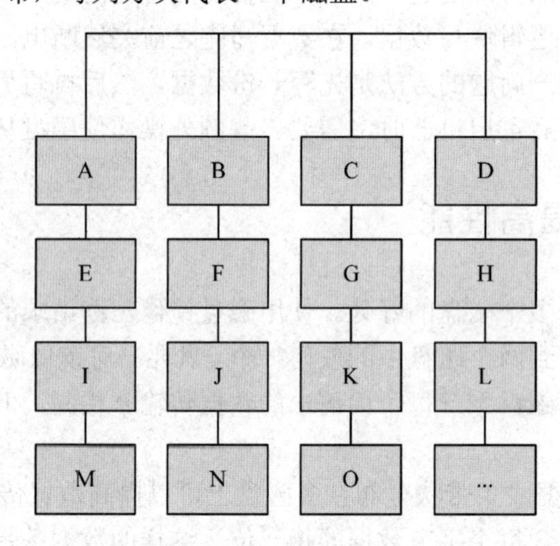

图 7-1　RAID 0 示意图

1．RAID 0：无差错控制的带区组

RAID 0 需要两个以上磁盘，用来组成带区组，数据分为数据块保存在不同的驱动器上。因为将数据分布在不同驱动器上，所以数据吞吐率大大提高，驱动器的负载也比较平衡。在需要的数据刚好分布在不同的驱动器上时，效率会有显著提高。RAID 0 不计算校验码，所以并没有冗余校验功能，没有数据差错控制。如果一个磁盘中的数据发生错误，即使其他盘上的数据正确也是无济于事，因而不应该使用于对数据稳定性要求很高的环境中。

2．RAID 1：镜像结构

它是镜像磁盘冗余阵列，将每一数据块重复存入镜像磁盘，以改善磁盘机的可靠性。镜像盘也称为拷贝盘，它相当于一个不断进行备份操作的磁盘。对于使用这种 RAID 1 结构的设备来说，RAID 控制器必须能够同时对两个盘进行读操作和写操作。RAID 1 每读一次盘只能读出一块数据，数据块的传送效率与单盘相同。因为 RAID 1 的校验十分完备，因此对系统的处理能力有很大的影响，通常 RAID 功能由软件实现，在服务器负载较重的时候，这种实现方案会大大影响服务器的效率。RAID 1 支持“热替换”，即在不断电情况下对故障磁盘进行更换，更换完毕只要从镜像盘上恢复数据即可。但带来的后果是硬盘容量利用率只有 50%，是所有 RAID 级别中最低的。

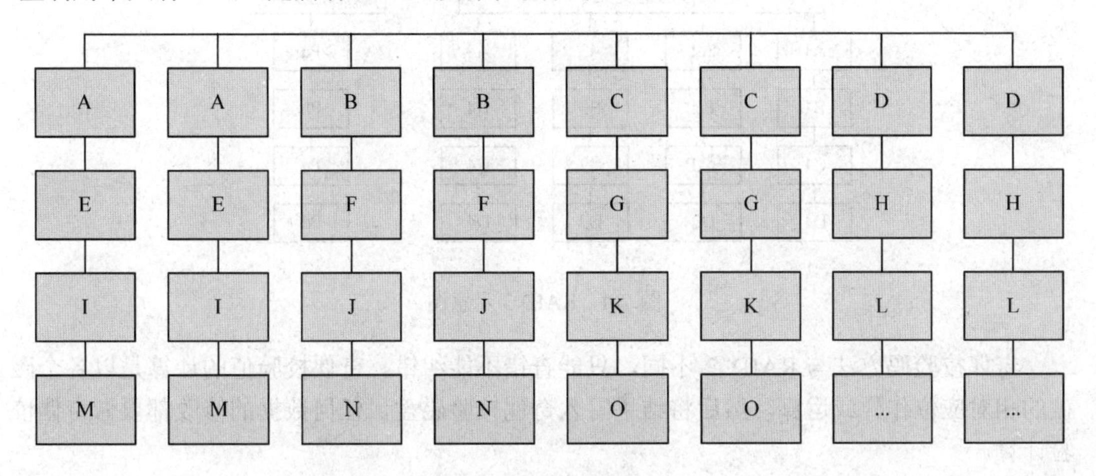

图 7-2　RAID 1 示意图

3．RAID 2：带海明码校验

RAID 2 是采用海明码纠错冗余的磁盘阵列，将数据位交叉写入几个磁盘中，并利用几个磁盘驱动器进行按位的出错检查，冗余度比镜像磁盘阵列小。这种阵列的数据读写操作涉及阵列中的每一个磁盘，影响小文件的传输率，因此它适合大量顺序数据访问。

图 7-3 左边的各个磁盘上是数据的各个位，由一个数据不同的位运算得到的海明校验码可以保存在另一组磁盘上。由于海明码的特点，它可以在数据发生错误的情况下将错误纠正，以保证输出的正确性。

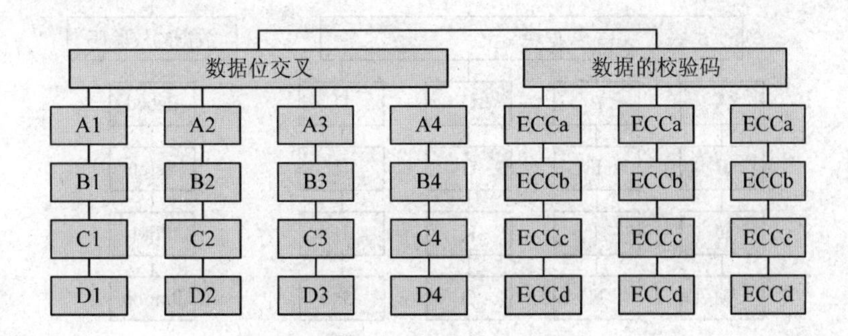

图 7-3　RAID 2 示意图

4．RAID 3：带奇偶校验的并行传送

RAID 3 采用奇偶校验冗余的磁盘阵列，也采用数据位交叉，阵列中只有一个校验盘。将数据按位交叉写到几个磁盘上，用一个校验盘检查数据错误。各磁盘同步运转，阵列中

的驱动器数量可扩展。这种阵列冗余度较小，因为采用数据位交叉，所以也适合大量数据访问，如图 7-4 所示。

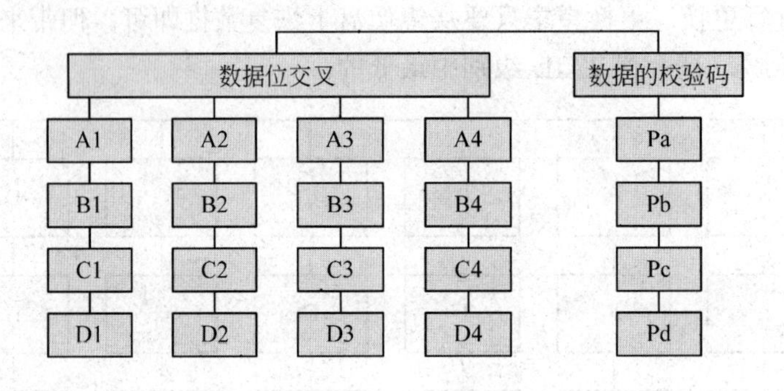

图 7-4　RAID 3 示意图

奇偶校验码方法与 RAID 2 不同，只能查错不能纠错。奇偶校验值的计算是以各个磁盘的相对应位作异或运算，然后将结果写入奇偶校验磁盘，任何数据的修改都要做奇偶校验计算。

如某一磁盘故障，换上新的磁盘后，整个磁盘阵列（包括奇偶校验磁盘）需要重新计算一次，将故障磁盘的数据恢复并写入新磁盘中；如奇偶校验磁盘故障，则重新计算奇偶校验值，以达容错的要求。较之 RAID 1 及 RAID 2，RAID 3 有 85%的磁盘空间利用率，其性能比 RAID 2 稍差，因为要做奇偶校验计算；共轴同步的平行存取在读文档时有很好的性能，但在写入时较慢，需要重新计算及修改奇偶校验磁盘的内容。RAID 3 和 RAID 2 有同样的应用方式，适用大档案及大量数据输出入的应用，并不适用于 PC 及网络服务器。

5．RAID 4：带奇偶校验码的独立磁盘结构

RAID 4 也使用一个校验磁盘，但和 RAID 3 不一样，如图 7-5 所示。

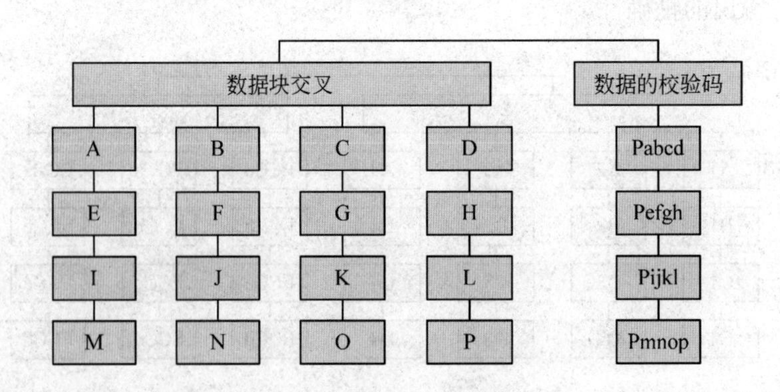

图 7-5　RAID 4 示意图

RAID 4 是以扇区作数据分段，各磁盘相同位置的分段形成一个校验磁盘分段（parity block），放在校验磁盘。这种方式可在不同的磁盘平行执行不同的读取命令，因而大幅提高磁盘阵列的读取性能；但写入数据时，因受限于校验磁盘，同一时间只能做一次，启动所有磁盘读取数据形成同一校验分段的所有数据分段，与要写入的数据做好校验计算再写入。即使如此，小型档案的写入仍然比 RAID 3 要快，因其校验计算较简单而非进行位级（bit level）的计算。但校验磁盘形成 RAID 4 的瓶颈，降低了性能。因有 RAID 5 而使得 RAID 4 较少使用。

6．RAID 5：分布式奇偶校验的独立磁盘结构

RAID 5 避免了 RAID 4 的瓶颈，方法是不用校验磁盘而将校验数据以循环的方式放在每一个磁盘中，如图 7-6 所示。

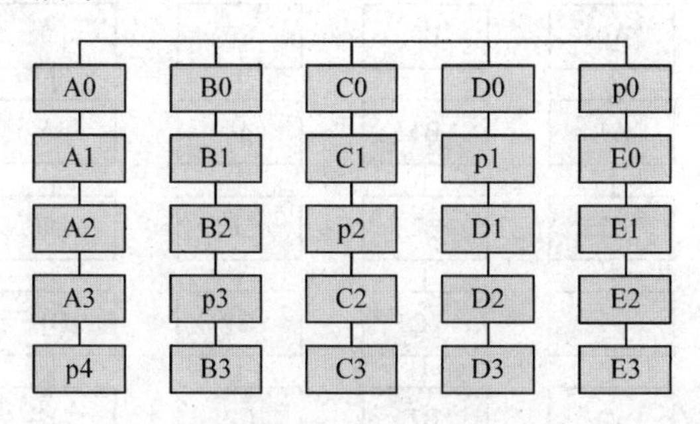

图 7-6　RAID 5 示意图

从右向左看，磁盘阵列的第一个磁盘分段是校验值，第二个磁盘至后一个磁盘再折回第一个磁盘的分段是数据，然后第二个磁盘的分段是校验值，从第三个磁盘再折回第二个磁盘的分段是数据，以此类推直到放完为止。图中的第一个奇偶校验块（parity block）是由 A0，B0，C0，D0 计算出来，第二个奇偶校验块是由 A1，B1，C1，E0 计算出来，也就是校验值是由各磁盘同一位置的分段的数据所计算出来。这种方式能大幅增加小文档的存取性能，不但可同时读取，甚至有可能同时执行多个写入的动作，如可写入数据到磁盘 1 而其奇偶校验块在磁盘 2，同时写入数据到磁盘 4 而其奇偶校验块在磁盘 1。

事实上 RAID 5 的性能并无如此理想，因为任何数据的修改，都要把同一奇偶校验块的所有数据读出来修改后，做完校验计算再写回去，也就是 RMW cycle（read-modify-write cycle，这个 cycle 没有包括校验计算）。所以当读取数据时，所有磁盘可以同时工作，但是写磁盘时只有一个磁盘可以写入。

7．RAID 6：带有两种分布存储的奇偶校验码的独立磁盘结构

它是对 RAID 5 的扩展，主要是用于要求数据绝对不能出错的场合。图 7-7 中 p0 代表第 0 带区的奇偶校验值，而 pA 代表数据块 A 的奇偶校验值。当然了，由于引入了第二种奇偶校验值，所以需要 n+2 个磁盘，同时对控制器的设计变得十分复杂，写入速度也不好，用于计算奇偶校验值和验证数据正确性所花费的时间比较多，造成了不必要的负载。

8．RAID 7：优化的高速数据传送磁盘结构

与其他的 RAID 标准不同，RAID7 不是公开的工业标准，只是 Storage Computer Corporation 的一个商标，该公司使用这个商标来保护他们自己的一种 RAID 设计的知识产权。

RAID 7 基于 RAID 3 和 RAID 4 的概念，并用了很多改进来提高整个 RAID 系统的性能。RAID 7 所有的 I/O 传送均是同步进行的，可以分别控制，这样提高了系统的并行性，提高系统访问数据的速度；每个磁盘都带有高速缓冲存储器，实时操作系统可以使用任何实时操作芯片，达到不同实时系统的需要。允许使用 SNMP 协议进行管理和监视，可以对校验区指定独立的传送信道以提高效率。可以连接多台主机，因为加入高速缓冲存储器，当多用户访问系统时，访问时间几乎接近于 0。由于采用并行结构，因此数据访问效率大大提高。

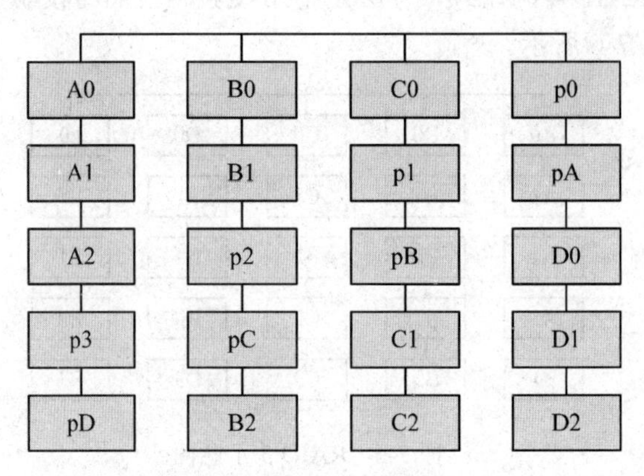

图 7-7　RAID 6 示意图

需要注意的是：它引入了一个高速缓冲存储器，这有利有弊，因为一旦系统断电，在高速缓冲存储器内的数据就会全部丢失，因此需要和 UPS 一起工作。

9．RAID 0+1

正如其名一样，RAID 0+1 是 RAID 0 和 RAID 1 的组合形式，也称为 RAID 10。

RAID 0+1 是存储性能和数据安全兼顾的方案。它在提供与 RAID 1 一样的数据安全保障的同时，也提供了与 RAID 0 近似的存储性能。由于 RAID 0+1 也通过数据的 100%备份提供数据安全保障，因此 RAID 0+1 的磁盘空间利用率与 RAID 1 相同，存储成本高。RAID 0+1 的特点使其特别适用于既有大量数据需要存取，同时又对数据安全性要求严格的领域，如银行、金融、商业超市、仓储库房、各种档案管理等。

7.6　高速缓存管理

目前，几乎所有可随机存取的文件，都是存放在磁盘上，磁盘 I/O 速度的高低，将直接影响文件系统的性能。磁盘的 I/O 速度远低于对内存的访问速度，通常要低 4~6 个数量级，因此，磁盘的 I/O 已成为计算机系统的瓶颈。于是，人们便千方百计地去提高磁盘的速度，其中最主要的技术，便是利用高速缓存（cache）。

7.6.1　磁盘高速缓存的形式

这里所说的磁盘高速缓存，并非通常意义下在内存和 CPU 之间所增设的一个小容量高速存储器，而是指利用内存中的存储空间，暂存从磁盘中读出的一系列盘块中的信息。因此，这里的高速缓存是一组在逻辑上属于磁盘，而物理上是驻留在内存中的盘块。

高速缓存在内存中可分成两种形式：

- 在内存中开辟一个单独的存储空间作为磁盘高速缓存，其大小是固定的，不会受应用程序多少的影响。
- 把所有未利用的内存空间变为一个缓冲池，供请求分页系统和磁盘 I/O（作为磁盘高速缓存）共享。此时高速缓存的大小，显然不再是固定的。当磁盘 I/O 的频繁程度较高时，该缓冲池可能包含更多的内存空间；而在应用程序运行得较多时，该缓冲池可能只剩下较少的内存空间。

7.6.2　数据交付

数据交付（data delivery）是指将磁盘高速缓存中的数据传送给请求者进程。当有一进程请示访问某个盘块中的数据时，由操作系统先查看磁盘高速缓冲器，其中是否存在进程所需访问的盘块数据的副本。若有，便直接从高速缓存中提取数据交付给请求者进程，这样就避免了访盘操作，从而使本次访问速度提高 4 ~ 6 个数量级；否则，应先从磁盘中将所要访问的数据读入并交付给请求进程，同时也将数据送高速缓存，当以后又需要访问该盘块的数据时，便可直接从高速缓存中提取。

系统可以采取下述两种方式，将数据交付给请求者进程。

- 数据交付：直接将高速缓存中的数据，传送到请求者进程的内存工作区中。
- 指针交付：只将指向高速缓存中某区域的指针，交付给请求者进程。

后一种方式由于所传送的数据少，因而节省了数据从存储器到存储器的时间。

7.6.3　置换算法

如同请求调页（段）一样，在将磁盘中的盘块数据读入高速缓存时，同样会出现因高速缓存中已装满盘块数据，而需要将高速缓存中的数据先换出的问题。相应地，也存在着采用哪种置换算法的问题。较常用的置换算法仍然是最近最久未使用算法 LRU、最近未使用算法 NRU 及最少使用算法 LFU 等。

由于请求调页中的联想存储器与高速缓存（磁盘 I/O）的工作情况不同，因此现在不少系统在设计高速缓存的置换算法时，除了考虑到 LRU 这一原则外，还考虑了以下几点：

- 访问频率。通常，每执行一条指令时，便可能访问一次联想存储器，亦即联想存储器的访问频率，基本上与指令的执行频率相当；而对高速缓冲的访问频率，则与磁盘 I/O 的频率相当，因此，对联想存储器的访问频率远远高于对高速缓存的访问频率。
- 可预见性。在高速缓存中的各盘块数据，有哪些数据可能在较长时间内不会再被访问，又有哪些数据可能很快就再被访问，会有相当一部分是可预知的。例如，对二次地址块及目录块等，在它被访问后，可能会很久都不再被访问。又如，正在写入数据的未满盘块，可能会很快又被访问。

- 数据的一致性。由于高速缓存是做在内存中，而内存一般说又是一种易失性的存储器，一旦系统发生故障，存放在高速缓存中的数据将会丢失，而其中有些盘块（如索引结点盘块）中的数据已被修改，但尚未保存回磁盘。因此，当系统发生故障后，可能会造成数据的不一致性。

基于上述考虑，在有的系统中便将高速缓存中的所有盘块数据拉成一条 LRU 链。对于那些会严重影响数据一致性的盘块数据和很久都可能不再使用的盘块数据，都放在 LRU 链的头部，使它们能被优先写回磁盘，以减少发生数据不一致性的概率，或者可以尽早地腾出高速缓存的空间。对于那些可能在不久之后便要使用的盘块数据，应挂在 LRU 链的尾部，以便在不久以后需要时，只要该数据块尚未从链中移至链首而被写回磁盘，便可直接到高速缓存中（即 LRU 链中）去找到它们。

7.6.4 周期性写回磁盘

还有一种情况值得注意：那就是根据 LRU 算法，那些经常被访问的盘块数据，可能会一直保留在高速缓存中而长期地不会被写回磁盘中。

注意：LRU 链意味着链中的任一元素在被访问之后，总是又被挂到链尾而不被写回磁盘；只是一直未被访问的元素，才有可能移动到链首，而被写回磁盘。

例如，一位学者一上班便开始撰写论文，边写边修改，他正在写作的论文就一直保存在高速缓存的 LRU 链中。如果在快下班时，系统突然发生故障，这样存放在高速缓存中的已写论文将随之消失，致使他枉费了一天的劳动。

为了解决这一问题，在 UNIX 系统中专门增设了一个修改（update）程序，使之在后台运行。该程序周期性地调用一个系统调用 SYNC。该调用的主要功能是强制性地将所有在高速缓存中已修改的盘块数据写回磁盘，一般是把两次调用 SYNC 的时间间隔定为 30 秒钟。这样，因系统故障所造成的工作损失不会超过 30s 的劳动量。而在 MS-DOS 中所采用的方法是：只要高速缓存中的某盘块数据被修改，便立即将它写回磁盘，并将这种高速缓存称为“通写高速缓存”（write-through cache）。MD-DOS 所采用的写回方式，几乎不会造成数据的丢失，但需频繁地启动磁盘。后面会详细介绍 Windows 2000/XP 的解决方式。

7.6.5 提高磁盘 I/O 速度的其他方法

在系统中设置了磁盘高速缓存后，能显著地减少等待磁盘 I/O 的时间。下面介绍几种能有效地提高磁盘 I/O 速度的方法，这些方法已被许多系统所采用，如 Windows 2000/XP。

1．预读（Read-Ahead）

用户（进程）对文件进行访问时，经常采用顺序访问方式，即顺序地访问文件的各盘块的数据。在这种情况下，在读当前块时可以预知下一次要读的盘块，因此，可以采取预先读方式。即在读当前块的同时，还要求提前将下一个盘块（提前读的块）中的数据也读入缓冲区。这样，当下一次要读该盘块中的数据时，由于该数据已被提前读入缓冲区，因而此时便可直接从缓冲区中取得下一盘块的数据，而无需再去启动磁盘 I/O，从而大大减少了读数据的时间，这也就等效于提高了磁盘 I/O 的速度。"预读"功能已被广泛应用，如在 Windows 2000/XP、UNIX 系统和 OS/2 等操作系统中都已采用。

2．延迟写

延迟写是指在缓冲区 A 中的数据本应立即写回磁盘，但考虑到该缓冲区中的数据，不久之后可能还会再被本进程或其他进程访问（共享数据），因而并不立即将该缓冲区 A 中的数据写入磁盘，而是将它挂在空闲缓冲区队列的末尾。随着空闲缓冲区的使用，缓冲区 A 也慢慢往前移动，直至移动到空闲缓冲区队列之首。当再有进程申请到该缓冲区时，才将该缓冲区中的数据写入磁盘，而把该缓冲区作为空闲缓冲区分配出去。当该缓冲区 A 仍在队列中时，任何访问该数据的进程，便可直接读出其中的数据，而不必去访问磁盘。这样，又可进一步减小等效的磁盘 I/O 时间。同样，"延迟写"功能已在 Windows 2000/XP、UNIX 系统、OS/2 等 OS 中被广泛采用。

3．虚拟盘（virtual disk）

所谓虚拟盘，是指利用内存空间去仿真磁盘，又称为 RAM 盘。该盘的设备驱动程序可以接受所有标准的磁盘操作，但这些操作的执行，不是在磁盘上而是在内存中。这些对用户都是透明的。换言之，用户们并不会发现这与真正的磁盘操作有什么不同，而仅仅是略微快些而已。虚拟盘的主要问题是：它是易失性存储器，故一旦系统或电源发生故障，或系统再启动时，原来保存在虚拟盘中的数据将会丢失。因此，虚拟盘通常用于存放临时文件，如编译程序所产生的目标程序等。虚拟盘与磁盘高速缓存的主要区别在于：虚拟盘中的内容完全由用户控制，而高速磁盘缓冲区中的内容是由 OS 控制的。例如，RAM 盘在开始时是空的，只有当用户（程序）在 RAM 盘中创建了文件后，RAM 盘中才有内容。

7.7　存储可靠性的实现

为了实现存储的可靠性，需要使用独立故障模式在多个存储设备上复制所需要的信息。需要以同步更新的方式写数据，保证当一个更新损坏后，不会损坏所有的数据副本，保证当损坏修复时，即使又有数据损坏，所有的数据仍保持一致而且正确。在下面的部分讨论如何满足我们的需求。

一次写磁盘操作的结果会是下面三种结果中的一种。

- 成功完成：数据正确地写到磁盘上。
- 部分失败：在数据写的过程中失败，磁盘的部分扇区写入了新数据，失败时正在写的扇区可能损坏。
- 完全失败：失败发生在磁盘写操作完成之前，以前的磁盘数据仍然是完整的。

在写数据块过程中，无论什么时候出现失败，系统能够检测失败，并且引发修复过程，在一致状态下重新存储数据块。为了这个目的，系统需要为每个逻辑块维护两个物理块。

一次输出操作执行如下：

（1）向第一个物理块写信息。

（2）当第一次写操作成功完成后，向第二个物理块写相同的信息。

（3）当第二次写操作成功完成后，声明整个操作完成。

在损坏修复的过程中，检查每对物理块，如果两个物理块内容相同而且没有检测到错误，则什么都不做。如果一个物理块检查到错误，用第二个物理块的内容代替出错物理块的数据。如果两个物理块都没有检测到错误，但是两个物理块的内容不同，则用第二个物理块的数据代替第一个物理块的内容。恢复过程保证向稳定存储中写数据的操作或者成功完成，或者什么都不做。

可以很容易地扩展这个过程，对于每个稳定存储的逻辑块，维护任意数目的副本。尽管这样更加减小了数据损坏的概率，一般使用两份副本模拟稳定存储是有道理的。除非所有的副本都损坏，一般稳定存储中的数据是很安全的。

由于等待磁盘写操作完成是很费时的（同步 I/O），许多存储阵列使用 NVRAM 作为高速缓存。因为内存是不易变化的，它向磁盘存储数据的方式是可以信任的，可以认为是稳定存储的一部分。向 NVRAM 写数据比向磁盘写数据速度更快，所以性能大大提高。

7.8 小结

在现代计算机系统中磁盘存储器是必备的设备，本章介绍了磁盘存储管理，包括磁盘结构以及访问时间；磁盘的调度，以及当前常用的磁盘调度算法：先来先服务、最短寻道时间优先和各种扫描算法，并分析了算法的选择原则；描述了磁盘格式化过程；介绍了提高数据存储可靠性的廉价冗余磁盘阵列技术及其相应的层次；高速缓存管理、提高磁盘 I/O 速度的一些方法和存储可靠性的实现方法。

7.9 习题

1．在磁盘读或写时有哪些延迟因素？

2．典型的磁盘扇区大小是多少？

3．RAID 1 组织能获得比 RAID 0 组织（无重复数据条带情况）更好的读请求性能吗？如果能的话，如何获得？

4．除了 FCFS 之外，没有哪个磁盘调度算法是真正公平的（可能有饥饿情况发生）。

a. 解释为什么该命题为真。

b. 提供一个修改方案，比如修改 SCAN（扫描算法）以确保公平。

c. 解释为什么在分时系统中，公平是一个很重要的目标。

d. 至少给出三个例子说明：操作系统在服务 I/O 请求时的不公平很重要。

第8章 系 统 安 全

8.1 概述

近年来，计算机在各国的政治、经济和国防等国家关键领域取得了日益广泛的应用。随着应用的逐渐深入和推广，计算机系统中大量有用的资源，包括存储在系统中的信息（数据和代码）、CPU、内存、磁盘、磁带和网络等，这些资源必须被保护远离那些未授权的访问、恶意破坏或变更以及偶然的指令冲突等安全威胁。然而，在计算机取得广泛应用的同时，目前世界各国针对计算机系统的犯罪案件也在不断增加，计算机系统安全问题日益凸显，并引起了人们广泛的重视。

首先区分一下保护和安全的概念。保护指的是使用一种机制来控制程序、进程或用户对计算机系统定义的资源的访问。这种机制必须有方法来具体说明这种控制并予以执行。安全是使用某种方法来使用户确信系统和数据的完整性没有被破坏。从严格意义上来说，保护是一个内部问题，即我们如何提供对计算机系统存储程序和数据受控的访问。安全是比保护更加宽泛的主题。安全，不仅要求提供一个充分的保护系统，还要求考虑系统操作的外部环境。更具体地说，一方面操作系统中的进程必须保护不被其他进程的活动所影响。为了提供这种保护，我们必须使用各种机制来确保只有从操作系统中获得正确授权的进程才可以操作系统中的文件、内存段、CPU以及其他资源。另一方面，包含工资表或其他财政数据的大型商业系统往往是窃贼窃取的目标，而包含公司操作数据的系统也可能吸引那些竞争者的注意。而损失这样的数据，不论是偶然还是被欺诈的，都可能严重损害公司正常运营的能力。如果用户认证被威胁或程序正被一个未授权的用户运行，那么保护系统也就失去了意义。保护机制（8.3节讨论）只有在用户按原始目的对资源使用和访问时才起作用。因此，我们说一个系统是安全的，必须保证它的资源在所有情况下均可按原始目的进行使用和访问。虽然在实际中并不能保证系统完全安全，但是仍然必须建立机制使安全破坏尽少发生，而不仅仅是制定规范。

本章，首先分析计算机系统的安全问题，然后，讨论一些关键的安全措施：保护机制、加密技术、用户认证、安全防御。最后，介绍计算机系统的安全分类。

8.2 安全问题

系统的安全被破坏（或误用）可以归类为故意的（恶意的）或偶然的。保护系统不被偶然误用要比防止恶意滥用容易得多。多数情况下，保护机制是保护不发生偶然事故的核心。下面列出了一些安全破坏的形式。注意，术语入侵者（intruder）和骇客（cracker）表示那些试图破坏安全的人或物。此外，威胁（threat）是指潜在的破坏安全的因素，如发现一个漏洞（vulnerability）；而攻击（attack）则指对系统安全的袭击，也即故意试图破坏安全的行为。

- 破坏机密性：这种破坏涉及对数据进行未授权的读取或窃取信息。通常破坏机密性就是入侵者的目标。从一个系统或数据流中捕获机密数据，如信用卡信息或身份信息，可能直接为入侵者带来经济利益。
- 破坏完整性：这种破坏涉及对数据进行未授权的修改。例如，这类攻击可能导致将责任转移给无辜用户，或者修改一个重要商业应用的源代码。
- 破坏可用性：这种破坏涉及对数据进行未授权的销毁。一些破坏者肆意进行破坏更多是为了夸耀自己的技术或能力。
- 窃取服务：这种破坏涉及对资源进行未授权的使用。例如，一个入侵者或入侵程序，可能在一个系统上安装后台程序（daemon）当作文件服务器。
- 拒绝服务（denial of service）：这种破坏阻止对系统的合法使用。“拒绝服务攻击”或称“DOS 攻击”，有时是偶然的或无意的。例如，最初的 Internet 蠕虫（worm），就是由于一个缺陷的存在，因此在没能成功阻止其快速扩散时就发展成一个“DOS 攻击”。

攻击通常会使用一些标准的方法来破坏安全。最普通的是“冒充（masquerading）”，即参与通信的一方冒充某方（其他主机或另外的人）。通过冒充，攻击者首先破坏认证（authentication），即身份的正确性；然后他们可以进行非法访问或增加特权，以获得不会被正常授予的特权。另一种常见的攻击是重复一个被捕获的数据交互，称为“回放攻击（replay attack）”。有时这种重复就包含了整个攻击，如重复一个转账请求。但是这种攻击还常常伴随着信息修改，例如一个认证请求使一个合法用户的信息被替换成了一个未授权用户的信息。还有一种攻击被称为“中间人攻击（man-in-the-middle attack）”，攻击者潜伏在通信数据流中，冒充发信人或接收人。在一次网络通信中，一个“中间人攻击”可能通过会话劫持获得优先执行权，然后拦截一个活动的通信会话。

已经提到，完全保护系统不被恶意滥用是不可能的，但是可以通过提高破坏活动所需付出的代价来阻止大部分入侵者。对于某些情况，如“拒绝服务攻击”，比较好的策略是防止这个攻击的发生。当不能避免其发生时，如果能够检测出这个攻击以便保证可以采取对策也是可以接受的。

为了保护系统，必须在四个层面采取安全措施：

- 物理安全。必须在物理层面上保护计算机系统不被入侵者侵入。机房和可以访问机器的终端或工作站必须被保护起来。
- 人员安全。对用户进行授权必须非常小心，保证只有适当的用户可以访问系统。但是，即使是已授权的用户也可能被“鼓励”让其他人使用他们的访问权。他们还可能遭受到社会工程欺诈。“社会工程攻击”的一种类型是“网络钓鱼（phishing）”，用一个看上去合法的电子邮件或网页来误导用户输入机密信息。另外一种技术是“垃圾搜索（dumpster diving）”，收集各种信息以获取对计算机未授权的访问，例如通过浏览垃圾寻找电话簿或包含密码的便笺。这些安全问题是管理和人员问题，不属于操作系统管理的问题。

- 操作系统安全。系统必须保护自身安全不被偶然或故意破坏。可能的破坏方式非常多，例如，一个失控进程可能导致一个偶然的 “拒绝服务攻击”，一个对服务的查询可能隐藏着密码，栈溢出可能会激活一个未授权的进程等。
- 网络安全。现代操作系统中的很多数据都在个人专用线路上进行传输，如 Internet 的共享线路、无线连接或拨号线路。拦截这些数据就像侵入一个计算机一样具有破坏性。拦截通信可能构成一个远程“拒绝服务攻击”，降低了用户对系统的使用和信任度。

如果要保证操作系统安全，就必须维护安全体系前两层的安全（物理安全或人员安全）。但这两层安全的一个弱点是允许规避低层（操作系统层）上严格的安全措施。有句古老的格言：“一条链子的脆弱性取决于其中最脆弱的链环”，这对于系统安全来说尤为准确。因此，必须将安全体系中的所有层次都处理好，才能维护整个系统的安全。

而且，系统必须提供保护机制来保证安全特性的实现。如果没有能力授权用户和进程、控制它们的访问、记录它们的活动，就不可能在操作系统实施安全措施，保障系统安全运行。此外，硬件保护特性也是支持整个保护方案所必需的。例如，一个没有内容保护的系统不可能是安全的。新的硬件特性允许系统更加安全，在后面章节将涉及这些内容。

不幸的是，安全问题中没有什么是一成不变的。当入侵者利用安全漏洞时，我们会建立并部署安全对策，这同时也会使得入侵者变得更加精明。例如，最近的安全事件包括利用间谍软件（spyware）提供渠道使垃圾邮件（spam）进入无辜系统（8.2.1 节讨论这种行为）。随着需要更多安全工具阻止入侵者的技术和活动的增长，这种猫和老鼠的游戏很可能会持续下去。

本章将重点讨论操作系统和网络层的安全问题。物理层和人员层的安全虽然也很重要，但已经超出了课本的范围。在操作系统内及操作系统之间的安全有多种实现方式，如认证密码和检测入侵等。

8.2.1　程序威胁

进程是完成计算机任务的唯一手段，因此写一个可以破坏安全的程序是骇客们的共同目标。事实上，大部分的非程序安全事件也是以造成程序威胁为目标的。例如，虽然未经授权登录一个系统对骇客们来说是有用的，但是如能借助这点留下一个后门，进程为骇客提供信息或者允许其轻易访问系统，会给他们带来更大的好处。在本节，我们介绍造成程序安全漏洞的常见方法。

注意：在安全漏洞的命名约定上有很大的差异，我们使用的是最常用的描述性用语。

1. 特洛伊木马

很多系统都有允许用户的程序被其他用户执行的机制。如果这些程序在有执行用户的访问权限的域中运行，其他用户就可能会滥用这些权限。例如，一个文本编辑程序可能包括按关键字搜索文件进行编辑的代码。如果文件被找到，整个文件可能被复制到一个可以被文本编辑器访问的特殊区域。

一个滥用其环境的代码段就称为特洛伊木马（Trojan horse），这种称谓据称来源于希腊神话《木马屠城记》，如图 8-1 所示。在 UNIX 系统中很普遍的长搜索路径就加剧了特洛伊木马问题。当给出一个有二义性的程序名称时，搜索路径列出所有搜索目录的集合，路径搜索那个名称的文件名并执行它。在这个搜索路径中的所有目录必须是安全的，否则木马程序可能会被偷偷置入用户的路径并且被意外执行。例如，在搜索路径中可以使用“.”，而“.”告诉 shell 在搜索中包括当前路径。因此，如果一个用户在他的搜索路径中含有“.”，并把它的当前目录设置为一个朋友的目录，当输入正常系统命令的名称时，这个命令可能会从朋友的目录执行。这样使程序将在用户的域中运行，可以做任何用户允许做的事情，例如删除用户文件。

图 8-1　特洛伊木马神话示意图

特洛伊木马的一种变种是登录模拟程序。一个没有戒心的用户在终端登录，然后会被提示密码错误，再次输入密码，结果提示成功登录。这个过程所发生的就是，他的认证密钥和密码已经被在终端上运行的登录模拟程序盗取。登录模拟程序盗走密码，并打印一个登录错误消息，接着退出；然后用户收到一个真正的登录提示。通过让操作系统在一个交互会话的最后打印一个使用说明，或者使用一个不可截获的按键序列，例如所有现代 Windows 操作系统所使用的 Control+Alt+Delete 组合键，可以抵御这种攻击。

特洛伊木马的另一种变种是间谍软件（spyware）。间谍软件有时会依附于用户选择安装的程序。最常见的是，它与免费软件或共享软件程序绑在一起，但有时它也包括在商业软件中。间谍软件的目的是下载广告并显示在用户的系统上，当访问某些站点时创建弹出式浏览器窗口（pop-up browser window），或者从用户的系统中捕获信息并返回到一个中心站点。后一种模式是一个隐蔽信道（covert channel）攻击的例子。隐蔽信道中会发生秘密的通信。例如，在 Windows 系统中安装一个看上去无害的程序可能会导致加载间谍软件的后台程序。间谍软件可以联系一个中央站点，窃取到该已被植入间谍软件的 Windows 机器中的一个收件人地址列表，然后把垃圾消息发送给那些用户。通常情况下，间谍软件不会被发现。在 2004 年，据估计，80%的垃圾邮件是由该方法投递的。在大多数国家这种窃取服务的行为甚至不被视为犯罪。

间谍软件是一个宏观问题的微观例子——违反安全中的最小特权原则。在大多数情况下，操作系统用户并不需要安装网络后台程序（daemon），但这样的后台程序往往会由于两种错误而被安装。第一种错误，用户可能被授予了过多的不必要的特权（如作为管理员），他所运行的程序因此也就会拥有了过多不必要的系统访问权。这是一种人为错误，是一种常见的安全隐患。第二种错误，一个操作系统可能默认允许了超出一个正常用户所需要的过多的特权。这是由于操作系统的低劣设计造成的。一个操作系统（通常还有软件）应该允许细粒度的访问安全控制。但另一方面，也应注意该访问安全控制必须易于管理和理解。因为，不方便或者理解不充分的安全措施，一定会被规避而无法得到有力实施，进而会导致整体安全性被弱化。

2．后门

一个程序或系统的设计者可能会在软件中留下一个只有他能利用的漏洞，这种安全隐患称为后门（trap door）。例如，程序代码可能检查某个特殊用户 ID 或者密码，进而可能绕过正常的安全程序。一些程序员由于从银行盗取金钱而被逮捕，他们的手段之一就是在代码中引入舍入错误（rounding error），然后把对单笔交易来说是偶尔舍去的半分钱划入其账户，如果考虑到整个银行所执行的巨大的交易数量，这种行为将可以为其积累巨额的财产。

一个狡猾的后门还可能包含在编译器中。这个编译器将不管正在编译的源代码是什么，均会生成标准对象代码以及一个后门。这种做法是极其恶劣的，因为只有编译器的源代码才包含这些信息，所以采用通常的搜索源程序代码的手段发现不出任何安全隐患问题。

后门引出了一个难题。为了检测它们，必须分析一个系统的所有组件的所有代码。然而一个软件系统可能由上百万行代码构成，这样的分析通常是难以完成甚至是完全不可能完成的。

3．逻辑炸弹

如果一个程序只在某些情况下启动某安全事件，而在正常操作中并不启动，因此无法得知该安全漏洞的存在，从而很难检测到它。然而，当一个预定义的参数集被满足时，安全漏洞就会出现。这种情况称为逻辑炸弹。例如，一个程序员可能写代码检测他是否仍被雇用；如果检查到一旦被解雇的情况发生，该代码可能会产生一个后台进程允许远程访问，或者执行一段代码以对该网站实施破坏。

4．栈和缓存溢出

对于一个在系统外部网络或拨号连接中的攻击者，为了获取对目标系统的未授权的访问，栈和缓存溢出攻击是最常使用的方式。一个已授权的系统用户也可能利用这一漏洞来增加自己的特权。

这种攻击基本上都是利用了程序中的缺陷。这个缺陷可能仅仅是一个低劣的程序设计，如程序员忽略了对输入域的代码边界检查。在这种情况下，攻击者发送超出程序实际需要的更多的数据，通过不断试验或通过检查被攻击程序的源代码，攻击者确定程序的漏洞并编写程序做以下事情：

（1）使输入域、命令行参数或输入缓存溢出（例如针对一个网络后台程序进行）直到它写入栈中。

（2）用第（3）步中加载的攻击代码的地址覆盖栈的当前返回地址。

（3）为栈中下一段空间写一个简单的代码集合，其中包括攻击者希望执行的命令，如产生一个 shell。

攻击程序的执行结果将是一个 root shell 或是执行其他特权命令。

例如，一个网页表单希望在一个域中输入一个用户名，攻击者就可能会发送这个用户名、额外的可使缓存溢出并且到达栈的字符、一个新的域加载到栈上的返回地址，以及攻击者想要运行的代码。当读缓存的子程序执行完毕返回时，其返回地址是攻击代码，使攻击代码被运行。

让我们从更多细节来看看缓存溢出攻击。下面是一个简单的 C 程序，程序中创建了一个大小是 BUFFER_SIZE 的字符数组，并复制命令行提供的参数 argv[1]的内容。只要这个参数的长度小于 BUFFER_SIZE（需要一个字节存储 NULL 终止符），这个程序就正常工作。但是如果命令行提供的参数长度大于 BUFFER_SIZE 将发生什么？在这种情况下，函数 strcpy()开始从 argv[1]复制直到遇到 NULL 终止符（\0）或者程序崩溃。因此，这个程序有潜在的缓存溢出问题，即被复制数据溢出 buffer 数组。

例 8-1 有缓存溢出情况的 C 程序。

```
#include <stdio.h>
#define BUFFER_SIZE 256

int main(int argc, char *argv[ ])
{
char buffer[BUFFER_SIZE];

    if (argc < 2)
      return -1;
    else {
      strcpy(buffer, argc[1]);
      return 0;
    }
 }
```

注意：一个细心的程序员可以通过使用函数 strncpy()，而不是 strcpy()对 argv[1]的大小执行边界检查，用“strncpy(buffer,argv[1], sizeof(buffer)-1)”替代“strcpy(buffer,argv[1])”。不幸的是，良好的边界检查只是例外而不是通例。

此外，此种程序行为的产生并不完全是因为缺乏边界检查。这个程序也可能反而是精心设计的专门用来破坏系统的完整性。现在，再看看缓存溢出造成的可能的安全漏洞。

在一个典型的计算机体系结构中，当一个函数被调用时，本地定义的函数变量（有时称为自动变量）、传递给函数的参数和函数退出时控制权返回的地址都被存储在一个栈帧（stack frame）内。图 8-2 显示了一个典型的栈帧布局。自上而下看栈帧，首先是传递给函数的参数；其次是在函数中声明的自动变量；接着看到帧指针，帧指针是栈帧的起始地址；

最后是返回地址，返回地址规定了一旦函数退出应把控制权返回到哪里。帧指针必须保存在栈中，因为在函数调用时栈指针的值可能发生变化；被保存的帧指针允许对参数和自动变量的相对访问。

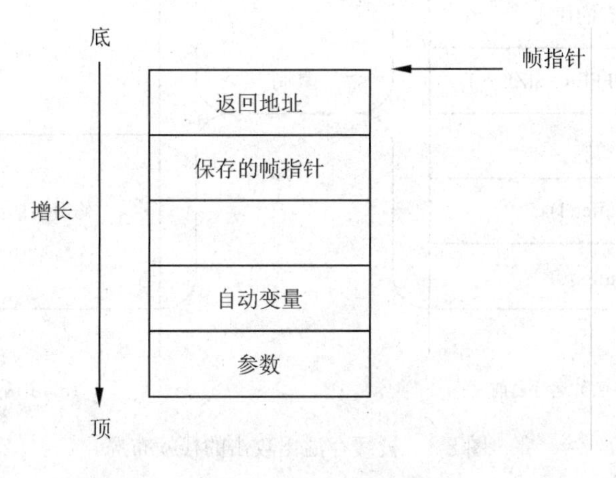

图 8-2　典型的栈帧布局

给定这个标准的内存布局，骇客可以执行一个“缓存溢出攻击”，目标就是替换栈帧中的返回地址，并使它指向包含攻击程序的代码段。

程序员首先编写一个像下面这样的简短的代码段：

```
#include<stdio.h>
int main(int argc, char *argv[])
{
    execvp("\bin\sh", "\bin\sh", NULL);
    return 0;
}
```

其中使用 execvp()系统调用，这个代码段创建了一个 shell 进程。如果被攻击的程序携带着系统范围的许可而运行，这个新建立的 shell 将获得对系统的完全访问权。然后，该代码段也就可以做被攻击的进程的特权所允许的任何事。接着这个代码段被编译，从而使汇编语言指令可以被修改。最主要的修改是删除代码中不必要的特性，以便减小代码大小使其能够填入到一个栈帧中。这个汇编代码片段现在是一个二进制序列了，它将成为这个攻击的核心。

例 8-2　再回过头来看一下例 8-1 所示的程序。假设当程序中主函数被调用时，栈帧的情况如图 8-3（a）所示。利用调试器，程序员可以找到栈中 buffer[0]的地址（这个地址就是攻击者想执行的代码的位置），然后二进制序列将被附加必要数量的 NO_OP（空操作）指令来填充栈帧的内容直到返回地址的位置；这样，buffer[0]的位置，即新的返回地址，也被添加进去了。当攻击者把这个构造的二进制序列作为进程的输入时，攻击就完成了。接着进程就从 argv[1]复制这个二进制序列到栈帧中 buffer[0]的位置。现在，当控制权从主函数返回时，就不再返回到由返回地址原来的值说明的位置，而是返回到了修改过的 shell 代码。这些代码由于拥有了被攻击进程的访问权而将开始运行。图 8-3（b）演示了包含修改过的 shell 代码的栈帧布局。

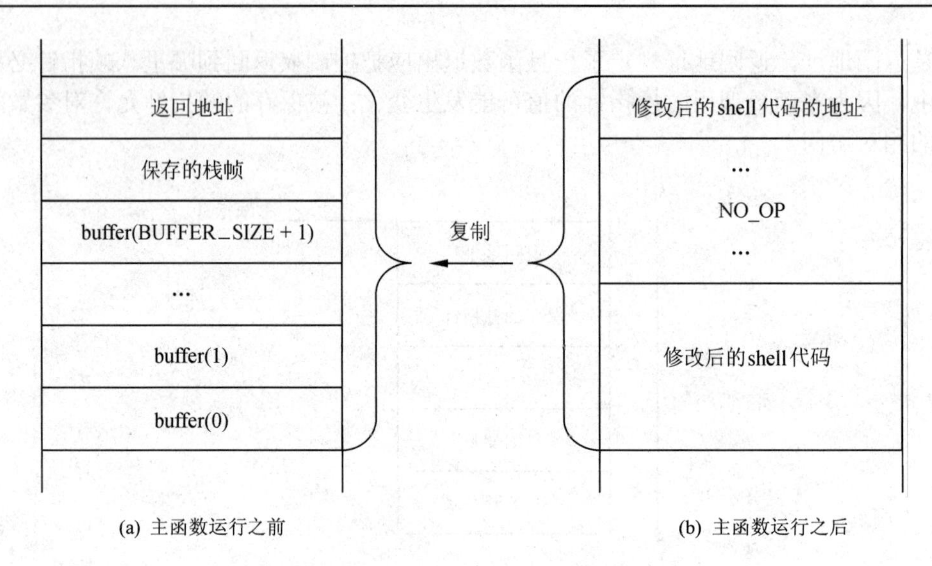

图 8-3 被缓存溢出攻击的栈帧布局

有很多方式可以利用潜在的缓存溢出的问题。考虑程序（例 8-1 中的代码）被攻击（持有系统范围的许可而运行）的可能性。一旦返回地址的值已被修改，运行的代码段就可能执行任何类型的恶意行为，例如：删除文件，为进一步的利用打开网络端口等等。

该缓存溢出攻击的例子表明，我们平时需要相当多的知识和编程技巧来找出可能被利用的代码，然后有效使用它。不幸的是，没有考虑到熟练的程序员会发动安全攻击。一个骇客可以确定权限并编写一个攻击程序。任何人只要拥有最基本的计算机技能并能获取该攻击程序（所谓的 script kiddie）就可以尝试对目标系统发动攻击。

缓存溢出攻击是非常致命的，因为它不仅可能在系统之间运行，并且可以穿越允许的通信渠道。这种攻击还可以发生在被期望用来与目标机器通信的协议的内部，因此它们可能很难被检测和预防。它们甚至可以绕过防火墙。

一种解决办法是使 CPU 包含一个特性：不允许在内存的堆栈区中执行代码。近期版本的 Sun 的 SPARC 芯片包含了这种设置，而近期版本的 Solaris 也有这个特性。有了这些新特性后，虽然溢出程序的返回地址仍可能被修改，但是当返回地址在栈内且那里的代码试图执行时，就会产生一个异常，程序会产生一个错误并终止运行。

近期版本的 AMD 和 Inter x86 芯片通过包含 NX 特征来防止这种类型的攻击。这个特性的使用在一些 x86 操作系统中得到支持，包括 Linux 和 Windows XP SP2/SP3。这个硬件实现涉及在 CPU 的页表中使用一个新的比特位。这个比特位把相关页标识为“不可执行的”，不允许从中读取和执行指令。随着这个特性的使用变得普遍，缓存溢出攻击也随之大大减少。

5．病毒

另一种程序威胁的形式是病毒。病毒能够自我复制，目的是“感染”其他程序。它们可通过修改或破坏文件在系统中造成严重破坏，导致系统崩溃和程序故障。病毒是嵌入在一个合法程序中的代码片段。与大多数渗透攻击一样，病毒是针对特定架构、操作系统和应用程序的。病毒对于 PC 用户来说是个特殊的问题。UNIX 和其他多用户操作系统一般不容易受到病毒的感染，因为操作系统可以保护可执行程序不被写入，即使病毒感染了这样一个程序，它的破坏力也会被限制，因为系统的其他方面也是受保护的。

病毒通常通过电子邮件进行传播，垃圾邮件是最常见的病毒载体。病毒还可以通过其他方式传播，例如伴随从 Internet 中下载的程序或者交换受感染的 U 盘。

另一种常见的病毒传播方式是使用 Microsoft Office 文件，例如 Microsoft Word 文件。这些文件可能包含宏或 Visual Basic 程序，宏（macro）在 Office 套件（Word、PowerPoint 和 Excel）中会自动执行。因为这些程序运行在用户自己的账户，宏可以基本不受限制地运行，如随意删除用户文件等。通常，病毒还会把自己发送给在用户联络簿中的其他人。

例 8-3　病毒代码示例。下面的代码告诉我们写一个 Visual Basic 宏是多么简单。一旦文件中包含这个宏，病毒就可以格式化 Windows 计算机的硬盘驱动器：

```
Sub AutoOpen()
Dim oFS
    Set oFS = CreateObject("Scripting.FileSystemObject")
    Vs = Shell("c:command.com/k format c:", vbHide)
End Sub
```

病毒是怎样工作的呢？一旦病毒到达一个目标机器，一个被称为病毒注入器（virus dropper）的程序便把病毒插入系统。病毒注入程序通常是一个特洛伊木马，由于某些原因被执行并把病毒安装在它的核心活动中。一旦被安装，病毒就可能做任何事。目前存在几千种甚至更多的病毒，但可把它们分为以下几大类。

注意：有很多病毒属于多个类别。

1）文件型（file monld）

一个标准的文件型病毒通过把自己附加到文件上来感染系统。它改变了程序的开始，并使程序跳转到病毒代码执行。执行完之后，它把控制权返回给程序，这样它的执行就不会被察觉。文件型病毒有时也称为寄生病毒，因为它们没有留下任何完整文件，并且仍然保持宿主程序功能正常。

2）引导型（boot）

系统每次启动并加载操作系统之前，引导型病毒执行并感染系统的引导扇区。它寻找可引导开机的介质（如 U 盘）并感染它们。这些病毒也称为内存病毒，因为它们不出现在文件系统中。图 8-4 显示一个引导型病毒是如何工作的。

3）宏型（macro）

大多数病毒是用低级语言写的，例如汇编语言或者 C。宏病毒却是用高级语言写的，例如 Visual Basic。当能够执行宏的程序运行时，这些病毒就被触发。例如，宏病毒可能包含在一个电子表格文件（spreadsheet file）中。

4）源代码型（source-type）

源代码病毒寻找源代码并修改它，使其包含病毒并帮助传播病毒。

5）多态型（polymorphic）

这种病毒每次被安装时都会变化自己，避免被反病毒软件检测。这种变化并不影响病毒的功能，但是会改变病毒的签名。病毒签名（virus signature）是一种可以用来识别病毒的样式，通常就是构成病毒代码的一系列字节。

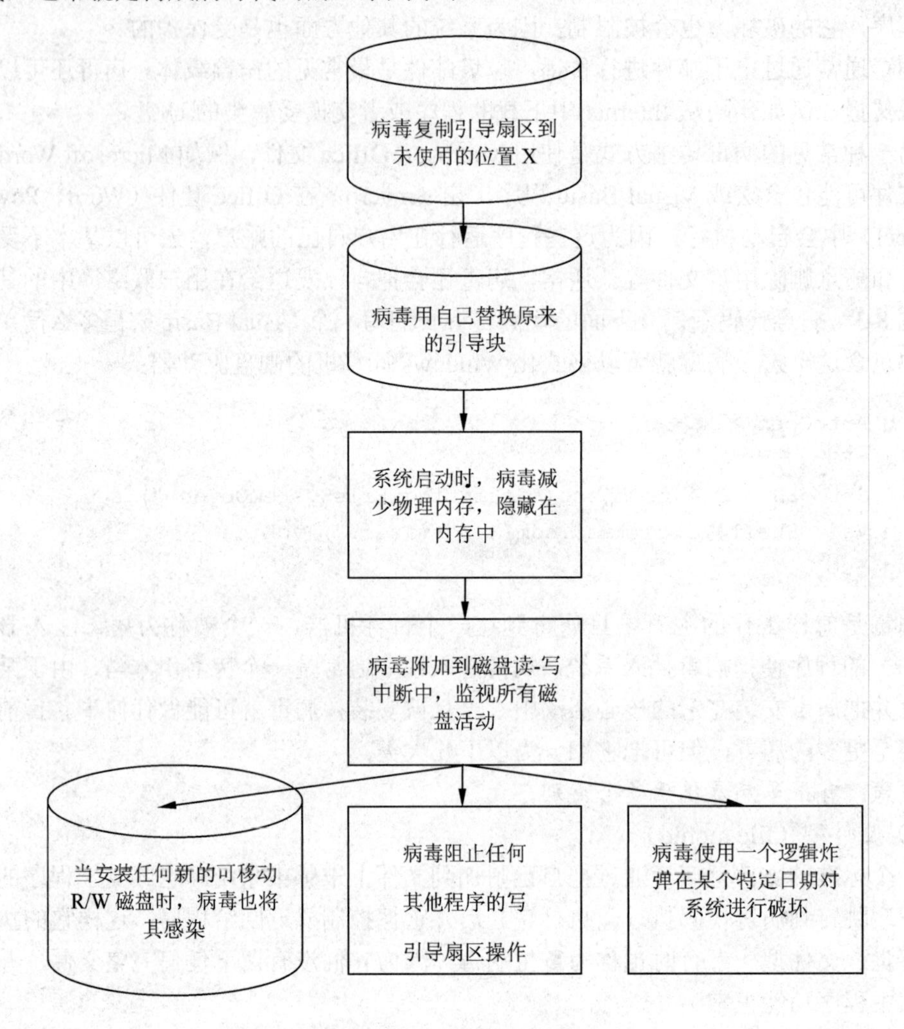

图 8-4　计算机引导扇区病毒

6）加密型（encrypted）

一个加密型病毒自身还包括解密代码，这样也是为了逃避检测。这种病毒先解密后执行。

7）隐身型（stealth）

这种病毒通过修改可能用来检测它的系统组件来逃避检测。例如，它可以修改“读”系统调用，这样如果读取已被它修改的文件内容，返回的是原来形式的代码而不是受感染的代码。

8）隧道型（tunneling）

这种病毒把自己安装在中断处理程序链中，试图绕过反病毒扫描程序的检测。类似的病毒还可能把自己安装在设备驱动中。

9）复合型（multipartite）

这类病毒的特征在于同时具备多种类型病毒的某些特点，如引导型和文件型等，因此能够感染系统的多个部分，包括引导扇区、内存以及文件，所以这类病毒很难被检测和除尽。

10）装甲/加壳型（armored）

装甲型病毒具有“伪装”特性，通过运用一系列运算，改变程序的编码，即用复杂的编码使得反病毒人员很难理解和分析它。为了躲避检测和被清除，它还可以是被压缩过的。此外，病毒还会把自己注入程序和由完整文件构成的病毒中，并利用文件属性或不可见的文件名进一步隐藏自己，以躲避查杀。

病毒的种类很有可能还会继续增加。实际上，在 2004 年，曾检测到一种新的广泛传播的病毒，它同时利用了三个独立的缺陷。这种病毒首先感染了数百台运行 Microsoft Internet Information Server（IIS）的 Windows 服务器（包括很多受信任的站点）并得以蔓延。任何 Microsoft Explorer 网页浏览器访问这些网站，浏览器病毒都会在下载软件时侵入系统。这个浏览器病毒会安装几个后门程序，其中包括一个按键记录程序（keystroke logger），记录所有通过键盘上输入的内容（包括密码和信用卡号码）。它还会安装后台进程，允许入侵者不受限制地远程访问，并通过这台被感染的计算机转发垃圾邮件。

一般来说，病毒是最具破坏性的安全攻击，因为它们是有效的，并且会不停地被制造出来并传播。在计算机界积极辩论的一个问题是单营结构（monoculture），即许多系统都运行在相同的硬件、操作系统和/或应用软件之上，是否增加了安全入侵和破坏的威胁。这个单营结构大多是由 Microsoft 的产品组成的。辩论也关心这样一个单营结构在今天到底是否仍然存在。

8.2.2　系统和网络威胁

程序威胁通常是由于在系统保护机制上存在的漏洞引发的。与之相反的是，系统和网络威胁则通常是由于对服务和网络连接的滥用引起的。有时系统和网络威胁也会被用来发起一个程序攻击，反之亦然。

系统和网络威胁是操作系统资源和用户文件被滥用的一种情况的反映。下面讨论这类威胁的几个例子，包括蠕虫、端口扫描和拒绝服务攻击。

应该注意，冒充和“回放攻击”在系统间的网络上也是很普遍的。实际上，当涉及多个系统时，这些攻击会更有效，更难对付。例如，在一个计算机中，操作系统通常可以确定一个信息的发送者和接受者，即使发送者改变成其他人的 ID，也会有 ID 改变的记录。但是当涉及多个系统，特别是被攻击者控制的系统时，这种跟踪记录要困难得多。

1. 蠕虫

蠕虫是一种使用产卵（spawn）机制破坏系统性能的进程。蠕虫在产生自己的副本的过程中会耗尽系统资源，并且可能使其他所有进程无法使用系统资源。在计算机网络中，蠕虫是特别有破坏性的，因为它们可以在系统中自我复制，从而使整个网络瘫痪。在 1988 年这样的事件对 Internet 中的 UNIX 系统造成了价值数百万美元的巨大损失。

在 1988 年 11 月 2 日工作日临近结束时，Robert Tappan Morris Jr.，一个 Cornell 大学的一年级研究生，在连接互联网的一个或多个主机上释放了蠕虫。在当时的 Sun

Microsystems 的 Sun 3 工作站和运行 Version 4 BSD UNIX 的 VAX 计算机环境中，蠕虫病毒很快就传播开了；在它释放后的几个小时内，它就飞快地消耗了系统资源，导致被感染的机器的性能严重下降。

虽然 Robert Morris 只是把程序设计成能够很快自我复制并分发，但是 UNIX 网络环境的一些特性却使得蠕虫还能够进一步很快在系统中传播。很可能是因为 Morris 选择了一台打开的并且可以被外部用户访问的 Internet 主机进行最初感染，从那里，蠕虫程序利用了 UNIX 操作系统的安全程序漏洞，并利用了用于简化局域网资源共享的 UNIX 实用工具，从而获得了对其他上千个连接站点的未授权的访问。下面概述一下 Morris 的攻击方法。

蠕虫由两段程序组成：一个挂钩程序（grappling hook）和一个主程序，其中挂钩程序也叫做引导程序（bootstrap）或者导航程序（vector）。命名为“11.c”的挂钩程序包括 99 行 C 代码，程序被编译并在它所访问的每台机器上运行。一旦进入被攻击的计算机系统，挂钩程序连接到程序源机器并把主蠕虫程序的副本上载到被挂钩（hooked）的系统，如图 8-5 所示。主程序再利用新被感染的系统，继续寻找该系统可以很容易连接上的其他机器。在这个过程中，Morris 利用 UNIX 的网络实用工具 rsh 很容易地就执行了远程任务。通过建立特殊档案列出主机登录名称，用户每次访问在配对列表上的远程账户时都可以省略密码输入。该蠕虫就搜索这些特殊文件，寻找不需要密码即可远程执行的站点名称。一旦被寻找到，在建立了远程 shell 的系统中，蠕虫程序被上载并开始新一轮执行。

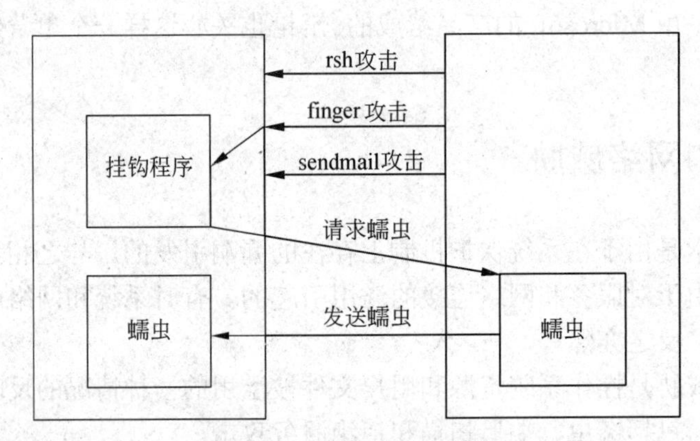

图 8-5　Morris Internet 蠕虫

通过远程访问进行攻击只是蠕虫三种内建的感染方法中的一种。另外两种方法涉及 UNIX finger 和 sendmail 程序中的操作系统缺陷。

finger 实用工具是一个电子电话簿，其命令

```
finger user-name@hostname
```

返回一个人的真实姓名、登录名以及用户已经提供的其他信息，例如办公室和家庭住址、电话号码、研究计划或报价单等。在每个 BSD 站点，finger 作为一个后台进程（或守护进程）运行并响应 Internet 内的查询请求。当蠕虫对 finger 执行一个缓存溢出攻击时，它使用一个 536B 的字符串作为查询请求，这个精心制作的字符串超出了为输入分配的缓存并会重写栈帧。没有返回到主例程，finger 后台进程转移到驻留在栈中的入侵字符串内的一个过程。新的过程执行/bin/sh，如果成功，就会为蠕虫提供该机器上的远程 shell。

利用 sendmail 中的缺陷也涉及使用一个后台进程。sendmail 发送、接收并转发电子邮件。实用工具中的调试代码使测试人员可以验证并显示邮件系统的状态。调试选项对于系统管理员非常有用，并且常常是打开的。Morris 使用一个 debug 调用，不是像正常测试那样指定一个用户地址，而是发出一套命令发送和执行挂钩程序的一个副本。

一旦进入合适的位置，主蠕虫将执行系统命令试图获取用户密码。它首先尝试空密码或“账户-用户名”组合构成的简单密码，然后测试一个内部词典中的 432 个受欢迎的密码，最后将标准 UNIX 在线字典中的每个单词作为可能的密码进行尝试。这个高效率的三阶段密码破解算法使蠕虫能够访问受感染系统中其他用户的账户。然后，蠕虫开始在这些新侵入的账户里面搜索 rsh 数据文件，并且像前面描述的那样利用这些数据文件获得对远程系统中用户账户的访问权。

在每个新的访问中，蠕虫程序查找已经激活的副本。如果找到，新副本退出但不包括每第七个实例。如果蠕虫退出了所有重复副本，那么它可能仍未被检测到。允许每第七个重复副本继续运行（可能是为了挫败那些利用诱饵仿冒蠕虫制止其蔓延的尝试）侵扰了一大批 Sun 和 VAX 系统。

UNIX 网络环境协助了蠕虫传播的特征，也在另一方面帮助阻止了蠕虫发展。便捷的电子通信，复制源代码和二进制文件到远程计算机的机制，对源代码和专业技能的获取，这些手段为共同努力以快速开发出新解决办法也提供了保证。在 Morris 发布蠕虫病毒后的第二天（11 月 3 日）晚上，制止入侵程序的方法就通过 Internet 分发到了系统管理员手中。在数天内，针对该安全漏洞的软件补丁就可用了。最终，Morris 被联邦法院判处三年缓刑，400 小时的社区服务以及 10 000 美元罚款。

此后，安全专家继续评估用来减少或消除蠕虫的方法。然而，在 2003 年 8 月，Sobig 蠕虫的第五个版本（W32.Sobig.F@mm），在不知不觉中被人释放。它是截至那时传播最快的蠕虫，其峰值的时候感染了数十万台计算机以及 Internet 网络中 1/17 的电子邮件。它堵塞电子信箱，降低网络速度，耗费了大量的时间才被清理掉。

Sobig.F 蠕虫伪装成照片，它以 Microsoft Windows 系统为目标，使用其自己的 SMTP 引擎把自身发送到在被感染的计算机中发现的所有地址。它使用各种不同的主题行来避免被检测到，如“Thank you!”、“Your details”、“Re:Approved”等。它还使用主机上的一个随机地址作为“From:”地址，这使得很难从消息中确定哪个机器是感染源。Sobig.F 还包括一个不固定名字的附件。如果这个附件被执行，它就在默认 Windows 目录下存储一个名为 WINPPR32.EXE 的程序和一个文本文件，并且改变 Windows 注册表。

附件中的代码还会定期尝试连接到 20 台服务器中的一台下载一个程序并执行。幸运的是，服务器在代码可以下载之前就被禁用了。这些服务器中的程序内容尚未确定，如果是恶意代码，将会对大量机器造成不可预知的破坏。

2．端口扫描

端口扫描不是一种攻击，而是骇客检测系统漏洞的一种手段。端口扫描通常是自动的，它使用工具尝试建立一个 TCP/IP 连接到特定端口或某个范围内的端口。例如，假设在 sendmail 中有一个已知漏洞（或缺陷），骇客可以启动一个端口扫描程序，尝试连接一个特定系统或某个范围内的所有系统的 25 号端口。如果连接成功，骇客（或工具）可能试图与应答服务（answering service）通信，确定它是否是 sendmail 且是否有这个缺陷的版本。

现在想像一个工具，把每种操作系统的每项服务的每个缺陷都进行了编码。这个工具可以试图连接一个或者多个系统的每个端口。对于每个有应答的服务，它可以尝试利用每个已知的缺陷。通常，这些缺陷是缓存溢出漏洞，允许在系统上建立一个特权命令 shell，骇客可以从那里安装特洛伊木马和后门程序等。

虽然不存在这样的工具，但是有可以执行其中部分功能的工具。例如，nmap（可以从 http://www.insecure.org/nmap 获取）是一个用于网络开发和安全审查的非常通用的开源实用工具。它可以确定目标系统正在运行哪些服务，包括应用程序名称和版本。它能够确定主机的操作系统，也可以提供有关防御的信息，例如什么防火墙正在保护目标系统。它不攻击任何已知的缺陷。

Nessus（可从 http://www.nessus.org/获取）也执行类似的功能，但是它有一个漏洞和攻击方法的数据库。它可以扫描一个范围内的系统，确定运行在那些系统上的服务，并且尝试攻击所有适当的缺陷，生成相关结果报告。它不执行攻击缺陷的最后一步工作，但是一个知识渊博的骇客或 script kiddie 可能会这样做。

例 8-4 用 Java 写的端口扫描程序。

```
import java.net.*;
public class PortScanner
{
    public static final int PORT_MAX=255;
    public static final int TIMEOUT_VALUE=1000; //1 second
    public static void main(string[] args) {
        InetAddress host = InetAddress.getByName(args[0]);
        for (int port = 0;port<= PORT_MAX;port++) {
            try {
                SocketAddress addr = new InetSocketAddress(host, port);
                Socket sock = new Socket();

                //attempt to make a connection to (host + port)
                sock.connect(addr,1000);
                System.out.println("Listening at port: " + port);
                //we could now try to exploit the service listening at this
                port
            }
            catch (java.io.IOException ioe) {
                //not listening this port
            }
        }
    }
}
```

此例是用 Java 编写的一个端口扫描程序。这个程序试图建立从端口 0 到 PORT_MAX 的 socket 连接。如果服务器没有监听指定的端口，connect()方法将抛出一个 java.io.IOException 异常（可以忽略它）然后尝试下一个端口号。然而，如果服务器在监听，一旦连接建立就可以尝试利用这个服务进行攻击。

注意：将 connect()方法的超时时间（timeout）设置为 1 秒，这意味着试图建立一个连接的时间不会超过 1 秒。

由于端口扫描是可以被检测到的，因此它们常常是从僵尸系统（zombie systems）启动。这种系统是被首先破坏的独立的系统，它们为其合法拥有者提供服务，同时又被其他人用于恶意目的，包括拒绝服务攻击和垃圾邮件中继。僵尸系统使得起诉骇客变得十分困难，因为确定攻击源和发动人是极有挑战性的。这就是我们不仅要保护包含“有价值的”信息或服务的系统，还要保护“无关紧要”的系统的众多原因中的一个。

3．拒绝服务

前面提到过，DOS 攻击并不以获取信息或偷取资源为目标，而是为了干扰系统的合法使用。大多数拒绝服务攻击涉及攻击者还没有渗入的系统。发动攻击阻止合法使用通常比侵入系统要简单得多。

拒绝服务攻击是基于网络的。可以分为两类：第一类攻击使用相当多的资源，但实质上没有做任何有用的工作。例如，一次网站点击可能下载一个 Java applet，这个 applet 会占用一切可用的 CPU 时间或不停地弹出窗口。第二类攻击会干扰网络设施，它们源于对 TCP/IP 的某些基本功能的滥用。例如，若攻击者发送协议的一部分说“我想要开始一个 TCP 连接”，但是后面从不跟着标准的“连接完成”，造成了部分开始的 TCP 会话。这些会话足够消耗掉系统的所有网络资源，禁用了任何进一步的合法 TCP 连接。这样的攻击可以持续数小时或者数天，减缓或者阻止对目标设施的合法使用。这些攻击通常持续到操作系统得到更新，脆弱性降低才会被阻止在网络层。

通常，这种攻击使用与正常操作相同的机制，阻止拒绝服务攻击是不可能的。更难以预防和解决的是“分布式拒绝服务攻击（DDOS）”。这些攻击一次从多个站点发起，瞄准一个共同目标，并通常是从僵尸系统发出的。

有时一个站点甚至并不知道自己被攻击了，很难确定系统变慢的原因是因为出现系统利用高峰还是遭到了攻击。一个大大增加到某个站点流量的广告可能被认为是一个 DOS 攻击。

DOS 攻击还有其他一些有趣的方面。例如，程序员和系统管理者需要完全理解他们部署的算法和技术。如果一个验证算法在几次尝试访问账户失败后就锁定这个账户一段时间，那么攻击者可能会通过故意错误访问所有账户导致所有的认证被锁定。类似地，一个能自动阻止某种流量（traffic）的防火墙可能也会在不应该阻止的时候阻止了那个流量。还有，计算机科学课程是造成偶然系统 DOS 攻击的最常见的来源。如在第一个编程作业中，学生学习创造子程序或线程，他们由于无经验所编的程序常出现的一种共同缺陷就是无限产生子进程，这样系统的空闲内存和 CPU 资源就没有机会再被其他进程使用了。

8.3　保护机制

8.3.1　保护的原则

通常，可以在整个项目中使用一个指导性原则，依据这个原则可以简化设计决策，保持整个系统一致并易于理解。保护的关键的指导性原则是最小特权原则（least privilege）。它表明对于程序、用户，甚至系统，只分配必要的特权使其可以执行任务。

遵循最小特权原则的操作系统，在实现其特性、程序、系统调用和数据结构时，可以最小化组件失效所引起的损失，并能够接受这种损失。例如，系统守护进程的缓存溢出可能引起守护进程失效，但不应该允许进程栈中那些可以使远程用户获得最大特权进而可访问整个系统的代码被执行（这种情况在当今常常发生）。

这样的操作系统还提供一些系统调用和服务，允许用户编写具有细粒度访问控制的应用程序。系统提供了某些机制可以禁止不再需要的特权，并建立了对所有特权函数访问的审查路径。审查路径使程序员和系统管理员可以跟踪系统中所有的保护和安全活动。

用最小特权原则管理用户，须为每个用户建立一个分离的账户，并只为其分配所需的特权。一个需要装载磁带、备份系统中文件的操作者，只能访问那些用来完成这些任务的必需的命令和文件。一些系统通过执行基于角色的访问控制（RBAC）来提供这项功能。

在一个执行最小特权的计算站点中，每台计算机可以被限定在特定时间内运行某些特定服务，并通过这些特定服务访问特定远程主机。通常，可以根据访问控制列表来允许或禁止每项服务，实现这种约束。

最小特权原则可以辅助我们建立一个更安全的计算环境，但不幸的是，它常常无法实现。例如，Windows 2000 的核心有一个复杂的保护方案，但还有很多安全漏洞。相比之下，Solaris 相对是安全的，虽然它是在设计中几乎从没考虑过保护问题的 UNIX 的一个变种。对于这种不同，一个原因可能是相对于 Solaris，Windows 2000 有更多的代码和更多的服务，因此有更多需要保护的内容；另一个原因可能是 Windows 2000 的保护方案不完备，或是保护了错误的方面，导致其他区域很脆弱。

8.3.2 保护域

一个计算机系统可以看成进程和对象的集合。这里的对象既包括硬件对象，如 CPU、内存段、打印机、磁盘和磁带设备等，也包括软件对象，如文件、程序和信号量等。每个对象都有唯一的、区别于系统中其他对象的名称，并且每个对象都只能通过经过定义的、有意义的操作来访问。各种对象实质上就是不同的抽象数据类型。

各种可用的操作依赖于对象本身。例如，CPU 只能是程序等对象执行时的载体；内存段可以被读和写；而 CD-ROM 或 DVD-ROM 则只能被读；磁带设备可以被读、写和回卷；数据文件可以被创建、打开、读、写、关闭和删除；程序文件可以被读、写、执行和删除。

一个进程应该只被允许访问那些它有权限访问的资源。而且，在任何时候，一个进程只应被允许访问那些它当前需要用于完成任务的资源，这个要求称为“须知（need-to-know）”原则。例如，当进程 p 调用过程 A()时，这个过程应该只被允许访问它自己的变量和传给它的形式参数，而不应该被允许访问进程 p 的任何变量。类似地，考虑以下情况：进程 p 调用一个编译器来编译指定文件，编译器不应该被允许随意访问文件，而是只可以访问与待编译的文件有关的、定义好的文件子集，如资源文件、清单文件等。相反，编译器还可能拥有不能被进程 p 访问的用于记账或优化目的的私有文件。

1．域结构

每个进程在一个规定了进程可能访问的资源的保护域（protection domain）中进行操作。

每个域定义了一个对象集合，以及在每个对象上可能调用的操作的类型。在一个对象上执行一个操作的能力称为访问权（access right）。一个域就是一个访问权集合，每个访问权都是一个有序对“<对象名称，权限集合>”。例如，如果域 D 有访问权“<文件 F,{读，写}>”，那么在域 D 中执行的进程可以读或写文件 F，但是不能对 F 执行任何其他操作。

域不一定是不相交的，不同的域可以共享访问权限。例如，在图 8-6 中，有三个域：D_1、D_2 和 D_3。访问权“<O_4，{打印}>”由 D_2 和 D_3 共享，表明一个进程无论在 D_2 和 D_3 中哪个域中执行都可以打印 O_4。但是只有在域 D_1 中的进程才能读和写 O_1，而只有在域 D_3 中的进程才能执行 O_1。

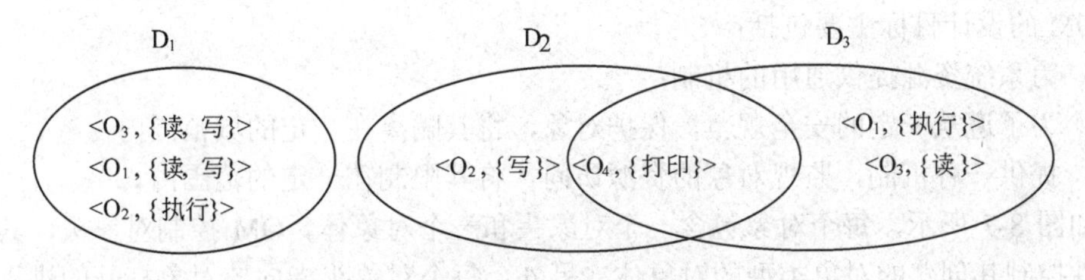

图 8-6 有三个保护域的系统

进程与域的关联可以是静态的，即进程可用的资源集在进程生命期内是固定的，也可以是动态的。建立动态保护域比建立静态保护域更为复杂。

如果进程和域之间的关联是固定的，并且想遵循“须知”原则，那么必须建立改变域的内容的机制。这是由于一个进程可能会在两个不同阶段中执行。例如，进程可能在一个阶段需要读访问而在另一个阶段需要写访问。如果一个域是静态的，就必须定义这个域包含读访问和写访问。但是，这种定义提供了超时每个阶段所必需的权限，因为在只需要写访问的阶段拥有了读访问权限，反之亦然。这样便破坏了“须知”原则。因此，必须能够修改域的内容使它总是带来最少的、必需的访问权。

如果关联是动态的，就可以建立一种机制允许“域转换”，使进程从一个域转换到另一个域。如果还想改变域的内容，则可以建立一个包含改变的内容的新域并把进程切换到新的域，这样就提供了同直接修改域一样的效果。

可以从不同的角度来看待域：

- 每个用户可以作为一个域。在这种情况下，可以被访问的对象集合依赖于用户的身份。当用户改变时发生域转换，通常是在一个用户注销而另一个用户登录时。
- 每个进程可以作为一个域。在这种情况下，可以被访问的对象集合依赖于进程的标识。当一个进程向另一进程发送消息并等待响应时发生域转换。
- 每个过程（procedure）可以是一个域。在这种情况下，可以被访问的对象集合对应于过程内定义的本地变量。当产生一个过程调用时发生域转换。

在下节会更加详细地讨论域转换。

考虑操作系统执行的标准双重模式（监视器-用户）模型，当进程在监视器模式下执行时，它可以执行特权指令，获得对计算机系统的完全控制权。相对地，当进程在用户模式下执行时，它只能调用非特权指令。结果是，它只可以在其预定义的内存空间内执行。这两种模式保护操作系统（在监视器域中执行）不被用户进程（在用户域中执行）影响。在多程序操作系统中，仅有两个保护域是不够的，因为用户也想保护自己不被其他用户影响，因此需要有更复杂的方案。下面通过考察有影响力的操作系统 Windows 来阐述这样一种方案，看看这些概念是怎样被实现的。

2．Windows 的保护域实现

Windows 使用对象模型提供针对各种内部服务的一致性安全访问。对象管理程序（object manager，OM）负责创建、删除和保护各种对象。这样，OM 就将有可能分散在整个操作系统范围内的资源控制集中化了。

OM 的设计目标主要包括：

- 为系统资源提供通用的机制；
- 为了遵从一定的安全规范，保护对象，将其隔离在一定的域范围内；
- 提供一种机制，监视对象的资源访问，将其限制在一定的范围内。

如图 8-7 所示，每个对象包含一个对象头和一个对象体。OM 控制对象头，其余的执行部件控制其创建的对象类型的对象体。另外，每个对象头指向该对象打开的进程列表以及一个被称为类型对象（type object， TO）的特殊对象，它包含每个对象实例的公共信息。

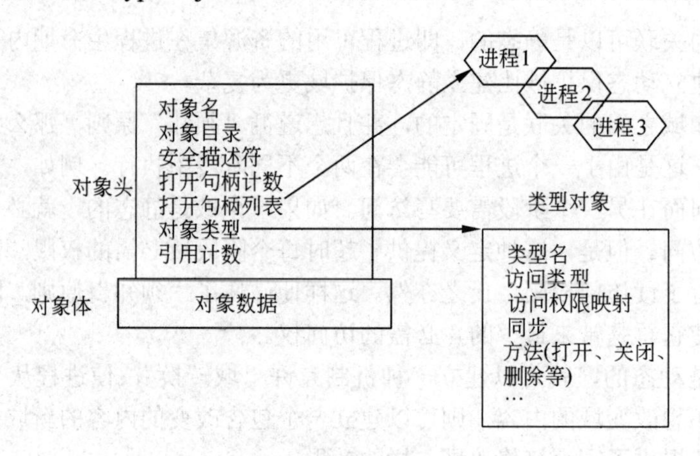

图 8-7　对象的结构

在对象头的属性中，“安全描述符”属性用来确定对象的使用者和对该对象所允许进行的操作，以此来保证对象使用过程中的安全性。

每个对象的对象体格式因其对象类型的不同而不同，同一类型的所有对象共享同样的对象体格式。

对象头中的安全描述符是所有对象共有的，但是针对每个对象实例，其具体的安全描述可能有所不同。当打开一种类型的对象的句柄时，可以在一组针对该种对象类型的访问权限中做出选择。例如，执行体对线程对象拥有终止和挂起权限，对文件对象则拥有读、写、删除等权限。句柄是一个对象标识符。

因此，当创建一个新的对象类型时，OM 会存储一些静态的、类型相关的属性，同时使用 TO 来记录这些数据。

由于 OM 没有提供相应的服务，所以 TO 不能从用户态访问。但是，TO 定义的一些属性通过特定的本地服务和 API 是可见的。这些属性中包括访问类型（access types），当打开操作对象的句柄时，线程可以请求相应的访问类型（读、写、终止、挂起等），这样就将句柄的操作范围限制在一定的域中，访问权限映射（generic access rights mapping），记录四种一般的访问权限——读、写、执行、所有，以及与类型相关的访问权限之间的映射。

这样，通过对象头中的“安全描述符”属性和 TO 中的“访问类型”和“访问权限映射”属性，Windows 实现了对象的安全访问，使得操作对象的句柄限制在一定的保护域中。

当进程打开对象句柄时，OM 调用安全监视器（安全系统的内核态部分），向它发送进程需要访问的权限集合。安全监视器检查对象的安全描述符是否允许这些正在请求的访问类型。如果允许，监视器返回一组授权的访问权限，由 OM 存储在其创建的句柄中。

此后，当进程中的线程使用该句柄时，OM 迅速检查句柄中的授权访问权限是否对应于线程所请求的对象服务。例如，若调用者对段对象只有读访问权限，当其试图调用服务来写该段对象时，此时服务失败。

8.3.3 访问矩阵

保护模型可以被抽象为一个矩阵，称为访问矩阵（access matrix）。访问矩阵的行代表域，列代表对象。矩阵的每项由一组访问权组成，因为每个列都很明确地定义了一个对象，所以每项中的访问权都略去了对象名。项 access(i,j)定义了在域 D_i 中执行的进程可以在对象 O_j 上调用的操作的集合。

图 8-8 给出了一个访问矩阵的例子，其中有四个域(D_1，D_2，D_3，D_4)、四个对象——三个文件（F_1，F_2，F_3）和一个打印机。一个在域 D_1 中执行的进程可以读文件 F_1 和 F_3。一个在域 D_4 中执行的进程除了具有与在域 D_1 中执行的进程相同的特权外，还可以写文件 F_1 和 F_3。但是，打印机只能被在域 D_2 中执行的进程访问。

域 \ 对象	F_1	F_2	F_3	打印机
D_1	读		读	
D_2				打印
D_3		读	执行	
D_4	读，写		读，写	

图 8-8　访问矩阵

访问矩阵方案为我们提供了制定不同策略的机制。这个机制由两部分组成：执行访问矩阵和确保描述的语义属性确实有效。尤其是必须确保在域 D_i 中执行的进程只能访问那些在第 i 行规定的对象，而且要按照那些项所允许访问的类型操作。

访问矩阵可以实现关于保护的策略决策。策略决策涉及哪些权限应该包括在第(i,j)个项中，以及每个进程所处的域。后一个策略通常由操作系统决定。

用户决定访问矩阵项的内容。当一个用户建立一个新的对象 O_j 时，O_j 列被加入到访问矩阵中，并填入用户规定的初始项。在需要时，用户可能决定在第 j 列的某些项加入某些权限。

访问矩阵提供了一个合适的机制，使我们可以对进程和域之间的静态和动态关联进行定义和严格控制。当把进程从一个域转换到另一个域时，我们正在对一个对象（这个域）执行一个操作（转换）。因此，把域也作为访问矩阵中的一种对象，这样就可以通过访问矩阵来控制域转换了。类似地，当改变访问矩阵的内容时，我们正在对一个对象（访问矩阵）执行操作。因此，可以把访问矩阵本身也作为一个对象，这样就可以控制其内容的改变。事实上，由于访问矩阵中的每项都有可能被独立修改，所以必须考虑把访问矩阵中的每项都作为一个受保护的对象。现在，我们需要考虑对这些新对象（域和访问矩阵）的可能的操作以及决定如何使进程能够执行这些操作。

进程应该能够执行从一个域到另一个域的转换。这里引入一种新的访问权：转换（switch）。当且仅当“switch∈access(i,j)”时，从域 D_i 到域 D_j 的域转换才被允许。

例 8-5 在图 8-9 所示的例子中，在域 D_2 中执行的进程可以转换到域 D_3 或域 D_4，在域 D_4 中的进程可以转换到 D_1，域 D_1 中的进程可以转换到域 D_2。

允许访问矩阵项的内容进行受控的变更还需要三个附加的操作：复制（copy）、所有（owner）和控制（control）。

域＼对象	F_1	F_2	F_3	打印机	D_1	D_2	D_3	D_4
D_1	读		读			转换		
D_2				打印			转换	转换
D_3		读	执行					
D_4	读，写		读，写		转换			

图 8-9 将域作为对象的访问矩阵

图 8-10 所示的是一个引入了复制权概念的访问矩阵的例子。通过在访问权后面加星号（*）来表示从访问矩阵中的一个域（或行）复制访问权到另一个域的能力。复制权只允许在其被定义的列（即对于该对象）中复制访问权。例如，在图 8-10（a）中，在域 D_2 中执行的进程可以复制读操作到任何与文件 F_2 相关联的项中。因此，图 8-10（a）中的访问矩阵可以被修改为如图 8-10（b）所示的访问矩阵。

域＼对象	F_1	F_2	F_3
D_1	执行		写*
D_2	执行	读*	执行
D_3	执行		

(a)

域＼对象	F_1	F_2	F_3
D_1	执行		写*
D_2	执行	读*	执行
D_3	执行	读	

(b)

图 8-10 有复制权的访问矩阵

这个方案还有两种变体：

- 一个权限从 access(*i,j*)复制到 access(*k,j*)，然后把它从 access(*i,j*)中移除。这种方式不仅仅是复制一个权限，而是转移（transfer）一个权限。
- 复制权的传播可能受限，即当权限 R*从 access(*i,j*)复制到 access(*k,j*)时，只有权限 R（不是 R*）被创建。在域 D_k 中执行的进程不能再次复制权限 R。

一个系统可能只选择这三种复制权中的一种，也可能提供所有三种复制权并把它们标识为三种独立的权限：复制（copy）、转移（transfer）、受限的复制（limited copy）。

还需要一种机制使我们可以增加新权限或移除某些权限。所有权（owner）控制这些操作。如果 access(*i,j*)包含所有权，那么在域 D_i 中执行的进程可以添加或移除任何在第 *j* 列的项中的权限。例如，在图 8-11（a）中，域 D_1 是 F_1 的拥有者，因此可以添加或移除任何在列 F_1 中的合法权限。类似地，域 D_2 是 F_2 和 F_3 的拥有者，于是可以添加或移除这两列中的任何合法权限。因此，图 8-11（a）中的访问矩阵可以修改为图 8-11（b）所示的访问矩阵。

域＼对象	F_1	F_2	F_3
D_1	拥有者，执行		写
D_2		读*，拥有者	读*，拥有者，写
D_3	执行		

(a)

域＼对象	F_1	F_2	F_3
D_1	拥有者，执行		写
D_2		读*，拥有者，写	读*，拥有者，写
D_3		写	写

(b)

图 8-11　有拥有者权的访问矩阵

复制和拥有者权允许进程改变某列中的项。还需要一种机制来改变某行中的项，控制权（control）可以完成这个操作。控制权仅对域对象适用，如果 access(*i,j*)包含控制权，则在域 D_i 中执行的进程可以移除任何在第 *j* 行中的访问权。例如，在图 8-9 所示的访问矩阵中，若在其 access(D_2,D_4)中增加控制权，则在域 D_2 中执行的进程可以修改域 D_4 的内容，其一种可能的结果如图 8-12 所示。

域＼对象	F_1	F_2	F_3	打印机	D_1	D_2	D_3	D_4
D_1	读		读			转换		
D_2				打印			转换	转换，控制
D_3		读	执行					
D_4	写		写		转换			

图 8-12　由图 8-9 修改后的访问矩阵

复制和拥有者权给出了一种限制访问权传播的机制，但是并没有提供合适的工具来阻止信息的传播（或泄漏）。保证在一个对象中的初始信息不能迁移到它的执行环境外部称为限制问题（confinement problem）。通常来说这个问题是不可解的。

这些对域和访问矩阵的操作本身并不重要，但它们证明了访问矩阵模型有能力实现和控制动态保护。新的对象和新的域可以被动态建立并包括在访问矩阵模型中，但在这里只展示了基本的机制，系统设计者和用户必须自己定义哪些域以哪种方式访问哪些对象的策略。

8.3.4 访问矩阵的实现

怎样才能有效地实现访问矩阵？一般来说，访问矩阵是一个稀疏矩阵，即大部分项都是空项。虽然数据结构技术可以描述稀疏矩阵，但由于保护系统特有的使用方式，使得那些数据结构对于实现访问矩阵不是特别有用。下面介绍一些访问矩阵的实现方法并比较它们的优缺点。

1．全局表

实现访问矩阵的最简单的方式是使用由一组有序三元组“<域,对象,权限集合>”构成的全局表（global table）。当在域 D_i 中的进程在对象 O_j 上执行一个操作 M 时，全局表搜索三元组 $<D_i,O_j,R_k>$，其中 $M \in R_k$。如果三元组被找到，则允许操作继续执行；否则发生异常（或错误）。

这种实现有很多缺点。全局表通常很大，无法在主存中保存，因此需要附加的 I/O 操作。常常使用虚存技术管理这个表。此外，很难利用特定对象或域的编组。例如，若每个人都因此可以读一个特定对象，则必须分别在每个域中都有一个相应的项。

2．对象访问列表

访问矩阵中的每列可以被实现为一个对象的访问列表。显然，这样可以省去对空项的处理。每个对象的访问列表由一组有序对“<域,权限集合>”构成，有序对对应于该对象列中非空的项。

这种方式很容易扩展，用来定义一个有默认访问权集合的列表。当在域 D_i 中对对象 O_j 进行 M 操作时，在 O_j 的访问列表中寻找项 $<D_i,R_k>$，其中 $M \in R_k$。如果项被找到，则允许这个操作；如果没找到，则检查默认集合。如果 M 在默认集合中，则允许访问；否则拒绝访问，并产生一个异常。考虑到执行效率，可以先检查默认集合，再检索访问列表。

3．域能力列表

在对象访问列表方案中，是把访问矩阵的列和对象关联起来的，同样，也可以把访问矩阵的每一行和域关联起来。域能力列表是一个包括对象和对象上允许操作的列表。对象通常用它的物理名字或地址来表示，称为能力（capability）。当进程在对象 O_j 上进行 M 操作时，需要把对象 O_j 的能力（或指针）作为一个参数，拥有该能力则访问被允许。

能力列表与域相关联，但在域中执行的进程不能直接访问能力列表。更进一步，能力列表本身也是一个受保护的对象，由操作系统进行维护并可以被用户间接访问。基于能力的保护基于这样一个事实，即能力从不被允许迁移到任何可被用户进程直接访问的地址空间（在那里能力可被修改）。如果所有的能力都是安全的，则它们保护的对象也是安全的。能力最初被建议作为一种安全指针，用于实现多程序计算机系统中的资源保护要求。使用受固有保护的指针的想法提供了把保护扩展到应用层的基础。为了提供固有的保护，必须把能力和其他对象区分开来，并且能力必须能被运行高层程序的抽象机所解释。通常有两种方式来区分能力和其他数据：

- 每个对象有一个标签，标明它的类型是能力还是可访问的数据。标签本身必须不能被应用程序直接访问，这个限制可以通过硬件或固件支持来完成。虽然只需要一个数据位即可区分能力和其他对象，但实际中往往使用更多的位，这些扩充允许所有对象均被硬件标记上它们的类型。因此，硬件可以区分整数、浮点数、指针、布尔值、字符、指令、能力和尚未根据标签初始化的值。
- 把与程序相关联的地址空间分成两部分：一部分可以被程序访问，包括程序的常规数据和指令，另一部分包括能力列表，只能被操作系统访问。

目前已经开发出了一些基于能力的保护系统，这将在 8.3.7 节进行介绍。

4．锁-钥匙机制

锁-钥匙（lock-key）机制是一种访问列表和能力列表的折中方案。每个对象有一个唯一的二进制位样式列表，称为锁。同样，每个域也有一个唯一的二进制位样式列表，称为钥匙。只有当域有一个钥匙可以匹配对象的一个锁时，在域中执行的进程才可以访问这个对象。

同能力列表一样，域的钥匙列表也必须由操作系统管理，用户不能直接查看或修改钥匙（或锁）列表。

5．比较

比较一下实现访问矩阵的不同技术：全局表的实现很简单，但是表可能相当大且往往不能利用特定对象或域的编组。访问列表直接对应于用户的需要。当用户建立一个对象时，不但可以规定对象上允许的操作，还可以规定哪个域可以访问这个对象。但是，因为没有分配特定域的访问权信息，因而确定每个域的访问权集合很困难。此外，对象的每次访问都必须被检测，都需要检索访问列表。在访问列表很长的大型系统中，这种检索可能需要很长时间。

能力列表不直接和用户的需求相对应，但是对于给指定进程分配信息却十分有用。要访问某对象的进程必须出示对应的能力，保护系统只需要验证这个能力是否合法。不过，撤销一个能力往往是低效的。

锁-钥匙机制是访问列表和能力列表的折中方案，这个机制的有效性和灵活性取决于钥匙的长度。钥匙可以在域之间自由传递。此外，访问特权可以被有效地撤销，这可以通过改变一些与对象关联的锁这种简单技术来完成。

大多数系统都结合使用访问列表和能力。当进程首次访问一个对象时，需要检索访问列表。如果访问被拒绝，则发生一个异常；否则，创建一个能力并附加到该进程上。此后再次访问该对象时，则通过出示能力快速获得访问许可。当最后一次访问结束时，该能力被撤销。

用一个例子来说明这种策略如何工作。在一个文件系统，每个文件有一个关联的访问列表。当一个进程要打开一个文件时，检索目录结构并找到这个文件，然后检查访问许可并分配缓存。所有这些信息被记录到与进程关联的文件表的一个新项中。这个操作为新打开的文件返回一个到文件表的索引，所有在这个文件上的操作都根据索引说明加入到文件表中。然后文件表的这个项指向新打开的文件和它的缓存。当文件关闭时，文件表项被删除。因为文件表由操作系统维护，故用户不会对其造成偶然破坏。因此，用户只能访问那些已被打开的文件。由于打开文件时会检查访问许可，以此确保了保护机制被有效地实现。UNIX 系统采用了这种策略。

同时，每次访问时也要检查访问权，文件表项只具有执行被允许的操作的能力。如果一个文件是为了读取目的而被打开的，那么一个读访问的能力就被置于文件表项中。这时，如果一个操作试图写这个文件，系统就可以通过比较请求的操作与文件表项中的能力来识别出这个对保护的破坏。

8.3.5 访问控制

在文件系统中，每个文件和目录均分配给了一个拥有者、一个组或一个用户列表，同时还为每个实体分配了相应的访问控制信息。与之类似的功能也可以添加到计算机系统的其他部分。下面看看 Solaris 10 是如何做到这点的。

Solaris 10 通过基于角色的访问控制（RBAC）明确地实现了最小特权原则。该机制以特权为中心，特权是执行系统调用或使用系统调用中的选项（如以写方式打开文件）的权限。特权可以被分配给进程，严格限制它们只访问执行任务所需的资源。特权和程序也可以分配给角色。用户被分配某些角色或可以充当某个角色（基于该角色的密码），这样，一个用户可以充当具有某个特权的角色运行程序，如图 8-13 所示。这种特权实现降低了由超级用户和 setuid 程序带来的安全风险。

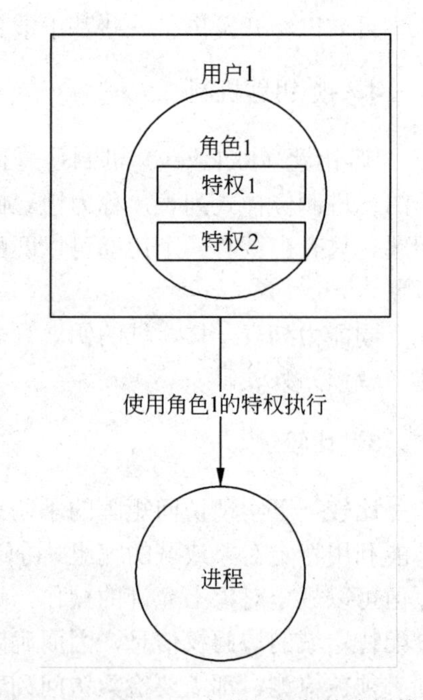

图 8-13 Solaris 10 中基于角色的访问控制

8.3.6 访问权的撤销

在动态保护系统中，有时可能需要撤销对共享对象的访问权，可能会考虑以下几个问题：

- 立即的或是推迟的。撤销是立即发生，还是被推迟？如果撤销被推迟，是否可以准确知道它将在什么时候发生？

- 选择性的或是一般性的。当对一个对象的访问权被撤销时，它将影响所有可以访问该对象的用户，还是一组指定的用户？
- 部分的或是全部的。可以撤销与一个对象关联的访问权集合的子集，还是必须撤销该对象的所有访问权。
- 暂时的或是持久的。访问权可以被永久地撤销（即不能再次获得被撤销的访问权），还是被撤销之后还能获得？

在访问列表方案中，可以很容易进行访问权撤销。检索访问列表查找到将被撤销的访问权，并将其从列表中删除。撤销是立即的，并且可以是一般性的或选择性的、全部的或部分的、持久的或暂时的。

但是，在能力列表方案中撤销访问权将引发一些问题。能力分布在整个系统中，在可以撤销能力之前必须找到它。实现能力撤销的方案有以下几种。

- 重获（reacquisition）。周期性地将能力从每个域中删除。如果进程想使用一个能力，它可能发现那个能力已经被删除了，随后进程可能试图重新获得这个能力。如果此时访问权已经被撤销，则进程将不能重新获得这个能力。
- 回指针（back-pointer）。每个对象维护一个指针列表，指向所有与该对象相关联的能力。当要求撤销时，可以根据这些指针改变能力。MULTICS 系统采用了这种方案。这种方案相当普遍，但实现的代价很高。
- 间接引用（indirection）。能力间接地而不是直接地指向对象。每个能力指向全局表中一个唯一的项，全局表转而指向对象。通过在全局表中检索期望的项并删除它从而实现撤销。此后再次进行访问时，系统会发现能力指向了一个非法的项。项还可以被重用以处理其他能力，这并不困难，因为能力和项都包含那个对象的唯一的名称。能力的对象和项必须匹配。CAL 系统采用了这种方案。间接引用不能完成选择性的撤销。
- 钥匙（key）。钥匙是一个可以与某个能力相关联的唯一的二进制位样式。钥匙在创建能力时被定义，它不能被拥有该能力的进程所修改或检测。主钥匙（master key）与每个对象相关联，可以通过 set-key 操作定义或替换主钥匙。当创建一个能力时，主钥匙的当前值与能力相关联。当使用这个能力时，它的钥匙将与主钥匙相比较。如果钥匙匹配，则操作被允许；否则，发生一个异常。使用 set-key 操作替换主钥匙为一个新的值，则之前所有对该对象的能力将失效，这样便实现了撤销。这种方案不能实现选择性的撤销，因为只有一个主钥匙与对象相关联。可以把主钥匙换成一个钥匙列表，就可以实现选择性的撤销了。可以把所有的钥匙汇聚到一个全局钥匙表中。只有当有能力的钥匙与全局表中的某个钥匙相匹配时，能力才是合法的。使用这种方案，一个钥匙可以与若干的对象相关联，每个对象又可以关联若干个钥匙，这就提供了最大的灵活性。在基于钥匙的方案中，不是所有用户都可进行“定义钥匙”、“将钥匙插入列表”、“从列表中删除钥匙”这几种操作，只有对象的拥有者才能够设置对象的钥匙。这又是一个保护系统可以实现但不应该实现的策略决策问题了。

8.3.7 基于能力的系统

这一节介绍两种基于能力的保护系统，它们在复杂度和支持的策略类型方面有很大不同，但都被广泛应用。

1．Hydra 系统

Hydra 是一种基于能力的保护系统，提供了相当的灵活性。系统预先知道可能的访问权的固定集合并进行解释。这些权限包括如读、写或执行内存段权这些基本的访问形式。此外，一个（保护系统的）用户还可以声明其他权限。解释用户定义的权限只能由用户程序完成。系统除了提供对使用系统定义权限的访问保护外，还提供对使用用户定义权限的访问保护。这在保护技术的发展中具有重要意义。

在对象上的操作被程序化地定义。实现这些操作的过程（procedure）本身也是一种形式的对象，可被能力间接访问。当用户定义的程序需要处理用户定义类型的对象时，它必须能够被保护系统所识别。Hydra 识别一个对象的定义，并将在这个类型上的操作名作为辅助权限。辅助权限可以在该类型的一个实例的能力中进行描述。当进程需要执行在某个类型对象上的操作时，它所持有的对该对象的能力必须包括那个辅助权限中的操作名。这个限制可以区别在实例级和进程级上建立的访问权。

Hydra 还提供了权限放大机制。这个机制允许一个过程被认证为可信的，进而可代表任何有权限执行这个过程的进程，遵照一个拥有指定类型的形参来运行。可信过程拥有的权限独立于也可能超过调用该过程的进程的权限。但是，不能把这个过程作为普遍可信的，如过程不能遵照其他类型运行，也不能把信任扩展到任何其他可能被进程执行的过程或程序段。

权限放大允许过程访问抽象数据类型的表示变量（representation variable）。例如，若一个进程拥有操作类型对象 A 的能力，这个能力可能包括一个调用某操作 P 的辅助权限，但不包括任何所谓的内核权限，如在表示 A 的段上进行读、写或执行操作。这样一个能力给了进程一种间接访问 A 的表示（representation）的方法（通过操作 P）。

但是，当进程在对象 A 上调用操作 P 时，访问 A 的能力可能被放大并传递给 P 的代码体。这个放大可能是必需的，可使 P 有权限访问表示 A 的存储段，从而执行 P 在这个抽象数据类型上定义的操作。P 的代码体可能被允许直接读写 A 的段，即使调用它的进程是不可以的。一旦 P 返回，对于 A 的能力就恢复为初始的、未扩大的状态。一种典型的情况是，一个进程拥有的用于访问一个受保护的段的权限，必须根据要执行的任务动态地改变。权限被动态调整，可以保证程序员定义的抽象概念被一致地执行。在 Hydra 操作系统的抽象类型声明中可以明确地描述权限放大要求。

当用户向过程传递一个对象作为参数时，可能需要确保过程不能修改这个对象。可以通过传递一个没有修改（写）权的访问权限很容易地实现这个限制。但是，由于可能发生权限放大，则修改权可能会被恢复。因此，用户的保护需求也就可能被规避。一般来说，用户往往相信过程可以正确执行给它的任务，但是，由于硬件或软件错误，这个假设不总是正确的。Hydra 通过限制权限放大来解决这个问题。

Hydra 的过程调用机制被用来解决互不信任子系统问题（problem of mutually suspicious subsystems）。这个问题的定义如下：假设提供一个程序作为可以被许多不同的用户调用的服务（例如排序程序、编译器、游戏等），当用户调用这个服务程序时，他们担负着程序出故障、破坏给定数据或保留某个访问权可以在以后使用该数据（而没有授权）的风险。类似地，这个服务程序可能有一些不应被用户进程直接访问的私有文件（如用于记账的文件）。Hydra 提供直接处理这个问题的机制。

Hydra 的子系统建立在保护内核的顶层并可以要求保护它自己的组件。子系统通过由内核定义的原语（primitive）集合上的调用与内核进行交互，原语定义了对由子系统定义的资源的访问权。子系统设计者可以定义用户进程使用这些资源的策略，但是这些策略是通过使用能力系统标准访问保护而强制执行的。

在使用参考手册了解保护系统的特性后，程序员可以直接使用保护系统。Hydra 提供了一个庞大的可以被用户程序调用的系统定义的过程库。用户可以在程序代码中包括这些系统过程，或使用翻译器将程序解释为 Hydra 可以理解的代码。

2．Cambridge CAP 系统

Cambridge CAP 系统采用了另外一种基于能力的保护的实现方法。比起 Hydra，CAP 的能力系统更简单，但也可以用来保护用户定义的对象的安全。CAP 提供了两种能力：一种普通的叫做数据能力（data capability），它只提供对与对象相关联的独立存储段的标准读、写和执行操作。数据能力由 CAP 机器的微指令（microcode）来解释。第二种能力被称为软件能力（software capability），这种能力也是被保护的，但不由 CAP 微指令解释。它由一个受保护的（即有特权的）过程进行解释，这个过程可能是由应用程序设计者编写的子系统的一部分。一种特殊的权限放大与受保护的过程相关联。当执行这样一个过程的代码体时，一个进程临时获得对软件能力本身的内容进行读或写的权限。这个特殊的权限放大相当于实现了在能力上的封锁（seal）和开启（unseal）原语。当然，这个特权还要经过类型验证，从而确保只有对特定抽象类型的软件能力能被传递给这个过程。

对软件能力的解释完全留给子系统，即使它包括了受保护的过程。这种方案允许实施不同的保护策略。即使程序员可以定义他自己的受保护的过程（包括可能不正确的），整个系统的安全也不会被危及。对未被验证的用户定义的受保护的过程，基础保护系统不允许它访问任何不属于它所驻留的保护环境的存储段或能力。一个不安全的受保护的过程所能引起的最严重的结果是该过程所负责的子系统的保护崩溃。

CAP 系统的设计者注意到，使用软件能力可以在规划和实施与抽象资源需求相等的保护策略时节省相当的经济开销。但是，子系统设计者不能仅仅研究参考手册，还必须学习保护系统的原理和技术，因为系统并没有提供过程库。

8.3.8　基于语言的保护

现代计算机系统通常在操作系统内核中提供保护机制。内核作为安全代理来检查和确认每个对受保护的资源的访问。由于广泛的访问确认会带来大量开销，因此必须提供硬件支持来减少每个确认的开销，或者在保护的目标上进行折中。

操作系统越来越复杂，并不断提供更高层的用户接口，保护的目标也就随之变得越来越精细了。保护系统的设计者开始大量借鉴程序设计语言的思想，尤其是抽象数据类型和对象的概念。现在，保护系统不再只是识别被访问的资源，还涉及访问的功能特性。在最新的保护系统中，被调用的函数被扩展为一个系统定义的函数集，如标准的文件访问方法，从而把可能由用户定义的函数也包含在内。

资源使用策略也可能随应用或时间的改变而改变。因此，保护不能再被认为只是操作系统设计者所关心的事，它还应该作为应用程序设计者的工具，以便保护应用子系统的资源不被某些错误所破坏。

1．基于编译器的保护

这种观点把程序设计语言引入保护系统。对系统中共享资源所期望的访问控制的规格说明，就是编写关于这个资源的声明语句。这种语句可以将扩展语言的类型功能集成到语言中。当使用数据分类声明保护时，每个子系统的设计者可以说明保护要求以及需要使用的资源。当编写程序时，应该使用程序本身所用的语言来直接给出这种规格说明。这种方式的优点如下：

- 可以简单地声明保护需求，而不必编写操作系统过程调用序列。
- 可以独立于特定操作系统提供的机制声明保护需求。
- 不必由子系统的设计者提供执行保护的方法。
- 可以自然地使用声明标记，因为访问特权与数据类型的语言概念密切相关。

程序设计语言可以使用不同的技术实施保护，但是这些技术必须依赖于底层机器和操作系统的支持。例如，假设将某种语言用来生成在 Cambridge CAP 系统上运行的代码。在这个系统上，在底层硬件上建立的每个存储引用都将是间接地通过能力发生的。这个约束使得任何进程在任何时候都不能访问其保护环境外部的资源。但是，一个程序可能对在执行特定代码段期间如何使用资源强加限制。最简单地，可以使用由 CAP 提供的软件能力执行这种限制。一种语言实现可能提供标准的、受保护的过程来解释软件能力，这些软件能力将执行在语言中规定的保护策略。这种方案把策略说明留给程序员自行处理，这样就把程序员从执行策略说明中解放出来。

即使系统不能提供像 Hydra 或 CAP 那样强大的保护内核，也仍然提供了可以执行程序设计语言中给定的保护说明的机制。主要区别在于这个保护系统的安全性将不像由保护内核支持的保护那样强，因为这个机制必须依靠更多的关于系统的可操作状态的假设。一个编译器可以把那些可以证明不会发生保护破坏的引用，从那些可能发生破坏的引用中分离出来，并区别对待它们。这种形式的保护以如下假设为基础提供系统安全性：由编译器生成的代码不会在其执行前或执行中被修改。

相对于大部分由编译器提供的保护，完全基于内核的保护的有如下优点。

- 安全性。比起由编译器生成有保护检查的代码，由内核执行的保护提供来自保护系统自身更高的安全性。在编译器支持方案中，安全性依赖于翻译器的正确性，依赖于某种存储管理的底层机制（存储管理保护编译后的代码所执行的段），最终依赖于装载程序的文件的安全性。这些因素中的一些还适用于软件支持的保护内核，但是程度较低，因为内核可能驻留在固定的物理存储段，而且可能只从一个指定的文件中载入。在带标签的能力系统中，所有的地址计算都由硬件或固定的微程序来执行，因此可以获得更高的安全性。硬件支持的保护还相对地对硬件或软件故障造成的保护破坏免疫。

- 灵活性。保护内核的灵活性在执行用户定义的策略方面有一些限制。使用程序设计语言，可以声明保护策略，并在必要时使用语言的一种实现执行保护策略。如果语言没有提供足够的灵活性，可以扩展或替换它，这样对服务中的系统的所造成的干扰比由操作系统内核修改所引起的要少得多。
- 效率。硬件（或微指令）直接支持执行保护时，可以获得最高的效率。就软件支持需求而言，基于语言的保护有一个优点，即可以在编译时脱机验证静态访问保护。还有，因为智能编译器可以通过对保护执行的裁剪来满足特定需求，故固定的内核调用开销常常可以被避免。

总之，程序设计语言中的保护说明可以对分配和使用资源的策略进行高层描述。当没有自动化的硬件支持检查时，语言实现可以为软件提供保护执行。此外，语言实现可以解释保护说明，并生成在任何由硬件和操作系统提供的保护系统上的调用。

一种使保护可用于应用程序的方法是，使用一个可以作为计算对象的软件能力。这种方法认为，一些程序组件可能有特权建立或检查这些软件能力。一个有“创建（create）”能力的程序可以执行封锁（seal）一个数据结构的原语操作，这样，这个数据结构的内容将不能被任何没有 seal 和 unseal 特权的程序组件所访问。虽然它们可以复制这个数据结构或把它的地址传递给其他程序组件，但是不能访问它的内容。引入这种软件能力的原因是为了在程序设计语言中引入一种保护机制。这个概念的唯一的问题是对 seal 和 unseal 操作采用了一种程序化方法来说明保护。但对于应用程序设计者来说，非程序化的或者声明性的标记看上去更可取。

我们所需要的是一个安全的、动态的访问控制机制，它能够把能力分配到用户进程使用的系统资源中。为了保证系统的整体可靠性，访问控制机制应该被安全地使用，同时它还要保证效率。这个要求导致出现了大量关于程序设计语言的构想，这些构想允许程序员声明各种对特定资源使用的限制。这些构想提供了实现以下三个功能的机制：

- 安全高效地在用户进程中分配能力。特别地，保证一个用户进程只有在被授予了一个访问资源的能力时才能使用那个被管理的资源。
- 规定一个特定进程在一个分配的资源上可能调用的操作的类型。例如，一个文件阅读程序应该只被允许读取这个文件，而一个打印程序应该能够读和写。不必向每个用户进程授予同样的权限集合，并且，除非有访问控制机制的授权，否则不能扩大任何一个进程的访问权集合。
- 规定一个特定进程对一个资源可能调用的各种操作的顺序。例如，一个文件在可以被读取之前必须先被打开。对分配的资源进行调用，可以给两个进程不同的顺序限制。

程序设计语言作为系统设计的一种实用工具，其引入保护的概念还处于起步阶段。保护可能成为新的分布式构架系统的设计者更关心的一个问题，同时也是数据安全问题领域面临的一个日益迫切的需求。研究适于表达保护要求的语言标记的重要性将被更加普遍地认可。

2．Java 中的保护

由于 Java 的设计理念就是面向分布式的运行环境，因此 Java 虚拟机（JVM）中拥有很多内建的保护机制。Java 程序由类（class）组成，每个类是一个由数据域（field）和在域上进行操作的函数（称为方法）构成的集合。JVM 通过装载一个类来响应一个创建类的实例（或对象）的请求。Java 的一个最具创新且实用的特性是，它支持动态装载网络中不被信任的类以及在同一个 JVM 中执行互不信任的类。

由于 Java 所具有的这些能力，保护成为其最为关心的一个方面。在同一个 JVM 中运行的类可能来自于不同的源，也可能受不到同等程度的信任。因此，仅以 JVM 进程级粒度来执行保护是不够的。例如，一个打开文件请求是否应该被允许，一般来说取决于是哪个类请求了这个操作，然而操作系统往往并不知道这个信息。

因此，这样的保护决策是在 JVM 内被执行的。当 JVM 装载一个类时，它把这个类分配给一个拥有该对象许可的保护域。类被分配给哪个保护域取决于装载该类的 URL 和类文件的数字签名。由一个可配置的策略文件决定把许可授权给这个域（和它的类）。例如，从一个被信任的服务器装载的类可能被置于一个允许它们访问的用户主目录文件的保护域中，而从一个不被信任的服务器中装载的类可能根本没有文件访问许可。

对于 JVM 来说，确定由什么类对一个访问受保护的资源的请求负责有可能极为复杂。这些访问经常通过系统库或其他类而被间接地执行。例如，假设一个类不被允许打开网络链接，但它可能调用一个系统库来请求载入一个 URL 的内容。JVM 必须决定是否允许为这个请求打开一个网络链接，应该用哪个类来确定链接是否应该被允许？是这个应用还是系统库？

在 Java 中采用的基本原则是，明确要求由库类来允许打开网络链接装载请求的 URL。更一般地说，为了访问一个受保护的资源，触发这个请求的调用序列中的某个方法必须明确地声称（assert）该方法拥有访问这个资源的特权。这样，该方法将对请求负责；它还可以执行任何必要的检查以保证请求的安全性。当然，不是每个方法都被允许声称拥有一个特权；只有当包含这个方法的类处在一个本身被允许运用某个特权的保护域中时，该方法才可以声称拥有这个特权。

这种实现方法被称为栈检查（stack inspection）。JVM 中的每个线程都有一个与之关联、正在运行的方法调用的栈。当方法的调用者可能不被信任时，方法在 doPrivileged 块中执行访问请求，直接或间接访问受保护资源。doPrivileged()是 AccessController 类中的一个静态方法，它被传递给一个可以调用 run()方法的类。当进入 doPrivileged 块时，这个方法的栈帧被标记上这个事实，然后，块的内容被执行。随后，当这个方法或它调用的一个方法请求访问一个受保护的资源时，JVM 调用 checkPermissions()进行栈检查，以决定请求是否被允许。“栈检查”检查该线程的栈的栈帧，从最近被加入的帧开始向最早被加入的帧方向检查。如果一个栈帧第一次被发现有 doPrivileged()标注，则 checkPermissions()立即无操作返回并允许访问；如果一个栈帧第一次被发现根据这个方法的类的保护域，访问不被允许，则 checkPermissions()抛出一个 AccessControlException 异常。如果栈检查在整个栈中没有发现任何类型的帧，则访问是否被允许取决于 JVM 的实现（一些 JVM 可能允许访问，而另一些则可能不允许）。

例 8-6　图 8-14 为一个栈检查的例子。在 untrusted applet 保护域中的一个类的 gui()方法执行两个操作，首先是 get()，然后是 open()。前者是对在 URL loader 保护域中的一个类的 get()方法的调用，这个域允许 open()到 lucent.com 域中的站点的会话（session），特别是到代理服务器 proxy.lucent.com 中去检索 URL。因此，这个不被信任的 applet 的 get()调用可以成功：在 networking 库中的 checkPermissions()调用遇到 get()方法的栈帧，get()方法在一个 doPrivileged 块中执行它的 open()方法。不过，这个不被信任的 applet 的 open()调用将引起异常，因为 checkPermissions()调用在遇到 gui()方法的栈帧之前没有发现 doPrivileged 标注。

保护域：	untrusted applet	URL loader	networking
Socket 许可：	无	*.lucent.com:80，连接	任何

类：	gui:
	…
	get(url);
	
	open(addr);
	…
		get(URL u):
		…
		doPrivileged {
		
		open("proxy.lucent.com:80");
		}
		<request u from proxy>
		…
			open(Addr a):
			…
			
			checkPermissions
			(a, connect);
			Connect(a);
			…

图 8-14　栈检查

当然，为了使栈检查起作用，必须保证程序不能修改它自己栈帧上的标注，也不能对栈检查进行其他操作。这是 Java 和其他语言（包括 C++）最大的区别之一。一个 Java 程序不能直接访问内存，而只能操作有引用（reference）的对象。引用无法伪造，而操作也只能通过已定义的接口来完成。一组精密的装载时和运行时检查保证了程序的依从性。于是，一个对象因为不能获得对该栈或对保护系统中其他组件的引用，就不能操作它的运行栈了。更一般地说，Java 的装载时和运行时检查使 Java 类的类型安全得以实施。类型安全确保类不能把整数当作指针，不能在数组结尾后进行写操作，也不能任意访问内存。更进一步，程序只能通过由对象的类所定义的方法来访问该对象。这是 Java 保护的基础，因为它使一个类能有效地封装和保护它的数据和方法不被同一个 JVM 中装载的其他类所破坏。例如，一个变量可以被定义为私有的（private），只有那个包含该变量的类可以访问它；或者把变量定义为受保护的（protected），只有那个包含该变量的类，或该类的子类以及在同一个包（package）中的类可以访问它。类型安全检查确保了这些限制可以被执行。

8.4　加密技术

有很多抵御计算机攻击的方法和技术。对于系统设计者和用户来说，应用最广泛的工具就是加密技术。这一节中将讨论加密技术的细节以及在计算机安全中的应用。

在一个孤立的计算机中，操作系统可以可靠地确定所有进程间通信的发送者和接收者，因为它控制计算机中所有的通信渠道。而在计算机网络中，情况就大不一样了。一个联网的计算机从网线接收比特位，没有直接、可靠的方法可以确定是哪些机器或应用程序发送了这些比特位。类似地，计算机发送比特位到网络，也不知道最终谁将接收到这些比特位。

通常使用网络地址来推断网络消息的可能发送者和接收者。一个网络包同一个源地址（例如 IP 地址）一起到达接收端。当计算机发送一个信息时，它会通过指定目的地址的方式对期望的接收者进行命名。然而，要问这样一个问题：能否假设数据包的源或目的地址能够可靠地决定是谁发送或接收这个数据包？一方面，一个无赖（rogue）计算机可以用伪造的源地址发送消息，另一方面，除了由目的地址指定的计算机，其他很多计算机也可能（而且通常确实能够）接收到该数据包，例如在到达目的地址的途中的所有路由器也能接收到这个数据包。那么，当操作系统不能信任一个请求的已命名的源时，它又如何去决定是否接受请求呢？还有，当不能确定谁将会收到它发送到网络的响应或消息内容时，它又如何为请求或数据提供保护呢？

那么，是否能够建立一个网络，该网络能够使其中的数据包的源和目的地址都是可以信任的？不论该网络规模怎样，这种方法一般都被认为是不切实际的。因此，唯一的办法是以某种方式来消除对网络必须是可信的依赖性。这就是加密技术的工作。抽象地说，加密技术用来限制消息的可能发送者和/或接收者。现代加密技术主要基于一种称为密钥的机密信息。密钥被选择性地分发给网络中的计算机并用于对消息进行加工。加密技术使消息的接收者可以验证该消息是否是由某个拥有密钥（密钥即为这个消息的源）的计算机创建的。类似地，发送者可以对消息进行编码，以使得只有一台拥有该密钥的计算机才能解码这个消息，所以密钥又称为消息的目的地。不像网络地址，密钥被设计成不能从使用该密钥生成的消息或任何其他公共信息中将其计算出来，因此它们提供一个更加可信的方式来限制消息的发送者和接收者。请注意，加密技术本身也是一个研究领域，这里只讨论加密技术中有关操作系统部分的最重要的几个方面。

8.4.1 加密

因为加密解决了各种各样的通信安全问题，所以它被广泛应用到现在计算的很多方面。加密是一种限制消息的可能接收者的方法。加密算法使消息的发送者能确保只有拥有特定密钥的计算机可以读取这个信息。信息加密是一种古老的实践，可以追溯到恺撒时代之前。目前已经存在很多种加密算法。这一节将介绍重要的现代加密原则和算法。

图 8-15 是两个用户在一个不安全的信道中安全通信的例子，在整节中都会参考这幅图。

注意：密钥交换可以直接发生在通信双发之间或者通过一个受信任的第三方，即证书颁发机构进行。

一个加密算法由以下几部分构成：

- 一个密钥集合 K。
- 一个消息（明文）集合 M。
- 一个密文集合 C。
- 一个函数 E：$K \rightarrow (M \rightarrow C)$。即，对于每个 $k \in K$，$E(k)$是一个从明文生成密文的函数。对于任何 k，E 和 $E(k)$都应该是可高效计算的函数。

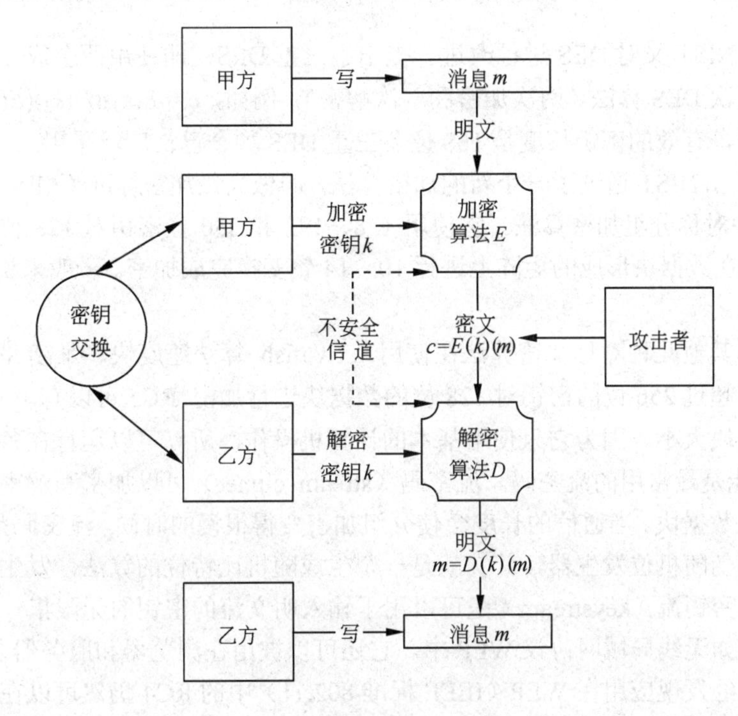

图 8-15　在不安全信道中的安全通信

- 一个函数 D：$K \rightarrow (C \rightarrow M)$。即，对于每个 $k \in K$，$D(k)$是一个从密文生成明文的函数。对于任何 k，D 和 $D(k)$ 都应该是可高效计算的函数。

一个加密算法必须提供这个特性：给定一个密文 $c \in C$，只有当拥有 $D(k)$时，计算机才能计算 m 使 $E(k)(m) = c$。因此，一个拥有 $D(k)$的计算机可以将密文解译成为生成这个密文的明文，而不拥有 $D(k)$的计算机则不能解译密文。因为密文通常暴露在外（例如在网络上发送），所以保证从密文获取 $D(k)$是不可行的这一点非常重要。

有两大类加密算法：对称加密算法和非对称加密算法。下面讨论这两类加密算法。

1．对称加密算法

在对称加密算法中，同一个密钥既可以用来加密也可以用来解密。也就是说 $E(k)$可以从 D(k)中推算出来，反之亦然。因此，$E(k)$和 $D(k)$一样被严格保密。

在过去 20 年中，在美国用于民用的最常用的对称加密算法是由 IBM 公司设计、美国国家标准和技术局 NIST 通过的数据加密标准 DES。DES 使用 56 位密钥对 64 位的数据块进行加密并进行一系列转换。这些转换基于替代和置换操作，这是进行对称加密变换的通常操作。一些变换是黑盒变换，算法是隐藏的。实际上，这些所谓的“S-盒”是由美国政府分类的。多于 64 位的明文被划分成若干 64 位的数据块，不足 64 位的数据块被填满成为一块。因为 DES 一次只处理一个数据块，所以也被称为分组密码（block cipher）。使用相同的密钥来加密扩展的数据是脆弱的，容易受到攻击。例如，如果使用相同的密钥和加密算法，相同的源数据块就会得到相同的密文。因此，数据块不仅被加密，在加密之前还要与以前的密文块进行异或（XOR）操作。这称为密码块链（cipher-block chaining）。

目前认为 DES 对于许多应用是不安全的，因为可以使用适度的计算资源穷举搜寻它的密钥。因此，NIST 又对 DES 进行改进，提出了三重 DES，即使用两个或三个密钥对同一个明文重复三次 DES 算法（两次加密和一次解密），例如，$c = E(k_3)(D(k_2)(E(k_1)(m)))$。当使用三个密钥时，有效的密钥长度是 168 位。三重 DES 如今已被广泛采用。

在 2001 年，NIST 通过了一个新的加密算法，叫做高级加密标准（AES）来代替 DES。AES 是另一种对称分组加密算法。它使用 128、192 和 256 位密钥对 128 位的数据块进行加密。它通过在数据块形成的矩阵上进行 10～14 轮变换完成加密。一般来说，这种算法是紧凑且高效的。

现在也有其他几种对称加密算法在使用。Twofish 算法速度快、紧凑并且易于实现。它使用长度不超过 256 位的密钥对 128 位的数据块进行加密。RC5 可以有不同的密钥长度、变换次数以及块大小。因为它只使用基本的计算机操作，所以可以运行在各种 CPU 上。

RC4 可能是最常用的流密码。流密码（stream cipher）可以加密和解密一个字节流或比特流而不是数据块。当通信的长度会使分组加密变得很慢的时候，流密码是非常有用的。密钥被输入到伪随机位发生器，其实就是一个生成随机比特位的算法，发生器的输出就是一个密钥流。密钥流（keystream）是可以用于输入明文流的密钥的无限集。RC4 被用在加密数据流，例如无线局域网协议 WEP 中。它还可以被用在浏览器和服务器之间的通信中。不幸的是，已经发现应用在 WEP（IEEE 标准 802.11）中的 RC4 仍然可以在合理的计算机时间内被攻破。事实上，RC4 本身就有漏洞。

2. 非对称加密算法

在非对称加密算法中，使用不同的加密密钥和解密密钥，为了区分，分别用 ke 和 kd 表示，ke, kd∈k。

算法 RSA 是以其发明者的姓名（Rivest，Shamir 和 Adleman）命名的。RSA 密码是一个分组加密公钥算法，它是应用最广泛的非对称加密算法。基于椭圆曲线的非对称加密算法正在取得进展，因为对于同样的加密强度，这种算法的密钥长度可以更短。

从 $E(k_e,N)$计算出 $D(k_d,N)$是不可行的，所以 $E(k_e,N)$不需要保密，而且可以广泛传播。因而 $E(k_e,N)$（或者仅仅是 k_e）是公钥而 $D(k_d,N)$（或者仅仅 k_d）是私钥。N 是两个随机大素数 p 和 q 的乘积（例如 p 和 q 都是 512 位的素数）。加密算法是 $E(k_e,N)(m) = m^{k_e} \bmod N$，其中 k_e 满足 $k_e k_d \bmod (p-1)(q-1) = 1$。解密算法是 $D(k_d,N)(c) = c^{k_d} \bmod N$。

例 8-7 图 8-16 展示了一个使用小素数应用 RSA 算法的例子。

令 p=7, q=13, 计算 N=7×13=91，而$(p-1)(q-1) = 72$。

选择一个与 72 互质并且小于 72 的数作为 k_e，例如选择 5。

计算 k_d 使 $k_e k_d \bmod 72 = 1$，得到 29。现在我们就有公钥 k_e,N = 5,91，以及私钥 k_d,N = 29,91。用公钥加密消息 69 可得结果为 62，接收者可用私钥对其解码。

非对称加密算法的使用首先从目的公钥的发布开始。对于双向通信，源必须发布它的公钥。“发布”可以很简单，如移交密钥的电子副本，也可以更复杂。私钥必须谨慎保管，因为任何拥有私钥的人都可以解密任何由匹配公钥生成的消息。

应该注意到对称加密算法和非对称加密算法在密钥使用上看似微小的区别，在实践上却差别巨大。非对称加密算法基于数学函数而不是变换，这使它的执行更加昂贵。对于同一台计算机，使用通常的对称加密算法编码和解码密文比使用非对称加密算法要快得多。那么为什么要使用非对称加密算法呢？的确，这类算法并不是针对一般目的的大数据量加密的。不过，它们不仅仅用于小数据量加密也用于认证、保密和密钥分发，这将在下面讨论。

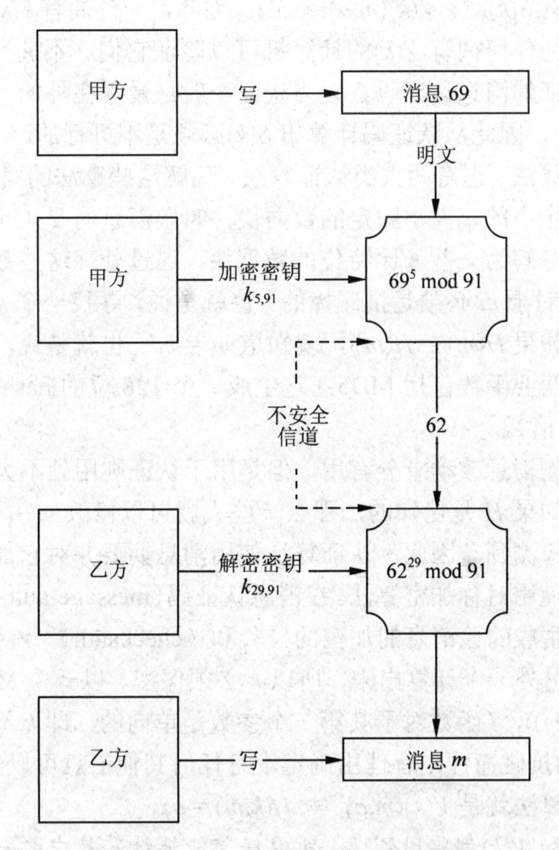

图 8-16　使用 RSA 算法的加密和解密

3．认证

我们已经看到加密算法提供了一种限制信息的可能接收者的方式。限制潜在的信息发送者的方式称为认证（authentication）。认证与加密正好互补。事实上，有时候它们的功能也有重叠。一个被加密的信息也能证明发送者的身份。例如，若 $D(k_d,N)(E(k_e,N)(m))$产生一个合法消息，那么就会知道消息的建立者一定持有 k_e。认证对于证明消息没有被修改过也是很有用的。这一节把认证作为一种限制消息的可能接收者的方式。

注意：这类认证类似但有别于用户认证，在 8.5 节中再讨论用户认证的问题。

一个认证算法由以下几部分构成：

- 一个密钥集合 K。
- 一个消息集合 M。
- 一个认证码集合 A。

- 一个函数 S：$K \rightarrow (M \rightarrow A)$。即，对于每个 $k \in K$，$S(k)$ 是一个从消息生成认证码的函数。对于任何 k，S 和 $S(k)$ 都应该是可高效计算的函数。
- 一个函数 V：$K \rightarrow (M \times A \rightarrow \{\text{true}, \text{false}\})$。即，对于每个 $k \in K$，$V(k)$ 是一个验证消息的认证码的函数。对于任何 k、V 和 $V(k)$都应该是可高效计算的函数。

认证算法必须拥有的关键特性是：对于一个消息 m，计算机可以生成一个认证码 $a \in A$，使得只有当计算机拥有 $S(k)$时，$V(k)(m,a) = \text{true}$。因此，一台拥有 $S(k)$的计算机可以生成消息的认证码，从而其他任何拥有 $V(k)$的计算机可以验证它们。不拥有 $S(k)$的计算机则不能生成可以使用 $V(k)$验证的消息认证码。因为认证一般是暴露在外的（例如，它们和消息本身一起发送到网络中），因此从认证码计算出 $S(k)$必须是不可行的。

就像有两类加密算法，也有两大类认证算法。理解这些算法的第一步就是研究 hash 函数。hash 函数生成一个小的、大小固定的数据块，叫做消息摘要（message digest）或 hash 值。hash 函数把消息分解为一些 n 比特位的数据块，通过处理这些数据块生成一个 n 位的 hash 值。hash 函数 H 对于 m 必须是抗碰撞的。也就是说，寻找一个 $m' \neq m$ 使 $H(m) = H(m')$ 是不可行的。现在，如果 $H(m) = H(m')$，就知道 $m = m'$，也就是说，我们知道信息没有被修改过。常用的消息摘要函数包括 MD5（它生成一个 128 位的 hash 值）和 SHA-1（它输出一个 160 位的 hash 值）。

消息摘要对于检测消息改动十分有用，但是用于认证则用处不大。例如，$H(m)$可能随消息一起发送；但是如果 H 是已知的，那么一些人就可以修改 m 并重新计算 $H(m)$，并且消息的改动将不会被检测到。因此，认证算法使用消息摘要并对它加密。

第一类认证算法使用对称加密算法。在消息认证码（message-authentication code，MAC）中，有一个使用密钥生成的该消息的加密的校验和（checksum）。$V(k)$和 $S(k)$包含的知识是相等的：一个可以从另外一个计算出来，所以 k 必须保密。以一个 MAC 的简单例子为例：定义 $S(k)(m) = f(k,H(m))$，f 函数对于其第一个参数是单向的，即 k 不能从 $f(k,H(m))$计算出来。由于 hash 函数的抗碰撞性，有理由确定没有任何其他消息可以生成相同的 MAC。这样，一个合适的验证算法就是 $V(k)(m,a) \equiv (f(k,m) = a)$。

注意：计算 $S(k)$和 $V(k)$都要用到 k，所以任何能够计算其中之一的人也能够计算出另一个。

第二类认证算法是数字签名算法，由此生成的认证码称为数字签名（digital signature）。在数字签名算法中，从 $V(k_v)$计算出 $S(k_s)$是不可行的，且 V 是一个单向函数。因此，k_v 是公钥而 k_s 是私钥。

RSA 数字签名算法跟 RSA 加密算法类似，但是密钥的使用是保留的。

例 8-8 一个消息的数字签名通过计算 $S(k_s)(m)=H(m)^k \bmod N$ 获得。密钥 k_s 是一个有序对$<d, N>$，其中 N 是两个随机大素数 p 和 q 的乘积。

对应的验证算法是 $V(k_v)(m, a) \equiv (a^{k_v} \bmod N = H(m))$，其中 k_v 满足 $k_v k_s \bmod (p-1)(q-1) = 1$。

既然加密能够证明消息发送者的身份，那么为什么还需要认证算法呢？主要有以下三方面原因：

- 通常认证算法只需更少的计算量（RSA 数字签名是个例外）。对于大数据量的明文，这个效率在认证这个消息所需的资源和时间方面会有巨大的区别。

- 一个消息的认证码几乎总是比消息本身和它的密文要短，这就提高了空间利用和阐述时间的效率。
- 有时需要的是认证而不是保密。例如，一个公司可能提供了一个软件的补丁，并在补丁上“签名”以证明它是来自这个公司并且没有被修改过。

认证是很多安全措施的组成部分。它是不可否认性的核心，不可否认性提供证据证明一个实体执行了某个行为。一个典型的例子是填写电子表格替代签署纸质合同，不可否认性确保填写表格的人不可能否认他填写了这个表格。

4. 密钥分发

加密者和破解者之间的角逐很大部分都是围绕着密钥进行的。在对称加密算法中，双方都需要密钥，并且其他任何人都不能知道这个密钥。对称密钥的传输是一个巨大的挑战。有时它是带外（out-of-band）执行的，即通过纸质文档或者谈话进行。这些方法都不是很合适，我们还要考虑到密钥管理方面的挑战。假设一个用户想要跟 N 个其他用户专门通信，那么这个用户将需要 N 个密钥，并且为了安全还需要经常改变那些密钥。

创建非对称密钥是有确实理由的。不仅密钥可以公开交换，而且一个指定用户也只需要一个私钥，而不论他想跟多少人通信。还有一个问题是如何管理通信各方的公钥。由于公钥不需要被保护，简单存储就可以用于这个密钥环。

例 8-9　公钥的分发也需要非常小心。图 8-17 展示了一个“中间人攻击”的例子。在这个例子中，想要接收加密消息的人发送他的公钥，但是一个攻击者也可以发送“恶意的”公钥（与攻击者的私钥相匹配）。发送加密消息的人不知道更多信息并使用了那个恶意的公钥来加密消息。于是攻击者就可以轻松地解密这个消息了。

这就是认证中的一个问题——需要证明谁拥有这个公钥。解决这个问题的一个方法是使用数字证书。数字证书（digital certificate）是由一个受信任的第三方进行过数字签名的公钥。这个受信任的第三方接收某个实体的身份认证证据并证明那个公钥确实属于该实体。但是怎样才能信任这个证明人呢？这些证书颁发机构（也叫证书权威）在其公钥被分发之前就把公钥加入到网页浏览器（以及其他证书消费者）之中了，然后，这些证书颁发机构可以为其他机构进行担保（给其他机构的公钥进行数字签名）等，从而创建一个可信任的网络环境。证书可以按照标准 X.509 数字证书格式进行分发，计算机可以解析它。

8.4.2　加密技术的实现

网络协议通常被组织成若干层，每一层对于其下面一层都相当于一个客户端。当一个协议生成一个消息并要把它发送给在另一台计算机上的协议对等体（protocol peer）时，它把这个消息传递给网络协议栈中的下一层协议来实现这个发送。例如，在一个 IP 网络中，传输层协议 TCP 就是网络层协议 IP 的客户端：TCP 包被传递给 IP，进而发送给在 TCP 连接另一端的协议对等体。IP 把 TCP 包封装在 IP 包中，把 IP 数据包传递给数据链路层，穿过网络传输给目的计算机上的 IP 对等体。这个 IP 对等体接着把 TCP 包向上传递给那台计算机上的 TCP 对等体。

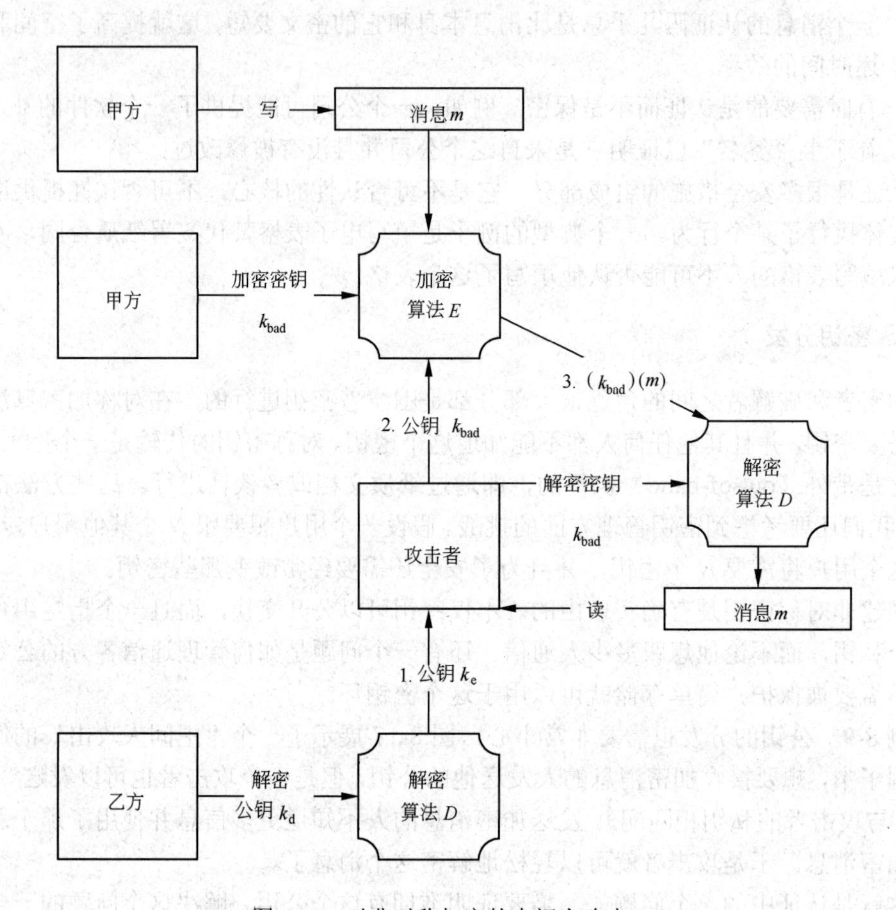

图 8-17　对非对称加密的中间人攻击

在 ISO 参考模型（ISO reference model）中定义了七个这样的协议层。加密技术能运用到 ISO 模型的大部分层中。例如，SSL 提供在传输层的安全。网络层的安全已经被标准化到 IPSec 中，它定义了 IP 数据包的格式，允许插入认证码和对数据包内容进行加密。它使用对称加密算法并且使用 IKE 协议交换密钥。IPSec 已被广泛作为虚拟专用网络（virtual private network，VPN）的基础，在 VPN 中两个 IPSec 端点之间的所有通信数据都是加密的，从而在公共网络中建立了一个私人网络。此外人们还开发出了大量用于应用程序的协议，应用程序本身也必须被编码以实现安全。

加密保护最好放在协议栈中什么位置呢？通常没有确定的答案。一方面，更多协议从栈中更低层的保护中受益。例如，由于 IP 包封装了 TCP 包，加密 IP 包（例如使用 IPSec）也隐藏了被封装在其中的 TCP 包的内容。类似地，IP 包的认证码可以检测所包含的 TCP 头信息的改动。

另一方面，协议栈中更低层的保护可能没有为更高层协议提供足够的保护。例如，一个运行在 IPSec 上的应用服务器能从接收到的请求中认证客户机。然而，为了认证客户机上一个用户，服务器可能还需要使用一个应用层协议，如用户可能被要求输入密码。再来考虑电子邮件的问题，通过工业标准 SMTP 协议投递的电子邮件常常被存储和转发很多次。每一跳（hop）可能经过一个安全的或不安全的网络。为了保证电子邮件的安全，电子邮件的消息仍需要加密，以使它的安全独立于它的传输。

8.4.3 SSL 的加密机制

SSL（secure sockets layer）3.0 是一种保证两台计算机安全通信的加密协议，就是说，每方都能限制消息的接收者和发送者。因为它是网页浏览器与服务器安全通信的标准协议，它可能是目前在 Internet 中应用最普遍的加密协议。SSL 是由 Netscape 设计的，后来演变成工业标准 TLS 协议。在这一节中，SSL 既表示 SSL 又表示 TLS。

SSL 是一个有很多选项的复杂协议。在这里，只描述它的一个单独变种，并且是以一种非常简单抽象形式，以便把重点放在加密元语的使用上。我们会看到一个复杂的应用实现，应用非对称加密技术使客户和服务器能建立一个安全的会话密钥，这个会话密钥可以用于对双方之间的会话进行对称加密，所有这些是为了避免“中间人攻击”和“回放攻击”。为了加强加密强度，一旦会话完成，会话密钥就会被“忘记”。双方的再次通信需要生成新的会话密钥。

SSL 协议由一个要与服务器安全通信的客户端 c 进行初始化。在使用协议之前，假设服务器 s 拥有一个证书颁发机构 CA 颁发的证书，标识为 cert_s。证书结构包括以下几个部分：

- 服务器的各种属性 attrs，例如它唯一的区别于其他服务器的名称，它的通用（DNS）名称等。
- 服务器使用的公共加密算法 $E()$的标识。
- 服务器的公钥 k_e。
- 有效期 interval。在有效期内证书被认为是合法的。
- 由 CA 提供的对以上信息的数字签名 a：$a=s(k_{\text{CA}})(\langle \text{attrs,E}(\text{k}_e),\text{interval}\rangle)$。

此外，在使用协议之前，假定客户已经获得了针对 CA 的公共验证算法 $V(k_{\text{CA}})$。在 Web 应用中，用户的浏览器已被其厂商装载了验证算法和某些证书颁发机构的公钥。用户可以根据自己的选择添加或删除这些证书颁发机构项。

当 c 连接 s 时，它向服务器发送一个 28B 的随机值 n_c，服务器响应随机值 n_s 以及它的证书 cert_s。客户端验证 $A(k_{\text{CA}})(\langle \text{attrs,E}(\text{k}_e),\text{interval}\rangle, a) = \text{true}$，并且当前时间在有效期 interval 内。如果这些都满足，服务器就证明了它的身份。接着客户端生成一个随机的 46B 的预备主机密（premaster secret，pms），向服务器发送 $\text{cpms} = E(k_s)(\text{pms})$。服务器重新计算 $\text{pms} = D(k_d)(\text{cpms})$。现在客户和服务器都有 n_c、n_s 和 pms，并且都能计算一个共享的 48B 的主机密（master secret，ms），$\text{ms} = f(n_c,n_s,\text{pms})$，其中 f 是一个抗碰撞的单向函数。只有该服务器和客户端能够计算 ms，因为只有它们知道 pms。而且，ms 对 n_c 和 n_s 的依赖确保 ms 是一个更新的值，即一个在之前通信中没有使用过的会话密钥。这样，客户和服务器都能从 ms 计算出下面的密钥：

- 一个对称加密密钥 k_{cs}^{crypt}，用于加密从客户端到服务器的消息。
- 一个对称加密密钥 k_{cs}^{crypt}，用于加密从服务器到客户端的消息。
- 一个 MAC 生成密钥 k_{cs}^{mac}，用于生成从客户端到服务器的消息的认证码。
- 一个 MAC 生成密钥 k_{cs}^{crypt}，用于生成从服务器到客户端的消息的认证码。

为了向服务器发送一个消息 m，客户端发送

$c=E(\mathrm{k}_{cs}^{\mathrm{crypt}})\left(\left\langle m,S(k_{cs}^{\mathrm{mac}})(m)\right\rangle\right)$

在收到 c 后，服务器重新计算

$\langle m,a\rangle = D(k_{cs}^{\mathrm{crypt}})(c)$

如果 $V(k_{cs}^{\mathrm{mac}})(m,a)=\mathrm{true}$，则接受 m。类似地，为了向客户端发送消息 m，服务器发送

$c=E(\mathrm{k}_{sc}^{\mathrm{crypt}})\left(\left\langle m,S(k_{sc}^{\mathrm{mac}})(m)\right\rangle\right)$

在收到 c 后，客户端重新计算

$\langle m,a\rangle = D(k_{sc}^{\mathrm{crypt}})(c)$

如果 $V(k_{sc}^{\mathrm{mac}})(m,a)=\mathrm{true}$，则接受 m。

这个协议使服务器能够把消息的接收者限制为生成了 pms 的客户端，并且把它所接受消息的发送者也限制到相同的客户端。类似地，客户端能够把它所发送的消息的接收者和它所接受消息的发送者限制为知道 $S(k_d)$（即能够解密 cpms）的服务器或人。在很多应用中，如网上交易，客户需要验证知道 $S(k_d)$那方的身份。这是证书 cert_s 目的之一。特别地，attrs 域包含了客户能用来确定身份的信息，例如正与客户通信的服务器的域名。对于服务器也需要关于客户的信息的应用，SSL 提供了一个选项，通过这个选项客户可以发送证书给服务器。

除了在 Internet 上使用，SSL 还用在各种各样的任务中。例如，IPSec VPN 目前就出现了竞争对手 SSL VPN。IPSec 适用于点到点的通信加密，例如在公司的两个办公室之间。SSL VPN 更灵活但效率不高，所以它可能被用在远程工作的员工和公司办公室之间。

8.5 用户认证

前面讨论的认证涉及消息和会话。但是用户呢？如果系统不能认证一个用户，那么认证一个消息是来自哪个用户的也是没有意义的。因此，操作系统的一个主要的安全问题是用户认证。保护系统依赖于识别当前执行的程序和进程的能力，这个能力反过来又依赖于识别系统的每个用户的能力。一个用户一般可以识别他自己。如何确定一个用户的身份是否可信呢？一般来说，用户认证基于三个方面中的一个或多个：用户拥有某样东西，如钥匙或卡片；用户了解某样事，如一个用户标识或密码；以及用户的一个属性，指纹、视网膜模式或签名。

8.5.1 密码

最常用的认证用户身份的方法就是使用密码。当用户使用用户 ID 或账户名称来鉴定自己时，他需要输入一个密码。如果用户提供的密码与存储在系统中的密码相匹配，那么系统认为账户正被其拥有者访问。

在缺乏更完善的保护方案的情况下，密码经常用来保护计算机系统中的对象。它可以被看成钥匙或能力的一种特殊情况。例如，一个密码可能与某个资源（如文件）相关联。任何请求使用资源的时候，都必须给出密码。如果密码正确，则同意访问。不同的密码可能与不同的访问权关联。例如，不同的密码可能被用于读文件、在文件结尾附加内容以及

更新文件。

在实践中，大多数系统只要求用户输入一个密码来获得所有权限。虽然理论上越多密码会越安全，但由于考虑到安全性和便利性之间的最佳权衡，一般不实现这样的系统。如果安全性使得某些事情变得不方便，那么这种安全常常被忽视或者规避。

8.5.2　密码的缺点

使用密码是极其普遍的，因为它们易于理解和使用。不幸的是，密码常常被猜测、偶然泄露、嗅探或者非法地从一个已授权的用户传递给一个未授权的用户。

有两种普遍的方法来猜测一个密码：一种方法是让入侵者（人或程序）了解这个用户或有关于这个用户的信息。更多时候，人们使用明显的信息，如他们的宠物或配偶的名字，作为他们的密码。另一种方法是使用枚举——即所有合法字符（如字母、数字、某些系统上的标点符号）的可能的组合——直到找出密码。这种方法对短密码尤为有效。例如，一个四位的十进制数密码只提供 10 000 种变化。平均猜 5000 次将产生一个正确匹配。一个每毫秒都在测试密码的程序只需大约 5 秒就可以猜出一个四位数字密码。在允许包含大小写字母、数字及所有标点符号字符的更长密码的系统中，枚举不太有效。当然，用户必须利用大的密码空间，例如不能只用小写字母。

除了猜测，密码还可能由于直接或电子监视而泄露。当用户正在登录时，入侵者可以直接监视用户，如通过监视键盘很轻松地得到密码。此外，任何可以访问一台计算机所处网络的人都可以无缝地添加一台网络监视器，允许他监视所有正在网络上传输的数据（sniffing，嗅探），包括用户 ID 和密码。对包含密码的数据流进行加密可以解决这个问题。但是，即使这样的系统也可能有密码被窃取。例如，或用一个文件来存储密码，则该文件可能被复制并进行脱机分析；在系统中安装的一个特洛伊木马也可能捕捉每一个发送给应用程序的按键。

如果密码被记录在可能被读取或遗失的介质上，泄露就成为一个尤其严重的问题。例如一些系统强制用户选择难记的或长的密码，这可能导致用户把密码记录下来或重用密码。结果是，比起那些允许用户选择简单密码的系统，这样的系统提供了少得多的安全性。

最后一类密码威胁是非法传递。多数计算机有禁止用户共享账户的规则。实施这个规则有时是为了记账原因，但通常的目的是提高安全性。例如，假设一个用户 ID 被几个用户共享，这个用户 ID 发生一个安全破坏，我们无法知道在破坏发生时谁正在使用这个 ID，甚至不知道那个用户是否是已授权的用户。如果每个用户使用同一个用户 ID，任何用户都可以被直接询问关于账户的使用；此外，用户可能注意账户的某些异常从而检测到入侵行为。有时，用户破坏账户共享规则来帮助朋友或逃避记账，这种行为可能导致系统被未授权的用户访问，这可能是有破坏性的用户。

密码可以由系统生成或由用户选择。系统生成的密码可能不容易记，因此用户可能把它们记录下来。而用户选择的密码往往易于猜测。因此，一些系统在接受提出的密码之前，检查密码是否易于猜测或破解；在某些站点，管理员偶尔检查用户密码并在用户密码易于猜测时通知该用户；有些系统还会使密码过期，强制用户在常规周期（如每三个月）改变密码。这种方法也不是十分安全的，因为用户可能简单地在两个密码中切换。某些系统中实现的解决的办法是记录每个用户的密码历史。例如，系统可能记录最后 N 个密码并且不允许它们被重用。

还有一些简单密码方案的变形也被使用。例如，密码可以更频繁地改变，最极端的是每个会话都改变密码，在每个会话结束时选择新密码（由系统或用户），在下一个会话中必须使用新的密码。在这种情况下，即使一个密码被滥用，它也只能被用一次。当合法的用户在接下来的会话中试图使用一个现在合法的密码时，他会发现安全破坏，然后可以采取某些步骤修复被破坏的安全系统。这项技术将在 8.6.4 节中更全面地探讨。

8.5.3 加密的密码

所有这些方法的一个问题是，很难保持计算机中的密码的机密性。如何才能使系统安全地存储一个密码并在用户出示密码时用其进行认证呢？UNIX 系统使用加密方法来避免必须秘密地保持密码列表。每个用户有一个密码。系统有一个容易计算但极难反解（设计者希望不可能反解）的函数，即给定一个值 x，容易计算函数值 $f(x)$；但是给定一个函数值 $f(x)$，不可能计算 x。这个函数用于对所有密码编码，系统只存储被编码的密码。当一个用户出示密码时，密码被编码并与存储的被编码的密码相比较。虽然存储的被编码的密码是可见的，但它不能被解码，所以不能确定密码。因此，密码文件不必秘密地保存。函数 $f(x)$ 通常是一个被精心设计和测试过的加密算法。

这种方法的缺点是系统不再控制密码。虽然密码已被加密，但是任何有密码文件副本的人都可以对它运行快速加密程序。例如，同加密字典中每个单词比较加密结果和密码。如果用户选择了在字典中也存在的密码，则密码就能被破解。在足够快速的计算机甚至是慢速计算机的集群上，这样一个比较可能只花几个小时。而且，由于 UNIX 操作系统使用一个广为人知的加密算法，破坏者也可能保存有先前破解过的密码的缓存。由于这些原因，新版本的 UNIX 把加密的密码项存储在一个只能超级用户读取的文件中。比较出示的和存储的密码的程序把 setuid 设置为 root，所以只有超级用户可以读这个文件，其他用户不能。它们还在加密算法中包括一个 salt，即一个记录下来的随机数。把 salt 添加到密码中来保证如果两个明文密码相同，它们会生成不同的密文。

UNIX 密码方法的另一个缺点是许多 UNIX 系统只认为前八个字符是有意义的。因此对用户来说充分利用可用的密码空间是极其重要的。为了避免字典加密法，一些系统不允许使用字典单词作为密码。好的方式是使用一个容易记忆的短语中每个单词的首字母来生成密码，大小写都要使用，还要外加标点符号。例如，短语“My mother’s name is Katherine”可能产生密码“Mmn.isK!”。这个密码不容易破解但容易被用户记忆。

8.5.4 一次性密码

为了避免密码嗅探和直接监视，系统可能使用一套成对的密码。当一个会话开始时，系统随机选择出示密码对中的一个，用户必须提供另外一个。在这种系统中，用户被询问且必须对这个询问回答正确的密码。

这个方法可以推广为使用一个算法作为密码。例如，这个算法可能是一个整型函数。

系统选择一个随机整数并提示给用户，用户使用这个函数回答正确结果。系统也使用这个函数计算。如果两个结果匹配，则访问被允许。

这种算法密码不易受重复使用的影响；用户可以输入一个密码，没有拦截密码的实体能够重用这个密码。在这种变形中，系统和用户共享一个机密（secret）。机密从不在可能泄露信息的媒介上传递。进一步，这个机密和一个共享的种子被用作函数的输入。种子（seed）是一个随机数或字母序列。机密和种子作为函数 *f*(secret,seed)的输入，函数的结果作为计算机的密码进行传递。因为计算机知道机密和种子，所以它可以执行同样的计算。如果结果匹配，则用户被认证。下一次用户需要认证时，另一个种子被生成并继续同样的步骤。这时，密码就不同了。

在这种一次性密码的系统中，密码在每个实例中都不同。任何从一个会话中捕获密码并在另一个会话中重复使用的尝试都会失败。一次性密码是能够防止由于密码泄漏引起的错误认证的方法之一。

一次性密码系统有不同的实现方式。商业实现，如 SecurID，使用硬件计算器。大部分计算器外形类似信用卡、钥匙链坠或 USB 设备，它们包含一个显示器，有些可能还包含一个键盘。一些使用当前时间作为随机种子，另一些则要求用户在键盘上输入共享的机密，也称为个人身份标识号 PIN，然后显示器显示一次性密码。使用一次性密码生成器和 PIN 是双因素（two-factor）认证的一种形式。这种情况下需要两种不同类型的部件。双因素认证提供比单因素认证强得多的认证保护。

另一种一次性密码的变形是使用码本（code book），或称一次性便笺（one-time pad），这是一张一次性密码列表。在这种方法中，列表中的每个密码依次使用一次，然后被钩掉或删除。普遍使用的 S/Key 系统使用一个软件计算器或基于这些计算器的码本作为一次性密码的源。当然，用户必须保护好他的码本。

8.5.5　生物计量方法

使用密码进行身份认证的另一个变形涉及使用生物计量方法。手掌或手阅读器广泛用于保护物理访问，如访问一个数据中心。这些阅读器匹配存储的数据和从手阅读板读取的信息，参数可能包括温度图、手指长度、手指宽度和线条形状等。但是，目前这些设备太大，也太昂贵，难以用于一般的计算机认证。

指纹阅读器已经很精确并且划算，将来应用会更普遍。这些设备读取手指的纹路样式并把它们转换成一个数字序列。久而久之，它们可以存储一个序列集合从而为阅读板上手指的位置和其他因素进行调整，然后软件检测阅读板上的一个手指并把它的特征与这些存储的序列相比较，确定它们是否匹配。当然，可以存储多个用户的信息记录，检测程序可以区分它们。一个非常精确的双因素认证方案可以通过要求密码以及用户名和指纹检测来获得。如果这个信息在传输中被加密；这个系统可以极大程度地抵抗“电子欺诈”（spooling，截取并篡改密钥）和“回放攻击”。

多因素认证可能更加有效。想象一下，一个要求必须插入系统某个 USB 设备、要求提供 PIN 和指纹检测的认证是多么强大。除了用户必须把他的手指放在板上并把 USB 接入系统，这个认证方法并不比使用普通密码的方法麻烦多少。不过，本身强大的认证并不足以为用户的ID做担保，一个已被认证的会话如果没有被加密则仍然可能被劫持。

8.6 安全防御

正如有无数对系统和网络安全的威胁那样，也有很多安全解决方案。解决方案涵盖了从先进的用户教育中的全部知识，到通过技术来编写无缺陷的软件。大多数安全专业人员认同深度防御理论，它认为多层次的防御比少层次防御更有效。当然，这个理论适用于任何类型的安全体系。考虑一个屋子的安全的例子：没有门锁；有一个门锁；有一个锁和一个警报器。这一节关注主要的方法、工具和可以用于增强抗威胁能力的技术。

8.6.1 安全策略

改进计算机系统任何方面的安全性的第一步是要拥有一个安全策略。策略可以多种多样，但通常包括一个什么东西正在被保护的说明。例如，一个策略可能规定所有可被外部访问的应用程序在被开发之前必须有一个代码评审，或者用户不应共享他们的密码，或者所有公司和外部的连接点必须每六个月运行端口检测。没有策略，用户和管理员就不可能知道什么是被允许的，什么是被要求的，以及什么是不被允许的。策略是到达安全的路线图，如果一个站点试图从低的安全等级达到更高的安全等级，它就需要一个路线图来指导如何到达。

一旦安全策略就位，它所影响的人就应该完全了解它的内容。策略应该作为指导。策略还应该是一个实用文档，应周期性地评审和更新，以确保它仍然是相关的并一直被遵守。

8.6.2 漏洞评估

怎样才可以确定一个安全策略是否被正确地实施呢？最好的方法是执行一个漏洞评估（vulnerability assessment）。这样的评估可以通过风险评估实施并可覆盖很广的方面，从社会工程到端口检测。例如，风险评估尽量评价问题（如程序、管理团队、系统或设施）中的实体的资产，确定安全事故影响实体并降低其资产值减少的几率。当知道了遭受损失的几率和可能的损失数量时，可以设置一个值尝试保护这个实体。

大部分漏洞评估的核心活动是渗透测试（penetration test），检测实体中已知的漏洞。因为本书关注操作系统和在其上运行的软件，我们将集中讨论这些方面。

通常，漏洞扫描不时地在计算机使用率相对低时进行，以便最小化它的影响。当合适时，漏洞扫描是在测试系统上而不是在产品系统上运行，因为它可能导致目标系统或网络设备使用不便。

在独立系统中的扫描可以检查系统的不同方面，包括：

- 短的或容易猜测的密码；
- 未授权的特权程序，如setuid程序；
- 在系统目录中的未授权的程序；
- 未预期长时间运行的程序；

- 对用户和系统目录的不恰当的目录保护；
- 对系统数据文件，如密码文件、设备驱动或操作系统内核本身的不合适的保护；
- 在程序搜索路径中的危险项，如特洛伊木马；
- 通过校验和检测到的系统程序的变更；
- 未预期的或隐藏的网络后台程序。

由漏洞扫描发现的任何问题都可以自动修复或报告给系统管理者。

联网的计算机比独立计算机更易受到安全攻击影响。不仅是来自一个已知的访问点集合（如直接连接的终端）的攻击，还要面对来自未知的庞大的访问点集合的攻击，这是一个潜在的严重的安全问题。

事实上，美国政府只考虑了尽量使一个系统在它最远连接范围内是安全的。例如，一个最高机密系统只能在一幢被认为是最高机密的大楼内访问。如果通信可以在环境外部发生，那么系统就失去它的最高机密等级。一些政府设施采用极端的安全预防措施。当终端没有被使用时，把终端接入安全计算机的连接器就被锁在办公室的保险箱里。任何人必须有正确的 ID 进入大楼和办公室，必须知道保险箱的密码，必须知道计算机本身的认证信息才能访问计算机，这也是一个多因素认证的例子。

不幸的是，对于系统管理员和计算机安全专业人员来说，常常不可能把机器锁在房间里，不允许任何远程访问。例如，Internet 网络目前连接了上百万台计算机。它正成为一个对许多公司和个人任务来说关键的、不可或缺的资源。如果把 Internet 看作是一个有上百万成员的俱乐部，它有很多好的成员也有一些坏的成员。坏成员会应用很多工具用来试图获取对交叉连接的计算机的访问权，正如 Morris 使用他的蠕虫所做的那样。

可以在网络中应用漏洞扫描以便处理一些网络安全问题。漏洞扫描在网络中搜寻响应某个请求的端口，如果该端口开启了不该开启的服务，那么对它们的访问可以被锁定或禁止；接着，扫描确定监听那个端口的应用的细节并尝试确定是否存在已知的漏洞。测试这些漏洞可以确定系统是否被错误配置或缺乏必要的补丁。

端口扫描工具由于可以帮助骇客发现可攻击的漏洞，因此更多是被骇客利用而不是用来增强安全。这是一个对安全性的普遍挑战，即同样的工具可以被用于好的方面也可用于破坏。幸运的是，可以通过异常检测检测出端口扫描，在后面会讨论这点。事实上，一些人主张模糊安全（security through obscurity），认为不应编写工具来测试安全性，因为这样的工具可以用来发现（利用）安全漏洞。另一些人相信这种安全方法是不合法的，例如，他们指出骇客也有权写他们自己的工具。这看上去好像合理，模糊安全被看成安全层次当中的一层，只要它不是唯一的一层。例如，一个公司可以发布它的整个网络配置信息，但要保障信息的机密性使得入侵者很难知道要攻击什么或什么能检测到。然而，这只会让公司产生一种虚假的安全感。

8.6.3　入侵检测

保护系统和设施安全与入侵检测有密切联系。入侵检测，如它的名称所示，力求检测到对计算机系统试图或已经成功的入侵并启动合适的响应对付入侵。入侵检测包括以下技术：

- 检测发生的时机。检测可以实时发生（当入侵发生时）或延迟。
- 用于检测入侵活动所检查的输入的类型。这些可能包括用户 shell 命令、进程系统调用以及网络包的头或内容。一些入侵形式可能只能通过从这些来源获取的相关信息检测出来。
- 响应能力的范围。简单形式的响应包括警告管理员潜在的入侵或以某种方式终止潜在的入侵活动。例如，结束一个明显从事入侵活动的进程。在精细形式的响应中，系统可能明显地将入侵者的活动转向一个蜜罐（honeypot）。蜜罐是一个暴露给攻击者的虚假资源。这个资源对攻击却表现为真实的资源，从而使系统能够监视攻击并获取关于攻击的信息。

这些在检测入侵的设计空间中的自由程度导致产生了众多的解决方案，称为入侵检测系统（intrusion-detection system，IDS）和入侵防止系统（intrusion-prevention system，IDP）。IDS 系统在检测到入侵时发出警报，而 IDP 系统像路由器一样，在正常情况下允许流量通过，除非检测到一个入侵（在这时流量被阻塞）。

但是什么构成一个入侵？对入侵定义一个合适的规格说明十分困难，而自动化的 IDS 系统和 IDP 系统如今一般勉强认可两种较低的二义性方法。

第一种称为基于签名的检测（signature-based detection），主要检查系统输入或网络流量是否存在已知的可以表明攻击的特定行为方式（或签名）。一个简单的基于签名的检测的例子是，扫描网络包寻找针对 UNIX 系统的“/etc/passwd/”字符串。另一个例子是病毒检测软件，它扫描已知病毒的二进制序列或网络包。

第二种方法，通常称为异常检测（anomaly detection），它试图通过各种技术检测计算机系统内的异常行为。当然，虽然不是所有异常的系统活动都表明有入侵，但是这主要基于入侵常常导致异常行为的基本假设。一个异常检测的例子是，通过监视守护进程的系统调用来检测系统调用行为是否源自正常方式，这可能会发现守护进程已受到缓存溢出攻击。另一个例子是监视 shell 命令，以检测一个指定用户的异常命令或检测一个用户的异常的登录时间。上述行为中的任何一个都可能暗示有一个攻击成功地获取了对该用户账户的访问。

基于签名的检测和异常检测可以被看作同一个硬币的两面：基于签名的检测试图标识危险行为并在这些行为发生时检测出来，而异常检测试图标识正常的（或非危险的）行为并在除了这些行为以外的其他行为发生时检测出来。

不同的方法产生了具有不同特性的 IDS 系统和 IDP 系统。异常检测可以预先检测未知的入侵方法（零时差攻击，zero-day attack）。相反，基于签名的检测只识别以可识别方式编码的已知的攻击。因此，在签名生成时没有仔细考虑到的新的攻击将躲过基于签名的检测。这个问题已为病毒检测软件厂商所周知，当新病毒被手动检测出时，必须频繁地发布新的签名。

但是，异常检测不一定就比基于签名的检测好。事实上，对异常检测系统的一项严峻挑战是精确地建立“正常”系统行为的基准。如果基准建立时系统已经被渗透，那么入侵活动就会被包括在“正常”基准中。即使系统建立了干净的基准，没有受入侵行为的影响，基准还必须给出一个相当完整的对正常行为的描述。否则，正误差（false positive）数量或更差的负误差（false negative）数量将会相当多。

例 8-10 高误报率的影响的例子。考虑一个由 100 个 UNIX 工作站组成的计算站，工作站的安全相关事件被记录下来用于入侵检测。一个这样的小型计算站每天可以很容易地生成 1 000 000 个审查记录，但只有一两个记录值得管理员审查。如果乐观地假设，每个这样的攻击反映在 10 个账目记录中，则可以粗略地计算出反映真实入侵的账目记录的概率，如下：

$$\frac{2\dfrac{\text{入侵}}{\text{天}}\cdot 10\dfrac{\text{记录}}{\text{入侵}}}{10^6\dfrac{\text{记录}}{\text{天}}}=0.00002$$

把这个值解释为一个“出现入侵记录的概率”，表示为 $P(I)$，事件 I 表示出现了一个反映真实入侵行为的记录。既然 $P(I) = 0.00002$，还知道 $P(\neg I) = 1 - P(I) = 0.99998$。现在让 A 表示由 IDS 系统发出一个警报。一个准确的 IDS 应该最大化 $P(I|A)$和 $P(\neg I|\neg A)$，即警报指出一个入侵与没有警报指出没有入侵的概率。这时关注 $P(I|A)$，可以使用 Bayes 定理计算它：

$$\begin{aligned}P(I\mid A)&=\frac{P(I)\cdot P(A\mid I)}{P(I)\cdot P(A\mid I)+P(\neg I)\cdot P(A\neg I)}\\&=\frac{0.00002\cdot P(A\mid I)}{0.00002\cdot P(A\mid I)+0.99998\cdot P(A\mid\neg I)}\end{aligned}$$

现在考虑误报率 $P(A|\neg I)$对 $P(I|A)$的影响。甚至拥有 $P(A|I) = 0.8$ 的非常好的真正警报率，一个看起来不错的误报率 $P(A|\neg I) = 0.0001$ 也会产生 $P(I|A) \approx 0.14$。也就是说，每七个警报中有不到一个表明了一个真正的入侵！在安全管理员审查每个警报的系统中，高误报率，所谓的“圣诞树效应”，是异常浪费的，并将很快教会管理员去忽略警报。

这个例子说明 IDS 系统和 IDP 系统的一个普遍原则：为了可用性，它们必须提供一个极低的误报率。获得一个足够低的误报率是对异常检测系统的一个尤为严峻的挑战，如上面所提到的，这是因为充分建立正常行为基准的困难性。人们仍然还在研究并继续改进异常检测技术。入侵检测软件也在不断演化来实现签名、异常算法和其他算法，并把它们结合起来以达到更准确的异常检测率。

8.6.4　病毒防护

病毒可以严重破坏系统，因此防护病毒也是重要的安全问题。反病毒程序常常用来提供这种保护。一些程序只对特定的已知病毒有效。它们通过搜索系统中的所有程序来寻找已知的构成病毒的特定指令样式。当找到一个已知样式，它们移除这些指令，给程序消毒。反病毒程序可能有上千种要搜索的病毒。

病毒和反病毒软件都越来越精明。一些病毒在影响其他软件的同时，也会通过修改自己来躲避反病毒程序最基本的样式匹配检测方法。反过来，反病毒程序寻找样式族而不是一个单独样式来识别病毒。事实上，一些反病毒程序实现了多种检测算法。它们可以在检查签名之前解开被压缩过的病毒，有些还能寻找进程异常。例如，一个打开可执行文件进行写操作的进程是可疑的，除非它是一个编译器。另一种流行的技术是在沙盒（sandbox）中运行进程，沙盒是一个受控的或仿真的系统剖面。反病毒软件在让代码不受监视运行之前，先在沙盒中分析它的行为。一些反病毒程序还建立了完整的保护，而不仅仅是扫描系统中的文件。它们搜索引导扇区、内存、入站和出站的电子邮件、下载的文件、可移动设备或媒体上的文件等。

最佳的防护计算机病毒的方式是预防或实施安全计算。从厂商购买不开源的软件以及避免来自公共源或磁盘交流的免费或盗版的拷贝，可以提供最安全的途径并防止传染。但是有些合法软件应用程序的新拷贝也不能免疫病毒传染：某软件公司的员工由于对公司不满而感染了软件程序的主拷贝，给公司软件销售带来了巨大的经济损害。对于宏病毒，一种防御措施是将 Word 文档转换成为富文本格式（rich text format，RTF）的文件。不像本地的 Word 文档，RTF 不包含附加宏的能力。

另一种防御是避免打开任何来自未知用户的 E-mail 附件。不幸的是，历史表明 E-mail 漏洞的出现与它们被修复的速度一样快。例如，在 2000 年，love bug 病毒传播非常广泛，它表现为来自收信人的一个朋友的情书。一旦附加的 Visual Basic 脚本被打开，病毒便通过把它自己发送给用户的邮件联系列表中的前几个用户进行传播。幸运的是，除了在 E-mail 系统和用户的收信箱里塞满垃圾外，它是相对无害的。但是，它有效地否定了只打开来自收信人认识的人的附件的防御策略。更有效的防御方法是避免打开任何包含可执行代码的 E-mail 附件。一些主管目前正通过移除所有收到的 E-mail 信息的附件来执行这个策略。

另一个预防措施，虽然它不能阻止感染，但是允许早期检测。用户在一开始必须重新格式化硬盘，尤其是经常成为病毒攻击目标的引导扇区。只有装载安全软件，并且通过安全信息摘要计算为每个程序建立一个签名。然后，最终的文件名和相关联的信息摘要列表必须保持不被未授权的访问。周期性地或每次有程序运行时，操作系统重新计算签名并把它和原始列表中的签名相比较，任何不同都引发可能发生病毒感染的警告。这个技术可以与其他技术相结合。例如，可以使用一个高开销的病毒检测，如沙盒。如果一个程序通过这个测试，可以为其创建一个签名。如果在下次程序运行时匹配，它不必再次进行病毒检测。

8.6.5 防火墙

看一个问题：一个可信的计算机可以如何被安全地连接到一个不值得信任的网络。一种方法是使用防火墙分离被信任的和不被信任的系统。防火墙（firewall）是一台计算机、设备或路由器，它通常位于被信任的和不被信任的两个系统之间。一个网络防火墙限制两个安全域之间的网络访问并监视和记录所有连接。它还可以根据源或目的地址、源或目的端口或者连接方向来限制连接。例如，Web 服务器使用 HTTP 与网页浏览器通信。防火墙因此可能只允许 HTTP 从所有防火墙外的主机传到防火墙内的 Web 服务器。例如，Morris Internet 蠕虫使用 finger 协议入侵计算机，所以 finger 不允许通过。

事实上，网络防火墙可以把一个网络分成多个域。一种普遍的做法是把 Internet 作为不信任的域；半信任半安全的网络，称为非军事区（demilitarized zone，DMZ），作为另一个域；公司的计算机作为第三个域，如图 8-18 所示。从 Internet 到 DMZ 计算机以及从公司计算机到 Internet 的连接是被允许的，但是从 Internet 或 DMZ 计算机到公司计算机的连接不允许。DMZ 与公司中一台或多台计算机的受控的通信可能被允许。例如，DMZ 中的一个 Web 服务器可能需要查询公司网络中的一台数据服务器。但是有了防火墙，访问被限制，任何被入侵的 DMZ 系统仍然不能访问公司计算机。

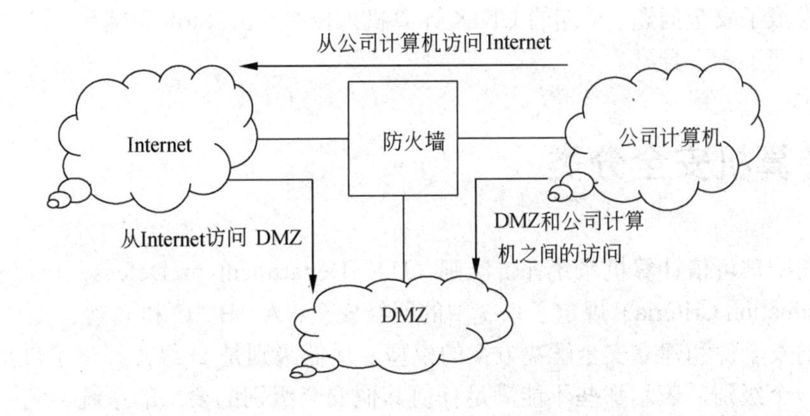

图 8-18　防火墙对域的划分

当然，防火墙自身必须是安全的、抗攻击的，否则，它保护连接的能力就可能大打折扣。而且，防火墙不能阻止潜藏在防火墙允许的协议或连接中的攻击。例如，一个对 Web 服务器的缓存溢出攻击不会被防火墙阻止，因为 HTTP 连接是被允许的，它潜藏了受攻击的 HTTP 连接的内容。同样地，“拒绝服务攻击”可以影响防火墙，就像影响任何其他机器那样。防火墙的另一个弱点是电子欺诈，即某个未授权的主机通过满足某些授权准则冒充一个已授权的主机。例如，如果一个防火墙允许来自一个主机的连接并通过主机的 IP 地址来识别它，那么另一个主机可以使用相同地址发送数据包从而会被允许穿过防火墙。

除了最普通的网络防火墙之外，还有其他类型的新防火墙，每种都有其优点和缺点。个人防火墙是一个软件层，包括在操作系统内或者作为应用程序添加，它不仅限制安全域之间的通信，还限制到（或从）一个指定主机的通信。一个用户可能在他的 PC 中添加个人防火墙，以拒绝特洛伊木马访问 PC 所连接的网络。应用代理防火墙了解应用程序穿行网络时所用的协议，如 SMTP 用于邮件传送。应用代理接受一个就像 SMTP 那样的连接，然后初始化一个到原来的目的 SMTP 服务器的连接。它可以在转发消息时监视流量，寻找并禁止非法命令，试图发现缺陷等。一些防火墙被设计用于某个特定协议，如 XML 防火墙特定的目的是分析 XML 流量并阻止不被允许的或错误形式的 XML。系统调用防火墙处于应用程序和内核之间，监视系统调用的执行。例如，在 Solaris 10 中，“最小特权”特性实现了一个超过 50 个系统调用的列表，对于某个进程来说，这些系统调用可能允许建立也可能不允许建立。例如，一个不需要产生其他进程的进程就可以被除去这个能力。

8.6.6　审查、记账和记录

审查（auditing）、记账（accounting）和记录（logging）可能降低系统性能，但是它们在一些地方非常有用，其中包括安全。

记录可以是一般性的或有针对性的。所有系统调用执行都可以被记录用于分析程序行为（或不良行为）。更常见的是记录可疑事件。认证失败和授权失败可以告诉我们相当多关于入侵的尝试。

记账是安全管理员的工具箱中另一种有潜力的工具。它可以用于发现性能变化，这些变化可能隐藏了安全问题。早期的UNIX计算机入侵被Cliff Stoll检测到，就由于他检查账户记录时发现了一个异常。

8.7 计算机安全分类

美国国防部可信计算机系统评价准则（U.S. Department of Defense Trusted Computer System Evaluation Criteria）规定了系统中的四级安全：A、B、C和D级。该规定广泛用于确定设施的安全性和建立安全解决方案的模型。最低级别是D级，提供了最小的保护。D级只包括一个级别，表示那些不能满足任何其他安全级别的要求的系统。例如，MS-DOS和Windows 3.1处于D级。

C级，提供任意的用户保护和责任，并且这些行动都是通过使用审查能力来完成的。C级有两个级别：C1和C2。C1级系统包括某种形式的控制，允许用户保护私有信息并防止其他用户偶然读取或销毁他们的数据。在C1环境中，协同工作的用户在相同敏感度级别访问数据。多数版本的UNIX属于C1级。

计算机系统内执行一个安全策略的全部保护系统（硬件、软件、防火墙）被认为是一个可信计算机库（trusted computer base，TCB）。C1系统的TCB通过允许用户通过已命名的个体和已定义的组来规定和控制对象共享，从而控制用户和文件间的访问。此外，TCB要求用户在开始任何期望TCB调解的活动前识别他们自己。这个识别通过一个保护机制或密码来完成。TCB保护认证数据使它们不可被未授权的用户访问。

C2级系统在C1系统中添加个体级访问控制。例如，对文件的访问权可以具体化到单独个体级别，系统管理员也可以根据个人身份信息有选择地审查任何用户的行为。TCB还保护它自身的代码或数据结构不被修改。另外，由高级用户产生的任何信息，都不能被其他访问某个已释放回系统的存储对象的用户获得。一些特殊的安全版本的UNIX已经被认证为C2级。

B级命令式保护系统拥有C2级系统的所有特性；此外，它还在每个对象上附加了一个敏感度标签。B1级TCB维护系统中每个对象的安全标签，标签用于指定有关命令式访问控制的决策。例如，处于保密级的用户不能访问处于更高密级的文件。TCB还在任何可读输出制品的每页首尾处标识敏感度等级。除了“正常用户-名称-密码”认证信息，TCB还维护个别用户的许可证和授权并支持至少两个安全级别。这些级别是等级性的，以便用户可以访问任何敏感度标签等于或低于其安全许可的对象。例如，秘密级用户可以访问处于保密级的文件而不需其他访问控制。进程也通过使用不同的地址空间被孤立开来。

B2级系统把敏感度标签扩展到每个系统资源，如存储对象。物理设备被分配了最小和最大的安全级别，系统用这些级别来强制执行由设备所处的物理环境所强加的限制。此外，B2系统支持隐蔽信道和审查可能导致隐蔽信道被利用的事件。

B3级系统允许建立访问控制列表，列表标识了不允许访问指定名称对象的用户或组。TCB还有一个机制来监视可能表明发生安全策略破坏的事件。这个机制通知安全管理员，并在必要时以最小破坏的方式终止这个事件。

最高级的分类是A级。构架上，A1级系统在功能上相当于B3系统，但它使用形式化设计规格说明和验证技术，高度保证 TCB 被正确实现。A1 级之上的系统可能在一个受信任的设施中由受信任的人员设计和开发。

使用 TCB 仅仅保证系统可以执行安全策略的一个方面，TCB 不能具体指出策略应该是什么。通常，一个指定的计算环境开发一个用于颁发证书的安全策略，并使这个方案被安全代理接受，如美国计算机安全中心（national computer security center，NCSC）。某些计算环境可能要求其他证书来防止电子窃听。例如，TEMPEST 认证的系统将终端保护起来防止电磁域逃逸。这项保护确保终端所在的房间或建筑外部的设备不能探测到正被终端显示的信息。

8.8 Windows XP 的安全特性

Microsoft Windows XP 是一种通用目的的操作系统，支持各种安全特性和方法。本节考查 Windows XP 的安全特性。

Windows XP 安全模型基于用户账户的概念。Windows XP 允许建立任何数量的用户账户，它们可以以任何方式分组，对系统对象的访问可以被允许或拒绝。根据唯一的安全 ID，用户可以被系统识别。当用户登录时，Windows XP 建立一个安全访问令牌，包含用户的安全 ID、用户所在组的安全 ID 和用户所拥有的特定特权的列表。例如，特定特权可以包括备份文件和目录、关闭计算机、交互式记录和改变系统时钟等。Windows XP 中代表用户运行的每个进程都将收到访问令牌的一份副本。任何时候用户或代表用户的进程试图访问某个系统对象时，系统使用访问令牌中的安全 ID 来允许或拒绝对该对象的访问。虽然 Windows XP 的模块化设计允许开发自定义的认证包，但是对一个用户账户的认证通常通过用户名和密码来完成。例如，一个视网膜（或眼睛）扫描可能被用来验证一个用户是否是其所声明的用户。

Windows XP 使用主体（subject）概念来确保由用户运行的程序不会获得比被授权的更高的访问权。主体用于跟踪和管理对用户所运行的程序的许可，它由用户的访问标识和代表用户行为的程序组成。由于 Windows XP 使用客户机-服务器（C/S）模型进行操作，因此使用两类主体来控制访问——简单主体和服务器主体。例如，一个简单主体可以是用户在登录后执行的典型应用程序。根据用户的安全访问令牌，简单主体被分配到一个安全上下文。服务器主体是一个当作受保护的服务器而执行的进程，它在代表客户机进行工作时使用客户机的安全上下文。

上节提到，审查是一种有用的安全技术。Windows XP 有内建的审查机制允许监视多种安全威胁。例如，对登录和注销事件的失败审查来检测随机密码入侵，对可执行文件的成功和失败写访问的审查来跟踪病毒蔓延，还有对文件访问的成功或失败审查来检测对敏感性文件的访问。

Windows XP 中的对象的安全属性由安全描述符来描述。这个安全描述符包括对象拥有者（可以更改访问许可的用户）的安全 ID，一组只由 POSIX 子系统使用的安全 ID，一个自定义的识别哪些用户或组被允许（和不被允许）访问的访问控制列表，还有控制系统将生成哪些审查信息的系统访问控制列表。例如，文件 foo.bar 的安全描述符可能有拥有者 avi 和自定义的访问控制列表（表 8-1），可见 avi 具有对该文件的所有操作权限，而 group cs

具有 read-write 权限，user cliff 则不具有对该文件进行操作的权限。

表 8-1　文件 foo.bar 的访问控制列表

拥有者	文件 foo.bar
avi	all
group cs	read-write
user cliff	

此外，它还可能有一个审查记录的系统访问控制列表。

访问控制列表由访问控制项组成，包括个人安全 ID 和定义了在该对象上的所有可能行为的访问掩码，每个行为有一个值 AccessAllowed 或 AcccssDenied。Windows XP 中的文件可能有如下访问类型：ReadData、WriteData、AppendData、Execute、ReadExtendedAttribute、WriteEntendAttribute、ReadAttritues 和 WriteAttributes。我们可以看到它是怎样控制对对象的访问的。

Windows XP 把对象分为容器对象和非容器对象。容器对象，如目录，在逻辑上可以包含其他对象。默认情况下，当在一个容器对象内创建一个对象时，这个新对象继承父对象的许可。类似地，如果用户从一个目录中复制一个文件到一个新目录，这个文件将继承目的目录的许可。非容器对象不继承其他许可。而且，如果在一个目录上的许可被改变，新的许可不会自动应用于存在的文件和子目录，用户可以按其期望明确地应用新的许可。

系统管理员可以全天或部分时间禁止使用系统中的打印机，并可以使用 Windows XP 性能监视器来辅助找出接入问题。一般来说，Windows XP 提供了很不错的特性帮助确保一个安全计算环境。但其中很多特性出于用户需求差异化等各方面考虑，并不会被默认全部自启用，甚至有些需要由用户根据需要手动启动，这也可能是造成 Windows XP 系统有大量安全漏洞的原因之一。另一个原因是 Windows XP 在系统启动时开启了大量服务，并且在系统中往往安装大量的应用程序。对于一个多用户环境，系统管理员应该利用 Windows XP 提供的安全特性及其他安全工具规划一个安全计划并确定实施。

8.9　小结

在计算机取得广泛应用的同时，世界各国针对计算机系统的犯罪案件也在不断增加，计算机系统安全问题日益凸显，并引起了人们广泛的重视。所以，安全已经成为现代操作系统中的一个关键内容。

本章分析了安全问题。具体从程序威胁（特洛伊木马、后门、逻辑炸弹、栈和缓存溢出攻击和病毒等）、系统和网络威胁（蠕虫、端口扫描和拒绝服务等）两方面进行了详细分析。

介绍了保护机制的基本原则和实现。保护的原则、保护域、访问矩阵及其实现、访问控制、访问权的撤销，并以 Hydra 和 Cambridge CAP 系统为实例对基于能力的系统进行了分析，还介绍了基于语言的保护机制。

在介绍典型的加密技术中有加密的重要原理和技术（对称加密算法、非对称加密算法、认证、密钥分发)，加密技术的具体实现方式， SSL 的加密技术实现。

在典型的用户认证技术中介绍了密码的基本概念和缺点，加密的密码、一次性密码和生物计量方法。

本章分析了安全防御措施。主要分析了安全策略、漏洞评估、入侵检测、病毒防护、防火墙、审查、记账和记录几种技术，并介绍了计算机的安全分类。还对一个实际的操作系统 Windows XP 中的安全措施进行了详细实例剖析。

通过采用从实际安全问题分析入手、基本原理与实际系统示例讲解相结合的逐层分析方法，使学生既能较好地掌握安全的问题背景、基本概念和基本知识，又可以较为深入地理解安全措施的实现过程。

8.10　习题

1．缓存溢出攻击可以通过采用更好的编程方法或者使用特殊的硬件支持来避免。试讨论这些解决方法。

2．一个密码可能有很多途径被其他用户知道。有没有一种简单的方法可以检测这种事件已经发生？解释你的答案。

3．所有密码的列表保存在操作系统中。因此，如果一个用户成功读取这个列表，密码保护将不复存在。请推荐一个计划，可以避免这个问题。(提示：使用不同的内部和外部表示)。

4．使用 salt 的目的是什么？salt 应该存储在哪里？salt 应该如何使用？

5．讨论：Windows 如何将句柄的操作范围限制在一定的操作域中？

6．针对实现 Windows 内部服务的一致性安全访问的需求，简述 Windows 对象模型及其结构。

7．访问控制矩阵可以用于确定一个进程是否可以从域 A 转换到域 B 并享受域 B 的访问特权。这种方法是否相当于域 A 的访问特权包括了域 B 的访问特权？

8．考虑这样一个系统，学生可以在 10:00 P.M.～6:00 A.M.使用该系统，教职工可以在 5:00 P.M.～8:00 A.M.使用该系统，计算机中心的员工可以在任何时间使用该系统。请设计一个方案可以高效地执行这个策略。

9．在 Windows 进程访问对象的过程中，会涉及哪些具体的对象属性？并简述访问过程中的安全性检查流程。

10．在计算机系统中需要什么硬件特性来支持高效的能力操纵？这些特性可以用于内存管理吗？

11．讨论使用访问列表实现访问控制矩阵的优缺点。

12．讨论使用能力列表实现访问控制矩阵的优缺点。

13．解释为什么如 Hydra 这类基于能力的系统在执行保护策略方面提供了比环结构方案更大的灵活性。

14．什么是“须知”原则？为什么保护系统要遵循这个原则？

15．讨论下面系统中哪些允许模块设计者执行“须知”原则。

a．Hydra 的能力方案。

b．JVM 的栈检查方案。

16．如果 Java 程序可以直接改变它的栈帧的标注，Java 保护模型将怎样损失保护效力？

17．访问矩阵方案与基于角色的访问控制方案有何异同？

18．最小特权原则是如何辅助建立保护系统的？

19．执行最小特权原则的系统还可能有怎样的保护失效，从而导致安全破坏？

20．讨论一种方式，通过这种方式，连接在因特网上的系统管理者设计自己的系统，以限制或消除蠕虫所造成的损害。你认为做出这些修改的缺点是什么。

21．试列出一个银行的计算机系统应关注的六个安全问题。对于列出的每一条，说明其是否跟物理层、人员层或者操作系统层的安全有关。

22．对存储在计算机系统中的数据进行加密的两个好处是什么？

23．有什么常用的计算机程序很容易受到“中间人攻击”？讨论两种解决方法来防止这种形式的攻击。

24．比较对称和非对称加密方案，并且讨论一个分布式系统在什么情况下会使用对称或者非对称加密方案。

25．为什么 $D(k_e,N)(E(k_d,N)(m))$ 不能提供对发送者的认证？这种加密的用途是什么？

26．讨论如何使用非对称加密算法实现以下目标：

a．认证。接收者知道只有这个发送者能生成这个消息。

b．保密。只有这个接收者能解译这个消息。

c．认证和保密。只有接收者能解译消息并且接收者知道只有这个发送者能生成这个消息。

27．一个系统每天生成 10 000 000 个审查记录。假设平均每天有 10 个对该系统的攻击，每个这样的攻击反映在 20 个记录中。如果入侵检测系统的正确警报率为 0.6，误报率为 0.0005，那么系统产生响应真实入侵的警报概率是多少？

第 9 章　其他类型操作系统

9.1　多媒体系统

目前，应用多媒体的领域越来越广泛，数字电影、视频剪辑和音乐等多媒体正在日益成为计算机应用和娱乐消遣的常用方式。另外，多媒体在计算机游戏中也发挥着越来越重要的作用，在计算机游戏中需要大量的视频剪辑来提供连续画面的显示用以描述某种活动。近来慢慢兴起的视频点播（video on demand，VoD），也成为多媒体发挥作用的重要领域，它使消费者可以在家中随意选择自己要看的电影或节目，为人们的日常生活提供了极大的便利。

通常是将音频和视频文件保存在磁盘上，并在需要的时候进行回放，但是音频和视频文件与传统的文本文件有很大的差异，目前专为文本文件设计的文件系统在处理音视频文件方面有很大的不足，因此需要设计一种新型的文件系统，更好地处理音频和视频文件。另一方面，保存与回放音频和视频也对调度程序以及操作系统的其他部分提出了新的要求。因此，在这里提到的“多媒体操作系统”，是一种能够满足以上要求的特殊操作系统。

多媒体操作系统，是指“除具有一般操作系统的功能外，还具有多媒体底层扩充模块，支持高层多媒体信息的采集、编辑、播放和传输等处理功能的系统”。由于多媒体本身的特性，对系统在数据率和实时传输两个方面提出了要求，多媒体操作系统除具有一般系统的功能外，还应具有实时任务调度、多媒体数据转换和同步控制机制等。

一般将多媒体系统分为专用多媒体操作系统和通用多媒体操作系统。专用多媒体操作系统通常配置在一些公司推出的专用多媒体计算机系统上，如 Commodore 公司的 Amiga 多媒体系统上配置的 Amiga DOS 系统，在 Philips 和 Sony 公司的 CD-1 多媒体系统上配置的 CD-RTOS（real tiem operating system）等。早期的通用多媒体操作系统是美国 Apple 公司为其著名的 Macintosh 型计算机配置的操作系统，目前流行的通用多媒体操作系统是美国 Microsoft 公司的 Windows 系列操作系统。也可以将多媒体操作系统分为三类：

- 具有编辑和播放双重功能的开发系统；
- 以具备交互播放功能为主的教育 / 培训系统；
- 用于家庭娱乐和学习的家用多媒体系统。

在本节中，将介绍当前比较流行的两款多媒体操作系统：BeOS 和 Windows MCE。

9.1.1　BeOS 操作系统

1．BeOS 的历史

1991 年，Gasse 带领包括 AppleNewton 开发员 Steve Sakoman 在内的一众 Apple 员工

创建 Be 公司。Be 开发了一个全新的操作系统，从设计之初就针对多 CPU 和多线程的应用程序，这就是 BeOS。1996 年 11 月发布第一个运行于苹果机上的版本，1998 年发布第一个运行于 Intel 平台的版本。2000 年发布 5.0 版本，包括个人版（BeOS 5.0 Personal Edition）和专业版（BeOS 5.0 Professional Edition），其中个人版是免费的。官方最后发行的版本是 5.03 版，随后 Be 公司于 2001 年 8 月被 Palm 公司以 1100 万收购，不再发布官方版本。BeOS 操作系统如图 9-1 所示。

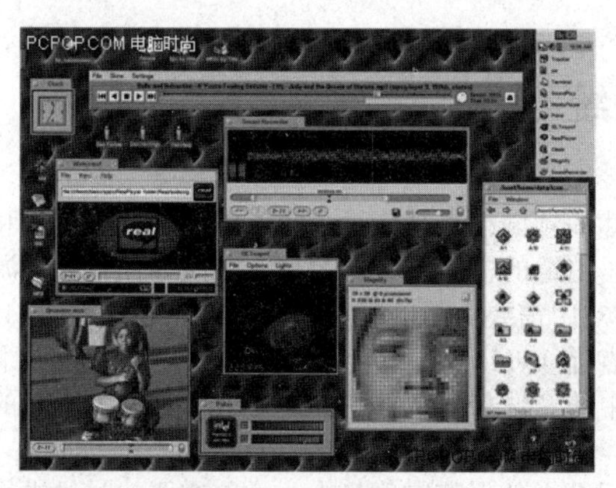

图 9-1 BeOS 操作系统

如果说 Windows 是现代办公软件的世界，UNIX 是网络的天下，那 BeOS 就称得上是多媒体大师的天堂了。BeOS 以其出色的多媒体功能而闻名，它在多媒体制作、编辑、播放方面都得心应手，因此吸引了不少多媒体爱好者加入到 BeOS 阵营。由于 BeOS 的设计十分适合进行多媒体开发，所以不少制作人都采用 BeOS 作为他们的操作平台。

2．BeOS 的设计

BeOS 的设计理念是专门用于多媒体处理的“多媒体操作系统”，采用先进的 64 位 BeFS 文件系统，支持多处理器，其多媒体性能异常优越。BeOS 开始是运行在 BeBox 硬件之上的。与其他同期的操作系统不同，BeOS 是为了充分利用现代硬件的优点而编写。针对数字媒体工作优化，BeOS 能够充分利用多处理器系统通过模块化的 I/O 带宽、多线程、抢断式的多任务和被称为 BFS 的定制 64 位日志文件系统。BeOS 的 GUI 遵循清晰整洁的设计原理而开发。其 API 是用 C++编写而成，非常容易编程。虽非源于 UNIX 的操作系统，但其实现了 POSIX 兼容，并通过 Bash shell 命令行界面访问。

3．BeOS 的优点

全图形结构 BeOS 的核心就是图形化，这使得 BeOS 是真正具有图形界面的操作系统。而 Windows 等都是以字符界面作为其基础，这样就使得结构比较复杂，会在运行过程中存在一些不稳定的因素。具有全图形结构对提高稳定性和运行效率都很有帮助。

拥有众多的多媒体软件作为一个面向广大多媒体爱好者的操作系统，BeOS 拥有众多功能强大的多媒体软件，从制作到播放应有尽有，并且许多软件都是内置在系统中。其中有 MediaPlayer、CD Burner、CDPlayer、MIDIPlayer 等。当然也有一些专业的多媒体软件能够运行在 BeOS 环境中。

先进的 BeOS 使用了 64 位的文件系统，这是个人电脑上的首次尝试。由于进行多媒体制作时需要进行大规模的数据交换，而 64 位的文件系统使其运行更高效。

多处理器支持和 Linux、Windows NT 一样，BeOS 也能够支持多处理器。由于多媒体制作对系统的存储设备和处理器能力都是一个较大的考验，采用多处理器无疑能够大幅度提高工作效率，完成多媒体制作的高负荷工作。

完备的网络功能除了在多媒体方面出色外，BeOS 的网络功能也不容轻视。它的网络功能十分完备，BeOS 服务器能够提供 WWW、FTP、E-Mail、Telnet 等网络服务。

4．BeOS 的不足

BeOS 的不足之处也同样不可回避。它下面的第三方软硬件支持太少。当前 BeOS 下的应用软件大多是一些自由软件、共享软件和免费软件。在这些软件中的多媒体应用软件，其视频处理、声音合成编辑、动画制作渲染等占了相当大的比例，而办公类、游戏类软件却相当有限。它的硬件支持也不太理想，如果用的是国际大公司的品牌电脑，可能不会感觉到，但使用兼容机就差得多。

现在，一些厂商已经行动起来。Netscape Communicator 的 BeOS 版本正在开发当中；Canon、HP 也开发了 BeOS 下的打印机驱动；Kodak 的几款数码相机也有了各自的 BeOS 驱动；NVidia 同样对它的 TNT、TNT2、GeForce 系列显卡添加了 BeOS 的驱动程序。

9.1.2 Windows XP Media Center Edition

1．Windows MCE 发布背景

美国微软于 2005 年 10 月 12 日发布了可为个人电脑增添数码娱乐功能的新版媒体中心技术“Windows XP Media Center Edition 2005”。该技术被定位为微软数码娱乐战略“Digital Entertainment Anywhere”的核心。目前已可在全球各地使用，此外美国戴尔、美国 Gateway、美国惠普、索尼以及东芝等将发货配备该技术的个人电脑“Media Center PC”，如图 9-2 所示。

图 9-2　Media Center PC

微软总裁兼首席软件设计师比尔·盖茨在谈到 Windows XP Media Center Edition 2005 时表示，“本公司提出了向世人提供最优秀的一整套网络娱乐环境的战略，在该战略中该技术将处于核心地位”，“通过与伙伴企业合作，为个人电脑的数码娱乐带来真正的革新”。

2．Windows MCE 的特点

使用 Windows XP Media Center Edition，可很方便地欣赏照片、电影、音乐电视等数码娱乐。除使用鼠标和键盘外，还可用遥控器操作，微软为此套系统配备了遥控装置和接收器，产品的质量非常好，已经达到了其他消费级遥控产品的水平。可录像和暂停正在广播的电视节目，可将照片或电影/电视节目保存到 CD-R/DVD 媒体，还可编辑从数码相机导入的照片。利用 Movie Finder 功能可用演员、类别或导演等作为关键词搜索电影，也可找到相类似的电影。

该版本集成了 Windows Media Player 10，很容易通过各种在线服务简单下载或播放音乐及电影。附带 Windows Messenger，可一边看电视一边和朋友聊天。图 9-3 所示为 Windows Media Player 10。

图 9-3　Windows Media Player 10

微软还提供扩展功能 Media Center Extender。使用支持该功能设备，可在家中的电视欣赏 Media Center PC 上的音乐、照片、电视节目录像以及视频等。另外导入 Media Center Extender for Xbox 可使 Xbox 游戏机支持 Media Center Extender。

惠普同一天开始提供支持 Windows Media Center Extender 的设备，美国思科系统公司的业务部门 Linksys 也从 2004 年底开始提供同类设备，从 2004 年假期旺季开始可使用 Media Center Extender for Xbox。

微软还介绍了多家内容合作商支持 Windows Media Center Edition 2005 的服务。主要包括美国在线（AOL）的点播式（OnDemand）音乐视频服务 AOL Music on Demand、美国伊士曼柯达（Eastman Kodak）的共享照片服务 Kodak EasyShare、由微软的因特网业务 MSN 提供的音乐服务 MSN Music 以及美国 National Public Radio（NPR）和英国路透社的新闻等。除此以外，美国 CinemaNow 和美国 Napster 等内容供应商也将开展支持 Windows Media Center Edition 2005 的服务。

3．Windows MCE 的限制

微软对于该版本操作系统严格的发行控制在很长一段时间阻碍了该产品的进一步推广。XP Media Center Edition 一直没有零售版本，同时，低端用户也无法从 PC 销售商那里直接购买到廉价的 OEM 版本。因此，想拥有正版的 XP Media Center Edition 就必须购买一整套预装该系统的 PC 机。除去那些狂热的 HTPC（home theater personal computer，家庭影院电脑）发烧友们，有谁会仅仅为尝试一下新的操作系统而购买一整台电脑呢？也正是因为微软的这些限制，其他品牌的家庭媒体中心软件得到了良好的发展空间，例如 SageTV、Meedio 等等，它们可以完成 XP Media Center Edition 所能提供的绝大多数功能，是近来前进势头很猛的产品。而更令微软感到威胁的是，许多 HTPC 用户已经将眼光瞄向了 Linux 操作系统，因为基于该系统的 Freevo 和 MythTV 等软件不仅功能强大，可以满足用户的大部分需求，同时还是免费使用的。

9.2　多处理机系统

广义上说，使用多台计算机协同工作来完成所要求任务的计算机系统都是多处理机系统，包括狭义的多处理机系统、集群系统和分布式系统等。

9.2.1　多处理机

传统的狭义多处理机系统的作用是利用系统内的多个 CPU 并行执行用户的几个程序，以提高系统的吞吐量或用来进行冗余操作以提高系统的可靠性。多个处理机（器）在物理位置上处于同一机壳中、有单一的系统物理地址空间和每一个处理机均可访问系统内的所有存储器是它的特点。

1．多处理机系统类型

多处理机系统，目前有三种类型。

1）主从式（master-slave）

主从式操作系统由一台主处理机记录、控制其他从处理机的状态，并分配任务给从处理机。例如，Cyber-170 就是主从式多处理机操作系统，它驻留在一个外围处理机 Po 上运行，其余所有处理机包括中心处理机都从属于 Po。又如 DEC System 10，有两台处理机，一台为主，另一台为从。操作系统在主处理机上运行，从处理机的请求通过陷入传送给主处理机，然后主处理机回答并执行相应的服务操作。

主从式操作系统的监控程序及其提供服务的过程不必迁移，因为只有主处理机利用它们。当不可恢复错误发生时，系统很容易导致崩溃，此时必须重新启动主处理机。由于主处理机的责任重大，当它来不及处理进程请求时，其他从属处理机的利用率就会随之降低。

主从式有以下几个特点：

- 操作系统程序在一台处理机上运行。如果从处理机需要主处理机提供服务，则向主处理机发出请求，主处理机接受请求并提供服务。不一定要求把整个管理程序都编写成可重入的程序代码，因为只有一个处理机在使用它，但有些公用例程必须是可重入的才行。
- 由于只有一个处理机访问执行表，所以不存在管理表格存取冲突和访问阻塞问题。
- 当主处理机故障时很容易引起整个系统的崩溃。如果主处理机不是固定设计的，管理员可从其他处理机中选一个作为新主处理机并重新启动系统。
- 任务分配不当容易使部分从处理机闲置而导致系统效率下降。
- 用于工作负载不是太重或由功能相差很大的处理机组成的非对称系统。
- 系统由一个主处理机加上若干从处理机组成，硬件和软件结构相对简单，但灵活性差。

2）独立监督式（separate supervisor）

独立监督式与主从式不同，在这种类型中，每一个处理机均有各自的管理程序（核心）。采用独立监督式操作系统的多处理机系统有 IBM 370/158 等。

独立监督式有以下几个特点：

- 每个处理机将按自身的需要及分配给它的任务的需要来执行各种管理功能，这就是所谓的独立性。
- 由于有好几个处理机在执行管理程序，因此管理程序的代码必须是可重入的，或者为每个处理机装入专用的管理程序副本。
- 因为每个处理机都有其专用的管理程序，故访问公用表格的冲突较少，阻塞情况自然也就较少，系统的效率就高。但冲突仲裁机构仍然是需要的。
- 每个处理相对独立，因此一台处理机出现故障不会引起整个系统崩溃。但是，要想补救故障造成的损害或重新执行故障机未完成的工作非常困难。
- 每个处理机都有专用的 I/O 设备和文件等。
- 这类操作系统适合于松耦合多处理机体系，因为每个处理机均有一个局部存储器用来存放管理程序副本，存储冗余太多，利用率不高。
- 独立监督式操作系统要实现处理机负载平衡更困难。

3）浮动监督式（floating supervisor）

每次只有一台处理机作为执行全面管理功能的“主处理机”，但根据需要，主处理机是可浮动的，可从一台切换到另一台处理机。

这是最复杂、最有效、最灵活的一种多处理机操作系统，常用于对称多处理机系统（即系统中所有处理机的权限是相同的，有公用主存和 I/O 子系统）。

浮动监督式操作系统适用于紧耦合多处理机体系。采用这种操作系统的多处理机系统有 IBM 3081 上运行的 MVS、VM 以及 C·mmp 上运行的 Hydra 等。

浮动监督式有以下几个特点：

- 每次只有一台处理机作为执行全面管理功能的主处理机，但容许数台处理机同时执行同一个管理服务子程序。因此，多数管理程序代码必须是可重入的。
- 根据需要，主处理机是可浮动的，即从一台切换到另一台处理机。这样，即使执行管理功能的主处理机故障，系统也能照样运行下去。

- 一些非专门的操作（如I/O中断）可送给那些在特定时段内最不忙的处理机执行，使系统的负载达到较好的平衡。
- 服务请求冲突可通过优先权办法解决，对共享资源的访问冲突用互斥方法解决。
- 系统内的处理机采用处理机集合概念进行管理，其中每一台处理机都可用于控制任一台I/O设备和访问任一存储块。这种管理方式对处理机是透明的，并且有很高的可靠性和相当大的灵活性。

2．多处理机调度

多处理机调度主要涉及处理机选择、进程和线程调度。

1）处理机选择

多处理机调度首先要选择一台处理机，然后将这台处理机分配给进程。分配方式分成静态和动态两种。采用静态方式，一旦处理机分配完成，在进程生命周期中，进程不会换到别的处理机上。动态方式则会根据情况将进程转移到负载较轻的处理机上。但是动态方式不一定能取得好的性能，因为进程切换，尤其是切换到其他处理机上是一个代价高昂的操作。如果一个进程已经在某个处理机上运行过，那么此处理机的Cache里有这个进程被缓存的数据和指令，若把该进程换到别的处理机上，这些内容只能作废了。而静态方式可以省去这些负担。

对称多处理结构的操作系统一般维护一个全局进程池，每个处理机自己从进程池中选取进程，这时进程池是临界资源，需要一些保护措施以保证不同的处理机在访问进程池时不会由于相互竞争而发生错误。

2）进程与线程调度

多处理机上的进程调度应当尽量简单，因为使用复杂的调度算法在付出了复杂性的代价后换来的优势并不明显。例如，先来先服务这种调度策略，在单处理机上，某个长进程的运行可能使队列中其他进程等很长时间，造成响应慢、性能下降。但是在多处理机上，即使一个进程不能在这个处理机上运行，它也有可能到别的处理机上运行。

线程调度会对系统性能有很大的影响。例如，某应用程序有两个线程a_1和a_2，它们之间存在着同步关系。假设a_1在处理机1上运行，a_2处在处理机2的等待队列中。当a_1执行到与a_2的同步点时，尽管时间片还没有用完，也只有阻塞或者忙等待，无论哪种情况都必须等到a_2被调度执行到同步点之后，a_1才能继续执行。有些应用程序中的线程间同步关系很强，只有当它们可以同时在不同的处理机上执行时，才能较快地完成，分配到不同的处理机上可以减少不必要的切换或者忙等待。

3）群集调度（gang schedule）

这是一种常见的线程调度策略。调度时尽可能地将关系密切的线程同时调度，让它们都能得到处理机，这样可以减少因为线程间同步而造成的阻塞或者忙等待，并且由于一次调度就决定了许多线程和处理机的分配，调度本身的代价也很小。缺点是有可能在还剩有空闲的处理机的情况下有些线程仍然没有被调度，因为剩下的线程需要更多的处理机一起被调度。所以这种调度方法使处理机的利用效率不高，在处理机很多的情况下，每个处理机只是系统资源的一小部分，所以为了性能上的考虑而牺牲使用效率。

4）负载共享（load sharing）

负载共享是一种比较简单的线程调度策略，接近单处理机上的调度策略。这种调度中，维护一个全局线程队列，当处理机空闲时就到队列中挑选一个线程。按照这个全局线程队列的不同排列方式，又可以将负载共享分成许多类型，比如先来先服务、最少线程数优先等。这种调度除了简单易实现外，线程在处理机上的分布比较均匀，不会出现线程没被调度的同时还有处理机空闲的情况；另外，这种调度方法不需要集中式的调度器，任何处理机空闲时都可以调用调度器选择线程。

3. 多处理机同步

多处理机下同步关系更加复杂了，某些在单处理机下是安全的情况在多处理机下变得不安全了。比如在单处理机的 UNIX 中，有这样一个假设，当系统通过系统调用进入操作系统内核中以后，除了中断，处理机不会被抢占。就是说，在这个系统调用期间，只会出现它运行完成或者因为阻塞而主动放弃处理机这两种情况。这样许多对共享资源的操作不用担心出现不一致的情况。例如操作系统核心要将一个双向链表中的元素取下来，需要进行如下操作：

（1）检索链表找到该元素。

（2）取出该元素前后指针，前指针内容填入下一元素中，后指针内容填入上一元素中。

取下中间的链表项需要修改指针操作，在操作期间，如果在这时访问这个链表，比如要在中间插入一个元素，就会导致错误发生。在单处理机的情况下，这个链表操作只有可能被中断打断，那么只需考虑中断会不会使用这个链表，会不会造成不一致，如果中断处理程序根本不使用这个链表，那么在这里无须对这个链表操作做任何保护。

多处理机系统中多个处理机可能同时进入操作系统内核，在此例子中，如果不增加对链表操作的保护，可能会在不同的处理机上同时发生对链表的操作，从而导致错误的发生。通常用各种锁机制来实现这种保护。但是保护的精细粒度可以有很大不同，粒度越细，系统的并行化程度越高，但是花费的代价也越大。粒度越粗，系统的并行程度越低，但是保护机制所花的代价越小。

较低版本的 Linux 中有一个有名的粗粒度大锁，早期的 Linux 只是在单处理机上运行的，为了可以快速地移植到多处理机平台上，需要解决多处理机上的同步问题。于是开发者们在 2.0 系列版本中定义了一个锁，调用任何系统调用时都要取得这个锁，通过这个方法，保证了不同处理机不会同时进入操作系统中，不过这种做法效率不高。随着 Linux 的发展，开发者们不断地改进代码，逐渐弱化了这个锁的作用，使用了更多的同步机制，使系统的并行度越来越高。

多处理机系统同步原语需要 Test and Set 指令或其他类似硬件机制的支持，通过共享内存实现处理机之间的同步。有时候需要通知其他处理机有异步事件发生了，这时需要使用处理机间中断通知别的处理机。多处理机系统中处理机之间有专门用于发送处理机间中断的总线。例如，处理机 A 创建了一个进程，但是需要在处理机 B 上运行（如调度器发现处理机 B 空闲），但是处理机 B 并不知道这时候有一个新的进程可以在自己这里运行了，所以它会继续干自己的事，比如正在运行其守护进程。这时处理机 A 需要立即通知处理机 B 重新调度，那么处理机 A 给处理机 B 发送一个中断，处理机 B 响应中断，把新创建的进程插入到处理机 B 管理的就绪队列中等待被调度。

前面提到许多的同步原语既支持单处理机也支持多处理机，如信号量、消息传输等。但是有一些在单处理机上没有什么意义，如 SPINLOCK，因为在单处理机操作系统中，试图忙等待一个已经上了锁的 SPINLOCK 只能是造成永远等待，而在多处理机操作系统中，SPINLOCK 小巧灵活十分有用。

4．可重入（re-entrant）内核函数

代码重入问题是使用共享代码时存在的问题之一，不只在多处理机系统中才会出现。但是在多处理机系统中由于系统本质上的并发性，使得这个问题对多处理机操作系统的影响更加重大，所以这里单独将它提出来讨论。

代码重入是指一个进程或者线程执行到某段共享代码中间尚未退出时，又有别的进程或者线程进入这段共享代码。如果系统中某些数据放在内存的固定位置，例如 C 语言中的全局变量或者静态变量，那么，当后面的线程进来后，此数据可能已经被修改，而不是所期望的了，这时就会出现代码不可重入的问题。

例 9-1　代码不可重入 C 程序片段，此函数的本意是每次将打印 2 和 4，最后把 x 恢复初值 0。假设这是一段共享代码，可以被多个线程调用，现在假设线程 1 调用了这个函数并执行到刚打印完 2 还没有打印 4，程序片断中的语句“x+=4”刚刚执行完。线程 2 也要调用这个函数，显然线程 2 不会打印出正确的值来。这样的函数就是不可重入的。

```
Function()
{
 static int x;
    x += 2;
    printf( "%d",x);
    x += 4;
    printf( "%d",x);
    x=0;
}
```

为了使函数可以重入，就尽量不要使用全局变量或者静态变量。一般来说，局部变量和函数的参数不会造成不可重入的问题。这是因为现代的编译器大都在堆栈上为局部变量和函数参数动态分配空间，不同线程同时调用这个函数，系统会为它们各自分配新的空间，不会相互影响。例中把变量 *x* 声明中的 static 去掉，就可以保证函数是可以重入的了。有些情况下函数不容易改成可以重入的，就必须考虑使用同步机制使重入不能发生。

在单处理机操作系统中，某些系统调用可能会发生阻塞，这会造成操作系统代码重入。比如用户进程调用 read 系统调用读文件，被阻塞在 read 调用中等待 I/O 操作完成，系统又调度其他进程，这个进程如果又调用了 read，因为此时第一个 read 还没有完成，没有退出，第二个 read 又发生了，这时候代码重入了。在许多单处理机操作系统上（UNIX、 Linux）非阻塞的系统调用不用担心系统代码重入问题，因为系统保证这些系统调用执行完成之前不会有进程切换发生，所以不用担心被其他系统调用打断。

但是在多处理机系统中，无论系统调用是不是阻塞的都有可能发生重入，假设处理机

1 上的进程调用某个操作系统的系统调用，这时处理机 2 上的进程也可以调用同一个系统调用，代码重入发生了。

在多处理机上，不同的处理机也很容易同时执行一个操作系统函数而发生代码重入，如果有些内核中的函数是不可重入的，就必须使用同步机制，例如使用各种锁，保证不会出现函数重入的情况，但这样会大大降低系统的并行程度。如果函数是可重入的，只需在必要的地方加入同步机制即可。

5. 并行化内存管理

在多处理机中，需要对内核的内存管理做进一步的并行化。在操作系统中，不仅用户程序需要操作系统为其分配内存，内核的不同子系统也需要动态地使用内存，比如 Linux 中的活动 inode 和 file 结构都需要动态分配和释放。这些结构的分配释放都由操作系统内核内存管理系统负责，管理这些内存会用到许多数据结构，比如内存的空闲链表或者位图等。在多处理机系统中，这些数据结构都是临界资源，多个处理机同时访问可能会造成不一致的情况，所以对它们的访问必须用同步机制加以保护。这就造成处理机在分配或者释放内核内存时对锁的竞争，处理机数目越多竞争越激烈。为了减少这种竞争，有些多处理机操作系统为每个处理机预留一块内存和一组管理这段内存用的数据结构，这样，在大多数情况下，每个处理机只使用自己的内存就够了，处理机之间互不干预，分配或者释放内核内存时也就不用加锁。只有在处理机用完了自己的内存之后才会从公共的内存池里分配新的内存。

9.2.2 集群系统

集群（cluster）是一种采用分布式非共享内存体系结构的多计算机系统，其特点是使用完整的计算机作为结点，使用通用的操作系统和通用的网络通信设备。集群系统中的每台计算机在术语中叫做一个结点，它们作为一个整体向用户提供一组网络资源。一个理想的集群是，用户从来不会意识到集群系统底层的结点，在他们看来，集群是一个系统，而非多个计算机系统。并且集群系统的管理员可以随意增加和删改集群系统的结点。

由于从硬件到软件都采用商用的部件，因而不用重新设计，成本较低；由于使用规范的软件或者硬件，做实施方便、可伸缩性好。通常搭建一个集群系统往往只要用几个小时甚至不到一个小时，往系统中加入一个结点往往只用几十甚至十几分钟就可以了。但是其缺点是效率会比较低，所以有些计算机系统使用量身定做的专用网络传输设备以提高效率。

1. 集群系统的分类

集群系统有多种分类的方法，通常可以按照它所基于的操作系统划分为 UNIX 集群、NT 集群、Linux 集群和专利集群系统。其中专利集群是指基于 IBM OS/390、OS/400 和康柏的 OpenVMS 等专利操作系统的集群系统。也可以按照集群系统中有无共享把集群系统分为无共享集群、共享磁盘集群和共享内存集群。按照其通用性可以把集群系统划分为专用集群和通用性的企业集群。

根据集群系统的不同特征可以有多种分类方法，但一般是把集群系统分为两类：高可用（high availability）集群和高性能计算（high perfermance computing）集群。高可用集群，简称 HA 集群，这类集群致力于提供高度可靠的服务。高性能计算集群，简称 HPC 集群，这类集群致力于提供单个计算机所不能提供的强大的计算能力。

1）高可用集群

计算机系统的可用性是通过系统的可靠性和可维护性来度量的。工程上通常用平均无故障时间 MTTF 来度量系统的可靠性，用平均维修时间 MTTR 来度量系统的可维护性。于是可用性被定义为：

$$MTTF/(MTTF+MTTR)\times 100\%$$

业界通常把可用比例达到 99.99%、年停机时间少于 52.6 分钟的系统定义为高可用系统。

高可用集群就是采用集群技术来实现计算机系统的高可用性，主要功能就是提供不间断的服务，对运行这些服务的应用程序而言，暂时的停机都会导致数据的丢失和灾难性的后果。高可用集群通常有两种工作方式。

- 容错系统：通常是主从服务器方式。从服务器检测主服务器的状态，当主服务工作正常时，从服务器并不提供服务。但是一旦主服务器失效，从服务器就开始代替主服务器向客户提供服务。
- 负载均衡系统：集群中所有的结点都处于活动状态，它们分摊系统的工作负载。一般 Web 服务器集群、数据库集群和应用服务器集群都属于这种类型。

2）高性能计算集群

高性能集群通过将多台机器连接起来同时处理复杂的计算问题。模拟星球附近的磁场、预测龙卷风的出现、定位石油资源的储藏地等情况，都需要对大量的数据进行处理。传统的处理方法是使用超级计算机来完成计算工作，但是超级计算机的价格比较昂贵，而且可用性和可扩展性不够强，因此集群成为了高性能计算领域瞩目的焦点。

随着 Linux 操作系统的发展，基于 Linux 的集群系统近来发展十分迅速。当论及 Linux 高性能集群时，通常都会提到 Beowulf 集群系统。

Beowulf 不是软件，而是一种将普通计算机构建成超级并行计算机的方法。1994 年夏季，美国空间数据和信息科学中心（NASA）的科学家们建立了一个以以太网连接 16 个 DX4 处理机的集群计算机，这种基于商品化系统建立超级计算机的思想很快得到了广泛认可。

此后，这类计算机系统被叫做 Beowulf 系统，但是并没有精确的定义。一般认为 Beowulf 系统是一种用于并行计算的多计算机体系结构，系统通过以太网或者其他高速网络联接起来，系统软件和硬件全部采用商品化部件，比如使用多个微机，采用 Linux 作为操作系统。不包含任何自己定制设备。Beowulf 集群是专用集群（与企业集群相对），系统中一般只有一个结点作为管理结点控制整个集群系统，管理用户系统、进行作业处理等工作，其余结点作为计算结点提供文件服务和对外的网络连接。

2．集群作业管理技术

集群系统的作业管理需要把提交给集群系统的作业比较均衡地分配给各个结点并行处理，充分利用系统内的各种资源。

集群作业管理系统一般由三个部分组成：用户服务程序，负责支持用户执行各种作业管理操作，包括提交和删除作业、查询作业状态等；作业调度程序，根据作业的类型、资源需求情况以及调度策略调度作业，其调度算法与进程调度类似。资源管理程序，负责分配和监控资源和收集记账信息。

集群系统上的各种作业可以根据多种属性进行分类，作业管理系统根据作业的类型分配。可以根据使用的结点数把作业分为串行作业和并行作业，在一个结点上执行的是串行作业，在多个结点上执行的是并行作业。按照运行模式可以分为交互作业、批作业。交互作业需要通过终端和系统交互，这时需要让这种作业及时运行而不是在等待队列里。批作业不需要立即响应，但是可能需要更多资源，可以等到有足够资源后再执行。按照作业的来源可以划分为集群作业和外来作业。上面讲到企业集群里，集群系统不但需要完成通过集群作业管理系统提交的作业，系统中每个结点同时还可能被单个用户占有，这些结点本身可以像普通计算机一样执行用户的普通任务，不需要通过作业管理系统。这里，通过集群系统提交的作业叫做集群作业，而普通的任务称为外来作业或者本地作业。系统必须优先响应外来作业，因为用户希望使用自己的计算机时就像没有安装集群系统一样。

3．集群作业管理软件例——LSF

目前正在使用的各种作业管理软件大约有 20 多种，如 NQS、DQS、PBS 和 LSF 等。LSF（load sharing facility）是从多伦多大学的 Utopia 系统发展而来的。它提供异构系统松耦合的集群解决方案，能够调度、监视并且分析网络上计算机的负载情况，使用户可以有效地控制并且管理计算资源。

LSF 是与平台无关的，它作为用户级程序来运行，这样就做到了最大限度的兼容性，它支持几乎所有 UNIX 平台以及 Windows NT。Base 和 Batch 系统是其中最重要的两个部分：Base 系统提供基本的异构计算机网络上的负载平衡服务；而建立在这些服务之上的 Batch 系统则提供集中式、可伸缩、容错的作业管理系统。

1）LSF Base 系统

在 LSF 中服务器结点是指可以运行负载作业的主机，在 LSF 集群中，可以有一些计算机不做服务器。每个服务器上需要运行 LIM（load information manager，负载信息管理器）和 RES（remote execution server，远程执行服务器）这两个守护进程。LIM、RES 构成了 LSF Base 系统的基础，而 LSLIB 为用户提供了在程序级得到 Base 服务的应用程序编程接口（API）。下面简单介绍 LIM 和 RES。

- LIM（负载信息管理器）：LIM 周期性收集和交换网络上的资源信息，帮助作业调度、选择合适的服务器。

LSF 把集群看作资源的集合。调度作业的一个重要的任务就是把作业对资源的需求映射到主机的资源上。

可以按照资源是否变化把它分成动态和静态资源。静态资源的例子有 CPU 因子、CPU 数目、最大用户可用内存、最大用户可用交换区、主机类型等。动态资源包括 CPU 负载、现有内存以及现有交换区大小等。静态资源一般在配置就确定了，而动态资源的信息需要 LIM 定时更新。上面提到的资源类型都是 LSF 事先定义的，用户也可以根据需要定义并处理自己的资源类型。

LSF 服务器上 LIM 会选举一个成为主 LIM（Master LIM），其余的 LIM 就是从 LIM（Slave LIM）。从 LIM 会定期把资源的动态资源信息发送给主 LIM，主 LIM 收集并处理这些信息，根据这些信息决定应该到哪里运行一个作业。

这种策略导致主 LIM 成为系统的集中控制点，比较适合规模比较小的集群。当规模很大时系统中有多个主 LIM，可参见下面中的多集群描述。

- RES（远程执行服务器）：RES 提供了透明的远程执行机制，使得作业可以很容易地在网络上任意的服务器上执行。RES 还提供远程文件访问机制，可以方便地对远程文件操作。

通过对提交作业端的一些环境设置，使作业在远程执行时察觉不到提交端和执行端的区别。这些区别包括作业需要的环境变量、作业执行的工作目录、与系统有关的一些设置，如 UNIX 上的 umask 设置（创建文件使用的掩码）或者系统对用户资源使用限制的设置等。

2）LSF Batch 系统

对一些比较简单的应用，可以直接利用 LSF Base 系统提供的服务。然而很多应用需要复杂的作业调度和资源分配策略，这时则可以利用 LSF Batch。首先 Batch 是建立在 Base 之上的，与 Base 系统类似，Batch 系统也为用户提供了应用程序编程接口，LSF 的一些命令和工具也基于这些编程接口。LSF Batch 包含两个守护进程 sbatchd 和 mbatchd。每个服务器上都会运行一个 sbatchd（slave batch daemons），而 mbatchd 总是和主 LIM 在同一个服务器上。

mbatchd 中有队列用来接收作业，任何作业都要提交到队列中。每个队列都有自己的参数，用户可以在队列一级配置资源的需求，也可在命令行一级指定每个作业的资源需求。接收到作业后，mbatchd 寻找合适的服务器，把队列中的作业发送给对应服务器的 sbatchd。而此服务器上的 sbatchd 负责控制作业的执行并且把作业的状态变化情况返回给 mbatchd。mbatchd 周期性调度作业，每个周期里调度尽可能多的作业。用户可以通过配置来选择不同的调度策略，这些策略类似于操作系统的进程调度策略。默认情况下，一个队列中的作业使用 FCFS 策略，但是用户可以指定作业的优先级；队列之间按照优先级来调度，用户可以配置队列优先级。LSF 提供以下调度策略。

- 独占调度（exclusive）：这种调度方式下，作业可以独占一个主机。
- 抢占式调度（preemptive）：高优先级的作业可以抢占低优先级作业占有的各种资源。
- 最后期限限制调度（deadline constraint）：用户可以配置作业运行时间区间，如果作业未能在此期间内完成，LSF 则挂起。采用最后期限限制调度策略后，如果作业因时间限制不能正常运行结束，那么此作业不会被启动。
- 公平分享调度（fairshare）：这种调度策略把集群中计算能力按照用户分配，用户持有多少配额（share）就得到多少计算能力。

LSF 使用事件日志文件记录所有的作业提交、作业状态变化情况。主 LIM 崩溃后，新的主 LIM 会读取日志文件从错误中恢复。

LSF 还支持检查点（checkpoint）机制，一旦系统出错，就可以从检查点而不是开始恢复出错的作业。对大部分系统实现了用户级的检查点，而在 Converx OS 平台上支持内核级的检查点。

3）LSF 多集群（multCluster）

一个企业可能由于拥有的计算机过多，或者因为地理上的原因，拥有多个集群。集群之间可以通过 LSF 多集群实现集群间的资源共享与负载平衡。这样就大大提高了资源共享的程度和规模。

使用多集群时，用户首先需要配置本地集群，使它知道其他集群的存在。之后两个集群之间的 mbatchd 互相通信完成集群之间的操作。

其次，通过配置队列参数，可以让它在必要时把作业发送到远端集群执行。也可以配置队列，使提交到这个队列中的作业都被发送到远端运行。而远端集群中也应当有特殊的队列，可以接收其他集群发送来的作业。

这样提交到某些队列中的作业就可以传送到其他集群，达到集群间资源共享的目的。

4）LSF 实用工具

LSF 提供给用户大量各种配置管理、使用、控制，以及查询 Base 或者 Batch 系统命令。除此之外还包括一些非常实用的工具，下面简单介绍几个非常有用的工具。

Lsmake 是 GNU Make 的并行版本。在配置了 LSF 的集群上运行 Lsmake Makefile，Makefile 会被并行处理。Make 过程中需要执行的命令被按照集群中的负载情况分配到最合适的服务器上。

Lstcsh 是 UNIX 下常用的 tcsh 的负载平衡版本。在 Lstcsh 下输入的用户命令会被分配到最合适的服务器上运行，而用户无须知道这一切。

LSF Analyzer 收集并且处理 LSF 的历史负载信息，生成关于此集群的数据报表。例如，可以报告某段时间里处理了多少作业、消耗了多少资源、等待了多长时间等。利用这些信息可以分析对集群的利用是否有效；或者分析用户提交作业的规律，这可以在系统管理时作为参考，比如什么时候维护不会影响太多人等。

9.2.3 分布式系统

具有多个计算机一起工作，使用户觉得它们就像一台巨大的计算机为自己提供服务这样特点的系统是分布式系统。

分布式系统不同于多处理机系统，前者是由独立自主的计算机组成，而后者是多个处理机通过共享内存耦合在一起的；分布式也不同于网络系统，在网络系统中用户需要清楚地知道使用的资源的位置。例如，使用 ftp 文件传输服务从服务器上取得一个文件，用户必须给出这个文件服务器的地址，如 IP 地址。在分布式系统里，用户无须关心所需要的服务在不在本地机器上；一个进程可能会因为本地处理机负担过重，被迁移到分布式系统中的另外一台机器上执行，但用户不必关心此进程具体被迁移到哪里去了。在软件上分布式系统与网络不同，但在硬件上几乎没什么区别，很多分布式系统软件就是安装在局域网上。

1．分布式系统的特点

分布式操作系统是分布式系统的核心，除了普通操作系统的功能外，它还要具有如下特性。

1）透明性

这是分布式操作系统最重要的特征。操作系统要为用户提供一个界面，使用户像是在使用一台机器一样使用整个分布式系统。具体地说，包括用户无须知道资源的实际位置，无须指出要用的资源是在机器 A 上还是在机器 B 上；系统有时需要根据全局情况移动资源，而用户还能像移动前一样访问资源；系统为了效率可能需要复制一些资源，这也不应该影响用户对资源的使用；当多个用户使用同一个分布式系统时，用户不用关心别的用户是不是在访问同一资源等；并发性对用户也应该透明，比如系统有 1000 个处理机，系统应该提供手段让用户充分利用这 1000 个处理机，而无须用户直接干预。

2）可靠性

分布式系统应该比单机系统更可靠。系统中某几台机器出现故障后，其余的机器应该可以代替它们完成工作。但是，实际的分布式系统中，有些机器比较关键不可替代，这些机器出现故障可能会导致系统瘫痪。

3）高性能

在实际中要做到这一点不太容易。最重要一个原因是机器之间的通信代价昂贵。如果把一些比较简单的计算放到别的计算机上执行，结果是得不偿失，系统需要做出决定哪些计算值得放到别的机器上执行，而哪些不值得。

4）可伸缩性

分布式系统将来可能需要扩充、加入更多机器，那么分布式操作系统应该能够容易地装到新的机器上，而不需要改动。

分布式系统中尽量使用分布式的数据、分布式的组件、分布式的算法，避免集中式的数据、集中式的组件、集中式的算法。

- 分布式与集中式的组件：假设系统中有 50 万个用户，只有一个邮件服务器，这是一个集中式的组件，如果有很多服务器，每个服务器负责一部分用户，就是分布式的组件。
- 集中式与分布式的数据：如果把分布式系统中所有用户的数据存放在一张大表中，就形成了集中式数据存放：反之，如果这些数据按照一定的规则分布存放在不同的机器上，就形成了分布式数据。
- 集中式与分布式的算法：集中式算法是指算法的实现依赖于系统的所有信息，这样的算法往往要求有一台机器作为控制者，能够得到所有信息，然后根据这些信息作出决策。这种算法中控制者是系统的关键点，一旦控制者崩溃，算法自然就会失败。分布式的算法则不同，它不要求得到全部信息，每个机器上都只有相同数量的一部分信息，每个机器都对最后决策有同样重要的影响，不存在一个全局时钟，算法不会因为某些机器的崩溃而失败。

在分布式系统中从文件系统、内存管理到进程管理都有许多地方值得探讨。限于篇幅，本章后面的部分只简单的讨论分布式系统中的通信机制以及最重要的进程管理。

2．分布式操作系统的通信机制

分布式系统中的多台机器需要相互通信，网络技术解决了计算机之间的通信技术问题。网络通信代价高昂，应尽可能减少这种代价。

- 客户/服务器（C/S）模式是一种分布式系统的组织方式。它把应用程序分成客户和服务器两个部分，分别装在不同的机器上，通过网络通信，服务器接受客户的请求，进行数据处理并给出响应。由于使用请求应答模式，用户程序自己保证了数据不会丢失。OSI 参考模型中传输层建立连接的主要目的正是为了这一点，所以在 C/S 模式中可以省去传输层，在局域网上，网络通信只需要链路层和物理层（局域网是广播网络，不需要网络层的路由功能）。这样的组织结构由于只需要传输请求以及运算的结果，因而简单有效。

- 远程过程调用（RPC）。分布式系统需要为用户提供一个虚拟的“大”计算机，C/S 这种通过让用户使用 I/O 给服务器发送消息的方式不够透明。远程过程调用为用户提供一致的函数调用界面，使访问远程机器对用户透明，用户无须关心这个函数是在本地还是在服务器上执行。当系统发现用户调用的是远程调用后，系统把函数请求和函数调用的参数放在消息中发送给服务器，服务器端接收到消息后，根据消息调用响应函数，并把返回值放在消息中返回给用户。

3．分布式系统中的互斥

多处理机系统中的同步机制，如信号量、自旋锁（SPINLOCK），都依赖于共享内存；在分布式系统中，必须寻找其他方法来实现各种同步，如通过消息传输。不过由于信息传递或者说网络传输需要时间，某些情况下甚至会取得不一致的全局状态，例如有一个分布式银行转账系统，进程 A 向进程 B 发送一个消息把 100 元从甲的账号发送到乙的账号，当消息从进程 A 发出，但还没有被进程 B 接收并处理时，系统处于不一致的状态，甲的账号已经减去了 100 元，而乙的账号还没有加上这 100 元。这时候需要一定的同步机制，以维护系统的一致性。

1）逻辑时间

在分布式系统中实现同步，时间起到很重要的作用。首先看分布式系统中如何保持一致的时间。在单机系统以及共享内存的多机系统中，可以使用一个全局时钟，但在分布式系统中不存在这样的时钟，如何管理时间也成为复杂的问题。

分布式系统中每台机器拥有自己的一个时钟，但时钟由于物理上的原因不可能完全一样，每个时钟的速度也是不一样的，导致这些时钟的时间不一致。

某些情况下，可以不必保证每个时钟都是一致的，如果两个进程之间没有关系，就没有必要考虑它们之间的时间关系。所以，存在着一种算法可以保持不同逻辑时间是正确的。逻辑时间是指所关心的只是不同事件之间的顺序，而不是真的要求得到物理时间。

在这个算法中，定义了先发生（happen-before）关系，记作→，$a \to b$ 表示 a 在 b 之前发生。同一个进程中的两个事件 a 和 b，a 事件在 b 事件的前面，则 $a \to b$ 为 true。在不同进程中，进程 1 的 a 事件是发送消息，进程 2 的 b 事件是接收这个消息，$a \to b$ 也为 true。→关系是可传递的，就是说如果 $a \to b$ 并且 $b \to c$，那么 $a \to c$。如果事件 e、f 在两个不交换消息的进程中，那么 $e \to f$ 和 $f \to e$ 都不成立，这两个事件是并发的。

如果 $a \to b$，那么，$C(a)<C(b)$。$C(a)$和 $C(b)$分别是事件 a 和 b 的逻辑时间。可以调整逻辑时间使它满足这个公式，保证逻辑时间的正确性。假设进程 1 向进程 2 发送消息，发送消息时进程 1 所在机器的时钟是 56，进程 2 接收消息时，所在机器的时钟是 50，根据前面所讲，这时候需要调整逻辑时间，发送消息时的逻辑时间小于接收消息时的逻辑时间。比

如，我们可以调节进程 2 所在机器的时间为 57。而如果发送消息的机器时钟是 56，接收机器的时钟是 58，这时候就不需要调整。

有时，我们确实需要准确的物理时间，这里不再讨论，请参见参考文献[22]。

2）互斥算法

有了上面的讨论，我们来看看如何实现分布式系统中的互斥。

（1）算法一

最简单的方法是使用集中式的方法，用一个进程作为协调者，任何进程需要访问临界区时都向协调者发送消息请求，协调者每次只让一个进程进入临界区，这个方法很简单，同时也具备集中式方法的一切缺点，如果协调者所在的机器崩溃，这个算法就会失败。

（2）算法二

再来看一个分布式的算法。任何进程要进入临界区需要向所有其他进程发送消息，消息中包含当前时间、自己的进程号。其他进程接收到消息后，进行如下判断：

- 如果接收进程不准备进入临界区，也不在临界区中，直接回答发送者以 OK。
- 如果接收进程在临界区中，暂时不回答。
- 如果接收进程也想要进入临界区，那么比较自己发送的消息中的时间与接收到的消息中的时间。如果接收到的消息中的时间比自己早，回答发送者 OK，表示对方竞争胜利了；否则，不回答，表示自己竞争胜利。

请求进入临界区的进程，只有得到所有其他进程回答的 OK 后才可以进入。但是这个分布式的算法比上一个集中式算法更糟，因为任何一个进程出现错误都会导致算法失败。

（3）算法三

令牌环算法不会出现上面提到的问题。同局域网中的令牌环网络类似，在分布式系统中有一个令牌环在流动，任何进程要进入临界区，需要先得到这个令牌环，一次只可能有一个进程在临界区内。问题是令牌又可能会丢失，需要重新生成一个，但是有时无法判断是真的丢失了还是有的进程正在使用令牌环进入临界区。

从上述实现互斥的算法可以看到，它们各有优缺点，也可以略微地看到分布式系统的复杂性。

4. 分布式系统中的死锁

与互斥问题类似，分布式系统中的死锁问题的解决也比单机系统重要且复杂得多。类似集中式操作系统，分布式系统通常有四种解决方案。

1）鸵鸟算法

鸵鸟算法其实就是忽略不管，一旦死锁发生，用户自己重新启动系统。听起来不太好，但这种方法在实际中却使用得最多。

2）死锁检测

死锁检测也比较常用，就是通过检测程序来发现死锁，当死锁发生后杀掉某些死锁了的进程。这种方法也比较简单。

3）预防死锁

预防死锁这种方法需要设计时仔细考虑，破坏死锁发生的必要条件之一，使它不可能发生。有一种方法是把所有资源编号，要求进程在申请资源时严格按照顺序进行。在分布式系统还可以利用时间戳来实现阻止死锁，每个进程都有一个时间戳记录自己的创建时间，这里假设任何两个进程的时间戳不同。在请求一个资源时，如果这个资源已经被别的进程占有，检查占有资源进程的时间戳和自己的时间戳，仅仅当占有资源进程的时间戳比自己小（这说明它比自己老）时才阻塞。这样也就不能形成死锁需要的环形等待。

4）死锁避免（deadlock avoidance）

死锁避免不破坏死锁的几个条件，它根据进程需要的资源情况，判断是否可能造成死锁，然后再决定是否启动此进程，或者是否分配所需资源。由于这类算法要事先知道每个进程需要的资源，在实际应用中不现实，所以这种方法无论是在单机操作系统中还是分布式操作系统中都很少使用。

5．分布式系统中的进程管理

1）处理机分配

在分布式系统里，状态往往是分布的，不像多处理机系统中可以有一个全局表，可以判断哪个处理机空闲或者任务比较少。这使得寻求最优解的代价高昂，因为系统必须搜集到完整的最新的信息，而在分布式系统中无法知道当前所有进程的信息。分布式系统的处理机分配往往是启发式、分布、次优的（不是最优的）。

2）进程迁移

这也是近来的研究的热点。当一台机器上的负担过重时，人们自然考虑到把一些进程转移到其他机器上；当某些进程之间的通信比较频繁时，如果能把它们放到同一台机器上，则可以减少网络通信，提高效率；如果有些机器出现了故障，需要重新启动，这时可以把本机上的进程迁移到别的机器上，提高系统的容错性。

但是进程迁移代价很高，需要：①决定将进程迁移到哪台机器上；②在本地销毁此进程；③传输足够多关于要创建进程的信息给目标机，使之可以正确地创建进程。

9.3 实时操作系统

实时系统的发展十分迅速。几乎每个家庭里都有包含实时系统的产品，比如洗衣机、电视、汽车、微波炉等。在工业领域里，交换设备、飞机、核能电厂也都离不开实时系统。这些实时系统中的软件往往比普通计算机软件的编写更复杂，而实时操作系统作为实时系统的核心自然十分重要。

9.3.1 实时系统简介

实时系统是任何必须在指定的有限时间内给出响应的系统。在这种系统中时间起到重要的作用，系统成功与否不仅要看是否输出了逻辑上正确的结果，而且还要看它是否在指定时间内给出了这个结果。

按照对时间要求的严格程度，实时系统划分为硬实时（hard real time）、固实时（firm real time）和软实时（soft real time）系统。硬实时系统是指系统响应绝对要求在指定时间范围内。在软实时系统中，及时响应也很重要，但是偶尔响应晚了也可以接受。而在固实时系统中，不能及时响应会造成的服务质量下降。

飞机的飞行控制系统是硬实时系统，因为一次不能及时响应很可能会造成严重后果。数据采集系统往往是软实时系统，偶尔不能及时响应可能会造成采集数据不准确，但是没什么严重后果。VCD 机控制器如果不能及时播放画面，不会造成什么大的损失，但是可能会使用户对产品质量失去信心，这样的系统可以算作固实时系统。

常见的实时系统通常通过传感器向计算机输入一些数据，对数据进行加工处理后，再控制一些物理设备作出相应的动作。如冰箱的温度控制系统需要读入冰箱内的温度，决定是否需要继续或者停止降温。由于实时系统往往是大型工程项目的核心部分，控制部件通常嵌入在大的系统中，而控制程序则固化在 ROM 中，因此有时也被称作嵌入式系统（embedded system），我们这里统一称为实时系统。

实时系统需要响应的事件可以分成周期性（periodic）的和非周期性（aperiodic）的。如空气监测系统每过 100ms 通过传感器读取一次数据，这是周期性的。而战斗机中的飞行控制系统需要面对各种突发事件，属于非周期性的。

实时系统有下列特点：

- 要和现实世界交互。这是实时系统区别于其他系统的一个显著特点，它往往要控制外部设备，使之及时响应外部事件。如生产车间的机器人，必须把零部件准确的组装。
- 系统庞大复杂。实时系统的复杂性不仅体现在代码行数上，而且体现在需求的多样性上，由于实时系统要和现实世界打交道，而现实世界总是变的，这会导致实时系统在生命周期里时常面对需求的变化，不得不做出相应的变化。
- 对可靠性和安全性的要求非常高。很多实时系统应用在十分重要的地方，有些甚至关系到生命安全。系统的失败会导致生命、财产的损失，这就要求实时系统有很高的可靠性和安全性。
- 并发性强。实时系统常常需要同时控制许多外部设备，例如，系统需要同时控制传感器、传输带、传动器。多数情况下，利用把微处理机时间片分配给不同的进程上可以模拟并行。但是，当系统在对响应时间要求十分高的情况下，分配时间片模拟的方法可能无法满足要求。这时就得考虑使用多处理机系统。这也就是为什么多处理机系统最早在实时系统领域里繁荣起来。

9.3.2　实时操作系统简介

早期人们开发实时系统时，直接在以微处理机为核心的计算机系统上编写应用程序，不仅要完成实时系统本身的逻辑功能，还要自己负责系统硬件，包括内存、I/O 等资源的维护，开发的程序自然非常复杂，不易维护。随着发展，实时系统趋于更加庞大、更加复杂，这种方法无法继续下去。实时操作系统的出现大大提高了实时系统的开发效率，在实时系统领域也把实时操作系统叫做 System Executive，把实时系统中的进程叫做任务。实时操作系统负责调度进程并且提供进程间通信机制，这样就把用户从硬件资源管理中解放出来，用户只需关注要实现的逻辑功能就可以了。开发出的系统由进程及进程间的通信构成，结构更加清晰了。

实时操作系统成为现代实时系统的核心部分，在降低了软件开发成本的同时，也降低了系统的时空效率，所以对实时操作系统的要求也比较严格。在对实时性要求较低的实时系统中，也有使用通用操作系统的，如 DOS。但更多的情况下不能这样，常见的原因有：

- 系统的存储部件容量有限，对操作系统占用空间有要求。
- 实时系统对某些系统功能的效率要求比较高，如进程切换的速度、中断响应速度。
- 通用操作系统一般比较大，复杂性较高，导致可靠性较低。

商家通常开发自己的实时操作系统，如 SymbianOS、VxWorks 等，也有在现有的操作系统基础上作一些剪裁及针对实时性的改进，如 Windows CE，以及后面要提到的 RTLinux。

1．实时操作系统的特点

实时操作系统应该具备以下这些特点，或者说对以下方面有特殊要求。

1）系统小

这是因为实时系统需要安装到配置较低的系统中，不能像 PC 上的操作系统那样不考虑资源消耗。

2）速度快

为了达到实时性目标，实时操作系统往往需要快速的进程切换、中断响应。通用操作系统中进程切换的昂贵代价往往是不可接受的，实时操作系统中禁止中断的时间段也要尽可能短以提高中断响应速度。当系统需要使用文件系统时，可以采用顺序存放的方法来提高文件存取的效率。

3）确定性（determinism）和响应性（responsiveness）

确定性是指系统从外部事件发生，到开始为这事件执行的第一条指令所需要的时间不应该超过某个上界，尽管实时系统需要响应的外部事件是不可预知的。

开始响应后，系统还需要为此事件服务，如激活一个进程，由此进程完成对事件的处理。这段时间的长短决定了系统的响应性。

确定性和响应性一起说明了系统要花多长时间完成对外部事件的处理。许多因素影响到系统这段时间的长短。例如：若实时系统中采用虚存，假设系统使用了分页机制，这种方案对系统确定性和响应性有很大影响。因为实时任务被分成了许多页，其中有些页面不在内存中，在响应外部事件过程中，实时任务开始执行，随着程序的运行可能需要换入某些页面，这是非常费时的，有可能使得结果无法接受。

4）用户控制更多

与通用的操作系统相比，实时操作系统需要给用户更多的控制权力。在普通的操作系统中，用户对系统的调度只有有限的控制或者根本没有控制。在实时系统中必须给用户更多配置系统的权力，以达到最佳的效果。比如让用户以更加精细的手段控制进程的优先级（这需要操作系统支持足够多的优先级级别）；区别哪些部分是硬实时需要及时响应，哪些部分对响应时间的要求不高，哪些部分需要驻留在内存里不能被交换出去等。

5）可靠性高

实时系统对可靠性的要求很高，实时操作系统作为实时系统的核心部件，首先必须有非常高的可靠性。当系统出现错误时，实时操作系统应当尽量减少由系统错误带来的损失，有时通过降低一点性能换来正确运行。如多处理机系统中一个处理机出现故障，屏蔽掉一个处理机虽然使性能降低了，却有可能使系统继续工作。

2．实时操作系统设计的主要内容

实时操作系统设计中需考虑的基本内容。

1）体系结构

实时系统的体系结构可有两种：单块式（monolithic）与微内核（microkernel）。

单块式体系结构中 ，操作系统的各个部分（文件系统、内存管理等）都编译并且链接在一个文件中，通过函数调用来实现不同模块间的通信。这种体系结构的操作系统目前所占比例最大，其主要优点是效率高。VxWorks 就是这种体系结构。缺点是由于各部分间的耦合程度很高，函数调用关系复杂，不易维护。在实际应用中，有时需要去掉实时操作系统中一些用不到的功能，而单块式结构又不易裁剪。

另外一种比较流行的体系结构是微内核体系结构，例如 QNX。在这种体系结构中，操作系统核心只完成一些必须在核心态（或称管态，与用户态相对）下完成的工作，如进程切换、中断管理及进程间通信。文件系统、内存管理这些部分则以用户进程的形式运行在用户态下，它们是各自独立的、对等的。各部分通过消息传输（消息传输由操作系统核心完成，即进程间通信机制）来通信。例如用户需要读一个文件，首先给文件系统（一个进程）发送一个消息请求读文件，文件系统在读文件过程中要访问磁盘，那么文件系统再给设备驱动发消息请求。设备驱动从硬盘读出数据后，给文件系统返回一个消息，文件系统接到消息后再把数据传输给用户。

微内核体系结构的缺点是效率低，读一个文件需要发送许多消息。也有许多优点，由于各部分相对独立、接口清晰，去掉一个模块相对容易，即易于剪裁；微内核结构还适合于分布式的环境，可以把某个模块放到另外一台机器上，只需要使消息发送机制支持分布式环境，其他地方不需要改动。同时也使得系统的可靠性更高，这种系统中，一个模块出错不会直接影响到其他模块，而在单块结构中由于各个模块间的耦合程度太高，一个地方（如文件系统）出错很容易直接导致其他部分（如内存管理系统）出错。

2）实时调度

实时系统往往需要响应很多外部事件，当事件过多时，存在无法调度的可能。假设有 m 个事件，每个事件的发生周期是 $P_i(i=1, \cdots, m)$，处理每个事件所需要的 CPU 时间是 $C_i(i=1, \cdots, m)$。那么，1 个单位时间内，处理此单位时间内的事件所需的 CPU 时间为：

$$\sum_{i=1}^{m}\frac{C_i}{P_i}\leqslant 1$$

如果此公式不能成立，那么这些事件是不可调度的。

调度器是实时操作系统的核心部件，直接关系到实时系统是否可以及时响应外部事件，该领域的研究是一个热点，用到的调度算法也非常丰富。

通常可以把调度算法分为静态和动态两类。静态方法是在系统运行之前就决定调度的顺序，而动态方法则要在系统运行中根据情况做出调度决定。

静态方法又可以分为表驱动（table-driven）和优先级驱动（priority-driven）两类。表驱动类可以直接根据静态分析的结果得到明确的调度顺序（或者说是一张表）；而优先级驱动类的调度算法不会直接产生调度顺序，而是为每个任务分配优先级，然后按照优先级调度。

动态方法可以分为基于计划的（planning-based）和尽力而为的（best-effort）两类。基于计划的方法在每一个任务到来时需要判断此任务是否能够被成功调度，如果不能就拒绝它；尽力而为的方法则不会事先检查需要调度的任务的可调度性，只是尽力去调度，所以有可能满足不了响应的时间要求。

下面介绍几个比较著名的调度算法。

- 单调速率算法（rate monolithic algorithm）属于静态调度算法，适用于周期性的系统，即系统中的任务是周期发生的。算法按照任务的频率给任务设置优先级。如周期为100ms的任务得到的优先级为10，200ms的任务得到优先级为5等。运行时总是首先调度优先级最高的任务，优先级高的任务可以抢占优先级低的任务。
- 最早期限优先（earliest deadline first）这种调度算法中，进程队列按照期限（deadline）排列，离到期限越近越靠近队首。系统调度时总是取队首的进程。期限可以分为启动期限（starting deadline）和终止期限（completing deadline），分别指进程必须在这个指定的时间期限内启动或者结束。
- 动态调度算法在很多情况下，系统会面临许多不可知的事件，这就没有办法事先进行静态分析，系统只能尽最大努力去调度。新创建一个任务后，系统根据任务的特点为它设置一个优先级，然后进行可抢占式的调度，即优先级高的进程可以抢占优先级低的进程。这种调度算法的优点是容易实现，但是只有在运行完成后才知道能不能满足系统的实时要求。

3）实时中断

许多外部事件通过中断来通知系统，中断处理对实时系统的实时性也有很大影响。在实时系统中，当中断发生后，如果当前执行的进程正处于中断屏蔽状态，则需等到进程可以响应中断后，方可进入中断处理程序（ISR）。在处理等待的中断时，首先处理高优先级的中断。不可抢占的时间段是指在多处理机系统中，一个处理机正在访问某个临界资源，而另外一个处理机上尽管刚刚发生了中断，激活一个高优先级的进程，也必须等到对方退出了临界区才可以继续，因为当系统处于临界区时，不能调度。如果进程的优先级较低，则需等待下次被调度。当被调度程序选中时，要进行进程切换，然后运行被选中的进程。

外部事件的响应时间就是以上各步所花时间之和，实时操作系统应该尽可能缩短各步所需时间，它是评价实时系统性能好坏的重要标准。实际上，近来非常热门的RTLinux主要就是在这些方面做了一些工作，对Linux进行了相应的修改，使它具有了处理硬实时任务的能力。

9.3.3 实例介绍

1．Windows CE

Windows CE可以使用在各式各样的系统上，最有名的是Pocket PC以及微软的Smart

Phone。其他较不为人知的设备包括微软的车用计算机、电视机上盒、生产在线的控制设备、公共场所的信息站等，有些设备甚至没有任何人机界面。

Windows CE 并非从台式机的 Windows（NT、98、2000、XP 等）修改缩小而来，而是使用一套完全重新设计的内核，所以它可以在功能非常有限的硬件上执行。虽然内核不同，但是它却提供了高度的 Win32 API 软件开发接口的兼容性，功能有内存管理、文件操作、多线程、网络功能等。因此，开发台式机软件的人可以很容易编写，甚至直接移植软件到 Windows CE 上。

与其他微软操作系统的差异是 Windows CE 提供源代码，把源代码提供给部分厂商，让厂商能够依照他们自己的硬件架构修改源代码。例如在 Windows CE 的开发 IDE 软件 Platform Builder 中就提供了许多开放源码的常用软件组件，但是一些与硬件架构的软件组件仍然以二进制文件形式来提供。

在开发环境上，微软也提供兼容于.NET Framework 的开发组件：.NET Compact Framework，让正在学习.NET 或已拥有.NET 程序开发技术的开发人员能迅速而顺利地在搭载 Windows CE .NET 系统的设备上开发应用程序。

用于掌上电脑 Pocket PC 以及智能手机 Smart Phone 上的 Windows CE 系统称为 Windows Mobile，目前的最新版本为 Windows Mobile 6.5。

2．VxWorks

VxWorks 操作系统是美国风河（WindRiver）公司于 1983 年设计开发的一种嵌入式实时操作系统 RTOS，是嵌入式开发环境的关键组成部分。良好的持续发展能力、高性能的内核以及友好的用户开发环境，在嵌入式实时操作系统领域占据一席之地。它以其良好的可靠性和卓越的实时性被广泛地应用在通信、军事、航空、航天等高精尖技术及实时性要求极高的领域中，如卫星通信、军事演习、弹道制导、飞机导航等。在美国的 F-16、F/A-18 战斗机，B-2 隐形轰炸机和爱国者导弹，甚至连 1997 年 7 月在火星表面登陆的火星探测器，2008 年 5 月在火星表面上登陆的凤凰号火星探测器上也都使用到了 VxWorks。

VxWroks 早期运行在 VRTX、pSOS 及自身运行较慢的 WIND 内核等实时内核之上，从 5.0 发行起，不再支持别的内核，只运行自己的 WIND 内核（重写的 WIND 内核）。这个系统的基本设计思想是要充分利用 VxWorks 和 UNIX/Windows 的优点，使之与嵌入式软件相互补充达到最优。

UNIX 和 Windows 虽然用户界面友好、开发工具丰富，但是由于嵌入式实时系统的时间、空间的局限性，它们不适用于实时应用开发。传统的实时操作系统提供的用于开发的环境资源（非实时组件）又非常贫乏。VxWorks 使嵌入式系统开发人员能在嵌入开发环境下更好地使用 UNIX/Windows。

VxWorks 能够一方面处理紧急的实时事务，另一方面让主机用于程序开发和非实时的事务。开发者可以根据应用需要恰当地裁减 VxWorks。开发时可以包含附加的网络功能加速开发过程，在产品最终版本中，再去掉附加功能，节省系统资源。

3．RTLinux

RTLinux（或称作实时 Linux）是 Linux 中的一种实时操作系统，是实时操作系统领域内的后起之秀。它由美国新墨西哥工业大学计算机系 Victor Yodaiken 和 Michael Brananov 开发的。目前，RTLinux 有一个由社区支持的免费版本，称为 RTLinux Free，以及一个来自 FSMLabs 的商业版本，称为 RTLinux Pro。

它诞生到现在只有几年时间，在现实世界里已经得到了许多应用。NASA 用 RTLinux 开发出来的数据采集系统用来采集 George 飓风中心的风速；好莱坞的电影制作人用 RTLinux 作为视频编辑工具；RTLinux 还用来作为机器人控制器等。

Linux 本身不适合做实时尤其是硬实时处理，但它拥有丰富的资源，并保持着不断发展的势头。随着实时系统的发展，其应用范围的扩大，实时系统也不一定配置简陋，现在已趋向于更复杂、更分布，也需要使用网络功能、图形用户界面等。能不能做到既利用 Linux 下的资源又达到实时效果呢？

RTLinux 提供了一种解决方案，基本上解决了这一问题。RTLinux 通过硬件和操作系统间的中断控制来支持硬实时（确定性）操作。进行确定性处理所需要的中断由实时核心加工，其他中断送往非实时操作系统。操作系统运行为低优先级线程。先进先出管道（FIFOs）或共享内存可以用来在操作系统和实施核心之间共享数据。有关 RTLinux 的详细论述参见附录 B.1。

9.4 小结

本章首先简单介绍了多媒体操作系统，主要介绍了两个典型的多媒体操作系统：WinMCE 和 BeOS。然后从多机系统的角度，概述了多处理机系统机以及集群环境下操作系统的特点，并介绍了分布式操作系统的一些特点。从硬件环境的构成到软件操作系统的职责做了一般性的介绍，目的是使学生在概念上对这些系统有一个正确的理解和区分。

多媒体操作系统是近来比较热门的研究点，可以说，现在绝大多数的操作系统都可以称为多媒体操作系统，因为通用的操作系统都具有音频和视频文件的管理和回放功能。但在本章中，所指的多媒体操作系统是专业的多媒体操作系统，它们控制多媒体的能力远远超过其他通用的操作系统。

广义上的多处理机系统是指使用多台计算机协同工作来完成所要求的任务的计算机系统，包括狭义多处理机系统和多计算机系统以及分布式操作系统。多处理机系统分为紧密耦合与松散耦合两种类型，而多计算机系统就是一种松散耦合的多处理机系统。分布式系统在硬件的组织上和网络操作系统一样，都具有分布性的网络特点，但操作系统的设计目标是各不相同的。网络操作系统提供网上各自独立的计算机站点之间的通信和资源共享，用户明确地知道共享的资源在哪（如网址），以及与谁通信（如 E-mail 地址）。而分布式操作系统则是把多机（包括多处理机和多计算机）组织成一台机器使用，在分布式系统所包括的计算机中由操作系统统一调度和利用各机器中的资源，对用户来说并不知道当前运行的程序是由哪台计算机执行的，用户只关心并知道当前这台计算机为他做了些什么。

实时系统则是对时间敏感的与环境交互的系统，有单机上的实时系统和多机上的实时系统。当前很盛行的家电嵌入式系统就是实时系统的典型例子。实时操作系统是现代实时系统的核心部分，由于实时系统的特殊性，对实施操作系统提出了严格的要求。现在实施的操作系统，有商家自己开发的，也有的是在现有的操作系统基础上做一些剪裁及针对实时性的改进，在本章也对一些常见的实时操作系统作了简单的介绍。

9.5　习题

1．多处理机系统的基本特点是什么？

2．什么是网络操作系统？什么是分布式操作系统？

3．集群系统的特点是什么？

4．在如下环境中，请确定是硬实时还是软实时更合适？

a．家用温度调节装置

b．核电厂控制系统

c．汽车燃料节能系统

d．喷气机着陆系统

5．什么是嵌入式系统？

6．试提供在互联网上交付的多媒体应用例子。

附　　录

附录 A　Linux 常用命令

各个命令的具体操作及含义可通过 man 命令获取。

A.1　常用文件和目录操作命令

1．cat

语法：cat file［ >|> ］　［ destination file ］
功能：在标准输出上显示文件内容。

2．chmod

语法：chmod-R permission-mode file or directory
功能：改变文件或目录的权限。

3．chown

语法：chown［[-fhR］ Owner ［:Group］ { File ... | Directory ...}
功能：改变被 File 参数指定的文件（为 Owner 参数指定）的所有者。

4．clear

语法：clear
功能：清除终端，在屏幕的最上端显示命令行的提示符。

5．cmp

语法：cmp ［-ls］ file1 file2
功能：比较两个文件的内容。如果两个文件没有差别，cmp 返回空消息。

6．cp

语法：cp ［-R］ source file or directory　 file or directory
功能：复制文件。第一个参数是需要复制的文件，第二个参数是复制生成的文件或路径。如果第二个参数是目录，就把源文件复制到该目录下，文件名和源文件相同。

7．cut

语法：cut ［-cdf list］ file
功能：提取若干数据。数据可以是字节、字符或者文件中的一个域。

8．diff

语法：diff ［iqb］ file1 file2
功能：显示文件之间的差异（显示行与行之间的不同）。

9．du

语法：du ［-ask］ filenames
功能：汇总磁盘的使用情况。

10．emacs

emacs 是全屏显示的编辑器，灵活易用，功能强大。表 A-1 列出了 emacs 常用的命令。

表 A-1 emacs 的常用命令

命令	效果
Ctrl+V	向前移动一屏
M+V	向后移动一屏
Ctrl+P	把光标移动到前一行
Ctrl+N	把光标移动到下一行
Ctrl+F	把光标左移
Ctrl+B	把光标右移
M+F	向前移动一个字
M+B	向后移动一个字
Ctrl+A	移动到当前行首
Ctrl+E	移动到当前行尾
M+A	向后移动到句子的末尾
M+E	向前移动到句子的末尾
<Delete>	删除光标前的字符
Ctrl+D	删除光标后的字符
M+<Delete>	删除光标前的字
M+D	删除光标后的字
Ctrl+K	删除光标所在位置到行尾的所有字符
M+K	删除光标所在位置到当前句尾的内容
Ctrl+X	取消上一个操作
Ctrl+X Ctrl+F	打开另一个文件

续表

命令	效果
Ctrl+X Ctrl+S	保存当前文件
Ctrl+X Ctrl+W	另存当前文件
Ctrl+X S	保存最近修改过的所有缓冲
Ctrl+X Ctrl+C	退出 emacs

11．fgrep

功能：一个搜索命令，速度比 grep 快，但只能用来搜索固定的字符。

12．file

语法：file filename
功能：显示文件的类型。

13．find

语法：find ［path］ ［-type fd1］ ［-name pattern］ ［-atime ［+ -］ number of days］［-exec command {}］ ［-empty］
功能：查找文件和目录。

14．grep

语法：grep ［-viw］ pattern file(s)
功能：可以在一个或多个文件中查找字符串。

15．head

语法：head ［-count | -n number］ filename
功能：显示文件的头几行。默认情况下显示文件的头 10 行。

16．ln

语法：ln ［-s］ sourcefile target
功能：建立两种连接，硬连接与软连接。有硬连接的文件只有当所有的连接都被删除，该文件才会被删除。建立硬连接时不需要 -s 参数。

17．locate

语法：locate keyword
功能：查找文件或命令的路径。该命令将查找完全的字符串或者该字符串的子串。

18．ls

语法：ls ［-laRl］ file or directory

功能：列出一个目录下所有的子目录和文件。

19．mkdir

语法：mkdir directory ...
功能：建立一个目录。目录名称最多只能有 255 个字符；目录名不能含有斜杠（/）。

20．mv

语法：mv ［-if］ sourcefile targetfile
功能：移动或重命名文件或者目录。根据 targetflile 是否存在，mv 将对其进行移动或者重命名。

21．pico

语法：pico ［filename］
功能：pico 是适合习惯 MS Windows 和 DOS 的用户使用的一种文本编辑器。

22．pwd

语法：pwd
功能：显示当前的工作目录。显示绝对路径。

23．rm

语法：rm ［-rif］ directory | file
功能：删除文件或目录。

24．sort

语法：sort ［-rndu］ ［-o outfile］ ［infile | sortedfile］
功能：该命令用来排序，同时还可用来合并文件。它可以读入经排序过的数据文件，把这些文件合并到更大的文件中。

25．stat

语法：stat file
功能：显示文件或者目录的统计数据。

26．strings

语法：strings filename
功能：打印至少四个字符长的字符序列。

27．tail

语法：tail ［-count | -fr］ filename
功能：显示文件的末尾内容。默认情况下显示文件的最后 10 行。

28．touch

语法：touch file or directory

功能：更新文件或者目录的时间信息。如果指定的文件不存在，就建立一个空文件。

29．umask

语法：umask mask

功能：系统管理员可使用该命令为系统中所有的用户文件定义默认的许可设置。

30．uniq

语法：uniq ［-c］ filename

功能：比较相邻行的内容，显示单一行的内容。

31．vi

vi 命令是功能强大的全屏文本编辑器。表 A-2 是 vi 的常用命令和功能。

表 A-2　vi 常用命令

命令	效果
Ctrl + D	窗口向下移动半个屏幕
Ctrl + U	窗口向上移动半个屏幕
Ctrl + F	窗口向上移动一个屏幕
Ctrl + B	窗口向下移动一个屏幕
k 或者向上箭头	光标上移一行
j 或者向下箭头	光标下移一行
i 或者向左箭头	光标左移一个字符
h 或者向右箭头	光标右移一个字符
Return	光标移动到下一行首
–（减号）	光标移动到上一行首
w	光标移动到下个字首
b	光标移动到前个字首
^ 或者 D	光标移动到当前行首
S	光标移动到当前行尾
A	在光标后插入字符
o	在当前行尾打开新的一行
O	在当前行首打开新的一行
x	删除光标所在的字符
dw	删除一个字（包括后面的空格）
D 或者 d	删除光标所在位置到行尾的所有字符
d^	删除从行首到光标左边的空格或者字符
dd	删除当前行

续表

命令	效果
U	取消上一个操作
:w	把当前的修改写入文件，继续修改
:q!	不存盘退出
:ZZ	保存当前文件并退出 vi

32．wc

语法：wc ［-lwc］ filename
功能：统计行、字符和单词数。

33．whatis

语法：whatis keyword
功能：显示一行关于关键字（keyword）的描述。它等同于 man -f。

34．whereis

语法：where is［-bmsu］［-BMS directory ...-f］ filename
功能：确定指定文件的来源和在手册中的区段。输出结果是找到的指定文件的所在路径和相应文件扩展名。

35．which

语法：which command
功能：显示合法的可执行命令的路径和别名。

A.2 文件压缩和文档命令

1．compress

语法：compress ［-v］ file(s)
功能：用 Lempel-Ziv 算法压缩文件。压缩后的文件被加上“.Z”的扩展名。

2．gunzip

语法：gunzip ［-v］ file(s)
功能：把压缩文件恢复到原来的形式。

3．gzip

语法：gzip ［-rv9］ file(s)
功能：该命令是另一个压缩程序，它能产生最大的压缩比，但是压缩速度比较慢。压缩后的文件被加上.gz 的扩展名。

4．rpm

语法：rpm -［ivhqladefUV］ ［--force］ ［--nodeps］ ［--oldpackage］ package list

功能：rpm 是 Red Hat Package Manager 程序，它允许用户处理 RPM 软件包，能够方便地安装和卸载软件。

5．tar

语法：tar ［c］ ［x］ ［v］ ［z］ ［f filename］ file or directory names

功能：把多个文件或者目录压缩到一个文件，也可以把一个压缩文件解压缩成多个文件或者目录。

6．uncompress

语法：uncompress ［-v］ file(s)

功能：用 compress 压缩文件时，原来的文件就不存在了。要把它解压回原来的文件，可以使用 uncompress。

7．unzip

语法：unzip file(s)

功能：解压缩扩展名为“.zip”的压缩文件。

8．uudecode

语法：uucncode in_file target_name

功能：通过把二进制文件转换成 ASCII 可打印字符，把二进制文件转换成可以阅读的格式。

9．zip

语法：zip ［-ACDe9］ file(s)

功能：把文件压缩成 PKZIP 可兼容的格式。

A.3 文件系统命令

1．dd

语法：dd if = input file ［cov = conversion type］ of = output file ［obs = output block size］

功能：该命令用来转换文件格式。

2．df

语法：df ［-k］ file system | file

功能：汇总可供挂装在系统上的驱动器使用的磁盘空间。

3．edquota

功能：给每个用户分配磁盘的使用定额。

4．fdformat

语法：fdformat floppy-device
功能：低级格式化软盘。

5．fdisk

语法：fdisk hard disk device
功能：fdisk 每次处理一个磁盘，它提供简单、朴素的用户界面，是安装 RedHat Linux 后默认的分区工具。

6．mkfs

语法：mkfs ［-t fstype］ ［-cv］ device or -mount-point ［blocks］
功能：建立新的文件系统。

7．mount

语法：mount -a ［-t fstype］ ［-o option］ device directory
功能：挂装文件系统。

8．quota

语法：quota -u username
功能：查询每个用户使用磁盘空间的情况。

9．swapoff

语法：swapoff -a
功能：允许用户使用交换设备。

10．umount

语法：umount -a ［-t fstype］
功能：从当前系统上卸装一个文件系统。

A.4 DOS 兼容命令

1．mcopy

语法：mcopy ［-tm］ source-file or directory destination-file or directory
功能：从 Linux 里复制文件到 MS-DOS。

2．mdel

语法：mdel msdosfile
功能：删除 MS-DOS 文件系统上的文件。

3．mdir

语法：mdir ［-/ ］ msdos-file-or-dirctory
功能：查看 MS-DOS 目录。

4．mformat

语法：mformat ［-t cylinders］ ［-h heads］ ［-s sectors］
功能：格式化 MS-DOS 系统的软盘。

5．mlabel

语法：mlabel ［-vcs］ drive： ［new label］
功能：显示指定驱动器的卷标（如果有的话），并提示输入新的卷标名。

A.5 系统状态命令

1．dmesg

语法：dmesg
功能：显示内核启动的状态信息。

2．free

语法：free
功能：显示内存的使用状态。

3．shutdown

语法：shutdown ［-r］ ［-h］ ［-c］ ［-k］ ［-t seconds］ time ［message］
功能：该命令允许超级用户或者在/etc/shutdown.allow 文件里列出的普通用户关闭系统或者重新启动系统。

4．uname

语法：uname ［-m］ ［-n］ ［-r］ ［-s］ ［-v］ ［-a］
功能：显示当前系统的消息。

5．uptime

语法：uptime

功能：显示当前时间；系统连续开机时间；有多少用户连接在服务器上；系统在最近1、5、15分钟的负载情况。

A.6 用户管理命令

1. chfn

语法：chfn username
功能：改变用户的个人信息。

2. chsh

语法：chsh username
功能：改变用户的 shell。

3. groupadd

语法：groupadd groupname
功能：建立新的用户组。

4. groupmod

语法：groupmod-n new group current group
功能：修改已经存在的组名或者 GID。

5. groups

语法：groups ［username］
功能：显示用户所在的组。

6. last

语法：last ［-number］ ［username］ ［reboot］
功能：显示/var/log/wtmp 建立后登录过的用户列表。

7. passwd

语法：passwd username
功能：修改用户的密码。

8. su

语法：su ［-］［username］
功能：切换到另一个用户。

9. useradd

语法：useradd newuser

功能：建立一个用户账号。

10．userdel

语法：userdel username
功能：删除已经存在的用户。

11．usermod

语法：usermod -d new home directory username
功能：修改用户账号。

12．who

语法：who
功能：显示当前登录到系统的用户信息。

13．whoami

语法：whoami
功能：显示当前用户名。

A.7 网络服务的用户命令

1．finger

语法：finger user@host
功能：查询主机的 finger 守护程序。

2．ftp

语法：ftp ftp-hostname or IP-address
功能：默认的 FTP 客户程序。

3．lynx

语法：lynx ［-dump］［-head］ ［URL］
功能：lynx 是最流行的基于文本的交互式网络浏览器。在命令行输入 URL 就可以浏览。

4．mail

语法：mail user@host ［-s subject］ ［filename］
功能：mail 是默认的 SMTP 邮件客户程序。可以用这个程序从自己的系统收发邮件。

5．pine

语法：pine
功能：pine 是全屏的 SMTP 邮件服务软件，使用方便。

6．rlogin

语法：rlogin ［-l username］ host
功能：用来远程登录到服务器。

7．talk

语法：talk username tty
功能：用来实时地和某用户交流。

8．telnet

语法：telnet hostname or IP address ［port］
功能：这是默认的 Telnet 服务程序。可以用这个命令连接到 Telnet 服务器。

9．wall

语法：wall
功能：把文本信息发送到所有用户的终端。

A.8 网络管理员命令

1．host

语法：host ［-a］ host IP address
功能：默认情况下，host 命令用来检查主机的 IP 地址。

2．hostname

语法：hostname
功能：显示系统的主机名。

3．ifconfig

语法：ifconfig ［interface］ ［up | down］ ［netmask mask］
功能：可用来设置网络接口，也可用来观察接口的状态。

4．netstat

语法：netstat ［-r］ ［-a］ ［-c］ ［-i］ ［-n］
功能：显示网络连接的状态。

5．nslookup

语法：nslookup ［-query = DNS record type］ ［hostname or IP］ ［name server］
功能：该命令执行 DNS 查询。

6．ping

语法：ping ［-c count］ ［-s packet size］ ［-l interface］
功能：该命令通过 TCP/IP 协议用来检查是否能够访问远程计算机。

7．route

语法：route add -net network address netmask dev device
route add-host hostname or IP dev device
route add default gw hostname or IP
功能：控制计算机发送和接收数据。

8．tcpdump

语法：tcpdump expression
功能：tcpdump 是一个网络测试工具，可用来在基础层次上调试网络故障。

9．traceroute

语法：traceroute host or IP address
功能：查找网络的路由问题。

A.9 进程管理命令

1．bg

语法：bg
功能：这是 shell 内置命令，用来把某个进程放置到后台运行。

2．fg

语法：fg ［% job-number］
功能：这是 shell 内置命令，用来把后台的命令放到前台运行。

3．jobs

语法：jobs
功能：这是 shell 内置命令，用来查看在后台挂起的所有进程。

4．kill -signal PID

语法：kill ［-s signal | -p］［-a］ pid ...

Kill -l ［signal］

功能：这个命令给进程发送一个信号。

5．killall

语法：killall ［-egiqvw］［-signal］name ...

killnall -l

killnall -v

功能：通过输入进程名杀死进程。

6．ps

语法：ps

功能：报告系统所有进程。

7．top

语法：jobs

功能：实时监测进程。

A.10　自动任务命令

1．at

语法：at ［-V］［-q queue］［-f file］［-mldbv］TIME

at-c job ［job ...］

功能：准备即将运行的命令。

2．atq

语法：atq ［-V］［-q queue］［-v］

功能：指定任务队列中的 at 任务。

3．atrm

语法：atrm ［-V］［-q queue］［-v］

atrm ［-V］job ［job ...］

功能：停止 at 任务，可以使用 atrm 命令删除某个任务。

4．contab

语法：crontab ［-u user］file

crontab ［-u user］{-l | -r | -e}

功能：建立和修改守护（cron）任务设置。

A.11　高效命令

1．bc

语法：bc
功能：这是交互式的计算器，支持计算机语言。

2．cal

语法：cal ［month］ ［year］
功能：显示在命令行指定的月或者年的日历。

3．ispell

语法：ispell filename
功能：用于对文本文件进行交互式拼写检查。

4．mesg

语法：mesg ［y | n］
功能：设置对终端的写权限。

5．write

语法：write username tty
功能：给用户发信息（如果该用户允许其他用户对他的控制台写访问）。

A.12　shell 命令

1．alias

语法：alias name of the alias = command
功能：为命令建立别名。

2．history

语法：history
功能：显示最近使用过的所有的命令行。

3．set

语法：set var = value
功能：给环境变量设置指定的值。

4．source

语法：source filename
功能：在当前 shell 环境下从指定的文件中读入并运行其命令。

5．unalias

语法：unalias name of the alias
功能：取消命令的别名。

A.13 打印命令

1．lpq

语法：lpq ［-al］ ［-P printer］
功能：列出打印机的状态。

2．lpr

语法：lpr ［-I indentcols］ ［-P printer］ ［filename］
功能：给打印机发送要打印的文件。

3．lprm

语法：lprm ［-a］ ［jobid］ ［all］
功能：请求 lpd 取消某个打印任务。

附录 B 操作系统实例

B.1 实时操作系统 RTLinux

B.1.1 简介

RTLinux 是实时操作系统领域内的后起之秀，由美国新墨西哥工业大学计算机系 Victor Yodaiken 和 Michael Brananov 开发。它诞生到现在只有几年时间，在现实世界里已经得到了许多应用。NASA 用 RTLinux 开发的数据采集系统用来采集飓风中心的风速；好莱坞的电影制作人用 RTLinux 来作为视频编辑工具；RTLinux 还用来作为机器人控制器等。

Linux 本身不适合做实时尤其是硬实时处理，但它拥有丰富的资源，并且保持着不断发展的势头。随着实时系统的发展，其应用范围的扩大，实时系统趋向于更复杂、更分布，实时系统也需要使用网络功能、图形用户界面等。能不能做到既利用 Linux 下的资源又达到实时效果呢？

RTLinux 提供了一种解决方案，基本上解决了这一问题。

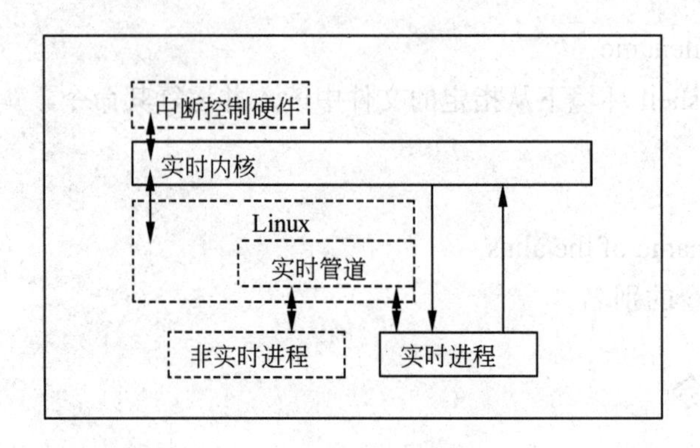

图 B-1　RTLinux 操作系统框架

RTLinux 的体系结构如图 B-1 所示。RTLinux 实际上不是一个独立的操作系统，它依赖于 Linux，图中说明了它与 Linux 之间的关系。实时内核、Linux、实时进程都运行在内核模式（Kernel Mode）下。实时内核和实时进程是 RTLinux 的组成部分。

实时事件的发生到得到响应需要的时间可以粗略地分为两个时间段：一是事件发生到中断开始响应；二是中断响应直到完成所有与之相关的处理。RTLinux 的解决方案从这两个方面入手。

1. RTLinux 对时间的管理

实时操作系统需要精确的时间控制。在 XT 系列的微机中，使用 8253/8254 计数器管理时钟中断。8253/8254 实际上由三个计数器（0～2）组成，0 号计数器用来输出时钟中断，1 号计数器用来刷新 RAM，2 号计数器用来控制扬声器发声。Linux 定义的 8253/8254 时钟频率为 100Hz，初始化成为周期模式，即每次时钟计数到达 0 后输出一个脉冲，计数器恢复初值，重新开始计数，这样周而复始。100Hz 的精度足以满足正常实时要求的场合。

对于 Pentium 以下的 X86 机型，RTLinux 把 8253/8254 时钟改成 one-shot 模式，即时钟计数到达 0 后输出一个脉冲，不再计数。没有实时任务需要处理时，时钟每 3*Tick/4 重新初始化一次，tick 是 Linux 的时钟周期（1/100 秒）。每次检查如果超过了一个 tick 就引发一个 Linux 时钟中断，这样相当于中断发生按照 Linux 方式进行。当有实时任务时，如果实时任务需要定时操作（如周期性任务），则把时钟的计数值设置为最短的最近一个 timeout 的值，就可以精确地实现定时功能。

在 Pentium 以上的 X86 机型中，不使用 8253/8254，而是利用处理机上的 32 位高级可编程中断控制器（APIC）完成上述工作。APIC 用来接收处理各种中断——外部中断、内部软件中断和处理机间中断。除此之外，此中断控制器上还有一个可编程控制的时钟（timer），可以通过控制寄存器启动此时钟。时钟的频率（时基）来自处理机的总线时钟，通过一个配置寄存器来设置总线时钟除以一个因子得到 APIC 时钟的频率。

初始化时（i386/rtl_time.c），根据系统的处理机类型（pentium 或者 pentium 以下）选择时钟的处理方式，然后计算纳秒与 8253/8254 或者 APIC 时钟的相互转化的因子。计算转换因子时，用到了8253/8254的2号计数器，因为此计数器只在扬声器发声时用，可以暂时借用。首先把8253/8254的2号计数器初始化成某个频率、周期模式，给一个初值开始计数，然后立即读取APIC时钟的值。当8253/8254运行若干周期后再读取APIC的时钟值。得到8253/8254和APIC时钟在同样时间段内的tick数目，8253/8254的2号计数器的频率已知，所以可以计算出APIC与纳秒的转换因子。

普通的取时间操作在Pentium处理机上则利用了另外一个计数器，叫做time-stamp counter，此计数器为64位，在处理机初始化时也初始为0，此时钟和处理机以相同的频率计数，对于200MHz的处理机需要2000年才会到发生一次溢出，所以不用担心。初始化时只要计算一下它与纳秒的转换因子，每次取时间时只要用rdstc指令读出计数器里的值，转换一下即可。转换因子的计算方法同前面APIC的计算方法相同。在Pentium以下的机器上需要处理8254中断控制器，这里不再深入讲解。

2．RTLinux的中断管理

中断禁止是影响实时效果的重要因素，这主要是因为它对从事件发生到中断开始响应这段时间有着决定性的影响。

RTLinux修改了CLI、STI、IRET的语义，具体做法如下。

（1）CLI。通常的语义是禁止中断，使处理机不响应外部中断。如果这时外设发出中断，不会立即得到响应，产生不可预测的时延。由于Linux是由世界各地的程序员一起编写的，代码质量良莠不齐，尤其是外设的驱动程序部分，中断禁止时间的长短很难预测。

RTLinux中的CLI变为软中断禁止，它所做的工作仅仅是设置一个标记位表示现在处于中断禁止状态，由于中断并没有被真正禁止，执行CLI后（STI之前）如果外设发出中断，处理机仍然可以响应，中断处理程序（ISR）被执行。RTLinux在中断处理程序的开始处截获中断（“截获”没有听起来那么费解，RTLinux修改了Linux的中断处理程序，在其入口处添加了rtl_intercept函数），并且检查是不是实时中断。如果注册有实时中断处理程序表明这是实时中断，调用之。也有可能不是实时中断，由于现在处于中断禁止状态，RTLinux仅仅记录下这个中断发生了，等系统空闲了（没有实时任务时）再响应。

这样，添加了一个需要实时处理的外设后，可以通过RTLinux提供的机制为这个外设注册一个实时中断处理程序。当此外设引发中断后，不管Linux是否执行了CLI，系统总可以立即进入中断处理程序。

（2）STI。本意是开放中断，在RTLinux中除了需要清除中断禁止标记，还要检查有无由于执行了CLI而被暂时禁止的Linux中断。如果有，这里需要调用对应的中断处理程序。

RTLinux有时需要将已登记尚未处理（pend）的一个Linux中断在这时处理。例如RTLinux会申明自己的时钟中断处理程序，为保证Linux其他部分正常运行，需要pend一个Linux时钟中断。所谓pend一个中断，其实就是在一个全局变量里记载下有哪些中断需要Linux处理。处理时调用fake_irq构造一个堆栈结构，模仿中断处理程序需要的寄存器堆栈格式，然后调用Linux的do_IRQ（参见Linux源代码相关部分）。

（3）IRET。它所做的主要工作与STI类似。

（4）处理机间中断的处理。Linux系统初始化之后，可以通过向特殊的地址写命令给指定的处理机发送中断。RTLinux 也会捕获并处理处理机间中断，并且声明一个处理机间中断处理函数 rtl_resched_irq，对应一个特殊的处理机建中断。这个中断用来执行其他处理机传送过来指令。每个处理机对应一个 rtl_sched 数据结构，此结构中有一个指针域用来存放其他处理机传送来的 tq_struct 结构，别的处理机只需把某个函数指针及其参数填写到 tq_struct 中，把这个结构链接到目标处理机的 rtl_sched 上，再向此处理机发送一个中断。目标处理机接到中断后进入中断处理程序 rtl_resched_irq，把链表上所有 tq_struct 逐个取下，执行其中的函数。

如图 B-2 所示的例子，CPU2 希望处理机 CPU1 执行函数 work（param）。CPU1 把一个 tq_struct 结构填好后链接到 CPU2 对应 rtl_sched 的链表上，链接操作需要使用锁保护，防止不一致情况发生。然后发送一个 IPI 给 CPU1。

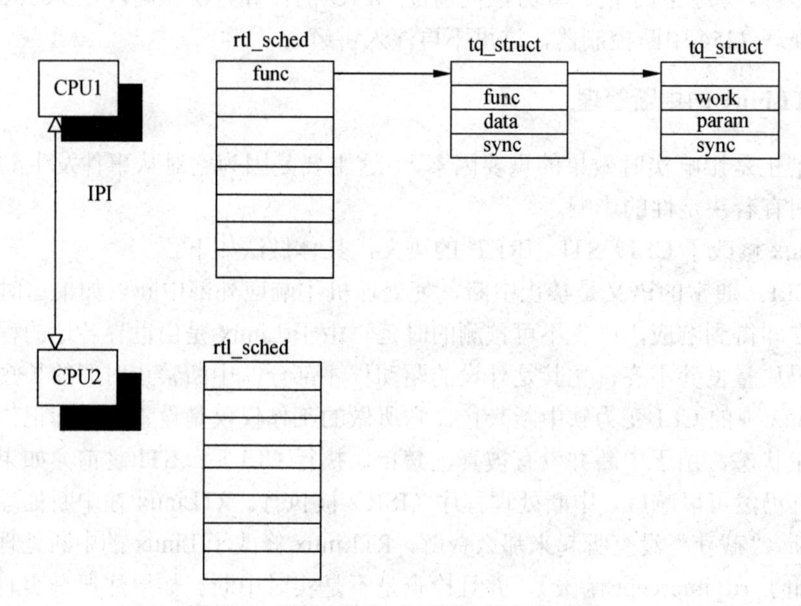

图 B-2 用处理机间中断通知别的处理机

3．RTLinux 的进程调度

Linux 进程往往不能被实时调度。通常在 UNIX（类似 Linux）中，进程调用系统调用时不会被别的进程抢占。但是这样会导致不可预料的时延。例如，某个进程需要从并口读取数据，进程挂起在缓冲区上等待数据。并口准备好数据后引发一个中断，中断处理程序把数据放到缓冲区里，并且把等待的 Linux 进程唤醒。但是，中断发生时假设另外一个进程正在执行系统调用，那么这时调度器还不会被引发，在 Linux 中，调用系统调用的进程会继续执行到系统调用退出时才会重新调度。

RTLinux 自己调度实时任务，每个处理机对应一个 rtl_sched 结构，rtl_sched 结构包含一个进程队列和其他信息，它给 Linux 赋予仅次于空闲进程的最低优先级，这样在调度时总是可以优先调度实时任务，仅当系统中没用实时任务时才会返回到 Linux 中。Linux 进程其实并不像其他进程那样有一个完成包括堆栈等信息的 PCB，仅仅记录返回地址就可以了。

还以上面的并口中断为例，在 RTLinux 中需要创建一个实时进程（RTLinux 进程）处理并口数据，这时中断处理程序把等待的进程状态设置为 ready 后退出，RTLinux 的调度器可以开始调度。如果这个进程的优先级是当前进程中最高的，它就会被调度执行。

图 B-1 中还有一个实时管道，RTLinux 进程用它与 Linux 进程通信。RTLinux 进程与 Linux 进程是不同的，平时互不相干。在编写一个实时系统的时候，需要把实时部分与非时实部分分开，使实时部分尽可能小。例如，一个系统需要实时采集数据，然后用图形化的方式将所得数据输出。实时部分就可以只包括数据采集部分（RTLinux 进程），而把图形化显示部分作为普通任务（Linux 进程），RTLinux 进程通过实时管道给 Linux 图形显示进程传输数据。如果把它们都作为实时部件来处理，会使系统庞大臃肿，不易达到理想的处理效果。

B.1.2 RTLinux 安装

首先要从网上获得 RTLinux 和 Linux kernel 的源代码。

注意：某一种版本 RTLinux 需要配合适当版本的 Linux kernel 源代码才能编译。

举例来说，如果是 RTLinux3.0 版本的源代码，且其目录位于/usr/src/rtlinux-3.0，可以使用命令：

```
grep -A 2 "^ \ W*VERSION" kernel_patch*
```

来获得该版本的 RTLinux 需要哪个版本的 Linux 内核的支持。其输出为：

```
kernel_patch-2.2: VERSION = 2
kernel_patch-2.2- PATCHLEVEL = 2
kernel_patch-2.2- SUBLEVEL = 18
--
kernel_patch-2.4: VERSION = 2
kernel_patch-2.4- PATCHLEVEL = 4
kernel_patch-2.4- SUBLEVEL = 0
```

其含义是所需要的 Linux 的内核版本为 2.2.18 或 2.4.0。然后就需要从网上下载相应版本的 Linux 内核源代码。

下面介绍 RTLinux 的安装步骤。

（1）将下载的 Linux 内核源代码解压到/usr/src/linux 下。

```
cd /usr/src
mv linux linux.old//            // 保存原有的目录
tar xzf /tmp/linux-*.*.*.tar.gz
                                /*将 Linux 源代码解压到/ usr/ src/ linux 目录下*/
```

（2）将下载的 RTLinux 源代码解压到/usr/src/rtlinux 下。

```
cd /usr/src
tar xzf/tmp/rtlinux-*.tar.gz     /*将 RTLinux 源代码解压到/ usr/ src/ rtlinux
                                  目录下*/
```

```
cd/usr/src/rtlinux
ln -sf/usr/src/linux./linux      //创建指向 Linux 源代码目录的符号链接
```

（3）给 Linux 内核源代码打上 RTLinux 的补丁。

```
cd/usr/src/linux
patch -p1 </usr/src/rtlinux/kernel_patch-2.2
```

或者

```
patch -p1 < path_to_rtlinux/kernel_patch-2.4
```

（4）配置编译 Linux 内核。

```
make menuconfig
```

注意：这里配置内核编译选项时要选择合适的 CPU 类型，建议不要支持 SMP 和 APM 选项。

```
make dep
make bzImage
make modules
make modules_install
```

将 arch/i386/boot/bzImage 复制到/boot 下，重新命名为 rtzImage。

```
Cp arch/i386/boot/bzImage/boot/rtzImage
```

（5）添加启动选项。

如果使用 lilo，则在 lilo.conf 中添加：

```
image=/ boot/ rtzImage
label=rtlinux
read-only
root=/dev/hda5        //视自己的具体分区而定
```

然后运行命令：

```
/sbin/lilo
```

如果使用 grub，则在/boot/grub/grub.conf 中添加：

```
title Red Hat Linuz(rtlinux)
root (hd0,4)          //这里为 Linux 根分区的分区号，从 0 开始
kernel/rtzImage ro root=/dev/hda5
```

（6）重新启动机器，在启动选项中进入 rtlinux。

（7）编译 rtlinux。

```
cd/usr/src/rtlinux-3.0
make menuconfig
```

```
make
make devices
make install
```

这样 RTLinux 就安装完毕了。可以测试一下 RTLinux 自带的几个小程序，在 /usr/rtlinux/examples 下有几个子目录，这些都是运行在 RTLinux 下的例子。比如：

```
cd/usr/rtlinux/examples/sound
make test
```

B.1.3 编写 RTLinux 程序

1．模块的加载与卸载

Linux 下内核模块就是一个目标文件，一般是通过使用 gcc 加上“-c”编译选项生成的。模块自身是用 C 语言编写的。它没有 main()函数。但必须有一对函数：

init_module 和 cleanup_module。

- init_module 函数在模块被加载到内核中时被调用，如果返回值为 0 表示成功，负值表示失败。
- cleanup_module 在模块要从内核中卸载时被调用。

init_module 一般向内核注册一些处理函数，或者用自己的代码替换内核的一段代码，cleanup_module 做与 init_module 相反的工作。

如果已经编写好了一个内核模块程序，比如 module.c，则可以用下面的命令编译它：

```
$gcc -c {SOME-FLAGS} module.c
```

这个命令生成了一个目标文件 module.o，可以用 insmod 命令把它插入到内核中：

```
$insmod module.o
```

类似地，可以用 rmmod 命令把它从内核中卸载：

```
$rmmod module
```

2．创建 RTLinux 线程

实时应用程序通常是由若干个线程组成的。线程是轻量级的进程，它们共享相同的地址空间。在 RTLinux 中，所有的实时线程共享内核的地址空间。这样做的好处是线程之间切换的代价很小。下面通过例子介绍控制线程的执行。

```
Hello.c
#include <rtl.h>
#include <time.h>
#include <pthread.h>
```

```
pthread_t thread;

void * thread_code(void)
{
    pthread_make_periodic_np(pthread_self(), gethrtime(), 1000000000);

    while (1)
{
pthread_wait_np ();// 挂起线程
rtl_printf(" Hello World \ n");
}
    return 0;
}

int init_module(void)
{
    return pthread_create(&thread, NULL, thread_code, NULL);// 创建线程
}

void cleanup_module(void)
{
    pthread_delete_np(thread);// 终止线程
}
```

3．程序所用系统函数（系统调用）的介绍

1）pthread_create()

```
int  pthread_create (pthread_t  * thread,
             pthread_attr_t * attr,
             void * (*thread_code)(void *),
             void * arg) ;
```

该函数是按 POSIX 标准定义的函数，它创建一个新的线程。这个新线程是在内核中执行的，而且 pthread_create()只能在内核线程中被调用。参数 pthread_t 定义在 pthread.h 中，线程创建完毕时会返回这个结构，其中包含线程的数据信息。pthread_attr_t 定义了线程的属性，thread_code 是线程创建后要执行的函数，arg 代表传给函数的参数。如果 attr 是 NULL，则会使用默认的属性。

2）pthread_make_periodic_np()

```
Int pthread_make_periodic_up(pthread_t thread,
hrtime_t start_time,
hrtime_t period);
```

这个函数标识线程的开始执行时间和执行时间间隔，这里的时间都是以 10 亿分之一秒（nanosecond）为单位。程序中 period 参数设置成 1000000000，表示线程要每隔一秒钟就执行一次。所以内核调度程序需要周期性地启动这个线程执行之。

3）gethrtime()

```
hrtime_t gethrtime(void);
```

这个函数返回自从系统启动以来的时间，在程序中意味着线程从当前时刻开始执行。

4）pthread_wait_np()

```
int pthread_wait_np(void);
```

这个函数挂起线程，直到下一个执行时刻到来时为止。

5）pthread_delefe_np()

```
int pthread_delete_np (pthread_t thread);
```

这个函数完成终止线程的工作。若参数为空，则代表当前线程。

6）rtl_printf()

```
int rtl_printf(const char * fmt, ...);
```

这是个实时输出函数，类似于 printf，不同的是它具有实时特性。

4. 编译和执行

步骤如下：

（1）按如下格式编写 Makefile 文件。

```
include rtl.mk
all: hello.o
clean:
    rm -f *.o
hello.o: hello.c
    $(CC) ${INCLUDE} ${CFLAGS} -c hello.c
```

然后，在 RTLinux 的源代码中找到“rtl.mk”，把它和“hello.c”文件放在同一目录下，rtl.mk 中包含了一些编译选项设置。我们直接利用了 RTLinux 中的选项设置。

（2）执行 make 命令。

```
$ make
```

（3）加载内核模块，这需要以 root 身份工作。

```
# rtlinux start hello
```

可以通过 dmesg 查看打印出来的信息，也就是每隔一秒钟打印出一行 Hello World。

（4）卸载模块。

```
# rtlinux stop hello
```

另外，加载和卸载模块也可以使用 insmod 和 rmmod 命令。

B.2 集群及 PVM

B.2.1 集群的概念

集群计算是近几年研究的热门方向之一，它利用网络中的多个结点来协同工作。和一般的分布式计算不同的是，集群计算的主要目的是利用网络中多个结点的计算能力把它们虚拟成一台具有更高计算性能的计算机，主要用于科学计算。集群主要用于局域网中。

集群计算环境一般是建立在某个消息传递平台之上的，而 PVM 和 MPI 是目前最为流行的两个消息传递平台。它们的特点如下：

PVM（parallel virtual machine）是一个能用来进行并行程序设计的软件环境，在 PVM 环境下，用户的计算任务被分配到各个计算结点上，多个结点可以并行地计算，从而实现粗粒度的并行。它作为集群计算事实上的标准，不仅可以实现多机上多进程的高效率、协调的工作，而且提供很强的管理工具，包括安全管理和容错机制。

MPI（message passing interface）设计的目的是为消息传递建立一个实际的、可移植的、有效的和灵活的标准。和 PVM 不同的是，它的主要目标是消息通信的灵活性和高效性。它的优势在于点到点通信和组通信的灵活性，它可以定义消息通信的拓扑结构，并扩展消息的类型。但是它没有错误处理机制，也没有很好的管理工具，因此我们选择 PVM 作为集群计算的实现平台。

B.2.2 PVM 的产生和发展

PVM 是一个在网络上的虚拟并行机系统的软件包。它允许将网络上基于 UNIX 操作系统的并行机和单处理机的集合当成一台单一的“并行虚拟机”来使用。

PVM 的开发最早开始于 1989 年夏天，目前它的开发队伍包括美国橡树岭国家实验室（ORNL）、Tennessee 大学、Emory 大学以及 CMU 等单位，并得到美国能源部、国家科学基金以及田纳西州的资助。PVM 是一套并行计算工具软件，支持多种体系结构的计算机，像工作站、并行机以及向量机等，通过网络将它们联起来，给用户提供一个功能强大的分布存储计算机系统。PVM 支持 C 和 FORTRAN 两种语言，目前已发展到 3.4 版，由于它是免费的，因此使用范围非常广泛。

B.2.3 PVM 的特点

PVM 支持用户采用消息传递方式编写并行程序，计算以任务（task）为单位，一个任务就是一个 UNIX 进程，每个任务都有一个 taskid 来标识（不同于进程号）。PVM 支持在虚拟机中自动加载任务运行，任务间可以相互通信以及同步。一般来说，在 PVM 系统中一个任务被加载到哪个处理机结点上去运行，对用户是透明的（PVM 允许用户指定任务加载的结点），这样就方便了用户编写并行程序。

归结起来，PVM 有如下几个特点：

- PVM 系统支持多用户及多任务运行。多个用户可将系统配置成相互重叠的虚拟机，每个用户可同时执行多个应用程序。
- 易于编程。PVM 支持多种并行计算模型，用户使用 PVM 提供的函数库可进行并行程序或分布式程序的设计工作，使用传统的 C 语言和 FORTRAN 语言。
- 系统提供一组便于使用的通信原语，可实现一个任务向其他任务发消息，向多个任务发消息，以及阻塞和无阻塞收发消息等功能，用户编程与网络接口分离。系统还实现了通信缓冲区的动态管理机制，每个消息所需的缓冲区由 PVM 运行时动态申请，消息长度只受结点上可用存储空间的限制。
- PVM 提出了进程组的概念，可以把一些进程组成一个进程组，一个进程可属于多个进程组，而且可以在执行时动态改变。
- 支持异构计算机联网构成并行虚拟计算机系统，且易于安装、配置。PVM 支持的异构性分为三层：机器层、应用层和网络层。也就是说，PVM 允许应用任务充分利用网络中适于求解问题的硬件结构；PVM 处理所有需要的数据转换任务；PVM 允许虚拟机内的多个机器用不同的网络（FDDI、Token RING 和 Ethernet 等）相连。
- 具有容错功能。当发现一个结点出故障时，PVM 会自动将其从虚拟机中删除。
- 结构紧凑。整个系统只占 3MB 左右的空间，并且该软件系统是免费提供的。

B.2.4 PVM 的系统组成

PVM 系统由三个部分组成。第一部分是监控程序（Daemon），称为 pvmd。监控程序安装在构成虚拟机的每个宿主机上。当用户要运行一个 PVM 程序时，必须先在一台宿主机上运行 pvmd，而 PVM 会按照配置文件 hostfile 自动启动所有宿主机上的 pvmd。然后，用户可以在任意一台宿主机中键入并运行它的 PVM 应用程序。用户可自行定义虚拟机，多个用户所配置的虚拟机之间可以互相重叠，而且每个用户可以同时运行多个 PVM 应用程序。

PVM 系统的另一部分就是 PVM 接口函数库，用户程序可以调用库中的函数进行信息传递、创建进程、实现任务同步以及修改虚拟机的配置等。对 PVM 应用程序进行编译时都必须连接这个函数库。

PVM 系统的第三部分是控制台（Console），用于 PVM 的交互使用方式，相应命令是 pvm。用户可以通过交互方式来增/删虚拟机环境中的宿主机，或者启动和终止 PVM 进程等。控制台方式下有一组供用户使用的交互命令。

PVM 并行虚拟机的建立需要用户在运行 PVM 应用程序之前，在规定的每个物理机器上首先启动 PVM 监控程序，以此形成并行虚拟环境。

B.2.5 PVM 的安装和使用

1．安装

1）PVM 包安装

在一般的 Linux 发布中都有 pvm 软件包，比如在 RedHat Linux 7.3 环境中执行命令：

```
rpm -qa pvm*
```

输出为：

```
pvm-3.4.4-2
pvm-gui-3.4.4-2
```

说明安装了 pvm 软件。如果没有输出类似信息，则需要安装 pvm 软件。装入 RedHat Linux7.3 安装盘，运行：

```
rpm -i rpm-3.4.4-2
```

2）源代码安装

PVM 是免费的软件，一般用户可以从网上（http://www.epm.ornl.org/pvm/pvm_home.html）下载它的源码，比如版本 pvm 3.4.4.tgz。安装时将文件解包后，编译链接就可以了，过程如下。

（1）进入到要安装 PVM 的目录（比如/usr/local），执行：

```
tar xzvf pvm3.4.4.tgz
```

将在当前目录下产生一个 pvm3 的目录。

（2）进入到 pvm3 目录，执行：

```
export PVM_ROOT=/usr/local/pvm3
export PVM_DPATH=$PVM_ROOT/lib/pvmd
```

（3）执行 make 编译 PVM 软件。执行：

```
make
```

此时便执行 pvm3 目录下的 makefile 文件中的默认任务，即编译 PVM 软件。

2．使用方法

在控制台下执行 pvm 就进入到 PVM 控制台环境，同时 PVM 监控程序在后台被启动。有一系列可以在 PVM 控制台环境下执行的命令，用来进行配置和管理 PVM，可以在 PVM 控制台环境下执行 help 来查看各个命令的用法。

下面扼要介绍一下各个命令的用法。

- conf：用来查看 PVM 虚拟机中的机器配置。
- add：用来在一个 PVM 并行虚拟机中加入一个计算结点。
- delete：用来从一个 PVM 并行虚拟机中删除一个计算结点。
- alias：用来为一些命令设置别名，从而使用户可以很方便地使用喜欢、简便的词汇来代表命令，这尤其在频繁使用某个命令时候特别有用。
- unalias：用来取消别名的设置，是和 alias 相对应的命令，它们完成的功能恰好相反。
- echo：仅仅作为回显的命令存在。
- export：用来在任务派生中增加环境变量，如果需要，这些环境变量可以为程序所利用，完成相应的工作。
- unexport：除去环境变量，它的功能和 export 恰好相反。
- quit：用来退出 PVM 控制台，执行命令后，将返回到用户 shell 的提示符下，而 pvmd 仍然执行。
- halt：用来终止 pvmd。执行此命令，所有的 PVM 任务都将结束，而 pvmd 也将结束退出，然后返回用户 shell 的提示符下。它和上面 quit 命令的区别是 pvmd 是否结束执行。
- help：用来查看帮助信息，这是一个非常有用的命令，不熟悉 PVM 的用户可以借助这个命令来了解使用 PVM。
- id：用来打印控制台的任务号。
- spawn：用来派生任务，这是用户需要经常使用的命令。通常，用户可以使用它来完成用户任务的执行。
- ps：用来查看当前在 PVM 系统中运行的任务数目。
- kill：用来中止正在运行的任务。在有些情况下，任务程序的设计中可能存在错误，如死锁，从而出现任务不能结束的情况，这时候可以利用这个命令来结束任务。
- jobs：显示当前任务数量，这个任务仅仅是产生程序踪迹文件的任务数量。
- reset：用来杀死所有当前正在执行的任务。这个命令在 PVM 工作不正常时可以使用。
- setenv：用来显示设置当前系统中的环境变量，这些环境变量既包括当前所有 UNIX 环境下的变量，也包括 PVM 系统专用的一些环境变量，通过这些环境变量的动态设置，用户可以灵活地对系统进行配置。

以上是对 PVM 控制台命令的一些比较简要的介绍，如果在使用中还存在问题，可以查阅 PVM 的联机帮助，以获得更为全面的认识。

附录 C　云计算与 Google App Engine

C.1　网格计算与云计算

在 21 世纪初，很多领域需要强大的计算能力，但是却无法配备足够的高端服务器。于是，人们将思路转向“网格计算”(grid computing)。因为这种计算方式像格子一样的体系结构，它将过剩的计算能力以及其他闲置的信息技术资源联系起来，提供给那些在一定时间内需要高性能计算能力的部门。这种利用互联网把分散在不同地理位置的计算机组成一个“虚拟的超级计算机”的计算模式，即网格计算模式，每一台参与计算的计算机就是一个结点，而整个计算就是由成千上万个结点组成的一个网络。

在过去的几年中，网格计算作为一种分布式计算体系结构日益流行，很多领域都采用过网格计算解决方案来解决自己的关键业务需求。网格计算主要专注于解决分布式计算的系统管理问题，例如安全、验证及跨异构平台和跨不同机构的策略管理。网格计算在Internet的基础上强调对计算、数据、设备等网络基本资源进行整合，力图将 Internet 作为一个社会化的计算基础设施。它在计算模型、技术路径和研究目标上，强调多机构之间大规模的资源共享和合作使用，并提供了资源共享的基本方法。网格计算技术的目的是结合高性能计算技术和网络计算技术将高性能计算机的能力释放出去，构造一个公共的高性能处理和海量信息存储的计算基础设施，使各类用户和应用能够共享资源。有关网格平台应用的介绍，可参见由任爱华编著，清华大学出版社出版的《操作系统辅导与提高》。

随着分布式计算的需求不断扩大，云计算的概念在网格的基础上发展起来。实际上，云计算（cloud computing）是分布式处理、并行处理（parallel computing）和网格计算（grid computing）的发展，或者说是这些计算机科学概念的一种商业实现。它将计算任务分布在大量计算机构成的资源池上，使各种应用系统能够根据需要获取计算力、存储空间和各种软件服务。也就是说，在未来所有的应用、数据都放到统一集中的云端虚拟空间中，客户端不需要安装任何软件，需要什么服务就去网络上获取。

但是云计算又和网格计算有着很大的区别。网格计算强调的是连接，它对整个计算资源中心的控制能力相比云计算概念要弱得多。此外，网格计算很难实现对资源的动态分配和动态切割。要对计算资源进行动态切割和分配，需要对整个分布式、异构计算环境有极为强大的监管和控制能力。从用户群的角度来说，网格计算更适合那些需要大量数据的少数用户，而云计算更适合服务于广大的普通用户。在普通用户中，他们每次需要的数据可能并不多。此外，网格关注在计算资源和计算能力的分享上，而没有考虑到计算中心应该交付的是服务，这一点阻碍了对网格的应用。而云计算提供了远远超越计算和存储本身的服务，其内涵更加丰富。除了提供计算和存储基础设施服务之外，还可以提供虚拟主机的租用、应用程序运行环境、编程模型、协同环境、社会关系网的数据信息服务、商业流程以及 IT 管理外包等各种模式。总之，云计算具有三个新特性：以 Web 为中心；对计算资源进行动态切割与动态分配；最后交付的是服务。云计算在 IT 市场上的雏形正在初步形成，在未来云计算技术将会得到更大的发展而成为主流技术。

云计算有三种服务类型：基础设施即服务（Infrastructure-as-a-Service，IaaS），平台即服务（Platform-as-a-Service，PaaS）和软件即服务（Software-as-a-Service，SaaS）。这三种服务是从三个层次来划分的，硬件（最底层）、开发平台（中间层）、可供用户使用的软件（最高层）。下面对这三种服务逐一介绍。

- IaaS：亦称为基础设施云。它将 IT 的基础设施作为业务平台，为用户提供底层的、接近于直接操作硬件资源的服务接口，如服务器、网络设施、存储设备等。这类服务可供PaaS 调用。主要产品包括：Salesforce Sales Cloud，Google Apps，Zimbra，Zoho 和 IBM Lotus Live 等。

PaaS：亦称为平台云。它将应用开发环境作为业务平台，将应用开发的接口和工具提供给用户用于创造新的应用，也是已开发好的软件服务（即 SaaS）的运行平台。Google 通过其 App Engine 软件环境向应用开发者提供平台云业务，应用开发者必须采用 App Engine 应用接口来开发应用。PaaS 可供 SaaS 调用。主要产品包括：Google App Engine，force.com，heroku 和 Windows Azure Platform 等。

SaaS：亦称为软件云。指基于 IaaS 或 PaaS 开发的软件。与传统的套装软件不同，软件云是通过使用互联网来实现业务的，为用户在互联网上提供一种以标准接口访问的一个或多个软件功能。

本附录主要介绍 PaaS 服务平台的 Google App Engine。

C.2 Google App Engine

C.2.1 Google App Engine 引言

Google App Engine（GAE）是 Google 发布的一个基于云的平台，在 Google 大量的基础架构上提供了一系列的服务，如 Web 应用托管、数据存储以及高速网络的功能。该平台允许开发人员在 Google 所提供的基础设施上运行自己开发的网络应用程序，每个免费账户可创建最多消耗 500MB 存储空间且月浏览量最多为 500 万页的应用程序。GAE 应用程序易于构建和维护，可根据访问量和数据存储需求的增长弹性扩展。在 GAE 上运行的应用程序可以是用 Python 或 Java 编程语言编写的。本文主要介绍 Google App Engine for Java。使用 GAE，将不再需要维护服务器：开发人员只需上传自己的应用程序，便可立即为其用户提供服务。除此之外，用户不需要任何设置，就可以使用 GAE 中的服务，如数据库、邮件、缓存等软件服务。具体如表 C-1 所示。

表 C-1 可提供的服务与提供者

服务	提供者
Datastore	Google 的 BigTable，一种高性能的专有数据库系统，可用来以半结构化的形式存储大量数据
邮件	用来发送电子邮件的 Google Mail（Gmail）
缓存	Memcache，一种高性能的分布式内存对象缓存系统
身份验证	用来进行身份认证和用户管理的 Google 账户

C.2.2 Google App Engine 的使用

用户在使用 Google App Engine 时，只需下载一个 SDK 在本地模拟 Google App Engine

环境进行开发，然后将服务部署到 GAE 中，并且获得一个免费的 appspot.com 域名。用户使用标准的 Web 浏览器和应用进行交互，而不用关心发布和内部管理。在此过程中，GAE 体现了云计算的几个特征：

- GAE 是一个云计算中的 PaaS。开发人员可以使用 Google App Engine 创建公共或者内部的 Web 应用。
- 使用 GAE 创建的应用是一个云计算中的 SaaS。服务的使用者可以通过浏览器来访问。
- 还有和其他第三方提供的服务平台集成的能力。

在后续的几节中，将讨论如何在本地机安装 Google App Engine 开发环境以及在此环境下开发的简单实例。

C.3 Google App Engine 开发环境的安装

Google App Engine 支持两种开发方式：一种是基于 Eclipse 集成开发工具的方式，另一种则是不采用 Eclipse 的开发方式。本文将介绍在已有 MyEclipse 6.5 环境的基础上安装 Google App Engine SDK，以及如何在 MyEclipse 环境下开发 GAE 应用程序，并把应用程序部署到 Google App Engine 上。

在开始安装 Google App Engine SDK 前，需要安装三个基本平台，即 JDK、MyEclipse 和 Tomcat。这三个工具软件的下载地址分别是：

- JDK 的下载地址为：http://java.sun.com/j2se/1.5.0/download.jsp
- MyEclipse6.5 的下载地址为：http://downloads.myeclipseide.com/downloads/products/eworkbench/6.5.0 GA/MyEclipse_6.5.0GA_E3.3.2_Installer_A.exe
- Tomcat 的下载地址为：http://tomcat.apache.org/download-60.cgi

JDK、MyEclipse 和 Tomcat 的安装过程本文不再赘述。下面仅介绍 SDK 的安装过程。

C.3.1 安装 SDK

（1）打开 MyEclipse，单击菜单的 Help→Software Updates→find and install 出现 Install/Update 窗口，如图 C-1 所示。选择 Search for new features to install，单击 Next 按钮。

（2）单击 New Remote Site 按钮，出现界面如图 C-2 所示。在 Name 栏中输入更新地址的名字（可以随意取，如 Google Update Site），在 URL 中输入 http://dl.google.com/eclipse/plugin/3.3，单击 OK。注意保持网络连接。

（3）选中 Google Update Site 及下面的 Ignore features not applicable to this environment，单击 Finish，如图 C-3 所示。

（4）显示搜索结果列表，选中 Google Update Site，选中下面的 Show the latest version of a feature only。单击 Next，如图 C-4 所示。

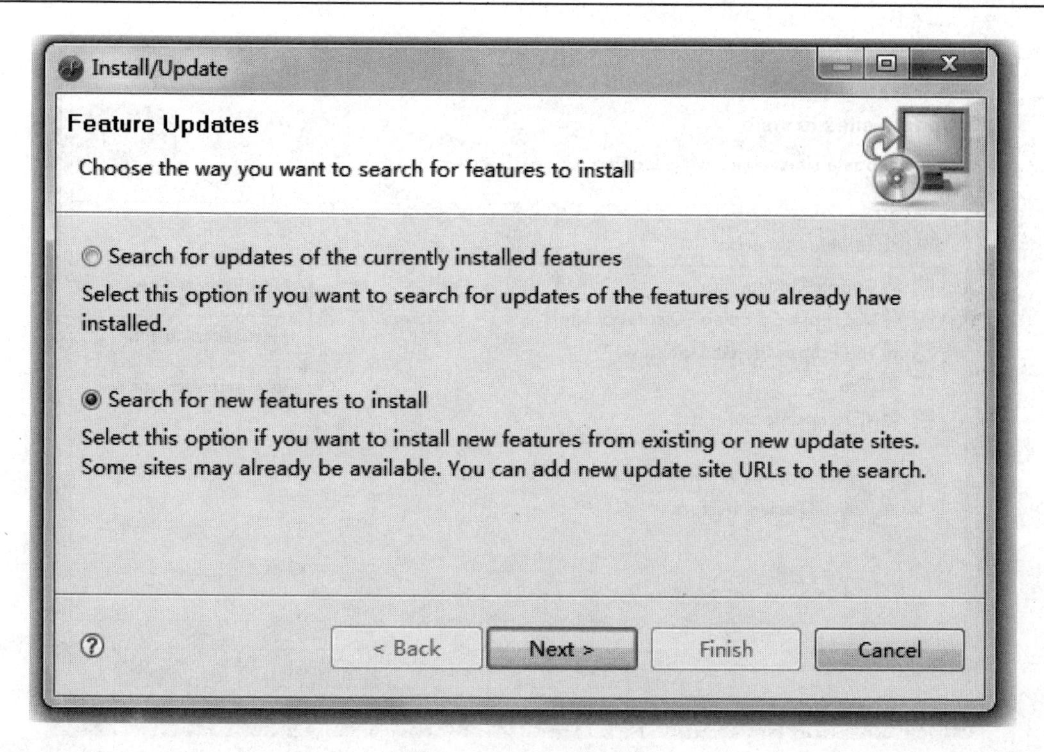

图 C-1 Install/Update 窗口

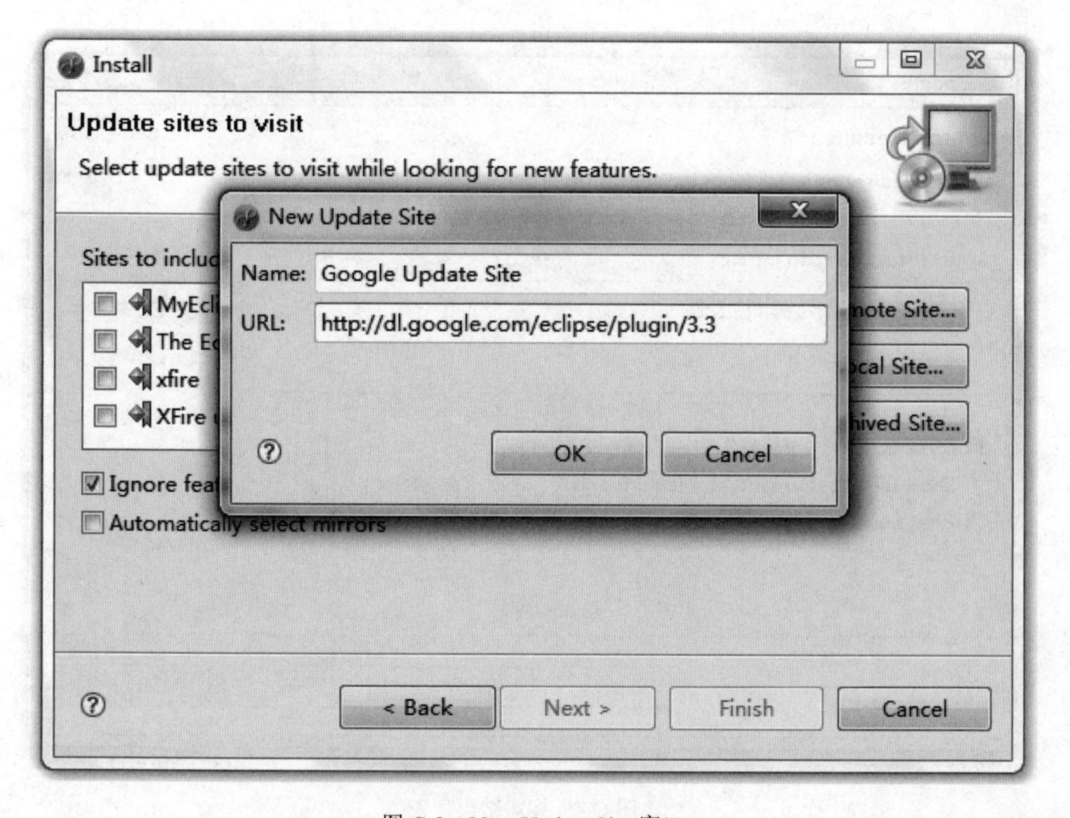

图 C-2 New Update Site 窗口

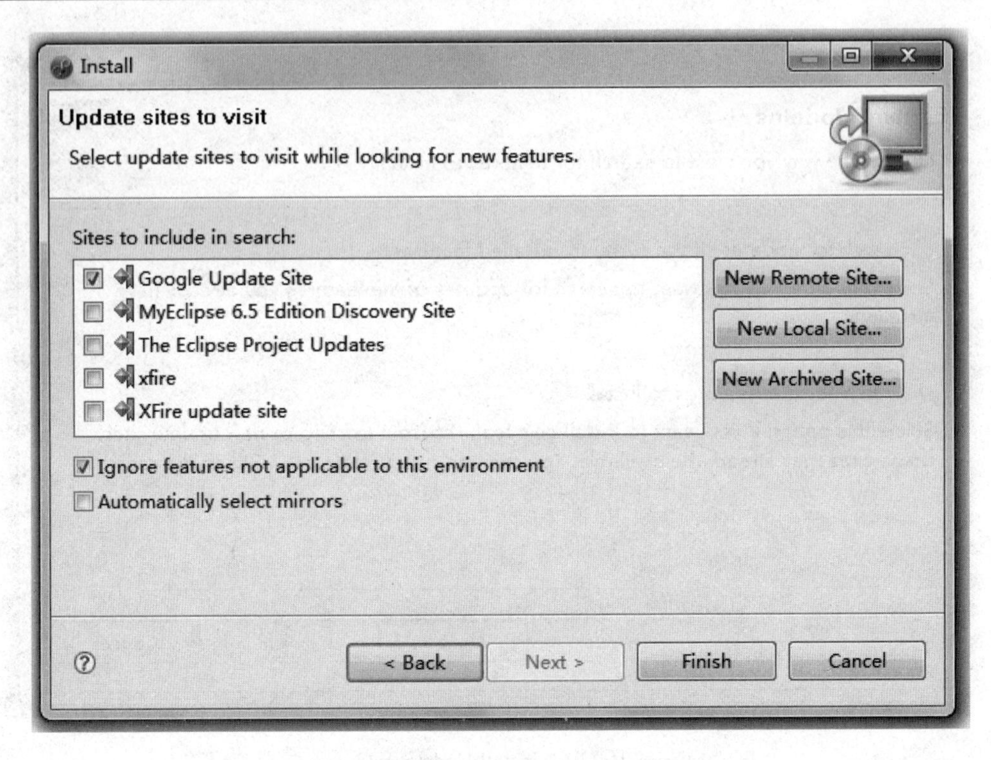

图 C-3　选中 Google Update Site 窗口

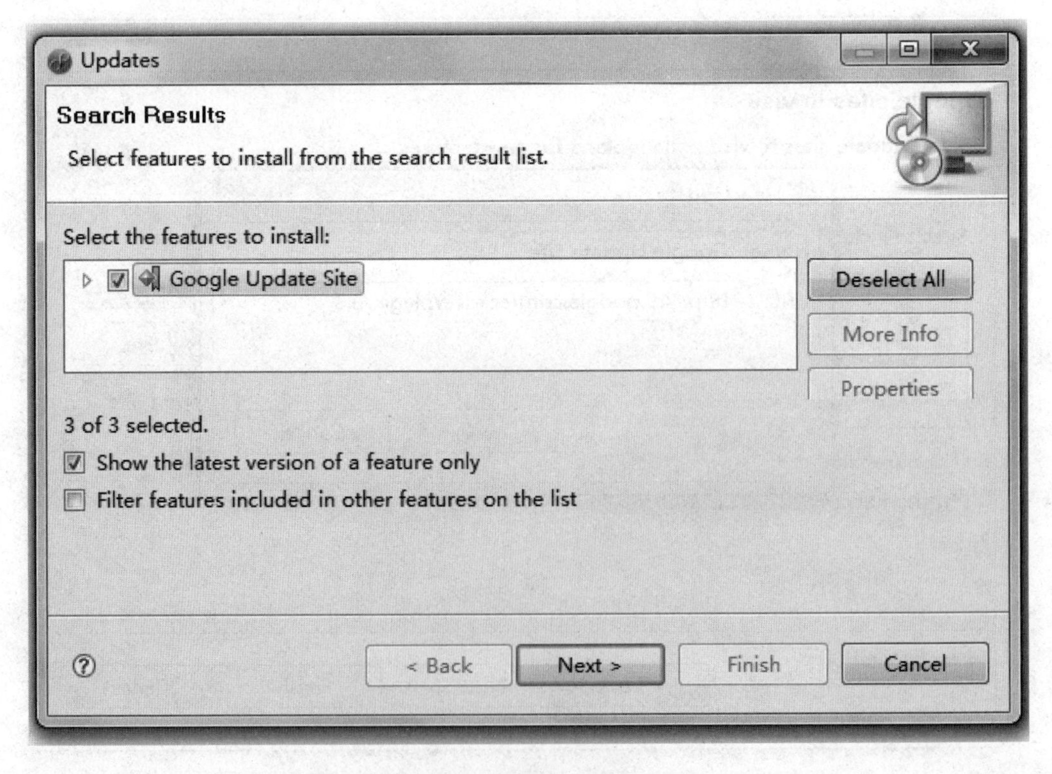

图 C-4　搜索结果列表

（5）选中接受协议内容。单击 Next，如图 C-5 所示。

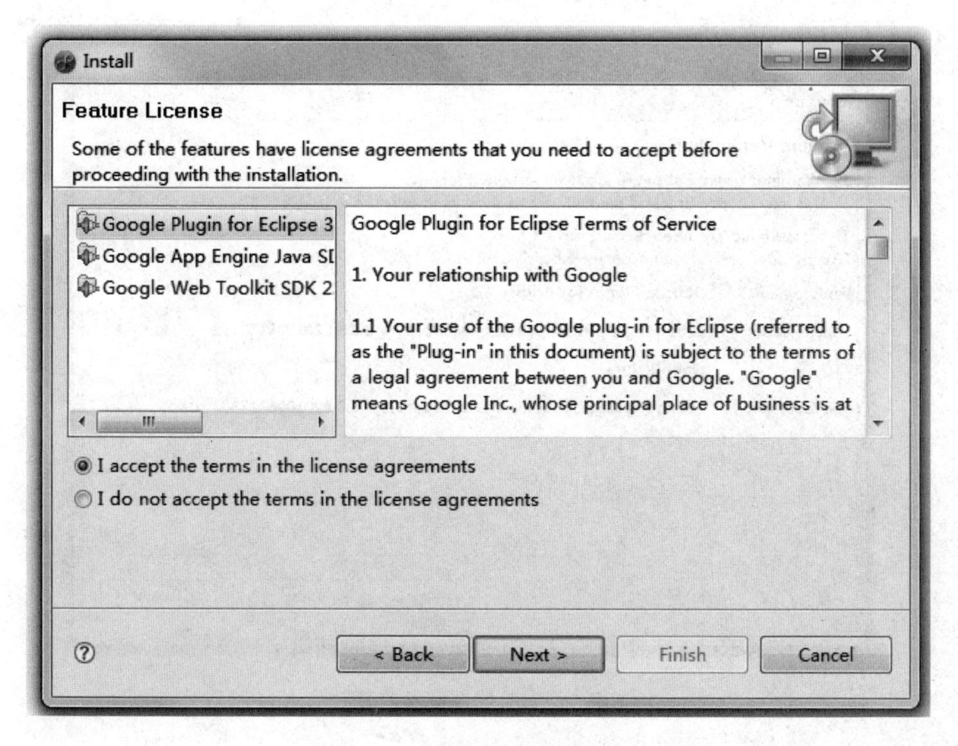

图 C-5　软件开始安装界面

（6）选择插件的安装位置。此处按默认路径安装。单击 Finish，如图 C-6 所示。

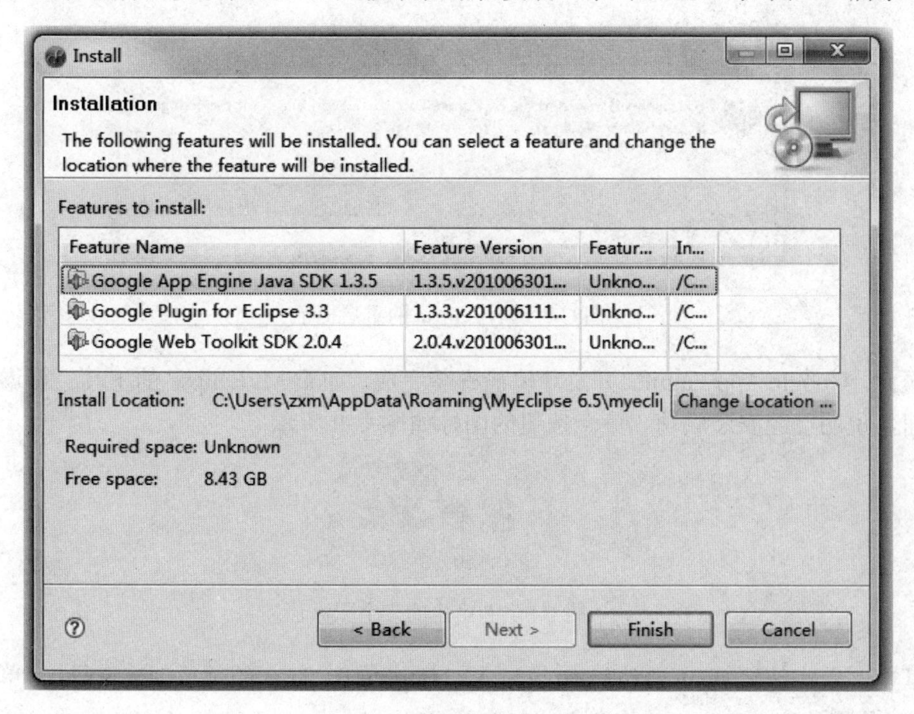

图 C-6　选择软件安装位置

（7）确保 Feature name 是 Google Plugin for Eclipse 3.3。单击 Install All，如图 C-7 所示。

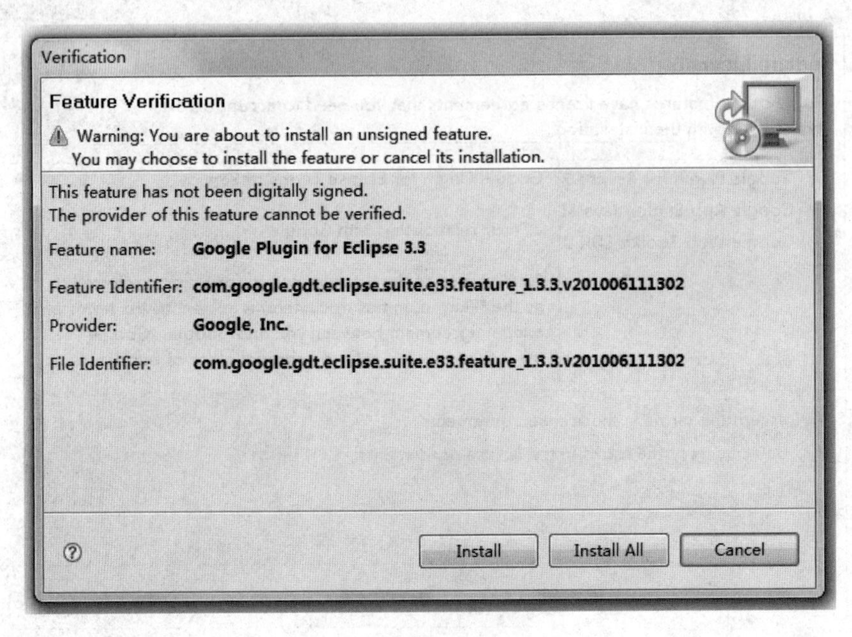

图 C-7 待安装软件信息的最后确认

（8）安装完毕后，出现重启 MyEclipse 的提示，选择 Yes，如图 C-8 所示。此时 MyEclipse 将会重启一次。

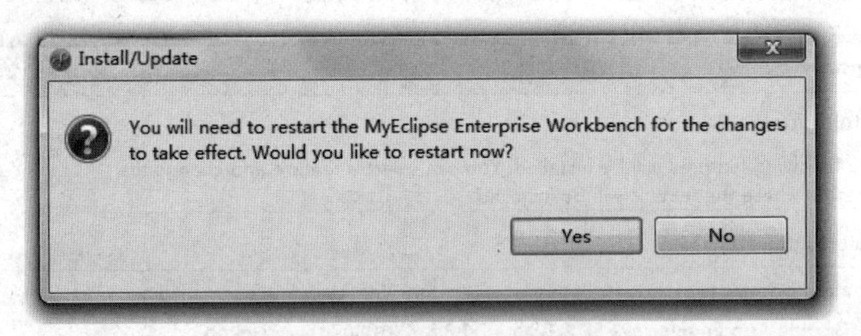

图 C-8 MyEclipse 的重启提示

至此，Google App Engine 开发环境已安装完成。如果 MyEclipse 的工具栏新增加了三个按钮，说明已经安装成功。三个按钮的图标如图 C-9 所示。

图 C-9 新产生的三个图标

其中，单击按钮可以访问 Google App Engine for Java 的项目创建向导；单击按钮可以编译一个 GWT 项目；单击按钮可以部署一个 GAE 项目。

C.3.2 创建一个 GAE 账户

用户在把自己开发的应用程序部署到 GAE 上之前，需要先申请一个 GAE 账户，并且为第一个应用程序设定一个唯一的 ID。每个用户可以创建 10 个应用程序。GAE 账户用于存放上传到平台上的应用程序，便于个人管理。用户可以删除应用程序。下面给出申请 GAE 账户的步骤。

（1）使用谷歌账户创建一个 GAE 账户。在浏览器中输入 http://appengine.google.com/，进入 GAE 账户申请页面，输入你已经拥有的谷歌账户，然后单击登录。比如，若已经申请了谷歌账户 aohanyue0226@sina.com，那么登录页面如图 C-10 所示；如果还没有谷歌账户，可单击登录框下方的“现在就创建一个账户”链接进行申请，申请页面如图 C-11 所示。

Google app engine 欢迎使用 Google App Engine

在 Google 的基础架构上运行您的网络应用程序。

Google App Engine 能让开发人员在支持着我们自己的应用程序的可扩展系统上构建网络应用程序。

无需拼凑开发环境。
Google App Engine 提供完全集成的开发环境。

易于扩展。
Google App Engine 可让您轻松设计可扩展的应用程序，无论用户增加多少，您都无需再担心基础可架构问题。

免费开始使用。
每个 Google App Engine 应用程序都会拥有足够的 CPU、带宽和存储空间来免费支持每月五百万次左右的页面访问量。当您需要其他资源时，可以以有竞争力的价格购买它们，并且您只需为所使用的那部分资源付费。

还没有 Google 帐户？
现在就创建一个帐户

图 C-10 登录页面

Google accounts

创建帐户

您可以通过 Google 帐户访问 Google 企业应用套件引擎 及其他 Google 服务。 如果已有 Google 帐户，即可在此登录。

Google 帐户的必须信息

您当前的电子邮件地址：
例如 myname@example.com，该电子邮件地址将作为您帐户的登录名。

设定密码： 密码强度：
长度必须最少包含 8 个字符。

再次输入密码：

保持登录状态

创建 Google 帐户会启用网络历史记录。网络历史记录可为您提供更富有个性化的 Google 体验，包括搜索结果以及建议等。 了解详细信息

启用网络历史记录

图 C-11 账户申请页面

（2）单击 Create an Application，创建一个应用程序，如图 C-12 所示。

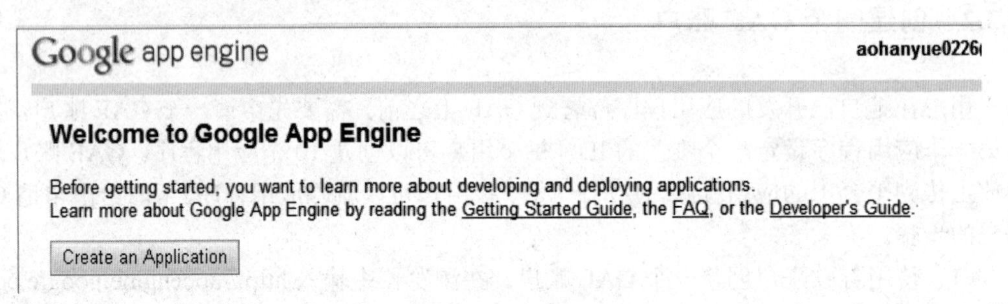

图 C-12 创建应用程序页面

（3）若是第一次创建，则需要 SMS 验证。Country 选择 Other，Mobile Number 输入登录者的手机号，记得手机号前面要加中国电话国际代号（+86），如图 C-13 所示。不久将收到一条短信，内容是验证码。

Verify Your Account by SMS

To create applications with Google App Engine, you need a verification code. Select the country and carrier for your mobile phone and enter your mobile phone number. The verification code will be sent to it via SMS. Note you will only need to verify your account once.

Country and Carrier:

Other (Not Listed)

If your country and carrier are not on the list, select Other (Not Listed). What carriers are supported?

Mobile Number:

+8613xxxxxxxxx

Include your country code and full phone number. eg. +1 650 555 1212

Send

图 C-13 SMS 验证页面

（4）输入收到的验证码之后就进入创建应用的页面。注意创建应用程序时 ID 必须唯一，不能与以前的重复。比如创建的第一个应用程序 ID 为 mygaeexample，此 ID 以后将作为用户访问的域名。GAE 账户状态如图 C-14 所示。

My Applications

‹ Prev 20 **1-2** Next 20 ›

Application	Title	Current Version
mygaeexample	mygaeexample	None Deployed

图 C-14 aohanyue0226@sina.com 账户下的应用程序状态显示

经过上述几个步骤，GAE 账户已经创建成功，用户可以把自己开发的项目部署到此 GAE 账户（aohanyue0226@sina.com）下，且上传的应用程序在账户下的 ID 为 mygeaexample。

C.4 使用 Google App Engine 的开发实例

（1）打开 MyEclipse，单击按钮，创建一个 Web 应用程序，如图 C-15 所示。

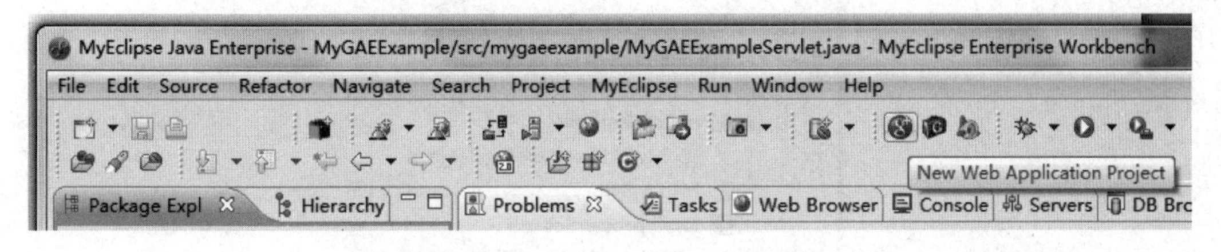

图 C-15 用于创建 Web 应用程序的图标

（2）输入 Project name（如 MyGAEExample），输入包名 Package（如 mygaeexample），注意选中 Use Google App Engine，清除 Use Google Web Toolkit，单击 Finish，如图 C-16 所示。

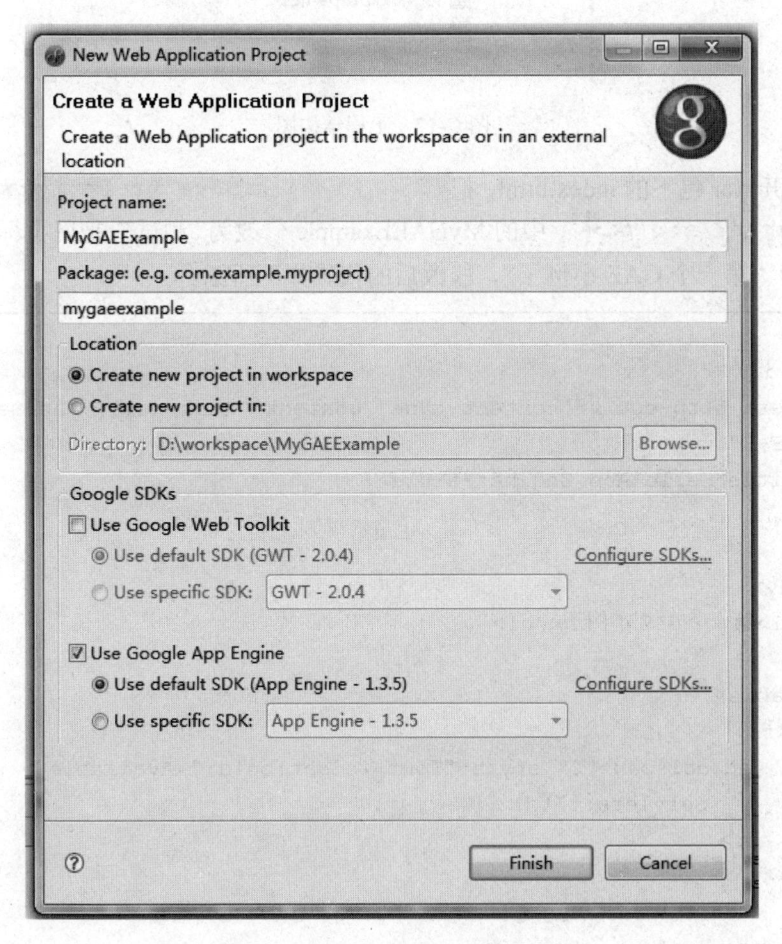

图 C-16 新建 Web 应用程序界面

（3）MyGAEExample 的工程结构如图 C-17 所示。

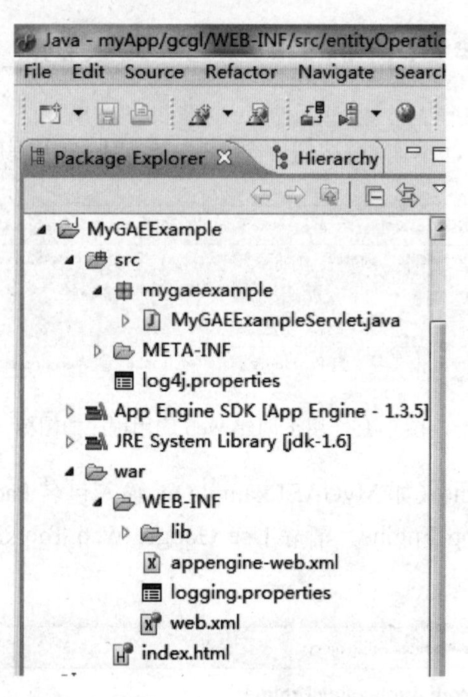

图 C-17 工程结构图

（4）打开 war 包下的 index.html，把 `23 <td><a href="mygaeexample">MyGAEExample</a></td>` 中的 MyGAEExample 修改为“测试”。把网页标题 Hello App Engine 改为“第一个 GAE 小例子”。修改后的代码如下所示。

```
<html>
  <head>
    <meta http-equiv="content-type" content="text/html; charset=
    UTF-8">
    <title>Hello App Engine</title>
  </head>

  <body>
    <h1>第一个 GAE 小例子</h1>

    <table>
      <tr>
        <td colspan="2" style="font-weight:bold;">Available
            Servlets:</td>
      </tr>
      <tr>
        <td><a href="mygaeexample">测试</a></td>
      </tr>
    </table>
```

```
  </body>
</html>
```

打开包 mygaeexample 下的 MyGAEExampleServlet.java 进行编辑。把“Hello,World”，改成“第一个 GAE 小例子运行成功”。

```
package mygaeexample;

import java.io.IOException;
import javax.servlet.http.*;

@SuppressWarnings("serial")
public class MyGAEExampleServlet extends HttpServlet {
    public void doGet(HttpServletRequest req, HttpServletResponse resp)
            throws IOException {
        resp.setContentType("text/plain");
        resp.getWriter().println("第一个 GAE 小例子运行成功");
    }
}
```

（5）选中工程，单击菜单 Run→Debug As→ Web Application，服务器启动。控制台信息如图 C-18 所示。

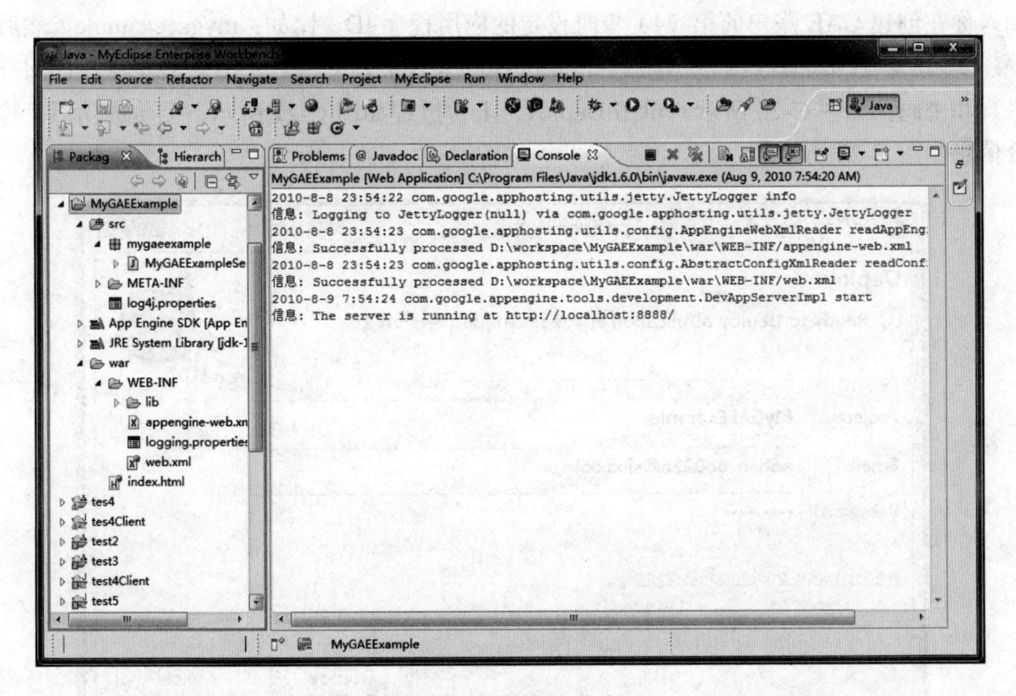

图 C-18 控制台信息

（6）在浏览器中输入 http://localhost:8888/，页面显示如图 C-19 所示。单击“测试”链接，页面显示“第一个 GAE 小例子运行成功”。

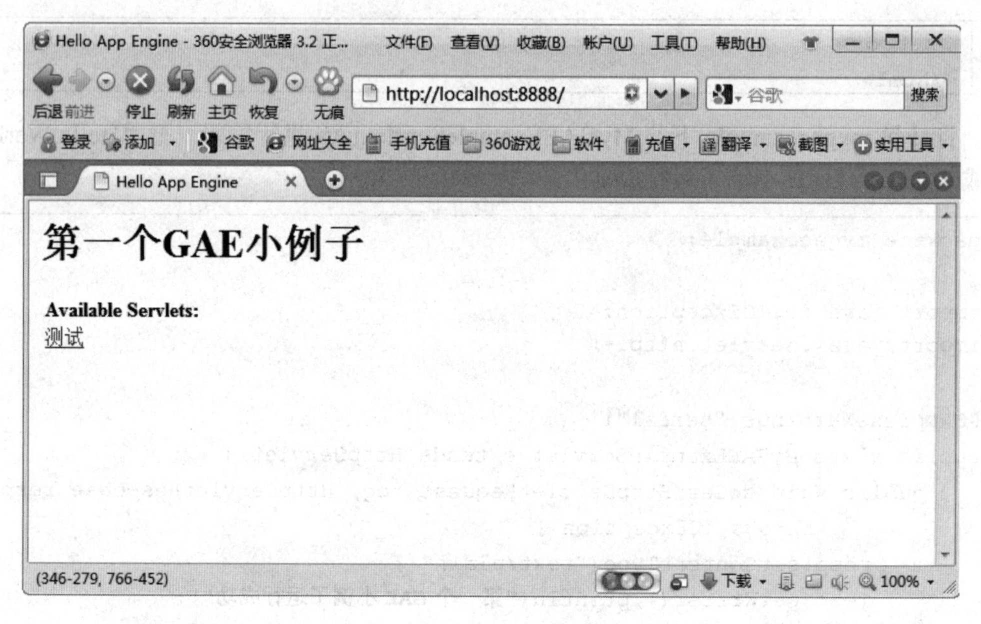

图 C-19　实例运行效果

至此，在本地项目已创建完成，并且能够正常运行，下一个步骤就是将此项目部署到 App Engine。

（7）打开 war/WEB-INF/appengine-web.xml 并编辑。在<application></application>之间输入你在创建 GAE 账户的第（4）步时设定的应用程序 ID，比如：mygaeexample，然后保存。单击  开始部署，把应用程序上传到 Google App Engine。在这里需要输入你的谷歌账户和密码，如图 C-20 所示。单击 Deploy，上传过程如图 C-21 所示。上传成功后，控制台信息如图 C-22 所示。

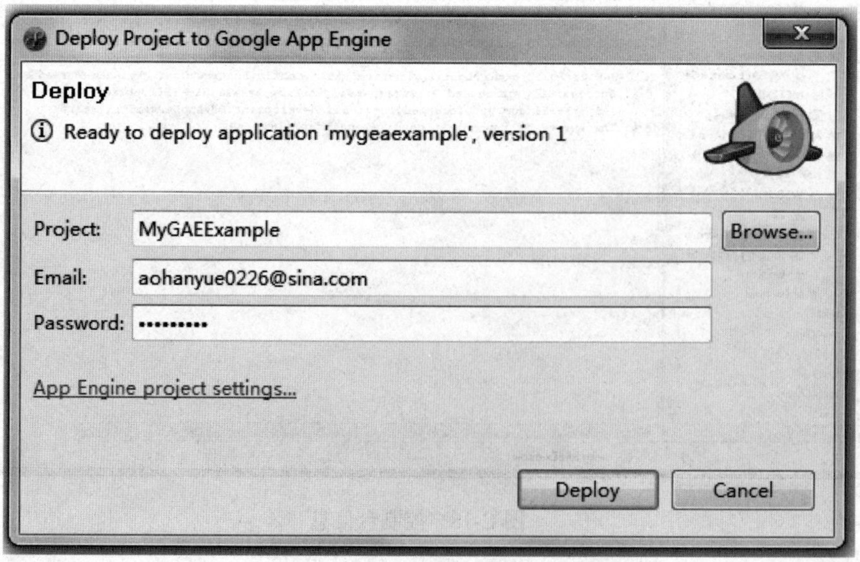

图 C-20　输入账户信息界面

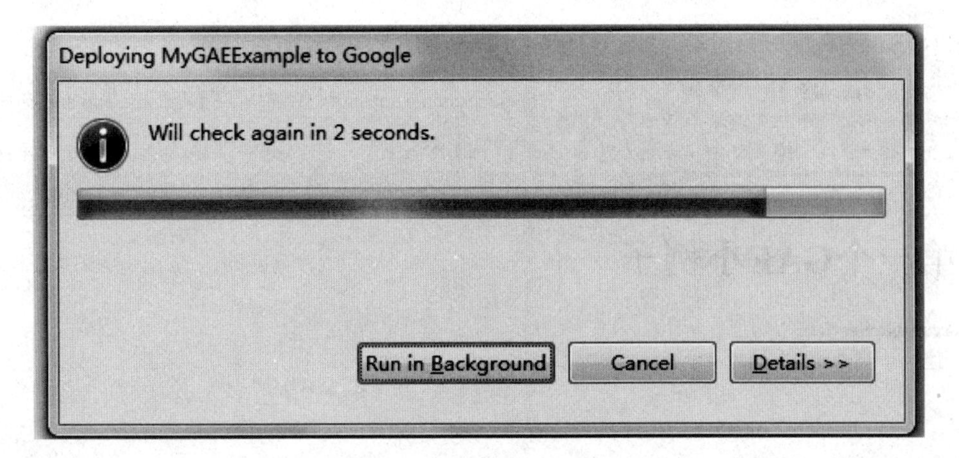

图 C-21　应用程序上传过程图

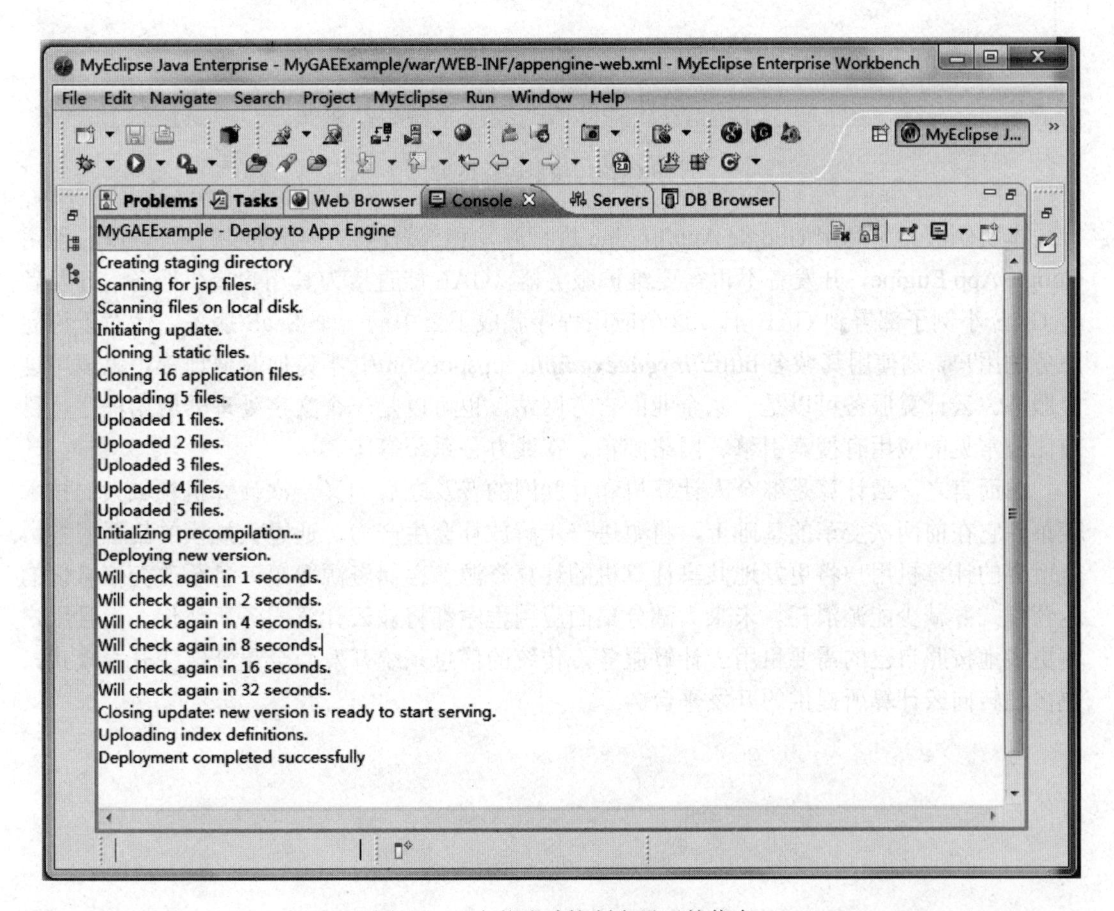

图 C-22　上传成功控制台显示的信息

（8）在浏览器中输入 http://***mygaeexample***.appspot.com/（斜体字是你的应用程序 ID，比如此处是 mygaeexample），可以看到与你在本地输入 http://localhost:8888/ 时页面显示的内容一样，如图 C-23 所示。

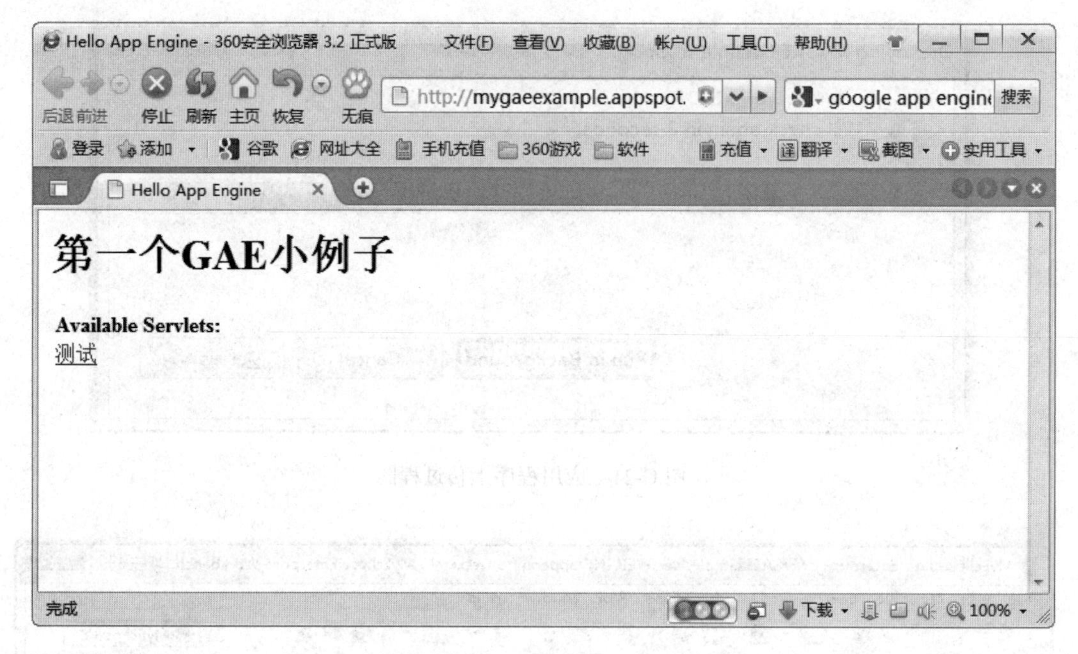

图 C-23 显示运行结果

本实例展示了利用 Google App Engine 进行开发和部署网络应用程序的具体过程。使用 Google App Engine，开发者不再需要维护服务器，GAE 能直接为其用户提供服务。开发者将 GAE 小例子部署到 GAE 上，这个应用程序就成了云中的一个 SaaS 服务，而对于访问服务的用户，则使用其域名 http://***mygaeexample***.appspot.com/，不论何时何地都可以调用这个服务。云计算服务可以是一家企业的官方网站，也可以是一个文字处理器应用程序，目前比较常见的应用有搜索引擎、网络邮箱、在线办公系统等等。

总而言之，云计算是继个人计算机和互联网的普及之后的又一次计算机领域大的技术变革。它在前两次变革的基础上，将更进一步解放社会生产力。通过大规模的集群服务，全世界的计算机用户将更好地共享计算机的计算资源、存储资源等等，甚至改变信息化的运营模式并减少能源消耗。未来大部分桌面应用程序都将被云计算服务所替代，而且用户将更多地按照自己的需要租用云计算服务，传统的信息系统开发商会逐渐转变开发模式，更多地转向云计算所提供的开发平台。

参 考 文 献

[1] Abraham Silberschats, Peter Baer Galvin, Greg Gagne. Operating System Concepts. Seventh Edition. USA: John Wiley & Sons. Inc. 2005.

[2] 任爱华，等.操作系统实用教程（第二版）. 北京：清华大学出版社，2004.

[3] 任爱华. 操作系统辅导与提高. 北京：清华大学出版社，2004.

[4] Andrew S Tanenbaum, Albert S Woodhull. Operating System Design and Implementation. Second Edition. 北京：清华大学出版社，London：Prentice Hall，1997.

[5] 任爱华. 计算机操作系统. 北京：科学出版社，2000.

[6] 李善平，郑扣根. Linux 操作系统及实验教程. 北京：机械工业出版社，1999.

[7] 庞丽萍. 操作系统原理（第二版）. 武汉：华中理工大学出版社，1994.

[8] 张尧学，史美林. 计算机操作系统教程. 北京：清华大学出版社，1993.

[9] 汤子赢，杨成忠，哲凤屏. 计算机操作系统. 西安：西安电子科技大学出版社，1994.

[10] 张昆仑. 操作系统原理 DOS 篇. 北京：清华大学出版社，1994.

[11] 黄水松，林子禹，陈莘萌，等. 操作系统. 北京：科学出版社，1995.

[12] Andrew S Tanenbaum, Albert S Woodhull. Distributed Operating System. 北京：清华大学出版社，London：Prentice Hall，1997.

[13] Andrew S Tanenbuaum. Computer Networks. 北京：清华大学出版社，London：Prentice Hall，1996.

[14] 刘乃琦，吴跃. 计算机操作系统. 北京：电子工业出版社，1997.

[15] 孙钟秀，谭耀铭，费翔林，等. 操作系统教程. 北京：高等教育出版社，1989.

[16] Mohammed J Kabir. RedHat Linux 系统管理员手册. 魏永明，等译. 北京：电子工业出版社，2000.

[17] William Stalling. Operating System Internals and Design Principles. 北京：清华大学出版社，London：Prentice Hall，1998.

[18] Uresh Vahalia. UNIX 高级教程——系统技术内幕. 聊鸿斌，等译. 北京：清华大学出版社，1999.

[19] 陈向阳，方汉. Linux 实用大全. 北京：科学出版社，1999.

[20] Gary J Nutt. Operating Systems—A Modern Perspective. Second Edition. New York: Addison-Wesley, 2000.

[21] Andrew S Tanenbaum. 现代操作系统. 陈向群，等译. 北京：机械工业出版社，2005.

[22] 王志强，等. 大学计算机应用基础. 北京：清华大学出版社，2005.

[23] http://code.google.com/intl/zh-CN/appengine/[EB/OL] . [2008].

[24] Richard Hightower.Google App Engine for Java[EB/OL].http://www.ibm.com/developerworks/cn/java/j-gaej1/#author.[2009].

[25] 王鹏. 走近云计算. 北京：人民邮电出版社，2009.

[26] 杨正洪，郑齐心，吴寒. 企业云计算架构与实施指南. 北京：清华大学出版社，2010.

参考文献

[illegible]

普通高等院校计算机专业（本科）实用教程系列

主教材

信息技术基础实用教程（樊孝忠 等编著）
数字逻辑实用教程（王玉龙 编著）
计算机组成原理实用教程（第二版）（幸云辉 等编著）
*C++语言基础教程（第二版）（徐孝凯 编著）
*数据结构实用教程（第二版）（徐孝凯 编著）
面向对象程序设计实用教程（第二版）（张海藩 等编著）
*操作系统实用教程（第二版）（任爱华 等编著）
数据库实用教程（第三版）（董健全 等编著）
*计算机网络实用教程（第二版）（刘云 等编著）
*微机接口技术实用教程（第二版）（艾德才 等编著）
*Java 2 实用教程（第三版）（耿祥义 等编著）
*离散数学结构（王家廞 编著）
微型计算机技术实用教程（Pentium 版）（艾德才 等编著）
编译原理实用教程（温敬和 编著）
JSP 实用教程（第二版）（耿祥义 等编著）
数据库基础与 SQL Server 应用开发（徐孝凯 等编著）

辅助教材

数据结构课程实验（徐孝凯 等编著）
数据结构实用教程（第二版）习题参考解答（徐孝凯 编著）
C++语言基础教程（第二版）习题参考解答（徐孝凯 等编著）
数据库实用教程（第二版）习题解答（丁宝康 等编著）
面向对象程序设计实用教程（第二版）习题与上机指导（牟永敏 等编著）
操作系统实验指导（任爱华 等编著）
离散数学结构习题与解答（王家廞 等编著）
Java 2 实用教程（第三版）实验指导与习题解答（张跃平 等编著）
Java 课程设计（耿祥义 等编著）

选修教材

Java 语言最新实用案例教程（杨树林 等编著）
信息技术英语阅读（王栋 等编著）

注：有*号者为“普通高等教育‘十一五’国家级规划教材”